dtv

Welch zweischneidigen Weg die Naturwissenschaft gehen kann, symbolisiert eine der Kernwissenschaften des 20. Jahrhunderts ganz besonders: die Atomphysik. Hans-Peter Dürr hat seine Verantwortung für die Wissenschaft in der Öffentlichkeit immer wieder wahrgenommen. Das dokumentieren die Beiträge dieses Bandes, in denen Dürr die grundlegenden Umwälzungen im naturwissenschaftlichen Denken darstellt. Er plädiert für eine verantwortungsgeleitete Naturwissenschaft, die nicht nach Teillösungen strebt, sondern sich den drängenden Aufgaben des Überlebens dieser Welt stellt. Zugleich ist das vorliegende Buch ein eindrucksvolles Zeugnis für Dürrs jahrzehntelanger Arbeit für eine humanere Gesellschaft. Der Naturwissenschaftler steht in einer besonderen Verantwortung gegenüber Mensch und Gesellschaft – diese These hat Hans-Peter Dürr schon sehr früh vertreten, und sie ist heute so richtig wie je.

Hans-Peter Dürr, am 7. Oktober 1929 in Stuttgart geboren, war bis Herbst 1997 Direktor des Werner-Heisenberg-Instituts am Max-Planck-Institut für Physik und Astrophysik in München. 1987 wurde er mit dem Alternativen Nobelpreis ausgezeichnet. Dürr ist Begründer der Initiative „Global Challenges Network", einer Organisation, die ein Netz aus Projekten und Gruppen knüpft, die gemeinsam „an der Bewältigung menschheitsbedrohender Probleme arbeiten".

Hans-Peter Dürr

Das Netz des Physikers

Naturwissenschaftliche Erkenntnisse
in der Verantwortung

Mit 18 Abbildungen

Deutscher Taschenbuch Verlag

Neuausgabe
Juli 2000
Deutscher Taschenbuch Verlag GmbH & Co. KG, München
www.dtv.de
© 1998 Carl Hanser Verlag, München · Wien
Umschlagkonzept: Balk & Brumshagen
Umschlagfoto: © IFA-Bilderteam/NHPA
Gesamtherstellung: C. H. Beck'sche Buchdruckerei,
Nördlingen
Gedruckt auf säurefreiem, chlorfrei gebleichtem Papier
Printed in Germany · ISBN 3-423-33056-2

Inhalt

Einführung 9

Erster Teil:
Physik und Erkenntnis

Naturwissenschaft und Wirklichkeit
Der Beitrag naturwissenschaftlichen Denkens zu einem
möglichen Gesamtverständnis unserer Wirklichkeit 26
Mathematik und Experiment
Was ist Beobachten? Was ist ein Parameter? 50
Grenzgängergespräch
Der Teil und das Ganze 60
Über die Notwendigkeit, in offenen Systemen zu denken
Der Teil und das Ganze 76
Physik und Transzendenz
Reflexionen über die Beziehung zwischen Naturwissenschaft
und Religion 102
Werner Heisenberg – Mensch und Forscher 116
Physik und Erkenntnis
Werner Heisenbergs Beitrag zum modernen Weltbild 131
Aufbau der Physik – eine »unendliche Geschichte« 144

Zweiter Teil:
Wissenschaftsethik und ihre praktische Umsetzung

Wissenschaft und Verantwortung
Bemerkungen zu einem öffentlichen Disput zwischen
Wissenschaft und Politik 154
Darf Grundlagenforschung ohne Blick auf mögliche
Anwendungen betrieben werden? 164
Dürfen Erkenntnis und Wissen ohne Berücksichtigung von
Werten gefördert werden? 175
Dafür oder dagegen?
Kritische Gedanken zur Kernenergiedebatte 188
Kommunales Energiekonzept für München 211
Energiesysteme im wirtschaftlichen Wandel
Skizze eines systematischen Ansatzes zur synoptischen
Bewertung wirtschafts- und energiepolitischer Optionen .. 214
Industriegesellschaft ohne Kernenergie
Perspektiven und Chancen 228
Konzepte für eine langfristige Energieversorgung 242
Die Furcht vor der ökologischen Katastrophe –
begründet oder herbeigeredet? 276
Die Nutzung des Weltraums angesichts der drängenden
Weltprobleme 284
Verdatet und vernetzt 294

Dritter Teil:
Friedenspolitik

Die Kunst des Friedens 304
Sicherheitspolitik am Scheideweg
(Gemeinsam mit Albrecht A. C. von Müller) 308
Wir brauchen neue Formen der Konfliktlösung
Sicherheitspolitik am Scheideweg 328
Durch Umrüstung zur Abrüstung
Notwendigkeit einer strukturellen Nichtangriffsfähigkeit . 335
Verantwortung des Wissenschaftlers
und sein Beitrag zu einer stabilen Friedenssicherung 343
Soll der Himmel zum Vorhof der Hölle werden?
Über die technische Machbarkeit und die sicherheitspolitischen Folgen der Strategischen Verteidigungsinitiative SDI 372
Die forschungspolitischen Auswirkungen der Strategischen
Verteidigungsinitiative SDI 408
Defensivwaffen und Stabilität 426
Nicht-offensive Verteidigung 438
Chancen des Friedens
Beiträge zu einem Gespräch der Vereinigung Deutscher
Wissenschaftler 453
Andrej Sacharow
Brief an Generalsekretär Michail Gorbatschow 467
Umfassender Teststopp für Atomwaffen –
ein wesentlicher Schritt zur Verbesserung der internationalen Beziehungen 474
Ist Frieden machbar? 477

Nachwort zur Taschenbuchausgabe 485

Nachweise 492

Namenregister 495

Einführung

Als Physiker kommt man nicht oft in die Lage, ein Buch zu schreiben, von dem man annehmen oder hoffen kann, daß es noch für einen Nicht-Naturwissenschaftler verständlich ist. Da die Naturwissenschaft und die aus ihr hervorgegangene Technik in immer höherem Maß in unseren Alltag eindringt und nachhaltig unsere Lebensweise und Lebensqualität beeinflußt, wächst andererseits das Bedürfnis, mehr von dieser geheimnisvollen und uns wegen ihrer Macht immer unheimlicher werdenden Disziplin zu verstehen. Es werden deshalb vielerlei Anstrengungen unternommen, naturwissenschaftlich-technische Fragen und Sachverhalte – und die aus ihnen gewonnenen neuen Einsichten in unsere Wirklichkeit – dem interessierten Laien näherzubringen und für ihn begreiflicher zu machen.

Auch dieses Buch setzt bei den revolutionär neuen Erkenntnissen an, die uns die moderne Forschung, insbesondere in der Physik, seit Beginn dieses Jahrhunderts erschlossen hat. Aber die Absicht des Buches besteht nicht darin, gewisse ausgewählte und wichtige Inhalte dieser enorm angewachsenen Wissenschaft anschaulich darzustellen. Dieses Buch versucht vielmehr, auf einige philosophische und praktische Konsequenzen hinzuweisen, die sich aus den neuen Erkenntnissen direkt oder indirekt ergeben haben.

Durch die Technik ist die Naturwissenschaft schon vor langer Zeit aus ihrem philosophischen Elfenbeinturm herausgetreten. Naturwissenschaft heute ist nur noch zu einem verschwindend kleinen Teil auf Erkenntnis und Wissen im eigentlichen Sinne orientiert. Ihr Hauptinteresse gilt der Anwendung, dem know-how, der Manipulation natürlicher Prozesse zur Erreichung bestimmter, gewollter Zwecke. Dies umfaßt nicht nur das, was wir gewöhnlich als Forschung in »angewandter Wissenschaft« bezeichnen, sondern schließt auch den größten Teil der Grundlagenforschung ein, welche vorbereitende Untersuchungen für solche Anwendungen durchführt. Durch die extensiven und intensiven Forschungen der letzten Jahrzehnte wurde die Vielfalt der Manipulationsmöglichkeiten ganz beträchtlich erweitert, vor allem aber wurde auch die Stärke unserer Einflußnahme um viele Größenordnungen erhöht. Mit der Erschließung der Atomkernenergie haben wir durch Kernspaltung die Energiepotentiale um einen Faktor tausend gegenüber dem chemischen Energiepotential vergrößert, und die Kernfusion, die uns allerdings zunächst nur in der destruktiven Form der Wasserstoffbombe zugänglich ist, erlaubt eine weitere tausendfache Vergrößerung. Wir haben mit diesen Energieumsetzungen eine Dimension erreicht, welche in Konkurrenz zu den natürlichen, auf unserer Erdoberfläche wirkenden Kräften treten. Damit ist uns die Fähigkeit zugewachsen, direkt in das empfindliche Kräftespiel einzugreifen, das die Stabilität unserer natürlichen Umwelt gewährleistet.

In den letzten Jahrzehnten wurde deshalb immer deutlicher, daß sich der Mensch mit der modernen Naturwissenschaft und ihren technischen Möglichkeiten Werkzeuge geschaffen hat, die prinzipiell zu seiner eigenen Zerstörung, ja zu seiner Zerstörung als Gattung und darüber hinaus sogar zur Zerstörung des verletzlichen, höherentwickelten Teils der Biosphäre ausreichen. Der Naturwissenschaftler sieht sich auf einmal in der Situation des Zauberlehrlings, der die Geister, die er rief, nun nicht mehr bändigen kann. Doch charakterisiert dieses Bild die Lage nur ungenügend, sehen es doch die meisten Naturwissenschaftler gar nicht als ihre Aufgabe an, die von ihnen entfesselten Kräfte selbst zu bändigen. Ihre Aufgabe, so meinen sie in ihrer »Bescheidenheit«, sei es ja nur zu rufen, die Bändigung müsse den Menschen in ihrer Gesamtheit gelingen und den von ihnen beauftragten Vertretern, den Politikern, überlassen bleiben. Im Gegensatz zur Wissenschaft, die sie betreiben, haben die meisten Wissenschaftler den Elfenbeinturm nicht verlassen und wollen ihn auch gar nicht verlassen. Obgleich sie mit ihrem Tun die Welt täglich verändern, sprechen sie in ihrer Mehrzahl immer noch von Erkenntnissuche, von faustischem Drang und von Befriedigung natürlicher Neugierde, sie bezeichnen ihr Tun als »Wissen«-schaft, wo dieses doch eigentlich schon lange zur »Machen«-schaft geworden ist. Wissen und Machen, Verstehen und Handeln sind für den Menschen gleichermaßen wichtig. Hierüber sollte kein Mißverständnis aufkommen. Es geht nicht darum, das eine vor dem anderen auszuzeichnen. Sie ergänzen und bedingen einander. Doch Machen und Handeln erfordern Verantwortlichkeit von dem, der manipuliert, der Wissen ins Werk setzt, denn unsere Kräfte sind zu groß geworden, als daß die Natur unsere Stöße und Tritte noch abfedern, als daß sie uns unsere Mißgriffe und Mißhandlungen noch verzeihen könnte. Verantwortlichkeit soll hierbei nicht bedeuten, daß wir die Steuerung der Natur nun bewußt in die Hand nehmen und mit größter Gewissenhaftigkeit und Umsicht betreiben sollen, wie dies heute manchmal von Biologen gefordert wird. Welche Überschätzung menschlicher Fähigkeiten, welche Vermessenheit spricht aus dieser Vorstellung! Sie übersieht die enorme Komplexität, die vielfältige Vernetztheit natürlichen Geschehens, die selbst der besten und wohlüberlegtesten Steuerung unüberwindliche Hindernisse entgegenstellt und sie daran scheitern lassen würde. Sie übersieht, daß die Vorstellung, unsere Welt bestünde aus vielen getrennten Teilen, die dann auch getrennt manipuliert werden können, wesentlich aus der analytischen und fragmentierenden Struktur unseres Denkens resultiert. Das Ganze ist mehr als die Summe seiner Teile. Verantwortlichkeit bedeutet deshalb vor allem Mäßigung. Wenn wir uns selbst zurücknehmen, vermeiden wir das Herauskippen unseres Ökosystems aus einem delikaten dynamischen Gleichgewicht; nur dann bewahren und ermöglichen wir das vielfältige, freie Spiel der Kräfte, die evolutionär zu geeigneten Anpassungen an neue Umstände führen.

Über die Frage der Verantwortung des Naturwissenschaftlers wird heute heftig gestritten. Sehr viel Hochgelehrtes ist darüber gesagt und geschrieben worden und das meist mit dem Ziel, schlüssig darzulegen, daß es eine solche Verantwortung gar nicht gibt. Trotz der bestechenden Eloquenz, die manche dieser Erörterungen auszeichnet, haben sie mich nicht überzeugt, weil sie, wie ich glaube, am eigentlichen Punkt vorbeidiskutieren. Es geht bei der Verantwortungsfrage nicht um ein legalistisches, sondern um ein moralisches und ethisches Problem. Das Gefühl, mitverantwortlich zu sein, entspringt einer tiefen Betroffenheit, die sich auch durch die gescheitesten Ausreden nicht wegdiskutieren läßt.

Es ist die Art von Betroffenheit, die einen Otto Hahn mit beklemmender Macht überfiel, als er vom Abwurf der ersten Atombombe über Hiroshima erfuhr. Abstrakt und rein logisch-analytisch betrachtet, trifft ihn und alle anderen keine Schuld. Die Betroffenheit ist nicht an persönliche Schuld geknüpft. Sie hängt mehr mit Schuldgefühlen zusammen, die wir als Mitglieder der Gattung Mensch empfinden, als Menschen, die mit immer größerer Rücksichtslosigkeit die Schöpfung, in die wir selbst auf Gedeih und Verderb eingebettet sind, beschädigen. Es ist nicht so leicht, weiterhin mit Begeisterung Kernphysik und Elementarteilchenphysik zu betreiben, wenn man einmal für diese Problematik sensibilisiert ist, wenn man die Opfer von Hiroshima vor Augen hat und wenn man die Phantasie aufbringt, sich die möglichen Konsequenzen der heute bestehenden Arsenale an Massenvernichtungswaffen auszumalen. Hiroshima ist nicht meine Schuld – das weiß ich! –, auch nicht die Schuld von Otto Hahn oder von diesem oder jenem – auch das behaupte ich nicht! –, aber es ist in gewisser Weise doch unser aller Schuld, daß wir eine Welt zulassen, in der so etwas geschieht. Wenn wir es recht bedenken, dann müssen wir schmerzhaft erkennen: Wir laden nicht nur Schuld auf uns, wenn wir offensichtlich kriminell handeln – das wäre einfach, wir alle könnten uns leicht vor solchen Anfechtungen schützen –, sondern wir können unter Umständen auch schon schuldig werden, wenn wir ganz normal – eben: ganz den üblichen, akzeptierten Normen entsprechend – handeln. Für einen Nicht-Betroffenen mag diese Behauptung unverständlich klingen oder den frömmelnden Charakter eines zerknirschten »mea culpa«-Klopfens auf die eigene Brust haben, welches unserem aufgeklärten Jahrhundert nicht mehr angemessen erscheint. Meine Argumentation soll jedoch nicht zuallererst der Selbstanklage dienen und auf Vergangenes gerichtet sein, sondern sie soll als eine Aufforderung für unser zukünftiges Verhalten gewertet werden. Durch das hemmungslose Wirken des Menschen bahnen sich an vielen Stellen katastrophale Entwicklungen an, von denen wir aber – wie ich glaube – annehmen sollten, daß wir ihnen nicht unentrinnbar ausgeliefert sind. Aufgrund unserer Vernunft – und nicht nur unseres Verstandes – erlaubt uns unser Menschsein doch eine ausreichende Orientierung und die Möglichkeit der freien Entscheidung und des Handelns. »Richtig leben« erschöpft sich nicht mehr darin, sich den einmal vorliegenden, von uns selbst gezimmerten Normen zu fügen. Ich gehe davon aus, daß diese Normen alle einmal ihren guten Zweck erfüllt haben und viele dies in gewissem Umfange und in gewisser Weise auch heute noch tun. Sie müssen aber weiterentwickelt werden, wo sie nicht mehr auf die von uns selbst veränderte Wirklichkeit passen, wo sie Zerstörung bewirken, anstatt Werte zu bewahren.

Die Aufsätze in diesem Buch wurden im wesentlichen während der letzten vier Jahre geschrieben. Sie beziehen sich jeweils auf ganz bestimmte Fragen, die uns heute alle beschäftigen, und wurden durch konkrete äußere Anlässe initiiert. Bei den meisten Aufsätzen war allerdings der Anlaß nicht die eigentliche Ursache für die dabei entwickelten Gedanken und Überlegungen. Der Anlaß war für mich vielmehr der Auslöser, um Gedanken und Vorstellungen, die über längere Zeiträume hinweg in mir langsam herangewachsen waren und sich in grober Form herausgebildet hatten, in konkretere Gestalt zu fassen. Eine gewisse gedankliche Zusammengehörigkeit und Kontinuität schimmert deshalb bei all den verschiedenen Aufsätzen hindurch, und dies mag vielleicht rechtfertigen, sie in einem Buch zusammengefügt zu haben.

Der gedankliche rote Faden, der sich durch alle Aufsätze zieht, hängt eng mit meinem persönlichen Lebensweg zusammen. Ich möchte deshalb diesen Aufsätzen einige persönliche Erfahrungen beifügen, die meinen Lebensweg nachhaltig beeinflußt und mir als Orientierungspunkte gedient haben. Dies soll nur schlaglichtartig und nicht in autobiographischer Absicht geschehen. Es soll vor allem deutlich machen, wie ein Physiker unter meinen Lebensumständen eigentlich auf recht natürliche Weise in Problemkreise hineingezogen wird, die bei oberflächlicher Betrachtung weit außerhalb seines spezifischen Wirkungsbereichs zu liegen scheinen. Jedes Engagement dieser Art hat gewöhnlich eine lange Vorgeschichte: Es beginnt meist mit einer spezifischen Fragestellung im eigenen, engeren Fachgebiet, entzündet sich aber dann an mehr grundsätzlichen Überlegungen, die sich daran anschließen. Wenn man, wie ich, an so grundsätzlichen physikalischen Problemen wie einer einheitlichen dynamischen Theorie der Materie arbeitet, sind Bezüge zu viel allgemeineren Überlegungen und Fragestellungen, die weit über das spezielle Fachgebiet hinausreichen und insbesondere solche philosophischen und erkenntnistheoretischen Fragen berühren, sogar ziemlich häufig. Allerdings sind es dann ganz konkrete Anlässe, die wohl mehr den

Institutsdirektor, den Wissenschaftsorganisator und -administrator als den Gelehrten auffordern, zu gewissen öffentlichen und gesellschaftlichen Fragen klar und deutlich Stellung zu beziehen. Eine solche Aufforderung erfolgt jedoch nie ultimativ, sie ergibt sich mehr als Angebot. Es ist deshalb relativ leicht, sich ihr zu entziehen, denn die Probleme, auf die Antworten erwartet werden, überfordern uns selbstverständlich genauso wie alle anderen. Da man von einem Wissenschaftler nur exakt nachprüfbare Aussagen erwartet, hat er jedenfalls auch gute Gründe, sich hier ganz aus der Affäre zu ziehen. Die meisten Wissenschaftler machen von dieser Fluchtmöglichkeit auch vollen Gebrauch und loben sich noch dafür. Ich habe diese völlige Überforderung bei allen an mich herangetragenen, relevanten Fragen immer stark gespürt, aber ich habe mich trotzdem nicht davon abhalten lassen, eine Beantwortung zu versuchen. Und dies nicht aus einem Gefühl der Überheblichkeit heraus, sondern mehr aufgrund der Art, wie ich prinzipiell mit Problemen umgehe. Unsere naturwissenschaftliche Forschung lehrt uns doch, auch schwierige Probleme mutig anzugehen. Wir wissen selbstverständlich, daß wir dabei viele Fehler machen. Wer neue Wege beschreiten will, darf keine Angst vor Fehlern haben, er muß nur genügend aufmerksam und bedachtsam voranschreiten; er muß neuen Einsichten gegenüber ganz offen und zu Kurskorrekturen jederzeit bereit sein. Die Kultur ist ein gedanklicher Prozeß, an dem wir alle beteiligt sind, auch die Wissenschaftler: Die Lösung komplizierter Probleme im gesellschaftlichen Bereich hängt nicht nur von der Entscheidung weniger Mächtiger ab, sondern ist wesentlich mit unserer Denkweise verknüpft und der Art, wie wir Wirklichkeit wahrnehmen und verarbeiten.

Wie sehr unsere Denkweise und unsere Wahrnehmung der Wirklichkeit von unserer kulturellen Einbettung abhängt, wird uns besonders in Zeiten großer äußerer Umbrüche bewußt. Äußere Umbrüche, das haben viele von uns erlebt, können unser Leben stark beschädigen, sie führen zu persönlichen Benachteiligungen und vielfachem Leid, sie verunsichern uns zutiefst in unserer Lebensweise. Aber gerade in dieser Verunsicherung, wenn sie nicht unser Urvertrauen zerstört, liegt andererseits auch die große Chance, daß wir, dank der mit ihr verbundenen höheren Sensibilisierung, die Welt offener und unvoreingenommener sehen und das Wesentliche in ihr deutlicher erkennen können. Die

Erkenntnis, wesentlich geirrt zu haben und schwerwiegenden Fehleinschätzungen zum Opfer gefallen zu sein, kann für uns eine wichtigere Lebenserfahrung sein als die, immer alles richtig und fehlerlos gemacht zu haben. Leute, die glauben, nie wesentlich geirrt zu haben, verwenden vielleicht zur Wahrnehmung und Beurteilung der Wirklichkeit ein derart grobes Raster, daß mit ihren Fehlern auch das eigentlich Relevante bis zur Unkenntlichkeit verschwimmt.

Meine Teenagerjahre waren stark vom Trauma des Weltkrieges überschattet. Das Ende des Krieges erlebte ich im Zustand körperlicher Erschöpfung und tiefer Ratlosigkeit. Schreckliche Bombennächte in Stuttgart, anstrengende Nachtarbeit beim Luftschutzbunkerbau, Angst, Verzweiflung und Tod rundum als fast tägliche Erfahrung, Kurzausbildung am Maschinengewehr und an der Panzerfaust im letzten Aufgebot des Volkssturms, Flucht vor den einrückenden alliierten Truppen zu Fuß kreuz und quer durch Süddeutschland und die Alpen, Gefangennahme und Ausbruch, Landarbeit auf einer Bergalm, Inhaftierung durch die Amerikaner wegen des Verdachts, der Freischärlerbewegung »Werwolf« anzugehören – all dies hatte wohl einen Fünfzehnjährigen viel älter gemacht, als er war. Das dominante Gefühl war weniger Schmerz als Gefühllosigkeit. Aber irgend etwas trieb einen fast mechanisch voran. Alle Kräfte waren eingespannt für das Überleben: ein trockenes, warmes Fleckchen in einer nassen, kalten, dachlosen Hausruine, die tägliche Suche nach irgend etwas Eßbarem.

Und wir, wir Deutschen, trugen die volle Schuld an diesem schrecklichen Unglück!? Das unmittelbare Erlebnis von Tod und Zerstörung machte mich taub für Fragen der Schuld. Warum sollte ich mich schuldig fühlen? Hatte ich doch so offensichtlich uneigennützig mein Streben und Handeln in den Dienst der Allgemeinheit gestellt, mit Geduld schwere Lasten getragen, praktisch wehrlos mich zerstörerischer Gewalt ausgesetzt, gerettet, was noch zu retten war? Sollten alle die Menschen, die bisher fürsorglich mein Leben begleiteten, die mir Orientierung gaben, meine Eltern, die Freunde meiner Eltern, meine Lehrer, meine Nachbarn, sollten sie alle mich schamlos betrogen und meinen jugendlichen Idealismus skrupellos ausgenutzt haben? Und wenn dies so wäre, wem überhaupt sollte ich dann noch vertrauen können? Sollte ich den »Siegern« glauben, die meine besten

Freunde töteten, ihnen, die uns jetzt wohlgenährt das eigentlich Gute und Wahre verkündeten, uns aufzuklären versuchten, was »wirklich« war, hier bei uns, wo sie doch gar nicht zugegen waren? Welch eine Überforderung – für sie und für uns! Eine am eigenen Körper erlebte leidvolle Erfahrung ist so viel mächtiger und unmittelbarer als alles, was wir nur mit unserem Verstand, als Information aus zweiter Hand, aufnehmen. Als kriminell betrachtet zu werden, empfand ich als niederträchtige Ungerechtigkeit. Meine Reaktion war Ablehnung und Trotz.

Ich wollte künftig mein Leben nur noch meinen eigenen Interessen und den Interessen meiner Angehörigen und Freunde widmen. Ich war nicht mehr bereit, »Gemeinnutz vor Eigennutz« als Maxime gelten zu lassen. »Ohne mich« war für mich, wie für viele meiner jugendlichen Freunde, damals die Antwort auf die Aufforderung, am Aufbau einer neuen Gesellschaft mitzuwirken. Ich mißtraute den Älteren, nicht weil ich glaubte, daß sie mich täuschen wollten, sondern weil ich sah, daß ihnen selbst die Orientierung fehlte, daß sie selbst Getäuschte und Betrogene waren. Ich nahm mir vor, in Zukunft nur noch das zu glauben, was ich selbst erlebt, erfahren und kritisch überprüft hatte. Ich begann mich intensiv für die Naturwissenschaften, für die ich schon immer eine besondere Neigung hegte, zu interessieren, denn sie erschienen mir auf meiner Wahrheitssuche am unverfänglichsten: Ihre Aussagen hingen nicht von bestimmten Autoritäten ab, sondern konnten aus für jeden nachprüfbaren Fakten abgeleitet werden. Die Physik wurde mein Studien- und Berufsziel. Sie schien mir gleichzeitig auch glänzende Voraussetzungen dafür zu bieten, in andere Länder zu kommen. Insbesondere strebte ich von Anfang an danach, die USA kennenzulernen, dieses große unbekannte Land mit seinen, wie es hieß, unbegrenzten Möglichkeiten, das unser Leben im Nachkriegsdeutschland so stark dominierte. Nach Abschluß meines Physikdiploms im Herbst 1953 verschaffte mir ein Stipendium der Universität Kalifornien in Berkeley dafür die ersehnte Chance. Eine dreimonatige frustrierende Verzögerung meiner Abreise wegen einer zusätzlichen eingehenden politischen Überprüfung – sie wurde damals in der von Kommunistenangst geplagten McCarthy-Zeit bei allen Kernphysikern vor ihrer Einreise in die USA gefordert und so auch bei mir, da ich mich in meiner Diplomarbeit mit der Messung von kernmagnetischen Momenten befaßt hatte – führte mich zum Entschluß, meinen USA-Aufenthalt wenn irgend möglich zu verlängern und in Berkeley zu promovieren. Edward Teller, der damals gerade vom Atomforschungszentrum Los Alamos an die Universität Kalifornien in Berkeley übergesiedelt war, erwählte ich zu meinem Doktorvater, und er nahm mich auch an.

Der Oppenheimer-Teller-Streit im Zusammenhang mit dem Bau der Wasserstoffbombe erregte zu jener Zeit gerade die stolze Gemeinschaft der Physiker und spaltete sie in zwei Lager. Es ging hierbei nicht vornehmlich um ein wissenschaftlich-technisches Problem, nämlich ob eine Wasserstoffbombe überhaupt machbar und ob sie wünschenswert sei, sondern um ein politisches Problem, nämlich die Frage, ob die großen Laboratorien mit Kommunistenfreunden durchsetzt waren, welche wichtige Geheimnisse an die Sowjetunion, den ehemaligen Kriegsverbündeten, weitergaben. Auch Oppenheimer selbst, der wissenschaftliche Leiter des Manhattan-Projekts, aus dem die Atombomben von Hiroshima und Nagasaki hervorgegangen waren, wurde als Sympathisant der Kommunisten verdächtigt. Der Oppenheimer-Teller-Streit war aber letztlich nur ein Aspekt einer viel allgemeineren Kommunistenjagd, die damals, vor allem durch den Senator McCarthy angeheizt, in allen staatlichen Institutionen wütete. Denunziationen, Verdächtigungen, unwürdige Verhöre, regelrechte Säuberungsaktionen in den staatlichen Verwaltungen waren an der Tagesordnung und erinnerten mich lebhaft an Vorkommnisse, wie sie mir so eindrücklich aus der Nazizeit geschildert worden waren. Und doch gab es dabei wesentliche Unterschiede, soweit ich dies überhaupt beurteilen konnte. Die Professoren und Assistenten an den Universitäten leisteten Widerstand! Wohl nicht die Mehrheit, aber doch eine erstaunlich große Zahl von ihnen weigerte sich, den sogenannten »Loyalty Oath« zu unterschreiben, einen feierlichen Eid, den der Staat allen abverlangte und mit dem sie schriftlich bestätigen sollten, daß sie sich jederzeit loyal zu ihrem Lande und ihrer Regierung verhalten wollten. Die Gegner dieser eidesstattlichen Erklärung empfanden es als eine ehrenrührige und dreiste Zumutung, daß ihr Staat, dem sie sich alle loyal ergeben fühlten, sich dies noch ausdrücklich bestätigen lassen wollte mit der Unterstellung, daß im Weigerungsfalle Illoyalität angenommen werden müsse. Sie betrachteten dies als einen Versuch, die allgemeine politische Toleranz im Lande zu untergraben und den politischen Gegner zu diskriminieren. Einige Kollegen versuchten, die Unterschriftengegner doch noch zu überreden, mit Argumenten der Art, daß sie ja selbst eigentlich ihre Meinung teilten, daß aber andererseits dieser Erklärung kein solches Gewicht zukomme, daß eine Spaltung der Wissenschaftlergemeinschaft heraufbeschworen würde. Die Kritiker blieben trotzdem bei ihrer Ablehnung und dies aus prinzipiellen Gründen. Die Auseinandersetzung blieb nicht beim Wortgefecht. Die Nichtunterzeichner verloren, meiner Kenntnis nach, damals alle ihre Universitätsstellen. Ich war tief beeindruckt: Intelligenz und Zivilcourage – diese Kombination war für mich neu und faszinierend!

Diese politische Erfahrung zu Beginn meines USA-Aufenthalts war wegweisend für mich, obwohl, wie ich gestehen muß, oder vielleicht gerade weil auch ich zunächst nicht so ganz nachvollziehen konnte, warum jemand seine berufliche Existenz wegen einer solchen, wie mir schien, doch mehr formalen Angelegenheit aufs Spiel setzen wollte. Meine persönliche Reserve in dieser Frage beschäftigte und beunruhigte mich aber in der Folgezeit, weil ich das Gefühl hatte, hier einen wesentlichen Gesichtspunkt noch nicht richtig verstanden zu haben. Dies sollte sich jedoch für mich einige Zeit später auf eindrucksvolle Weise klären. Die bekannte Politologin und Philosophin Hannah Arendt hielt in den kommenden Semestern Gastvorlesungen über »Nationalsozialismus« am Department für politische Wissenschaften der Universität Berkeley. Ihre Vorlesungen sollten den amerikanischen Studenten verständlich machen, wie es überhaupt zu den Ungeheuerlichkeiten des Hitlerreiches kommen konnte, d. h., wie normale Menschen überhaupt dazu gebracht werden können, solche unglaublichen Greueltaten auszuführen. Es waren für mich spannende und im eigentlichen Sinne des Wortes aufschlußreiche Stunden, die ich in ihrem Kolleg und dann auch im persönlichen Gespräch mit ihr verbrachte, weil mir in ihren Worten und Erklärungen meine eigene Vergangenheit, meine eigenen Erlebnisse auf einmal erkennbar und begreifbar wurden und sich für mich ein Weg öffnete, aus dem beklemmenden und einengenden Gefühl des Nichtverstandenwerdens herauszutreten. Wichtig für mich war vor allem ihr Hinweis, daß man sich die Deutschen nicht einfach als ein Volk von Kriminellen, als blutrünstige Verbrecher vorstellen dürfe, sondern daß die Deutschen wohl alle ziemlich normale Menschen waren mit ihren Hoffnungen und Ängsten, ihren Stärken und Schwächen, ihrem Stolz und ihrer Verletzlichkeit. Ihre Schuld lag hauptsächlich in dem Versäumnis, nicht zu dem relativ frühen Zeitpunkt in der Entwicklung des Nationalsozialismus energisch Widerstand geleistet zu haben, als die Konturen des Unrechtregimes sich eigentlich schon für alle deutlich abzuzeichnen begannen. Insbesondere, so meinte sie, hätten die deutschen Intellektuellen eklatant versagt, da ihnen vermöge ihrer hohen Intelligenz bei jeder Untat immer wieder eine gescheite Ausrede einfiel. Mit dem Hinweis »Wo gehobelt wird, fallen Späne!« versuchte man zunächst alles zu entschuldigen. Als die Verbrechen jedoch für viele offensichtlich wurden und eine Verdrängung des Geschehens für sie nicht mehr möglich war, war auch die Zeit für eine mögliche Korrektur der politischen Verhältnisse verpaßt. Wollte man nicht sein Leben riskieren, so war Widerstand nurmehr von außen, aus der Emigration möglich.

Und welche Folgerungen ergaben sich aus diesen Betrachtungen? – Einerseits: Die eigentliche Schuld der »Schuldigen« ist, objektiv gemessen, viel geringer, als die anderen, die Außenstehenden, hinterher ihnen aufbürden. Andererseits: Die Auswirkungen auch kleinster Fehler, kleiner Versäumnisse und fauler Kompromisse sind aufgrund der enormen Verstärkungsmechanismen unserer Zeit weit größer, als wir selbst glauben. Unsere Devise muß also heißen: Wehret den Anfängen, bevor es zu spät ist, bevor die Eigendynamik des mächtigen Geschehens uns überrollt.

Dies gilt nicht nur im politischen Bereich. Beispiele dieser Art sind uns heute vielleicht aus der Ökologie geläufiger. So ist der Wald nur zu retten, wenn wir etwas unternehmen, bevor die Mehrzahl der Bäume für alle sichtbar erkrankt ist; den drohenden Klimawechsel können wir nur verhindern, wenn wir jetzt schon darauf achten, daß die Kohlendioxydkonzentration in der Atmosphäre nicht weiter steigt, der Ultraviolettschutzschild der Erde läßt sich nur bewahren, wenn wir jetzt schon das Ozonloch am Südpol am Wachsen hindern.

Die Probleme in ihrer Frühphase zu sehen und ihre potentielle Gefährlichkeit zu erkennen verlangt verständige Einsicht und vorausschauende Sensibilität. Stumpfheit ist uns nicht mehr erlaubt. Mit jedem Versäumnis machen wir uns schuldig.

Die Vorlesungen von Hannah Arendt verschafften mir bei der Bewältigung meiner Vergangenheit, der deutschen Vergangenheit, wieder Boden unter den Füßen. Ich schüttelte meine »Ohne mich«-Haltung ab und engagierte mich voll im »International House« der Universität, wo ich alsbald verantwortlich die internationalen kulturellen und politischen Programme der Studenten organisierte. Diese Arbeit bereitete mir nicht nur große Freude, sie machte mich auch vertraut mit der Denk- und Betrachtungsweise anderer Völker. Durch sie habe ich viele persönliche Freunde in aller Welt gewonnen. Sie zeigten mir später auf meinen ausgedehnten Reisen persönlich ihr Land und gaben mir so die Gelegenheit, weit lebendigere Einblicke zu gewinnen, als dies für einen gewöhnlichen Touristen im allgemeinen möglich ist.

Auch die Physik – und besonders die elitäre Kernphysik und die aufkommende Elementarteilchenphysik, die ich betrieb – machte mich gewissermaßen zum Weltbürger, zum Mitglied einer großen kooperativen Familie, für die es keine Grenzen gab. Ich reiste kreuz und quer durch die USA und lernte die wichtigsten Forschungsstätten und die berühmtesten Physiker kennen. Ich hätte damals in den USA bleiben können, doch wollte ich unbedingt nach Deutschland zurück, um beim Wiederaufbau meines Landes mitzuhelfen, vor allem aber auch, um meine in den USA gesammelten Erfahrungen an persönlicher Initiative, an Zivilcourage und gesellschaftspolitischem Engagement, die ich bei meinen amerikanischen Freunden so sehr bewunderte, meinen eigenen Landsleuten zu vermitteln.

Ich wollte bei Werner Heisenberg arbeiten, ein Wunsch, den ich seit meiner Gymnasialzeit hegte. Edward Teller, der Ende der zwanziger Jahre bei Heisenberg in Leipzig promoviert hatte, unterstützte mich voll und ganz in diesem Vorhaben und ebnete mir dazu auch den Weg. Meine folgende fast 20jährige intensive Zusammenarbeit mit Heisenberg zunächst in Göttingen, dann vor allem in München von 1958 bis zu seinem Tode 1976 war für mich eine der reichsten und beglückendsten Erfahrungen meines Lebens. Diese Zusammenarbeit mit Heisenberg und meine persönliche Freundschaft mit ihm haben mich tiefgreifend geprägt.

Für Werner Heisenberg war Naturwissenschaft zugleich Philosophie und Kunst. Erkennen, Verstehen und Schauen standen im Mittelpunkt seines wissenschaftlichen Strebens. Wissenschaft entfaltete sich bei ihm im lebendigen Dialog, im gemeinsamen freundschaftlichen Ringen um einen Sachverhalt, eine Vorstellung, ein Verständnis. Die Beziehung der Teile zum Ganzen war in gewisser Weise sein Hauptanliegen. Sie schloß auch die Beziehung des einzelnen zu seinen Mitmenschen, zur Gesellschaft, zur lebendigen Kreatur, zur Erde, zur ganzen Schöpfung mit ein. Die Komplementarität zwischen analytischer Exaktheit, die Isolierung erfordert, und ganzheitlicher Relevanz, die wesentlich auf der Vernetzung und Einbettung beruht, wird in dieser Beziehung deutlich. Naturwissenschaft mit ihrer analytischen Methodik, ihrer auf Exaktheit zielenden, fragmentierenden Denkweise scheitert an der Erfassung der eigentlichen Bedeutung der Wirklichkeit, die sich nur aus der Wechselbeziehung von allem mit allem, der Einbettung des Einzelnen im Ganzen erschließt.

Der Alltag der Wissenschaft vollzieht sich ganz im Spannungsfeld von Wissenwollen und Machenwollen. Der praktizierende Wissenschaftler wird von vielen Fragen gequält. Wer hat eigentlich noch Interesse am reinen Wissen? Wird Wissenschaft nicht immer mehr zur Machenschaft? Und warum soll sie es nicht? Was nützen der Gesellschaft denn die Philosophen? Hat sie nicht zunächst Anrecht darauf, daß ihr die Wissenschaft hilft, ihre Probleme zu lösen und insbesondere die, welche sie selbst heraufbeschworen hat? Oder sind hier nicht primär ganz andere Faktoren im Spiel? Haben Wissenschaftler überhaupt Erkenntnis und praktische Hilfestellung zum Ziel? Wird Wissenschaft nicht schon lange mehr von persönlichem Ehrgeiz, Eitelkeit und Erfolgssucht geprägt und damit zu einem angepaßten Glied in einer Wettbewerbsgesellschaft, in der das Überholen und Übertrumpfen des anderen zum wichtigsten Ziel geworden ist? Wer findet unter diesen Umständen noch Zeit, wirklich tief und gründlich das zu verstehen, was er tut? Alle diese Fragen tauchten am Rande meiner eigentlichen wissenschaftlichen Arbeit auf, sie beschäftigten mich, aber sie fanden zunächst noch keinen schriftlichen Niederschlag. Ich war von meiner Wissenschaft fasziniert und absorbiert. Und doch wurde ich dann Stück um Stück ins politische Leben hineingezogen, obgleich ich es nicht suchte. Aber ich sträubte mich auch nicht dagegen: Stellungnahmen zu wichtigen Lebensfragen wurden von mir erfragt, und ich konnte und wollte ihnen nicht ausweichen. Die schwierige Frage der friedlichen Nutzung der Kernenergie zerrte mich aus meinem Elfenbeinturm. Die Schließung des Weizsäckerschen »Max-Planck-Instituts zur Erforschung der Lebensbedingungen in der wissenschaftlich-technischen Welt«, die kleinliche Auseinandersetzung über Nutzen und Risiken der Kernfusion offenbarten mir die starken politischen Kräfte hinter dem Wissenschaftsgebäude, der NATO-Doppelbeschluß und die Ankündigung der Strategischen Verteidigungsinitiative SDI die tödlichen Gefahren eines ungebremsten Rüstungswettlaufs.

Das Buch ist in drei Hauptteile unterteilt. Der erste Teil enthält Aufsätze mit erkenntnistheoretischem Inhalt. Sie bilden die Brücke von meiner eigentlichen wissenschaftlichen Arbeit in der Physik zu den allgemeinen ethischen und gesellschaftspolitischen Fragen, die im zweiten Teil behandelt werden. Dort finden sich Beiträge zur Wissenschaftsethik und deren praktische Umsetzung. Hier wird Stellung zu Fragen der Energieversorgung, der Ökologie und Information genommen. Der dritte Teil ist schließlich ganz den Problemen der Friedenssicherung gewidmet, in der Wissenschaftler meines Erachtens heute ganz besondere Verantwortung übernehmen müssen, um die größte Menschheitskatastrophe verhindern zu helfen.

Erster Teil:
Physik und Erkenntnis

Erkenntnistheoretische Fragen haben mich seit meiner Gymnasialzeit brennend interessiert. Zu Beginn meines Physikstudiums fiel mir zufällig das Werk The Philosophy of Physical Science *des englischen Astrophysikers Sir Arthur Eddington in die Hände, das mich vom Inhalt wie von seiner anschaulichen Darstellungsweise her hell begeisterte. Ich studierte daraufhin sehr eingehend sein umfassendes physikalisches und, damals wie heute, recht umstrittenes Werk* Fundamental Theory. *Das meiste habe ich damals gar nicht verstanden, vielleicht weil es auch so gar nicht zu verstehen war. Es verstärkte in mir jedenfalls den Wunsch, später einmal über Elementarteilchenphysik zu forschen und den fundamentalen Naturgesetzen der Materie nachzuspüren. Albert Einstein und Werner Heisenberg waren hier meine geistigen Vorbilder.*

Die wesentlichen Teile des folgenden Aufsatzes Naturwissenschaft und Wirklichkeit *entstanden im Spätsommer 1983 in einer für mich reichlich turbulenten Zeit. Ich war damals mitten in aufregenden Forschungsarbeiten an einer neuen und, wie mir schien, besonders einfachen und kompakten Form einer einheitlichen Theorie der Materie, die sich aus früheren, mit Werner Heisenberg entworfenen Ansätzen einer Fundamentaltheorie entwickelt hatte und die Möglichkeit anzubieten schien, einen alten Wunschtraum erfüllend, auch die Gravitationskräfte auf eine überzeugende Weise in eine solche Theorie einzubeziehen. Seit Beginn des Jahres 1983 war ich aber – vor allem durch den unseligen NATO-Doppelbeschluß aufgeschreckt, über den im November desselben Jahres im Bundestag abgestimmt werden sollte – voll in einer Friedensinitiative der Naturwissenschaftler »Verantwortung für den Frieden« engagiert, die im Juli ihren ersten großen Kongreß in Mainz mit großem Erfolg abge-*

halten hatte. Darüber hinaus war ich immer noch stark mit der Energieproblematik beschäftigt, in die ich schon sechs Jahre früher eingestiegen war, als sich für mich erstmals die dringende Notwendigkeit abzeichnete, andere Möglichkeiten einer langfristigen Energieversorgung auszuloten, die nicht auf der Kernenergie basierten. Ich hatte in diesem Zusammenhang insbesondere ein Seminar »Sanfte Energietechnologien« an der Universität München gegründet, in dem wir uns vorgenommen hatten, im Herbst 1983, gerade noch rechtzeitig vor den Münchner Kommunalwahlen, mit einem eigenen kommunalen Energiekonzept für die Stadt München herauszukommen.

In dieser überladenen und reichlich hektischen Periode erreichte mich eine Anfrage, ob ich bereit wäre, bei einer Jubiläumsfeier anläßlich des hundertsten Jahrgangs des Jugendsachbuchs Das Neue Universum *den Festvortrag zu halten. Die Veranstalter waren zu dieser Einladung durch ein Gespräch animiert worden, das ich kurz vorher mit Fritjof Capra geführt hatte und das in der Zeitschrift* Psychologie heute *abgedruckt worden war. Sie hatten dabei den Wunsch geäußert, daß ich vor allem auf die gegenwärtigen intensiv diskutierten Fragen zum Verständnis von Technik, Wissenschaft und Fortschritt und auf die Hintergründe ihrer zunehmenden Ablehnung bei der Jugend eingehe. Trotz meiner Überlastung sagte ich damals zu, da es mir zu diesem Zeitpunkt wichtig und dringend erschien, einmal aus meiner Sicht diesen Problemkreis ausführlich zu diskutieren. Ich wollte klarmachen, daß die neue Haltung vieler junger Leute, denen ich bei meinen Vorlesungen und meiner Energie- und Friedensarbeit begegnet bin, nicht einfach als Wissenschafts- und Technikfeindlichkeit abgetan werden kann.*

Naturwissenschaft und Wirklichkeit
Der Beitrag naturwissenschaftlichen Denkens zu einem möglichen Gesamtverständnis unserer Wirklichkeit

Wissenschaft und Technik prägen unser Zeitalter, sie beherrschen direkt oder indirekt wesentliche Teile unseres Lebens. Sie haben dem Menschen auf kaum vorstellbare Weise die Möglichkeit eröffnet, sich die Natur dienstbar zu machen und sein eigenes Los auf dieser Welt zu erleichtern. Wissenschaft und Technik haben dem Menschen aber auch – und dies wird uns heute immer mehr bewußt – die Fähigkeit verliehen, sich selbst und seine ganze Umwelt, in die er eingebettet ist, zu zerstören. So feiern Wissenschaft und Technik heute höchste Triumphe und geben gleichzeitig den Blick in den Abgrund preis. Sie stürzen den sehenden und wachen Teil der Menschheit in bedrückende Zweifel, wie diese atemberaubende Entwicklung wohl weitergeht und ob sie langfristig eine Situation vermeiden kann, die wir aus irdischer, menschlicher Sicht als Katastrophe bezeichnen müßten. Wir erleben heute in den Ländern der nördlichen Hemisphäre, welche diese Entwicklung anführen, bei vielen jungen Leuten eine Grundstimmung, die als wissenschafts- und technikfeindlich interpretiert wird. Diese Interpretation mag in Einzelfällen zutreffen, doch halte ich sie als allgemeine Aussage für falsch. Richtig erscheint mir, daß viele Menschen erkennen, daß die durch naturwissenschaftliches Denken erfaßbare, oder allgemeiner: die durch wissenschaftliche Methoden beschreibbare Wirklichkeit nicht die eigentliche, die ganze Wirklichkeit darstellt und darstellen kann, ja daß durch Wissenschaft nicht einmal der für uns Menschen »wesentliche Teil« dieser eigentlichen Wirklichkeit beleuchtet wird, daß es deshalb in unserem Zeitalter der Wissenschafts- und Technikeuphorie dringend nötig ist, wieder auf die prinzipiellen Grenzen der Wissenschaft, insbesondere der Naturwissenschaft und der aus ihren Erkenntnissen entwickelten Technik, hinzuweisen. Es ist nicht wissenschaftsfeindlich, wenn auf solche prinzipielle Grenzen der Wissenschaft aufmerksam gemacht wird. Gerade das Aufzeigen der Grenzen schärft den Blick für das, was man begreifen kann, es festigt letzten Endes die Fundamente des Wissenschaftsgebäudes.

Es ist vielleicht auf den ersten Blick überraschend, daß die Grenzen der Wissenschaft gerade dort am deutlichsten sichtbar wurden, wo unsere wissenschaftliche Methode sich bisher am überzeugendsten und genauesten bewährt hatte, nämlich in der Physik, in der Mechanik, der klassischen Mechanik Newtons. Die Welt erschien nach der klassischen Mechanik wie ein einziges großes Uhrwerk, das nach strengen und unverrückbaren Grenzen ablief. Für Gott schien kein Platz mehr. Gott war nurmehr eine Umschreibung für das noch nicht wissenschaftlich Gewußte. Gott war also gewissermaßen ein Sammelbegriff für alle Phänomene, die der unwissende Mensch noch nicht erfolgreich als speziellen Teil dieses komplizierten Räderwerks deuten konnte. Gott sollte deshalb in dem Maße entbehrlich werden, wie neue Kenntnisse und Einsichten erworben würden. Notwendig war Gott letztlich nur noch als Schöpfer, als der Konstrukteur dieses Uhrwerks und als derjenige, der es in Gang gesetzt hatte. Die Technik erlaubte es dem Menschen, ihm in dieser Weise nachzueifern. Die Kenntnis der Gesetze verschaffte dem Menschen Macht über die Natur.

Es zeigte sich bald, daß die Mechanik nicht ausreichte für die Beschreibung aller beobachteten physikalischen Phänomene. Insbesondere die elektrischen und magnetischen Erscheinungen wollten sich nicht der Mechanik unterordnen. Jede neue Einsicht warf neue Fragen und Probleme auf. Viele Phänomene entzogen sich einem Verständnis durch Komplexität – in der Vielfalt war das Gesetzmäßige nicht mehr auszumachen. Der menschliche Geist jedoch bohrte weiter, versuchte das komplizierte Geflecht zu entwirren.

Unser Wissen ist heute in viele Einzeldisziplinen zerstückelt, die jeweils nur noch ein Fachmann übersehen und »verstehen« kann, wobei »verstehen« meist nicht sehr viel mehr bedeutet, als daß er mit diesem Gebiet mehr oder weniger vertraut ist, daß er sich darin, wie etwa in seiner Wohnung, bewegen und zurechtfinden kann. Meist beobachten wir nicht mehr direkt die Natur, sondern verwenden dazu immer kompliziertere Geräte. Sie wirken wie überlange Stöcke, die uns erlauben, weiter vorzufühlen, Entfernteres zu berühren, stärker auszuholen, die andererseits aber, gerade wegen ihrer großen Länge, sich zwischen uns und die Natur schieben und bewirken, daß uns der unmittelbare, tastende Kontakt, das »Fingerspitzengefühl« für die Erfassung der Wirklichkeit im ganzen verlorengeht. Wohl können wir durch Konzentration und geduldiges Stochern dieses »Fingerspitzengefühl« durch den Stock hindurch transportieren, d. h. wir können lernen, auch durch eine lange Kette von technischen Geräten hindurch, neue Sensibilität zu entwickeln und die ursprüngliche Entfremdung überwinden. Aber dieser Lern- und Anpassungsprozeß benötigt Zeit, und wir können ihn aufgrund unserer begrenzten Lernfähigkeit nur bewältigen, wenn wir unser Erfahrungsfeld drastisch einschränken.

Das Wissen in seiner Gesamtheit, wie es durch die Wissenschaften vermittelt wird, ist deshalb für den einzelnen in diesem Sinne nicht mehr erfaßbar und überschaubar. Wir fühlen uns trotz großer Anstrengung von den ständig wachsenden Anforderungen an unsere Auffassungsfähigkeit überfordert. Wir behelfen uns in dieser Notlage, indem wir aufgeben, alles geistig zu durchdringen und verstehen zu wollen, und bauen »schwarze Kästen« ein, die wir – ähnlich wie Autos, Fernseher, Waschmaschinen – einfach durch Knopfdruck und Hebel bedienen, ohne ihre Wirkungsweise zu verstehen. In dieser uns überfordernden Situation erscheint uns die Wirklichkeit auf die Existenz und Wirkung der vielen Werkzeuge und technischen Hilfsmittel reduziert, mit denen wir uns so reichlich umgeben haben. Unsere hochdifferenzierte und harmonisch natürliche Mitwelt wird usurpiert und dominiert durch eine von uns selbst geschaffene, borniert, mechanistisch strukturierte und funktionierende Teilwelt. Diese Teilwelt verstellt uns den Blick auf die eigentliche Wirklichkeit und isoliert uns von ihr.

Es stellt sich nun die Frage, ob es andere und insbesondere zur Erfassung der ganzheitlichen Struktur der Wirklichkeit effektivere Arten der Welterfahrung gibt, als die mit unzählig vielen, überlangen spitzen Stöcken in ihr herumzustochern, wie es die Wissenschaft versucht. Noch prinzipieller stellt sich die Frage, ob eigentlich das Ganze, als welches ich als Erlebender und Erkennender die Welt – mich als erkennendes Ich eingeschlossen – begreife, ob eigentlich das Ganze sich überhaupt als Summe von

Teilchen verstehen läßt, d. h. ob eine analytische, zerlegende Betrachtungsweise, wie sie von der Naturwissenschaft praktiziert wird, überhaupt ein geeignetes Mittel des Weltverständnisses ist.

Was meint eigentlich ein Naturwissenschaftler, wenn er von Erkenntnis spricht, was ist die Art seines Wissens, das einer solchen Erkenntnis entspringt? Wie steht das Wissen der »Wissenschaft«, und hier insbesondere der sogenannten »exakten Naturwissenschaften« in Beziehung zur eigentlichen Wirklichkeit, zur ursprünglichen Welterfahrung, was immer wir darunter verstehen mögen?

Von der Beantwortung dieser Fragen wird es abhängen, welchen Beitrag naturwissenschaftliches Denken prinzipiell zu einem Gesamtverständnis unserer Wirklichkeit leisten kann. Dies sind erkenntnistheoretische Fragen, deren Beantwortung eigentlich einem Philosophen überlassen werden sollte. Die modernen Entwicklungen in den Naturwissenschaften, insbesondere die umwälzende Erkenntnis in der Physik zu Beginn unseres Jahrhunderts, die zur Formulierung der Quantenmechanik geführt haben, haben aber den Naturwissenschaftler geradezu in diese Fragestellung hineingedrängt. Er mußte zu seiner Überraschung feststellen, daß seine Kenntnisse von und sein Wissen über die von ihm abstrakt vorgestellte Wirklichkeit sehr viel mit den Methoden zusammenhängen, mit denen er die Natur erforscht.

Lassen Sie mich diese Beziehung zwischen den Erkenntnissen der Naturwissenschaft über die Wirklichkeit zur »eigentlichen« Wirklichkeit mit einer einprägsamen Parabel beschreiben, die von dem berühmten englischen Astrophysiker Sir Arthur Eddington in seinem 1939 erschienenen Buch *The Philosophy of Physical Science* angeführt wird.

Eddington vergleicht in dieser Parabel den Naturwissenschaftler mit einem Ichthyologen, einem Fischkundigen, der das Leben im Meer erforschen will. Er wirft dazu sein Netz aus, zieht es an Land und prüft seinen Fang nach der gewohnten Art eines Wissenschaftlers. Nach vielen Fischzügen und gewissenhaften Überprüfungen gelangt er zur Entdeckung von zwei Grundgesetzen der Ichthyologie:
 1. Alle Fische sind größer als fünf Zentimeter,
 2. Alle Fische haben Kiemen.

Er nennt diese Aussagen Grundgesetze, da beide Aussagen sich ohne Ausnahme bei jedem Fang bestätigt hatten. Versuchsweise nimmt er deshalb an, daß diese Aussagen auch bei jedem künftigen Fang sich bestätigen, also wahr bleiben werden.

Ein kritischer Betrachter – wir wollen ihn einmal den Metaphysiker nennen – ist jedoch mit der Schlußfolgerung des Ichthyologen höchst unzufrieden und wendet energisch ein:

»Dein zweites Grundgesetz, daß alle Fische Kiemen haben, lasse ich als Gesetz gelten, aber dein erstes Grundgesetz, über die Mindestgröße der Fische, ist gar kein Gesetz. Es gibt im Meer sehr wohl Fische, die kleiner als fünf Zentimeter sind, aber diese kannst du mit deinem Netz einfach nicht fangen, da dein Netz eine Maschenweite von fünf Zentimetern hat!«

Unser Ichthyologe ist aber von diesem Einwand keineswegs beeindruckt und entgegnet: »Was ich mit meinem Netz nicht fangen kann, liegt prinzipiell außerhalb fischkundlichen Wissens, es bezieht sich auf kein Objekt der Art, wie es in der Ichthyologie als Objekt definiert ist. Für mich als Ichthyologen gilt: Was ich nicht fangen kann, ist kein Fisch.«

Soweit die Parabel. Sie läßt sich als Gleichnis für die Naturwissenschaft verwenden. Bei Anwendung dieses Gleichnisses auf die Naturwissenschaft entspricht dem Netz des Ichthyologen das gedankliche und methodische Rüstzeug und die Sinneswerkzeuge des Naturwissenschaftlers, die er benutzt, um seinen Fang zu machen, d. h. naturwissenschaftliches Wissen zu sammeln, dem Auswerfen und Einziehen des Netzes die naturwissenschaftliche Beobachtung.

Wir sehen sofort, daß dem Streit zwischen dem Ichthyologen und dem Metaphysiker kein eigentlicher Widerspruch zugrunde liegt, sondern dieser nur durch die verschiedenen Betrachtungsweisen der Kontrahenten verursacht wird. Der Metaphysiker geht von der Vorstellung aus, daß es im Meer eine objektive Fischwelt gibt, zu denen auch sehr kleine Fische gehören können. Vielleicht gibt es für ihn dafür auch gewisse Hinweise, wenn er etwa vom Ufer aus ins Wasser schaut. Aber er hat Schwierigkeiten, deren »Objektivität« im Sinne des Ichthyologen zu beweisen, denn im Sprachgebrauch des Ichthyologen ist ein Objekt etwas, was er mit dem Netz fangen kann. Der Metaphysiker empfindet diese Bedingung der Fangbarkeit als unzulässige subjektive Einschränkung der für ihn objektiven Wirklichkeit und bestreitet dem Ichthyologen deshalb die Relevanz seiner Aussage.

Der Ichthyologe ist hier anderer Meinung. Es ist für ihn uninteressant, ob er mit seinem Fang eine Auswahl trifft oder nicht. Er bescheidet sich mit dem, was er fangen kann und hat deshalb gegenüber dem Metaphysiker den Vorteil, daß er nirgends vage Spekulationen anstellen muß. Die Schärfe seiner Aussagen beruht wesentlich auf dieser Selbstbescheidung. Seine Beschränkung auf das Fangbare erscheint darüber hinaus vom praktischen Standpunkt aus, ohne große nachteilige Konsequenzen. Für die Fischesser ist das Wissen, das der Ichthyologe etabliert, völlig ausreichend, da ein nicht fangbarer Fisch für ihn uninteressant ist.

Ein zweiter Betrachter, den wir den Erkenntnistheoretiker nennen wollen, versucht im Streit des Ichthyologen und Metaphysikers zu vermitteln. Er stimmt dem Metaphysiker zu, daß das erste Grundgesetz des Ichthyologen über die Minimalgröße der Fische einen subjektiven Charakter hat, aber er geht nicht so weit, daß er diesem Grundgesetz deshalb seine Relevanz abspricht. Er weist den Ichthyologen aber darauf hin, daß er dieses Grundgesetz nicht nur auf dem langwierigen und mühsamen Umweg des wiederholten Fischfangs und Ausmessens der Fische entdecken kann, sondern viel unmittelbarer und überzeugender durch eine Messung der Maschenweite des Netzes. Dieser erkenntnistheoretische Zugang verschafft dem Gesetz absolute Gültigkeit. Dies entspricht der Kantschen Aussage, daß die grundlegenden allgemeinen Einsichten der Physik sich deshalb *in* der Erfahrung bewähren, weil sie notwendige Bedingungen *für* die Erfahrung aussprechen. Für das zweite Grundgesetz »Alle Fische haben Kiemen« kann im Gegensatz dazu eine solch strenge Allgemeingültigkeit nie gefordert werden. Prinzipiell besteht hier immer die Möglichkeit, daß man durch Fischen in anderen Bereichen einmal auch einen Fisch ohne Kiemen zutage fördert. Dieses Gesetz gilt deshalb immer nur im Sinne einer Wahrscheinlichkeitsaussage. Dies ist die Art von Erfahrung, wie sie uns von den Empiristen gepredigt wird.

Das Gleichnis unseres Ichthyologen ist selbstverständlich zu einfach, um die Stellung des Naturwissenschaftlers und seine Beziehung zur Wirklichkeit angemessen zu beschreiben. Aber das Gleichnis ist doch differenziert genug, um wenigstens die wesentlichen Merkmale einer solchen Beziehung zu charakterisieren. Die Naturwissenschaft handelt nicht von der eigentlichen Wirklichkeit, der ursprünglichen Welterfahrung oder allgemeiner: was dahinter steht!, sondern nur von einer bestimmten Projektion dieser Wirklichkeit, nämlich von dem Aspekt, den man, nach Maßgabe detaillierter Anleitungen in Experimentalhandbüchern, durch »gute« Beobachtungen herausfiltern kann. Dieser Aspekt der Wirklichkeit kann dann auch von jedermann, der sich an die gleichen Vorschriften hält, nachgeprüft werden. Entsprechend seinem Projektionscharakter ist das auf diese Weise ermittelte naturwissenschaftliche Wissen im allgemeinen ein eingeschränktes Wissen von der metaphysisch vorgestellten eigentlichen Wirklichkeit. Darüber hinaus erhält das wissenschaftliche Wissen durch die Projektion auch eine bestimmte Prägung, wodurch sich der Charakter der wissenschaftlichen Welt gegenüber der eigentlichen Wirklichkeit qualitativ verändert. Wirklichkeit und ihr naturwissenschaftliches Abbild stehen sich deshalb etwa einander gegenüber wie ein Gegenstand zu seiner Zeichnung oder bestenfalls seiner Photographie (s. Abb. 1). Wir könnten hier auch das Platonsche Höhlengleichnis verwenden.

Die grundlegenden Änderungen im Weltbild der Physik, insbesondere durch die Entdeckung der Quantenmechanik im ersten Drittel unseres Jahrhunderts, haben die Aufmerksamkeit der Naturwissenschaftler auf diese erkenntnistheoretischen Fragen gelenkt. Die prinzipielle Beschränkung wissenschaftlicher Aussagen wurde deutlich. Es erscheint uns allen natürlich, daß unsere ursprüngliche Erfahrung reicher ist im Vergleich zu der Erfahrung, welche sich wissenschaftlich fundieren läßt. Denn unsere Erfahrung beginnt schon dort, wo wir uns noch ganz als integrierten Teil einer Gesamtwirklichkeit erleben, wo wir noch nicht angefangen haben, uns als Subjekt vom Objekt zu trennen, wo wir noch nicht angefangen haben, unserem existentiellen Ich eine objektiv erfahrbare Außenwelt gegenüberzustellen. Viele für uns wichtige Erfahrungen, z. B. auf religiösem oder künstlerischem Gebiet, erfüllen nicht die Auswahlkriterien einer wissenschaftlichen Betrachtung. Sie können deshalb weder mit der Naturwissenschaft konfrontiert werden noch mit dieser in Widerspruch geraten – sie beziehen sich, in unserer Parabel, auf Fische, die man nicht fangen kann.

Bei unserer bisherigen Argumentation hat die Vorstellung eines Netzes eine entscheidende Rolle gespielt. Das Netz symbolisiert die Wirklichkeitsverengung und Qualitätsänderung durch unser Denken. Man mag an dieser Stelle zweifeln, ob die Vorstellung eines bestimmten Netzes – als Metapher für das gedankliche

Rüstzeug und die wissenschaftlichen Methoden – der tatsächlichen Situation in der Naturwissenschaft gerecht wird. Es erscheint eher angemessen, sich den Naturwissenschaftler als einen weit intelligenteren Ichthyologen vorzustellen, der mit immer besseren und raffinierteren Netzen – insbesondere mit solchen kleinerer Maschenweite – fischt, um Schritt um Schritt zu einer genaueren und vollständigeren Erfassung der Wirklichkeit zu kommen. Zweifellos ist in dieser Hinsicht unser ursprüngliches Gleichnis zu einfach. Letztlich war es gerade die Möglichkeit, verschiedene Netze zu verwenden, die unmißverständlich auf den Projektionscharakter der »physikalischen Wirklichkeit« hinwies. Ein Elektron zum Beispiel offenbarte sich bei der einen Beobachtungsmethode als Teilchen, bei einer anderen als Welle, also in zwei gänzlich verschiedenen Formen, und zwar – im Sinne der herkömmlichen Objektvorstellung – sogar in unverträglichen Formen. Dieses Beispiel macht deutlich, daß der Naturwissenschaftler wohl verschiedene Netze zur Wirklichkeitserfassung hat, andererseits jedoch auch, daß eine prinzipielle Einschränkung in der Auswahl aber bestehen bleibt. Es gibt kein Netz, mit dem er das Etwas »Elektron« fischen, d. h. objektivieren kann, das die komplementären Seiten Teilchen-Welle vereinigt läßt (s. Abb. 1).

Die »naturwissenschaftliche Welt« unterscheidet sich, wie schon vorher erwähnt, auch qualitativ von der eigentlichen Wirklichkeit, von der sie ein projektives Abbild ist. Dies ist in unserem Ichthyologengleichnis deutlich geworden. Bei der Untersuchung seines Fangs versucht der Ichthyologe nicht zu beschreiben, *was* ein Fisch (von mehr als fünf Zentimeter) ist, sondern konzentriert sich nur auf gewisse Eigenschaften des Fisches, in unserem Beispiel: seine Länge: Die Länge bezeichnet eine Beziehung zwischen einem Fisch und einem Stück Holz, das er als Meßlatte verwendet. Daß ein Fisch und ein Stück Holz sich überhaupt vernünftig vergleichen lassen, liegt daran, daß man sich auf eine Eigenschaft beschränkt, die beiden gemeinsam ist, nämlich die abstrakte Eigenschaft »Länge«. Die quantitative Beschreibung, d. h. die Möglichkeit, Aussagen in Zahlen zu fassen – in unserem Fall die Angabe der Zahl »fünf« in Meßlattenlängen »Zentimeter« –, und ganz allgemein die Möglichkeit, bei der Formulierung von Aussagen und Verknüpfungen die Mathematik zu verwenden, hängt genau mit der Möglichkeit zusammen, von den Inhalten der Dinge, also dem »was«, ganz abzusehen und sich allein auf die

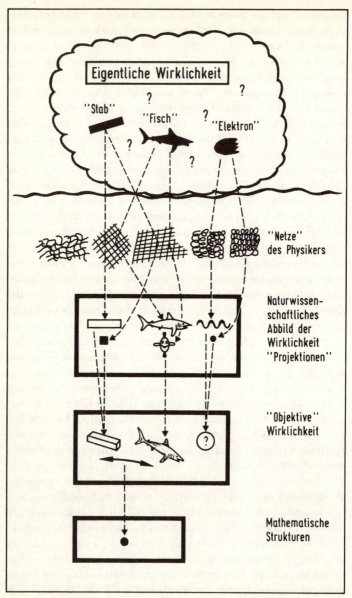

Abb. 1: Beziehung der »naturwissenschaftlichen« Wirklichkeit zur »eigentlichen« Wirklichkeit

Beziehung von Vergleichbarem, also das »wie«, zu konzentrieren. In engem Kontakt zur eigentlichen Wirklichkeit, aber neben dieser eigentlichen Wirklichkeit, errichtet der Naturwissenschaftler ein neues, andersartiges, nämlich ein mathematisch strukturiertes Gebäude, das er durch einen Prozeß von »trial and error« immer besser der Struktur (nicht dem Inhalt) der Wirklichkeit nachzubilden versucht (s. Abb. 1). Er wählt dazu ein Netz, eine Sprache, ein Paradigma, das der Wirklichkeit in gewisser Weise angepaßt ist und eine Optimierung dieses Übersetzungsprozesses erlaubt.

Im Gleichnis des Ichthyologen heißt dies etwa, daß dieser zunächst kein Meeresforscher, sondern einfach ein Fischesser war, der alle möglichen Fischfangmethoden – Steinewerfen, Stechen, Angeln usw. – durchprobierte, um möglichst viele Fische zu fangen, bis er schließlich das für diesen Zweck äußerst effiziente Netz entdeckte. Das Netz ist also nicht etwas, was ganz unabhängig von der Wirklichkeit, vom Fischreich, vorgegeben ist, sondern es hat sich in Wechselwirkung mit der Wirklichkeit als geeignet angeboten. Die Struktur der eigentlichen Wirklichkeit hat also wesentlichen Einfluß auf die Wahl der Paradigmen und Denkschemata, mit denen wir sie zu erfassen und zu beschreiben versuchen. Wir haben es also mit einer Art Rückkoppelung zu tun. Die »naturwissenschaftliche Wirklichkeit« ist deshalb der eigentlichen Wirklichkeit deutlich eingeprägt. Deutlicher eingeprägt jedenfalls als etwa »David« im unbehauenen Marmorblock, bevor der Meißel des Michelangelo ihn für uns alle sichtbar »freigelegt« hat.

Viele Naturwissenschaftler, so scheint es mir, sind sich der prinzipiellen Beschränkung ihrer Wirklichkeitserfassung nicht bewußt, oder aber sie halten für irrelevant, was prinzipiell nicht wissenschaftlich erfaßt werden kann. Vielfach ist ihr Wirklichkeitsverständnis noch sehr von der Vorstellung des 19. Jahrhunderts geprägt, nach der eine genaue Kenntnis des augenblicklichen Zustands der Welt in Verbindung mit einer exakten Kenntnis der Naturgesetze zu einer scharfen Bestimmung aller zukünftigen Ereignisse führt. Die Welt selbst wird als ein hochgradig kompliziertes System aufgefaßt, dessen Qualitäten sich letztlich auf die Bewegungen von ungeheuer vielen, nur noch mit wenigen Eigenschaften begabten, zeitlich unveränderlichen Bestandteilen – seien sie nun Atome oder noch kleinere Bausteine: Elementarteilchen oder Quarks – zurückführen lassen. Die Zeit wird als wesentliche Ordnungsstruktur ausgezeichnet. Das zeitlich Unveränderliche, das »Beharrende«, wird als »Materie« begriffen. Etwas verstehen bedeutet zunächst, es in seine »Bestandteile« zerlegen, es analysieren. Das Ganze gewinnt man zurück als Summe seiner Teile.

Dieses einfache Bild von der Wirklichkeit hat sich entscheidend verändert. Der wesentliche Einschnitt erfolgte durch die Quantenmechanik. War es bisher schon immer notwendig, bei ungenauer Kenntnis eines Zustands auf ganz präzise Aussagen und insbesondere Vorhersagen zu verzichten und sich mit der Angabe ihrer Wahrscheinlichkeiten zu begnügen, so stellte sich nun heraus, daß der Wahrscheinlichkeitscharakter von physikalischen Aussagen nicht allein von der subjektiven Unkenntnis herrührt, sondern dem Naturgeschehen selbst eingeprägt ist. Eine noch so genaue Beobachtung aller Fakten in der Gegenwart reicht prinzipiell nicht aus, um das zukünftige Geschehen vorherzusagen, sondern eröffnet nur ein bestimmtes Feld von Möglichkeiten, für deren Realisierung sich bestimmte Wahrscheinlichkeiten angeben lassen. Das zukünftige Geschehen ist also nicht mehr determiniert, nicht festgelegt, sondern bleibt in gewisser Weise offen. Das Naturgeschehen ist dadurch kein mechanistisches Uhrwerk mehr, sondern hat den Charakter einer *fortwährenden Entfaltung*. Die Schöpfung ist nicht abgeschlossen – die Welt ereignet sich in jedem Augenblick neu.

Ich möchte diesen wichtigen Punkt noch etwas näher ausführen. Ich muß dazu unsere Vorstellungskraft etwas strapazieren und bitte deshalb um Nachsicht und Geduld. Ich tue dies, um anzudeuten, daß hinter diesen vagen Sprechweisen eine streng und scharf faßbare Struktur verborgen ist.

Nach der klassisch-mechanistisch-atomistischen Vorstellung besteht die Welt aus einer großen Anzahl von nicht mehr weiter zerlegbaren, strukturlosen und unzerstörbaren Bausteinen, von irgendwelchen Atomen. »Atome« sollen hierbei nicht die Atome im engeren Sinne, die Bausteine der chemischen Elemente bedeuten, sondern deren Subpartikel, die sogenannten Elementarteilchen, wie insbesondere den Elektronen der Atomhülle und den Protonen und Neutronen des Atomkerns, oder eigentlich deren Bausteinen, den sogenannten Quarks, oder gar deren vermuteten Untereinheiten, den Preonen usw. Welches nun letztlich die kleinsten Bausteine sind, soll uns hier nicht kümmern, sondern nur,

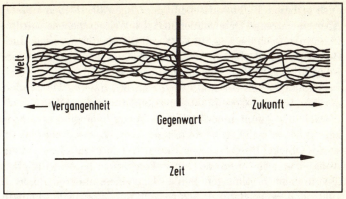

Abb. 2: Deterministisch-atomistisches Weltmodell »Nylonseil«

daß es überhaupt solche kleinsten und unzerstörbaren Bausteine der Materie gibt, also »Objekte« in einem bestimmten Sinne, die zeitlich unveränderlich sind, also über alle Zeiten hin mit sich selbst identisch bleiben. Sie verbürgen bei dieser Vorstellung gewissermaßen die zeitliche Kontinuität unserer Welt. Jedes dieser Atome könnten wir anschaulich mit einem unendlich langen, in seiner ganzen Länge mit sich selbst gleichbleibenden Nylonfaden vergleichen, der aus frühester Vergangenheit kommt und in die fernste Zukunft läuft (s. Abb. 2). Die Welt ist ein dickes Nylonseil, das aus unzählig vielen solcher Fasern besteht. Das Weltgeschehen besteht nur in einer komplizierten Durchmischung und Umordnung dieser vielen Atome, in unserem Bild also in den Verflechtungen und Verwicklungen der einzelnen Nylonfäden entlang des Seils. Diese Verwicklungen sind in einem mechanistischen Weltbild nicht zufällig, sondern gehorchen ganz bestimmten Gesetzen. Für die Erfassung der materiellen Wirklichkeit würde es deshalb unter diesen Umständen prinzipiell ausreichen, das Nylonseil an einem bestimmten Querschnitt zu kennen, um seine Struktur der ganzen Länge nach abzuleiten, also: die genaue Kenntnis des Zustands der Welt zu einem bestimmten Zeitpunkt, z. B. im jetzigen Augenblick, sollte prinzipiell ausreichen, das Vergangene voll zu rekonstruieren und das Künftige eindeutig vorherzusagen. Ich sage »prinzipiell«, denn praktisch wird es selbstverständlich gänzlich unmöglich sein, sich eine vollständige Kenntnis der Welt zu einem bestimmten Zeitpunkt zu verschaffen. Man würde also auch in diesem Fall praktisch mit der Ungewißheit leben müssen. Aber eine strenge Determiniertheit des Weltgeschehens würde – wenn man auch die belebte Welt und die Menschen mit in diese Gesetzmäßigkeit einbezieht – keine Freiheit des Handelns mehr zulassen! Das Weltgeschehen würde unbeeinflußbar wie ein Uhrwerk ablaufen! Es bestünde auch kein prinzipielles Verständnis darüber, was die »Gegenwart« auszeichnet, was sie bedeutet.

Nach der quantenmechanischen Vorstellung gibt es jedoch kein Teilchen mehr, d. h. ein mit sich zeitlich identisches lokalisiertes Objekt. Das klassische Bild z. B. eines kräftefreien Elektrons, das sich aufgrund einer konstanten Geschwindigkeit ($\vec{v}$ von einem bestimmten Punkt A zu einem anderen Punkt B auf einer geraden Bahn $A \to B$ bewegt, muß quantenmechanisch ganz anders interpretiert werden (s. Abb. 3). Auch hier kann man in gewissem, abgeschwächtem Sinne von einem Ausgangszustand »Elektron am Punkt A mit Geschwindigkeit $\vec{v}$« sprechen. Die Abschwächung kommt in prinzipiellen Unschärfen dieser Zustandsfestlegung zum Ausdruck (Heisenbergsche Unschärferelationen), was letztlich die Unverträglichkeit signalisiert, ein Elektron als »Objekt« zu betrachten. Die quantenmechanischen Gesetzmäßigkeiten bewirken nun aber nicht, daß das Elektron zu einem späteren Zeitpunkt einen entsprechenden

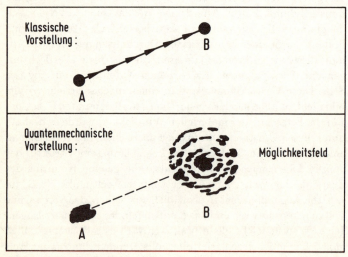

Abb. 3: »Bahn« eines Elektrons

Zustand am Punkt B einnimmt, sie sagen vielmehr nur voraus, daß ein Zustand »Elektron« an irgendeinem anderen Ort mit einer bestimmten Wahrscheinlichkeit auftreten muß. Dies beinhaltet ein enormes Mehrwissen. Es ist dieses Mehrwissen, was die klassische Definition eines Objekts verhindert. Das Möglichkeitsfeld für das Auftreten des Teilchens ist »wellenartig«, d. h. es hat die Eigenschaft, daß bei Überlagerung von zwei Möglichkeiten diese sich nicht nur verstärken, sondern auch abschwächen können.

Daß dieses nur statistisch festgelegte Kausalverhalten Ursache → Wirkung nicht zu einem völlig chaotischen dynamischen Verhalten führt, rührt nun daher, daß die durch den Ausgangszustand bei A ausgelösten Möglichkeitswellen sich im allgemeinen bei Überlagerung praktisch überall fast völlig zu Null wegkompensieren, außer an ganz bestimmten Stellen, nämlich gerade dort, wo wir das Teilchen aufgrund einer klassischen Bahnvorstellung erwarten würden. Dies hat zur Folge, daß die Bewegungsgesetze der Mechanik sich aus Extremalprinzipien – etwa dem Hamiltonschen Prinzip – ableiten lassen. Die kontinuierliche Verknüpfung der Punkte A nach B und ihre Bezeichnung als »Bahn eines bestimmten Teilchens« gelingt also nur aufgrund eines Mittelungsprozesses. Folglich ist auch die Identifizierung des Teilchens bei A mit dem B nachgewiesenen (wir sprechen von einem bestimmten Elektron!) nur bei dieser vergröberten Betrachtungsweise möglich.

Aus quantenmechanischer Sicht gibt es also keine zeitlich durchgängig existierende objektivierbare Welt, sondern diese Welt ereignet sich gewissermaßen in jedem Augenblick neu. Die Welt »jetzt« ist nicht mit der Welt im vergangenen Augenblick substantiell identisch. Aber die Welt »im vergangenen Augenblick« präjudiziert die Möglichkeiten zukünftiger Welten auf solche Weise, daß es bei einer gewissen vergröberten Betrachtung so erscheint, als ob bestimmte Erscheinungsformen, z. B. Elementarteilchen, ihre Identität in der Zeit bewahren.

Die Welt entspricht also keinem aus vielen kontinuierlichen Nylonfäden geflochtenen Nylonseil, bei der Vergangenheit und Zukunft gleichartig sind. Aus der Sicht der Quantenmechanik ist die Zukunft prinzipiell offen, prinzipiell unbestimmt; die Vergangenheit dagegen ist festgelegt, durch Fakten (irreversible makroskopische Prozesse) in der Gegenwart dokumentiert. Die Gegenwart bezeichnet den Zeitpunkt, wo Möglichkeit zur Faktizität, zur

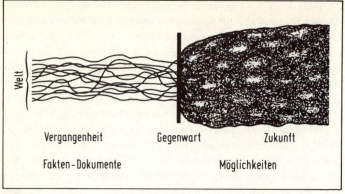

Abb. 4: Quantenmechanisches Weltmodell »Nylon-Halbseil«

Tatsächlichkeit gerinnt. In unserem Bild vom Nylonseil entspricht dies eher einem nurmehr in die Vergangenheit sich erstreckenden Halbseil, dessen Fäden in der Gegenwart gleichsam aus einem unstrukturierten Lösungsbad herausgezogen werden, sich also gewissermaßen im jeweils gegenwärtigen Augenblick aus einer qualifizierten Unbestimmtheit neu bilden (s. Abb. 4). Eine Extrapolation in die Zukunft ist prinzipiell nicht möglich.

Die zeitliche Kontinuität der Welt beruht also nicht auf ihrem »objektiven« Charakter, nicht darauf, daß also gewisse Objekte, Dinge, Materieklümpchen existieren, sondern darauf, daß ihr eine gewisse »Erwartung« innewohnt, welche ihre zeitliche Entwicklung formt.

Es fällt uns schwer, uns die Welt und ihren Inhalt (»Dinge«), ihre Zustände nicht-objekthaft vorzustellen. Unser ganzes Begriffssystem, unsere Sprache ist ja auch auf dieser »zeitlos gedachten« Struktur aufgebaut. Um sie trotzdem in ihrer »Erwartungs-Struktur« denken zu können, führen wir abstrakt den objekthaft klingenden Begriff eines »virtuellen Zustands« ein und stellen diesen Zustand formal durch einen Vektor in einem unendlich-dimensionalen Zustandsraum (Hilbertraum) dar. Seine jeweilige (im allgemeinen zeitlich veränderliche) Richtung beschreibt die (im allgemeinen zeitlich veränderlichen) Wahrscheinlichkeiten für die möglichen Realisierungen. Dieser Zustandsvektor repräsentiert die ständige Erwartung und die zwingende Aufforderung, daß sich die Welt in irgendeiner Form neu ereignet.

Durch den Kunstgriff, die Objekte der klassischen Vorstellung in der Quantenbeschreibung durch »Zustandsvektoren« zu ersetzen, wird jedoch die Objektivierbarkeit der Welt nicht wieder hergestellt.

Die Zustandscharakterisierung ist eher vergleichbar mit einer Vorgehensweise bei einem Würfel, wenn wir die Wahrscheinlichkeit des Auftretens der sechs verschiedenen Augenzahlen geeignet charakterisieren wollen. Wir tun dies, indem wir diesem Würfel einen Vektor der Länge 1 in Richtung der Hauptdiagonalen in einem sechs-dimensionalen Raum zuordnen und die Projektionen dieses Vektors auf die sechs Koordinatenachsen als ein Maß für die Wahrscheinlichkeit des Auftretens der sechs verschiedenen Augenzahlen beim Würfeln interpretieren. Da wir uns anschaulich nur einen Raum mit höchstens drei Raumdimensionen vorstellen können, lassen Sie mich den Würfel mit seinen sechs möglichen Lagen auf einem Tisch durch einen »Würfel« mit nur zwei möglichen Lagen ersetzen, der in diesem Fall dann etwa einer Münze mit ihrer Vor- und Rückseite oder ihrem Kopf und Wappen entspricht (s. Abb. 5). Das Verhalten einer Münze beim »Würfeln«,

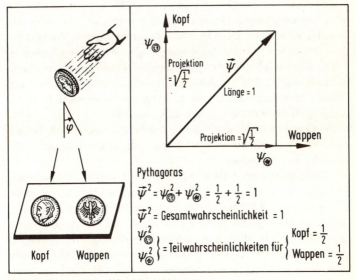

Abb. 5: Zweiseitiger »Würfel« = Münze
Abb. 6: Kopf-Wappen Wahrscheinlichkeit

also wenn sie auf den Tisch geworfen wird, kann ich durch einen Vektor ($\vec{\psi}$) der Länge 1 in der Hauptdiagonalen eines 2-dimensionalen Raums, einer Ebene, charakterisieren (s. Abb. 6), d. h. einen Pfeil in einer Richtung, bei der seine Projektionen auf die $i = 1,2$ Koordinatenachsen denselben Wert $\psi_i = \sqrt{½}$ besitzen. Denn aufgrund des Satzes von Pythagoras gilt dann gerade für die Gesamtlänge des Vektors $\psi_1^2 + \psi_2^2 = 1$. Das Quadrat der Projektion $\psi_i^2 = ½$ auf die i^{te} Achse bezeichnet hier die Wahrscheinlichkeit, daß bei einem Wurf entweder $i = 1$, d. h. Kopf, oder $i = 2$, d. h. Wappen auftreten wird. Wir sehen an diesem Beispiel, daß der abstrakte Vektor das zukünftige statistische Verhalten der Münze beschreibt und streng determiniert. Dieser Vektor hat jedoch keine objektive Existenz wie die materielle Münze oder der materielle Würfel selbst, sondern ist nur ein Abbild zukünftiger Ergebniserwartung beim Würfeln.

Der quantenmechanischen Wirklichkeit entspricht nun ein solcher abstrakter, im allgemeinen sogar unendlich dimensionaler Vektor, was einem Würfel mit unendlich vielen Seiten entspräche, ohne jedoch mit einer materiellen Basis wie beim materiellen Würfel oder der materiellen Münze verbunden zu sein.

Die einzelnen Würfe mit unserem Würfel oder unserer Münze sind (im Idealfall) völlig unabhängig voneinander, sie sind rein zufällig, sie werden durch kein Kausalgesetz miteinander verkoppelt. Trotzdem schält sich bei einer langen Wurffolge ein ehernes Gesetz heraus, nämlich daß jede Augenzahl mit einer Wahrscheinlichkeit von $^1/_6$ und, bei unserer Münze, Kopf und Wappen je mit einer Wahrscheinlichkeit von ½ vorkommt. Hier entsteht eigentümlicherweise Ordnung aus Zufall, aus Chaos.

Wie kann so etwas überhaupt geschehen? Das umgekehrte, daß nämlich Ordnung durch Vielfalt zum Chaos führt, ist uns eher geläufig und begreiflich.

Offensichtlich wird diese Ordnung durch eine »Verengung« der Wirklichkeit durch den Akt des Würfelns bewirkt. Die unendlich vielen unterschiedlichen durch den Winkel φ charakterisierbaren, gleichberechtigten Orientierungen der Münze, welche die bei beliebig vielen Würfen zufälligen Ausgangssituationen repräsentieren, werden beim Aufschlag auf den »Tisch«, die Linie, auf nur zwei verschiedene Lagen reduziert (s. Abb. 5). Dadurch wird Ordnung erzeugt.

Das Würfelspiel ist für die Beschreibung des eigentlichen Sachverhalts noch nicht ganz korrekt, es ist noch zu einfach. Die beim Würfeln auftretenden Teilwahrscheinlichkeiten werden als Quadrate von positiven Projektionen, von positiven Amplituden beschrieben. In der Quantenmechanik ist dies nicht mehr der Fall. Hier werden die (positiven) Wahrscheinlichkeiten als Absolutquadrate von komplexwertigen Wahrscheinlichkeitsamplituden dargestellt. Die komplexwertigen Wahrscheinlichkeitsamplituden verhalten sich dann wie Wellen mit positiven und negativen Ausschlägen, die bei Überlagerung, bei Interferenz, sich verstärken oder schwächen und insbesondere sich auch wechselseitig auslöschen können. Bei der Überlagerung der üblichen klassischen Wahrscheinlichkeiten kann man nie zu einer Gesamtwahrscheinlichkeit Null kommen, wenn nicht bestimmte Teilwahrscheinlichkeiten auch Null sind.

Auch ist nicht klar, was dem Gleichnis des Würfels in unserem Bilde – also der plötzlichen Verengung der Wirklichkeit, ihrer Fixierung, durch den Akt des Würfelns – in der Physik entspricht. Dies hängt zusammen mit dem Akt einer Messung, die, wie man das ausdrückt, zu einem Kollaps des Wahrscheinlichkeitswellenpakets, oder, wie ich dies hier bezeichnet habe, zur Gerinnung des Möglichen zum Faktischen führt. Eine Messung setzt einen großen Apparat voraus, der sich im wesentlichen nach klassischen Gesetzen verhält, bei dem also die Effekte der Quantenphysik sich hinreichend ausgemittelt haben. Damit der Apparat aber überhaupt für eine Messung geeignet ist, muß er eine entsprechende Empfindlichkeit besitzen. Er stellt im allgemeinen ein hochinstabiles System dar, das durch die zu messenden Effekte zum Kippen gebracht wird: Eine winzig kleine Ursache kann hier also eine Lawine, einen irreversiblen Prozeß in Gang setzen, an dessen Ende ein makroskopisches Dokument, ein Faktum steht, nämlich der durch den Meßapparat angezeigte Meßwert.

Diese Kipp-Prozesse, dieses Ingangsetzen von irreversiblen Prozessen mit makroskopischen Endstrukturen, passiert jedoch nicht nur bei dem Vorgang, den wir Messung nennen, sondern diese Verwandlung von Möglichem in Faktisches geschieht auch ohne unser Zutun. Dieser stetige Gerinnungsprozeß verleiht der Zeit eine absolute Bedeutung. Der zeitliche Ablauf spiegelt einen fortlaufenden Evolutionsprozeß wider. Die Evolution ist somit eigentlich nicht in der Zeit, sondern Zeit und Evolutionen sind ihrem eingeprägten Charakter nach dasselbe. Die jeweilige Gegenwart bezeichnet die stetige Ausformung von Möglichem zu Tatsächlichem, es entspricht einem fortlaufenden Ordnungsprozeß.

In der formellen Sprache einer Quantenfeldtheorie wird das Faktische durch einen mit klassischen Eigenschaften begabten Grundzustand beschrieben, die dynamische Entwicklung der Möglichkeiten durch gewisse Quantenfeldoperatoren, die auf diesen Grundzustand wirken. Die Entwicklung des Universums vom sogenannten Urknall an entspricht einem Prozeß fortwährender Ausdifferenzierung und Strukturierung, die – in der Sprache der Quantenfeldtheorie – zu immer höheren Ordnungen des Grundzustandes und einer Verminderung seiner Symmetrie führen (s. Abb. 7).

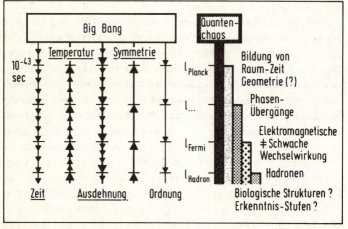

Abb. 7: Entwicklung des Universums

Wir wollen hiermit die Abschweifung ins Abstrakte beenden und die Frage stellen, warum diese Spitzfindigkeiten der Quantenmechanik für uns überhaupt von Bedeutung sind. Denn durch die Erkenntnisse der Quantenphysik sind selbstverständlich die uns so geläufigen Vorstellungen eines mechanistisch-deterministischen Verhaltens der Materie nicht ganz unbrauchbar geworden. Trotz Quantenmechanik fahren wir Auto oder fliegen wir in einem Flugzeug in der festen und – Gott sei Dank – auch berechtigten Überzeugung, daß diese Transportmittel in ihrem Bewegungsverhalten ausreichend determiniert sind und deshalb auch durch geeignete Manipulationen des Fahrers oder des Piloten beherrscht werden können. Dieses deterministische Verhalten der Materie ergibt sich nämlich für die meisten Objekte unseres Alltags trotz quantenmechanischer Grundstruktur als extrem gute Näherung. Für diese im Vergleich zu Atomdimensionen riesengroßen Systeme mittelt sich nämlich das unbestimmte Verhalten der einzelnen Atome, aufgrund ihrer großen Anzahl, fast gänzlich aus. Es ist hier etwa so, als ob wir jeweils gleichzeitig mit etwa 10^{24} Würfeln würfeln würden. Nach der Wahrscheinlichkeitstheorie würden in diesem Fall Abweichungen vom exakten gleichen Auftreten aller Augenzahlen nur etwa $1/\sqrt{10^{24}} \times 100\% = 10^{-10}\%$, also ein zehnmilliardstel % betragen.

Die prinzipiell zeitlich offene Struktur der Naturgesetzlichkeit ist also für makroskopische Systeme, für Gegenstände unserer gewohnten Umgebung, durch die fast vollständige statistische Ausmittelung völlig verdeckt und sollte deshalb für unseren Alltag keinerlei Bedeutung haben. Man stellt nun allerdings fest, daß es selbst im streng deterministischen Fall – also im Rahmen der klassischen Mechanik, wo streng deterministische Gesetze gelten – unter geeigneten Umständen nicht mehr möglich ist, aus einer gegebenen Anfangssituation die zukünftige Entwicklung vorherzusagen – das Berechenbare kann unberechenbar werden. Solche Verhält-

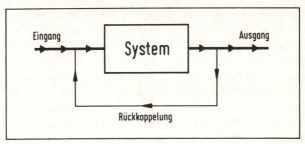

Abb. 8: Rückgekoppelte Systeme

nisse können auftreten, wenn mechanische Systeme »nichtlinear rückgekoppelt« werden, d. h. wenn eine Endkonfiguration eines Systems dem System als neue Anfangskonfiguration eingefüttert wird, was eine neue Endkonfiguration erzeugt, die wieder eingefüttert wird und so in unendlicher Folge (s. Abb. 8). Solche Systeme können, trotz ihrer prinzipiell deterministischen Struktur, ein völlig unvorhersagbares chaotisches Verhalten entwickeln. Dynamische Systeme dieser Art werden heute von vielen Wissenschaftlern an großen Computern simuliert und studiert. Ihr mögliches chaotisches Verhalten hängt mit Instabilitäten des dynamischen Systems zusammen, was dazu führt, daß winzig kleine Abweichungen in der Anfangskonfiguration zu völlig anderen Endkonfigurationen führen. In diesem Fall gilt dann nicht mehr die für unsere täglichen Planungen eigentlich unentbehrliche Grunderfahrung, daß ähnliche Ursachen auch zu ähnlichen Folgen führen. Selbstverständlich sind uns auch solche Situationen im täglichen Leben nicht ganz unbekannt, z. B. wenn wir mit einem Auto auf einer engen Straße fahren: Eine seitliche Verschiebung von wenigen Zentimetern kann hier unseren eigenen Lebenslauf dramatisch verändern.

Die jüngsten Untersuchungen von Ilya Prigogine und anderen an stark gekoppelten chemischen und biologischen Systemen, die aufgrund äußerer Einflüsse weit aus ihrer thermodynamischen Gleichgewichtslage herausgedrückt sind, zeigen, daß solche sogenannten dissipativen Systeme die Möglichkeit zu verschiedenartigen Entwicklungen erlangen, die von unmerklich kleinen Schwankungen gesteuert werden. Es ist deshalb vielleicht erlaubt zu sagen, daß die im Mikroskopischen prinzipiell angelegte Entfaltung neuer Möglichkeiten in solchen besonderen Situationen der üblichen statistischen Ausmittelung entkommen und auf diese Weise zur makroskopischen Ebene durchstoßen können. Entscheidend ist hierbei die nichtlineare Rückkopplung, daß Endkonfigurationen wieder zum Anfang zurückkehren. Unter gewissen Bedingungen gelingt solchen Systemen eine Selbstorganisation, aufgrund derer im Laufe der Zeit sich immer höhere Ordnungsstrukturen entwickeln können. Dieses Verhalten könnte deshalb den entscheidenden Schlüssel zum Verständnis des Lebendigen liefern und den Weg zu einer Beschreibung des Lebens im Rahmen einer allgemeinen Theorie der Materie öffnen.

Lassen Sie mich an dieser Stelle meinen kleinen Ausflug in die Erkenntnistheorie und die moderne Physik abbrechen. Es war nicht meine Absicht, Sie hier mit einer Kost zu füttern, die auch für den Fachmann nicht leicht verdaulich ist. Ich wollte mit meinen Ausführungen nur andeuten, daß uns in den letzten Jahrzehnten nicht nur ein überreiches, kaum mehr zu überblickendes Wissen zugewachsen ist, sondern daß sich auch die Paradigmen der Wissenschaft und, verknüpft damit, unsere Einstellung zur Wissenschaft gewandelt hat. Trotz anhaltender Euphorie in der Einschätzung unserer Fähigkeiten, durch Wissenschaft und Technik letztlich alle anstehenden Probleme lösen und alle dabei auftretenden Schwierigkeiten in den Griff bekommen zu können, sind wir vom Anspruch her, was Wissenschaft in diesem Sinne prinzipiell leisten kann, heute viel bescheidener geworden. Wir empfinden dies nicht als Einbuße. Im Gegenteil, die Wissenschaft hat uns durch diese Begrenzung ganz neue und großartige Dimensionen aufgezeigt. Die Quantenmechanik hat dafür die ersten bedeutsamen Zeichen gesetzt. Sie hat der Zeit im Mikroskopischen eine neue Qualität verliehen. Aufgrund der Untersuchungen an nichtlinear rückgekoppelten Systemen und an dissipativen, chemischen und biologischen Systemen – welche die Fähigkeit offener Nichtgleichgewichtssysteme zur autokatalytischen Strukturbildung und Selbstorganisation offenbarten – wurde diese neue Qualität der Zeitlichkeit auch für makroskopische Systeme deutlich. Wir erleben heute die Ausbreitung eines neuen Paradigmas, das nicht mehr am statischen Begriff eines Zustands, sondern am dynamischen Begriff eines Prozesses orientiert ist. Das Ganze ist mehr als die Summe seiner Teile, wenn die Teile stark miteinander verflochten sind und alles »im Fluß« ist.

Die Technik basiert auf einem streng determinierten Verhalten. Wir erzwingen dieses Verhalten durch geschickte Konstruktionen, welche die Teilsysteme geeignet voneinander isolieren und die isolierten, abgeschlossenen Untersysteme nur an wenigen Kreuzungspunkten kontrolliert miteinander in Verbindung treten lassen. Wegen dieser »faserigen« Struktur haben technische Apparate deshalb wenig Ähnlichkeit mit biologischen Systemen. Biologische Systeme bauen auf Prozessen auf, sie gleichen mehr den Stromfäden eines Wildwassers.

Wegen ihrer extremen Komplexität und Vernetzung des Wirkungszusammenhangs ähneln gesellschaftliche und wirtschaftliche Systeme viel mehr den biologischen Systemen. Sie sträuben sich deshalb gegen eine Strukturierung nach technischem deterministischem Vorbild. Dies wird indirekt immer wieder am völligen Versagen unserer Prognosen im gesellschaftlich-wirtschaftlich-politischen Bereich erkennbar. Vieles, was uns heute – insbesondere bei der Jugend – an Wissenschafts- und Technikfeindlichkeit begegnet, ist – so glaube ich – letztlich nicht gegen

Wissenschaft und Technik selbst gerichtet, sondern betont nur die Tatsache, daß die mechanistische und statische Betrachtungsweise für eine Großzahl unserer heutigen Probleme völlig ungeeignet ist, da sie die besondere Qualität der Zeit außer acht läßt. Um solche Probleme besser zu erfassen, müssen wir die statische Betrachtungsweise zu überwinden versuchen und lernen, dynamisch und ganzheitlich zu denken.

Lassen Sie mich zum Ende kommen und zusammenfassend zur Anfangsfrage dieser Abhandlung zurückkehren, welchen Beitrag naturwissenschaftliches Denken zu einem möglichen Gesamtverständnis unserer Wirklichkeit leisten kann.

Ein Blick auf unser naturwissenschaftliches Wissen heute zeigt uns in eindrucksvoller Weise, daß naturwissenschaftliches Denken sich als enorm fruchtbar erwiesen hat, eine ungeheure Vielfalt verschiedenartiger Phänomene auf einfachere Sachverhalte zurückzuführen und damit auch ihre innere Verwandtschaft, ihre gemeinsame Wurzel aufzudecken. Darüber hinaus hat dieses Denken auch – und das scheint mir besonders wichtig – eine erstaunlich große Fähigkeit bewiesen, durch weitere Abstraktionsstufen über seine eigenen ursprünglichen begrifflichen Grenzen hinauszuwachsen. Andererseits sind die prinzipiellen Grenzen dieses Denkens klar erkennbar geworden. Sie machen deutlich, daß Wirklichkeitserfahrung durch dieses Denken nie ausgeschöpft werden kann. Insbesondere ist das durch dieses Denken erzeugte Abbild der Wirklichkeit wertfrei und nicht sinnbehaftet, da es bei seiner Konstruktion aus dem ganzheitlichen Sinnzusammenhang der eigentlichen Wirklichkeit herausgelöst wurde.

Was und wieviel wir durch naturwissenschaftliches Denken von der eigentlichen Wirklichkeit verstehen können, hängt davon ab, was wir unter »verstehen« verstehen. Unsere tägliche Erfahrung lehrt uns, daß »etwas verstehen« einen sehr subjektiven Charakter hat. Meist kennzeichnet es eine Situation, einen Zeitpunkt in einer Erfahrung oder Erfahrungskette, wo wir aufhören weiterzufragen, da uns die Erfahrung unmittelbar einleuchtend ist. Für den Naturwissenschaftler bedeutet »etwas zu verstehen« mehr etwas von der Art, daß man diesem »etwas« in seinem Wissenschaftsgebäude einen angemessenen Platz zuweisen kann. Ein Physiker behauptet, auf diese Weise die Quantenmechanik zu verstehen, obgleich sie nach dem ersten Kriterium unverständlich ist.

Am erfolgreichsten ist naturwissenschaftliches Denken da, wo die Wirkungsverflechtung verschiedener Komponenten schwach ist, wo das Ganze sich in guter Näherung als Summe seiner isoliert gedachten Teile auffassen läßt. Problematisch ist naturwissenschaftliches Denken aber dort, wo die Vernetzung stark und die Komplexität groß ist. Damit wir in der Vielfalt nicht blind werden, sollten wir auf die uns wohl mögliche intuitive ganzheitliche Betrachtungsweise der Welt nicht verzichten, bei der es leichter fällt, Gestalten zu erkennen und Bewertungen vorzunehmen.

Mathematik und Experiment
Was ist Beobachten? Was ist ein Parameter?

Die *Beobachtung* ist ein wesentlicher Grundpfeiler der naturwissenschaftlichen Methode des Erkennens. Wie im üblichen Sprachgebrauch bedeutet hierbei »Beobachten« zunächst ein bewußtes und konzentriertes Zuwenden auf einen uns interessierenden Gegenstand oder Vorgang. Von einem bloßen »Hinsehen« oder »Wahrnehmen« unterscheidet es sich hauptsächlich durch eine gewisse *Absicht*, die wir mit dem »Hinsehen« verbinden. Sie führt zu einer gezielten »Aufmerksamkeit«. Mit *Aufmerksamkeit* drücken wir einen wichtigen Zug des Beobachters aus, der meint, daß man sich nicht durch Dinge ablenken läßt, die nichts mit dem zu Beobachtenden zu tun haben. Auf diese Weise bedeutet »Beobachten« immer auch, gewisse Dinge nicht zu sehen oder sie zu übersehen.

Beobachtung entsteht also im Spannungsfeld gewisser *Vorstellungen* und *subjektiver Erwartungen*, die wir meist aus früheren Erfahrungen in ähnlicher Situation beziehen. Aufgrund dieser Vorstellungen und Erwartungen treffen wir eine Auswahl in den möglichen Wahrnehmungen, indem wir unser Augenmerk auf ganz bestimmte Einzelheiten unseres Beobachtungsobjektes richten, von denen wir annehmen, daß sie für unsere spezielle Absicht oder unsere spezielle Fragestellung am aufschlußreichsten oder interessantesten sind.

Die naturwissenschaftliche Beobachtung knüpft unmittelbar an diese uns aus dem Alltag vertraute und von uns viel geübte Beobachtungskunst an. Der Naturwissenschaftler macht jedoch in noch stärkerem Maße von der Einengung, der Konzentration auf das *Wesentliche* und auf das *Charakteristische*, Gebrauch.

Wie jeder andere Beobachter findet er sich zu Beginn einer

Beobachtung in der mißlichen Lage, daß er gar nicht weiß, auf welche Einzelheiten er sich im besonderen konzentrieren soll, da ja erst die Beobachtungen ihm Hinweise für die charakteristischen und wesentlichen Eigenschaften vermitteln sollen.

In der Praxis ist das nicht so schlimm, da man eigentlich keine Beobachtung völlig unerfahren beginnt. Durch den täglichen Umgang mit unserer Umwelt haben wir schon bewußt oder unbewußt grobe Vorstellungen, was uns wohl erwarten könnte. Diese Erwartungen führen dazu, daß wir unsere *Beobachtungen auf gewisse Aspekte einschränken.* Inwieweit diese etwas unqualifizierte Beschränkung richtig oder der Sache angemessen ist, läßt sich anfänglich schwer abschätzen.

Aus Unkenntnis der Situation fängt der Naturwissenschaftler seine Beobachtungen also sozusagen mit einem »Vorurteil« an, wobei er sich allerdings dabei bewußt ist, daß es ein ungeprüftes Vorurteil ist. Durch längere Beobachtung der Einzelheiten, die ihm durch sein »Vorurteil« als ausgezeichnet erscheinen, sucht er nun herauszubekommen, ob sich diese Erfahrungen bewähren, das heißt: ob sie sich für eine vernünftige und eindeutige Kennzeichnung des Gegenstands oder Vorgangs eignen. Ist dies nicht der Fall, so wird er sein ursprüngliches »Vorurteil« aufgrund der aus seiner Beobachtung neu hinzugekommenen konkreten Erfahrung korrigieren.

Durch eine solche Methode von »Versuch und Irrtum«, d. h. durch das praktische Ausprobieren vereinfachter Vorstellungen auf ihre Verwendbarkeit für eine charakteristische und angemessene Beschreibung des Beobachtungsobjekts, tastet er sich Schritt für Schritt an ein Verständnis heran.

Eine wichtige Voraussetzung für dieses Ausprobieren, dieses langsame Herantasten ist, daß man durch äußere Bedingungen dieselbe Beobachtungssituation wieder herstellen kann, so daß man die »gleiche« Beobachtung nach Belieben wiederholen kann. Nur dann läßt sich dieser Lernprozeß erfolgreich durchführen.

Da wir die Zeit nicht anhalten und zwei Gegenstände nie völlig gleich machen können (zu gleicher Zeit unterscheiden sie sich mindestens durch die Lage), ist es von vornherein gar nicht klar, ob man je die Möglichkeit hat, zweimal »denselben« Vorgang oder »den gleichen« Gegenstand zu beobachten. Daß es überhaupt so etwas wie eine Wiederholbarkeit von Beobachtungen gibt, liegt daran, daß man als Voraussetzung nicht die vollständige Wiederherstellung einer bestimmten Situation fordern muß, sondern nur eine Situation wieder vorbereiten muß, in der alle die für die Beobachtung charakteristischen Merkmale dieselben sind.

Dieser naturwissenschaftliche Beobachtungsprozeß soll hier an einem Beispiel erläutert werden: Wir interessieren uns für den Bewegungsablauf von Billardkugeln und wollen die dafür wesentlichen Merkmale und Gesetzmäßigkeiten ermitteln. Unsere tägliche Erfahrung sagt uns, daß die Farbe eines Körpers nichts mit seinen Bewegungseigenschaften zu tun hat. Wir haben beispielsweise schon als Kinder mit verschiedenfarbigen Kugeln gespielt und keinen Unterschied im Verhalten der Kugel feststellen können. Nahezu unbewußt hat sich in uns das »Vorurteil« gebildet: »Bewegung ist Bewegung«. Also werden wir wohl bei Billardkugeln unser Augenmerk nicht auf deren verschiedene Farben richten, sondern auf andere Eigenschaften: etwa auf ihre Geschwindigkeit und die Richtung ihrer Bewegung.

Um das Bewegungsverhalten der Kugeln genauer zu studieren, werden wir dann versuchen, zwei Kugeln auf eine bestimmte Weise aufeinanderzuschießen. Wir werden diesen Versuch so oft wiederholen, bis wir uns den charakteristischen Bewegungsablauf eingeprägt haben.

Wir gehen dabei davon aus, daß wir – wenn wir die beiden Kugeln immer wieder in die gleiche ursprüngliche Lage bringen und mit gleicher Stärke und Richtung den Stoß ausführen – es dann auch wirklich mit demselben Versuch und deshalb auch mit einer vergleichbaren Beobachtung zu tun haben. Daß die Stoßversuche strenggenommen nicht genau dieselben sind, da sie zeitlich hintereinander ausgeführt werden, kümmert uns dabei nicht. Denn wir nehmen aufgrund eines »Vorurteils« an, daß die Tageszeit keinen Einfluß auf die Bewegung der Billardkugeln hat, ein »Vorurteil«, das sich durch »Versuch und Irrtum« auch als richtiges Urteil bestätigen läßt.

Durch die Beobachtung des Bewegungsablaufs unter verschiedenen Voraussetzungen werden wir auf diese Weise die charakteristischen Verhaltensmuster kennenlernen. Und aus ihrer Kenntnis werden wir auch in der Lage sein, mit einiger Sicherheit voraussehen zu können, was nach einem bestimmten Stoß passieren wird.

Angenommen, jemand würde nun ohne unsere Kenntnis unter die Holzkugeln eine andersfarbige gleichgroße Metallkugel schmuggeln: wir würden plötzlich feststellen, daß unsere frühere Erfahrung uns zum Narren hält, wann immer diese andersfarbige Kugel am Spiel beteiligt ist.

Zunächst würden wir vielleicht den Verdacht hegen, daß die andersartige Farbe, im Gegensatz zu unserem »Vorurteil«, dafür verantwortlich ist. Aber wir würden bald merken, spätestens nachdem wir die Metallkugel gleich wie die Holzkugeln angestrichen haben, daß dies nicht an der Farbe, sondern an irgendeiner anderen Eigenschaft der Kugel liegt. Nach einigem Rätselraten und einigen Fehlschlüssen würden wir dann darauf kommen, daß das unterschiedliche Verhalten der Kugeln mit ihrem unterschiedlichen Gewicht zusammenhängt.

Auf diese oder ähnliche Weise tasten wir uns also schrittweise an die wesentlichen Eigenschaften heran, genauer gesagt, an die für unsere speziellen Anliegen wesentlichen Eigenschaften, nämlich den Bewegungsablauf der Billardkugeln genauer zu ermitteln.

Bei dieser Beobachtung bleibt ganz unberücksichtigt, daß das Billardspiel andere wesentliche Eigenschaften hat, insbesondere die für jeden Spieler wesentliche Eigenschaft, daß es ein Spiel ist, das anregt und entspannt, das Freude bereitet usw. Von allen diesen anderen wesentlichen Eigenschaften wird bewußt abgesehen: »Sie interessieren in diesem Zusammenhang nicht.«

Das bisher beschriebene Beobachten, das dem Beobachten im täglichen Leben sehr ähnlich ist, ist für den Naturwissenschaftler aber erst ein Vorstadium. Als wichtiger Schritt kommt nun hinzu, daß er die nur qualitativ erfaßten Eigenschaften und Begebenheiten versucht zu *quantifizieren*.

Dies geschieht aus dem Bedürfnis heraus, Begriffe wie schnell, nach rechts, nach hinten, schwer usw. schärfer zu erfassen. Der Naturwissenschaftler wird zunächst versuchen, diese Eigenschaften zwischen zwei Extremen einzuordnen, bei der Geschwindigkeit etwa zwischen den Extremen »sehr langsam« und »sehr schnell« und durch Beziehungen wie »schneller« und »langsamer« eine relative Reihenfolge bzw. Rangfolge aufzustellen.

Um diese Abstufung sprachlich einfacher zu gestalten, wird er es dann wohl zweckmäßig finden, eine Numerierung einzuführen: er wird etwa mit »Geschwindigkeit 1« die langsamste Bewegung, also mit der kleinsten Zahl die kleinste Geschwindigkeit, berechnen und mit »Geschwindigkeit 10« die schnellste Bewegung. Er wird darum alle Bewegungen in dieses Schema einzuordnen versuchen.

Die Anordnung in eine Reihenfolge, in ein Rahmenschema ist nur der erste Schritt für eine Quantifizierung. Wenn Zahlen dabei schon auftauchen, wie etwa in unserem Beispiel 1 bis 10, dann haben sie nur die Aufgabe einer Kennzeichnung im Sinne einer sprachlichen Ausdrucksweise, bei der allerdings die Reihenfolge sichtbar werden soll: »Geschwindigkeit 6« in unserem Beispiel ist schneller als »Geschwindigkeit 5«.

Die eigentliche Quantifizierung kommt erst im nächsten Schritt, wenn man diese etwas willkürliche Numerierung mit gewissen Maßstäben in Verbindung bringt. Bei unserem Geschwindigkeitsbeispiel kommt dies ganz natürlich aus dem Wunsch, die Geschwindigkeit einer Kugel genauer beurteilen zu können. Zu diesem Zweck könnte man etwa den Gedanken haben, das rhythmische Klopfen des Herzens für eine Beurteilung der Geschwindigkeit heranzuziehen, indem man darauf achtet, welche Strecke, z. B. wieviel Handbreiten, eine Billardkugel während eines Herzschlags zurücklegen kann.

Die Geschwindigkeit läßt sich jetzt wieder durch Zahlen ausdrücken, nämlich durch die Zahl der Handbreiten, welche die Kugel während eines Herzschlags durchläuft. Diese Zahl ist jetzt aber nicht nur eine Kennzeichnung, sondern eine »Meßgröße«, ein Maß für die Geschwindigkeit der Kugel. Die Beobachtung der Geschwindigkeit ist zu einer Messung der Geschwindigkeit geworden. Durch die Einführung einer Maßeinheit, eines Bezugsmaßes »Handbreite pro Herzschlag«, haben wir der Geschwindigkeit eine Meßgröße, eine Zahl, zugeordnet, wir haben die Geschwindigkeit »quantifiziert«.

Eine Meßgröße gibt eine Beziehung an zwischen einer Eigenschaft am Beobachtungsobjekt und einer gleichartigen Eigenschaft eines Bezugssystems, das als Maßstab dient.

Aber nicht jede Art von Quantifizierung erfüllt ihren Zweck gleich gut. An unserem Beispiel erkennen wir, daß unserer Quantifizierung noch einige Mängel der ursprünglichen Beurteilung ohne Maßstäbe anhaften, daß sie nämlich noch subjektive Elemente enthält. Da die Handbreiten individuell verschieden sind, werden die Meßzahlen für die Geschwindigkeiten verschieden ausfallen. Um Meinungsverschiedenheiten zu beseitigen, ist es notwendig, sich auf eine Handbreite festzulegen. Besser und bequemer ist es aber, wegen seiner Starrheit ein Stück Holz oder eben einen Meterstab zu nehmen.

Auch mit dem Herzschlag als Zeitmesser werden wir unzufrieden sein, weil der Herzschlag durch andere Faktoren beeinflußt werden kann, beispielsweise würden bei Aufregung die Geschwindigkeiten alle kleiner erscheinen: die Kugel würde durch die schnellere Schlagfolge des Herzens nur kleinere Meßzahlen erreichen. Auch hier ist das unbeirrbare Tick-tack-Geräusch einer Wanduhr als besseres Bezugsmaß vorzuziehen.

Ob nun ein hölzerner Meterstab und die rhythmische Bewegung des Uhrpendels für eine »objektive« Quantifizierung der Geschwindigkeit – also für eine allein den Beobachtungsgegenstand, hier der Kugel, zugeordnete Eigenschaft – wirklich am besten geeignet sind, kann man zunächst nicht sicher wissen. Geeignete Maßstäbe findet man wieder nach der Methode von »Versuch und Irrtum«: indem man vieles ausprobiert und das Ungeeignete ausscheidet.

Wenn ein Naturwissenschaftler einen Gegenstand oder einen Vorgang beobachtet, dann konzentriert er sich also auf ganz spezielle Eigenschaften des Gegenstands oder auf ganz bestimmte Einzelheiten des Vorgangs. Er versucht dann, diese Eigenschaften und Einzelheiten zu verändern. Diese Quantifizierung, diese Übersetzung von Eigenschaften in Zahlwerte, ist meist ein schwieriger Prozeß.

Komplizierte Eigenschaften müssen auf solche Weise in einfachere Teileigenschaften, in Komponenten, zerlegt werden, so daß sie eine »lineare« Anordnung erlauben. Dann müssen für alle Komponenten geeignete »neutrale« Vergleichsgrößen gefunden werden, die man als Maßstäbe für die Bestimmung der Meßzahlen verwenden kann. Dies ist nicht immer so einfach wie bei der Geschwindigkeit, wo eine lineare Anordnung von »langsam« nach »schnell« offensichtlich ist. Beim Gewicht eines Gegenstands ist es sogar noch leichter. Wir können es durch die Anzahl von gleichgroßen und gleichartigen Metallstücken, die dem Gegenstand die Waage halten, unmittelbar quantifizieren.

Denken wir aber an eine Eigenschaft wie Farbe, so haben wir erhebliche Schwierigkeiten, ihnen Zahlen zuzuordnen. Man könnte hier vielleicht versuchen, sie zunächst in drei Komponenten, in ihren Rot-, Gelb- und Blaugehalt zu zerlegen, wie es beim Farbdruck geschieht. Aber es ist nicht so leicht, einen Blau-

Maßstab zu finden, mit dem wir den Blaugehalt »messen«, d. h. quantifizieren könnten. Die Übersetzung von Qualitäten ist hier also nicht unmittelbar vorgezeichnet. Durch den »Quantifizierungsprozeß« des Naturwissenschaftlers werden also die verschiedenen Eigenschaften eines Gegenstandes und die Einzelheiten eines Vorgangs in Meßzahlen übersetzt. Man nennt diese charakteristischen Meßzahlen auch *Parameter*, den Quantifizierungsprozeß auch »Parametrisierung«. Mit Hilfe dieser Parameter erzeugen wir ein charakteristisches Abbild des Gegenstandes: ein Modell des Gegenstandes.

Die Veränderung der Parameter mit der Zeit erlaubt eine charakteristische Beschreibung des Vorgangs. Die Betonung liegt hierbei auf »charakteristisch«, denn das Abbild, das Modell, ist viel ärmer an Eigenschaften als der zu beschreibende Gegenstand: es ist sozusagen nur eine »Karikatur« des Gegenstandes.

Die »Karikatur« einer Billardkugel, wie sie von einem sich für ihren Bewegungsablauf interessierenden Naturwissenschaftler gezeichnet ist, besteht etwa aus einem punktförmigen, strukturlosen Materieklumpen, der nur durch bestimmte Eigenschaften, wie Lage, Geschwindigkeit und Gewicht (besser: Masse), gekennzeichnet ist. Die »Karikatur« enthält nichts über Farbe, Größe, Material usw. Durch Meterstab, Uhr und Waage hat der Naturwissenschaftler diese Eigenschaften quantifiziert. Sie bilden in dieser Form die für die Stoßbewegung der Billardkugel charakteristischen Parameter.

Bei einer Beobachtung eines Vorgangs versucht der Naturwissenschaftler, die Abhängigkeit des Geschehens von diesen Parametern zu studieren. Insbesondere interessiert er sich dafür, ob und auf welche Weise diese Parameter miteinander zusammenhängen. Um dies herauszubekommen, stellt er gezielte Experimente an.

Experimente bestehen im wesentlichen darin, daß man durch geeignete Bedingungen dafür sorgt, daß bei einem Vorgang sich nur ganz wenige Parameter ändern können, während die Mehrzahl der Parameter »festgehalten« wird. Den Parameter »Gewicht« der Kugel halten wir z. B. dadurch fest, daß wir eine Versuchsreihe nur mit den gleichen Kugeln machen, den Parameter »Anfangsgeschwindigkeit«, daß wir mit gleicher Kraft anstoßen.

Durch geeignete Abänderung der Bedingungen versucht man dann reihum andere Parameter »festzuklemmen« und entsprechend andere variieren zu lassen. Dies läßt sich etwa mit dem Versuch vergleichen, die Verzweigungen eines Baumes herauszubekommen, von dem man wegen dichten Laubs nur die äußersten Astenden erkennen kann. Die äußeren Astenden entsprechen in unserem Bild den verschiedenen Parametern.

Man wird in diesem Falle versuchen, hintereinander an den verschiedenen Astenden kräftig zu rütteln und genau hinzusehen, welche anderen Astenden dadurch in Bewegung geraten. Ist die Mitbewegung stark, dann hängen diese Äste eng zusammen, ist die Mitbewegung schwach oder fehlt sie ganz, dann ist die Abzweigung tief unten, die Äste sind fast oder ganz unabhängig.

Das Wesentliche eines Experiments ist also, diese wechselseitige Abhängigkeit der beobachteten Eigenschaften aufzudecken, d. h. den strukturellen Zusammenhang der zugehörigen Parameter aufzuspüren. Da die Parameter mögliche Meßzahlen, also mathematische Gebilde sind, läßt sich dieser strukturelle Zusammenhang immer mathematisch fassen, er führt auf eine mathematische Struktur. Auf diese Weise können wir einem Vorgang ein mathematisches Funktionsmodell zuordnen.

Die Möglichkeit, naturwissenschaftliche Gesetzmäßigkeiten mathematisch zu erfassen, hängt also unmittelbar und wesentlich von der Möglichkeit einer Quantifizierung oder »Parametrisierung« der Eigenschaften und Vorgänge ab.

Die Erforschung der »Verzweigungsstruktur« der Parameter, d. h. die Aufdeckung ihrer wechselseitigen Abhängigkeit, führt dazu, die für einen ganz bestimmten Vorgang wesentlichen Parameter von denen abzusondern, die dabei nicht beteiligt zu sein scheinen.

Je nach der Güte unserer ursprünglichen Einsicht muß der Naturwissenschaftler also bei der Beschreibung eines bestimmten Vorgangs seine »Karikatur« mehr oder weniger ergänzen oder geeignet abändern. Darüber hinaus wird das Experiment jedoch im allgemeinen eine Rangordnung im Sinne einer Hierarchie unter den Parametern aufzeigen. In unserem Bilde vom Baum gibt es Äste, die unmittelbar an einem Hauptast ansetzen und solche, die nur über viele Verzweigungen mit einem solchen zusammenhängen. Die unmittelbar an einem Hauptast ansetzenden Äste sind der »Grundstruktur am nächsten«. Dies führt dazu, daß man aufgrund einer solchen Hierarchie unter den Parametern auf neue Parameter geführt wird, die – ähnlich den Hauptästen – nicht unmittelbar einsichtig sind, aber für eine einfache Beschreibung der Strukturverhältnisse viel besser geeignet sind.

Die Arbeit des theoretischen Naturwissenschaftlers besteht gerade darin, von den für einen Naturvorgang charakterisierenden Parametern durchzustoßen zu neuartigen, fundamentalen Parametern, mit deren Hilfe sich die Naturgesetze auf einfachste Formen bringen lassen. Das Auffinden der »Hauptäste«, der fundamentalen Parameter, vermittelt ihm eine tiefere Einsicht, eine neue Erkenntnis und führt fast immer auch zu einem umfassenden Verständnis. Denn vom Hauptast kann er nicht nur auf einfache Weise zu all den speziellen Verästelungen zurückverbinden, von denen er ursprünglich ausgegangen war, sondern er entdeckt oft, daß noch ganz andere Äste abzweigen, von denen er vorher noch keine Kenntnis hatte.

Für einen Naturwissenschaftler ist deshalb die vollständige Aufdeckung des *Funktionszusammenhangs der Parameter* das wichtigste Ziel. Sie ermöglicht ihm einen tieferen Einblick in das innere Gefüge der Natur und ist eine Quelle für die Entdeckung neuartiger Erscheinungsformen.

Die Frage der Beziehung zwischen dem Ganzen und seinen Teilen und die Frage, ob eine Aufgliederung des Ganzen in Teile überhaupt streng zulässig sei, haben mich nicht nur in meiner physikalischen Arbeit wesentlich beschäftigt – mein verehrter Lehrer Werner Heisenberg, mit dem ich viele Jahre zusammengearbeitet habe, hatte ja seinem autobiographischen Werk den Titel Der Teil und das Ganze *verliehen –, diese Fragen waren für mich auch immer wieder Ausgangspunkt für philosophische Überlegungen und Spekulationen. Meine vielen und intensiven Gespräche mit Kollegen und Freunden während kürzerer und längerer Aufenthalte in Japan 1957 und 1977, in Indien 1957 und 1963 und in China 1981 haben mir Gelegenheit gegeben, mit dem reichen fernöstlichen Gedankengut in Berührung zu kommen und mir hierbei neue Dimensionen und Einsichten zu erschließen.*

Grenzgängergespräch
Der Teil und das Ganze

DU: »Der Teil und das Ganze« hat Werner Heisenberg, mit dem Sie mehrere Jahrzehnte zusammengearbeitet haben, eine Reihe von Gesprächen betitelt. Sie selber haben diese Polarität weitergedacht und in neue Zusammenhänge gestellt. Da die beiden Begriffe oft mit Wissenschaft und Kunst assoziiert werden, eignen sie sich als Leitfaden für unser Gespräch. Kann man in Ihrem Fachgebiet – der Physik – den Gegensatz anschaulich machen?

DÜRR: Sie wissen, daß man ein Elementarteilchen als Teilchen erfassen kann oder als Welle. Das Teilchen betont mehr das Isolierte, die Welle mehr das Verbindende. Das Teilchen ist als Vorstellung bei den Physikern beliebter. Schon in unserer Sprechweise über die Welt hat es eine viel größere Bedeutung als das Wellenbild, obwohl es ja eigentlich gleichwertig ist. Dies zeugt davon, daß unsere Sprache objekthaft ist, daß wir es lieben, Dinge lokalisiert zu haben. Eine Welle ist für uns dagegen das Vage, das wir nicht so mögen. Aber dieses Vage hat nun die Eigenschaft der Interferenz, des Überlagerns mit anderem ähnlich Vagen. Dadurch kann man mit dem Wellenbild das Eingebettetsein gut erfassen, obwohl es der Sache nach sich auf dasselbe Quantenphänomen bezieht. Es könnte sein, daß dies mit unserer abendländischen Kultur zu tun hat, die gerade dadurch so große Erfolge gehabt hat, daß sie dem Objekt eine so große Selbständigkeit gegeben hat. In der orientalischen Betrachtungsweise ist mehr die Verbindung das Zentrale – oder auch der Prozeß. Lassen Sie mich dies an einem einfachen Bild veranschaulichen. Stellen Sie sich ein kariertes Papier vor (Abb. 1). Abendländisch würden wir wahrscheinlich sagen, es handle sich um Punkte, die durch Linien verbunden seien (Abb. 2). Die orientalische Philosophie würde wohl eher sagen, daß da Linien seien, die sich schneiden (Abb. 3). Das ist jetzt sehr vergröbert und soll nur zeigen, daß man auf zwei Wegen zur gleichen Darstellung kommen kann. Einerseits, indem

Abb. 1.

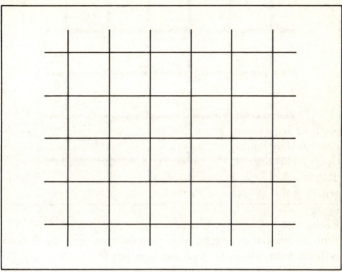

Abb. 2.

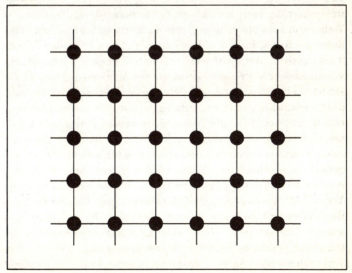

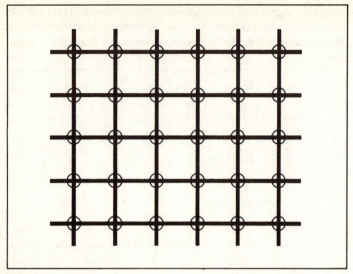

Abb. 3.

man von Punkten ausgeht, also von Objekten, und dann dieses Isolierte sekundär in Verbindung setzt mit dem anderen, wobei aber die Verbindung fast mehr als Störung gesehen wird. Andererseits kann man zunächst die Verbindungen sehen, zwischen denen sich sekundär dann Kreuzungspunkte herauskristallisieren. An diesen Punkten kann man dann auch etwas lokalisieren. Das Lokalisierte und Individuelle wird dabei nun als Folge der Verbindung gesehen. Wenn wir ganz existentiell denken, dann ist das Verbindende das Primäre. Denn ich nehme nicht das Objekt als solches wahr, sondern Ich und Objekt sind in meiner Primärerfahrung verbunden, so daß ein Aufbrechen nötig ist, um das Ich vom Objekt zu lösen. Ich habe also gewissermaßen zuerst eine Linie, und erst dann kann ich von ihren Endpunkten sprechen. Aber wir sind so daran gewöhnt und durch unsere intellektuelle Erziehung darauf ausgerichtet, die Welt anzuschauen und uns selbst dabei zurückzunehmen, so daß sich die Welt von uns ablöst und wir uns in der Folge auch als Singularitäten empfinden. Das ist dann die Basis unserer Betrachtungsweise geworden, die ja auch ungeheuer erfolgreich gewesen ist. Die ganze Naturwissenschaft hat mit dieser Isolation, dieser Objektivierung zu tun.

DU: Obwohl der Sache nach beide Anschauungsweisen richtig

sind, scheint es nicht möglich zu sein, beide Anschauungen gleichzeitig zu haben, Teilchen und Welle als Einheit zu denken.

DÜRR: Wenn man ein Elementarteilchen als Teilchen erfassen will, dann verschwindet seine Eigenschaft als Welle und umgekehrt. Das ist das Phänomen der Komplementarität bei der Unschärferelation. Ich sage manchmal etwas extrem zugespitzt, daß Exaktheit und Relevanz in einem gewissen Sinne unverträglich seien. Wenn ich auf Exaktheit schaue, dann muß ich versuchen, gewisse Teile aus dem Gesamten herauszulösen, denn nur das Isolierte kann ich exakt erfassen. Dann habe ich nur wenige Freiheitsgrade. Das Isolierte habe ich sozusagen im Griff und kann es dann auch sehr exakt beschreiben. Relevanz aber hat mit der Einbettung des Teiles im Ganzen zu tun, also mit den Verbindungen zur Umgebung. Wenn ich relevant sein will, muß ich auf lokale Exaktheit verzichten. Da muß ich mehr auf die Beziehungen achten. Da ist es sogar schädlich, wenn ich mich auf ein Detail konzentriere wie bei einem Gemälde, wo irgendein Fleck, der mir ins Auge fällt, die Gestalt zerstört, weil mir dann die Gesamtschau nicht mehr so gut gelingt. Gestalt ist gerade: absehen vom Detail.

DU: Nun pocht ja die Wissenschaft – und gerade die Physik – ausgesprochen auf Exaktheit. Verliert sie dabei das Ganze aus dem Blick? Wie schaffte sie es, trotz Präzision in einer Gesamtschau eingebettet zu bleiben?

DÜRR: Es wäre wohl falsch, den ganzen wissenschaftlichen Prozeß nur unter dem Aspekt des Isolierens zu sehen. Wenn ich an einen neuen Forschungsgegenstand herangehe, habe ich zunächst ja überhaupt keine Ahnung, was nun die wichtigen Punkte sind. Später erst, wenn ich einmal auf dem Weg bin, baue ich dann logisch Stein auf Stein auf. Aber wenn ich auf ein neues Gebiet komme, dann muß ich mich zunächst einmal gedanklich ausbreiten – dieses erste Kennenlernen ist eben nicht logisch-analytisch, sondern hat etwas mit Intuition zu tun, mit dem Künstlerischen, wo ich eigentlich sehr passiv bin, mich wie eine große Antenne empfinde und erst einmal alles auf mich zuströmen lasse, um dann wesentliche Merkmale aufzunehmen und zu entscheiden: auf das kommt es an, und auf das kommt es an. Wenn ich Neues schaffen will, muß ich immer wieder in diese Welt absteigen, wo ich überhaupt nichts weiß und trotzdem Kenntnis habe – nicht eigentlich Kenntnis, mehr so ein Gespür. Heisenberg hat es immer so ausgedrückt – und das ist typisch für ihn als Künstler –, daß er, wenn er neue Einsichten gewonnen habe, nie eigentlich das Gefühl gehabt hätte, wirklich etwas Neues entdeckt zu haben, sondern mehr das Gefühl, sich an etwas wiederzuerinnern, was er früher schon gewußt, aber wieder vergessen hatte. Es ist alles schon irgendwie da, aber es ist noch nicht griffig, weil es eben nicht exakt ist. Es ist als Gestalt da und deswegen noch nicht greifbar. Vielleicht etwas extrem ausgedrückt, empfinde ich das Künstlerische als das Unmittelbarere und Anschaulichere bei der Naturbetrachtung. Es entspricht einer dynamischen Betrachtungsweise im Gegensatz zur statischen, um ein Gegensatzpaar von Heisenberg zu verwenden. Er sagt, daß man hier in einer ganz anderen Weise zur Erkenntnis komme. Nämlich nicht, indem man feste und genau definierte Begriffe aneinanderreiht und so Linien und Strukturen schafft, sondern indem man die Gedanken mehr als Keime wirken läßt, die auswachsen und neue Triebe bilden und dann als das überwuchern, was man Gesamtwirklichkeit nennt.

DU: Sie haben der Ganzheit den ersten Platz zugeordnet. Warum?

DÜRR: Ich möchte eigentlich behaupten, daß jeder kreative Akt in der ganzheitlichen Betrachtung beginnt. Heisenberg und wir hier haben jedenfalls auf diese Weise gearbeitet. Wenn wir uns an neue Ideen herangetastet haben, haben wir nur Umgangssprache verwendet, die ganz im Bereich des Intuitiven, des Bildhaften, des Symbolischen blieb. Wir haben Worte verwendet, die für einen Nicht-Eingeweihten völlig unverständlich sein mußten, die aber im Dialog kreative Kräfte entfaltet haben. Indem wir dies dann so hin- und hergespielt haben, haben wir uns in eine Auffassung des Wesentlichen hineinsteigern können. Am Schluß hatten wir dann verstanden, worauf es ankommt. Und erst dann fragten wir uns, wie das analytisch zu fassen sei. Der analytische Prozeß war also sekundär. Hier richtete sich die Aufmerksamkeit dann darauf, eine Brücke zum schon vorhandenen Wissen zu finden. Aber das ist wie eine Nachkonstruktion. Und wenn man dann die Veröffentlichung schreibt, schreibt man nicht mehr hinein, wie man darauf gekommen ist. Man tut so, als hätte man mit einer axiomatischen Grundüberlegung angefangen und hätte Schritt für Schritt darauf aufgebaut, um am Schluß das brillante Endergebnis zu erhalten. So ist es eben nicht. Man kennt das Ergebnis von vornherein. Ich höre immer wieder, daß selbst im deduktiven mathematischen Bereich die Idee zu einem wichtigen Theorem intuitiv kommt. Keiner kann genau sagen, warum er auf die Idee kommt, daß ausgerechnet dieses mit jenem zusammenhängen soll. Diese anfängliche ganzheitliche Schau empfinde ich immer als das Künstlerische, das im Gegensatz steht zur analytischen, punktuell-fokussierenden Schau.

DU: So ist also für Sie das Künstlerische vor allem durch das passive Aufnehmen gekennzeichnet. Ist nicht die Zentralperspektive – unter deren Gesetzen ganze Generationen von Malern künstlerisch gearbeitet haben, die punktuell-fokussierende Schau par excellence?

DÜRR: Man darf das nicht so sehr als Entweder-Oder sehen. Man braucht in jedem Fall beides. Man braucht die Gesamtschau, um die Einbettung des Teiles in die Ganzheit zu haben, und man braucht die Präzision, um das, was dann in einem besonderen Bereich vorliegt, schärfer zu fassen. Auch der Künstler braucht, wie der Naturwissenschaftler, beides. Er muß letzten Endes, wenn er das Bild geschaut hat, zum Pinsel greifen und alles detailliert hinsetzen. Er braucht dann die Technik und muß das Geschaute umsetzen. Wenn er in der Technik schlecht ist, dann steht er mit seiner Gesamtschau hinterher allein da; keiner sieht in dem, was er gemacht hat, was er ganzheitlich geschaut hat. In einer ähnlichen Situation sind wir, die Naturwissenschaftler, auch. Unsere handwerkliche Technik ist das Umsetzen in mathematische Sprache. Dieses Übersetzen hat dann auch wieder etwas Kreatives, weil sich ja keine Sprache direkt auf eine andere abbilden läßt. Nach dem intuitiven Aufspannen des Gewölbes gilt es, das Gewölbe konstruktiv nachzubauen, um es denen, die an der intuitiven Schau nicht teilhatten, nachvollziehbar und zugänglich zu machen.

DU: Damit geben Sie unserem Gegensatzpaar eine zusätzliche Bedeutung: Dem Ganzheitlichen ist das Aufnehmen der eigentlichen Wirklichkeit zugeordnet, dem Teilhaften die Rekonstruktion dieser Wirklichkeit in einem Abbild.

DÜRR: Ja, das logische Denken kommt erst bei der Verknüpfung der einzelnen Bausteine so richtig zum Zug. Hier erst fängt Exaktheit an. Man muß sehr vorsichtig sein, wenn man sagt, Naturwissenschaft sei exakt; man muß erklären, was man genau damit meint. Das Gebäude, das die Naturwissenschaftler aufbauen, ist sicher exakt. Es ist in sich stimmig. Wir verwenden ja mathematische Methoden, und wenn wir keine Fehler machen, dann ist die

Konstruktion in sich stimmig und exakt. Aber die Exaktheit bezieht sich nie auf die Abbildungsgenauigkeit von diesem synthetischen Gebäude in bezug auf die Wirklichkeit. Von dieser eigentlichen Wirklichkeit haben wir ja keine Kenntnis im strengen Sinne. So erfolgt die Abbildung immer intuitiv. Wenn wir experimentieren, machen wir ja schon eine Auswahl aus der Wirklichkeit. Wir stülpen ein gewisses Raster über die Wirklichkeit und ziehen nur das heraus, was sich gerade auf diese Weise abbilden läßt. Die Wirklichkeit, die wir durch Wissenschaft erzeugen, ist also kein exaktes Abbild der eigentlichen Wirklichkeit, sondern nur ein Abbild von dem, was sich mit dieser Methodik erfassen läßt. Ähnlich wie das Netz des Fischers, das je nach Maschengröße Verschiedenes als Wirklichkeit des Meeres erscheinen läßt. Bei einer Maschengröße von fünf Zentimetern kommt man zum Beispiel zur Aussage: Alle Fische sind größer als fünf Zentimeter.

DU: Bei diesem Bild des Netzes muß ich an das Konstruktionsnetz der Zentralperspektive denken. Hier wird auch ein Raster über die Wirklichkeit gestülpt. In Ihrem Artikel *Das Netz des Physikers* unterscheiden Sie aber deutlich zwischen den Netzen der Kunst und denen der Wissenschaft. Sie sagen, diejenigen der Wissenschaft seien der Wirklichkeit näher als jene, die die Künstler über die Welt werfen.

DÜRR: Nein, ich würde das so nicht ausdrücken. Wenn ich Netz und Wirklichkeit gegenüberstelle, dann tue ich so, als hätte ich zwei verschiedene Dinge, die nichts miteinander zu tun haben. Es entsteht der Eindruck, daß das, was wir wissenschaftliche Wahrheit oder wissenschaftliche Wirklichkeit nennen, ein Zufallsprodukt sei. Als ob wir mit einem beliebigen Netz angefangen hätten und einfach herausgezogen hätten, was dem Netz eigen ist. Dann wäre das Netz eine reine Erfindung des menschlichen Geistes – ohne Beziehung zur Wirklichkeit. So ist es nun aber nicht. Denn der Mensch, der sich mit der Wirklichkeit auseinandersetzt, ist Teil dieser Wirklichkeit. Deshalb ist auch das Netz, das er verwendet, etwas, das zur Wirklichkeit gerechnet werden muß. Und deshalb kann man auch nicht sagen, das Netz und damit auch die wissenschaftliche Wirklichkeit seien erfunden. Das muß man im Entwicklungsprozeß sehen: Der Wissenschaftler und sein Netz haben sich nicht außerhalb, sondern in der Natur entwickelt. Das Netz ist gewissermaßen ein Werkzeug für das Überleben der Gattung Mensch. Das Werkzeug des Denkens muß also an die Wirklichkeit angepaßt sein. So ist zum Beispiel unser Fünf-Zentimeter-Netz adaptiert an eine Erscheinungsform der Wirklichkeit: die Fische. Hätten wir nur Plankton im Ozean, dann wäre das Netz vollkommen nutzlos. Was also das Netz leistet, ist nicht unabhängig von der Natur. Das ist nun beim David von Michelangelo anders: Der ursprüngliche Marmorblock enthält die Gestalt überhaupt nicht. Erst durch das Meißeln kommt sie hinein. Sie ist nicht vorgeformt. Wenn ich diese Situation mit wissenschaftlicher Akribie betrachte, muß ich sagen, daß in dem Block überhaupt nichts drin ist vom David. Der Künstler ist hier isoliert, und dort ist der Marmorblock isoliert. Ich kann dann diese beiden isolierten Systeme betrachten und zeigen, welche Kräfte wirken, Atomkräfte, die letzten Endes den Meißel auf den Stein wirken lassen, Splitter absprengen und schließlich den David durch mechanische Kräfte erzeugen. Aber ein Künstler wird Ihnen sofort sagen, dies sei eine ganz falsche Vorstellungsweise; für ihn ist der David schon drin, wenn er mit seiner Vorstellung an den Marmorblock rangeht. Er legt ihn bloß frei. Wenn Michelangelo diesen Marmorblock ansieht, dann erscheint für ihn in diesem Block die Möglichkeit einer Skulptur. Die Beziehung Künstler – Marmorblock erscheint dann als eine höhere Einheit. Im Moment des Anschauens und des dabei aufkeimenden Entschlusses, den David freizulegen, hat sich die Wirklichkeit verändert. Es ist ein neuer Zustand, der allerdings weder sichtbar, meßbar oder faßbar ist. Die Veränderung spielt sich in einem für die Wissenschaft nicht erkennbaren Bereich ab. Aber aus der ganzheitlichen Sicht besteht kein Zweifel, daß durch das Denken eine Veränderung der Wirklichkeit stattgefunden hat. Der David ist vorgeformt. Wenn aber der Wissenschaftler kommt und sagt, er glaube das nicht, dann wird derjenige, der behauptet hat, die Veränderung hätte stattgefunden, sich nie mit wissenschaftlichen Methoden rechtfertigen können.

DU: Nie? Sie haben doch oben das Umsetzen von ganzheitlich Geschautem in eine überprüfbare, nachvollziehbare Sprache als einen charakteristischen Prozeß der Wissenschaft beschrieben. Wäre nicht denkbar, daß man eines Tages zeigen könne, wie die Wirklichkeit schon durch Gedanken verändert wird? Das wäre doch eine spannende Aufgabe in einer Zeit, wo so viel Planung die Zukunft unserer Welt vielleicht schon entschieden hat.

DÜRR: Ich muß hier vielleicht einschränkend sagen, daß die neue Physik uns in der Tat sagt, daß jede Beobachtung das Beobachtete im Prozeß des Beobachtens verändert, weil jede Beobachtung einen Eingriff in das beobachtete System bedeutet. Das System selbst hat nicht mehr die Eigenschaft des »Objektes«, eines unabhängig vom Beobachter existierenden Dings. Auch vom Standpunkt der Physik aus gibt es deshalb eigentlich gar nicht exakt die Situation eines isolierten Künstlers Michelangelo und eines isolierten Marmorblocks, insbesondere wenn Michelangelo den Marmoblock wahrnimmt und ihn für sein Werk auserkoren hat. Strenge Isolation würde bedeuten, daß Michelangelo absolut nichts vom Marmoblock weiß. Wenn wir allerdings von Michelangelo und dem Marmorblock sprechen, dann haben wir schon eine vergröberte objektive Betrachtungsweise verwendet, in der dann eine solche Verbindung unberücksichtigt bleiben muß. Sie ist ja auch nach unseren makroskopischen Maßstäben mikroskopisch schwach. Wenn der Partner von Michelangelo aber kein so extrem strukturloses Gebilde wie ein Marmorblock wäre, sondern eine hoch geordnete Struktur wie etwa ein anderer Mensch, dann ist viel wahrscheinlicher, daß seine Vorstellung von seinem Gegenüber diesen anderen Menschen auch wirklich und nachweisbar verändert. Ist dies nicht die Art und Weise, wie symbolische Sprache bei Menschen zur Verständigung führt? Beim Umsetzen vom ganzheitlich Geschauten in eine überprüfbare Sprache wird vieles von der Struktur des Beschauten übertragen, aber das Ganzheitliche geht gerade dabei verloren. Mit unserem analytischen Denken und einer begrifflich scharf gefaßten Sprache, am exaktesten in der Kunstsprache der Mathematik, zerbrechen wir notwendigerweise das Ganze in Teile. Wir versuchen dann am Ende das Ganze wieder aus der Summe aller seiner Teile gedanklich zurückzugewinnen. Aber mit diesem zurückgewonnenen Ganzen fangen wir das »Ganzheitliche« nicht ein, das, wie eine Gestalt, etwas »Einheitliches« zum Ausdruck bringt, für das es keine Teile gibt. Das einheitliche Ganze, das Ganzheitliche kann deshalb nicht mehr »gedacht« werden, sondern nur in unserem Bewußtsein als solches auftauchen.

DU: Die Dualität von Ganzheit und Teil wenden Sie auch auf das Spannungsfeld von Leben und Wissenschaft an.

DÜRR: Ich bin dazu gekommen zu sagen, daß wir nicht allein von dem leben können, was wissenschaftlich greifbar ist. Es ist uns durch die Erziehung beigebracht worden, daß wir all das, was nicht wissenschaftlich faßbar ist, leugnen können. Zwar haben wir große Schwierigkeiten, das zu akzeptieren. Aber aufgrund der phantastischen Erfolge der Wissenschaft sagen wir dann doch: ja, so ist es wohl! Aber, wenn man Naturwissenschaft betrieben hat; wenn man dieses Prinzip in aller Exaktheit vertreten hat und dann plötzlich auf Grenzen stößt, dann sagt man: »Aha! Ich sehe jetzt die Grenzen.« Ich sehe auch, daß man prinzipiell nur das erfassen kann, was in den Möglichkeiten der Werkzeuge liegt. Und da bleibt ein Haufen Zeug ausgeschlossen, das für mich essentiell und existentiell einen hohen Wert hat. Warum soll ich das eigentlich negieren, abstreiten und ignorieren? Ich habe ja nur ein Leben; da will ich es doch nicht auf den winzigen Bereich beschränken, den ich exakt begreifen kann. Es gibt dafür überhaupt keine Notwendigkeit. Im Gegenteil, Exaktheit verlangt Aufteilung und Isolation, und dabei zerstöre ich die Vernetzung, verliere ich den Bezug, die Möglichkeit einer Bewertung, die »Relevanz«. Dies eröffnet dann wieder den Raum, Dinge zu glauben, ohne als Wissenschaftler in Konflikt zu kommen. Dies ist keine Rückkehr ins Mittelalter – jedenfalls nicht ganz.

DU: Können Sie die eben erwähnten Grenzen, auf die die Wissenschaft stößt, noch genauer umreißen?

DÜRR: Die Naturwissenschaft in ihrer gängigen Form basiert auf der Vorstellung einer objektivierbaren Welt, die sich als Summe von Teilen verstehen läßt. Die zeitliche Entwicklung dieser Teile folgt allgemeingültigen Gesetzen, die es erlauben, aus einer gegenwärtigen Anfangssituation das zukünftige Geschehen eindeutig abzuleiten, zu prognostizieren. Die Erfahrungen zu Beginn dieses Jahrhunderts mit der Entdeckung der Quantenmechanik haben gezeigt, daß diese Vorstellungen strenggenommen nicht richtig sind. Die Prinzipien der Objektivierbarkeit, der Teilbarkeit und Isolierbarkeit, der strengen Determinierbarkeit des Zukünftigen aus dem Gegenwärtigen stellen sich als Näherungen heraus, die im Bereich der Mechanik, der klassischen Mechanik, außerordentlich gut erfüllt sind. Allerdings sehen die Physiker auch in der klassischen Mechanik schon die Grenze, wo die prinzipielle Prognostizierbarkeit praktisch in einen Indeterminismus umschlägt. Es gibt klassische Systeme, in denen unter vorgegebenen Anfangsbedingungen sich nicht mehr mit Sicherheit voraussagen läßt, was zukünftig passiert. Dies liegt daran, daß bei diesen Systemen winzige Veränderungen in den Anfangsbedingungen riesige Unterschiede in den Endergebnissen bewirken. Bei mehreren Untersuchungen am vermeintlich gleichen System kommt im Effekt immer etwas anderes heraus, weil man Systeme eben gar nicht exakt reproduzieren kann. Die gewöhnliche Mechanik lehrt uns, daß aus ganz bestimmten Anfangsbedingungen ganz bestimmte Wirkungen folgen. Nur deshalb kann man funktionsfähige Autos, Flugzeuge usw. bauen. Aber damit alle diese Apparate nicht nur theoretisch, sondern auch in der Praxis funktionieren, müssen sie noch eine weitere Bedingung erfüllen: Kleine Änderungen in den Anfangsbedingungen dürfen auch nur kleine Änderungen in den Auswirkungen haben; denn es ist unmöglich, die Anfangsbedingungen genau einzustellen. Beim Fliegen haben wir z. B. immer unterschiedliche äußere Bedingungen, etwa durch die Luftverhältnisse, aber auch durch verschiedene Belastungen aufgrund der wechselnden Anzahl von Passagieren und ihrer Gewichte usw. Ein Flugzeug ist nur praktikabel, wenn es auch unter etwas abgeänderten Randbedingungen seine Stabilität und Manövrierfähigkeit beibehält, sich in ähnliche Flughöhen usw. bringen läßt. Die Nachbarschaft von Anfangsbedingungen muß sich in einer Nachbarschaft von Auswirkungen abbilden lassen, sonst kann man mit diesen Systemen nicht umgehen, man würde bei kleinsten Störungen abstürzen. Wenn wir praktisch von Determinismus reden, nehmen wir immer gleichzeitig an, daß die Vorhersagen diese Stabilität, diese Robustheit besitzen. Wenn diese Robustheitsbedingung nicht erfüllt ist, sprechen wir von nicht prognostizierbaren deterministischen Systemen. Sie begegnen uns auch im Alltag: Bei einer Autofahrt etwa auf einer engen Straße können minimale seitliche Verschiebungen unseren eigenen Lebenslauf dramatisch verändern. Wir müssen also feststellen, daß auch die uns bekannte Natur nicht immer den glatten Verlauf hat, der einem einfachen Ursache-Wirkungsmuster entspricht. Wir können das aus der Mechanik abgeleitete Paradigma nicht einfach auf die Wirklichkeit an sich übertragen: In der Biologie zum Beispiel ist es furchtbar schwierig, einen Teil unabhängig von den anderen zu betrachten. Wenn ich eine Zelle aus einem Gesamtkörper herauslöse, dann ist das etwas ganz anderes als die im Gesamtkörper eingebettete Zelle. Und trotzdem versuchen wir diese mechanistische und an unseren technischen Apparaturen hochgezüchtete Betrachtung auf die Natur allgemein zu übertragen. Doch zurück zur Mechanik: Je mehr Freiheitsgrade ein System hat, um so mehr Instabilitätspunkte kann es geben. Einfache, lose verbundene Systeme zeichnen sich dagegen dadurch aus, daß die Instabilitätspunkte weit entfernt sind. Wir haben dann das Gefühl, alles im Griff zu haben. Je stärker ein System aber verkoppelt ist und je mehr Freiheitsgrade ins Spiel kommen, um so schwieriger ist es, Instabilitätspunkte zu vermeiden; um so schwieriger ist es, wirklich Prognosen zu machen, also Prognosen, die erfolgreich sind.

DU: Heißt das, daß eine nach den Prinzipien der Mechanik zusammengeschraubte Welt sich anders verhält, als wir das voraussehen können?

DÜRR: Die Quantenphysik lehrt uns, daß die Natur strenggenommen nicht deterministisch strukturiert ist. Für die praktische Anwendung gilt darüber hinaus, wie ich ja eben schon ausgeführt habe, daß wir schon viel früher an prinzipielle Grenzen kommen, wo Prognosen nicht mehr möglich sind. Wenn die Zahl der Freiheitsgrade zunimmt, kommt man an einen Punkt, wo man das System gar nicht mehr durchtesten kann, um zu wissen, was sein Verhalten sei. Die Zahl der Möglichkeiten nimmt so stark zu, daß die Zeit gar nicht ausreicht, hier vernünftige Tests zu machen. Das System fährt gleichsam fort, sich ständig weiterzuentscheiden; es ist immer weiter auf dem Wege solcher Entscheidungen, weil es wechselwirkt, und dies deshalb, weil wir es nicht streng isolieren können. Deshalb soll man vorsichtig sein, Erfahrungen, die wir mit der Technik gemacht haben, direkt auf die Wirklichkeit anzuwenden. Diese Gefahr besteht im Augenblick! Wir haben uns mit Apparaten umgeben, die genau diese deterministische Struktur haben. Und wenn wir uns in dieser vom Menschen gemachten Wirklichkeit umgucken, haben wir natürlich das Gefühl, es laufe alles deterministisch ab. Wir sehen nicht mehr die Natur als solche an, sondern nur die Dinge, die genau so konstruiert sind, daß sie eben diese Struktur des isolierten Nebeneinander haben. Einer, der in der Stadt aufwächst, belegt dann dasjenige, was Realität sei, mit lauter Vergleichen, die gar nicht die Wirklichkeit als solche betreffen, sondern Produkte, die wir selbst zur Wirklichkeit gemacht haben. Die alte Betrachtungsweise ist analytisch-linear, d. h. zerlegend und eindeutig ursächlich, weil sie gewisse Dinge aus dem Kontext löst. Sie kann das Ganzheitliche nicht erfassen und führt deshalb im wesentlichen in die Irre.

DU: Man müßte also, um die Welt einigermaßen berechenbar im Griff behalten zu können, alle neuen Erkenntnisse der Wechselwirkungen fortlaufend mitverarbeiten. Die vielfache Vernetzung permanent überwachen?

DÜRR: Viele glauben, das Wesentliche sei, daß man vernetzt denke. Wir haben ja große Computer, so daß es möglich erscheint, die komplizierten Strukturen mit hereinzunehmen. Ob daraus aber eine sicherere Prognose resultiert, ist eine andere Frage. Sicherlich kann man durch Berücksichtigung solch vernetzter Strukturen und mit Hilfe von intelligenteren Systemanalysen etwas präzisere Voraussagen machen, aber für mich ist das nicht das Entscheidende. Was ich aus solchen Betrachtungen beziehe, ist vielmehr, daß sie die Existenz und das Anwachsen der Instabilitätspunkte anzeigen. Auf biologische und gesellschaftliche Systeme angewendet bedeuten solche Instabilitätspunkte meistens oft so etwas wie dramatische Veränderungen oder gar Katastrophen. Unser Bestreben müßte es also sein, uns so weit wie möglich von diesen Punkten entfernt zu halten.

DU: Könnte man sagen, was isolierend aus der Ganzheit der Natur herausgelesen wird – durch das Teilchenfischen der Wissenschaft –, sollte isolierend und nur isolierend auf die Natur zurückappliziert werden?

DÜRR: Die einzige Möglichkeit, wenig Instabilitätspunkte zu haben, besteht darin, die Systeme zu entkoppeln, zu isolieren; dann bleiben die Effekte einigermaßen kontrollierbar. Man muß also die Entwicklung in Richtung auf einseitige starke Koppelungen bremsen. Die Hoffnung auf einen Steuermann, der die dicht vernetzten technologischen Systeme noch überblickt und als echter Steuermann fungieren kann, ist aussichtslos. Da man im Augenblick nicht das Gefühl haben kann, in einer gesellschaftlichen Situation zu leben, in der technologische Systeme entkoppelt und in ihrer Entwicklung gebremst würden, werden Sie verstehen, daß ich mit großer Beklemmung in die Zukunft blicke.

DU: Ist es denkbar, daß der Wunsch, die einmal geschaute Ganzheit zu rekonstruieren, – der Hang zum Gesamtkunstwerk –, dort, wo er mit Macht gepaart ist, zum Totalitarismus führt? Könnte im Gegensatz vom Teil und dem Ganzen der von Ihnen als gefährlich entlarvte Hang zur integrierenden Koppelung aller verfügbaren Systeme schon angelegt sein? Muß man dann – paradoxerweise, denn wir gingen zunächst davon aus, besonders für die Ganzheit zu reden – für die Autonomie der isolierten Ganzheit plädieren, also von *den* Ganzen sprechen, anstatt von *dem* Ganzen?

DÜRR: Das Gesamtkunstwerk ist immer die Welt als Ganzes. Sie läßt sich von Menschen nie rekonstruieren, denn es gibt ja nichts außerhalb dieser Welt. Sie haben das wahrscheinlich auch nicht in diesem Sinne gemeint, sondern zielen mit Ihrer Frage darauf, ob mit einer immer umfassenderen Kenntnis der Natur, die aus der geschauten Ganzheit gespeist wird, für den Menschen eine noch größere Machtfülle möglich wäre und dadurch die Gefahr des Totalitarismus verstärkt wird. Die Flexibilität einer Struktur hängt mit ihrer Differenzierung zusammen. Eine Anpassung an zukünftige neuartige Bedingungen ist nur möglich, wenn ein System viele Freiheitsgrade besitzt, wenn ihm viele Pfade offenstehen. Machtfülle führt aber immer zur Einengung, zur Einfalt. Sie fördert Weniges auf Kosten des Vielen, des Reichhaltigen, des Bunten. Ich hoffe deshalb, daß zu große Machtkonzentrationen nicht überlebensfähig sind. Wenn wir von dem einheitlichen Ganzen sprechen, sollten wir nicht an etwas Uniformes, Monotones, Einfältiges denken, sondern an eine Struktur höchster Ordnung, die ja, anders als in der umgangssprachlichen Bedeutung, wo wir Ordnung in die Nähe von »Gleichschaltung« rücken, durch größte Vielfalt und Differenzierung gekennzeichnet ist.

Die Möglichkeit, ein Ganzes als die Summe seiner Teile aufzufassen und als solches dann auch umfassend zu beschreiben, erschien für die Physik evident – ja, es war geradezu ihr großes Erfolgsrezept –, und für die übrigen Naturwissenschaften galt sie als ungeheuer plausibel und bisher unwiderlegt, aber im Bereich unseres Bewußtseins, des Geistes, der Emotionen und, in einer abgeschwächteren Form, auch im gesellschaftlichen und politischen Bereich erschien eine solche Vorstellung als höchst fragwürdig oder wenigstens als in hohem Maße unzureichend. Die moderne Physik und die neueren Untersuchungen und Überlegungen von Ilya Prigogine, Humberto Maturana, Francesco Varela, Hermann Haken, Manfred Eigen und vielen anderen über die zeitliche Entwicklung von offenen Systemen haben die Kluft zwischen Physik und Biologie, dem Materiellen und dem Lebendigen gewaltig verringert.

Durch die Wiederentdeckung der »Wirklichkeit der Zeit« und die Erkenntnis, daß für ein durch klassische Gesetze beschriebenes

System, das aber nicht abgeschlossen und weit von seinem thermodynamischen Gleichgewicht entfernt ist, der theoretische Determinismus faktisch unwirksam wird, wurden Möglichkeiten sichtbar, die vielfach beklagte Spaltung unserer Kultur in eine naturwissenschaftliche und eine humanistische Kultur und deren fortschreitende Entfremdung zu überwinden. »Die Theorie der offenen Systeme – Neue Modelle zum wissenschaftlichen Verständnis der Welt« hieß das Thema einer Tagung, die Günter Altner im September 1983 an der Evangelischen Akademie Mühlheim abhielt. Für mich als einen der Referenten war vor allem die schon in meinem ersten Aufsatz aufgeworfene Frage von Interesse, ob sich zwischen der prinzipiellen Indeterminiertheit der Quantenphysik und der praktischen Indeterminiertheit offener, in der Sprechweise von Prigogine »dissipativer« Systeme möglicherweise ein tieferer Zusammenhang herstellen läßt.

Über die Notwendigkeit, in offenen Systemen zu denken
Der Teil und das Ganze

Einleitung

Ich bin mir keineswegs sicher, ob ich mit meinen Ausführungen zum Thema »Über die Notwendigkeit, in offenen Systemen zu denken« überhaupt die Erwartungen erfüllen kann, welche die Organisatoren einer Vortragsreihe über »Die Theorie der offenen Systeme – Neue Modelle zum wissenschaftlichen Verständnis der Welt« ursprünglich dabei gehegt haben. Die besondere Bedeutung, die wir heute einer angemessenen Behandlung und Beschreibung von sogenannten »offenen Systemen« beimessen, rührt von Beobachtungen chemischer und biologischer Prozesse her und hängt nur in zweiter Linie mit Erfahrungen im Bereich der Physik zusammen. Wir denken bei »offenen Systemen« dabei vor allem an die von Ilya Prigogine und seinen Mitarbeitern untersuchten »dissipativen Systeme«* und an die Möglichkeit der »Selbstorganisation« der Materie, wie sie von Manfred Eigen und Humberto Maturana beschrieben wurde. Über alle diese Fragen will und kann ich als Elementarteilchenphysiker nicht kompetent sprechen. Wenn man sich jedoch mit Fragen dieser Art befaßt, so fällt auf, daß solche »offenen Systeme« sich zeitlich ganz anders entwickeln als Systeme, die in der Nähe vom thermodynamischen Gleichgewicht liegen. Wir gewinnen sogar bei der Betrachtung offener Systeme den Eindruck, daß dem abstrakten Begriff der »Zeit« eine ganz neue Qualität zuwächst: Die zukünftigen Ereignisse erscheinen durch eine vollständige Vorgabe der gegenwärti-

---

* Eine m. E. etwas irreführende Bezeichnung, da die wesentliche Eigenschaft dieser Systeme, nämlich durch äußere Einflüsse, z. B. eine stetige Energiezufuhr, weit vom theromodynamischen Gleichgewicht entfernt zu sein, in der Terminologie nicht zum Ausdruck kommt.

gen Fakten nicht mehr eindeutig determiniert; die Zukunft bleibt in einer gewissen Weise unbestimmt.

Bei diesen offenen makroskopischen Systemen treten also gewisse Charakterzüge in Erscheinung, von denen wir bisher angenommen haben, daß sie nur bei der Beschreibung von mikroskopischen Systemen Bedeutung erlangen. Mikroskopische Systeme, d. h. Systeme im atomaren und subatomaren Bereich, offenbaren nämlich ein prinzipiell statistisches Verhalten, wie es durch die Quantentheorie beschrieben wird. Danach ist nicht mehr die zeitliche Entwicklung des Systems selbst, sondern es sind nur noch Wahrscheinlichkeiten für das Auftreten einer Vielzahl möglicher zukünftiger Entwicklungen determiniert.

Die mikroskopische Welt zeigt darüber hinaus noch einen anderen Wesenszug, der auch bei bestimmten offenen Makrosystemen eine gewisse Entsprechung hat. Quantenmechanische Systeme lassen sich nämlich nicht mehr angemessen beschreiben, wenn wir das System zunächst gedanklich in seine »Teile« zerlegen und es dann, in einem zweiten gedanklichen Schritt, aus diesen Teilen zusammensetzen, d. h. wenn wir versuchen, das Gesamtsystem als Summe dieser seiner Teile aufzufassen. Der Begriff des »Teils« erfährt hierbei zwei wesentliche Brüche, wenn wir von unserer makroskopischen Vorstellungswelt in die mikroskopische Welt hinabsteigen, einmal beim Übertritt von der klassischen Beschreibung zum Quantenregime, und, ein weiteres Mal, beim Hervortreten der Charakteristika, wie sie durch Einsteins spezielle Relativitätstheorie im Rahmen der Quantentheorie erzwungen werden.

Ich habe deshalb meinem Aufsatz, in bewußter Anlehnung an ein berühmtes Buch von Werner Heisenberg, den Untertitel *Der Teil und das Ganze* gegeben, um deutlich zu machen, daß meine Ausführungen vor allem auf die wichtige Frage zielen, in welchem Sinne und unter welchen Umständen einem »Teil« innerhalb eines Gesamtsystems überhaupt eine sinnvolle und eigenständige Bedeutung zukommt. Es ist offensichtlich, daß diese Frage bei einer analytischen und reduktionistischen Betrachtungsweise von fundamentaler Bedeutung ist.

Diese Frage stellt sich pointiert bei der Beschreibung der Phänomene der Mikrowelt, der Welt der Atome und Elementarteilchen, und nur über dieses Niveau möchte ich in meinem Aufsatz vornehmlich sprechen. Es muß offenbleiben, inwieweit die auf dieser Ebene gültigen überraschenden Gesetzmäßigkeiten unter besonderen Umständen auch noch zum Makrobereich, der Welt unseres Alltags, durchbrechen und damit zur Erklärung der bei offenen Makrosystemen auftretenden ähnlichen Phänomene dienen können. Hierüber soll nur kurz im letzten Kapitel reflektiert werden.

Offene und »geschlossene« Systeme

Was man unter einem offenen und einem geschlossenen System versteht, ist in der Literatur nicht einheitlich. Meist bezieht sich »offen« und »geschlossen« nur auf gewisse spezielle Eigenschaften, die bei einer bestimmten Betrachtung von Interesse sind. Prinzipiell gilt, daß wir – strenggenommen – von einem geschlossenen System niemals Kenntnis haben können. Denn um Kenntnis von einem System zu haben, müssen wir es beobachten können. Beobachten bedeutet jedoch immer, daß wir mit diesem System »von außen« in Wechselwirkung treten, wodurch diese notwendigerweise – wegen des reziproken Charakters der Wirkung – in seiner Abgeschlossenheit gestört wird. Bin ich andererseits selbst Teil des Systems, betrachte es also sozusagen »von innen«, also ohne mich als wahrnehmendes Subjekt, als »Ich« von dem zu beobachtenden Objekt abzutrennen, so ist sehr wohl Wirklichkeitserfahrung möglich, aber diese Erfahrung kann nicht zu Kenntnis und zu Wissen im üblichen, naturwissenschaftlich geprägten Sinne gerinnen, da sie nicht »objektivierbar« ist.

Wirklichkeit begegnet mir als erkennendes Subjekt zunächst immer als ein abgeschlossenes Ganzes, von dem ich selbst ein »Teil« bin, wobei diese Sprechweise präjudiziert, daß es überhaupt sinnvoll ist, vom »Teil« eines Ganzen zu sprechen. Die Möglichkeit einer objektiven Welterfahrung bedeutet, daß dieser Welt eine Struktur zugrunde liegt, die es erlaubt, mich selbst als beobachtendes Subjekt in einer gewissen Weise herauszulösen und die Restwelt von außen, als Objekt, als Beobachtungsgegenstand zu betrachten. Es ist hierbei nicht notwendig, daß solch eine Abtrennung in aller Strenge möglich ist, sondern nur, daß durch diesen Abtrennungsprozeß die »wesentlichen« Eigenschaften der Welt nicht verändert werden, wobei die Entscheidung, was wesentlich ist, auch von der Betrachtung abhängt. Man erkennt dabei, daß die Prüfung der Abtrennbarkeit immer auch eine Bewertung verlangt.

Der Prozeß der Ab- oder Auftrennung bleibt nun nicht bei der Subjekt-Objekt-Trennung stehen. Die Außenwelt wird gedanklich auf ähnliche Weise und in mehreren Schritten weiter in ihre Bestandteile zerlegt. Sie wird begriffen als das komplizierte Zusammenspiel von nicht oder nur wenig überlappenden Untersystemen, eben von ihren Teilen. Eine solche Betrachtung ist nur sinnvoll, wenn die Verkettung und Vernetzung der Bestandteile nicht zu stark ist, so daß diese Bestandteile näherungsweise als isolierte Subsysteme vorgestellt und behandelt werden können. Das streng isolierte System ist dann immer auch ein geschlossenes System, wenn – in Übereinstimmung mit unserer Erfahrung – Wirkung immer nur als Wechselwirkung auftritt.

Die Vorstellung geschlossener Systeme ist also für jede zerlegende, analytische Betrachtungsweise unentbehrlich. Sie charakterisiert den ersten Schritt in einem Beschreibungsverfahren. Sie erlaubt die Verwendung von festen Begriffen und Benennungen. Um die Beziehung zur Realität herzustellen, muß jedoch diese Idealisierung in einem zweiten Schritt aufgegeben werden. Das isolierte, abgeschlossene Untersystem tritt in Wechselwirkung mit dem übrigen, es wird als Teil eines größeren Systems begriffen. Seine Geschlossenheit geht verloren, aber oft nur teilweise.

So bilden die ruhenden Kugeln auf einem Billardtisch zwar zunächst nur formal ein Gesamtsystem, da die Isoliertheit jeder einzelnen Kugel noch voll gewährleistet zu sein scheint. In der Tat trifft dies für ihre mechanischen Eigenschaften zu (wenn wir einmal von ihrer gegenseitigen Beeinflussung durch eine Verformung des Tischs aufgrund ihres Gewichts und durch ihre Gravitationsanziehung absehen), aber nicht mehr für ihre optischen Eigenschaften. Es ist die Wechselwirkung mit dem Licht, welche sie in unseren Augen zu einem echten Gesamtsystem verbindet. Beschränkt man sich auf die Beschreibung der mechanischen Eigenschaften, so läßt sich diese optische Verkopplung in extrem guter Näherung ignorieren. Erst der Anstoß einer Kugel und die dadurch ausgelösten vielfachen Stöße der Kugeln untereinander würden ihre Abgeschlossenheit aufheben. Solange bei diesen Stößen kein Material abgerieben wurde, würden sie aber immer noch räumlich und massemäßig abgeschlossene Systeme bleiben.

Wie dieses Beispiel zeigt, beziehen sich »Offenheit« und »Abgeschlossenheit« bei der üblichen Verwendung dieser Begriffe immer nur auf bestimmte Eigenschaften der Systeme. Offenheit bezeichnet eine mögliche Veränderung dieser Eigenschaften durch Wechselwirkung mit der »Umgebung«. Veränderung wird hierbei als Änderung in der Zeit verstanden. Um Veränderung überhaupt definieren zu können, brauchen wir für ein System den Begriff seiner Identität. Identität bedeutet Übereinstimmung mit sich selbst in der Zeit.

Die Existenz einer gerichteten fließenden Zeit ist fundamental. Die Zeit zerfällt in Vergangenheit und Zukunft mit der Gegenwart als Berührungspunkt. Die Zukunft bezeichnet das Mögliche, die Vergangenheit das durch »Dokumente« ausgewiesene Faktische. In der Gegenwart gerinnt das Mögliche zum Faktischen.

Die Möglichkeiten in der Zukunft sind nicht frei. Die Fakten der Vergangenheit engen das Möglichkeitsfeld ein. Gesetze regeln diesen Zusammenhang. Die einfachste Situation liegt dann vor, wenn die Gesetze die zukünftigen Möglichkeiten eines Systems auf eine Gewißheit einengen, die dynamische Entwicklung des Systems also streng determinieren. Die Gesetze der klassischen Physik sind von dieser Art. In diesem Fall ist der Übergang vom Möglichen zum Faktischen in der Gegenwart undramatisch. Das System, geeignet definiert, verharrt in seiner Identität.

Das »Beharrende«

Bei der Beschreibung der zeitlichen Entwicklung von Naturphänomenen ist es vorteilhaft, sich zunächst auf Erscheinungsformen und Eigenschaften zu konzentrieren, die sich zeitlich nicht verändern. In der Physik führt dies auf die Frage nach den sogenannten »erhaltenen« Qualitäten und Quantitäten oder den »Erhaltungssätzen«. Anschaulich gesprochen ist es die Frage nach dem »Beharrenden« oder der »Substanz«.

In unserer täglichen Erfahrung ist es die »Materie« der uns umgebenden Gegenstände, die das Beharrende und Beständige verkörpert. Die Materie steht im Gegensatz zur Form dieser Objekte, die durch »Verformung« vielerlei Gestalt annehmen kann. Um die zeitliche Veränderlichkeit der Form zu beschreiben, wird ein Gegenstand als Zusammenschluß sehr vieler, winzig kleiner Materieteilchen aufgefaßt, die ihre räumliche Lage zueinander verändern können und auf diese Weise die Vielgestaltigkeit des Gesamtsystems bewirken.

Um den Formbegriff endgültig auflösen zu können, erscheint es notwendig, die Existenz »kleinster« Materieteilchen anzunehmen, die selbst formbeständig, also beliebig hart sind. Dies führt auf den Demokritschen Begriff eines »Atoms« als einem letzten, nicht weiter auflösbaren, unteilbaren Baustein der Materie. Die Reduktion formveränderlicher Erscheinungsformen auf einfachere forminvariante Teilsysteme durch den Prozeß der Zerlegung repräsentiert gewissermaßen den Prototyp des analytischen Verfahrens in der Naturwissenschaft. Das »Atom« ist für alle Zeiten mit sich selbst identisch. Es entspricht, zeitlich betrachtet, einer von frühester Vergangenheit bis in die fernste Zukunft reichenden ununterbrochenen Faser, gleich einem dünnen Nylonfaden. Jedes makroskopische System gleicht dann einem dicken Nylonseil, das aus vielen solchen unendlich langen Fäden geflochten ist. Jeder Querschnitt, z. B. der Schnitt zur Gegenwart, enthält immer die gleiche Anzahl von Fäden. Die Gleichzahl der Fäden verbürgt die Kontinuität in der Zeit.

Die Atomvorstellung schließt zunächst nicht aus, daß es noch verschiedene Arten von Atomen geben kann, gleichsam verschiedenfarbige oder verschieden dicke Nylonfäden in unserem Nylonseil. Eine solche Situation erscheint immer unbefriedigend, da ungeklärt bleibt, was einer solchen Verschiedenheit eigentlich zugrunde liegt. Wir sind deshalb in diesem Fall bestrebt, diese Verschiedenheit nach bewährtem Rezept durch eine geeignete Unterstruktur der Nylonfäden zu deuten, also in den »Atomen« noch kleinere »Subatome« als die eigentlichen Grundbausteine zu vermuten. Bei den Atomen der Physik und Chemie war dies ja auch, in der Tat, der historische Weg. Die Verschiedenartigkeit der Atome von verschiedenen chemischen Elementen konnte auf einen unterschiedlichen Aufbau aus kleineren Bausteinen, nämlich den Elementarteilchen (den Protonen und Neutronen im Atomkern und den Elektronen in der Atomhülle) zurückgeführt werden. Allerdings führte auch dieser erfolgreiche Reduktionsprozeß nicht ganz zum erwünschten Ende, da immer noch mehrere Elementarteilchen als Bausteine verblieben. Dieser Zerlegungsprozeß wurde deshalb weiter fortgesetzt. Protonen und Neutronen scheinen, der heute gängigen Auffassung nach, aus – leider wieder verschiedenartigen – Quarks aufgebaut zu sein. In den Quarks vermutet man wiederum die kleineren »Preonen«, ohne jedoch auch mit diesem Schritt die letztlich angestrebte Einheitlichkeit der Bausteine erreichen zu können.

Um Aussagen über die Zukunft machen zu können, benötigen wir eine genaue Beschreibung des Systems zum gegenwärtigen Zeitpunkt, also die Anfangsbedingungen, sowie eine Regel, ein Naturgesetz, für die zeitliche Veränderung dieses Systems in Abhängigkeit von der augenblicklichen Konstellation (etwa in Form einer zeitlichen Differentialgleichung). Im Bilde des Nylonseils bezeichnen die »Naturgesetze« Regelmäßigkeiten in den Verwicklungen und Verflechtungen der Fäden entlang der Seillänge. Den Anfangsbedingungen entspricht die Vorgabe eines Seilquerschnitts an irgendeiner Stelle, also die Angabe über Anzahl und Art der Nylonfäden.

Die Beschreibung des Seils als Ganzem, das alle »Atome« des Kosmos einschließt, ist selbstverständlich zu kompliziert. Wir werden deshalb versuchen, innerhalb des Nylonseils gewisse Unterstränge zu finden, die sich über gewisse Teillängen des Seils ganz oder nach Durchschneiden von nur wenigen Fasern vom übrigen Seil abtrennen lassen. Die so künstlich isolierten, abgeschlossenen einfacheren Unterstränge werden zunächst in ihrer Gesetzmäßigkeit untersucht und dann ihre Einbindungen in das Restseil in einem zweiten Schritt vorgenommen. Wegen der atomaren bzw. »strähnigen« Struktur des Seils ist dieses Verfahren prinzipiell immer möglich, obgleich seine praktische Nützlichkeit mit zunehmender »Verfilzung« (d. h. der Unmöglichkeit, Teilstränge streckenweise zu isolieren) sehr schnell an Wert verlieren kann.

Die zeitliche Kontinuität wird in der Physik durch die Forderung nach »Kausalität« verankert. Begrifflich setzt Kausalität schon die Vorstellung einer Zeit, sogar einer gerichteten Zeit voraus, so daß schon sinnvoll von einem »vorher« und »nachher« gesprochen werden kann. »Primitive Kausalität« beinhaltet, daß es keine Wirkung ohne eine Ursache gibt, wobei – entsprechend dem üblichen Sprachgebrauch – die Wirkung immer zeitlich nach der Ursache sein muß. Diese »primitive Kausalität« läßt sich durch die Vorstellung einer kontinuierlich ablaufenden Zeit verschärfen. Ursache und Wirkung sind dann kontinuierlich miteinander verknüpft. Als Folge davon kann sich die Vergangenheit nur über die Gegenwart auf die Zukunft auswirken. Die Gegenwart enthält in diesem Fall im Prinzip alle für die Bestimmung zukünftiger Ereignisse wesentlichen Informationen. Das Vergangene wird nur durch die in der Gegenwart ausgeprägten Dokumente für die Zukunft relevant.

Bei einer relativistischen (d. h. der Einsteinschen speziellen Relativitätstheorie genügenden) Beschreibung wird nicht die Zeit selbst in ihrer Polarität, aber der Begriff der Gleichzeitigkeit räumlich getrennter Ereignisse relativiert. Dies führt zu einer weiteren Verschärfung des Kausalitätsbegriffs: Wirkungen können nur in hinreichender räumlicher Nähe zur Ursache auftreten, nämlich nur in solchen Bereichen, die maximal mit Lichtgeschwindigkeit noch erreicht werden können. Dies führt letztlich dann zu der Vorstellung, daß Wechselwirkung primär nur lokal (also nicht über Distanzen) übertragen wird (Nahewirkungsprinzip) und daß kein Teilchen (z. B. Atom) sich schneller als mit Lichtgeschwindigkeit fortbewegen kann.

Quantenphysik

Prinzipielle Unstimmigkeiten und Widersprüchlichkeiten bei der Beschreibung mikroskopischer Naturphänomene offenbarten zu Beginn dieses Jahrhunderts, daß die bisherigen Vorstellungen vom Aufbau der Materie nicht richtig sein konnten. Mit der sogenannten Quantenmechanik oder, allgemeiner, der Quantenphysik vollzog sich in den zwanziger Jahren ein tiefgreifender Wandel, der zu einer grundsätzlich anderen Vorstellung von der Wirklichkeit geführt hat. Die kleinsten Einheiten der Materie waren nicht mehr Teilchen im üblichen Sinne, sondern abstraktere Zustandsformen, denen die entgegengesetzten und nach klassischer Vorstellung unverträglichen Erscheinungsformen »Teilchen« und »Welle« gleichermaßen zu eigen war. Teilchen und Welle erwiesen sich, in einem gewissen eingeschränkteren Sinne, als zwei verschiedene Projektionen eines abstrakten, direkt nicht mehr vorstellbaren Zustands, welche durch unterschiedliche Meßverfahren ausgewählt werden.

Die Situation erscheint ähnlich wie bei der Betrachtung eines Gebäudes, wo sich uns je nach dem Blickwinkel (z. B. frontal oder seitlich) völlig verschiedene Ansichten bieten. In diesem Falle gelingt es uns allerdings, die sich widersprechenden flächigen

Eindrücke in der Vorstellung eines räumlichen Gebildes zu vereinen.

Teilchen und Welle lassen sich jedoch nicht mehr auf ähnliche Weise gedanklich zusammenfügen, ohne dabei die Eigenschaft der Objektivierbarkeit – eine Voraussetzung für jegliche anschauliche Vorstellung – aufzugeben. Sie sind also nicht einfach zwei Seiten eines uns direkt nicht erfahrbaren Gegenstands. Wir befinden uns bei ihrer gemeinsamen Erfassung mehr in der Situation eines Fotografen, der versucht, zwei in verschiedener Entfernung vor ihm stehende Personen in einem Bild scharf aufzunehmen: Fokussiert er auf den einen, so wird der andere unscharf.

Diese eigentümliche Auflösung der Objektivierbarkeit führt zu einer grundsätzlichen Aufweichung der Kausalstruktur. Eine gegebene Ursache führt nun nicht mehr zu einer ganz bestimmten Wirkung, sondern sie eröffnet nur ein bestimmtes Feld von möglichen Wirkungen, deren Wahrscheinlichkeiten (besser: deren relative Häufigkeiten) determiniert sind. Der Zusammenhang zwischen Ursache und Wirkung ist also nurmehr statistisch, und zwar in einem prinzipiellen und objektiven Sinne und nicht nur auf Grund einer subjektiv ungenauen Wahrnehmung.

So zerfällt ein Neutron spontan in ein Proton, ein Elektron und ein Antineutrino. Der Zerfall kann in der nächsten hundertstel Millisekunde erfolgen oder erst in zehn Milliarden Jahren. Alles ist möglich. Keine Struktureigenschaft des Neutrons erlaubt uns, hier zu einer besseren Bestimmung zu kommen. Wir wissen aber, daß die Wahrscheinlichkeit eines Zerfalls in extrem kurzer Zeit und sehr langer Zeit nur sehr klein ist. Genauer: Wir wissen mit Bestimmtheit, daß von einem Haufen Neutronen nach 15,42 Minuten genau die Hälfte zerfallen sein wird. 15,42 Minuten ist also so etwas wie die mittlere Lebensdauer (genauer: die Halbwertzeit) des Neutrons, im ähnlichen Sinne, wie wir von einem mittleren Lebensalter eines Menschen sprechen, aber beim Neutron im Gegensatz zum Menschen ohne den Hintergedanken, daß es für die tatsächlich auftretenden Abweichungen vom Mittelwert irgendwelche manifesten oder verborgenen Ursachen gibt.

Durch die Quantenstruktur wird die zeitliche Schichtung der Naturgesetzlichkeit wesentlich verändert. Die Zukunft ist prinzipiell offen, prinzipiell indeterminiert. Die Vergangenheit ist festgelegt, durch Fakten (durch irreversible makroskopische Prozesse) dokumentiert. Die Gegenwart bezeichnet den Zeitpunkt, wo Möglichkeit zu Faktizität gerinnt. Offensichtlich setzt eine solche Schichtung nun notwendig voraus, daß die Zeit einen Richtungssinn hat. Zukunft und Vergangenheit sind ja grundsätzlich verschieden. Die Wahrscheinlichkeitsaussagen der Quantenphysik beziehen sich immer nur auf zukünftige Ereignisse.

In unserem anschaulichen Bilde entspricht also der Wirklichkeit kein Nylonseil mehr, mit den in beiden zeitlichen Richtungen sich unendlich erstreckenden kontinuierlichen Nylonfäden, sondern nurmehr ein allein in die Vergangenheit sich erstreckendes Halbseil, dessen Fäden in der Gegenwart gleichsam aus einem unstrukturierten Substrat herausgezogen werden, sich also gewissermaßen im jeweils gegenwärtigen Augenblick aus der Unbestimmtheit neu bilden. Eine Extrapolation in die Zukunft ist nicht möglich. Die Zukunft als Reich des Möglichen ist – mathematisch gesprochen – weit »mächtiger« als die Vergangenheit, das Reich des Faktischen.

Trotz der Teilchen-Welle Ambivalenz der mikroskopischen Zustände hat man sich in der Physik daran gewöhnt, sprachlich (aber auch gedanklich) den Teilchenbegriff zu bevorzugen. So spricht man immer von Elementarteilchen und nicht von Elementarwellen. Diese Ausdrucksweise kommt unserer alltäglichen und der durch die Abstraktionen der klassischen Physik unterstützten Anschauung mehr entgegen, nach der Materie als etwas räumlich Begrenztes und Lokalisiertes – im Extremfall als strukturloser Massenpunkt – begriffen wird. Der auf diese Weise etablierte Substanzbegriff ist positiv in dem Sinne, daß ein Ganzes immer als etwas Größeres als jedes seiner Teile vorgestellt wird. Bei dieser Auffassung erscheint es deshalb, zum Beispiel, nicht angemessen, das Spundloch eines Weinfasses als ein Teil des Weinfasses zu bezeichnen.

Der Wellenaspekt des Mikrozustandes kommt im Vergleich dazu unserer Intuition von Materie weniger entgegen. Eine Welle ist prinzipiell räumlich ausgedehnt. Eine Zerlegung einer Welle in Partialwellen, etwa in ihre harmonischen Komponenten (Oberschwingungen), ist von ganz anderer Art als die Zerlegung eines Materieklumpens in seine Bestandteile. Die Welle hat nicht die positive Substanzeigenschaft. So kann man, zum Beispiel, bei Überlagerung (Interferenz) von Licht und Licht (bei Gegenphase der Lichtwellen) Dunkelheit erzeugen, woraus sich ergibt, daß Licht als ein Teil der Dunkelheit interpretiert werden kann.

Viele wesentliche Phänomene der Mikrophysik lassen sich jedoch mit der Wellenvorstellung einfacher erfassen als mit dem Teilchenbild. Dies gilt insbesondere für die überraschende Tatsache, daß alle »Teilchen« derselben Art sich haargenau gleichen, so daß sie als normierte Bausteine in die verschiedensten Moleküle eingepaßt werden können und dort immer unabhängig von ihrer Individualität zu den entsprechenden chemischen Eigenschaften führen. Im Wellenbild entsprechen diesen Teilchen Eigenschwingungen eines bestimmten (abstrakten) Systems, die, ähnlich wie die Eigenschwingungen einer Saite, immer genau den gleichen Charakter haben. Weiter: Schwingende Systeme haben selten nur eine einzige Eigenschwingung, sondern erlauben im allgemeinen vielfältigere Schwingungsformen, wie etwa neben der Grundschwingung auch noch Oberschwingungen. Art und Zahl der Schwingungsknoten charakterisieren hier eindeutig die verschiedenen Schwingungsformen. Dieser Wellenaspekt »erklärt«, warum Teilchen meist in mehrfachen Varianten auftreten, die durch verschiedene Quantenzahlen charakterisiert werden können. Sie sind also Mitglieder eines ganzen Spektrums von Teilchen, ganz ähnlich den einzelnen Spektrallinien in einem Linienspektrum (oder besser: den Termen in einem Termschema) der Atome. Hierbei ist bemerkenswert, daß mit der Betonung des Wellencharakters der Zustände die für Teilchen charakteristischen »materiellen« Eigenschaften eine eigentümliche Umdeutung in »Gestalts«-Eigenschaften erfahren.

Im Gegensatz zur materiellen Saite, die der Träger der Schwingung ist, ist im Falle eines Quantenzustandes die Welle immateriell, sie bezeichnet nur ein wellenartiges Möglichkeitsfeld – also etwas, was mehr den elektromagnetischen Lichtwellen gleicht, die sich ohne einen materiellen »Äther« im Vakuum ausbreiten.

Diese »Entmaterialisierung« der Materie in der Quantenphysik wird auch noch auf andere Weise deutlich, nämlich in einer Aufweichung der Identität der Materie mit sich selbst oder, konkreter, eines Teilchens mit sich selbst in der Zeit.

In der Newtonschen Beschreibung der Mechanik gehen wir von der Vorstellung aus, daß Teilchen oder Massenpunkte feste Bahnen durchlaufen. Insbesondere bewegt sich ein kräftefreier Massenpunkt auf einer geraden Linie mit konstanter Geschwindigkeit von einem Anfangspunkt A zu einem Punkt B zu einer späteren Zeit (s. Abb. 1). Wirken irgendwelche Kräfte auf den Massen-

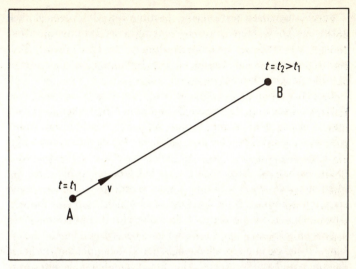

Abb. 1: Bewegung eines Teilchens von A nach B nach den Vorstellungen der klassischen Physik

punkt, so wird die Bahn entsprechend den Newtonschen Bewegungsgesetzen gekrümmt und ungleichmäßig durchlaufen.

In der quantenmechanischen Beschreibung stellt sich die Situation ganz anders dar. Man hat hier eine Anfangssituation, die nur ungefähr dem Ausgangspunkt A im klassischen Fall »Teilchen am Orte x mit Geschwindigkeit v« entspricht, da es in der Quantenmechanik aufgrund der Heisenbergschen Unschärferelationen unmöglich ist, Ort und Geschwindigkeit eines Teilchens zu einem bestimmten Zeitpunkt festzulegen. Dies heißt eben, daß ein »Teilchen« nicht mehr ein für uns anschaulich vorstellbarer Zustand ist. Auch der Endkonfiguration B entspricht wieder eine im gleichen Sinne verschwommene Bestimmung. Ein Prozeß $A \rightarrow B$ bedeutet also etwa, daß ein durch kurzzeitiges Öffnen eines Loches bei A ausgetretenes »Teilchen« zu einem späteren Zeitpunkt im Ortsbereich B (etwa durch Schwärzung einer Fotoplatte oder einen Szintillationsblitz) nachgewiesen wurde. Mit $A \rightarrow B$ scheinen wir zu implizieren, daß ein Teilchen von A nach B gelaufen sei, was zweierlei zum Ausdruck bringt: 1. Das Teilchen bei B ist dasselbe, das bei A ausgetreten ist. 2. Dieses Teilchen hat in der Zwischenzeit gewisse räumliche Zwischenpunkte zwischen A und

B durchlaufen, sich also auf einer bestimmten »Bahn« von A nach B bewegt. Die letztere Annahme scheint in der Tat unverzichtbar zu sein, um schlüssig die erste Forderung, die Identität des Teilchens, nachzuweisen. Gerade dieser Nachweis ist aber in der Quantenmechanik nicht mehr möglich.

Das Auftreten eines Teilchens bei A bezeichnet vielmehr eine Ausgangssituation, die für die Zukunft ein Möglichkeitsfeld festlegt, welches den ganzen Raum mit einer bestimmten Wahrscheinlichkeitsdichte für das mögliche Wiederauftreten eines »Teilchens« überdeckt. Dieses Möglichkeitsfeld ist wellenartig, das heißt, es hat die Eigenschaft, daß bei Überlagerung von zwei Möglichkeiten diese sich nicht nur verstärken, sondern auch schwächen können. Nach Feynman bietet sich sogar eine Sprechweise an, nach der die Wahrscheinlichkeit für das Auftreten eines Teilchens bei B als Folge des Ereignisses bei A aus einer gleichwertigen Überlagerung von allen möglichen Teilchenpfaden, die bei A beginnen und (entsprechend Abb. 2) bei B enden, abgeleitet werden kann. Etwas salopp ausgedrückt heißt dies, daß auch absurde Zwischenlagen des Teilchens, bei denen dies zwischenzeitlich »auf dem Mond« oder »in einer anderen Galaxie« war, völlig gleichberechtigt zum Nachweis bei B beitragen. Daß dieser Umstand

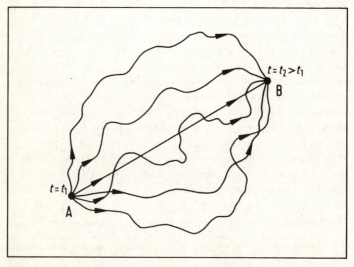

Abb. 2: »Virtuelle Bahnen« eines bei A und später bei B beobachteten »Teilchens« nach den Vorstellungen der Quantenphysik

nicht zu einem völlig chaotischen Kausalverhalten führt, rührt daher, daß die diesen verschiedenen Pfaden zugeordneten Möglichkeitswellen sich bei Überlagerung praktisch überall fast völlig zu Null auslöschen, außer an ganz bestimmten Stellen, nämlich gerade dort, wo wir das Teilchen aufgrund einer klassischen Bahnvorstellung erwarten würden. Die kontinuierliche Verknüpfung der Punkte von A nach B und ihre Bezeichnung als Teilchenbahn gelingt also nur aufgrund eines Mittelungsprozesses. Folglich ist auch die Identifizierung des Teilchens bei A mit dem bei B nachgewiesenen nur bei dieser vergröberten Betrachtungsweise möglich. Betrachtet man Systeme von mehreren gleichen Teilchen, so tritt dieses prinzipielle Unvermögen, Teilchen individuell zu markieren und zu identifizieren, noch deutlicher auf.

Aus quantenmechanischer Sicht gibt es keine zeitlich durchgängig existierende objektivierbare Welt, sondern diese Welt ereignet sich gewissermaßen in jedem Augenblick neu. Die Welt jetzt ist nicht mit der Welt im vergangenen Augenblick identisch. Aber die Welt im vergangenen Augenblick präjudiziert die Möglichkeiten zukünftiger Welten auf solche Weise, daß es bei einer gewissen vergröberten Betrachtung so erscheint, als ob bestimmte Erscheinungsformen, z. B. Teilchen, ihre Identität in der Zeit bewahren. Besser gesagt: Das uns so geläufige klassische Verhalten der Materie ergibt sich unter gewöhnlichen Umständen mit sehr hoher Wahrscheinlichkeit, so daß es uns als gewiß und determiniert erscheint. Die vermeintliche Gewißheit entsteht dabei aus einem komplizierten (nicht realen, sondern virtuellen und abstrakten) Überlagerungsprozeß. Dieser Umstand kommt noch in der speziellen Form der klassischen Gesetze zum Ausdruck. Diese lassen sich nämlich formal aus sogenannten Extremalprinzipien, wie etwa dem Hamiltonschen Prinzip der kleinsten Wirkung, ableiten, eine Eigentümlichkeit, die im 19. Jahrhundert großes Aufsehen erregte und vielfach zu Spekulationen über eine teleologisch begründete Naturgesetzlichkeit (»Die beste aller Welten«) führte.

Fassen wir zusammen: Die Quantenmechanik hat zu einer Aufweichung des Teilchenbegriffs geführt. Das jederzeit objektivierbare, räumlich begrenzte Materieteilchen gibt es nicht. Es gibt nur ein »Etwas«, was sich bei entsprechenden, zeitlich aufeinanderfolgenden Messungen so verhält, als ob es ein Materieklümpchen wäre, das von da nach dort geflogen wäre. Was »wirklich«

zwischen zwei aufeinanderfolgenden Messungen existiert, bleibt uns prinzipiell verborgen. Es ist jedenfalls kein »Objekt« der Art, wie es sich bei den Messungen zeigt. Es ist nur so etwas wie eine Art »Erwartung«, ein »virtueller« Zustand, wie man sagt.

Formal stellen wir dieses »virtuelle Etwas« durch einen Vektor in einem abstrakten unendlich-dimensionalen Zustandsraum (Hilbertraum) dar. Seine jeweilige (im allgemeinen zeitlich veränderliche) Richtung beschreibt die (im allgemeinen zeitlich veränderlichen) Wahrscheinlichkeiten für die möglichen meßbaren Realisierungen. Dieser abstrakte Vektor verbürgt die Kontinuität der Phänomene in der Zeit. Er repräsentiert die ständige Erwartung und die zwingende Aufforderung, daß sich die Welt in irgendeiner Form neu ereignet.

Die Vorstellung eines abstrakten Vektors als Abbild für das »virtuelle Etwas« ist eine Ausflucht unseres Verstandes, das prinzipiell Nicht-Objekthafte wieder als etwas Quasi-Objekthaftes unserem Verständnis zugänglich und greifbar zu machen. Formal können wir damit genauso wie mit den mathematischen Abbildern eigentlicher Objekte hantieren. Der Zustandsvektor wird aber dadurch nicht zu einem verallgemeinerten Objekt. Die Zustandscharakterisierung ist eher vergleichbar mit einer Vorgehensweise, bei dem ein Würfel durch einen Vektor der Länge 1 in einem 6-dimensionalen Raum dargestellt wird. Dieser Vektor hat nichts mit dem materiellen Würfel zu tun, sondern soll lediglich die möglichen Erwartungen bei einem Würfelspiel charakterisieren. So liegt für einen gut ausgewuchteten Würfel der Vektor in Richtung der 6-dimensionalen »Hauptdiagonalen«, d. h. in einer Richtung, bei der seine Projektionen bezüglich aller $i = 1,2 \ldots 6$ Koordinatenachsen denselben Wert $\psi_i = \sqrt{1/6}$ besitzt. (Man beachte, daß aufgrund des verallgemeinerten Satzes des Pythagoras $\sum_{i=1}^{6} \psi_i^2 = 1$ gilt.) Das Quadrat der Projektion $\psi_i^2 = 1/6$ auf die i^{te} Achse bezeichnet hier die Wahrscheinlichkeit, daß bei einem Wurf die Augenzahl i auftreten wird. Wir sehen an diesem Beispiel, daß der abstrakte Vektor das zukünftige statistische Verhalten des Würfels beschreibt und determiniert. Dieser Vektor hat keine objektive Existenz wie der materielle Würfel selbst (für den es in der Quantenphysik kein Analogon gibt), sondern ist ein Abbild zukünftiger Ergebniserwartung beim Würfeln. Einem nicht ganz ausgewuchteten Würfel müßte beispielsweise ein Vektor mit einer von der Hauptdiagonalen etwas abweichenden Richtung zugeordnet werden.

Die einzelnen Würfe mit unserem Würfel sind (im Idealfall) völlig unabhängig voneinander, sie sind rein zufällig, sie werden durch kein Kausalgesetz miteinander verkoppelt. Trotzdem schält sich bei einer langen Wurffolge ein ehernes Gesetz heraus, nämlich, daß jede Augenzahl im Mittel gleich oft, also mit einer Wahrscheinlichkeit von $^1/_6$, vorkommt. Ordnung aus Zufall, Kosmos aus Chaos? Wie kann so etwas überhaupt geschehen? Das Umgekehrte, daß nämlich Ordnung durch Vielfalt zum Chaos führt, ist uns eher begreiflich.

Offensichtlich wird diese Ordnung durch eine »Verengung« der Wirklichkeit beim Würfeln bewirkt: Die unendlich vielen unterschiedlichen, aber gleichberechtigten Orientierungen des Würfels, die durch die bei beliebig vielen unabhängigen Würfen eingestellten Ausgangssituationen repräsentiert werden können, werden beim Ausrollen auf dem Tisch auf nur sechs verschiedene Lagen reduziert (eine Verdrehung des Würfels auf dem Tisch um eine Achse senkrecht zu ihm bleibt dabei unberücksichtigt). Ähnlich wie durch einen Fleischwolf amorphe Masse in regelmäßige Fäden verwandelt wird, so wird auch beim Würfeln durch die vorgegebene Begrenzung der Ausdrucksformen (der symmetrischen Hexaederform des Würfels) die Ordnung erzeugt.

Ordnung, Naturgesetzlichkeit entsteht also gewissermaßen durch das Gerinnen von Möglichkeit mit eingeprägter Symmetrie zu Tatsächlichkeit, durch die Kontraktion von symmetrischer Potentialität zu Faktizität.

Elementarteilchen im Rahmen der Relativitätstheorie

Die Auflösung des Teilchenbegriffs bleibt jedoch nicht auf das durch die Quantenmechanik aufgedeckte Maß beschränkt. Ein weiterer wesentlicher Bruch ergibt sich, wenn man die Quantenmechanik den Erfordernissen der Einsteinschen speziellen Relativitätstheorie unterwirft. Um dies deutlich zu machen, müssen wir uns zunächst einmal darüber klarwerden, auf welche Weise wir in der Physik überhaupt Kenntnis von Teilchen und ihrer Struktur erlangen.

Wenn wir einen Gegenstand »sehen« wollen, brauchen wir eine Lampe, um ihn zu beleuchten. Sehen heißt: das von diesem Gegenstand gestreute Licht mit unserem Auge wahrnehmen. Aus der Art des gestreuten Lichts (Farbe, Intensität, Richtung) schließen wir auf die Eigenschaften des beleuchteten Gegenstandes zurück.

Um kleine Dinge sehen zu können, müssen wir näher an dieses heran. Da unser Auge jedoch unter etwa 10 cm Abstand nicht mehr scharf sehen kann, verwenden wir als Hilfsmittel ein Linsensystem, ein Mikroskop. Durch immer stärker vergrößernde Mikroskope können wir jedoch die Erkennbarkeit von Objekten (die Punkt-»Auflösung«) nicht beliebig steigern, da die Erkennbarkeit durch das gestreute Licht vermittelt wird und deshalb von einem eingeprägten »Raster« abhängt. Sichtbares Licht ist eine elektromagnetische Wellenschwingung mit Wellenlänge etwa zwischen 4000 Å (violett) und 8000 Å (rot)*. Es gilt nun die allgemeine Aussage, daß man Abstände, die kleiner als die Wellenlänge des sie bestrahlenden Lichts (in diesem Fall also kleiner als 0,4-0,8 tausendstel Millimeter) sind, nicht mehr erkennen oder entsprechende Punktpaare nicht mehr »auflösen« kann.

Um wesentlich kleinere Objekte als etwa ein tausendstel Millimeter zu untersuchen, muß man deshalb entsprechend kurzwelliges »Licht« (etwa Ultraviolett-, Röntgen- oder γ-Strahlung) verwenden. Für diese Art von Strahlung ist selbstverständlich unser Auge als »Detektor« der Streustrahlung ungeeignet, da es für diese Strahlung blind ist. Wir müssen es deshalb durch einen geeigneten anderen Detektor (etwa eine Fotoplatte) ersetzen.

Aufgrund der quantenmechanischen Gesetzmäßigkeiten kann man nun anstelle von elektromagnetischen Wellen (»Licht«) auch »Teilchenstrahlen«, z. B. Elektronen- oder Protonenstrahlen, verwenden, da ja allen Arten von Strahlen gleichermaßen Wellen- wie Teilchennatur innewohnt. Das bekannte Elektronenmikroskop, zum Beispiel, wird mit sehr »kurzwelligen« Elektronen beschickt. Die einem Teilchenstrahl zugeordnete Wellenschwingung wird dabei um so kurzwelliger, je schneller oder hochenergetischerer die »Teilchen« in diesem Strahl sind. Dies führt dazu, daß man immer kleinere Objekte nur »im Lichte« immer hochenergetische-

---

* 1 Å (Ångström) = 10^{-8} cm = 10^{-4} µm.

rer Teilchenstrahlen »sehen« kann. Die Lampe beim Mikroskopieren extrem kleiner Objekte muß deshalb ein Hochenergie-Teilchenbeschleuniger sein. Zur Auflösung eines Objekts von x Å benötigen wir etwa Partikelstrahlen mit einer Energie von $1/x$ keV*, für die Erkennung von Atomen etwa von der Größe eines Ångströms, also beschleunigte Elektronen von tausend Volt, für Elementarteilchen etwa von der Größe 10^{-5} Å = 10^{-13} cm dagegen schon Partikelstrahlen von 10^5 keV = 100 MeV.

Die Beobachtung sehr kleiner Objekte verlangt also ein hochenergetisches Trommelfeuer. In der Teilchensprache sieht dies so aus: Das zu beobachtende Objektteilchen (dessen Existenz und Präsenz durch Material und Materialdichte des Targets vorgegeben ist) wird mit ankommenden hochenergetischen Strahlteilchen (die Intensität der Strahlung bestimmt die Anzahl der Projektile) bombardiert. Durch den Zusammenstoß von einem Strahlteilchen mit dem Targetteilchen wird das Strahlteilchen abgelenkt und gelangt auf diese Weise in einen seitlich dahinter aufgestellten Detektor, wo es registriert wird. Aus Häufigkeit von Ablenkungen in bestimmte Richtungen lassen sich Rückschlüsse auf Art und Größe des Objektteilchens ziehen.

Erhöht man nun zwecks besserer Auflösung die Energie des Strahlteilchens immer weiter, so stellt man, von gewissen Energien ab, fest, daß sowohl das Target- als auch das Strahlteilchen durch den Aufprall zerplatzen können. Das Endprodukt ist ein »Trümmerhaufen« von vielen »Bruchstücken«. Durch Identifizierung dieser Bruchstücke und eine mühsame und enorm aufwendige Vermessung ihrer »Bahnen« (die etwa durch Ionisationsspuren in einer Blasenkammer »sichtbar« gemacht werden können) kann man auch hier wieder in gewisser Weise auf Art, Größe und Struktur des beobachteten Objekts zurückschließen.

Überraschend an diesen Beobachtungen ist zunächst, daß dieses Zerplatzen nicht nur bei Atomkernen oder größeren Objekten passiert, sondern auch bei einzelnen Elementarteilchen, von denen man ursprünglich angenommen hatte, daß sie die »kleinsten« Bausteine der Materie darstellen. Elementarteilchen sind demnach also nicht unteilbar, sondern – so vermutet man zunächst –

---

* keV = kilo-Elektronvolt = 1000 Elektronvolt = Endenergie eines Elektrons, das in einem Spannungsfeld von 1000 Volt beschleunigt wurde.
1 MeV = Mega-eV = 10^6 eV.

wiederum aus noch kleineren Einheiten, nämlich den erzeugten Bruchstücken, zusammengesetzt. Das eigentlich Überraschende und Aufregende dabei ist jedoch der Befund, daß die beobachteten Bruchstücke nicht wirklich »kleinere« Teilchen, sondern wieder Elementarteilchen sind, unter denen insbesondere auch das ursprüngliche Objektteilchen mehrfach auftreten kann. Bei der üblichen Betrachtungsweise würde dies also zu der absurden Schlußfolgerung führen, daß Elementarteilchen »aus sich selbst« zusammengesetzt sind.

Eine nähere Untersuchung zeigt, daß diese Eigentümlichkeit eine Folge der Einsteinschen speziellen Relativitätstheorie ist, die unter anderem aussagt, daß die Masse m, entsprechend der berühmten Beziehung $E = mc^2$, keine Eigenständigkeit mehr besitzt, sondern nur eine besondere, extrem kompakte Form der Energie E darstellt. Anders als in der nicht-relativistischen Physik gibt es deshalb in der relativistischen Physik keine gesonderte zeitliche Unveränderlichkeit der Masse mehr, sondern nur noch die umfassendere Erhaltung von Energie. Masse kann deshalb in Energie zerstrahlen oder umgekehrt bei ausreichender lokaler Konzentration von Energie neu entstehen.

Die eigentümlichen Elementarteilchenprozesse bei hochenergetischen Stößen finden deshalb eine einfache Deutung. Aus der großen Bewegungsenergie des ankommenden Strahlteilchens werden beim Stoß auf das Targetteilchen neue Elementarteilchen erzeugt. Die Sekundärteilchen dürfen also nicht als Bruchstücke des ursprünglichen Target- oder Strahlteilchens mißdeutet werden.

Durch die Möglichkeit, Elementarteilchen (genauer: in Form von Paaren aus Teilchen und Antiteilchen) aus Energie zu erzeugen und sie in Energie zu vernichten, wird die Materie ein weiteres Mal als Statthalter der zeitlichen Kontinuität des Weltgeschehens entthront. Nicht die Materieteilchen sind das »Beharrende«, sondern es ist die Energie, die zeitlich unveränderlich bleibt.

Erhaltungssätze und Symmetrien

Die Energie ist nur eine der bekannten Erhaltungsgrößen. Neben ihr gibt es eine Reihe von anderen Qualitäten, die – unserem empirischen Befund nach – sich ebenfalls zeitlich nicht ändern. So findet man unter anderem eine Erhaltung für den Impuls und den

Drehimpuls, aber auch für nicht-mechanische Größen wie elektrische Ladung, Baryonen- und Leptonenzahl.

Interessant ist, daß Erhaltungssätze nicht, wie man zunächst vermutet, »materiell« begründet sind, sondern vielmehr ein Ausdruck gewisser Symmetrien der dynamischen Gesetze sind.

Anschaulich bedeutet Symmetrie zunächst eine gewisse geometrische Regelmäßigkeit. Wir bezeichnen z. B. ein Sechseck als ein symmetrisches Polygon, dessen spezielle 6-Symmetrie durch die Feststellung charakterisiert wird, daß es bei einer Verdrehung um jeweils $^1/_6 \times 360° = 60°$ mit sich selbst zur Deckung gebracht werden kann. Ein Kreis hat in diesem Sinne die höchste Symmetrie, da er bei einer beliebig kleinen Verdrehung in sich übergeht.

Wenn man bei Bewegungsgesetzen von Symmetrien – oder besser: von einer Invarianz unter Symmetrietransformationen – spricht, so hat dies eine abstraktere Bedeutung. Symmetrie bezeichnet hier eine dynamische Gleichwertigkeit von unterschiedlichen physikalischen Konstellationen. Beim Billardspiel, zum Beispiel, verhalten sich die Kugeln in ihrem Stoßverhalten »gleich« unabhängig von ihrer absoluten Bewegungsrichtung auf der Tischfläche, d. h. der Bewegungsablauf nach dem Stoß ist immer der gleiche, wenn man sich jeweils auf die ursprüngliche Stoßrichtung bezieht. Wäre das nicht der Fall, so müßten Billardtische immer genau mit dem Kompaß ausgerichtet werden, und der Spieler müßte unterschiedliche Stoßtechniken anwenden, je nachdem, ob er die Kugeln von links nach rechts oder von hinten nach vorne aufeinanderschießt. Die mechanischen Stoßgesetze sind also unabhängig von der Raumorientierung, oder, wie man sagt, die Dynamik ist invariant (oder symmetrisch) unter Raumdrehung. Daß in unserem Fall eine Raumrichtung, nämlich die oben-unten-Richtung, sich ganz anders verhält, liegt an der Schwerkraft, d. h. dem von der Erde ausgehenden Gravitationsfeld, das die volle 3-dimensionale Rotationssymmetrie »zerstört«. Ohne Schwerkraft, wie im Weltraumlabor, könnte man ohne weiteres auch 3-dimensionales Billard spielen.

Es gilt nun die wichtige Aussage: Jede Symmetrie der Dynamik führt zu einem Erhaltungssatz. Und umgekehrt: Jeder Erhaltungssatz ist Ausdruck einer Invarianz des Bewegungsgesetzes.

Der Rotationssymmetrie der Bewegungsgesetze, zum Beispiel, entspricht in diesem Sinne der Erhaltungssatz für den Drehimpuls. Die enge Korrespondenz läßt sich durch die Sprechweise verdeutlichen: Rotationssymmetrie heißt: Die Dynamik, d. h. die zeitliche Entwicklung eines Systems, ist unabhängig von der Orientierung im Raum. Dies impliziert umgekehrt: Die zeitliche Entwicklung hat keinen Einfluß auf Verdrehungen im Raum, was einer Erhaltung des Drehimpulses entspricht.

Eigentümlich ist auch hier wieder, daß materielle Qualitäten (z. B. der Drehimpuls) zu Formqualitäten (z. B. Rotationssymmetrie) umgedeutet werden können. In der Quantentheorie wird diese Korrespondenz zwischen physikalischen Erhaltungssätzen und Symmetrien oder Invarianzeigenschaften der Bewegungsgesetze durch ihre grundsätzliche Ambivalenz noch deutlicher.

Die in der Teilchensprache so anschauliche Bedeutung der Drehimpulserhaltung, die sich z. B. dadurch manifestiert, daß ein Teilchen mit Drall oder Spin (ähnlich einem spinnenden Kreisel) beim Zerplatzen diesen Drall (in Form von Bahn- und Spinbewegung) auf die Bruchstücke überträgt, hat in der Wellensprache eine »Gestalts«-Bedeutung. In der Wellenbeschreibung steht der (bahnartige) Drehimpuls mit einer räumlichen Verteilung der Welle in Beziehung. Drehimpuls = 0 bei einem Atom zum Beispiel heißt: kugelsymmetrische Elektronkonfiguration (wenn wir von Kernspin und dem Elektrospin der Einfachheit halber einmal absehen), Drehimpuls = 1 heißt: hantelförmig asymmetrische Konfiguration etc. (Nebenbei bemerkt: Diese verschiedenartigen räumlichen Verteilungen führen letztlich zur Ausprägung der verschiedenen räumlich-symmetrischen Kristallstrukturen, so daß die abstrakte Symmetrie deshalb auch ursächlich für die anschauliche Symmetrie wird.) Drehimpulserhaltung bedeutet, daß die spezifischen räumlichen Symmetrieeigenschaften einer Konfiguration in der Wahrscheinlichkeitsverteilung der sich daraus entwickelnden zukünftigen Konfiguration wieder auftreten. Eine kugelsymmetrische Ausgangskonfiguration, wie sie etwa durch ein ruhendes Teilchen mit Drehimpuls = 0 gegeben ist, führt auf Endkonfigurationen (also z. B. beim radioaktiven Zerfall dieses Teilchens), bei denen keine Raumrichtung ausgezeichnet ist. Dies gilt nur im Sinne einer statistischen Aussage. Bei Beobachtung eines einzelnen Prozesses findet man selbstverständlich ausgezeichnete Richtungen, wie z. B. beim Zerfall die Richtungen, in denen die Zerfallsprodukte wegfliegen, genauso, wie ein Würfel trotz der statistischen Gleichwertigkeit aller Lagen sich beim einzelnen Wurf jeweils für eine der möglichen Lagen entscheidet.

Zusammenfassung und Ausblick

Bei der Betrachtung mikroskopischer Phänomene haben wir festgestellt, daß die Gesetzmäßigkeiten der Natur von ganz anderer Art sind als diejenigen, welche sich uns bei der Beschäftigung mit der Mechanik auf makroskopischer Ebene, in unserem Alltag aufgedrängt haben. Die wesentliche Einsicht ist hierbei, daß die Zukunft prinzipiell offen ist. Für Ereignisse in der Zukunft lassen sich bestenfalls Wahrscheinlichkeiten für ihre Realisierung angeben. Die zeitliche Kontinuität des Naturgeschehens wird nicht durch strenge Kausalketten gewährleistet, wie sie etwa durch die kontinuierlichen, nicht endenden Bahnen materieller Körper gekennzeichnet erscheinen, sondern durch die Erhaltung bestimmter Qualitäten, wie etwa der Energie. Der Begriff der Materie in seiner ursprünglichen Bedeutung löst sich auf. Es bleibt ihre Eigenschaft, lokal bestimmte Wirkungen zu erzielen, was in gewisser Einschränkung Aussagen der Art erlaubt: Hier war ein Elektron mit einer Masse von 0.5 MeV. Ihre zeitliche Identität geht verloren, so etwa die Vorstellung, ein Elektron sei ein kontinuierlich in der Zeit mit sich selbst identisches Etwas. Es bleibt nur: Ein Ereignis hier und jetzt, charakterisiert durch eine bestimmte Energie, Impuls, Ladung etc. und als einzelnes Teilchen beschreibbar, eröffnet Möglichkeiten für bestimmte Ereignisse da und dort in der Zukunft, wobei solche Ereignisse insgesamt dieselbe Energie, Impuls, Ladung, etc. wie das Ausgangsereignis haben, aber im allgemeinen aus mehreren Teilchen-Ereignissen bestehen.

Im allgemeinen wird das Möglichkeitsfeld zukünftiger Ereignisse nicht nur von einem oder wenigen Ereignissen in der Gegenwart dominiert, sondern es sind daran in gewisser Weise »alle Ereignisse in der Welt« beteiligt. Unter bestimmten Bedingungen können sich allerdings so starke Präferenzen herausbilden, daß man in die Nähe einer Determiniertheit zu kommen glaubt. Daß unsere makroskopische Welt so deterministische Züge hat, ist die Folge eines grandiosen Mittelungsprozesses. Ein makroskopischer Prozeß gleicht gewissermaßen einem Superspiel mit $N = 10^{24}$ Würfeln, bei dem die Gesetzmäßigkeit gleichen Auftretens aller Augenzahlen bei jedem Wurf praktisch exakt (mit mittleren Abweichungen von etwa $1/\sqrt{N} = 10^{-10}\%$) erfüllt wird. Der statistische Charakter dieser »strengen« Gesetzmäßigkeit wird nur durch die winzigen kleinen Schwankungen um diesen »Mittelwert« offenbar.

Aber nicht bei jedem makroskopischen System mittelt sich das quantenmechanische Verhalten auf diese Weise heraus. Es gibt bestimmte Systeme, bei denen bei tiefen Temperaturen nur ganz wenige Zustände energetisch erreichbar sind. Hier kann es vorkommen, daß die Atome der Moleküle dieses Systems im wesentlichen alle im gleichen niedersten Quantenzustand sind und in diesem kohärent, als Ganzes, schwingen. In diesen Fällen treten die für uns so seltsamen Phänomene, wie etwa die sogenannte »Supraleitung«, auf. Diese Beispiele zeigen, daß die Eigentümlichkeiten der Quantenphysik nicht notwendig auf den mikroskopischen Bereich beschränkt bleiben müssen.

Könnte dies vielleicht die Möglichkeit andeuten, daß die quantenphysikalischen Züge auch im Falle hochgeordneter Makrosysteme, wie sie uns in Form biologischer Systeme begegnen, vor einer vollständigen Ausmittelung bewahrt werden können? Die gängige Interpretation läßt eine solche Möglichkeit kaum zu. Andererseits ist bekannt, daß die heute anscheinend über allen Zweifel erhabene Darwinsche Evolutionstheorie der Arten einige Schwierigkeiten hat, die Entwicklung selbst primitivster Lebensformen aus dem Zusammenspiel rein zufälliger Mutationen und nachfolgender Auslese der lebenstüchtigsten Variante auch quantitativ zu verstehen. Obgleich es zugegebenermaßen außerordentlich schwierig ist, die für einen solchen Mechanismus benötigte Zeit verläßlich abzuschätzen, so deutet einiges darauf hin, daß das aus kosmologischen und geologischen Überlegungen abgeleitete Alter unserer Erde (von viereinhalb Milliarden Jahren) für diesen langwierigen Prozeß wohl um viele Größenordnungen zu kurz wäre. Es ist deshalb nicht verwunderlich, daß immer wieder Vermutungen genährt werden, daß letztlich doch auf eine teleologische Komponente in der Evolution nicht verzichtet werden kann. Die üblichen klassischen physikalisch-chemischen Prozesse bieten hierfür aber prinzipiell keinerlei Handhabe.

Quantenmechanische Prozesse verlaufen jedoch anders. Um von einem Zustand zu einem anderen zu kommen, müssen die Zwischenschritte nicht immer real, sondern nur virtuell durchlaufen werden. Ein Zustand kann, ungünstige Zwischenlagen vermeidend, zu einem anderen, wie man sagt, »durchtunneln«.

Im Gegensatz zu einem klassischen Teilchen, das aus einem

offenen Gefäß nur entkommen kann, wenn es durch einen geeigneten Stoß (Mutation) über den Rand springt, kann ein quantenmechanisches Teilchen dieses Gefäß mit gewisser Wahrscheinlichkeit auch durch die Gefäßwand verlassen, und zwar bevorzugt in der Richtung, wo ihm auf der anderen Seite ein energetischer Bonus zuteil wird. Durch das quantenmechanische Möglichkeitsfeld werden zukünftige Realisierungschancen gewissermaßen spontan »erfühlt« und für den zeitlichen Entwicklungsprozeß nutzbar gemacht. Bei kohärenter Überlagerung der Möglichkeiten kann eine Entwicklung deshalb gezielter vor sich gehen als beim inkohärenten, wahllosen, konsekutiven Ausprobieren dieser Möglichkeiten.

Könnten die zur Ausbildung des nächsten Glieds in der Evolutionskette manchmal gleichzeitig notwendigen (und deshalb extrem seltenen) zufälligen Mutationen vielleicht nicht mehr unabhängig, sondern auf irgendeine Weise durch diesen quantenphysikalischen Mechanismus miteinander korreliert sein? Auf den ersten Blick erscheint dies recht unwahrscheinlich, da man sich kaum vorstellen kann, wie biologische Selektionsvorteile mit einem physikalischen Bonus (etwa die Möglichkeit, einen tieferen Energiezustand zu erreichen) belohnt werden sollten. Oder ist dies doch der Fall? So könnte es doch etwa zwischen Selektionsvorteil und physikalischem Optimum indirekt doch eine Beziehung geben, da sich bekanntermaßen physikalisch bevorzugte Konfigurationen meist durch besondere Symmetrien auszeichnen?

Biologische Systeme und andere, von Ilya Prigogine als »dissipativ« bezeichnete, offene Systeme befinden sich durch äußere Einwirkungen (z. B. durch den konstanten geordneten Energiestrom der Sonneneinstrahlung) weit weg vom thermodynamischen Gleichgewicht. Diese Systeme erlangen dadurch die Fähigkeit, immer höhere Ordnungsstrukturen auszubilden und insbesondere sich selbst zu organisieren. Ohne Verwendung der Quantenphysik ergibt sich auch für solche Systeme, daß ihre künftige Entwicklung nicht mehr eindeutig aus der vorgegebenen Situation abgeleitet werden kann, da in ihrer Entwicklung Verzweigungspunkte (Bifurkationen) auftreten können. Die in der klassischen Physik strenge Form des Kausalgesetzes, nach dem eine ganz bestimmte Ursache zu einer ganz bestimmten Wirkung führt (Determinismus), versagt in der Nähe solcher Unstetigkeiten, wenn man das Kausalgesetz im praktisch nur anwendbaren abgeschwächten Sinne »fast gleiche Ursachen führen zu fast gleichen Wirkungen« zu verifizieren versucht. Durch beliebig kleine Änderungen kann man hier in eine ganz andersartige Zukunft gelangen.

Diese Unbestimmtheit entspringt einer rein klassischen Beschreibung, sie hat zunächst nichts mit Quantenphysik zu tun. Trotzdem regt sich der Verdacht, daß diese Indeterminiertheit kein eigentlich neuartiges Phänomen ist, sondern bei genauerer Analyse letzten Endes doch durch die in der Quantenphysik prinzipiell angelegte Offenheit der Zukunft verursacht wird.

Es war vor allem die Quantenphysik, die in den späten zwanziger Jahren unsere Vorstellung von der Natur tiefgreifend verändert hat. Durch sie wurde die Beziehung des Ganzen zu seinen Teilen in ein ganz neues Licht gerückt. Die Objektivierbarkeit der Natur und die Determinierbarkeit ihres Geschehens löste sich auf und erschien nurmehr als Ergebnis einer vergröberten Betrachtungsweise. Dieser tiefgreifende Wandel, der enorme Auswirkungen auf unsere Vorstellung von der Wirklichkeit hatte und unsere prinzipielle Fähigkeit, sie zu erkennen, ist jedoch bis auf den heutigen Tag – was seine Bedeutung und nicht seine praktische Anwendung anbelangt – kaum über den kleinen Kreis von Physikern und Philosophen an die breite Öffentlichkeit gedrungen. Die zerstörerischen Auswirkungen einer rein analytischen und sich jeweils nur auf wenige Teile konzentrierenden Wissenschaft und Technik auf den Menschen und seine Umwelt haben viele aufgeschreckt und uns die Notwendigkeit einer mehr ganzheitlichen Betrachtung der Natur vor Augen geführt. Es ist deshalb nicht verwunderlich, daß gerade Physiker, wie etwa Erich Jantsch in seinem Buch Die Selbstorganisation des Universums – Vom Urknall zum menschlichen Geist *oder Fritjof Capra in seinen Büchern* Tao der Physik *und* Wendezeit *auf Grund ihrer Kenntnis der neuen Physik sich eloquent zu diesem Thema äußern und dabei die Altmeister der Quantentheorie als Zeugen zitieren.*

Der folgende Aufsatz ist als Vorwort zu einer von mir herausgegebenen Anthologie Physik und Transzendenz *entstanden, in der zwölf berühmte Physiker, die maßgeblich an der Entdeckung, Entwicklung und Interpretation der Quantentheorie beteiligt waren, in eigenen Aufsätzen zur Beziehung zwischen Naturwissenschaft und Religion im weitesten Sinne zu Wort kommen.*

Physik und Transzendenz
Reflexionen über die Beziehung zwischen Naturwissenschaft und Religion

Das die Welt beobachtende Ich-Bewußtsein und das mystische Erlebnis der Einheit charakterisieren komplementäre Erfahrungsweisen des Menschen. Sie führen einerseits zu einer kritisch-rationalen Einstellung, in welcher der Mensch die Welt in ihrer Vielfalt verstehen, sie mit dem eigenen Denken erfassen will, andererseits zu einer irrational mystischen Grundhaltung, in der er durch Hingabe und Meditation unmittelbar zum eigentlichen Wesen des Seins vorzudringen versucht.

In der abendländlischen Geschichte stehen diese beiden unterschiedlichen Grundhaltungen in einem ständigen fruchtbaren Wechselspiel. Sie spiegeln sich wider in der Zweiheit von Wissen und Glauben, von Naturwissenschaft und Religion. Immer wieder gab es Bestrebungen, so inbesondere im 16. Jahrhundert durch die Alchemie, diese Doppelgleisigkeit zu überwinden und die Wissenschaft in ein umfassenderes, mystische Elemente enthaltendes Ganzes einzuschmelzen. Mit dem Rationalismus René Descartes' spaltete sich jedoch im 17. Jahrhundert das rationale Weltbild vom religiösen Weltbild ab und kam in der Mechanik Isaac Newtons zu voller Blüte. Die daran anschließende breite Entwicklung der Naturwissenschaften im 18. und 19. Jahrhundert brachte die rationale und die religiöse Seite des Weltbildes in immer schärferen Gegensatz zueinander. Das durch wissenschaftliche Methoden, durch Messungen und logisch-mathematische Schlußfolgerungen ermittelte Wissen versuchte, die Glaubensinhalte der Religion seinen eigenen Wahrheitskriterien zu unterwerfen. Glaube, Religion, das Transzendente wurden immer mehr in die Lückenbüßerrollen des Noch-nicht-Gewußten und des Noch-nicht-Erforschten gedrängt. Naturwissenschaftliche Erkenntnis bereitete sich vor, Religion langfristig zu überwinden, den Glauben letztlich durch exaktes Wissen zu ersetzen.

Wissen bedeutet jedoch nicht nur reine Erkenntnis, geeignet, die Struktur und das Wirken der Natur für den forschenden Menschen zu erhellen und ihm seine eigene Stellung in dieser Natur begreiflich zu machen, sondern dieses Wissen gibt dem Menschen auch bessere Einblicke in den Bewegungsablauf und damit die zukünftige Entwicklung natürlicher Prozesse. So verschafften die Erforschung und die Aufdeckung der Naturgesetze dem Menschen ungeahnte Möglichkeiten, die Natur zu beherrschen und sie für seine Zwecke und Ziele dienstbar zu machen – vor allem mit Hilfe der Technik, einem »Kind« der Naturwissenschaften. »Wissen ist Macht« hatte schon Ende des 16. Jahrhunderts Francis Bacon, der Begründer des englischen Empirismus, stolz proklamiert.

Naturwissenschaft und Technik prägen wesentlich unsere heutige Gesellschaft. Sie haben dem Menschen in hohem Maße geholfen, sich von den Zwängen unmittelbarer materieller Lebenssicherung zu befreien. Andererseits – und dies zeigt sich in jüngster Zeit immer deutlicher – ist dem Menschen mit seinen umfassenderen und detaillierteren Einsichten in die Zusammenhänge der Natur und seinen wachsenden Fähigkeiten, sie zu manipulieren, auch eine Macht zugewachsen, die geeignet ist, das empfindliche Netz, in das er selbst als Geschöpf der Natur auf Gedeih und Verderb eingesponnen ist, zu zerstören. In seinen Waffenlagern hat er dazu Naturkräfte zusammengeballt, die – wenn sie seiner Kontrolle entgleiten – ausreichen, die gesamte Menschheit zu vernichten. Voller Sorge stellen wir uns deshalb heute die Frage, wohin diese Entwicklung letztlich führen wird, und es überfällt uns die Angst, daß unsere so hochgepriesene menschliche Vernunft nicht ausreichen könnte, die sich abzeichnenden großen Katastrophen zu verhindern.

Unsere Vernunft gründet sich nicht nur auf unseren Verstand, unser Wissen über mögliche Wirkungszusammenhänge, sondern auch auf unsere Wertvorstellungen, die wir aus einer tieferen Schicht unseres Seins, aus den Traditionen der menschlichen Gesellschaft, aus den Religionen beziehen. Naturwissenschaft sagt uns, was ist, aber sie gibt keine Auskunft darüber, was sein soll, wie wir handeln sollen. Der Mensch bedarf, um handeln zu können, einer über seine wissenschaftlichen Erkenntnisse hinausgehenden Einsicht – er bedarf der Führung durch das Transzendente.

Die Dominanz der naturwissenschaftlichen Betrachtungsweise, das unmittelbare Erlebnis des atemberaubenden technischen Fortschritts verstellt uns heute den Blick auf das Transzendente und seine Notwendigkeit für unser Leben. Aber mit dem Anwachsen unserer Gefährdung wird dieser Mangel spürbarer. In der verwirrenden Vielfalt einer zunehmend komplexeren und komplizierteren technischen Welt wird der Ruf nach einer klareren Orientierung immer lauter. Es wächst bei den Menschen der modernen Gesellschaft das Verlangen, hinter dieser sich immer weiter aufsplitternden und zerbröselnden Gedankenwelt wieder das wesentliche »Eine« oder, wie Werner Heisenberg es nennt, die »zentrale Ordnung« zu erkennen.

Die Ergebnisse der Naturwissenschaften finden in unserer neuigkeitshungrigen Gesellschaft weite Verbreitung. Allerdings kann der Öffentlichkeit bestenfalls nur eine extrem vereinfachte und an die Alltagsvorstellungen angepaßte Version der wissenschaftlichen Sachverhalte vermittelt werden. Die genaueren Zusammenhänge und die eigentlichen Inhalte sind so kompliziert und vielfältig, daß sie nur noch von wenigen Experten, die jeweils auf kleine Teilgebiete spezialisiert sind, verstanden werden. Dies ist bedauerlich, aber unvermeidlich. Bedenklich ist, daß durch die stark vergröberte Darstellung ganz wesentliche Aspekte der wissenschaftlichen Neuerungen verlorengehen können und dadurch unter Umständen ganz falsche Vorstellungen suggeriert werden.

So redet heute jedermann von Atomen und ihren Eigenschaften, als handele es sich dabei um ganz gewöhnliche Objekte unseres Alltags. Manchem wird vielleicht zu Ohren gekommen sein, daß sich hinter diesen Begriffen einige schwerverständliche Ungereimtheiten verbergen, die etwa mit »Teilchen-Welle-Dualismus«, »Komplementarität« oder gar den mysteriösen »Heisenbergschen Unbestimmtheitsbeziehungen« umschrieben werden. Aber nur ganz wenige wissen, daß sich mit der Entwicklung der modernen Atomphysik und der Formulierung der Quantenmechanik im ersten Drittel unseres Jahrhunderts eine tiefgreifende Revolution in unserem naturwissenschaftlichen Weltbild vollzogen hat. Diese Veränderung hat nicht nur unser Denken beeinflußt, sondern hatte und hat noch weitreichende Auswirkungen auf die angewandte Naturwissenschaft und die Technik.

Die heute wichtigsten Zweige der Technik sind ohne die Quantenphysik nicht denkbar.

Doch ungeachtet dieser umfassenden Anwendung und Verwertung und trotz ihrer philosophischen Brisanz sind die erkenntnistheoretischen Konsequenzen der neuen Physik kaum ins öffentliche Bewußtsein gedrungen. Hier dominiert nach wie vor ein naturwissenschaftliches Weltbild, das im wesentlichen die Züge des alten klassischen, mechanistisch-deterministischen Weltbildes des 19. Jahrhunderts trägt. Das ist kein Zufall. Denn das uns von der Quantenphysik aufgezwungene neue Paradigma ist nicht mehr mit unseren gewohnten Vorstellungen in Einklang zu bringen und läßt sich nur schwer in unserer Umgangssprache beschreiben. Es war den Entdeckern der neuen Physik nur unter enormen Mühen gelungen, die neue Botschaft zu entziffern, und es hat sie selbst große Überwindung gekostet, sich den neuen Einsichten letztlich zu beugen. Einige der ersten und bedeutendsten unter ihnen, wie Max Planck, Albert Einstein und Erwin Schrödinger, die alle mit dem Physik-Nobelpreis für ihre bahnbrechenden Arbeiten zur Quantentheorie ausgezeichnet wurden, haben die Wende zum neuen Paradigma nie ganz vollzogen.

Die Anthologie *Physik und Transzendenz*, der diese Betrachtungen als Vorwort gedient haben, greift die alten Fragen nach den Beziehungen zwischen den Gegensatzpaaren Naturwissenschaft und Religion, Wissenschaft und Mystik, Wissen und Glauben wieder auf und versucht, diese Beziehungen mit Blick auf die Quantenphysik neu zu diskutieren. Zwölf berühmte Physiker sollen hierbei mit authentischen Beiträgen zu diesen Grenzfragen zu Wort kommen: Max Planck, James Jeans, Albert Einstein, Max Born, Arthur Eddington, Niels Bohr, Erwin Schrödinger, Wolfgang Pauli, Pascual Jordan, Carl Friedrich von Weizsäcker, David Bohm und Werner Heisenberg. Sie alle haben mit grundlegenden Arbeiten an der Entdeckung, der Formulierung und der Ausdeutung der neuen Physik entscheidend mitgewirkt.

Obwohl einige der in diesem Buche vorgestellten Texte über ein halbes Jahrhundert alt sind, haben die in ihnen entwickelten Gedanken auch heute nichts von ihrer Gültigkeit und Aktualität eingebüßt. Im Gegenteil, sie erscheinen, gerade weil sie in die Jahre des Umbruchs zurückreichen, besonders relevant. Denn in den aufregenden Zeiten eines wissenschaftlichen Umbruchs kommt deutlicher als in Zeiten normaler, stetiger Wissenschaftsentwicklung zum Ausdruck, daß jegliche menschliche Erkenntnis nicht voraussetzungslos im Raume schwebt, sondern notwendig auf bestimmten Prämissen aufbaut. Einige von ihnen bleiben oft unausgesprochen, da sie als evident erscheinen. Im Umbruch wird durch äußere Zwänge – Widersprüche zwischen Theorie und experimenteller Erfahrung – die Aufmerksamkeit gerade auf diese stillschweigenden Grundannahmen gelenkt, werden verborgene Fundamente freigelegt und ihre Brüchigkeit oder Unzulänglichkeit erkannt. Wer gezwungen wurde, einen solchen Paradigmenwechsel zu vollziehen, wird sensibilisiert für Fragen der Abhängigkeit von Wissen vom nicht hinterfragten Vorwissen, für Fragen der Einbettung von Wissen in Transzendenz.

Der Umbruch von der klassischen Physik zur Quantenphysik ist für uns heute Geschichte. Wir akzeptieren die neue Physik mit ihren praktischen Konsequenzen widerspruchslos als Faktum, als abgeschlossene Schulweisheit. Wir hantieren mit ihr nach den vorgegebenen Regeln, ohne eigentlich noch ihre erkenntnistheoretischen Hintergründe und das philosophisch Revolutionäre in ihrer Aussage wahrzunehmen. Es ist fürwahr höchste Zeit, daß wir den philosophischen Faden der neuen Physik von unseren berühmten Lehrern wieder aufnehmen und versuchen, im Hinblick auf die Probleme unserer Zeit, an ihm weiterzuspinnen.

Physik und Transzendenz stehen in der Vorstellung der heutigen Physiker nicht mehr in einem antagonistischen, sondern eher in einem komplementären Sinn einander gegenüber. Diese Komplementarität wird aber verschieden gesehen. Max Planck, dessen theoretische Untersuchungen um die Jahrhundertwende den Stein der Quantenphysik ins Rollen gebracht haben, steht mit seiner philosophischen Haltung auf der Schwelle von der alten zur neuen Ära.

Den Gegensatz zwischen Religion und Naturwissenschaft versucht Max Planck aufzuheben, indem er beide unterschiedlichen Ebenen zuordnet. Sie entsprechen bei ihm zwei verschiedenen Betrachtungsweisen, einer subjektiven, gewissermaßen von innen, und einer objektiven von außen, bei der sich der beobachtende Mensch aus dem Weltzusammenhang herausgenommen hat. Im ersten Fall ist der Mensch Akteur, im zweiten Zuschauer.

Der Zuschauer nimmt die Welt durch seine Sinne wahr, er treibt Naturwissenschaft, indem er Theorien, »Ansichten« der Welt in einer seinem logischen Denken angemessenen mathematischen

Sprache entwirft und sie mit Ergebnissen präparierter Erfahrung, mit Messungen vergleicht. Er entdeckt dabei allgemeine, umfassende Gesetze. Diese Gesetze haben eine besonders einfache Form, die ihn in Erstaunen versetzt; in ihnen glaubt er deshalb das Walten einer »göttlichen« Vernunft zu erkennen. Das Hamiltonsche Prinzip – das die Gesetze der Mechanik bestimmende »Prinzip der kleinsten Wirkung« – war schon für Maupertius und Leibniz Ausdruck eines zielgerichteten Waltens in der Natur, ein Hinweis für eine Auszeichnung unserer Welt als »die beste unter allen möglichen Welten«.

Dem Menschen als Akteur offenbart sich andererseits die göttliche Vernunft ganz unmittelbar und in einer keiner weiteren Erklärung bedürfenden Form. Gott steht hier am Anfang allen Denkens. Er ist der Kompaß, an dem sich unser Handeln ausrichten kann, das allgemeingültige Maß, das uns erst zu einer Bewertung unseres Handelns befähigt. Die Religionen sind Ausdruck dieses unmittelbaren Zugangs. Sie versuchen, die Werte in für die menschliche Gemeinschaft gültige Normen zu fassen. Sie bedienen sich dazu der Sprache. Die Sprache ist aber nur Symbol, nur Gleichnis für das nicht objektiv faßbare Transzendente.

Konflikte und Widersprüche erscheinen, wenn die verschiedenen Bedeutungen von Sprache in ihrem symbolischen und ihrem auf äußere Sachverhalte bezogenen Sinn verwechselt werden. Naturwissenschaft und Religion ergänzen einander. »Naturwissenschaft ohne Religion ist lahm, Religion ohne Naturwissenschaft blind«, sagt Albert Einstein.

Eine strenge, allgemeine Gesetzlichkeit der Natur, wie sie die alte klassische Physik fordert, erschien allerdings im Widerspruch zum Erlebnis der Willensfreiheit und der Handlungsfreiheit des Menschen, die einer moralischen Haltung des Menschen als notwendige Voraussetzung zugrunde liegen müssen.

Mit der Erforschung des Allerkleinsten, der Welt der Atome, wurde jedoch deutlich, daß es mit dem weiteren Hinaustreten aus der bekannten Sphäre der uns durch unsere Sinne direkt wahrnehmbaren Erfahrungswelt immer schwieriger wurde, das uns nur mittelbar durch komplizierte Meßgeräte erschlossene Neuland in unserer Umgangssprache zu beschreiben. Die Welt des Allerkleinsten, so zeigte sich, war nicht einfach eine enorm verkleinerte Kopie unserer gewohnten Alltagswelt, sondern besaß eine ganz andere Struktur.

Eine konsistente Erklärung der Quantenphänomene kam zu der überraschenden Schlußfolgerung, daß es eine objektivierbare Welt, also eine gegenständliche Realität, wie wir sie bei unserer objektiven Betrachtung als selbstverständlich voraussetzen, gar nicht »wirklich« gibt, sondern daß diese nur eine Konstruktion unseres Denkens ist, eine zweckmäßige Ansicht der Wirklichkeit, die uns hilft, die Tatsachen unserer unmittelbaren äußeren Erfahrung grob zu ordnen. Die Auflösung der dinglichen Wirklichkeit offenbarte, daß eine Trennung von Akteur und Zuschauer, von subjektiver und objektiver Wahrnehmung nicht mehr streng möglich ist. Eine ganzheitliche Struktur der Wirklichkeit zeichnete sich ab. Die gesetzlichen Zusammenhänge lockerten sich. Das zukünftige Geschehen erwies sich nicht mehr als mechanistisch festgelegt, sondern nur noch als statistisch determiniert.

Hatte man ursprünglich vermutet, daß das »Tanszendente« im Laufe der Entwicklung der Naturwissenschaft immer weiter zurückgedrängt werden würde, weil letztlich alles einer rationalen Erklärung zugänglich sein sollte, so stellte sich nun im Gegenteil heraus, daß die uns so handgreiflich zugängliche materielle Welt sich immer mehr als Schein entpuppt und sich in eine Wirklichkeit verflüchtigt, in der nicht mehr Dinge und Materie, sondern Form und Gestalt dominieren. Das Höhlengleichnis Platons, in dem die von uns wahrnehmbare Welt nur als Schatten einer eigentlichen Wirklichkeit, der Welt der Ideen, aufgefaßt wird, kommt einem in diesem Zusammenhang unwillkürlich in den Sinn. Doch führt die Quantenphysik nicht zu einem neuen Idealismus. Das Erstaunliche dabei ist nämlich, daß sich die von ihr umschriebene, nicht mehr objektivierbare Welt auf einer höheren Abstraktionsstufe wieder in eine wohldefinierte mathematische Form kleiden läßt, die der wissenschaftlichen Beschreibung ein solides Fundament verschafft. »Die Quantentheorie«, so schreibt Werner Heisenberg im Kapitel »Positivismus, Metaphysik und Religion« seines Buches *Der Teil und das Ganze*, »ist so ein wunderbares Beispiel dafür, daß man einen Sachverhalt in völliger Klarheit verstanden haben kann und gleichzeitig doch weiß, daß man nur in Bildern und Gleichnissen von ihm reden kann.« Die Sprachlosigkeit religiöser Erfahrung greift in gewisser Weise mit der Quantentheorie auch auf die äußere Erfahrung über.

Die Quantenphysik machte wieder deutlich, daß unsere wissenschaftliche Erfahrung, unser Wissen über die Welt nicht der »eigentlichen« oder »letzten« Wirklichkeit, was immer man sich darunter vorstellen will, entspricht. »Das wahre Wesen der Dinge bleibt verschlossen«, sagte schon John Locke. Durch unsere Sinneswerkzeuge und unsere Denkstrukturen prägen wir der Wirklichkeit ein Raster auf, das sie in ihren Ausdrucksformen beschränkt und in ihrer Qualität verändert. Die erstaunliche Bewährung der fundamentalen allgemeinen Einsichten der Physik in der Erfahrung, so hatte Immanuel Kant schon gelehrt, rührt daher, daß sie notwendige Bedingungen darstellen, unter denen Erfahrung überhaupt erst möglich ist. Die physikalische Welt erscheint als eine Konkretisierung der Transzendenz. Arthur Eddington hat die Beziehung zwischen physikalischer und eigentlicher Wirklichkeit in seinen Schriften mit überzeugender Anschaulichkeit beschrieben. So vergleicht er in seinem Beitrag »Die Naturwissenschaft auf neuen Bahnen« die physikalische Welt mit den Wellen im die Transzendenz symbolisierenden Wasser des Meeres.

Unser Denken und deshalb auch die naturwissenschaftliche Beschreibung erfassen nur eine Struktur, ein »Wie«, aber nicht den Inhalt, das Wesen, das »Was« der eigentlichen Wirklichkeit. Wegen der logisch-analytischen Struktur unseres Denkens ist die von uns auf diese Weise begreifbare Projektion der Wirklichkeit in mathematische Sprache gefaßt. Die Welt erscheint als Gedanke. »Die Naturgesetze«, so schreibt James Jeans in seinem Text »In unerforschtes Gebiet«, »können wir uns als die Denkgesetze eines universalen Geistes vorstellen. Die Gleichförmigkeit der Natur verkündet die innere Konsequenz dieses Geistes.«

Auch Erwin Schrödinger versteht die eigentliche Wirklichkeit als Geist. Sie ist für ihn das Ganze, das Eine, wie es uns in unserem Bewußtsein unmittelbar und ungebrochen entgegentritt. »Die Vielheit anschauender und denkender Individuen ist nur Schein, sie besteht in Wirklichkeit gar nicht.« Die Vielheit sind verschiedene Reflektionen des Einen, ähnlich wie im Gleichnis der Philosophie des Vedânta die vielen Spiegelungen eines einzigen Gegenstands in einem Kristall.

»Es ist die Ganzheit, die real ist«, sagt auch David Bohm in seinem Beitrag »Fragmentierung und Ganzheit«. »Die Fragmentierung ist nur eine Antwort dieses Ganzen auf das Handeln des Menschen.« Durch Denken zerlegen wir die Welt in Teile, wir analysieren sie. Die Teilbarkeit liegt nicht im Wesen der eigentlichen Wirklichkeit. »Der Vorgang des Teilens ist eine Weise«, so David Bohm, »über die Dinge zu denken. Das fragmentierte Selbst-Weltbild verleitet den Menschen zu Handlungen, die darauf hinauslaufen, daß er sich selbst und die Welt fragmentiert, damit alles seiner Denkweise entspricht. Der Mensch verschafft sich so einen scheinbaren Beweis für die Richtigkeit seines fragmentarischen Selbst-Weltbildes, obwohl er natürlich die Tatsache übersieht, daß mit dem Handeln, das auf sein Denken folgt, er selbst es ist, der die Fragmentierung herbeigeführt hat.«

Dieser durch das Denken aufgezwungenen Fragmentierung der Wirklichkeit hat der Mensch immer wieder die Vorstellung einer Ganzheit entgegengesetzt. »Die Ganzheit oder das Heilsein«, so David Bohm an anderer Stelle, »hat der Mensch von jeher als eine unabdingbare Notwendigkeit dafür empfunden, daß das Leben lebenswert sei.«

Die Methode des Teilens, das Abtrennen von verschiedenen Teilwirklichkeiten aus dem Ganzen, um am Ende das Ganze als vollständige Summe aller seiner Teile zurückzugewinnen, ist für unsere wissenschaftliche Erkenntnis nicht nur unentbehrlich, sie war vor allem auch äußerst erfolgreich, was eine gewisse Angemessenheit dieser Methode für die Naturbeschreibung anzeigt. Die erste Trennung, die Herauslösung des beobachtenden Ichs aus der Wirklichkeit, ermöglichte erst die Fiktion der Objektivität. Die Konzentration auf künstlich isolierte Teilaspekte war die Voraussetzung für die Schärfe und Exaktheit von Aussagen. Die Komplementarität von Physik und Transzendenz spiegelt sich so in der Komplementarität von Teilbarkeit und Ganzheit und auch der von Exaktheit und Relevanz.

Die Beziehung zwischen dem Ganzen und seinen Teilen erscheint in der Quantentheorie in völlig neuem Licht. Werner Heisenberg hat in seinem autobiographischen Werk *Der Teil und das Ganze*, aus dem zwei Kapitel in die Anthologie *Physik und Transzendenz* aufgenommen worden sind, dieser Problematik eine zentrale Rolle eingeräumt. Im Gegensatz zu einem Objekt unserer gewöhnlichen Erfahrungswelt hat ein »Zustand« im Rahmen der Quantenphysik eine »ganzheitliche« Bedeutung. Genauer gesagt muß er sogar als »einheitlich« begriffen werden, da es bei ihm nicht sinnvoll ist, von seinen Teilen zu sprechen. Durch eine Beobachtung, die immer einen aktiven Eingriff in das beobachtete System verlangt, wird diese Einheit zerstört und in einen neuen Zustand verwandelt, in dem dann auftritt, was als Teile eines ursprünglich zusammengesetzten Systems interpretiert werden kann. Erst durch Beobachtung also, durch äußere Einwirkung wird das »Eine« zum »Ganzen« im Sinne einer vollständigen Summe von Teilen. In seinem Traktat »Parmenides und die Quantentheorie« konfrontiert Carl Friedrich von Weizsäcker diese Aussage der Quantentheorie mit der widersprüchlich erscheinenden ersten Hypothese des Parmenides: »Eins ist das Ganze« in Platons *Parmenides*-Dialog.

Erfahrung ist nur dann wissenschaftlich faßbar, wenn ihre Inhalte in unserer Umgangssprache ausgedrückt werden können. Wissenschaftliche Erfahrung muß in diesem Sinne objekthaft werden, denn nur dann läßt sich eindeutig mitteilen, was beobachtet oder gemessen wurde. Die Mathematik ist dabei nur eine besonders verfeinerte Form der Umgangssprache. Sie weist den Begriffen der Sprache eine präzise Bedeutung zu und vermeidet damit jene Mehrdeutigkeit, die von ihrer anderen Funktion herrührt: Symbol und Gleichnis für das Tanszendente zu sein.

Das, was beobachtet wird, ist aber primär nicht objekthaft, sondern entspricht einem einheitlichen Quantenzustand oder einem Gemenge aus solchen. Erst durch den aktiven Eingriff einer Beobachtung werden Aspekte von Quantenzuständen in objektiv feststellbare Tatsachen verwandelt. Durch gewisse Verstärkungsmechanismen – instabile Systeme, die bei kleinsten Einwirkungen irreversibel umkippen – werden Meßdaten, also für wechselseitige Mitteilungen geeignete makroskopische Dokumente, geschaffen. Jede Objektivierung bedeutet Trennung, das heißt Zerstörung der nicht-objekthaften Einheit, in der Beobachter und beobachtetes System miteinander verschmolzen sind. Ein Zuschauer ist immer gleichzeitig mitwirkender Akteur.

Verschiedenartige Beobachtungen mit Hilfe verschiedener Versuchsanordnungen bewirken verschiedenartiges Auftrennen. Sie extrahieren aus dem beobachteten System deshalb andere Erscheinungsmuster, die, bei üblicher Deutung als Eigenschaften eines beobachteten »Objekts«, im Widerspruch zueinander stehen und in Extremfällen »komplementären« Charakter haben. Der Begriff der »Komplementarität«, von Niels Bohr schon vor der endgültigen Formulierung der Quantentheorie eingeführt, erwies sich für die Diskussion der Quantenphänomene als äußerst fruchtbar. In seinem Beitrag »Einheit des Wissens« schreibt er dazu: »Wie gegensätzlich solche Erfahrungen (unter verschiedenen Beobachtungsbedingungen) auch erscheinen mögen, wenn wir den Verlauf atomarer Prozesse mit klassischen Begriffen zu beschreiben versuchen, so müssen sie in diesem Sinne als komplementär betrachtet werden, daß sie gewissermaßen wesentliche Kenntnisse über atomare Systeme darstellen und in ihrer Gesamtheit diese Kenntnis erschöpfen.«

Diese in der Quantenmechanik präzise faßbare Komplementarität lieferte ein lehrreiches Musterbeispiel dafür, wie scheinbar unüberwindliche Widersprüche sich durch eine Erweiterung des begrifflichen Rahmens harmonisch auflösen lassen. Es weist uns darauf hin, wie unser Beharren auf zu einfachen Denkmustern und Phantasielosigkeit uns daran hindern können, im Gegensätzlichen das Gemeinsame zu erkennen.

Die gleiche Beobachtung am gleichen System erzeugt wohl das gleiche Erscheinungsmuster, aber im allgemeinen nicht das gleiche Einzelergebnis. Welches spezielle Einzelereignis bei einer Beobachtung unter einer Vielzahl von möglichen Ereignissen auftreten wird, läßt sich nicht mehr voraussagen, nur noch die relative Wahrscheinlichkeit für das Auftreten dieses Ereignisses ist gesetzlich festgelegt und damit prognostizierbar. Auch in der atomaren Welt gilt immer noch das Prinzip der Kausalität, nach dem jede Wirkung eine ihr zeitlich vorausgehende Ursache haben muß, aber diese Beziehung besteht nicht mehr in dem Sinne, daß eine bestimmte Ursache eine ganz bestimmte Wirkung zur Folge hat, wie dies die klassische Physik beschreibt. Die Welt ist also nicht mehr ein großes mechanisches Uhrwerk, das, unbeeinflußbar und in allen Details festgelegt, nach strengen Naturgesetzen abläuft, eine Vorstellung, wie sie sich den Physikern des 19. Jahrhunderts als natürliche Folge der klassischen Kausalität aufdrängte und diese dazu verleitete, jegliche Transzendenz als subjektive Täuschung zu betrachten. Die Welt entspricht in ihrer zeitlichen Entwicklung – entsprechend einem Bild von David Bohm – mehr einem Fluß, dem Strom des Bewußtseins vergleichbar, der nicht direkt faßbar ist; nur bestimmte Wellen, Wirbel, Strudel in ihm, die eine gewisse relative Unabhängigkeit und Stabilität erlangen, sind für unser fragmentierendes Denken begreiflich und werden für uns zur »Realität«.

Die in der Anthologie *Physik und Transzendenz* zusammengestellten Beiträge sind von den Ergebnissen der neuen Physik inspiriert, doch sie gehen in ihren Gedanken und Aussagen über den Rahmen gesicherter wissenschaftlicher Erkenntnis hinaus. Sie machen aber vielleicht auch deutlich, warum dies unvermeidlich ist und warum dies ihrem möglichen Wahrheitsgehalt nicht abträglich sein muß. Über Transzendenz läßt sich nur in Gleichnissen und Bildern sprechen. Daß wir hinter diesen Bildern die Wahrheit erkennen können, liegt daran, daß wir alle im gleichen Strom des Bewußtseins dahinfließen. Die Gleichnisse und Bilder, mit denen die Autoren dieser Anthologie zu uns über »Physik und Transzendenz« sprechen, sind stark geprägt durch ihre individuelle Erfahrung und ihre Persönlichkeit. Trotz der Unterschiedlichkeit der Gedanken und Spekulationen sind jedoch große Gemeinsamkeiten in wesentlichen Punkten erkennbar. Das ist vielleicht gar nicht so überraschend. Gehören die Autoren doch alle dem gleichen Kulturkreis an, und mehr noch: Sie alle sind Physiker, deren Lebenswerk mit dem Paradigmenwechsel von der klassischen Physik zur Quantenphysik eng verknüpft war oder wenigstens durch diesen nachhaltig beeinflußt wurde.

Hat man die Entstehungsjahre der Texte vor Augen, die sich über einen Zeitraum von fast fünfzig Jahren erstrecken, so kann man auch an ihren Inhalten eine gewisse Entwicklung erkennen, die mit der fortschreitenden Klärung der Quantentheorie und ihrer erkenntnistheoretischen Deutung zusammenhängt. Dieser Umstand ließe es angemessen erscheinen, die Beiträge in dieser Anthologie ihrem Entstehungsjahr entsprechend zu ordnen. Wir haben dies nicht getan, sondern es statt dessen vorgezogen, sie nach dem Geburtsjahr der Autoren zu ordnen. Denn die Zugehörigkeit zu einer Generation oder Altersklasse prägt sich bei philosophischen und religiösen Betrachtungen oft stärker aus als der Zeitpunkt, zu dem diese Gedanken niedergeschrieben oder in Vorträgen präsentiert wurden. Diese Anordnung bot darüber hinaus auch die Möglichkeit, verschiedene Arbeiten desselben Autors aus unterschiedlichen Entstehungsjahren direkt aneinanderzureihen und damit die Kontinuität der Gedankengänge zu verstärken.

Die einzige Ausnahme von dieser Regel haben wir bei Werner Heisenberg gemacht, den wir – anstatt ihn entsprechend seinem Alter zwischen Pauli und Jordan einzugliedern – ans Ende des Buches gerückt haben. Zwei seiner Beiträge, die seinem Buch *Der Teil und das Ganze* entnommen wurden, sind nach platonischem

Vorbild in Form von Dialogen geschrieben, in denen vor allem auch einige der in diese Anthologie aufgenommenen Physiker als Gesprächspartner zu Wort kommen. Diese Dialoge eignen sich deshalb in besonderem Maße für eine abrundende Diskussion.

Den eigentlichen Abschluß der Anthologie bilden die Schlußkapitel eines Philosophie-Manuskripts von Werner Heisenberg, das dieser im Herbst 1942 beendet, aber nie veröffentlicht hat. Es ist kürzlich erstmals im Rahmen einer Veröffentlichung seiner Gesammelten Werke unter dem Titel *Ordnung der Wirklichkeit* erschienen. Dieses Manuskript ist ein bewegendes Vermächtnis eines tiefwurzelnden Geistes an eine gefährdete Zeit. »Am wichtigsten«, so schreibt Heisenberg, »sind die Gebiete der reinen Wissenschaft, in denen von praktischen Anwendungen nicht mehr die Rede ist, in denen vielmehr das reine Denken den verborgenen Harmonien in der Welt nachspürt. Dieser innerste Bereich, in dem Wissenschaft und Kunst kaum mehr unterschieden werden können, ist vielleicht für die heutige Menschheit die einzige Stelle, an der ihr die Wahrheit ganz rein und nicht mehr verhüllt durch menschliche Ideologie und Wünsche gegenübertritt.« Physik und Transzendenz bezeichnen nur verschiedene Bereiche der einen Wirklichkeit, die von einer untersten Schicht, wo wir noch vollständig objektivieren können, bis zu einer obersten Schicht reichen, »in der sich der Blick öffnet für die Teile der Welt, über die nur im Gleichnis gesprochen werden kann«.

Meine enge Zusammenarbeit und persönliche Freundschaft mit Werner Heisenberg über fast zwei Jahrzehnte hinweg war für meine eigene Entwicklung, meine Physik, meine Wirklichkeitserfahrung und mein Leben allgemein von entscheidender Bedeutung. Daß Wissenschaft nicht ein trockener, abstrakter Lernprozeß sein muß, sondern sich in lebendigen Dialogen entwickeln kann und die Atmosphäre für ein konstruktives menschliches Miteinander bereitet, soll im folgenden Aufsatz deutlich werden, den ich 1981, 5 Jahre nach Heisenbergs Tod, anläßlich seines 80. Geburtstages geschrieben habe. Heisenbergs entscheidenden Beitrag zur Errichtung des modernen Weltbildes habe ich vier Jahre später im März 1985 mit einem Vortrag Physik und Erkenntnis *zu würdigen versucht.*

Werner Heisenberg – Mensch und Forscher

Werner Heisenberg hat ein gewaltiges wissenschaftliches Werk hinterlassen, das aus über 50jähriger schöpferischer Forschungsarbeit hervorgegangen ist. Die meisten seiner Beiträge zur Naturwissenschaft im allgemeinen und zur Physik im besonderen haben schon in irgendeiner Form Eingang in unsere Lehrbücher gefunden und sind zu einem unverzichtbaren Bestandteil der Physik und unseres allgemeinen Wissens geworden.

Eine gewisse Ausnahme bilden hierbei vielleicht die wissenschaftlichen Arbeiten seiner letzten 20 Lebensjahre, die dem Versuch einer einheitlichen Beschreibung der Elementarteilchen und ihrer Kraftwirkungen gewidmet sind. Im ersten Teil meines Aufsatzes möchte ich deshalb versuchen, den gedanklichen Hintergrund dieser späteren Arbeiten anzudeuten und auf ihre engen Beziehungen zu Heisenbergs früherem wissenschaftlichen Werk, das ich anfangs kurz skizziere, hinzuweisen. Diese wissenschaftlichen Reflexionen sollen jedoch gewissermaßen nur einen Rahmen bilden. Im Mittelpunkt meiner Betrachtungen soll der Mensch und der suchende Forscher Werner Heisenberg stehen, so wie ich ihn während dieser der einheitlichen Feldtheorie gewidmeten Forschungsperiode in etwa 20jähriger naher und intensiver Zusammenarbeit persönlich erleben durfte.

Heisenbergs wissenschaftliches Werk

Heisenbergs Einfluß auf die Physik war tiefgreifend und umfassend. Arnold Sommerfeld, sein Lehrer an der Münchner Universität, gab dem 19jährigen Heisenberg 1920 in seinem allerersten

Semester eine Aufgabe über den anormalen Zeeman-Effekt. Dies war für ihn der Einstieg in die Atomphysik. Sommerfeld legte jedoch großen Wert auf solide Kenntnisse in der Physik und vor allem auf gute handwerkliche Fertigkeiten bei der konkreten Lösung physikalischer Probleme. Er bestand deshalb darauf, daß Heisenberg für seine Doktorarbeit ein besser fundiertes und weniger spektakuläres Thema aus der Turbulenztheorie von Flüssigkeiten behandelte. Aber dies hinderte Heisenberg nicht daran, trotzdem voll und ganz in die aufregende und geheimnisvolle neue Welt der Atomphysik einzudringen. Sein persönlicher Kontakt mit Niels Bohr anläßlich der sog. »Bohr-Festspiele« im Sommer 1922 in Göttingen und während seines Besuchs 1924 in Kopenhagen gab ihm hierbei entscheidende Impulse. In schneller Folge erschienen damals alle die berühmten Arbeiten, die begründeten, was wir heute »Quantenmechanik« nennen. Was war geschehen?

Heisenberg hatte damit begonnen, die richtigen Formeln für die Intensitäten der Linien im Wasserstoffatom zu erraten, war aber zunächst an der Kompliziertheit des Problems gescheitert. Er versuchte dasselbe dann an einem einfacheren dynamischen System, dem schwach anharmonischen Oszillator. Um zu den gewünschten Resultaten zu gelangen, ersann er für die Rechnung neue »Spielregeln«, erprobte deren Widerspruchsfreiheit und physikalische Brauchbarkeit in mühseligen Einzeluntersuchungen und gelangte so schließlich zu einer neuen Rechenvorschrift. Max Borns mathematisch geschulter Blick erkannte darin das den Mathematikern vertraute Matrizenkalkül. Damit war ein neuer formaler Rahmen für die Quantenphysik gefunden, an dessen erfolgreichem Ausbau insbesondere Pascual Jordan beteiligt war.

Heisenberg kümmerte sich weniger um diese mathematischen Aktivitäten, er war darüber fast etwas irritiert. Sein Interesse richtete sich hauptsächlich auf die begriffliche Ausdeutung dieser neuen seltsamen Mechanik. Die Entwicklung hatte in aller Schärfe gezeigt, daß die Atomphysik den Rahmen der klassischen Newtonschen Mechanik sprengte. Vertraute Vorstellungen, wie die Bahnen der Elektronen, waren für die Beschreibung nicht nur unwesentlich, sondern widerspruchsvoll. Sie mußten einer »verwascheneren« Vorstellung weichen, in der die scheinbar widerstreitenden komplementären Bilder von »Korpuskel« und »Welle« verschmolzen waren. Die begriffliche Auflösung dieser klassischen Vorstellung hat Heisenberg 1927 in seinen berühmten »Unbestimmtheitsrelationen« quantitativ formuliert. Seine mit Bohr erarbeitete »Kopenhagener Deutung« der Quantentheorie führte zum begrifflichen Abschluß der neuen Physik.

Auch nach diesem großen Wurf war Heisenberg in den folgenden Jahren dabei, das erschlossene Neuland an den interessantesten Stellen zu erforschen:

1928 gelang ihm die quantentheoretische Deutung des Ferromagnetismus; mit Wolfgang Pauli begann er 1929 die Quantisierung von Wellenfeldern; 1932 und in den darauffolgenden Jahren schrieb er grundlegende Arbeiten über den Aufbau der Atomkerne und deren Kräfte; 1936 arbeitete er über die kosmische Höhenstrahlung und ihre Eigenschaften bei hohen Energien; in den Kriegsjahren berechnete er Kernreaktoren und war am Bau eines Prototyps beteiligt; nach Kriegsende versuchte er sich an einer Theorie der Supraleitung, die sich jedoch sehr viel später, 1957, nach den Arbeiten von Bardeen, Cooper und Schrieffer als falsch erwies.

Nach 1950 wandte sich Heisenberg dem Versuch einer einheitlichen dynamischen Beschreibung der kleinsten Bausteine der Materie, der Elementarteilchen, zu. Diese ehrgeizige und schwierige Aufgabe hat ihn mehr als 20 Jahre, bis zu seinem Tode im Februar 1976, auf das stärkste beschäftigt.

Trotz seiner eindrucksvollen Fülle und Vielfalt läßt sich im wissenschaftlichen Werk Heisenbergs klar und deutlich ein Grundanliegen erkennen, nämlich zu einer einheitlichen Beschreibung der Mikrophänomene vorzustoßen, um auf diese Weise zu einem allumfassenden dynamischen Grundgesetz der Natur zu gelangen. Sein Bemühen vollzog sich deshalb in gewisser Parallele zu dem Bestreben Albert Einsteins, der dasselbe Problem von einer allgemeinen Beschreibung der Makrophänomene, der Gravitation, einzukreisen versuchte. Betrachtet man seine der fundamentalen Dynamik der Elementarteilchen gewidmeten Forschungsarbeiten der letzten 20 Lebensjahre, so erscheinen die Arbeiten des jungen Heisenberg fast wie eine Vorbereitung für diese so ungeheuer vielschichtige und komplizierte Aufgabe.

Aus seiner Beschäftigung mit den Turbulenzeigenschaften von Flüssigkeiten bei Arnold Sommerfeld bezog er die Erfahrung, daß stark nichtlineare Systeme auch bei beliebig kleinen Störungen zu ganz unerwarteten und durch einfache Näherungsmethoden nur schwer faßbaren Lösungsformen führen, bei deren Beschreibung ganz bestimmte, dimensionslose Zahlen (wie etwa die Reynold-Zahl oder die Raleigh-Zahl) charakteristisch sind. Auf ähnliche Weise hoffte er in seiner einheitlichen Elementarteilchentheorie, einer nichtlinearen Spinortheorie, daß dort solche nicht-störungsartigen Lösungen zu dimensionslosen Konstanten, nämlich den Massenverhältnissen der Elementarteilchen und den Kopplungskonstanten ihrer Wechselwirkung, führen.

Aus seiner intimen Kenntnis der Atomphysik stammten sein reicher Schatz an Erfahrungen mit quantenmechanischen Mehrkörpersystemen und die wichtige Erkenntnis, daß auch eine prinzipiell einfache Dynamik zu äußerst komplizierten und praktisch unentwirrbaren Erscheinungsformen führen kann, wie sie sich etwa in den Atom- und Molekülspektren dokumentieren. Diese Erfahrungen stärkten seine Überzeugung, daß auch die auf ähnliche Weise komplexen Erscheinungsformen der Elementarteilchenphysik nicht in Widerspruch zu einer prinzipiell einfachen dynamischen Gesetzmäßigkeit stehen: Das Massenspektrum der Elementarteilchen und deren Wechselwirkungen waren, seiner Vorstellung nach, Ausdruck eines einzigen, einfachen hochsymmetrischen Naturgesetzes.

Seine wissenschaftliche Auseinandersetzung mit dem Phänomen der hochenergetischen Höhenstrahlung führte ihn schon früh dazu, den Elementarteilchen ihre elementare Natur abzusprechen, lange bevor dies durch den enormen Zuwachs an neuen Elementarteilchen durch Experimente an den modernen Großbeschleunigern allgemein einsichtig wurde.

Die mit Wolfgang Pauli 1929 begonnene Quantenfeldtheorie bot ihm den geeigneten methodischen Rahmen für die Formulierung seiner Theorie. Er erkannte mit Erstaunen, daß die von Paul Dirac vorgeschlagene Einbeziehung der Einsteinschen Relativitätstheorie in die Quantentheorie auf natürliche Weise zu einer weiteren Auflösung des Teilchenbegriffs in dem Sinne führte, daß keine sinnvolle Unterscheidung mehr zwischen zusammengesetzten Systemen und ihren Bestandteilen unterhalb des Elementarteilchenniveaus möglich sein sollte. In dieser Aufweichung des Teilchenbegriffs sah er einen rettenden Ausweg aus den prinzipiellen Schwierigkeiten, mit denen Quantenfeldtheorien von Anbeginn konfrontiert waren.

Eine Asymmetrie des Vakuumzustandes erschien als entscheidender Schlüssel zum Verständnis der eigentümlichen Hierarchie verschiedenartiger Wechselwirkungen. In diesem Zusammenhang erlebte die von ihm entwickelte Theorie des Ferromagnetismus eine interessante neue Anwendung.

Ich möchte an dieser Stelle nicht weiter auf Einzelheiten seiner einheitlichen Feldtheorie der Elementarteilchen eingehen. Zusammenfassend läßt sich wohl sagen: Viele der wesentlichen in seiner einheitlichen Elementarteilchentheorie entwickelten Ideen haben sich glänzend bewährt, die von ihm zusammen mit Wolfgang Pauli 1958 in einer unveröffentlichten Arbeit vorgeschlagene spezielle Form dieser Theorie ist jedoch heute mehr als umstritten, sie gilt in den Augen der meisten Physiker aufgrund der neuen Erkenntnisse als erledigt. Solange das Ziel einer einheitlichen Beschreibung der Elementarteilchen und ihrer Kraftwirkungen jedoch noch nicht erreicht ist, sollte man sich hüten, vorschnell zu einem endgültigen Verdikt zu kommen.

Erste Begegnung mit Heisenberg

Meine erste persönliche Begegnung mit Heisenberg fiel in die erste Januarhälfte 1958. Nach einer fast vierjährigen Studien- und Forschungszeit in Kalifornien, während der ich mit Edward Teller über theoretische Fragen der Kernphysik gearbeitet hatte, nahm ich bei Heisenberg am Max-Planck-Institut für Physik in Göttingen eine Forschungsassistentenstelle an. Edward Teller, der in den späten zwanziger Jahren selbst bei Heisenberg in Leipzig wissenschaftlich gearbeitet hatte, hatte mir eine Zusammenarbeit mit Heisenberg wärmstens angeraten. Eine solche Überredung war allerdings kaum nötig, da Heisenberg für mich wie für viele meiner wissenschaftlich interessierten Altersgenossen, die bei Kriegsende noch Teenager waren, damals eine Art Halbgott war. Nach den schrecklichen Kriegserfahrungen und dem anschließenden völligen Zusammenbruch war er für uns Junge nicht nur der weltberühmte Forscher und Gelehrte, sondern so etwas wie ein Symbol der Hoffnung. In unserem selbstlosen Idealismus und Vertrauen schmählich betrogen und durch die Wirren der Kriegs- und Nachkriegszeit unserer Jugend beraubt, hegten wir ein allgemeines und tiefes Mißtrauen gegen alles und gegen alle. Bei jeder Aufforderung zur Solidarität witterten wir neue Verführung. Auf eigenen Füßen wollten wir stehen, Urteile und Bewertungen nur noch aus eigener Erfahrung beziehen. Die Wissenschaft, insbesondere die exakte Naturwissenschaft, erschien als der sicherste Ausgangspunkt für solche Erfahrung, da sie nicht manipulierbar war, da sie unabhängig von der Person und Autorität entscheiden ließ, was richtig und was falsch ist. Heisenberg war damals für mich und andere der sichtbare und verläßliche Vertreter dieser unbestechlichen Welt der Wissenschaft. Ich weiß nicht, warum sich unsere Aufmerksamkeit gerade auf ihn richtete, denn wir wußten nur wenig über ihn als Mensch und fast gar nichts über seine Physik. Vielleicht waren es die seltsamen Begriffe, wie »Matrizenmechanik«, »Unbestimmtheitsrelationen«, »Quantenfeldtheorie«, die uns faszinierten, weil sie so unverständlich waren. Erschienen sie uns doch wie geheimnisvolle Botschaften von einer anderen, einer besseren Welt, in die wir zu entfliehen wünschten.

Dieses erhabene Bild von Heisenberg stand im Kontrast zu einem ganz anderen Bild, das mir oft von Kollegen und Freunden in den USA gezeichnet wurde (mein Lehrer Edward Teller gehörte nicht dazu), die Heisenberg als einen Menschen mit typisch teutonischen Gesichtszügen sahen: ein Ehrgeizling, der alle Dinge besser und schneller machen wollte, um seine Überlegenheit zu beweisen, der mit Arroganz und unzureichendem Vermögen immer nur die fundamentalsten und anspruchsvollsten Probleme attackierte, weil er sich nicht bescheiden konnte, kleinere Schritte zu machen und die mühselige Detailarbeit eines gediegenen Handwerkers zu leisten.

Als ich Heisenberg Anfang 1958 zum ersten Mal begegnete, war ich wohl am meisten darüber überrascht, daß er weder ein »Halbgott« noch dieser »Ehrgeizling« war, sondern ein Mensch ganz anderer Art und Statur: jugendlich und vital, ganz im Gegensatz zu dem unpersönlichen Denkmal, auf das ich wohl innerlich eingestellt war; engagiert, gutmütig, bescheiden und künstlerisch, was ganz im Kontrast zu der trockenen und formalen Intelligenz stand, die einem bei Begriffen wie »Matrizen« oder »Quantenfeldtheorie« suggeriert wird. Anfangs wirkte er schüchtern, fast verlegen, er stellte einige höfliche Fragen, ohne richtig mit den Gedanken dabei zu sein, doch löste sich diese Scheu alsbald auf, als die Unterhaltung sich wissenschaftlichen Fragen zuwandte. Mit Begeisterung erzählte er mir sofort über seine augenblicklichen Forschungsarbeiten.

Beginn der einheitlichen Elementarteilchentheorie

Anfang Januar 1958 war gerade die Zeit, in der seine Arbeiten mit Wolfgang Pauli über die einheitliche Feldtheorie der Elementarteilchen in ein interessantes Stadium getreten waren. Etwa ein Jahr zuvor hatten T. D. Lee und Ch.-N. Yang herausgefunden, daß die sog. schwachen Wechselwirkungen der Elementarteilchen, die für den radioaktiven β-Zerfall verantwortlich sind, die Raumspiegelungssymmetrie (Parität) verletzen, was bedeutet, daß die Natur Rechts- und Linkshändigkeit verschieden behandelt. Heisenberg hatte seit mehreren Jahren daran gearbeitet, die Dynamik der Elementarteilchen aus dem Bewegungsgesetz eines allgemeinen Materiefeldes, eines Spinorfeldes, abzuleiten. Die Entdeckung der Paritätasymmetrie eröffnete nun auf einmal die Möglichkeit, für dieses fundamentale Bewegungsgesetz eine besonders einfache und kompakte Form anzugeben.

Die Atmosphäre zu jener Zeit war vielleicht ähnlich der Stimmung, wie sie Heisenberg in seinem autobiographischen Werk *Der Teil und das Ganze* so eindrucksvoll in Zusammenhang mit der Entdeckung der Quantenmechanik 1925 auf Helgoland beschrieben hat. Er berichtete dort von einer Bergwanderung in den Achenseer Alpen, wo er sich mit einer Gruppe junger Leute im Nebel verirrt hatte:

»Die Helligkeit fing an zu wechseln. Wir waren offenbar in ein Feld ziehender Nebelschwaden gelangt, und mit einem Mal konnten wir zwischen zwei dichteren Schwaden die helle, von der Sonne beleuchtete Kante einer hohen Felswand erkennen, deren Existenz wir nach unserer Karte schon vermutet hatten. Einige wenige Durchblicke dieser Art genügten, um uns ein klares Bild der Berglandschaft zu vermitteln . . .«

Auf seinem Totenbett, bei seinem letzten Gespräch mit mir, wenige Tage vor seinem Tode, rief er diese Tage Anfang 1958 nochmals mit etwa folgenden Worten in Erinnerung:

»Es war ähnlich und doch ganz anders als auf Helgoland. Ich wußte, die Elementarteilchenphysik war viel komplizierter und undurchsichtiger und die Hoffnung auf einen schnellen Durchbruch eigentlich kaum gegeben. Aufgrund meiner langjährigen Untersuchungen hatte ich immer schon den Eindruck, auf dem richtigen Weg zu sein, aber Pauli war immer ganz dagegen und hat mich mehrfach energisch aufgefordert, diesen ganzen Unsinn aufzugeben. Von der neuen Form der Gleichung war er dann plötzlich ganz begeistert, und das hat mich angesteckt. Als Pauli dann so euphorisch wurde, hat mich das eher wieder etwas ernüchtert, denn ich wußte von meinen vorangegangenen Arbeiten, wie Vieles und Schweres noch zu leisten war.«

In der Tat, der Aufstieg zum Gipfel erwies sich als äußerst mühsam und letztlich prohibitiv schwierig.

Wolfgang Pauli war Anfang 1958 für einen Gastaufenthalt nach Kalifornien gegangen, und so konnte, zum großen Bedauern von Heisenberg, die wissenschaftliche Diskussion zwischen diesen beiden alten Freunden nur brieflich weitergeführt weden. Das war äußerst unbefriedigend, denn bald traten schwierige Probleme auf, die dringend eine mündliche Besprechung verlangten. Pauli war durch diese Schwierigkeiten tief enttäuscht. Seine Ernüchterung wurde erheblich beschleunigt durch eine Lawine von Pressemeldungen, die Ende Februar 1958 mit verrückten Schlagzeilen, wie »Die neue Weltformel«, »New math theory discovered« und sogar »Das Ende der Physik« überall in der Welt losbrach. Heisenberg hatte sie durch einen begeistert und optimistisch gehaltenen Vortrag im Rahmen des Physik-Kolloquiums der Göttinger Universität ohne eigentliche Schuld losgetreten. Pauli, im fernen Kalifornien, wie viele andere Physiker, war verärgert und empört. Pauli schickte damals einen Brief an seinen Freund George Gamow mit der Aufforderung, andere Physiker davon in Kenntnis zu setzen. Er enthielt die Abbildung eines leeren Bilderrahmens mit der Bemerkung: »Comment on Heisenberg's radio advertisement: This is to show the world that I can paint like Tizian« und dem sarkastischen Nachsatz: »Only technical details are missing.«

Diese Auseinandersetzung erreichte einen gewissen Höhepunkt auf der Hochenergiekonferenz im Sommer 1958 in Genf, bei der Heisenberg und Pauli zum ersten Mal wieder zusammentrafen. Heisenberg hielt dort nach Yukawa das zweite Referat bei einer Nachmittagsveranstaltung, die Pauli als Vorsitzender mit den folgenden Worten eröffnete: »This session is called ›fundamental ideas‹ in field theory, but we will soon find out or have already found out, that there are no new fundamental ideas...«

Die einheitliche Feldtheorie wurde letzlich nie von Heisenberg und Pauli gemeinsam veröffentlicht.

Der Stil dieser heftigen und oft wenig objektiven Auseinandersetzungen störte mich damals sehr. Andererseits war ich beeindruckt, mit welch optimistischer Gelassenheit und welchem Mut Heisenberg sich den Fragen stellte und auf welch faire Weise er für seine Ideen und Überzeugungen kämpfte. Aber insgeheim war er von der gespannten Atmosphäre irritiert, er fühlte sich durch unterschwellige Feindseligkeit verletzt, die bei manch einer Unterhaltung mitschwang. Diese war nicht damit zu erklären, daß viele seine Theorie für falsch oder verrückt hielten. Vermutlich spielten dabei die vergangenen tragischen politischen Entwicklungen in Deutschland und Heisenbergs persönliche Entscheidung, damals trotzdem sein Heimatland nicht zu verlassen, eine wesentliche Rolle. Er litt in den späteren Jahren empfindlich unter dieser zunehmenden wissenschaftlichen und persönlichen Isolierung, da er seit den glücklichen Tagen mit Sommerfeld, Born und Bohr von offenen und intensiven Diskussionen lebte.

Tageslauf im Institut

Vom ersten Tag an im Institut – das im Herbst 1958 von Göttingen nach München übersiedelte – wurde man mit dem Heisenbergschen Arbeitsstil bekannt. Heisenberg kam gewöhnlich etwa um 9 Uhr ins Institut, wo er zunächst seine vielfältigen Verwaltungsarbeiten zielstrebig und enorm effizient erledigte. Er war kein Freund solcher Tätigkeiten und deshalb ständig bemüht, sie mit einem guten Blick für das Wesentliche auf ein Minimum zu beschränken. Ein stark ausgeprägtes Pflichtgefühl hinderte ihn andererseits daran, die Reduktion nicht zu übertreiben.

Von deutschen Physikern habe ich manchmal den Vorwurf gehört, daß Heisenberg aufgrund seines hohen Ansehens und großen Einflusses weit mehr für die Wissenschaft im Nachkriegsdeutschland hätte tun können, als er tatsächlich getan hat. Ich glaube nicht, daß dies stimmt. Er hat sehr viel getan. Aber er war von Natur aus kein politischer Mensch und hätte wohl sein großes Talent mit einer weiteren Ausdehnung seiner politischen Aktivitäten nur vergeudet. Diese Beschränkung seiner Fähigkeiten hat er wahrscheinlich selbst stark empfunden und daraus die richtige Konsequenz gezogen.

Seine Verwaltungstätigkeit zog sich bis etwa 12 oder 1 Uhr hin.

Dann stürzte er sich mit Eifer in sein wissenschaftliches Programm, meistens, indem er uns Mitarbeiter zu Diskussionen zu sich rief oder mit uns einzeln intensive Dialoge in unseren Arbeitszimmern führte. Diese Diskussionen dauerten bis etwa 2 Uhr und wurden dann meist abrupt abgebrochen, weil unsere Frauen nicht mehr mit dem Mittagessen warten wollten. Man trennte sich, jeder hatte seine Arbeit zugeteilt bekommen.

Nachmittags blieb Heisenberg gewöhnlich zu Hause, um umfangreiche oder Konzentration fordernde Arbeiten durchzuführen. Um etwa 5 Uhr kam er zum Institut zurück, beteiligte sich an unseren Seminaren oder erledigte kleinere Verwaltungsarbeiten. Anschließend, etwa um 6 Uhr, stand er für eine zweite Diskussion bereit, in der er den Faden vom Vormittag unweigerlich mit der neugierigen Frage wiederaufnahm: »Wie steht es?« und wissen wollte, ob sich die geäußerten Vermutungen, Hoffnungen und Zweifel bestätigt hatten oder verworfen werden mußten oder konnten. Besonders wenn man nicht seine Meinung teilte, mußte man hart am Ball bleiben. Man mußte rechtzeitig handfeste Gegenargumente bereit haben, um zu verhindern, daß er lustig an seinem optimistischen Gedankengebäude weiterbaute, dessen Abriß später dann weit größere Mühe von seinem Kontrahenten erforderte. Diese Unterhaltungen gingen bis 7 oder ½8 Uhr. Am Abend nahm er sich die Probleme selbst vor, und es konnte sein, daß man um ½11 Uhr noch einen telefonischen Anruf bekam etwa der Art: »Ich arbeite gerade an dem ... Problem ... Ich verstehe nicht, warum ...« Man versuchte zu erklären, soweit man konnte. Der schwarze Peter war jedenfalls am Ende wieder bei einem selbst.

Durch dieses Hin und Her wurde das Problem dauernd am Kochen und man selbst ganz schön auf Trapp gehalten. Dieses Wechselspiel der Gedanken war etwas Wunderschönes. Ich möchte darauf noch etwas näher eingehen.

Der wissenschaftliche Dialog

»Wissenschaft wird von Menschen gemacht« schreibt Heisenberg am Anfang des Vorworts zu seinem Buch *Der Teil und das Ganze*. Der wissenschaftliche Dialog, ähnlich wie er in seinem Buch vorgeführt wird, hatte für ihn zentrale Bedeutung. Insbesondere in der kreativen Anfangsphase gab er der Sprache gegenüber der mathematischen Ausdrucksweise den Vorzug, da sie unschärfer war und sich deshalb für Tastversuche besser eignete als das Präzisionswerkzeug der Mathematik. Er dachte dabei laut vor sich hin, sprach langsam und konzentriert, oft mit geschlossenen Augen oder an die Decke blickend, die Hände mit gespreizten Fingern aneinandergelegt. Er war geduldig beim Zuhören, unterbrach selten. Im Mittelpunkt des Gesprächs stand das gemeinsame Problem und der Wunsch, es zu erfassen und zu klären. Man tastete sich heran, spielte es dem anderen zu, wie in einem freundschaftlichen Tischtennisspiel, wo beide darauf achten, daß der Ball im Spiel bleibt. Die ganze Aufmerksamkeit war darauf gerichtet, den Gesprächspartner wirklich zu verstehen, und nicht, ihn sophistisch über seine mangelhafte oder unzureichende Ausdrucksweise stolpern zu lassen. Man konnte stammeln, man konnte vage, ja unverständlich reden, und er würde erraten, was man eigentlich sagen wollte, würde es in eigenen anderen Worten wiederholen, so daß man oft erfreut ausrufen konnte: Ja, genau so...! Während eines solchen ausgedehnten und intensiven Gedankenaustauschs verschärften sich die Vorstellungen und Begriffe, so daß ihre Konturen klarer erkennbar wurden. Dadurch verstärkten sich auch die Reibungsflächen, da in der Konkretisierung inhärente Schwierigkeiten und Unverträglichkeiten deutlicher zutage traten. In diesem Stadium konnten die Diskussionen sehr hitzig werden. Heisenberg kämpfte für seine Ideen mit unerbittlicher Hartnäckigkeit. Auf beiden Seiten wurde in aller Schärfe kritisiert, aber keiner mußte verletzen, da die Auseinandersetzungen mehr einem sportlichen Duell glichen. Eine Entgegnung: »Das geht nicht!« wertete Heisenberg instinktiv als einen Mangel an Phantasie, und er setzte seinen ganzen Ehrgeiz daran, dies auch durch ein geeignetes Beispiel zu erhärten. Diese Art der geistigen Auseinandersetzung hatte Heisenberg in der Vergangenheit ausgiebig geübt, insbesondere mit Wolfgang Pauli, der besonders kritisch war. Es gelang ihm nicht immer, Pauli letztlich von seinen Ideen zu überzeugen, aber er betrachtete sie als hinreichend verläßlich und veröffentlichungsreif, wenn Pauli kein Gegenargument mehr finden konnte.

Heisenbergs starker Sinn für Struktur und Verknüpfung von Gedanken und Begriffen stand in einem überraschenden Gegensatz zu einer gewissen Fahrlässigkeit bei der Verwendung mathematischer Symbolik. Dies trug ihm massive Kritik bei den »Mathematikern« ein, wie er die mehr mathematisch orientierten Physiker immer nannte. Wie bei seiner »Erfindung« der Matrizenmechanik liebte er es, zunächst mit »Spielregeln« anstatt mit einem wohldefinierten mathematischen Kalkül zu operieren. Dies war für seine Mitarbeiter immer ein Greuel, da es auf den ersten Blick wie eine geschickte Mogelei aussah. Er verwendete jedoch einige Sorgfalt darauf, die Selbstkonsistenz solcher »Spielregeln« aufzuzeigen und nachzuweisen. Diese recht eigenwillige Sprache, die zum Teil auch seinen Veröffentlichungen anhaftet, erschwerte oft die Verständigung mit anderen Physikern und führte zu manchen Mißverständnissen. Hatten sich die Spielregeln einmal bewährt, so überließ er es meistens den »Mathematikern«, die zugehörige mathematische Interpretation zu finden. Für ausgefeilte und elegante formale Ausarbeitungen hatte er nur wenig Geduld. Er vertraute sich nur widerwillig einer mathematischen Deduktion an, die er nicht vorher gedanklich durchschaut hatte. Dabei war er ein gewissenhafter Rechner, der es nicht unterließ, auf dem Computer durchgeführte Rechnungen mit dem Rechenschieber grob zu überschlagen. Seiner bekannten »fast unbelehrbaren Dickköpfigkeit« begegnete jeder, der ihm seine Überzeugungen mit formalen Argumenten auszureden versuchte. »Aber die Natur existiert doch«, entgegnete er dann oft seinem überraschten Kontrahenten. Konnte man ihm jedoch eine Lücke in seiner begrifflichen Gedankenkette aufzeigen, dann war er durchaus belehrbar.

Heisenberg war ein philosophischer Geist, aber er lebte nicht nur in »höheren Sphären« und in allgemeinen Beziehungen. Er stand mit beiden Füßen fest auf dem Boden und war wohlvertraut mit den mühseligen Details seiner Arbeit. Er hatte keine Scheu, sich die Hände schmutzig zu machen, selbst in der Erde nach fruchtbaren Knollen zu wühlen und hinderliche Steine aus dem Weg zu räumen. Das Gelände war ihm so bekannt wie einem Bauern sein Acker, den er jahrelang gepflügt und bepflanzt hat, der weiß, wo etwas gedeiht und wo nicht. Trat ein schwieriges Problem auf, so versuchte er es nicht zu verallgemeinern, sondern im Gegenteil zu konkretisieren, das heißt, er versuchte, es in eine Vorstellungswelt einzubetten, die ihm aufgrund früherer Erfahrung schon geläufig und unmittelbar verständlich war. In dieser vertrauten Vorstellungswelt war das Eigenartige des Problems viel leichter erkennbar, und die beschränkte Phantasie war nicht überfordert, auf fruchtbare Lösungseinfälle zu sinnen.

»Der wahre Revolutionär«, so sagte Heisenberg manchmal, »ist eigentlich ein konservativer Geist.« Denn nur dadurch, daß er fast alles unangetastet läßt, kann er klar die schwachen Stellen ausfindig machen und seine Kräfte ausreichend für einen erfolgreichen Verbesserungsangriff konzentrieren. Er wird nicht behindert durch die allgemeine Verwirrung und nicht geschwächt durch die Verzettelung seiner Kräfte, die bei radikalerer Aufkündigung traditioneller Werte und Begriffe entstehen.

Am Ziel seiner Überlegungen angelangt, scheute er keine Mühe, die prinzipielle Bedeutung des Ergebnisses auszuloten, es von allen Seiten zu überdenken, es voll gedanklich zu erfassen und zu verstehen. Der richtige Weg mußte im Dschungel der Irrwege und Sackgassen klar erkennbar werden. Er gab sich nicht damit zufrieden, sein Wissensgebiet erweitert zu haben, sondern er wollte das eroberte Neuland in vertrautes Heimatland verwandeln, um aus diesem heraus neue Angriffe ins Unbekannte sicher und verläßlich führen zu können. Etwas »verstehen« bedeutete für ihn nicht nur, »die zugrunde liegende formale Struktur voll zu durchschauen«, sondern die Einordnung in eine Begriffswelt mit ästhetischen Qualitäten, die ihn unmittelbarer ansprach als die logische Begriffswelt. Diese begriffliche und ganzheitliche Verarbeitung aller Erfahrung erbrachte das eigentlich Neue, sie war darüber hinaus die Quelle seiner reichen intellektuellen Intuition, die ihn bei seiner Forschung leitete und ihm die Fähigkeit verlieh, das Wesentliche zu erkennen.

Mit jugendlicher Unbekümmertheit und Lebendigkeit und meist, ohne vorher eingehend die Literatur zu studieren, griff er neue und schwierige Aufgaben an und verfolgte sie wie ein leidenschaftlicher Jäger mit unbeirrbarer Zielstrebigkeit und Tatkraft. Seine Zielstrebigkeit war aber nicht Starrheit, sondern gepaart mit einer eigentümlichen Sensibilität, die empfindlich auf prinzipielle Unstimmigkeiten reagierte. Die kraftvolle Unternehmungslust konnte dann empfindsamer Zurückhaltung weichen. Er besaß in ausgeprägtem Maße die Fähigkeit, Fragen, deren Behandlung noch nicht unmittelbar zugänglich erschien, ohne Ungeduld in der Schwebe zu halten, sie zunächst nur weich und locker in das Gesamtbild einzuordnen. Er konnte zum Beispiel eine intensive Unterhaltung mit den Worten abbrechen: »Wir sollten jetzt aufhören. Ich glaube, wir haben gerade einen wesentlichen Punkt berührt. Wir sollten ihn ruhen lassen, bis wir das Umfeld besser verstanden haben, sonst laufen wir Gefahr, daß wir ihn zerreden und in konventionelle Gedanken zurückfallen.« Auf diese Weise versuchte er, diese Probleme gegen Vorurteile abzuschirmen, die allzu leicht mangelhaftem Verständnis entspringen, wollte sie schützen vor voreiliger Kritik, die oft nur Ausdruck beschränkter Phantasie ist, das Ungewohnte zu denken. Neue Gedanken sind anfangs äußerst zart und verletzlich, man muß sie hegen und pflegen, sie wachsen und reifen lassen, bevor man mit harter Kritik ans Jäten geht.

Ausblick

Heisenbergs Leben und Werk stehen vor uns wie ein Monolith – geschlossen, erhaben und wuchtig. Was können wir daraus für unser eigenes Leben und Tun lernen? Für das wirklich Große ist es eigentümlich, daß es nur Vorbild und nie Maßstab sein kann. Aber auch das Große und Außergewöhnliche entwickelt sich nicht einfach als Folge großer Talente, sondern erfordert bestimmte menschliche Qualitäten und besonders äußere Voraussetzungen.

Heisenberg kam mit 19 Jahren auf die Universität und beteiligte sich von Anfang an an den Sommerfeldschen Seminaren über Atomphysik. Schon nach 3 Jahren, im Alter von 22 Jahren, schloß er sein Studium mit dem Doktorgrad ab, mit einer Dissertation, die nicht einmal seinem Hauptinteresse entsprach. Man kann sich das heute kaum vorstellen. Welche Universität würde heute überhaupt einen solch außergewöhnlichen Ausbildungsgang zulassen, geschweige denn gutheißen? Haben sich die allgemeinen Bedingungen wirklich derart geändert, daß so etwas heute nicht mehr möglich sein soll? Müssen wir wirklich so viel lernen, so viel vorbereiten, so viel anhäufen, unseren Kopf mit so vielen Details vollstopfen, bevor uns eigene Gehversuche in unserer komplizierten Welt erlaubt sind? Ich weiß es nicht, doch manchmal scheint mir, als ob wir die schöpferischen Kräfte und die Begeisterung unserer Jugend ersticken, wenn wir sie zwingen, auf vorgegebenen, ausgetretenen und übervölkerten Trassen zu marschieren, wo eher Hemdsärmeligkeit, Schnelligkeit und Wendigkeit als Originalität für den Erfolg entscheidend sind.

Intuition und Kreativität sind nicht nur Gottesgaben. Sie erfordern vor allem unermüdlichen Fleiß und Geduld, um die vielen und verwirrenden Details von außen aufzunehmen und sie zu einem harmonischen Ganzen zu verweben. Ein stetiger Kampf ist notwendig, um dem hektischen Alltag genügend Zeit zur Konzentration, zur Ruhe und Versenkung abzuringen, eine schwere und fast unmögliche Aufgabe für einen, der in unserer heute so rastlosen, komplizierten und vor allem bürokratischen Welt ernsthaft und gewissenhaft seine Pflichten erfüllen will.

Wir bewunderten Heisenberg wegen seines unbezwingbaren Optimismus, der für junge Leute so ansteckend ist, wegen seines Muts, seinen eigenen Weg kraft seiner Überzeugung unbeirrbar und unbeeindruckt durch Kritik von außen weiterzugehen. Er hat uns vorgelebt, was Suchen, Forschen, Verstehen, Erkennen heißt. Er hat uns gelehrt, daß Wissenschaft etwas äußerst Aufregendes und Schönes sein kann, wenn man bereit ist, sich mit voller Kraft zu engagieren. Aber er hat uns auch erfahren lassen, daß Wissenschaft, gemeinsam betrieben, zu den intimsten und beglückendsten menschlichen Begegnungen führen kann.

Physik und Erkenntnis
Werner Heisenbergs Beitrag zum modernen Weltbild

Naturwissenschaft vollzieht sich nicht immer als kontinuierlicher Prozeß, bei dem aufgrund von neuen Beobachtungen Stück um Stück neues Wissen angehäuft wird. Historisch offenbart dieser Erkenntnisprozeß dramatische Brüche. Neue Tatsachen widersetzen sich erst einmal beharrlich einer Einbettung in die gewohnte und erprobte Begriffswelt, sie zerren an alten, bewährten Vorstellungen und führen dann, nach einer Periode großer Verunsicherung, zu einer vollständigen Änderung des naturwissenschaftlichen Weltbildes. Das alte Weltbild, die bisherige Beschreibung der Natur, wird durch die Veränderung nicht falsch, aber die Begriffe, auf denen diese Beschreibung aufbaut, erweisen sich als nicht mehr allgemeingültig, als nicht mehr allgemein anwendbar bei der Deutung von Naturphänomenen. Die Grenzen der alten Vorstellungen zeichnen sich ab. Eine neue Schicht der Wirklichkeit wird dahinter sichtbar, die zu ihrer Erfassung neue Begriffssysteme erfordert. Die dem Erkenntnisprozeß zugrunde liegende Ordnungsstruktur erhält plötzlich ein neues Fundament, sie klappt gewissermaßen in eine neue Ordnungsstruktur um, ähnlich wie Wasser, wenn es beim Gefrieren auskristallisiert. Naturwissenschaft geht eben wesentlich über das reine Sammeln von Tatsachen, von Meßdaten hinaus. Naturwissenschaft vollzieht sich aufgrund von Vorstellungen, die dem Naturwissenschaftler zunächst durch seinen handelnden Umgang mit der Natur vertraut geworden sind. Diese Vorstellungen nimmt er als Grundlage für bestimmte Fragen, die er durch Anwendung geeigneter Meßverfahren gezielt an die Natur richtet. Wie bei einem konstruktiven Dialog zwischen zwei Menschen nimmt der Naturwissenschaftler die Antworten, die er von der Natur auf seine Fragen erhält, wieder als Grundlage für weitere detailliertere oder genauere Fragen und versucht auf diese Weise den eigentlichen Sachverhalt aufzuklären. Wie bei jedem fruchtbaren Dialog verlangt diese Vorgehensweise einen gewissen Grundkonsens über die Regeln des Dialogs und einen vorgegebenen Rahmen, eine angemessene Sprache, damit Fragen überhaupt vernünftig gestellt und verstanden werden können und der Sachverhalt sinnvoll dargestellt werden kann.

Naturwissenschaft versucht auf diese Weise nicht nur Wissen zu sammeln, sondern dieses nach gewissen Prinzipien zu ordnen und hierarchisch zu gliedern, also ein Fundament zu legen, auf dem dann das ganze Wissensgebäude nach bestimmten Regeln, Gesetzen, Theorien errichtet werden kann. Erst durch diese Ordnung seiner Meßdaten nach bestimmten Gesetzmäßigkeiten dringt der Naturwissenschaftler zu einer Erkenntnis durch, die mehr ist als die Summe seiner Meßdaten, da sie ihm Einblicke in das Wesen gibt, das sich hinter den vielfältigen Tatsachen verbirgt. Das Wesen der Wirklichkeit selbst läßt sich jedoch auf diese Weise nie erfassen.

Alle Theorien sind letztlich nur spezielle Abbilder der eigentlichen Wirklichkeit, denen das Raster einer bestimmten Betrachtungsweise aufgeprägt ist. Es ist dieser theoretische Überbau, der durch neue Phänomene empfindlich erschüttert werden kann. Um sie geeignet zu erfassen und einzubauen, kann der Naturwissenschaftler gezwungen werden, diesen theoretischen Überbau radikal umzustrukturieren. Neue Sichtweisen drängen sich auf, neue Begriffe müssen geprägt werden, die Bedeutung einer Beobachtung verändert sich, ein neues wissenschaftliches Weltbild entsteht.

Eine solche Veränderung des wissenschaftlichen Weltbildes – oder ein Paradigmenwechsel, wie dies der amerikanische Wissenschaftshistoriker Thomas Kuhn in seinem berühmt gewordenen Buch *The Structure of Scientific Revolutions* genannt hat – ereignete sich zu Beginn dieses Jahrhunderts durch die Entdeckung der Quantenmechanik. Der Umschwung wurde durch eine Reihe von merkwürdigen und im Rahmen der bisherigen Physik unerklärlichen Feststellungen eingeleitet, die vor allem mit Namen wie Max Planck, Albert Einstein und Niels Bohr verknüpft sind. Der Durchbruch zu neuer Klarheit erfolgte 1925 mit einer Arbeit des erst 24jährigen Werner Heisenberg mit dem Titel *Über eine quantentheoretische Umdeutung kinematischer und mechanischer Beziehungen.* Diese Arbeit, für die Heisenberg 1933 mit dem Nobelpreis für Physik ausgezeichnet wurde, kennzeichnet wohl mehr als alle anderen Arbeiten die Geburtsstunde einer neuen Physik. Sie bezeichnet gleichzeitig das Ende der überaus erfolgreichen, vornehmlich durch Isaac Newton geprägten klassischen Periode der Physik. Die neue Physik eröffnete nicht nur ganz neue Gebiete – so wurde erst durch sie eine befriedigende Beschreibung der Vorgänge im atomaren und subatomaren Bereich möglich –, sondern sie hatte tiefgreifende Auswirkungen auf die Naturphilosophie, insbesondere auf die Frage der prinzipiellen Beziehung zwischen der Natur und ihrem Beobachter und deshalb auch auf die allgemeine Frage der Beziehung zwischen dem Menschen und seiner Mitwelt.

Acht Jahre nach dem Tode Werner Heisenbergs haben die Verlage Piper und Springer in diesem Herbst begonnen, die *Gesammelten Werke* von Werner Heisenberg zu veröffentlichen. Dieses Gesamtwerk gliedert sich in neun Bände, das aus einem fachwissenschaftlichen, vom Springer Verlag herausgegebenen Teil mit vier Bänden und einem insgesamt fünf Bände umfassenden und vom Piper Verlag herausgegebenen Teil seiner allgemeinverständlichen Schriften besteht.

Werner Heisenberg war nicht nur einer der bedeutendsten Physiker unseres Jahrhunderts, sondern er hatte auch die ausgezeichnete Gabe, diese revolutionären Erkenntnisse und Einsichten, an denen er selbst entscheidend beteiligt war, in einer einfachen, auch einem Nichtfachmann unmittelbar verständlichen Sprache zu vermitteln, ohne dabei etwas von der Tiefe der Gedanken zu opfern. Dies steht im erfreulichen Kontrast zu einer heute weitverbreiteten Situation, wo die verschiedenen Wissenschaftsbereiche durch die fortschreitende Spezialisierung und Abstrahierung ihrer Sprache für den Uneingeweihten immer unverständlicher werden, wo durch den enormen Zuwachs an Details in diesen Bereichen ein Durchblick auf ein übergreifendes Verständnis immer schwieriger wird. Auf dem Hintergrund dieser Verarmung an allgemeiner geistiger Kultur im wissenschaftlichen Bereich wirken die Heisenbergschen Schriften in ihrer Schlichtheit und Tiefe wie eine Erleuchtung.

Mit Erstaunen entdecken wir in Heisenbergs zum Teil über 50 Jahre zurückliegenden Arbeiten Gedanken, die uns noch heute oder gerade heute wieder, in einer Zeit großer geistiger Verwandlungen, intensiv beschäftigen. Dies ist wohl kein Zufall. Perioden des Umbruchs, wie die der Entdeckung der Quantenmechanik, provozieren enorme Verunsicherungen, sie führen zu einer allgemeinen Sensibilisierung unserer Wahrnehmung, sie fördern unsere Bereitschaft, eigene Vorstellungen kritisch zu überdenken und neuen Gedanken eine Chance zu geben.

Es ist unmöglich, im Rahmen dieses Aufsatzes auch nur grob den aufregenden Prozeß nachzeichnen zu wollen, der zur Herausbildung des neuen naturwissenschaftlichen Weltbildes geführt hat, und dem gewaltigen Lebenswerk Werner Heisenbergs, dem genialen Hauptakteur dieses Prozesses, gerecht zu werden. Dies sollte auch nicht die Absicht sein. Ich möchte mich vielmehr darauf beschränken, einige Kostproben aus seinen allgemeinverständlichen Schriften, wie sie in den ersten beiden Piper-Bänden* vorliegen, anzubieten, und dabei versuchen, Heisenberg selbst sprechen zu lassen, um die Eindringlichkeit und Klarheit seiner Sprache aufzuzeigen. Für den Physiker und in gewissem Maße auch für den Naturwissenschaftler allgemein werden diese allgemeinverständlichen Schriften fachwissenschaftlich hervorragend durch den ersten Springer-Band* ergänzt.

In seinen allgemeinverständlichen Schriften richtet Heisenberg sein Hauptaugenmerk auf eine eingehende Beschreibung und Ausdeutung der radikal neuen Situation in der Physik, wie sie nach der Entdeckung der Quantenmechanik entstanden war.

Nach der klassischen Denkweise erscheint die Welt als ein »objektiv« existierender, hochkomplizierter Mechanismus, der nach festen, unabänderlichen Gesetzen in Raum und Zeit abläuft. Ziel des Naturwissenschaftlers ist es, die genaue Struktur dieses Mechanismus zu erforschen und die Gesetze zu finden, die seine zeitliche Entwicklung bestimmen. Die Kenntnis dieser Gesetze gibt ihm die Möglichkeit, zukünftige Ereignisse vorherzusagen, und gleichzeitig die Fähigkeit, Naturprozesse beherrschbar und für seine eigenen Zwecke dienstbar zu machen.

Im Gegensatz zu diesem klassischen Weltbild besteht die wesentliche Aussage der Quantenphysik darin, daß es die von uns

---

* Zum Zeitpunkt des Aufsatzes waren von dem Gesamtwerk erst die ersten beiden Piper-Bände und der erste Springer-Band erschienen.

als so selbstverständlich vorgestellte »objektive« Wirklichkeit, also eine Wirklichkeit, die ohne uns als Betrachter oder Beobachter existiert, strenggenommen gar nicht gibt. Dies erscheint nur so, wenn man nicht allzu genau hinschaut, sich also auf die makroskopischen Prozesse unseres Alltags beschränkt. Die Naturgesetze, so enthüllt die Quantentheorie, sind nur statistische Gesetze. Sie erlauben nicht mehr, zukünftige Ereignisse in aller Schärfe vorherzusagen, sondern sie bestimmen nur Wahrscheinlichkeiten für eine Vielzahl möglicher zukünftiger Ereignisse. Die Vorstellung einer Welt von der Art eines nach strengen und unabänderlichen Gesetzen ablaufenden Uhrwerks wird ersetzt durch eine Welt, in der die Zukunft prinzipiell offen ist, in der nur noch eine Tendenz für mögliche Folgen festgelegt ist. Dies beinhaltet eine tiefgreifende Veränderung der Kausalstruktur. Doch auch die »Dinge« in unserer Welt, die Materie und die sie konstituierenden Teilchen, Atome, Elementarteilchen erhalten einen anderen Charakter. Sie haben nichts mehr mit den Teilchen unserer Vorstellungswelt, etwa einem winzigen Sandkorn, gemeinsam, sondern entpuppen sich bei manchen Beobachtungen eher als Wellen, die Beugungs- und Interferenzeigenschaften zeigen. Die »Auflösung« des Teilchenbegriffs zu diesem eigentümlichen Welle-Teilchen-Zwitter kommt am deutlichsten in den von Heisenberg 1927 formulierten »Unbestimmtheitsrelationen« oder »Unschärferelationen« zum Ausdruck. Diese besagen insbesondere, daß es keinen Sinn mehr hat, bei einem mikroskopischen Teilchen, einem bewegten Elektron etwa, von einer Bahn zu sprechen, zu deren Bestimmung Ort und Geschwindigkeit gehören. Die Elektronen im Atom zum Beispiel, die nach naiver Vorstellung ähnlich wie Planeten auf Ellipsen- und Kreisbahnen um den Atomkern kreisen sollten, haben keine solche Bahnen mehr, sondern umgeben den Atomkern gleichsam nur wie wellenartige Wolken.

Es ist nicht meine Absicht, die physikalischen Aussagen der Quantenmechanik hier weiter zu vertiefen, sondern die Betrachtung mehr auf die tiefgreifenden philosophischen Konsequenzen zu lenken, welche durch die quantenmechanische Umdeutung der physikalischen Begriffe erzwungen wurden. Heisenberg haben die philosophischen Fragen des neuen physikalischen Weltbilds und seine Beziehung zu anderen Beschreibungen der Wirklichkeit ganz besonders fasziniert, wie dies auch in den verschiedenen Titeln seiner Aufsätze zum Ausdruck kommt:

- »Erkenntnistheoretische Probleme in der modernen Physik«
- »Gedanken der antiken Naturphilosophie in der modernen Physik«
- »Die Einheit des naturwissenschaftlichen Weltbildes«
- »Physik und Philosophie«
- »Sprache und Wirklichkeit in der modernen Physik«
- »Die Abstraktion in der modernen Naturwissenschaft«
- »Das Naturbild Goethes und die technisch-naturwissenschaftliche Welt«

und vielen anderen.

Am ausführlichsten und geschlossensten hat Heisenberg diese ganze Thematik in einem Philosophiemanuskript abgehandelt, das er während der schlimmen politischen Zeit, Anfang der vierziger Jahre, geschrieben hat. Dieses philosophische Vermächtnis Heisenbergs, das bisher unveröffentlicht geblieben ist, erscheint nun erstmals unter dem Titel *Ordnung der Wirklichkeit* im ersten Piper-Band. Es ist besonders geeignet, uns einen Einblick in Heisenbergs Denken und seine Persönlichkeit zu geben. Ich möchte deshalb im folgenden gerade aus dieser bisher unbekannten Schrift zitieren.

Diese Schrift beginnt mit den Sätzen:

»Wer sein Leben für die Aufgabe bestimmt, einzelnen Zusammenhängen der Natur nachzugehen, der wird von selbst immer wieder vor die Frage gestellt, wie sich jene einzelnen Zusammenhänge harmonisch dem Ganzen einordnen, als das sich uns das Leben oder die Welt darbietet. Zwar wird ihm vielfach das Forschen nach einzelnen Naturgesetzen ein unendlich spannendes Spiel sein, das um so glücklicher macht, je sicherer er die Regeln der Natur zu beherrschen glaubt, aber im Laufe seines Lebens würde auch das abwechslungsreichste und noch so kunstvoll geführte Spiel inhaltslos, wenn es sich nicht auf das Allgemeine bezöge. So kreisen die Gedanken immer wieder um das Problem, wie jenes Ganze zusammenhängt, das wir Welt oder Leben nennen (– je nachdem wir uns aus- oder eingeschlossen denken –) und an welcher Stelle in diesem Ganzen die besonderen Zusammenhänge stehen, denen etwa ein großer Teil der Lebensarbeit gilt. Diese Frage steht mit einer anderen, weiteren Aufgabe im Zusammenhang:

Immer dann, wenn an einer besonderen Stelle des geistigen Lebens eine grundlegende neue Erkenntnis in das Bewußtsein der

Menschen tritt, muß die Frage, was denn eigentlich die Wirklichkeit sei, von neuem geprüft und beantwortet werden. In der Geschichte der Menschen heben sich verschiedene Epochen heraus, in denen die Struktur der Wirklichkeit deutliche Änderungen durchgemacht hat. Dabei kann die Frage unentschieden bleiben, ob diese Strukturänderung ihren Grund in einer neuen Erkenntnis gehabt habe oder ob die Erkenntnis erst durch die Änderung in der Struktur der Wirklichkeit möglich geworden sei . . .«

-- und etwas weiter:

». . . Viele Anzeichen deuten darauf hin, daß auch in unserer Zeit eine tiefgehende Änderung der Wirklichkeit sich vorbereite . . .«

Heisenberg spricht dann ausführlich von den verschiedenen Wahrnehmungen der Wirklichkeit in verschiedenen geschichtlichen Epochen. Er führt dazu aus:

». . . Wenn von verschiedenen Bereichen der Wirklichkeit oder gar von verschiedenen Wirklichkeiten gesprochen wird, so kann freilich leicht der Einwand erhoben werden, daß es sich hier doch nur um *eine einheitliche* Wirklichkeit handele, die verschiedenen Wesen oder unter verschiedenen Bedingungen eben verschieden erscheine; daß also die Unterschiede nur etwa durch die körperlichen oder geistigen Werkzeuge bedingt seien, mit deren Hilfe der lebendige Organismus in Beziehung zu der nach unabänderlichen Gesetzen ablaufenden Welt trete. Gegen diese Überzeugung von der Einheit der Welt wird sich auch wohl nichts anführen lassen, wenn man sie in der allgemeinen Form ausspricht, daß wir doch letzten Endes die ganze Welt in *einem* sinnvollen Zusammenhang aufzufassen wünschen sollten. Aber im Bewußtsein der großen naturwissenschaftlichen Epoche, die im Beginn des 20. Jahrhunderts ihren Abschluß gefunden hat, verband sich die Vorstellung von der Einheit der Welt mit der anderen Vorstellung, daß diese Einheit ihren unmittelbaren Ausdruck finde in dem streng gesetzlichen Ablauf der äußeren materiellen Welt. Dieser objektive, in Raum und Zeit ablaufende Zusammenhang war ja offenbar für alle Wesen – gleichviel ob es sich um lebendige Organismen oder um tote Materie handelte – ohne Ausnahme verbindlich, er erschien als die eigentliche ›reale‹ Welt, die sich in dem Bewußtsein der lebenden Wesen wie in einem – manchmal verzerrten oder trüben – Spiegel abbildete . . .«

». . . Aber eben in dieser Frage hat die Durchforschung der

Natur in den letzten Jahrzehnten zu einer Änderung der Anschauungen gezwungen. Für uns ist der gesetzmäßige Ablauf in Raum und Zeit nicht mehr das feste Skelett der Welt, sondern eher nur ein Zusammenhang unter anderen, der durch die Art, wie wir ihn untersuchen, durch die Fragen, die wir an die Natur richten, aus dem Gewebe von Zusammenhängen herausgelöst wird, das wir die Welt nennen. Diese Auffassung ist herbeigeführt worden durch die im Fortschreiten der Naturwissenschaft gewonnene Einsicht in Gesetzmäßigkeiten, die sich nicht mehr einfach auf Abläufe in Raum und Zeit zurückführen lassen.

Damit wird von neuem die Aufgabe gestellt, die verschiedenen Zusammenhänge oder ›Bereiche der Wirklichkeit‹ zu ordnen, zu verstehen und in ihrem gegenseitigen Verhältnis zu bestimmen; sie in Beziehung zu setzen zur Einteilung in eine ›objektive‹ und eine ›subjektive‹ Welt; sie gegeneinander abzugrenzen und einzusehen, wie sie durcheinander bedingt sind; schließlich so zu einem Verständnis der Wirklichkeit vorzudringen, das die verschiedenen Zusammenhänge als Teile einer einzigen sinnvoll geordneten Welt begreift . . .«

Um die Wirklichkeit in dieser Weise zu erfassen und zu untersuchen, benötigen wir die Sprache. Heisenberg hat der Beziehung zwischen Sprache und Wirklichkeit besondere Aufmerksamkeit gewidmet. Er schreibt dazu:

». . . Die Abbildung von Sachverhalten [kann] in der Sprache in zwei Weisen erfolgen, die man etwa als ›statisch‹ und ›dynamisch‹ unterscheidet, wenn auch nicht scharf trennen kann. Die Sprache kann einerseits versuchen, durch eine immer weitergehende Verschärfung der Begriffe zu einer immer genaueren Abbildung des gleichen gemeinten Sachverhalts zu kommen. Die Verschärfung erfolgt durch eine ins Einzelne gehende Festlegung von Beziehungen zwischen den Begriffen – etwa Zurückführung spezieller Begriffe auf allgemeinere – oder durch die ad hoc vorgenommene Zuordnung der Begriffe zu ganz speziellen Erfahrungsinhalten. Die wissenschaftlichen Sprachen – etwa die der Rechtslehre oder die mathematisch formulierte Naturbeschreibung – geben Beispiele für solche Verschärfungen. Dabei kann schließlich ein völlig starres Schema von Verknüpfungsregeln zwischen den Begriffen und von Begriffen zu Erfahrungsinhalten gebildet werden, so daß von jedem Satz, der dieses Begriffssystem benützt, eindeutig entschieden werden kann, ob er ›richtig‹ oder ›falsch‹ ist. Dabei wird freilich die Frage, wie genau dieses Begriffssystem den gemeinten Teil der Wirklichkeit abbildet, ausschließlich durch den Erfolg entschieden. Ein vollständiges und exaktes Abbild der Wirklichkeit kann nie erreicht werden. Aber es wird erlaubt sein – wenn das betreffende Begriffssystem sich bewährt –, von einem exakten Abbild des ›wesentlichen Teiles‹ des betreffenden Sachverhaltes zu sprechen; denn dadurch wird ja nur festgesetzt, auf welche Teile wir unser Augenmerk richten wollen . . .«

». . . Diese Verschärfung der Sprache, aufgrund deren dann von jedem Satz entschieden werden kann, ob er ›richtig‹ oder ›falsch‹ ist, geht freilich in vielen Fällen Hand in Hand mit einer Verarmung der in ihr vorkommenden Begriffe. Die Wörter einer solchen Kunstsprache beziehen sich – im Gegensatz zu den Wörtern der gewöhnlichen Sprache – nur noch auf ganz bestimmte Zusammenhangsbereiche. Dabei kann der Teil der Wirklichkeit, der durch die Kunstsprache abgebildet wird und der für den eingenommenen wissenschaftlichen Standpunkt ›wesentlich‹ ist, von anderen Gesichtspunkten aus als unwichtig erscheinen. Diese vorhin als ›statisch‹ bezeichnete Darstellung eines Teiles der Wirklichkeit ist also unvermeidbar mit einem schwerwiegenden Verzicht verknüpft: dem Verzicht auf jenes unendlich vielfache Bezogensein der Worte und Begriffe, das in uns erst das Gefühl erweckt, etwas von der unendlichen Fülle der Wirklichkeit verstanden zu haben.

Der ›statischen‹ kann nun eine andere Art der Darstellung der Wirklichkeit gegenübergestellt werden, die eben durch das unendlich vielfache Bezogensein der Worte erst ermöglicht wird und die man als ›dynamisch‹ bezeichnen kann. In ihr soll der ausgesprochene Gedanke nicht ein möglichst getreues Abbild der Wirklichkeit sein, sondern er soll den Keim zu weiteren Gedankenreihen bilden; nicht auf die Genauigkeit, sondern auf die Fruchtbarkeit der Begriffe kommt es an. An einen Gedanken gliedern sich durch die vielfachen Bezüge neue Gedanken an, aus diesen entstehen wieder neue, bis schließlich durch die inhaltliche Fülle des von den Gedanken durchmessenen Raumes nachträglich ein getreues Abbild des gemeinten Wirklichkeitsbereiches entsteht. Diese Art der Darstellung beruht auf der Lebendigkeit des Wortes. Hier kann ein Satz im allgemeinen nicht ›richtig‹ oder ›falsch‹ sein. Aber man kann einen Satz, der fruchtbar zu einer Fülle weiterer Gedanken Anlaß gibt, als ›wahr‹ bezeichnen.

Das Gegenteil eines ›richtigen‹ Satzes ist ein ›falscher‹ Satz. Das Gegenteil eines ›wahren‹ Satzes wird aber häufig wieder ein ›wahrer‹ Satz sein.

Im Bereich des ›statischen‹ Denkens wird erklärt – wie überhaupt die Klarheit das eigentliche Ziel dieser Denkform ist –, im Bereich des ›dynamischen‹ wird gedeutet. Denn hier werden unendlich vielfältige Beziehungen zu anderen Bereichen der Wirklichkeit gesucht, auf die wir deuten können...«

»... Im allgemeinen wird jeder Versuch, über die Wirklichkeit zu sprechen, gleichzeitig ›statische‹ und ›dynamische‹ Züge tragen. Dem klaren, rein statischen Denken droht die Gefahr, zur inhaltlosen Form zu entarten. Das dynamische Denken kann vage und unverständlich werden...«

Heisenberg kommt dann auf die Versuche zu sprechen, das Wissen von der Wirklichkeit zu ordnen. Er führt dazu aus:

»Am Anfang einer Ordnung der Wirklichkeit muß etwas anderes stehen als eine sichere Erkenntnis, und dieses andere ergibt sich, so lehrt es die Geschichte, durch eine freie Entscheidung wohl nicht des einzelnen, aber großer menschlicher Gemeinschaften oder der Menschheit im ganzen.

Ein Weg zur Ordnung der Welt führt durch den Glauben. In der Religion wendet sich der menschliche Geist unmittelbar an jene schöpferischen Kräfte, die uns stets unbedingt verpflichten, wo wir in ihren Wirkungskreis treten. Über die letzten Dinge aber kann man nicht sprechen: daher beginnt alle Religion mit dem Gleichnis. Durch das Gleichnis wird gewissermaßen erst die Sprache festgesetzt oder geschaffen, in der über die Zusammenhänge der Welt gesprochen werden soll...«

Und dann weiter an späterer Stelle:

»... Ein ganz anderer Weg zur Ordnung der Welt wird von der Wissenschaft oder spezieller: der empirischen Wissenschaft eingeschlagen. In der Wissenschaft drückt sich die Hoffnung aus, daß die Menschheit im Lauf der Jahrhunderte in ähnlicher Weise lernen kann, über die ganze Wirklichkeit zu sprechen, wie etwa das Kind in seinen ersten Lebensjahren die gewöhnliche Sprache erlernt. Während die Religion von vornherein darauf verzichtet, den Worten einen scharf bestimmten Sinn zu geben – denn dadurch können ihre Grundformeln die Jahrtausende überdauern –, geht die Wissenschaft von der Erwartung aus, es würden im Lauf der Zeit die Wörter schließlich einen scharf bestimmten Sinn erhalten können. Die Sprache der Wissenschaft ist wandelbar, sie entwickelt sich zugleich mit den Erfahrungen der Menschen, und die Grundhaltung der Wissenschaft ist die Skepsis. In der Wissenschaft gibt es nicht im gleichen Sinne wie in der Religion endgültige Formulierungen...«

»... Die Geschichte lehrt, daß es der Menschheit auch in dieser Weise gelingt, sich in der Wirklichkeit zurechtzufinden. So wie das Kind zunächst mit den einfachsten Gegenständen seines täglichen Lebens vertraut wird, dann zu komplizierteren Begriffen wie etwa Farbe, Form usw. vordringt und schließlich auch abstrakte Begriffe zu gewinnen lernt, so hat auch die Menschheit zunächst die praktisch wichtigsten Erfahrungsbereiche zu ordnen verstanden – so entwickelten sich Astronomie, Geometrie und Statik und gleichzeitig mit ihnen stets die Mathematik – und ist dann zu anderen, schwerer zugänglichen Bereichen vorgedrungen...«

»... Der Wahrheitsanspruch der Wissenschaft wird also stets vom Objekt hergeleitet; denn ihre Sprache bildet sich in der Wechselbeziehung zu diesem Objektiven, und das ideale Ziel einer wissenschaftlichen Darstellung ist die ›objektive‹ Darstellung eines bestimmten Sachverhalts. Dabei wird vorausgesetzt, daß sich der betreffende Sachverhalt so weit von uns und von seiner Darstellung ablösen lasse, daß es eben zum reinen ›Objekt‹ gemacht werden kann. Es gibt nun aber weite Bereiche der Wirklichkeit, die sich gar nicht in diesem Sinne objektivieren, d. h. von dem unserer Betrachtungsweise zugrunde liegenden Erkenntnisverfahren ablösen lassen. Diese Bereiche sind deshalb nicht etwa sogleich der Darstellung in der wissenschaftlichen Sprache entzogen; denn wenn sich auch ein Sachverhalt nicht im genannten Sinne objektivieren läßt, so kann doch eben diese Tatsache selbst wieder objektiviert und in ihrem Zusammenhang mit anderen Tatsachen untersucht werden...«

Ich möchte mit diesen wenigen Kostproben meinen Aufsatz abschließen. Ich hoffe, damit nicht nur den Appetit auf eine intensive Lektüre der Heisenbergschen Schriften angeregt, sondern auch einen Hinweis dafür gegeben zu haben, daß diese Schriften gerade heute von besonderer Bedeutung sind, wo wir uns vielerorts wieder um eine mehr ganzheitliche Betrachtung der Wirklichkeit bemühen.

»Man muß sich immer wieder klarmachen«, so schreibt Heisenberg in seinem Philosophiemanuskript, »daß die Wirklichkeit, von der wir sprechen können, nie die Wirklichkeit ›an sich‹ ist, sondern eine gewußte Wirklichkeit oder sogar in vielen Fällen eine von uns gestaltete Wirklichkeit«.

Meine wissenschaftlichen Kontakte zu Carl Friedrich von Weizsäcker reichen viele Jahre zurück. Sie ergaben sich über meine Zusammenarbeit mit Werner Heisenberg. Mit Freude erinnere ich mich an viele interessante Gespräche mit ihm, die auch heute noch andauern. Sie konzentrierten sich auf die der Naturwissenschaft noch vorgelagerten philosophischen Fragen, die mit der Struktur von Zeit und Raum und der Grundlegung der Physik als empirischer Wissenschaft zu tun haben. In zweijährigem Rhythmus wurden diese schwierigen Fragen auf den internationalen Tutzinger Konferenzen über »Quantentheorie und die Strukturen von Zeit und Raum« diskutiert. In seinem Buch Aufbau der Physik *hat Carl Friedrich von Weizsäcker 1985 die wesentlichen Elemente seiner eigenen Überlegungen zu diesem Fragenkomplex zusammengetragen. Ich habe in einem kurzen Aufsatz versucht, diese interessanten ersten Ansätze Weizsäckers zu einer tieferen Fundierung der Physik für einen größeren Interessentenkreis zu skizzieren.*

Aufbau der Physik – eine »unendliche Geschichte«

Es gibt heute viele Bemühungen, die vielfältigen Phänomene der Physik auf eine einheitliche fundamentale Naturgesetzlichkeit zurückzuführen. Nach heutiger Kenntnis basieren die Phänomene auf der Existenz bestimmter kleinster Teilchen – die Elementarteilchen oder deren mögliche Bausteine – und ihrer mannigfachen Wechselwirkungen.

Eine einheitliche Beschreibung der Physik zielt deshalb auf ein umfassendes Bewegungsgesetz für diese Teilchen. Als wesentliche Prinzipien einer solchen Dynamik haben sich Quantenstruktur, Kausalität und Symmetrien, einschließlich der durch die Relativitätstheorie beschriebenen Symmetrie von Raum und Zeit, herausgeschält.

Unter dem Titel *Aufbau der Physik* ist jetzt ein Buch des Physikers und Philosophen Carl Friedrich von Weizsäcker erschienen. Es berichtet, wie es im Vorwort heißt, »über einen Versuch, die Einheit der Physik zu verstehen«.

Dieser Versuch Weizsäckers hat jedoch zunächst wenig mit den Bemühungen der Elementarteilchenphysiker zu tun. Weizsäcker setzt viel tiefer, viel grundsätzlicher, viel radikaler an. Die bewährten Theorien der Elementarteilchenphysik sind für ihn ein Fernziel, in die seine Überlegungen letztlich einmünden müssen, sollen sie Bestand haben. Sein Ausgangspunkt ist die prinzipielle Frage: Warum können überhaupt umfassende Theorien gelten? Dies ist keine Frage der Art, mit denen sich Physiker gewöhnlich beschäftigen. Es ist eine philosophische Frage. Ein Physiker nimmt sie meist als Frage gar nicht wahr, weil sie ihm selbstverständlich erscheint. Solche Fragen bleiben verborgen, solange die Wissenschaft ihren »normalen« Verlauf nimmt, das heißt, solange unter ihren Trägern eine stillschweigende Übereinkunft über die Voraussetzungen ihrer Wissenschaft besteht.

Diese prinzipiellen Fragestellungen drängen sich jedoch auf, wenn unauflösbare Schwierigkeiten bei der wissenschaftlichen Beschreibung neue Denkformen und die Einführung neuer Paradigmen erzwingen.

Die Entwicklung der Quantentheorie im ersten Drittel unseres Jahrhunderts spiegelt eine solche wissenschaftliche Revolution wider. Als Schüler und enger Freund Werner Heisenbergs war von Weizsäcker unmittelbarer Augenzeuge dieses tiefgreifenden Wandels. Der Paradigmenwechsel prägte seinen wissenschaftlichen Lebensweg und führte ihn direkt in das fruchtbare Spannungsfeld zwischen Physik und Philosophie. Sein Buch zum *Aufbau der Physik* betrachtet die Physik mit den Augen des Philosophen und die Philosophie mit den Augen des Physikers.

Das scheinbar Selbstverständliche wird hinterfragt: Wie ist Theorie möglich? Wie soll für Zukünftiges notwendig gelten, was aus der Erfahrung des jeweils Gegenwärtigen an Gesetzmäßigkeiten herausgefiltert wird? Wohl stützen Erfolg und praktische Bewährung solche Regelmäßigkeiten, aber begründen können sie diese nicht. Nach Kant bewähren sich die grundlegenden allgemeinen Einsichten der Physik deshalb immer in der Erfahrung, weil sie notwendige Bedingungen für die Erfahrung aussprechen.

Der Vorstellung Kants folgend, stellt von Weizsäcker in seinem Buch die Frage nach den allgemeinen Grundbedingungen, die erfüllt sein müssen, damit das, was wir Erfahrung nennen, überhaupt möglich ist.

Und mehr noch: Er wagt die Vermutung, daß diese Grundbedingungen ausreichen könnten, die Physik in ihrem Fundament zu fixieren und die Einheit der Natur zu begründen. Die erfahrbare Natur, die uns umgibt und in die wir eingebettet sind, wäre bei dieser Sichtweise gewissermaßen die einzige Natur, die überhaupt erfahrbar ist.

Dies ist eine verwegene Vermutung. Sie definiert ein äußerst ehrgeiziges Fernziel. Auch ein so gedankenreiches und scharfsinniges Buch wie das von Weizsäcker kann hier bestenfalls ein Anfang auf dem Wege zu diesem Ziel sein. Die Hindernisse sind vielfältig und hoch.

Den Schlüssel zur Hoffnung, daß die Bedingungen für Erfahrung selbst den Inhalt der Erfahrung letztlich bestimmen, sieht von Weizsäcker in der Quantentheorie.

Die Quantentheorie hat sich seit ihrer Formulierung vor 60 Jahren auf phantastische Weise bewährt. Sie trägt alle Merkmale einer abgeschlossenen und umfassenden Theorie, ja der umfassendsten abgeschlossenen Theorie schlechthin. Als »abgeschlossen« soll im Sinne Heisenbergs eine Theorie gelten, die durch keine kleinen Änderungen mehr verbessert werden kann.

Im Vergleich zu den Theorien der alten, klassischen Physik beinhaltet die Quantentheorie, wie Weizsäcker betont, ein reicheres Wissen. Dieses Mehrwissen erzwingt tiefgreifende Einschränkungen in der Struktur möglicher Beobachtungen, wie sie etwa in den Heisenbergschen Unschärferelationen zum Ausdruck kommen. Die Quantentheorie in ihrem eigentlichen Wesen zu verstehen – also angeben zu können, was man eigentlich tut, wenn man Quantentheorie anwendet –, ist deshalb für von Weizsäcker ein zentrales Anliegen. Die Grundelemente der Erfahrung sollen ganz fundamental mit der Quantentheorie in ihrer abstrakten Form verkoppelt werden.

Das Buch ist nicht hierarchisch aufgebaut, sondern erschließt sich dem Leser in einem Kreisgang – entsprechend der Philosophie, die es vertritt. Die Deutung der Begriffe wird erst aus der Theorie verständlich. Das letzte Kapitel schließt den Bogen zum ersten – eine »unendliche Geschichte«. Der Leser könnte an vielen Stellen in den Kreisgang einsteigen, ihn mehrfach – zuerst mit den angezeigten Abkürzern und dann mit ausgiebigeren Abstechern in die Nebenzweige – durchlaufen und versuchen, sein Verständnis bei jedem Durchlauf zu vermehren. Auch so wird es kein leichter Weg sein. Das Buch ist kein Lehrbuch, es ist ein Forschungsbericht.

Hier wird die Erfahrung aus jahrzehntelanger Forschungsarbeit aufbereitet, in der von innen und außen, von der Physik und Philosophie her, um das Problem der Einheit der Physik gerungen wurde.

Vieles in diesem Buch spiegelt die verschiedenen historischen Phasen dieses Ringens wider, die zum Teil bis zurück in die aufregende Anfangszeit der Quantentheorie reichen. Diese Überlegungen sind nicht überholt. Im Gegenteil, sie bleiben wichtig, solange die anstehenden Fragen ungelöst sind. Sie sind vielleicht besonders wichtig für die jetzige, pragmatische, »nachrevolutionäre« Generation, für welche die Quantentheorie, ihres philosophischen Sprengsatzes beraubt, zu einem effizienten Handwerkszeug verkommen ist.

»Physik beruht auf Erfahrung. Erfahrung heißt, aus der Vergangenheit für die Zukunft lernen. Wer Physik ausübt, versteht bereits, in einer für die Praxis hinreichenden Weise, die ›Zeitmodi‹ Vergangenheit, Gegenwart, Zukunft; lebend geht er mit ihnen um.« Es ist unsere unmittelbare Wahrnehmung dieser Zeitstruktur, die als Einstieg in einen Kreisgang benutzt wird.

Alle unsere Aussagen sind in der Zeit, sind auf Zeit bezogen. Die Zukunft bezeichnet das Mögliche, die Vergangenheit das unwiderruflich Faktische, also das, was in der uns allein zugänglichen Gegenwart als Tatsache dokumentiert ist. Die Zeitrichtung, der unaufhörliche Fluß von Zukünftigem über die Gegenwart in die Vergangenheit, ist jeglicher Erfahrung als Voraussetzung eingeprägt. Sie ist nicht erst die Folge bestimmter Erfahrung.

Aussagen werden durch die Regeln der Logik verknüpft. Logik muß sich aber immer auf »zeitliche Aussagen« beziehen, weil es strenggenommen keine Aussagen außerhalb der Zeitstruktur gibt. Denn auch Aussagen, die »unabhängig von der Zeit« sind, also unabhängig vom speziellen Zeitpunkt, in dem sie gemacht werden, sind immer noch *in der Zeit*.

Die in der Physik verwendete Sprache benötigt deshalb zu ihrer Präzisierung vorab eine Untersuchung der Logik zeitlicher Aussagen. Aussagen über Ereignisse in der Zukunft können weder »falsch« noch »richtig« sein. Die Zukunft charakterisiert das Mögliche. Wahrscheinlichkeit ist eine Quantifizierung des Möglichen, es ist eine Vorhersage der relativen Häufigkeit für das Eintreten der Ereignisse, wenn sie von der Zukunft in die Gegenwart gerückt sind. Wahrscheinlichkeit wird also im prognostischen Sinne, mit dem Blick auf die Zukunft verwendet.

Dieses auf die Zukunft beschränkte Verständnis der Wahrscheinlichkeit erlaubt es auch, den zweiten Hauptsatz der Thermodynamik, also das Grundphänomen der Irreversibilität physikalischer Prozesse oder der Zunahme der Entropie von abgeschlossenen physikalischen Systemen, widerspruchsfrei zu begründen. In diesem Zusammenhang wird auch die Verknüpfung zwischen Entropie als Maß für die Wahrscheinlichkeit eines physikalischen Systems und seinem Informationsgehalt herausgearbeitet. Hier ergeben sich interessante Verbindungen zur Evolution.

Im zweiten Teil des Buches werden die im ersten Teil errichteten Grundpfeiler der Erfahrung, Zeit und Wahrscheinlichkeit, auf ihre prinzipielle Eignung hin untersucht, die Einheit der Physik zu begründen, eine Einheit, wie sie sich in ihrer historischen Entwicklung in Form eines bestimmten Gefüges von Theorien herausgebildet hat.

Unter diesen Theorien zeichnet sich, wie von Weizsäcker betont, die Thermodynamik als besonders abstrakte und allgemeine Theorie aus, die – über ihre Bedeutung als Wärmelehre hinaus – weitreichende Konsequenzen in allen Physikbereichen hat. Insbesonders erzwingt ihre Unvereinbarkeit mit der klassischen Vorstellung eines Kontinuums, wie es zum Beispiel in Form der Faraday-Maxwellschen Elektrodynamik auftritt, daß die klassische Physik fundamental nicht gelten kann. Der Versuch von Max Planck, im Falle der schwarzen Hohlraumstrahlung die Thermodynamik mit der Elektrodynamik zu verbinden, stieß das Tor zur Quantentheorie auf.

Quantentheorie bedeutet, daß zukünftige Möglichkeiten nicht wie unbekannte Fakten betrachtet werden dürfen. Der Wahrscheinlichkeitsbegriff der Quantentheorie muß deshalb allgemeiner als der klassische Wahrscheinlichkeitsbegriff sein. Er beinhaltet einen gewissen Indeterminismus.

In einem zentralen Kapitel des Weizsäckerschen Buches wird versucht, diesen erweiterten Wahrscheinlichkeitsbegriff aus allgemeinen Prämissen abzuleiten. Es werden hierzu drei unterschiedliche Wege beschritten, die sich nach Methode und Abstraktionsgrad unterscheiden. Interessant und für die weitere Durchführung wichtig ist insbesondere die Vorstellung, daß alle empirisch entscheidbaren Alternativen sich letztlich auf die Entscheidung von Ja-nein-Fragen zurückführen lassen.

Im Gegensatz zu den uns geläufigen Ja-nein-Fragen sollen diese Ur-Alternativen aber als Antworten nicht nur die scharfen Wertepaare »ja-nein« oder »richtig-falsch« (ähnlich einem »bit« in einem Computer) zulassen, sondern – da sich diese Aussagen auf zukünftige Möglichkeiten beziehen – eine beliebige »Überlagerung« dieser beiden Extreme nach Art der Quantentheorie erlauben. Aus der Hypothese der Zerlegbarkeit allgemeiner Prognosen in einzelne Ur-Alternativen oder »Ure« und der quantentheoretischen Struktur dieser Ure wird als wesentliche Schlußfolgerung die Dreidimensionalität des Raumes und die spezielle Relativitätstheorie abgeleitet.

Der dritte Teil des Buches befaßt sich mit der Deutung der Quantentheorie und der in diesem Buch entwickelten allgemeinen Theorie. Die Deutung erscheint als wesentliche Folge der Theorie, da erst die Theorie angibt, was erfahrbar, was meßbar ist. Es ist faszinierend, mit Weizsäcker noch einmal die verschiedenen historischen Phasen der Deutung der Quantentheorie zu durchlaufen und sich mit den Vorstellungen der wichtigsten Akteure der Revolutionsepoche, wie Einstein, Bohr, Heisenberg, Schrödinger, Born, de Broglie, von Neumann auseinanderzusetzen. Hier wird auch auf die Meßtheorie, die Paradoxien und die vorgeschlagenen Alternativen zur Quantentheorie eingegangen.

Im Gegensatz zur historischen Deutungsdebatte führt von Weizsäcker diese Diskussion jedoch offensiv. Die Quantentheorie ist bei ihm nicht mehr der unliebsame Störenfried, der inakzeptable Opfer fordert, sondern sie ist die im Vergleich zur klassischen Theorie umfassendere, informationsreichere Theorie. In ihrem Mehrwissen liegt ihre große Überzeugungskraft und auch der Grund für ihre allgemeinere Gültigkeit. Diese Allgemeingültigkeit legt nahe, daß ihr auch biologische und psychologische Vorgänge unterworfen sind.

Nicht die Materie ist in der Quantentheorie das Beharrende, das zeitlich Unveränderliche, die »Substanz«, sondern gewissermaßen die Information, die Gestalt. Das Beharrende ist andererseits Vorbedingung für die Anwendung von Begriffen. Substanz ist die im Felde der Möglichkeiten verwirklichte Gestalt. Die Zeit ist selbst das Sein. Auf diese Weise kehrt das Buch im Kreisgang zu seinem Anfang, kehrt es wieder zum Zeitbegriff zurück.

Der *Aufbau der Physik* ist trotz seiner Stoff- und Gedankenfülle ein Fragment. Die philosophischen Reflexionen zu den ausgeführten Betrachtungen sollen in einem zweiten Buch *Zeit und Wissen* folgen.

Es wäre schön, wenn diese Forschungsberichte von Carl Friedrich von Weizsäcker dazu beitragen könnten, die Aufmerksamkeit der Physiker wieder etwas mehr auf die philosophischen Grundprobleme zu lenken. Es ist nicht jedermanns Geschmack, sich auf so abstraktem Niveau zu tummeln. Vielleicht können aber diese Gedanken dazu beitragen, im Grundsätzlichen auch wieder das Einfache zu vermuten, anstatt hemmungslos in immer verschrobenere und aufwendigere einheitliche Supertheorien zu flüchten.

Zweiter Teil:
Wissenschaftsethik und ihre praktische Umsetzung

Wissenschaftsethik und die Frage einer Verantwortung des Wissenschaftlers der Gesellschaft und der Natur gegenüber hängen eng mit der Frage der Bewertung wissenschaftlicher Aussagen zusammen. In diesem Zusammenhang wird häufig von der Wertfreiheit der Wissenschaft gesprochen und Wissenschaftsethik im wesentlichen auf die Forderung zurückgeführt, die Wahrheit zu suchen und auszusprechen. Es wird dabei übersehen, daß schon durch die Auswahl des Forschungsgegenstandes und das Ausmaß öffentlicher Unterstützung bestimmter Forschungsvorhaben eine wesentliche Bewertung erfolgt. Darüber hinaus hat die moderne Physik auch grundsätzlich klargemacht, daß es strenggenommen keine objektivierbare Wirklichkeit gibt, daß also jede Aussage über die Wirklichkeit notwendig von der Methode abhängt, mit der wir als Fragende an die Wirklichkeit herangehen.

Im Oktoberheft 1980 der Zeitschrift Bild der Wissenschaft *hatte der Physiker Jochen Benecke, wissenschaftlicher Mitarbeiter am Max-Planck-Institut für Physik und Astrophysik in München, in einem Beitrag* Zwölf Fragen zur Kernfusion *Zweifel am Milliardenprojekt der Kernfusion geäußert, an der intensiv in einem Schwesterinstitut, dem Max-Planck-Institut für Plasmaphysik in Garching, geforscht wurde und noch heute geforscht wird. Im Anschluß daran kam es zu einem aufgeregten Disput innerhalb der Max-Planck-Gesellschaft über die Fragen, ob eine Veröffentlichung eines Artikels aus der Feder eines Max-Planck-Wissenschaftlers über die Forschungsarbeiten eines anderen Instituts und insbesondere die Art und Weise seiner Veröffentlichung – nämlich ohne vorherige offizielle Vorlage und Diskussion im betroffenen Institut – noch dem guten Stil eines fairen Umgangs von Wissenschaftlern miteinander entsprächen. Diese Auseinandersetzung sprang dann auch auf die politische Ebene über und führte zu einem Briefwechsel zwischen dem damaligen Präsidenten der Max-Planck-Gesellschaft, Reimar Lüst, und einem damaligen Mitglied des Forschungsausschusses des Deutschen Bundestages, Ulrich Steger, der im Juniheft 1981 ebenfalls im Bild der Wissenschaft veröffentlicht wurde. Herr Steger hatte in seinem Brief unter anderem bemerkt, daß »die MPG sich vermutlich daran wird gewöhnen müssen, daß sie künftig kritischer als bisher von der Öffentlichkeit betrachtet wird. Dies hängt nicht nur mit dem offenbar allgemein abnehmenden Vertrauen in ›die Wissenschaft‹ zusammen. Entscheidungen, wie zum Beispiel die – wenn auch nur teilweise – Schließung des Starnberger Max-Planck-Instituts für Sozialwissenschaften [das ehemalige Institut von Carl Friedrich von Weizsäcker] stellen meines Erachtens nicht den rechten Gebrauch der Wissenschaftsfreiheit dar.«*

Da ich zu Beginn des Disputs Geschäftsführender Direktor des Max-Planck-Instituts für Physik und Astrophysik war und in Verbindung mit diesem Disput auch einige grundsätzliche Unterhaltungen mit Steger über »Wissenschaftsfreiheit« geführt hatte, wurde ich durch den Präsidenten der MPG in diese Auseinandersetzung hineingezogen und gebeten, Herrn Steger in geeigneter Weise zu antworten. Ich habe dies dann in der nachfolgenden, sehr ausführlichen Form getan. Es war mein Wunsch, in diesem mir wichtig erscheinenden Dialog zwischen Politik und Wissenschaft einen, über den speziellen Anlaß hinaus, klärenden und konstruktiven Beitrag zu leisten, was mir, was den Präsidenten der MPG betraf, damals leider nicht gelungen ist.

Ich habe später, bei anderen Anlässen, immer wieder und in ähnlicher Weise zu Fragen der Verantwortung in der Wissenschaft Stellung genommen, z. B. im Oktober 1986 mit einem Vortrag über Grundlagenforschung im Rahmen einer Vortragsreihe des Süddeutschen Rundfunks über »Ethische Fragen an die modernen Naturwissenschaften« und im Mai 1987 in einem Beitrag anläßlich des 150jährigen Jubiläums der Athener Universität.

Wissenschaft und Verantwortung
Bemerkungen zu einem öffentlichen Disput zwischen
Wissenschaft und Politik

Keinem bleibt heute verborgen, daß die Öffentlichkeit und hier insbesondere auch unsere Jugend die Wissenschaften und ihre Institutionen mit zunehmender Kritik betrachten. Vieles davon ist ungerechtfertigt, einiges übertrieben, aber es bleibt noch genügend übrig, was man nicht einfach vom Tisch fegen kann. Aber es führt auch kein einfacher Weg aus der Schwierigkeit. Aus diesem Grunde bedingt jede Simplifizierung verzerrte Schlußfolgerungen.

Wenn ein Wissenschaftler von Wissenschaft spricht, nennt er meistens zuerst den Drang nach Erkenntnis, was man auch weniger hochtrabend und oft angemessener als »Befriedigung einer Neugier« bezeichnen könnte. Die Öffentlichkeit sieht in der Wissenschaft zunächst eine notwendige Vorstufe für technische Entwicklungen, die den zukünftigen Wohlstand garantieren sollen. Sie ist bereit, große Summen ihres Geldes zu investieren, und dies nicht nur in die angewandte Forschung, die diese technischen Realisierungen direkt anstrebt, sondern auch in die Grundlagenforschung, da sie sehr wohl weiß, daß es eine Eigentümlichkeit echter Kreativität ist, daß sie nicht planbar und organisierbar ist. Der Erkenntnisdrang des Wissenschaftlers scheint hier also mit den Erfordernissen der Gesellschaft eine glückliche Symbiose einzugehen. Aus diesen Überlegungen heraus liegt es also im besten Interesse eines Staates, den Wissenschaften einen möglichst großen Freiraum einzuräumen. Es gibt jedoch m. E. darüber hinaus noch einen weiteren Grund, der diese Einstellung als richtig und wichtig ausweist:

Ein lebendiger Wissenschaftsprozeß – also die Art und Weise, wie Wissenschaft betrieben wird – erfordert und fördert eine geistige Haltung, die nicht nur tief in menschlicher Tradition verankert ist, sondern auch für die Lösung jetziger und zukünftiger Menschheitsprobleme – und hier nicht nur im naturwissenschaftlich-technischen Bereich – unabdingbar erscheint. Es ist diese Kombination von bohrender Neugier, begeisterter Hingabe, tätigem Engagement, geduldiger, umsichtiger Hartnäckigkeit und Gründlichkeit, unbeirrbarer Zielstrebigkeit, freudiger Risikobereitschaft *verbunden mit einer aufmerksamen Offenheit und Aufgeschlossenheit* dem Neuartigen und dem anderen, dem Mitarbeiter, dem geistigen Opponenten gegenüber, die eine geistige Atmosphäre schafft, aus der für die Menschen – und nicht nur für den involvierten Forscher – wesentliche Impulse hervorgehen, die sie sensibilisieren für den Sinn ihres Lebens und sie in die Lage versetzen, künftige schwierige Aufgaben erfolgreich zu meistern. Demgegenüber erscheint mir fast zweitrangig, daß bei diesem Prozeß konkrete Erkenntnis über uns und die Natur ermöglicht wird, obwohl selbstverständlich gerade die Nichtmanipulierbarkeit der »Wahrheit«, soweit sie in der recht eingeschränkten Form der exakten Naturwissenschaften greifbar und meßbar wird, erst diese geistige Haltung erzwingt, da jede Art von Mogelei letztlich entlarvt wird und deshalb scheitern muß.

Der immer weiter anwachsende Aufwand in der Wissenschaft und die damit verbundenen höheren Kosten führen nun zu einem echten Dilemma. Zunächst ist unumstritten, daß die Erforschung gewisser Gegebenheiten ohne große Investitionen einfach nicht möglich ist, da die Fragestellung erwiesenermaßen und verstandenermaßen so schwierig und kompliziert geworden ist, daß hier nur mit einem großen apparativen und theoretischen Aufwand der Natur ihre Geheimnisse abgerungen werden können. Umstritten ist allenfalls die Frage, ob es wirklich für uns so wichtig ist, gerade dieses oder jenes spezielle schwierige Problem aufzugreifen und nicht irgendein anderes, das etwas weiter abseits liegt, aber vielleicht einfacher zugänglich wäre, und warum dies gerade zum jetzigen Zeitpunkt nötig ist. Hierbei wird man nach dem Erkenntniswert und anderen Konsequenzen fragen. Man kann auf diese Weise hoffen, zu vernünftigen Entscheidungen zu kommen.

Das eigentliche Dilemma entsteht jedoch dadurch, daß großer Aufwand allzu leicht zu einer empfindlichen Störung des geistigen Klimas führt, das ich als Herzstück der freien Wissenschaft betrachte. Der Faktor der Konkurrenz tritt mehr in den Vordergrund. Es bilden sich Interessengruppen. Denn wie sonst sollte man die großen Aufgaben bewältigen? Es wird vermehrt auf Solidarität, auf Ein- und Unterordnung gepocht. Es werden langfristige Strategien entworfen, um den Konkurrenten den Rang abzulaufen, um an mehr Geld heranzukommen, um die Chancen für einen Nobelpreis zu erhöhen usw. Man ist nicht mehr schlicht an neuen Erkenntnissen interessiert, sondern vor allem daran, daß man selbst oder die eigene Gruppe diese zutage fördert.

Ich möchte hierbei nicht die positiven Seiten eines wetteifernden Verhaltens verkennen, sie haben in allen menschlichen Bereichen und so auch in der Wissenschaft eine wichtige Rolle gespielt und Höchstleistungen ermöglicht. Aber Wissenschaft sollte nicht zu einem Höchstleistungssport werden, wo Selbstbestätigung und Selbstverwirklichung in den Vordergrund rücken. Ihr Ziel ist doch anerkanntermaßen etwas, was der Menschheit gemeinsam zuteil wird, insbesondere wenn man dabei den viel zitierten Erkenntnisaspekt im Auge hat. Sie soll doch nicht eine Arena werden, in der sich hauptsächlich Wissenschaftler persönlich profilieren sollen und müssen. Der harte Konkurrenzkampf in der aufwendigen Forschung zwingt den Wissenschaftler aber gerade zu dieser Einstellung, da es ihm immer schwerer fällt, seine Individualität zu wahren und sein Können nach außen hin sichtbar zu beweisen. Am besten gelingt ihm dies immer noch, wenn er sich in bereits anerkannten Disziplinen und Forschungsrichtungen an die Spitze setzen und so den Beifall der darin groß gewordenen Experten ernten kann. Neues zu versuchen und zu denken wird immer mehr zum Privileg derjenigen, die fest im Sattel sitzen, die nicht mehr auf den Beifall der anderen angewiesen sind, aber nur wenige von diesen machen davon Gebrauch, weil sie gewohnt sind, auf der etablierten Trasse vorwärtszugehen. Ich übertreibe hier klarerweise, und es lassen sich manche Ausnahmen nennen. Diese Bemerkungen möchte ich auch mehr im Sinne einer Feststellung und weniger einer Kritik verstanden wissen, da mir in der Großforschung kaum eine Änderung möglich erscheint. Denn Großforschung kann sich einfach – etwas zugespitzt formuliert – eine große Zahl von risikofreudigen »Spinnern« nicht mehr erlauben, sie muß, aus ihren durch den großen Aufwand bedingten Sachzwängen heraus, in geschlossener Formation marschieren, was weitgehenden Konsens erfordert und deshalb auch notwendige Nivellierung bewirkt, selbst wenn man sich dabei die Erfahrung der Kundigsten zunutze macht. Im experimentellen Bereich ist dieses Dilemma besonders offensichtlich: Der Außenseiter wird hier kaum Gelegenheit haben zu demonstrieren, daß sein Vorschlag eigentlich besser war als der der beurteilenden und entscheidenden Experten, selbst wenn die getroffene Entscheidung der Experten sich später als Fehlschlag erweist. Trotz alledem wird man nicht anders verfahren können. Wenn Forschung so teuer wird, muß man mit allen Mitteln versuchen, das Risiko eines Fehlschlags einzudämmen, selbst auf die Gefahr hin, daß hierdurch ein Geniestreich blockiert wird.

In der Großforschung geht also schon ein Teil von dem verloren, was der tätige Wissenschaftler als »Freiheit der Wissenschaft« empfindet, aber er wird diese Einschränkung einigermaßen gelassen hinnehmen, da ihre Notwendigkeit ihm hinreichend einsichtig ist. Die »Freiheit der Wissenschaft« erscheint erst bedroht, wenn das geistige Klima davon in Mitleidenschaft gezogen wird. Ist dieses Klima intakt, so wird man m. E. keine Schwierigkeiten haben, die »Freiheit der Wissenschaft« mit den Erfordernissen und Bedürfnissen einer Gesellschaft in Einklang zu bringen. Der Wissenschaftler ist dann eingebettet in einen höheren Zusammenhang und kann in eigener Verantwortung die richtigen Entscheidungen treffen. Dies ist gut so, denn eine Harmonisierung des eigenen Tuns mit dem Wohl des Ganzen kann schwerlich – von einigen allgemeinen Rahmenbedingungen abgesehen – durch verbindliche Vorschriften geregelt werden, da sie Institutionen und Persönlichkeiten voraussetzen würde, die umfassender, differenzierter und weiter sehen als der kreativ an vorderster Front tätige Forscher. Wenn dieses Klima jedoch gestört ist, wie dies heute wohl teilweise der Fall ist, dann ist die Situation weit schwieriger, und es ist nicht einfach, hier einen klaren Ausweg zu weisen.

Es ist dann natürlich, daß eine Gruppe oder eine Gesellschaft, wenn sie in die Schußlinie der Öffentlichkeit gerät, versucht, ihre Reihen zu schließen und den Vorwürfen entgegenzutreten, von denen sie aufrichtig glaubt, daß sie ungerechtfertigt sind. Sie muß sich wehren gegen Leute, die mit falschen oder unredlichen Argumenten versuchen, die schwierige Situation zusätzlich zu verschärfen und die Atmosphäre zu vergiften, vielleicht nur, um sich persönlich zu profilieren. Es ist wichtig, daß man immer wieder die Einhaltung eines Stils in der Auseinandersetzung verlangt, denn dieser Stil ist der sichtbare Ausdruck des geistigen Klimas, in dem allein Wissenschaft gedeiht, in dem allein konstruktive Lösungen gefunden werden können. Man sollte jedoch diese defensive Haltung nicht überbetonen, um nicht in den Verdacht zu geraten, daß man eine offene Argumentation scheut. Man sollte – trotz aller Enttäuschungen – nicht kleinmütig werden, was das Urteilsvermögen der relevanten Öffentlichkeit anbelangt. Wichtig ist, daß man in der Argumentation sich selbst an einen gediegenen Stil hält und sich nicht durch Provokationen von der einen und Pressionen von der anderen Seite davon abbringen läßt. Das geistige Klima ist das höchste Gut der Wissenschaft, das man nach Kräften zu wahren und durch offene und redliche Auseinandersetzungen zu fördern versuchen muß, auch gerade dann, wenn die Welt um uns nicht heil ist, und auf die Gefahr hin, daß viele diese Haltung als Schwäche oder politische Naivität mißverstehen werden.

Lassen Sie mich jedoch weniger abstrakt sein und ganz konkret auf eine Diskussion in der Zeitschrift *Bild der Wissenschaft* (April 1981) und einen anschließenden Briefwechsel (Juni 1981) verweisen, in dem vor allem zwei von politischer Seite (Dr. Ulrich Steger MdB) geäußerte Bemerkungen starke Irritationen auf seiten der Max-Planck-Gesellschaft (und hier insbesondere bei ihrem Präsidenten Prof. Dr. Reimar Lüst) hervorgerufen haben, nämlich die Unterstellung des »Nichtinteresses der MPG an einer kontroversen Diskussion« (in Zusammenhang mit dem Fusionsartikel von Herrn Benecke) und des »falschen Gebrauchs der Wissenschaftsfreiheit« in einem Antwortbrief (in Zusammenhang mit der Schließung des Starnberger Max-Planck-Instituts von Carl Friedrich von Weizsäcker).

Lassen Sie mich mit dem letzteren beginnen.

Die Schließung der Weizsäckerschen Abteilung des Starnberger Instituts hat in der Öffentlichkeit viel Staub aufgewirbelt und zu einer enormen Emotionalisierung der Diskussion geführt. Ich habe die eigentlichen Vorgänge nur am Rande miterlebt und bin deshalb in dieser Angelegenheit eigentlich ein Außenstehender. Trotzdem hat mich diese Entscheidung einigermaßen deprimiert. Ich glaube nicht, daß man sich zu den unverbesserlichen Schwarzmalern zählen muß, wenn man die Zukunft, wie sie sich bei Extrapolation der augenblicklichen wissenschaftlichen und technischen Entwicklungen abzeichnet, mit allergrößter Sorge betrachtet. Persönlich halte ich deshalb das Gerede, inwieweit man

Wissenschaftler für die Folgen ihres Tuns verantwortlich oder nichtverantwortlich machen soll und kann, für ziemlich akademisch, da es hierbei gar nicht um rechtliche, sondern eigentlich um moralische Kategorien geht. In einer solch bedrängten Situation trägt *jeder* besondere und zusätzliche Verantwortung und hier besonders, wie ich glaube, der Wissenschaftler, da es ihm in hohem Maße vergönnt ist, an dem geistigen Prozeß teilzunehmen, aus dem allein neue Einsichten und Lösungsmöglichkeiten kommen können. Wenn ein Schiff zu kentern droht, ist es müßig, über Zuständigkeiten und Verantwortlichkeiten zu streiten, da die Mithilfe aller nötig ist. Insbesondere sind diejenigen angesprochen, welche die Fähigkeit haben, eine Situation im ganzen zu erfassen, die verstehen, auf welche Weise das Detail sich in ein Gesamtsystem einordnet. Der Wissenschaftler wird deshalb hier nicht in seiner Eigenschaft als Experte gefordert, sondern als Persönlichkeit, die durch den Forschungsprozeß und das geistige Klima geformt und entwickelt wurde, als Mensch, der versteht, komplexe Erscheinungsformen gedanklich zu integrieren, und der gelernt hat, sein Tun in einem größeren Zusammenhang zu begreifen und einzuordnen. Die hohe Beanspruchung eines noch produktiv arbeitenden Wissenschaftlers auf seinem Forschungsgebiet macht es ihm aber außerordentlich schwer (von den zusätzlichen administrativen Belastungen einmal ganz abgesehen), diese Verantwortung wirklich konkret umzusetzen und nicht nur einfach unter ihr zu leiden.

Die Gründung des Starnberger Instituts war deshalb für viele von uns ein Schritt in der richtigen Richtung, da man hoffen konnte, hier den Anfang für eine wieder mehr auf das Ganze gerichtete Betrachtungsweise zu schaffen, die wir dringend nötig haben, um unsere Zukunftsprobleme erfolgreich lösen zu können. Daß ein solches Institut just in einem Augenblick geschlossen wird, wo seine Existenzberechtigung mehr denn je offensichtlich wurde, hat zu einer tiefen Enttäuschung geführt. Das braucht nicht zu heißen, daß diese Entscheidung falsch war. Gerade wenn man etwas Neues beginnt, läuft man Gefahr, daß es nicht die Früchte trägt, die man sich bei seiner Planung erhofft hat. Dann soll man den Mut haben, es abzubrechen, und die Erfahrung nutzen, um bessere Wege zu finden. Gerade in der vielfach praktizierten Übung der Max-Planck-Gesellschaft, Forschungsrichtungen aufzugeben und Institute zu schließen, habe ich immer einen wesentlichen Ausdruck eines *rechten* Gebrauchs der Wissenschaftsfreiheit gesehen.

Ich muß gestehen, daß man allerdings skeptisch darüber sein kann, ob dieser spezielle Schließungsbeschluß, mit dem man es sich unbestritten wirklich nicht leicht gemacht hat, letztlich eine Folge von Qualitätsbewußtsein und Flexibilität oder nicht eher von Expertenhörigkeit und Starrheit war. Ich möchte mir in diesem Falle kein eigenes Urteil anmaßen. Im Zusammenhang mit der Energiedebatte habe ich jedenfalls persönlich die sehr unangenehme Erfahrung gemacht, daß jede Beschäftigung mit Problemen, die über das eigene enge spezielle Fachgebiet hinausgeht, von den Experten mit großem Mißtrauen betrachtet und von herber Kritik begleitet wird, wobei viel von mangelnder Qualität und Dilettantismus geredet wird. Dies mag im Einzelfalle auch begründet sein. Man verkennt dann aber, daß für viele der schwierigen Probleme, die vor uns liegen, kein großes Spezialwissen zu ihrer Beurteilung nötig ist, da sie mehr die Gesamtstruktur betreffen, die jeder mit etwas Intuition erkennen kann, und daß zu ihrer Lösung, die äußerst schwierig, wenn überhaupt möglich ist, mit ganz bescheidenen Schritten begonnen werden muß. Es wird heute mit Sicherheit kein noch so hochbegabter und weitsichtiger Mensch zu finden sein, dem wir zuversichtlich die Aufgabe übertragen können, die Lebensbedingungen in der zukünftigen technisch-wissenschaftlichen Welt – oder gar die Überlebensbedingungen der Menschheit – einigermaßen verläßlich zu prognostizieren, genausowenig wie wir jemanden finden könnten, der uns einen sicheren Weg weist, wie man die Energie der Sonne auf die Erde holen kann. Wenn uns aber diese Kenntnisse notwendig erscheinen – und im ersteren Falle ist dies selbstevident –, so muß man einfach die besten Leute für diese Aufgabe finden und mit bestimmten Teilaspekten beginnen und es so einrichten, daß man jederzeit genügend Flexibilität behält, mögliche und unvermeidliche Fehlentwicklungen zu korrigieren.

Aufgaben, die verschiedene Disziplinen umfassen, sind bei unseren heutigen, nach Fachrichtungn gegliederten Institutionen besonders schwierig anzugehen und zu bewältigen. Experten lassen sich, der gängigen Erfahrung nach, kaum dafür begeistern, weil sie meist nur ihre speziellen Aspekte sehen. Eigentlich ist die Max-Planck-Gesellschaft wegen ihrer relativen Kompaktheit und Übersichtlichkeit für solche Neuanfänge noch am besten geeignet. Man kann von ihr Mut und Risikobereitschaft bei solchen Experimenten erwarten, aber nur, wenn sie auch die Möglichkeit zur Korrektur hat. Eine Überbetonung von Aspekten der sozialen Sicherheit, die sogar zu Arbeitsgerichtsprozessen führen, treffen den Lebensnerv von Forschungsinstituten und rauben ihnen auf fatale Weise ihre dringend notwendige Flexibilität. Nicht die Schließung der Weizsäckerschen Abteilung des Starnberger Instituts scheint mir irritierend, sondern das *Versäumnis, hierbei klar und deutlich zu sagen, daß die vom Institut ursprünglich ins Auge gefaßten grundlegenden und für die Menschheit lebenswichtigen Fragen weiterhin höchste Priorität besitzen* und in einer besser geeigneten Form aktiv weitergeführt werden sollen.

Doch nun noch zum ersten Punkt, des vermeintlichen »Nichtinteresses der Max-Planck-Gesellschaft an einer kontroversen Diskussion«, was ja wohl den Briefwechsel ausgelöst hat. Hier möchte ich auf meine anfänglichen Ausführungen verweisen. Es ist wichtig, daß Wissenschaftler darauf achten, daß ihre Auseinandersetzungen in einem Stil erfolgen, die das geistige Klima nicht schädigen. Der Präsident der Gesellschaft hat hier ein gutes Recht, die Mitglieder und Mitarbeiter der Max-Planck-Institute dahingehend zu ermahnen. Ich finde es auch verständlich, daß man im Hinblick auf eine gewisse Wissenschaftsfeindlichkeit der Öffentlichkeit vermeiden will, daß diese Abneigung durch »Halbwahrheiten« weiter vermehrt wird. Man möchte selbstverständlich, daß die Öffentlichkeit an dem gesunden geistigen Klima der Wissenschaft teilhat, in dem eine kontroverse Diskussion belebend und für den Lernprozeß unentbehrlich ist, aber man möchte sie vor seinen Vergiftungserscheinungen verschonen.

Man muß aber einsehen, daß die Definition von »Halbwahrheiten« äußerst problematisch ist, da wir bei jeder Präsentation notwendig gezwungen sind, uns auf Teilaspekte der Wahrheit zu beschränken. Bei dieser Auswahl sind immer Bewertungen nötig und letztlich auch wichtig, da nur durch Hervorhebung oder sogar Überbetonung und hierarchische Gliederung der Gedanken eine fruchtbare Diskussion in Gang gesetzt werden kann. In diesem Sinne sind »Halbwahrheiten« unvermeidlich. Sie müssen unterschieden werden von »Halbwahrheiten« im üblichen negativen Sinne, wo bewußt und auf unredliche Weise die Bewertung verzerrt wird, was die Öffentlichkeit verunsichert und die Wissenschaftsfeindlichkeit letztlich fördert. Diese muß man bekämpfen.

Aber man wandelt hier auf einem sehr schmalen Grat. Man muß sich davor hüten, für schädlich zu halten, was nur ungewohnt und schmerzhaft ist. Man muß weiterhin sehen, daß auch in dem immer undurchsichtigeren und komplizierter werdenden eigentlichen wissenschaftlichen Bereich solche Halbwahrheiten immer mehr gedeihen, weil es manchmal wichtiger erscheint, jemanden – und nicht zuletzt den Geldgeber – mit Erfolgen zu beeindrucken, als ihm die Möglichkeit zu geben, ihn an dem schwierigen, aber aufregenden Erkenntnisprozeß teilnehmen zu lassen. Kritische Fragen sind deshalb dringend vonnöten und vor allem solche, die sich auf die Hauptprobleme richten, die man nur allzu leicht im Kleinkrieg der Detailproblemlösungen aus den Augen verliert.

Die Frage ist vielleicht, ob dies, wie etwa im Falle der Kernfusionskritik, ein Außenseiter tun soll. Ein Außenseiter mag hier gegenüber einem »Insider« vielleicht wegen seiner größeren Distanz zu dem betrachteten Forschungsgebiet und seiner fehlenden Betroffenheit (im Sinne eines aktiven Engagements) gewisse Vorteile haben, aber ich glaube trotzdem, daß im Prinzip ein »Insider« diese Hauptfragen eigentlich noch kritischer und besser durchleuchten könnte. Aber – und das muß man klar erkennen – in der Praxis funktioniert dies selbstverständlich sehr selten, da ein »Insider« sich meist, ob er will oder nicht, als Teil einer Interessengruppe betrachtet, die hier vernünftigerweise eine gewisse Solidarität fordern kann oder sogar muß. Gewöhnlich werden mit dieser Forderung auch keine großen Gewissenskonflikte provoziert, da die »Interessen« dieser Gruppe ja im wörtlichen Sinne nicht selbstsüchtig erscheinen, sondern der allgemeinen Erkenntnis dienen sollen. Es ist also nur natürlich, daß eine solche kontroverse Diskussion von einem Außenseiter in Gang gesetzt werden muß, und dies sollte, wenn der Stil angemessen ist, nicht nur von der Öffentlichkeit, sondern auch von den »Insidern« begrüßt werden.

Persönlich finde ich es aber außerordentlich schade, daß wir bei unserem hochentwickelten Wissenschaftsbetrieb keine interdisziplinär zusammengesetzten Institutionen mehr haben – die alte Gesamtfakultät an der Universität existiert nicht mehr, der Wissenschaftliche Rat der Max-Planck-Gesellschaft verrichtet seine Arbeit im wesentlichen in seinen Sektionen –, welche sich kritisch und ohne diese Hemmungen über die der Wissenschaft übergeordneten Fragen auseinandersetzen kann. Jeder ist von diesen

Problemen innerlich bedrängt, und jeder bleibt dann letztlich alleine.

Eine Forschungsinstitution wie die Max-Planck-Gesellschaft und auch die Universitäten sollten in einer geistigen Entwicklung eigentlich ihrer Zeit voraus sein, also die relevanten Probleme früher und ernsthafter aufgreifen als ihre Umgebung. Dies ist m. E. nur zum Teil der Fall, nämlich dort, wo es um die Lösung von Detailproblemen geht. Bei umfassenderen Fragestellungen, allgemeinen System- und Strukturfragen hinken sie wohl dem Bewußtsein eher hinterdrein, sie reagieren ängstlich, zögernd bis ablehnend und betonen die Unwissenschaftlichkeit dieser Fragen, weil diese sich nicht in eine bestehende Disziplin einordnen lassen, da sie keine Experten benennen kann, die ihre Vernünftigkeit bezeugen, und weil methodisch Neuland betreten werden muß, wo die übliche mehr analytisch arbeitende Problemlösung versagt. Hier müßte man viel mehr Mut entwickeln und mit mehr Überzeugung herangehen. Wohl macht man sich in vielen schönen Reden auch für neue Initiativen stark, aber in der Praxis läßt man sich dann doch wieder beeindrucken von denen, welche in der Zukunft immer nur eine direkte Fortschreibung der Vergangenheit sehen. Für lineare Extrapolationen benötigt man fürwahr keine große Phantasie, und man riskiert mit seiner Meinung auch nur wenig. Man glaubt, alle diejenigen noch entmutigen zu müssen, welche auf die schwierigen Probleme hinweisen und mit großem persönlichen Einsatz Vorbedingungen zu einer Lösung suchen. Man macht sie immer wieder auf die Komplexität der Fragestellungen aufmerksam, deutet an, daß man sich selber oder, schlimmer noch, seine Mitarbeiter oder sein Institut damit in Schwierigkeiten bringen könnte, so als ob einem selbst dieser Aspekt verborgen bleiben könnte. Um die Probleme der Zukunft lösen zu können, brauchen wir mehr Risikofreudigkeit, mehr Einfallsreichtum und einen höheren Einsatz. Ich hoffe sehr, daß der kritische Dialog zwischen Wissenschaft und Öffentlichkeit in diesem Sinne sich konstruktiv fortentwickeln wird, denn anders geht es nicht weiter.

Darf Grundlagenforschung ohne Blick auf mögliche Anwendungen betrieben werden?

Wissenschaft und Technik haben dem Menschen Mittel und Werkzeuge an die Hand gegeben, sich in hohem Maße von den materiellen Zwängen seines Alltags zu befreien und seine steigenden Lebensbedürfnisse zu befriedigen. Von der Grundlagenforschung wird erwartet, daß sie die Voraussetzungen schafft, diesen Wohlstand auch in Zukunft zu sichern und weiter zu mehren. Andererseits wird heute deutlich, daß durch die immer raffiniertere und vor allem machtvollere Entwicklung der Technik die Menschheit in eine wachsende Bedrohung gerät, die ihre Existenz auf unserem Erdball als Spezies ernsthaft gefährdet. Am offensichtlichsten tritt uns diese Gefahr in Form der Atomwaffen vor Augen, aber auch als schleichende Zerstörung unserer Umwelt, in die wir auf Gedeih und Verderb eingebettet sind.

In diesem Zusammenhang wird immer wieder auf die Naturwissenschaftler als die eigentlichen Verursacher dieser bedrohlichen Entwicklung gezeigt, denn sie sind es ja, die in ihrem Forschungsdrang die Grundlagen dafür geschaffen haben. Die einzige Chance, um im letzten Augenblick größtes Unheil von der Menschheit abzuwenden, sehen einige deshalb darin, den Wissenschaftlern das Handwerk zu legen, sie etwa in ihrer Forschung drastisch zu beschränken oder – noch extremer – ihnen das Forschen auf gewissen Gebieten ganz zu verbieten. Dieses Ansinnen stößt selbstverständlich auf härtesten Widerstand, und das nicht nur bei den Wissenschaftlern. Denn: Forschen ganz verbieten zu wollen wäre in der Tat mit unserer abendländischen Kultur, die den suchenden und nach Erkenntnis ringenden Menschen zu ihrem großen Vorbild gemacht hat, kaum verträglich. Andererseits erscheint es äußerst schwierig, wenn nicht gar unmöglich, die

Forschung angemessen in einen erlaubten und einen unerlaubten Teil auftrennen zu wollen. Denn wie sollte der Forscher, der Neuland ausspäht, also insbesondere der, der sich um prinzipielle Fragen bemüht, eine Vorstellung davon besitzen, was sich letztlich alles aus seinen Bemühungen ergeben könnte, da es für Neuland, per definitionem, ja noch keine Landkarten gibt, die Orientierung und Bewertung erlauben. Grundlagenforschung kann deshalb nie die volle Breite ihrer Anwendungsmöglichkeiten vorhersehen, ja sie kann in vielen Fällen nicht einmal die wichtigsten oder bedrohlichsten Konsequenzen antizipieren. Wie sollte ein Grundlagenforscher also für die Folgen seines Tuns verantwortlich gemacht werden können?

Über die Frage der Verantwortung der Wissenschaftler für die Folgen ihrer Wissenschaft wird heute heftig gestritten. Vieles an diesem Streit erscheint mir recht akademisch, weil man diese Frage im Rahmen traditioneller Überlegungen zu beantworten sucht. Angesichts der Existenzbedrohung der Menschheit stellt sich diese alte Frage jedoch heute radikal anders und härter als in der Vergangenheit, obgleich auch sie ihre großen Katastrophen kannte. Klar ist jedenfalls, daß eine Antwort nicht in der einen oder anderen Extremposition bestehen kann, die dem Wissenschaftler entweder überhaupt keine oder – im Gegenteil – die volle Verantwortung für die Folgen seiner Forschung aufbürden will, wobei – und darin besteht Übereinstimmung – »Verantwortung« immer nur in einem moralischen und nicht in einem legalistischen Sinne gemeint sein soll. Der Grad der moralischen Verantwortung wird wesentlich von der Art der Forschung abhängen, die ein Wissenschaftler betreibt.

Wissenschaftliche Forschung umfaßt ein reiches Spektrum von Aktivitäten, die von der Grundlagenforschung bis zur sogenannten »angewandten Forschung« und technischen Forschung reicht. Die Unterscheidung zwischen Grundlagenforschung und angewandter Forschung hat eine gewisse Berechtigung durch die verwendete Methodik, aber im Hinblick auf die Verantwortungsfrage ist diese Unterscheidung zu ungenau. Bei der Verantwortungsfrage kommt es weniger auf die Methode als auf die Motive an. Wissenschaft hat im wesentlichen zwei unterschiedliche Motive.

Traditionell versteht sich Wissenschaft als ein Teil der Philosophie, der es primär um Erkenntnis und Wahrheit geht. Naturwissenschaft im besonderen – und um diese geht es uns vornehmlich bei unserer Fragestellung – möchte nicht nur die unendliche Vielfalt der Naturerscheinungen beschreiben, sondern hinter dieser verwirrenden Vielfalt der Erscheinungen und ihrer zeitlichen Veränderungen die allgemeinen, unveränderlichen Naturgesetze ausmachen. Dies erfordert Grundlagenforschung im eigentlichen Sinne.

Die Kenntnis von Naturgesetzen eröffnet nun aber auch die Möglichkeit, Anfangskonfigurationen und Randbedingungen von materiellen Systemen derart zu arrangieren, daß sie aufgrund dieser Naturgesetzlichkeit zu ganz bestimmten Folgen und Ergebnissen führen. Das Wissen dient hier nicht mehr so sehr einer Verbesserung der Einsicht in die Zusammenhänge der Natur oder einer Vertiefung der Weisheit, sondern Wissen wird hier zur Voraussetzung bewußten Handelns, zum know-how, das heißt: zum Bescheidwissen, wie man etwas anstellen muß, um ein ganz bestimmtes, gewünschtes Ziel zu erreichen. Wissen wird zum Mittel der Manipulation und damit auch zu einem hochwirksamen Instrument der Macht, und zwar einer höchst ambivalenten Macht, da diese Macht – je nach Handhabung – nützliche oder schädliche Auswirkungen für den Menschen und die menschliche Gesellschaft haben kann. Diese auf Anwendung orientierte, zweckorientierte Wissenschaft ist aber nicht mit der »angewandten Wissenschaft« oder »angewandten Forschung« in der üblichen Sprechweise gleichzusetzen. Denn ein wesentlicher Teil dieser anwendungsorientierten Forschung ist der Methode nach auch wieder Grundlagenforschung. Der Hauptteil der heutigen Grundlagenforschung ist in diesem Sinne anwendungsorientiert, obgleich im Bewußtsein und insbesondere in der Selbstdarstellung der Wissenschaftler der erkenntnisorientierte Bezug immer betont wird.

Nur dort, wo Wissenschaft absichtsvoll handelnd in das Naturgeschehen eingreift, stellt sich zunächst die Frage nach einer moralischen Verantwortung des Wissenschaftlers, und dies eigentlich auch nur dann, wenn der Wissenschaftler in seinem Handeln frei ist – oder doch wenigstens in einem gewissen Maße frei ist. »Frei« soll hierbei zweierlei bedeuten.

»Frei« soll zunächst in einem prinzipiellen Sinne bedeuten, daß die Naturgesetze den Menschen, der ja selbst ein Teil des Natur ist und deshalb auch ihren Gesetzen ganz oder teilweise unterworfen ist, – daß die Naturgesetze den Menschen nicht zu einem ganz bestimmten unausweichlichen Handeln zwingen. Daß der Mensch Willens- und Handlungsfreiheit besitzt, ist Voraussetzung jeglicher Ethik und soll auch für unsere Argumentation akzeptiert werden, zumal unsere heutige indeterministische Naturvorstellung uns dabei weniger Schwierigkeiten bereitet als das mechanistische Weltbild des 19. Jahrhunderts, nach dem das Weltgeschehen wie ein großes Uhrwerk unbeeinflußbar nach strengen Gesetzen ablaufen sollte.

In einem äußeren Sinne soll »frei« außerdem bedeuten, daß der Wissenschaftler in einer Gesellschaft lebt, die ihm eine ausreichende persönliche Entscheidungsfreiheit bei der Auswahl seines Forschungsziels und seiner Forschungsmethoden zubilligt. In dieser von der Gesellschaft gewährten Freiheit bzw. Unfreiheit sehe ich die eigentliche Schwierigkeit bezüglich der Verantwortungsfrage.

Denn viele Wissenschaftler beschäftigen sich doch heute gar nicht mit Problemen, die primär ihrer eigenen Neugierde oder gar ihrem faustischen Erkenntnisdrang entsprungen sind, sondern die meisten von ihnen arbeiten doch an Problemen, für deren Lösung sie bezahlt oder anderweitig, etwa durch Beförderung und Anerkennung, honoriert werden. Dies schließt nicht aus, daß Wissenschaftler – wenn sie einmal auf eine bestimmte Fährte gesetzt wurden und diese ein Stück erfolgreich verfolgt haben – diese Forschungsarbeiten auch aus eigenem Antrieb und im eigenen Interesse betreiben. Im Rahmen eines vorgegebenen Forschungsprogramms räumt man ihnen auch bereitwillig einige Freiheiten ein, in Kenntnis der Tatsache, daß ein frei forschender Wissenschaftler motivierter, kreativer und in der Folge deshalb auch, wirtschaftlich betrachtet, produktiver ist. Ich möchte mit diesen Feststellungen jedoch keine einseitig negative Bewertung verbinden. Bei den hohen Kosten moderner Forschung kann klarerweise nicht jeder Wissenschaftler seine eigene große Spielwiese bekommen. Hier müssen eindeutig Prioritäten nach irgendwelchen Gesichtspunkten gesetzt werden. Dies hat dann aber zur Folge, daß die wenigsten Wissenschaftler eigentlich die Möglichkeit haben, aus freien Stücken ihren Forschungsgegenstand zu wählen und ihn gegebenenfalls zu ändern, ohne dabei ihre beruflichen Chancen und Sicherheiten aufs Spiel zu setzen.

Die besondere Hervorhebung der »absichtsvoll handelnden« Wissenschaft im Zusammenhang mit der Frage der Verantwortung des Wissenschaftlers – und hier nicht nur im Bereich der »angewandten Forschung«, sondern auch in der ihr zugeordneten Grundlagenforschung – soll nun aber nicht bedeuten, daß die reine, auf Erkenntnis orientierte Wissenschaft von dieser Frage gar nicht betroffen ist. Das ist nicht der Fall, denn die Grenzen zwischen erkenntnisorientierter und anwendungsorientierter Wissenschaft sind äußerst verschwommen.

Dies gilt zunächst weniger für den kleinen Teil der erkenntnisorientierten Naturwissenschaft, der auf einer passiven Naturbeobachtung beruht, wo der Wissenschaftler aufmerksam und präzise gewissen natürlichen Geschehensabläufen nachspürt. Der Großteil der erkenntnisorientierten Naturwissenschaft ist heute jedoch experimentelle Wissenschaft. Hier wird die Natur durch massive äußere Eingriffe auf eng begrenzte Bahnen gedrängt, und es wird ihr auf diese Weise, gewissermaßen auf einer Folterbank, Stück um Stück ihrer tiefsten Geheimnisse abgepreßt. Die Erforschung schwer zugänglicher Gebiete erfordert einen immer größeren apparativen Aufwand, immer größere Verstärkungsmechanismen. So versuchen wir etwa mit Superteleskopen in immer entferntere Bereiche unseres Universums vorzudringen oder mit immer größeren Hochenergiebeschleunigern, die als Supermikroskope fungieren, immer weiter in die Welt des Allerkleinsten hinabzusteigen. Die erkenntnisorientierte Naturwissenschaft erfordert also in vielen Bereichen extreme Manipulation und damit eine sie begleitende hochentwickelte angewandte Wissenschaft und Technik. Obgleich diese Wissenschaft von der Fragestellung her eindeutig auf zentrale Fragen der Welterkenntnis zielt – im Bereich der Physik z. B. auf so interessante Fragen wie: Was sind die fundamentalen Naturgesetze? Was ist der Ursprung des Universums? Wie sind Galaxien, Sterne, Planeten, wie unsere Erde entstanden? usw. –, so ist ein Großteil der in ihr engagierten Wissenschaftler eigentlich gar nicht direkt mit diesen erkenntnisorientierten Fragen befaßt, sondern mit der Entwicklung von geeigneten Apparaten und Meßinstrumenten, also – um im obigen Bild zu bleiben – mit der Herstellung der Folterinstrumente, welche die Natur zur Preisgabe ihrer Geheimnisse zwingen soll.

Die anwendungsorientierte Forschung auf der anderen Seite braucht, um ihre Ziele zu erreichen, eine sehr gründliche und detaillierte Untersuchung der Systeme, die sie zu manipulieren wünscht. Hier ist es mit der abstrakten Kenntnis von fundamentalen Naturgesetzen nicht getan, sondern man muß untersuchen, wie sich diese Naturgesetzlichkeit in einem vorgegebenen hochkomplexen System tatsächlich auswirkt. Dies verlangt eine eigene Grundlagenforschung, die sich methodisch kaum von der erkenntnisorientierten Grundlagenforschung unterscheidet.

Um möglichen Mißverständnissen zu begegnen, möchte ich ausdrücklich betonen, daß mit der Auftrennung der Wissenschaft in eine erkenntnisorientierte und eine anwendungsorientierte Wissenschaft keine Bewertung vorgenommen werden soll, etwa in dem Sinne, daß Erkenntnis gut und Anwendung schlecht sei, oder auch umgekehrt, daß erkenntnisorientierte Forschung als »l'art pour l'art«, als reine philosophische Spielerei und Spekulation, eigentlich nur dann gerechtfertigt sei, wenn sie in eine gesellschaftlich relevante Anwendung mündet. Die beiden Zweige der Wissenschaft entsprechen nur zwei andersartigen Anliegen der menschlichen Gesellschaft. Die erkenntnisorientierte Wissenschaft hat philosophisch-kulturelle Bedeutung, ähnlich wie die Religion oder die Künste. Sie ist für das menschliche Zusammenleben unentbehrlich. Die anwendungsorientierte Wissenschaft hat dagegen zum Ziel, die äußeren Lebensbedingungen des Menschen und der menschlichen Gesellschaft zu verändern und, wenn möglich, zu verbessern. Sie will also nicht nur etwas wissen, sondern auch etwas machen.

Wissen und Machen sind als menschliche Qualitäten grundverschieden. Aber sie bedingen eben einander in gewisser Weise: Wissen wird durch Machen gefördert und die Machbarkeit durch Wissen erweitert.

Die Frage der Verantwortung stellt sich primär im anwendungsorientierten Bereich, aber, wegen der eben geschilderten Schwierigkeit der Abtrennung, letztlich in allen Bereichen der Forschung. Die Unmöglichkeit einer klaren Abtrennung der verschiedenen Bereiche sollte jedoch nicht dahingehend interpretiert werden, als ob es zwischen erkenntnisorientierter und anwendungsorientierter Forschung und innerhalb der letzteren zwischen friedlicher und kriegerischer Nutzung keine klar erkennbaren Unterschiede mehr gäbe. Dieser Punkt verdient eine Klarstellung, da die Nichttrennbarkeit dieser Bereiche zur eingangs erwähnten Vermutung verleiten kann, die verhängnisvolle technische Waffenentwicklung lasse sich nur unterbinden, wenn man den Wissenschaftlern grundsätzlich das Forschen verbiete, also gewissermaßen dem Menschen den »faustischen Drang« und die »natürliche Neugierde« austreibe.

Der Fehler in der Argumentation liegt darin, daß man eine Unschärfe in der Abgrenzung mit der Abwesenheit charakteristischer Unterschiede gleichsetzt. Um dies in einem Gleichnis verständlich zu machen: Niemand bestreitet, daß zwischen Tag und Nacht ein wesentlicher Unterschied besteht. Trotzdem haben wir eine Schwierigkeit, genau anzugeben, wann die Nacht beginnt und der Tag endet. Eine genaue Grenzziehung ist nicht möglich. Sie ist aber in den meisten Fällen auch gar nicht nötig. Jedenfalls hat sie keinen Einfluß auf die Feststellung, daß es um Mitternacht Nacht und um Mittag Tag ist.

Lassen Sie mich diesen Sachverhalt noch etwas konkreter an einem Beispiel erläutern, der für unsere Fragestellung von unmittelbarer Bedeutung ist, nämlich am Beispiel der Entdeckung der Uranspaltung durch Otto Hahn 1938, die letztlich 1945 zur Atombombe führte.

Otto Hahn wollte eigentlich, wie einige Physiker vor ihm, die Möglichkeit erkunden, durch Neutronenbeschuß des schwersten bekannten Atomkerns, des Urans, noch schwerere Atomkerne, sog. Transurane, künstlich zu erzeugen. Die meßtechnische Ausstattung für dieses Experiment war nach heutigen Maßstäben äußerst bescheiden. Trotz seiner Zweckorientierung, nämlich Transurane herstellen zu wollen, war sein wissenschaftliches Anliegen im wesentlichen erkenntnisorientiert, denn die Möglichkeit der Existenz oder Nichtexistenz solcher Transurane ließ wichtige Rückschlüsse auf die Art der Kräfte erhoffen, die den Atomkern zusammenhalten.

Bei der Ausführung des Experiments kam er nun zu dem interessanten und für ihn völlig überraschenden Ergebnis, daß der Urankern beim Beschuß mit einem Neutron sich dieses Neutron nicht einverleibte, sondern durch dieses in zwei Teile gespalten wurde, wobei enorme Energien freigesetzt und – was für die weitere Entwicklung entscheidend war – zusätzlich zwei oder drei Neutronen erzeugt wurden. Die Spaltbarkeit schwerer Atomkerne war für die Deutung der Kernkräfte ein wichtiges Ergebnis.

Doch nun kam der entscheidende zweite Schritt. Die Erzeugung von zwei oder drei Neutronen bei jeder Spaltung durch ein einzelnes Neutron eröffnete die prinzipielle Möglichkeit, diese

Neutronen wieder zur Spaltung weiterer Urankerne zu verwenden. Damit ergab sich als neues konkretes Ziel, in einem handlichen Uranblock mit seinen Quadrillionen von Atomkernen eine Spaltungskaskade, eine Kettenreaktion in Gang zu bringen und auf diese Weise Energie in einem bisher unvorstellbaren Maße freizusetzen. Bei diesem Anliegen war nun also nicht der faustische Erkenntnisdrang die treibende Kraft, sondern der Wille, zu einer revolutionären Anwendung, der Erschließung einer neuen unermeßlichen Enerqiequelle zu kommen, – selbstverständlich auch die Neugierde, ob dies wirklich gelingen würde.

Die Verwirklichung dieses anwendungsorientierten Forschungsziels erforderte jedoch zunächst die Lösung einer großen Zahl von wissenschaftlichen und technischen Detailproblemen. Es mußten Techniken entwickelt werden, um die bei der Spaltung erzeugten Neutronen auch wirklich zur Spaltung von Urankernen zu nötigen, wozu z. B. geeignete Wirkstoffe gefunden werden mußten. Dies alles erforderte Grundlagenforschung auf speziellen Gebieten.

Nachdem einmal klar war, daß eine Kettenreaktion prinzipiell möglich sein sollte, stellte sich im nächsten Schritt eine Reihe von anderen schwierigen Problemen, die mit der technischen Nutzung der Kernspaltung zu tun hatten. Hier öffneten sich zwei völlig verschiedene Wege: der eine zum Atomreaktor und ein anderer zur Atombombe. Jeder Weg bedurfte einer eigenen intensiven und extensiven Forschung und Entwicklung. Für die Entwicklung einer Atombombe waren z. B. extrem aufwendige großtechnische Anlagen zur Anreicherung des allein spaltbaren, aber im Natururan nur seltenen Uranisotops 235 nötig.

Ich habe die Entwicklung der Atombombe so ausführlich geschildert, um zu zeigen, daß die Atombombe nicht ein zufälliges Produkt einer erkenntnisorientierten Forschung war, etwa entsprechend der Vorstellung, daß ein faustisch schaffender Otto Hahn nach Durchführung eines wichtigen Experiments plötzlich entdecken mußte, daß, gewissermaßen als unerwartetes Nebenprodukt einer Meßreihe, eine gebrauchsfertige Atombombe neben ihm stand. Nein! Die Entwicklung der Atombombe benötigte eine gigantische Spezialforschung, die genau mit dem Ziel durchgeführt wurde, eben diese Bombe und nichts anderes zu bauen.

Was wir aus diesem wichtigen Beispiel vielleicht für die Zukunft lernen können, ist dies: Um den Bau einer Bombe zu verhindern, ist es nicht nötig, einem Otto Hahn seine Grundlagenforschung zu verbieten, sondern es müssen nur die enormen Investitionen an Kapital und Geist unterbunden werden, die explizit den Bau dieser Bombe zum Ziel haben.

Möglicherweise ist die Entwicklung der Atombombe nicht charakteristisch für andere uns bedrohende Entwicklungen. Insbesondere kann es in anderen Wissenschaftsbereichen in dieser Hinsicht ganz anders sein. Man könnte sich z. B. vorstellen, daß bei rein wissenschaftlichen Experimenten mit Genen sehr wohl Mikroorganismen erzeugt werden könnten, die als hochgefährliche »Viren« die Menschheit direkt in tödliche Gefahr bringen können, ohne daß eine hochverstärkende Anwendungstechnik als Werkzeug noch nötig wäre. Genetiker halten jedoch eine solche Gefahr für äußerst unwahrscheinlich.

Trotz gewisser Vorbehalte möchte ich aus diesen Überlegungen die folgenden Schlußfolgerungen ziehen:

Verantwortliche Wissenschaft, so scheint mir, erzwingt nicht die Liquidierung von Forschung, sondern verlangt eine geeignete Beschränkung vor allem der anwendungsorientierten Forschung, und zwar auch im Grundlagenforschungsbereich. Wissenschaft kann frei bleiben, aber die Machenschaft muß sich gewissen Bedingungen unterwerfen, die gewährleisten, daß die Grundlagen menschlichen Lebens auf dieser Erde nicht zerstört werden. Schwierig ist die genaue Grenzziehung. Doch hier sollten wir die Konsequenzen einer Unterscheidungsunsicherheit nicht überbewerten. Es ist hier wie bei unserem Tag-Nacht-Gleichnis. Im konkreten Fall weiß der forschende Wissenschaftler – wenn er ehrlich ist – am besten, welchem Zweck sein Forschen eigentlich dient und wo er eine Grenze ziehen müßte. Er sollte vielleicht durch einen Hippokratischen Eid persönlich dazu verpflichtet werden, immer und immer wieder sein eigenes Tun und Wirken auf die möglichen Konsequenzen zu hinterfragen und alles zu unterlassen, was die Grundlagen menschlichen Lebens bedroht oder zukünftig bedrohen könnte.

Ein solcher Hippokratischer Eid wäre jedoch völlig wirkungslos, wenn nicht die eigentlichen Kräfte gebändigt werden können, welche die verhängnisvollen Entwicklungen vorantreiben. Denn in der Praxis ist es doch eigentlich gar nicht der einzelne Wissenschaftler, dem es an einem ausreichenden Unterscheidungsvermögen zwischen Nutzen und Schaden mangelt, sondern es ist die Gesellschaft, die ihn durch ihre mächtigen Vertreter anstiftet, erpreßt, ja geradezu zwingt, seine Talente der Entwicklung von Werkzeugen der Zerstörung zu widmen. Im harten Wettbewerb um hochbezahlte Arbeitsplätze, um Arbeitsplätze, die Entfaltungsmöglichkeiten für kreative Geister bieten, um angemessene Arbeitsplätze überhaupt, bleibt so manchem kaum eine andere Wahl, als »seine Seele zu verkaufen«. Hier stoßen wir auf das anfänglich erwähnte Problem der persönlichen Unfreiheit, das moralisch verantwortliches Handeln zunichte macht.

Doch von welcher Art sind die Gefahren und Katastrophen, die für die Menschheit absolut unzumutbar sind, gegen die wir sie vor allem schützen müssen? Es ist vielleicht weniger die eine oder andere spezielle technische Entwicklung, die wir künftig hier aufmerksamer verfolgen und auf ihre gefährlichen Auswüchse hin besser im Auge behalten müssen. Es sind wohl mehr die immensen Verstärkermechanismen, mit denen heute Großtechniken brutal in die Natur eingreifen oder eingreifen können, welche die eigentliche Bedrohung darstellen. Sie führen zu Auswirkungen, die so mächtig sind, daß die Natur sie nicht mehr abpuffern kann. Sie stören das empfindliche dynamische Gleichgewicht der Biosphäre und drohen es umzukippen. Es ist in diesem Falle müßig, darüber zu streiten, ob nun Politikern – mit oder ohne Zustimmung der Mehrheit der Wähler – oder Wissenschaftlern oder anderen Leuten letztlich die wesentlichen Entscheidungen über die zukünftige Entwicklung dieser Mechanismen überlassen werden sollten, denn diese enorm verstärkenden Systeme entwickeln eine Eigendynamik, die – ähnlich den stark rückgekoppelten Systemen in der Physik – letztlich überhaupt keine Steuerung mehr erlauben.

Lassen Sie mich dafür ein Gleichnis anführen:

Wenn Leute in einem Raum zusammensitzen und sich darüber verständigen wollen, ob oder in welchem Maße geraucht werden darf, so gibt es prinzipiell sehr viele Methoden, sich darüber zu einigen: Wir können etwa der Meinung des Arztes oder des gesundheitlich Schwächsten in diesem Kreise ein besonderes Gewicht geben oder es dem Gutdünken des Vorsitzenden überlassen oder einfach mehrheitlich abstimmen. Auf welche Weise verfahren wird, macht keinen wesentlichen Unterschied. Wenn aber dieser Raum knöcheltief voller Benzin steht, dann stehen wir vor einer radikal neuen Situation. Hier kann die Entscheidung nur lauten: Alles zu unternehmen, um die Überflutung des Raums mit Benzin zu beseitigen und dies auch zukünftig zu verhindern. Denn in Brand geratenes Benzin ist in seiner Auswirkung schlicht nicht mehr steuerbar, nicht mehr beherrschbar. Wir würden uns in diesem Falle kaum damit begnügen, die Raucher nur zu einem vorsichtigen Gebrauch ihrer Zigaretten aufzufordern.

Die Schlußfolgerung aus solchen Überlegungen scheint mir zu sein: Alle Entwicklungen und Unternehmungen, die aufgrund ihres eingeprägten Gefahrenpotentials inakzeptable Folgen für uns Menschen und die Biosphäre heraufbeschwören, sollten mit einem strikten Verbot belegt werden, und dies ganz unabhängig davon, ob sie, ihrer Konzeption nach, einem konstruktiven oder destruktiven Zweck dienen sollen. Dies muß auch gelten, wenn wir glauben oder wenn Experten uns glauben machen, geeignete Sicherungen könnten dieses Schadenspotential verläßlich in Schach halten. Denn perfekte Sicherheit gibt es nicht. Absicherungen können deshalb Katastrophen nie verhindern, sondern sie allerhöchstens für gewisse Zeit hinauszögern, deren Dauer durch keine verläßliche Berechnung abgeschätzt werden kann.

Dürfen Erkenntnis und Wissen ohne Berücksichtigung von Werten gefördert werden?

Die Welt zu erkennen, ihren Sinn zu ergründen, die Rolle des Menschen, der in sie hineingeworfen wurde, zu begreifen, war schon immer ein Grundanliegen des Menschen seit der Zeit, als er sich seiner selbst bewußt wurde, als er sein eigenes Ich aus der Welt herauszulösen und es ihr gegenüberzustellen begann. Unser abendländisches Denken wurde vom alten Griechenland geprägt, in den Straßen und Gassen von Athen entfaltete es sich zur vollen Blüte.

Die europäischen Universitäten haben an diese alte Tradition angeknüpft, so wie auch die Universität hier in Athen, deren 150. Geburtstag wir heute feiern.

Unser Wissen über die Welt hat sich seit den Tagen des klassischen Athen umfangmäßig vermehrt, was sich schon äußerlich in den vielen und hochdifferenzierten Fachdisziplinen einer modernen Universität widerspiegelt. Unser Wissen hat jedoch kaum in gleichem Maße an Tiefe zugenommen. Es sind immer noch die alten prinzipiellen philosophischen Fragen, die uns auch heute noch vornehmlich beschäftigen und bedrängen, soweit wir überhaupt noch die Zeit, die Konzentration und das Interesse aufbringen, uns mit Grundsätzlichem auseinanderzusetzen. Ist doch unser wissenschaftlicher Alltag in immer stärkerem Maße damit ausgefüllt, faktisches Wissen aus Büchern in unseren Kopf und dort von einer Hirnwindung in die andere zu schaufeln und dieses Wissen nach immer neuen Gesichtspunkten um- und einzuordnen. Meist begnügen wir uns eher damit, uns mit neuen Gedanken vertraut zu machen, als sie wirklich zu verstehen: Wir wollen mit ihnen umgehen, hantieren, gelehrt über sie sprechen können; für eine Verschmelzung mit unserer unmittelbaren Wahrnehmung und Lebenserfahrung, mit dem, was uns spontan evident erscheint, reichen weder Kraft noch Zeit. Unser Denken gleicht vielfach dem Bedienen eines Steuerpults einer technischen Anlage, bei der wir durch geeigneten Knopfdruck Reaktionen auslösen und Wissensinhalte reproduzieren können, ohne die dahinterliegenden Kausalketten zu kennen und gedanklich nachvollziehen zu können. Die denkende Einheit im Großen ist verlorengegangen, sie ist aufgesplittert in isolierte Teile, oft auf wenige kleine Inseln hochdifferenzierten Spezialwissens zusammengeschrumpft.

Die Universität versucht als universale Institution, als Organisation von Fachdisziplinen, dieses Gesamtwissen in sich zu vereinigen. Aber sie ist kein Bildteppich mehr, der die Wirklichkeit in seiner Gesamtheit darstellen kann. Die verschiedenen Fachdisziplinen erscheinen immer mehr nur wie die vielen, getrennt nebeneinanderlaufenden Kettfäden eines solchen Bildteppichs, dem die querverbindenden Schußfäden fehlen, die ihn erst zu einem Gewebe, die vielen Teile erst zu einem vernetzten Ganzen machen.

Naturwissenschaft und Technik vor allem haben diesen Prozeß der Zerlegung und Atomisierung der Wirklichkeit beschleunigt. Ihre so erfolgreiche analytische Methode vermittelt uns ein Bild der Wirklichkeit, in der eine unendliche Vielzahl von prinzipiell eigenständigen Wesenheiten durch ihre von ehernen Gesetzen diktierten Wechselwirkungen sich auf komplizierte, aber bestimmte Weise im Verlauf der Zeit umordnen und so die immer neuen Erscheinungsformen der Natur erzeugen.

Naturwissenschaft und die aus ihr hervorgegangene Technik haben dem Menschen Mittel und Werkzeuge an die Hand gegeben, mit denen er – unter Ausnutzung der aufgedeckten Gesetzmäßigkeiten – sich in hohem Maße von den materiellen Zwängen seines Alltags befreien und seine steigenden Lebensbedürfnisse befriedigen kann. Wir fördern unser Wissen von der Natur heute primär nicht aus angeborener Neugierde oder faustischem Erkenntnisdrang, sondern deshalb, weil wir davon ausgehen, daß nur ein erweitertes und verfeinertes Wissen über die Natur die Voraussetzungen schaffen kann, unseren erreichten Wohlstand auch in Zukunft zu sichern und weiter zu mehren. Andererseits wird heute deutlich, daß durch die immer raffiniertere und vor allem machtvollere Entwicklung der Technik die Menschheit in eine wachsende Bedrohung gerät, wodurch ihre Existenz als Spezies ernsthaft gefährdet erscheint. Am deutlichsten tritt uns diese Gefahr in Form der Atomwaffen vor Augen, aber auch nicht minder als schleichende, mitunter galoppierende Zerstörung unserer Umwelt, in die wir auf Gedeih und Verderb eingebettet sind.

In diesem Zusammenhang wird immer wieder auf die Naturwissenschaftler als die eigentlichen Verursacher dieser bedrohlichen Entwicklung gezeigt, denn sie sind es ja, die in ihrem Forschungsdrang, in ihrem Eifer, ihr Wissen zu erweitern und neue Erkenntnisse zu gewinnen, die Grundlagen dafür geschaffen haben. Dieses Unbehagen spitzt sich bei manchen deshalb auf die Forderung zu, den Wissenschaftlern ihr Handwerk zu legen, um der Menschheit eine Überlebenschance zu geben. Die Wissenschaftler, insbesondere diejenigen, die sich nur mit Grundlagenforschung befassen – und das ist die Mehrzahl der Wissenschaftler an Universitäten – entrüsten sich selbstverständlich darüber und werden nicht müde, darauf hinzuweisen, daß Wissenschaft letztlich wertfrei ist und daß ihre Ergebnisse, wie jegliches Wissen, erst durch die praktische Handhabung und die gesellschaftliche Umsetzung eine Bewertung erfahren, woraus ihr Schaden oder Nutzen für den Menschen resultiert. Wissenschaft, so wird deshalb gefolgert, müsse deshalb ganz allgemein und bedingungslos gefördert werden, denn Mehrwissen bedeutet immer auch mehr Einsicht, mehr Verständnis, bessere Orientierung, höhere Erkenntnis. Eine Wertung erfolgt hierbei nur unter dem Kriterium »richtig oder falsch«, und diese Wertung gilt unbedingt, sie ist wesentlicher Bestandteil einer Wissenschaft überhaupt.

Eine Bewertung in bezug auf die Bedeutung für den Menschen, die menschliche Gesellschaft, die Biosphäre, unsere Umwelt insgesamt stellt sich nur bei der Anwendung dieses Wissens, das heißt bei der absichtsvollen Auswahl und Präparation spezieller Anfangs- und Randbedingungen, die geeignet sein sollen, die von den Wissenschaftlern aufgedeckte Naturgesetzlichkeit zu ganz bestimmten, von uns angestrebten Folgen zu zwingen. Schaden für die Menschen und Zerstörung können dabei entstehen, daß dies, wie bei den Waffen, das direkt von den Anwendern angestrebte Ziel ist, oder aber, wie etwa bei den Umweltschäden, daß diese als nicht bedachte Nebenfolgen auftreten. Die Anwendung wissenschaftlicher Kenntnisse und die Bewertung, die sie als gut und vernünftig ausweist, erscheint bei dieser Sichtweise nicht als Aufgabe der wissensvermittelnden und wissenschaftsfördernden

Institutionen, wie etwa der Universitäten, sondern diese Bewertung sollte durch die Betroffenen und Nutznießer, durch die ganze Gesellschaft und ihre Politiker, als die durch sie legitimierten Repräsentanten, erfolgen.

So überzeugend diese Argumentation erscheint, so halte ich sie trotzdem für falsch, weil es kein Wissen ohne Wertung gibt. Eine Wertung des Wissens geschieht auf doppelte Weise, nämlich in einem grundsätzlichen und einem mehr praktischen Sinne.

Lassen Sie mich zunächst etwas zur grundsätzlichen Wertung sagen. Es gibt wohl so etwas wie eine wertfreie Wissenschaft, aber diese ist ein Begriffsgebäude, das zunächst nichts mit der eigentlichen Wirklichkeit, von der Wissenschaft angeblich handelt, zu tun hat. Jede die eigentliche Wirklichkeit interpretierende Wissenschaft muß letztlich, um relevant zu sein, aus ihrem logisch strukturierten und – bei den Naturwissenschaften – mathematisch präzisierten Begriffsgebäude heraus die Brücke zur eigentlichen Wirklichkeit, was immer wir auch darunter verstehen wollen, schlagen, und dies kann nicht ohne eine wissenschaftlich nicht mehr beweisbare, da aus dem Gebäude herausführende, Wertung erfolgen.

Diese Feststellung hat nicht nur akademische Bedeutung. Die moderne Naturwissenschaft hat uns gelehrt, daß es eine objektivierbare Wirklichkeit, eine aus unzerstörbaren Einheiten bestehende dingliche Realität, eigentlich gar nicht gibt. Was wir als Wirklichkeit erfahren, hängt wesentlich von der Methode ab, mit der wir die Wirklichkeit ausforschen und traktieren. Dasselbe Naturphänomen offenbart sich uns je nach unserem Meßverfahren auf gänzlich verschiedene und sogar miteinander widersprüchliche Weise: ein Elektron etwa einmal als Teilchen und einmal als Welle. Die von der Naturwissenschaft als Wirklichkeit beschriebene Wirklichkeit unterscheidet sich von der eigentlichen Wirklichkeit sowohl quantitativ als auch qualitativ, also etwa wie eine Handzeichnung oder bestenfalls eine Fotografie vom Original. Die naturwissenschaftliche Wirklichkeit trägt immer den Stempel unseres Denkens, sie ist geprägt durch die Art und Weise, wie Teile durch unser Denken aus dem Gesamtzusammenhang herausgebrochen wurden. Jedes Wissen, das wir begrifflich erfassen, bedeutet deshalb Wertung.

Wenn wir uns die Frage stellen, ob wir Wissen ohne Wertung fördern sollen, so denken wir gewöhnlich nicht an diesen grundsätzlichen Zusammenhang zwischen Wissen und Wertung, sondern betrachten diese Frage im Rahmen einer streng objektivierbaren, also prinzipiell prognostizierbaren Welt. Die Wertung von Wissen stellt sich hier in einem praktischen Sinn. Sie hängt wesentlich davon ab, inwieweit Wissen zum Ausgangspunkt von Handlungen wird, inwieweit Wissenschaft sich als *Machen*schaft, als angewandte Wissenschaft versteht.

Die Unterscheidung zwischen angewandter Wissenschaft und Grundlagenwissenschaft hat eine gewisse Berechtigung durch die bei der Erforschung verwendete Methode, aber im Hinblick auf die Bewertungsfragen und die mit diesen zusammenhängenden Fragen nach einer besonderen Verantwortung der Wissenschaftler für ihr Tun ist diese Unterscheidung zu ungenau. Bei der Wertungsfrage kommt es weniger auf die Methode als auf die Motive an. Wissenschaft hat im wesentlichen zwei unterschiedliche Motive: Sie möchte etwas erkennen und wissen, aber sie möchte auch etwas machen, sie möchte manipulieren und verändern.

Traditionell versteht sich Wissenschaft im Sinne des ersten Motivs als ein Teil der Philosophie, der es primär um Erkenntnis und Wahrheit geht. Diese Betrachtungsweise bestimmt auch heute noch weitgehend das Selbstverständnis eines Wissenschaftlers an der Universität. Die tatsächliche Situation scheint dies jedoch kaum mehr zu rechtfertigen – wenigstens in der Naturwissenschaft nicht. Die eigentliche Beschäftigung der Naturwissenschaft hat vielmehr direkt oder indirekt mit dem zweiten Motiv, nämlich mit den praktischen Anwendungen dieser Wissenschaft zu tun, wie sie inbesondere in der Technik zum Tragen kommt. Hier ist Wissen nicht mehr primär ein Promotor von Erkenntnis, von Einsicht und Weisheit, sondern Wissen wird hier zum know-how, Wissen wird hier zu einem hochpotenten Mittel der Macht, einer ungeheuer ambivalenten Macht, deren vernünftige Handhabung unbedingt eine geeignete Bewertung erfordert.

Die besondere Hervorhebung der absichtsvoll handelnden Wissenschaft in diesem Zusammenhang soll nicht bedeuten, daß die auf reine Erkenntnis ausgerichtete Wissenschaft auf eine Bewertung verzichten kann. Dies ist nicht der Fall, denn die Grenzen zwischen erkenntnisorientierter und anwendungsorientierter Wissenschaft sind äußerst verschwommen. Die erkenntnisorientierte Wissenschaft ist ja heute kaum mehr eine passiv betrachtende Wissenschaft, sondern eine experimentelle Wissenschaft, die unter höchstem technischen Aufwand der Natur ihre tiefsten Geheimnisse abzupressen versucht. Die anwendungsorientierte Forschung andererseits verlangt in hohem Maße eine gründliche und detaillierte Untersuchung von bestimmten Teilphänomenen, die in der üblichen Betrachtung zur Grundlagenforschung gerechnet wird und sich als solche methodisch kaum von der erkenntnisorientierten Forschung unterscheidet.

Mit einer Aufgliederung der Wissenschaft in eine erkenntnisorientierte und eine anwendungsorientierte Richtung soll hierbei unterschwellig keine Bewertung vorgenommen werden, etwa in dem Sinne, daß erkenntnisorientierte Forschung gut und anwendungsorientierte Forschung schlecht sei und deshalb nur die erstere an der Universität vertreten sein sollte; oder auch im umgekehrten Sinne, daß etwa erkenntnisorientierte Forschung als »l'art pour l'art« von der Universität verbannt und nur noch gesellschaftsrelevante angewandte Forschung betrieben werden sollte. Die beiden Zweige der Wissenschaften entsprechen nur zwei andersartigen Anliegen unserer menschlichen Gesellschaft. Die erkenntnisorientierte Wissenschaft hat philosophisch-kulturelle Bedeutung, ähnlich wie die Religion oder die Künste. Sie ist für das Zusammenleben der Menschen und die gesellschaftlichen Strukturen unentbehrlich. Die anwendungsorientierte Wissenschaft hat dagegen zum Ziel, die äußeren Lebensbedingungen des Menschen zu »verbessern« oder wenigstens nicht schlechter werden zu lassen.

Daß zwischen erkenntnisorientierter Wissenschaft und anwendungsorientierter Wissenschaft ein kontinuierlicher Übergang besteht, bedeutet nun andererseits nicht, daß zwischen diesen beiden Motiven kein klarer Unterschied besteht. Auch Tag und Nacht unterscheiden sich prinzipiell, obgleich es auch hier schwierig ist, genau anzugeben, wann der Tag aufhört und die Nacht beginnt. Die Notwendigkeit einer Wertung von Wissenschaft wird wichtiger, je mehr sie sich vom Wissen zum Machen verlagert.

Um etwas wie zum Beispiel eine Atombombe künftig verhindern zu wollen, wäre es nicht nötig, einem Otto Hahn seine erkenntnisorientierte Forschung zu verbieten. Es war ja nicht so, daß ein nach Transuranen suchender Otto Hahn als zufälliges Abfallprodukt seiner Forschung plötzlich eine Atombombe in seinen Händen hielt. Die Atombombe leitet sich in der Tat von der Hahnschen Entdeckung der Atomkernspaltung ab, aber die Entwicklung der Bombe benötigte eine gigantische Spezialforschung, die genau mit dem Ziel durchgeführt wurde, diese Massenvernichtungswaffe herzustellen. Ihr Bau wurde von der menschlichen Gesellschaft, genauer gesagt: einer von ihr, wie sie wenigstens glaubten, dazu legitimierten Gruppe von Politikern beschlossen. Vielleicht ist aber die Atombombe für die zukünftigen Gefährdungen gar nicht mehr charakteristisch. Scheint es doch heute nach allgemeinen Erkenntnissen nicht mehr undenkbar, daß auf dem Gebiet der Molekularbiologie ein einzelner Forscher in seinem Laboratorium einen Virus fabrizieren könnte, der – ähnlich dem AIDS-Virus – verheerende Konsequenzen für die Menschheit haben könnte. Müssen vielleicht doch gewisse Forschungen von Anfang an verboten werden?

In dem Maße jedenfalls, wie Forschung heute Großforschung, Technik Großtechnik wird oder Wissenschaft mit den natürlichen Steuerungs- und Verstärkungsmechanismen manipuliert, darf Wissen nicht mehr wahllos angehäuft und hemmungslos umgesetzt, sondern muß nach allgemeinen ethischen Grundsätzen gewertet und behutsam verwendet werden. Aufgrund der enormen Verstärkungsfaktoren können wir künftig nicht mehr nach dem alten Muster verfahren, unbedacht in neue Wissensgebiete vorzudringen, ungehemmt die zugehörige Technik zu entwickeln und dann unser Leben recht und schlecht an die durch sie veränderten Gegebenheiten anzupassen. Wir müssen vielmehr unser Hauptaugenmerk zunächst auf die vielen globalen Probleme richten, welche heute die Menschheit bedrängen und sie in ihrer Existenz bedrohen, wir müssen Möglichkeiten zu ihrer Lösung ersinnen und dann gezielt die für ihre Realisierung geeignete Technik entwickeln. Wir sollten die Vorstellung aufgeben, daß ein Haufen egoistischer, raffgieriger, ehrgeiziger, rivalisierender Menschen sozusagen als automatisches Nebenprodukt eine in sich harmonische und mit ihrer Umwelt verträgliche menschliche Gesellschaft erzeugt. Die heute die Menschheit bedrängenden Probleme – die Umweltprobleme, Probleme des Ressourcenschutzes, Nord-Süd-Probleme, Weltwirtschaftsprobleme – werden nur gelöst werden können, wenn die Lösung dieser Probleme explizit zum Hauptziel einer großen, weltweiten Anstrengung gemacht wird, in die Ost und West, Nord und Süd gleichermaßen eingebunden sind. Wissenschaft, soweit sie anwendungsorientiert ist, sollte und muß sich künftig voll diesen großen gemeinsamen Aufgaben widmen.

Eigentlich war ich für gesellschaftspolitische Fragen prinzipiell schon seit meinem ersten USA-Aufenthalt 1953–1957 aufgeschlossen. Die Kontroverse um den »Loyalty Oath« an der Universität in Berkeley (Kalifornien), meine damalige persönliche Auseinandersetzung mit der deutschen Vergangenheit in Verbindung mit den Vorlesungen Hannah Arendts, meine wissenschaftliche Zusammenarbeit mit Edward Teller in einer Periode, wo dieser mit Oppenheimer über die Wasserstoffbombe stritt und dessen Loyalität bemängelte, was damals zu vielen heftigen Diskussionen unter Kollegen führte, alle diese Erfahrungen hatten mich für gesellschaftspolitische Fragen sensibilisiert, insbesondere solche, die mit naturwissenschaftlichen Aktivitäten zusammenhingen. Während meines zweiten einjährigen Gastaufenthalts 1968/69 an der Universität Kalifornien war ich Zeuge der vehementen Studentenunruhen in Berkeley. Ich verbrachte viele Tage mit intensiven Diskussionen mit den Studenten, über grundsätzliche Fragen der Beziehung zwischen Wissenschaft und Gesellschaft, unserer Verantwortung, unserer Verpflichtung zum Handeln, was mein Interesse an gesellschaftspolitischen Fragen weiter steigerte.

Nach Deutschland zurückgekehrt, hatte ich jedoch durch meine schwerpunktmäßige Beschäftigung am Max-Planck-Institut für Physik, einem Forschungsinstitut ohne eigentlichen Lehrbetrieb, im Vergleich zu meinen Kollegen an der Universität weniger Gelegenheit, in die Auseinandersetzungen über die Hochschulreform hineingezogen zu werden. Als Vertrauensdozent der Studienstiftung des Deutschen Volkes und als Mitglied der Strukturkommission der Max-Planck-Gesellschaft war ich allerdings von diesen hochschul- und gesellschaftspolitischen Fragen auch nicht ganz abgekoppelt. Im großen und ganzen war ich aber damals fast vollkommen auf meine wissenschaftliche Arbeit konzentriert, die mich faszinierte und meine ganze Phantasie und Arbeitskraft beanspruchte. Erst die Emeritierung Werner Heisenbergs und die kommissarische Übernahme der Institutsleitung durch mich im Jahre 1972 brachten hier eine gewisse Änderung. Die eigentlich große Veränderung erfolgte jedoch erst etwa fünf Jahre später.

Der konkrete Anlaß für diese Neuorientierung war ein gemeinsamer Aufruf des Vorsitzenden der Großforschungsinstitute, Karl-Heinz-Beckurts, des Präsidenten der Max-Planck-Gesellschaft, Reimar Lüst, und des Präsidenten der Deutschen Forschungsgemeinschaft, Heinz Maier-Leibnitz, im November 1975 an alle Wissenschaftler – als Wissenschaftliches Mitglied der MPG wurde ich dazu persönlich von Reimar Lüst kontaktiert –, die Kernenergiepolitik der Regierung durch Unterzeichnung eines von ihnen formulierten Offenen Briefs an die Abgeordneten des Deutschen Bundestages zu unterstützen. Mit dieser Unterschriftenaktion sollte die Regierung in ihrer positiven Einstellung zur friedlichen Nutzung der Kernenergie, mit der sich der Deutsche Bundestag anläßlich einer Großen Anfrage Mitte Dezember 1975 befassen sollte, bestärkt werden.

Der Offene Brief an die Abgeordneten des Deutschen Bundestages hatte den folgenden Wortlaut:

Offener Brief an die Abgeordneten des Deutschen Bundestages

Als Staatsbürger und Wissenschaftler verfolgen wir mit Sorge die öffentliche Diskussion über Energieversorgung und Kernenergie, die in letzter Zeit nicht immer nur von sachlichen Argumenten geprägt war. Wir begrüßen es deshalb, daß sich der Deutsche Bundestag anläßlich der Großen Anfrage über die friedliche Nutzung der Kernenergie in der Bundesrepublik Deutschland erneut mit den grundsätzlichen Fragen der Kernenergie befaßt. Zugleich fühlen wir uns verpflichtet, die sachlichen Grundlagen der hier anstehenden Fragen noch einmal zu unterstreichen.

Die Verfügbarkeit der Kernenergie als neue Energiequelle in unserer Zeit ist das Ergebnis einer großen gemeinschaftlichen Anstrengung von Wissenschaft, Staat und Wirtschaft. Hinter der heute einsatzfähigen Technik stehen in der Bundesrepublik Deutschland zwei Jahrzehnte intensivster Arbeit einer großen Zahl von Wissenschaftlern und Technikern verschiedenster Disziplinen. Heute arbeiten allein in den vom Staat getragenen Kernforschungszentren nahezu 10 000 Menschen an der Weiterentwicklung der Kerntechnik und an der Lösung damit zusammenhängender Probleme. Die Wissenschaftler und Ingenieure haben sich auch eingehend mit den verfügbaren Energieressourcen der Erde und mit den Alternativen zur Kernenergie beschäftigt, und ein besonders großer Teil ihrer Arbeit war den Maßnahmen zur sicheren Beherrschung der Kernenergie gewidmet.

Eine ausreichende und sichere Versorgung mit preisgünstiger Energie ist für ein rohstoffarmes Land wie die Bundesrepublik Deutschland lebensnotwendig. Dabei muß in Zukunft Energie wesentlich sparsamer als bisher verwendet werden, jedoch sind die quantitativen Möglichkeiten zur Einsparung begrenzt, und es ist in den kommenden Jahrzehnten mit einem weiteren Anstieg des Energieverbrauchs zu rechnen, dessen Ausmaß mit dem Wachstum der Volkswirtschaft verkoppelt ist. Soll dieser Bedarf gedeckt werden, ohne die gegenwärtig starke Abhängigkeit von importierten fossilen Primärenergieträgern beizubehalten oder gar zu verstärken, ist auch bei einer vollen Ausschöpfung der Möglichkeiten der heimischen Kohle die Entwicklung und die Einführung neuer Energiequellen dringend erforderlich. Dazu könnten sich langfristig mehrere Möglichkeiten anbieten. Doch deren Erschließung erfordert noch erhebliche Forschungs- und Entwicklungsarbeiten, deren Erfolg nicht mit Sicherheit abzusehen ist. Kurz- und mittelfristig liegt die einzige Möglichkeit in der Nutzung der Kernspaltungsenergie.

Der Aufwand, der für die Sicherheit der Kernenergie und für die Berücksichtigung aller damit verbundenen Risiken unternommen wurde, war von Anfang an besonders groß und ist ohne Beispiel in der gesamten Technik. Trotzdem stieß die Nutzung der Kernenergie auf zahlreiche Einwendungen aus der Öffentlichkeit, die angesichts der Neuheit und des Mißtrauens gegenüber unbekannten und unsichtbaren Erscheinungen häufig verständlich waren. Sie haben zu einer noch sorgfältigeren Fachdiskussion geführt.

Aufgrund unserer Kenntnisse vertreten wir die Meinung, daß die Gefahren der Kernenergie derzeit in ausreichendem Maß beherrscht werden und daß die umfangreichen laufenden Forschungs- und Entwicklungsarbeiten zu den Sicherheitsproblemen der Kerntechnik gewährleisten, daß dies auch für den vorgesehenen weiteren Ausbau der Fall ist. Dies gilt für die Strahlenbelastung der Umgebung von Kernenergieanlagen im Normalbetrieb und im Falle des größten anzunehmenden Unfalls. Es gilt für die Beseitigung der radioaktiven Abfälle ebenso wie für die Gefahren des Transports von spaltbarem und radioaktivem Material. Allerdings bedarf dieses Problem – sowie die Verhinderung des Mißbrauchs des in unserem Land erzeugten Plutoniums – der besonderen Aufmerksamkeit der staatlichen Organe. Die Probleme der Abwärme sind allen Kraftwerken, auch den nicht-nuklearen, gemeinsam.

Aus all diesen Gründen halten wir die Nutzung der Kernenergie für notwendig und für verantwortbar. Die verbleibenden Risiken werden von uns ernst genommen. Sie erscheinen jedoch vertretbar, wenn man sie am zivilisatorischen Gesamtrisiko mißt, und sie sind kleiner als manche Risiken, die um geringerer Vorteile willen in Kauf genommen werden.

Im November 1975

Die Aufforderung, diesen Brief zu unterzeichnen, brachte mich, wie auch einige meiner Kollegen, einigermaßen in Verlegenheit. Einerseits war mir damals noch nicht klar, ob es – was die Möglichkeiten einer langfristigen Energieversorgung betraf – überhaupt eine und unter vernünftigen Annahmen auch realisierbare Alternative zur Kernenergie gibt – weshalb ich mich eigentlich in diesem Punkte mit dem Inhalt des Briefes einverstanden erklären konnte. Andererseits war es mir aber doch recht unheimlich, auf welch leichtfertige Weise dabei mit den bei einer umfassenden Kernenergienutzung drohenden Gefahren umgegangen und wie unkritisch vom Faktum eines prozentual stetigen Wachstums des Energieverbrauchs ausgegangen wurde. Ich habe aus letzteren Gründen damals diesen Offenen Brief *nicht unterschrieben und mich bei meiner Ablehnung zunächst auf ein meines Erachtens vortreffliches Antwortschreiben meines Kollegen Norbert Schmitz an den Präsidenten bezogen. Gleichzeitig stellte ich in Aussicht, mich zu dieser schwierigen Frage zu einem späteren Zeitpunkt detaillierter äußern zu wollen.*

Wegen des Todes von Heisenberg im Februar 1976 und der damit verbundenen zusätzlichen Belastungen für mich habe ich dieses Versprechen erst fast anderthalb Jahre später eingelöst. Konkreter Auslöser dafür war eine sehr lebendige Diskussion am 2. Weihnachtstag 1976 in unserem Hause im Freundeskreis, wo mich insbesondere der Schriftsteller Dieter Lattmann und Edith Kuby-Schumacher mit der starken Unterstützung meiner Frau Sue zum wiederholten Male bedrängten, doch die Kernenergiegegner in ihrer Argumentation zu unterstützen. Nach wie vor fühlte ich mich bei meiner Einschätzung der Kernenergieproblematik zwischen beiden Lagern. Ich konnte weder den Kernenergiebefürwortern noch den Kernenergiegegnern ganz zustimmen. Aus Zeitmangel mußte ich jedoch erst noch die Pfingstferien abwarten, bevor ich im Juni 1977 endlich meine Gedanken dazu unter dem Titel Dafür oder dagegen? – Kritische Gedanken zur Kernenergiedebatte *zu Papier brachte.*

Diese Abhandlung war ursprünglich eigentlich nur als Antwort für all die Leute bestimmt, die mich in der einen oder anderen Weise um eine Stellungnahme zur Kernenergie gebeten hatten. Zu meiner Freude waren die Reaktionen auf dieses Papier bei den Befürwortern wie bei den Gegnern der Kernenergie gleich positiv, mit ganz wenigen Ausnahmen, zu denen auch der Präsident der Max-Planck-Gesellschaft gehörte, der mich dringend bat, es nicht weiter zu verbreiten, vor allem auch aus Rücksicht auf meinen Lehrer Heisenberg, der doch die Kernenergie zu seinen Lebzeiten immer sehr gefördert habe. Trotz dieser Kritik, die ich nicht nachvollziehen konnte, habe ich dann auf vielseitiges Drängen diesen Aufsatz im September 1977 im Dokumentationsteil der Frankfurter Rundschau *veröffentlicht.*

Die Resonanz in der Öffentlichkeit war erstaunlich groß und wieder durchweg positiv. Sie führte zu einer Reihe von Nachdrucken in anderen Zeitschriften und Informationsblättern – und dies erfreulicherweise wieder in beiden Lagern. Von einem Heidelberger Kreis wurde durch den Physiker Nuku Stamatescu der Wunsch an mich herangetragen, im Rahmen der Deutschen Physikalischen Gesellschaft (DPG) eine Koordinierungsgruppe zu Energiefragen ins Leben zu rufen. Diese Gruppe sollte Forschungsarbeiten über Energiefragen an den Universitäten anregen und Vortragsveranstaltungen anläßlich der Jahrestagungen der DPG organisieren. Dieses Vorhaben wurde auch zunächst vom Präsidenten der DPG gutgeheißen. Auf der Jahrestagung im Oktober 1978 wurde mir in Berlin die Möglichkeit gegeben, meine Vorstellungen zur Kernenergie und die Energieproblematik allgemein im Rahmen einer Abendveranstaltung vorzutragen. Als ich dann am Ende meines Vortrags meine Zuhörer, wie vorher in den Physikalischen Blättern *angekündigt, zur Bildung von Energieforschungsgruppen an den Universitäten aufrief und sie bat, mit mir eine langfristige Koordination dieser Aktivitäten zu vereinbaren, stieß ich auf unerwarteten Widerstand beim Präsidenten und dem Vorstand der DPG. Ich mußte sehr schnell einsehen, daß eine Organisation solcher Energieforschungsgruppen außerhalb der schon existierenden Expertengruppen – und hier existierte insbesondere schon ein Arbeitskreis speziell zur Kernenergie – bei der DPG keinerlei Unterstützung fand. Daran änderte sich auch nichts Wesentliches, als der »Arbeitskreis Kernphysik« in »Arbeitskreis Energie« umgetauft und ich zur Mitarbeit eingeladen wurde.*

Ich habe mich deshalb kurzerhand nach einem anderen Träger für ein solches Vorhaben umgesehen. Ich fand ihn bei der Vereinigung Deutscher Wissenschaftler (VDW), wo ich damals im Vorstand war und Klaus Michael Meyer-Abich, ein Vorreiter der sanften Energietechnologien, den Vorsitz führte. Ich gründete im September 1979 eine VDW-Studiengruppe »Wirtschaftswachstum und Energieversorgung«, initiierte entsprechende Energiegruppen an verschiedenen Universitäten und organisierte in den folgenden Jahren gemeinsame jährliche Energieseminare am Rande der Jahrestagung der DPG.

In diesem Rahmen begann ich in München an der Ludwig-Maximilians-Universität im Wintersemester 1979/80 ein Seminar »Harte und sanfte Energietechnologien«, das im Juni 1981 eine Studie zum geplanten Heizkraftwerk in München-Moosach und dann vor allem im Oktober 1983 ein kommunales Energiekonzept für die Stadt München – die sog. SESAM-Studie – erstellte. In dieser Studie wurden detailliert mögliche Entwicklungspfade des zukünftigen Energieverbrauchs Münchens unter verschiedenen Randbedingungen studiert und vor allem auf die enormen Energieeinsparmöglichkeiten hingewiesen.

Nach Beendigung der SESAM-Studie und in Anbetracht meines zunehmenden Engagements in der Friedenspolitik schloß ich im Herbst 1983 die Arbeit der VDW-Studiengruppe mit einer Tagung »Energiesysteme im wirtschaftlichen Wandel« im Rahmen der Jahrestagung der VDW ab.

Dafür oder dagegen?
Kritische Gedanken zur Kernenergiedebatte

Zwischen den wirtschaftlichen und staatlichen Institutionen einerseits und vielen Bürgern unseres Landes andererseits, welche das Leben der kommenden Generationen bedroht sehen, wird derzeit leidenschaftlich über die friedliche Nutzung der Kernenergie gestritten. Als Physiker, der sich seit Jahrzehnten mit der Physik der Elementarteilchen befaßt – also jener kleinsten Teilchen, zu denen auch die Bausteine der Atomkerne zählen –, wurde ich in letzter Zeit immer wieder und mit zunehmendem Druck angegangen, öffentlich zu dieser Lebensfrage Stellung zu beziehen. Ich habe mir die Erörterungen und Argumente sorgfältig angesehen und mußte immer wieder feststellen, daß ich mich mit keiner Seite völlig einverstanden erklären konnte. Ich habe deshalb bisher keinen der Aufrufe und Memoranden mitunterzeichnet und gehöre damit zu der großen Menge der Wissenschaftler, die sich durch ihr Schweigen »vor der Verantwortung in dieser wichtigen Lebensfrage drücken«.

Diesem Vorwurf möchte ich dadurch begegnen, daß ich darzulegen versuche, warum ich mich außerstande sehe, uneingeschränkt die Partei der einen oder anderen Seite zu ergreifen. Ich vermute, daß viele meiner Kollegen ähnlich denken, obwohl sie die Gewichte vielleicht etwas anders verteilen würden als ich. Dieses »zwischen den Fronten stehen« ist ein Grund ihres und auch meines bisherigen Schweigens, aber nicht der einzige.

Für den mit der Materie besser Vertrauten, für den »Fachmann« oder »Experten«, wie die Leute ihn wohl nennen, erscheint darüber hinaus das Schweigen weniger eine Unterlassung als vielmehr eine moralische Verpflichtung. Dies mag den Außenstehenden erstaunen. Da viele meiner Kollegen dieses Gebot sehr ernst nehmen, möchte ich die dabei zugrunde liegenden Überlegungen kurz erörtern. Sie sollen gleichzeitig meinem Beitrag als »Worte der Vorsicht« vorausgeschickt werden.

Das Dilemma des »Experten«

Wenn ein Kernphysiker oder Elementarteilchenphysiker zum Thema »friedliche Nutzung der Kernenergie« seine Meinung äußert, dann mißt die breite Öffentlichkeit dieser Meinung automatisch ein besonderes Gewicht zu, da ja hier, wie sie meint, ein Fachmann seine Meinung bekundet. *Dies ist strenggenommen falsch!* Richtig ist, daß dieser Physiker aufgrund seiner speziellen Erfahrung bestimmte physikalische Fakten und Zusammenhänge umfassender, sicherer und tiefgründiger verstehen und würdigen kann. Solche Spezialkenntnisse befähigen ihn aber noch nicht dazu, in anderen für das Kernenergieproblem wesentlichen Fragen, wie etwa wirtschaftlicher, soziologischer oder ökologischer Art, ein ähnlich sicheres Urteil zu erlangen. Darüber hinaus – und dies ist eigentlich der wesentliche Punkt – können Fragen, wie sie etwa im Kernenergieproblem zur Debatte stehen, überhaupt nicht »wissenschaftlich« eindeutig beantwortet werden, da hierbei notwendig eine *Bewertung* erfolgen muß, die aus einer umfassenderen menschlichen Erfahrung als der naturwissenschaftlich-technischen bezogen werden muß. Fakten und Spezialkenntnisse sind wertfrei, sie können Verknüpfungen aufzeigen, verwickelte Zusammenhänge übersichtlich machen und damit eine angemessene Bewertung erheblich *erleichtern*, sie aber *nie ersetzen*.

Viele Wissenschaftler sind sich dieser Beschränkung voll bewußt. Sie haben eine tiefe Abneigung dagegen, über Dinge öffentlich zu reden, von denen sie »nichts verstehen«. Ihre Autorität im wissenschaftlichen Bereich beruht ja gerade auf dieser Qualität, nur wohlfundierte Meinungen zu vertreten. Die notwendige Konsequenz dieses Standpunktes scheint Schweigen zu sein, außer im Falle bestimmter Sachfragen, für die man sich als Experte zuständig hält.

Ich respektiere diese Meinung, aber ich kann sie nicht teilen. Die Meinung irrt meines Erachtens in der Annahme, daß es in der Gesellschaft Personen oder Personengruppen gibt, die sozusagen

»Spezialisten in der Bewertung« sind. Diese berühmten »Weisen«, die aufgrund eines außergewöhnlichen räumlichen und zeitlichen Weitblicks jederzeit in schwierigen Entscheidungen als letzte, unfehlbar wertende Instanz angerufen werden könnten, *diese »Weisen« gibt es leider nicht*, wenigstens nicht dort, wo man sie brauchte. Die tägliche Erfahrung zeigt, daß man sich allerorts mit weit weniger verläßlichen Urteilen begnügt.

Ein Spezialwissen fördert das Urteilsvermögen nicht unmittelbar. Die Konzentration auf bestimmte Details kann im Gegenteil sogar ein ausgewogenes Urteil behindern. Jedoch: Die Aneignung von Wissen jeglicher Art setzt in den meisten Fällen eine harte Denkschulung voraus, die das Urteilsvermögen schärft. Wissenschaftliche Arbeit, insbesondere wenn sie sich auf die naturwissenschaftliche Grundlagenforschung bezieht, entwickelt die Fähigkeit, Teilprobleme in ihrem größeren Zusammenhang zu sehen und ihre wechselseitige qualitative und quantitative Bedingtheit zu erkennen. Ein Forscher ist einerseits ein in der Stille der Versenkung Lauschender und Tastender, der in die Geheimnisse der Natur behutsam einzudringen versucht, er ist andererseits ein tatkräftig Handelnder, der seine Erkenntnisse nicht in der Schwebe läßt, sondern sie in greifbare, mitteilsame Form zu gießen versucht, sie mutig der empirischen Bewährung aussetzt und sie schließlich als neue Realität in dieser Welt zur Wirkung bringt. Grunderfahrung wissenschaftlicher Arbeit ist, daß ein *richtiges* Urteil von mannigfachen Fehlurteilen umgeben ist und daß es nur in Kontrast zu jenen als »richtig« voll gewürdigt werden kann. Erfahrung heißt nicht nur, das Richtige zu kennen, sondern insbesondere mit diesen Fehlschlüssen vertraut zu sein und sie künftig zu vermeiden. Wissenschaftliche Arbeit zeigt deutlich die jeweiligen Grenzen unseres Urteilsvermögens. Durch die Schärfe der Fragestellung werden die Verschwommenheit und Begrenztheit unseres Denkens sichtbar.

Warum, so frage ich, soll deshalb ein Wissenschaftler die allgemeine Meinungsbildung und die kritische Bewertung denjenigen überlassen, die wegen eines weniger ausgeprägten Kritikvermögens keine Hemmung haben, ihren Standpunkt uneingeschränkt zu vertreten. Ein Politiker muß handeln, und das heißt: er muß sich für das Machbare interessieren. Die Macht der Umstände läßt ihm oft nur wenig Raum, in komplizierten Situationen das einsichtig Vernünftige zu sehen und danach zu handeln. Der Wissenschaftler will zunächst erkennen und verstehen, seine Bilder sind deshalb differenziert und kompliziert, um dem gegebenen Sachverhalt möglichst nahe zu kommen. Seine Vorstellungen und Vorschläge eignen sich deshalb nur selten zur unmittelbaren politischen Handhabe. Das muß aber nicht so sein. Er muß nur einmal sein ganzes Spezialwissen außern Acht lassen, sozusagen einen Schritt zurücktreten und aus dieser größeren Entfernung versuchen, zu wichtigen Lebensfragen kritisch Stellung zu nehmen – als einfacher Staatsbürger, als einer unter vielen, aber als ein im Denken geschulter Mensch. Er kann und darf sich dieses Recht nicht nehmen lassen, selbst auf die Gefahr hin, daß die Öffentlichkeit geneigt sein könnte, seine Meinung als Expertise mißzuverstehen.

Der Beginn zur Lösung schwieriger Probleme ist ein intensiver Dialog. Um fruchtbar zu sein, müssen sich alle Teilnehmer verpflichten, ehrlich an der Lösung dieses Problems und nicht an der Durchsetzung ihres Standpunkts interessiert zu sein. Doch es ist nicht sinnvoll, einen Dialog damit zu eröffnen, von der Gegenseite zunächst Beweise für diese konstruktive Haltung zu fordern. Halten wir uns selbst daran und – selbst wenn wir berechtigte Zweifel haben – unterstellen wir der Gegenseite uneingeschränkt die gute Absicht. Im Gespräch wird sie offensichtlich. Offenheit hat eine erstaunlich reinigende Wirkung. Verteufelung des Gegners und die Unterstellung unlauterer Absichten zerstören die Vertrauensbasis, die wir zur Lösung schwieriger Probleme brauchen.

In diesem Sinne möchte ich diesen meinen Beitrag zum Fragenkomplex der friedlichen Nutzung der Kernenergie als einen Versuch betrachten, die Fronten zu entkrampfen und ein fruchtbares Gespräch zu beginnen. Wer glaubt, die Lösung dieser Probleme schon zu kennen, ist vermessen, nicht weise.

Die Nutzung der Kernenergie als Teilaspekt einer umfassenderen Problematik

Die Frage der friedlichen Nutzung der Kernenergie durch den Bau von Kernspaltungsreaktoren wird von den Befürwortern hauptsächlich unter dem Aspekt der dringend benötigten Bereitstellung billiger Energie für einen stetig wachsenden Bedarf gesehen. Ihre Gegner betonen hauptsächlich die schädlichen und nicht mehr gut zu machenden Auswirkungen auf uns und unsere Umwelt, die notwendig damit verknüpft sind. Das Dilemma ist, daß beide Seiten unter den von ihnen angegebenen Voraussetzungen recht haben. Damit meine ich:

Unsere Zeit ist gekennzeichnet durch ein ungehemmtes Streben sehr vieler Menschen – insbesondere auch denen der Dritten Welt – nach einem höheren Lebensstandard bei einer insgesamt immer noch stark anwachsenden Weltbevölkerung und einer sich deutlich abzeichnenden Verknappung fossiler Energieträger. Es besteht deshalb kein Zweifel, daß wir *bei unserer jetzigen Lebensform und unter unseren jetzigen Vorstellungen einer modernen Wirtschaft* – ob nun von westlicher oder östlicher Prägung, das macht keinen Unterschied – keine andere Wahl haben, als jede Möglichkeit der Energiegewinnung – insbesondere auch die der Kernenergie – voll auszuschöpfen.

Andererseits haben die Kernenergiegegner zweifellos recht, wenn sie auf die großen Gefahren hinweisen, die durch den ungezügelten Bau von Kernreaktoren für die Biosphäre entstehen. Es ist aber eine ganz unzulässige Verengung der eigentlichen Problematik – und viele haben dies klar erkannt –, wenn wir uns nur einfach gegen den Bau von Kernreaktoren wehren. Die noch nicht absehbaren Gefahren für uns und unseren Lebensraum ergeben sich nämlich vor allem aus der ungehemmten Eskalation unseres Verbrauchs von Energie insgesamt, aus welcher Quelle sie auch immer gespeist wird. Das Hauptproblem bei unserer Entscheidung liegt deshalb nicht darin, wie wir künftig gefahrlos mit Kernreaktoren und langlebigem radiaktiven Müll leben können, sondern *wie künftig ein menschenwürdiges Dasein überhaupt noch aufrechterhalten werden kann.* Denn: Der gesamte Vorrat an Rohstoffen und Energieträgern auf unserer Erde (mit Ausnahme der direkt oder indirekt mit der Sonne verbundenen Energiequellen) ist *notwendig begrenzt*. Deshalb ist jegliche Lebensform, die einen zunehmenden Verbrauch dieser Vorräte erfordert, auf die Dauer unmöglich. Darüber kann es prinzipiell überhaupt keine Meinungsverschiedenheiten geben.

Diese Gegenüberstellung macht deutlich:

Ein Ausweg aus unserer prekären Zwangslage, die sich in einer Verschärfung des Konflikts zwischen den Erfordernissen unserer Wirtschaft als Grundlage unserer *gegenwärtigen* Lebensform und einer Erhaltung unseres gesunden Lebensraumes abzuzeichnen beginnt, kann nur darin bestehen, daß wir *neue Lebens- und Wirtschaftsformen entwickeln, die keinen wachsenden Verbrauch an erschöpfbaren Vorräten erfordern.*

Diese These möchte ich im folgenden *mit aller Entschiedenheit* vertreten. Sie gibt im wesentlichen den Umweltschützern recht, zeigt jedoch auch, daß diese Fragen *keine* Lösung zulassen, wenn man sie etwa auf das Kernenergieproblem einengt und berechtigte wirtschaftliche Forderungen, wie sie uns insbesondere von der Dritten Welt gestellt werden, außer Betracht läßt.

Obwohl obige These in dieser allgemeinen Form unmittelbar einsichtig erscheint, taucht sie eigentümlicherweise im Kernenergie-Disput meist nur am Rande auf.

Einwände gegen die Grundthese

Ich glaube, daß nur wenige prinzipielle Einwände gegen meine Grundthese haben – es gibt einige Auswege, über die ich kurz weiter unten sprechen will –, daß sich aber viele dagegen wehren, die Problematik auf dieser allgemeinen Ebene zu diskutieren. Der Hauptgrund dafür ist wohl ein psychologischer:

Unserer eigenen praktischen Lebenserfahrung vertrauen wir im allgemeinen weit stärker als irgendeiner Theorie, mag sie auch noch so überzeugend klingen. Wir alle waren und sind Zeugen eines wohl geschichtlich einmaligen Wirtschaftsaufschwungs, in dem ungeheure, bisher unbekannte Ressourcen mobilisiert, neuartige Techniken bereitgestellt, enorm effiziente Organisationsformen entwickelt wurden. Wir haben vieles erlebt, was vor einigen Jahrzehnten auch eine rege Phantasie sich kaum hätte ausmalen können. Alles ist in so schnellem Wandel begriffen, daß eine pragmatische Einstellung zu allen Problemen sich als die zweckmäßigste erweist, nämlich das Naheliegende zu tun und sich keine allzu genauen Vorstellungen von der Zukunft und keine allzu großen Sorgen über mögliche Fehlentwicklungen zu machen: »Es kommt alles ja sowieso ganz anders, als man denkt.« Hier schwingt als Unterton mit: Viele Probleme, die in abstrakter Form als äußerst schwierig oder fast unlösbar erscheinen, finden oft eine einfache Lösung, wenn sie einmal in konkreter Form direkt vor uns stehen. Dieser Standpunkt ist nicht nur verständlich, sondern ist geradezu die *Erfolgsformel jedes Praktikers und Politikers*. Wer im Leben entscheiden und handeln muß, kann ohne diese »Lebensweisheit« nicht auskommen.

Doch gerade in einer unkritischen Verallgemeinerung dieser »Lebensweisheit« scheint die eigentliche Gefahr zu liegen. Es gibt eine ganze Reihe von Aussagen, für deren Gültigkeit man sich auch über längere Zeiträume hinweg streng verbürgen kann. Das ganze eindrucksvolle Gebäude der Naturwissenschaft basiert letztlich auf solchen Aussagen. Zum Beispiel können wir mit Sicherheit behaupten, daß es auch in Zukunft kein »perpetuum mobile« geben wird, also eine Maschine, die Energie aus dem »Nichts« erzeugen kann oder daß die Menge der Rohstoffe auf dieser Erde begrenzt ist.

Viele Leute sehen diese prinzipielle Beschränkung nicht. Etwas Einsichtigere sehen sie wohl, betrachten sie jedoch als *praktisch unwirksam*, weil sie grenzenlos der menschlichen Phantasie vertrauen. Der Wissenschaftler oder Techniker wird durch sie in die Rolle eines Medizinmannes oder Zauberers gedrängt, dem zum richtigen Zeitpunkt dann doch irgend etwas Neues einfallen wird, was die pessimistischen Prognosen über den Haufen wirft.

Man muß dabei im Auge behalten, daß für die meisten Menschen unserer technischen Zivilisation die von ihnen täglich benutzten Apparate sowieso reine Zauberkästen sind, da sie kaum imstande sind, die raffiniert ausgeklügelte Kausalkette aneinandergehängter Einzelprozesse gedanklich nachzuvollziehen. Ich bin kein Pessimist, was menschliche Intelligenz und Einfallsreichtum anbelangt, man soll sich jedoch nicht darüber hinwegtäuschen lassen, daß besonders schwierige Probleme, wenn sie sich überhaupt als lösbar erweisen, zu ihrer Lösung meistens weitreichende Kompromisse erfordern, die in erheblichen Nachteilen zum Ausdruck kommen. Die Lösung ist möglich, aber die Opfer dafür können vergleichsweise zu hoch werden.

Vielleicht gelingt es uns in der Tat, in einigen Jahrzehnten all die immensen noch bestehenden technischen Schwierigkeiten zum Bau eines funktionsfähigen Fusionsreaktors zu überwinden, mit dem wir praktisch unbegrenzte Energien erschließen könnten. Die enorme Schwierigkeit des Problems läßt aber ahnen, daß wir bei seiner Verwirklichung auf erhebliche Opfer gefaßt sein müssen. So könnte sein schlechter Wirkungsgrad uns vor ganz schwerwiegende Umweltprobleme stellen. Da wir die Lösung noch nicht kennen – vielleicht gibt es keine –, ist es müßig, im Augenblick darüber zu spekulieren. Immerhin, es könnte ein Ausweg sein.

Es gibt noch phantastischere Auswege aus unserer Klemme. So wird von einigen Leuten ernsthaft für möglich gehalten – ein russischer Kollege hat mir dies erst kürzlich als realistisch geschildert –, daß die Menschheit, noch bevor die Verknappung an Ressourcen auf der Erde ernste Konsequenzen zeitigt, sich auf andere Planeten unseres Sonnensystems oder gar benachbarter Sonnensysteme ausbreiten könnte und damit einen Zugriff zu praktisch unbegrenzten Rohstoff- und Energiequellen erhalten würde. Auch hier: Warum sollten Menschen mit geeigneten Raumanzügen nicht auch auf dem Mars leben können? Aber wieder: Das Opfer! Der Südpol wäre im Vergleich dazu ein »trautes Heim«. Immerhin ein möglicher Ausweg.

Charakteristisch bei all diesen »Auswegen« scheint mir zu sein, daß sie das Hauptanliegen dieser ganzen Anstrengung gänzlich aus dem Auge zu verlieren scheinen, nämlich die *Qualität unseres Lebens zu verbessern* und nicht die Materie unseres Kosmos in Lebensstandardgüter für möglichst viele Menschen zu verwandeln.

Einige stimmen der aufgestellten These prinzipiell zu, meinen jedoch, daß eine Verknappung der Vorräte erst in ferner Zukunft ernste Folgen nach sich ziehen wird. Wie fern ist diese Zukunft? Vielfach wird behauptet, daß bei der jetzigen Steigerungsrate des Rohstoff- und Energieverbrauchs die industrialisierte Menschheit schon in den nächsten 30 bis 50 Jahren in höchste Bedrängnis geraten wird. Solche Prognosen sind naturgemäß mit großen Unsicherheiten behaftet, sie hängen insbesondere auch von der Verläßlichkeit der rohen Abschätzungen über Rohstoff- und Energiereserven im technisch erreichbaren Bereich unserer Erdkruste ab. Für unsere prinzipielle Diskussion ist diese Unsicherheit aber nicht entscheidend, da sie nur die Dauer unserer Galgenfrist beeinflussen kann, nicht aber den Kern unserer These trifft.

Ein Zeitraum von 50 Jahren ist für viele eine unvorstellbar lange Zeit – es ist fast ein ganzes Lebensalter. Es muß deshalb nicht Heuchelei sein, wenn Befürworter eines weiteren Wirtschaftswachstums auf der Basis eines gesteigerten Verbrauchs an Ressourcen, das Wohl zukünftiger Generationen als Grundmotiv ihres Standpunktes anführen. Manch ein Politiker hält sich für weitsichtig, wenn er über eine Legislaturperiode hinausdenkt. Kein Wunder, daß bei der jetzigen Diskussion die »Weitsichtigen« dauernd von der Mitte der achtziger Jahre sprechen – das ist *unsere* Zeit und noch kaum die unserer Kinder! – und nur wenige bis zum Jahre 2000 oder gar darüber hinaus extrapolieren.

Klar ist: Jede weitere Zunahme des Verbrauchs an Vorräten geht notwendigerweise auf Kosten späterer Generationen. Nicht so einhellig ist die Meinung darüber, ob dies so schlimm sei, etwa nach dem Motto: »Wir sind so prächtige, tüchtige, einfallsreiche und dazu so verwöhnte und genußfähige Menschen, daß es uns sehr wohl zusteht, maximalen Nutzen aus unseren Leistungen zu ziehen. Wenn nichts mehr da ist, werden die Menschen schon die Fähigkeit entwickeln, mit ihrer Not irgendwie zurechtzukommen. Äußere unausweichliche Zwänge waren von jeher die besten Lehrmeister.«

Die notwendigen Konsequenzen

Es erscheint offensichtlich, daß die einzige Chance, eine große Katastrophe in den nächsten 50 bis 100 Jahren zu vermeiden, darin liegt, Wirtschaftssysteme zu entwickeln, deren Stabilität nicht auf einem stetig wachsenden Verbrauch von erschöpfbaren Vorräten beruht. Genaugenommen sollten wir uns vornehmen, den Verbrauch eines Rohstoffs oder eines Energieträgers, der nach heutigen Schätzungen bei gleichbleibendem Verbrauch noch n Jahre reichen würde, jedes Jahr sogar um $100/n\%$ einzuschränken. Mit dieser Verhaltensweise würden wir uns immer noch den Löwenanteil an den Segnungen unserer Erde sichern, aber unsere Nachkommen würden nie ganz leer ausgehen. Es würde sozusagen gleichmäßig schlechter werden, und die Menschen hätten optimale Möglichkeiten, sich damit zurechtzufinden. Ihre zunehmende Weisheit könnte sie ausreichend für den zunehmenden Mangel entschädigen. Sollten sich unsere Prognosen durch Entdeckung neuer Lagerstätten oder Erschließung neuer Energiequellen verbessern, dann könnten wir jederzeit den Kürzungswert zu unseren Gunsten korrigieren.

Diese Forderung wird noch zwingender, wenn man beachtet, daß der größte Teil der Erdbevölkerung bei weitem noch nicht unseren Lebensstandard erreicht hat und sich mit einer so extrem ungleichen Verteilung der Lebensgüter schwerlich auf Dauer abfinden wird und soll und daß dieser Bevölkerungsteil dazu zahlenmäßig stark zunimmt. Ohne Eindämmung dieses Bevölkerungswachstums wird Stabilität schlechthin unmöglich sein. Mögliche zukünftige Entwicklungen, welche die Sonnenenergie oder eventuell auch im begrenzten Umfang Fusionsenergie verwertbar machen, werden wir bitter nötig haben, um die Probleme der Dritten Welt mit zu lösen. Alles in allem fällt es mir schwer zu glauben, daß wir unseren jetzigen hohen Lebensstandard in Zukunft beibehalten können.

Man sollte diese Prognosen nicht als Schwarzmalerei empfinden. Es ist meine Überzeugung, daß Lebensqualität nicht so eng mit dem zusammenhängt, was wir numerisch als »Lebensstandard« ermitteln. Wir machen heute alle die Erfahrung, daß ein hoher Lebensstandard auch hohe Opfer an Lebensqualität erzwingt, so daß sich die Relation umzukehren beginnt. Andererseits muß man klar erkennen, daß Lebensqualität nach unserer heutigen Auffassung ein Minimum an Lebensstandard erfordert. Es sollte unser Ziel sein, dieses Minimum wenigstens unseren Mitmenschen zu ermöglichen und unseren Nachkommen zu erhalten.

Das Problem der Anpassung

Ich glaube, daß jemand, der die Fakten kennt, in der langfristigen Beurteilung der Situation sowie in den sich daraus ergebenden notwendigen Konsequenzen kaum anderer Meinung sein kann. Große Meinungsverschiedenheiten bestehen jedoch darüber, was uns zu tun aufgetragen und was wirklich, d. h. praktisch konkret machbar ist.

Weitverbreitet ist die Meinung, daß man den Dingen seinen »natürlichen« Lauf läßt: »Die Mangelsituation wird automatisch die großen Zwangskräfte erzeugen, welche für eine Neuorientierung nötig sind. Unsere Aufgabe kann es nur sein, uns auf die konkreten nächstliegenden Probleme, wie im Augenblick etwa die Arbeitslosigkeit, zu konzentrieren und sie einer Lösung zuzuführen. Auch die großen zukünftigen Probleme werden, wenn die Zeit reif ist, genau nach dieser Methode gemeistert werden.«

Es ist klar, daß das, was den Naturgesetzen widerspricht, sich auch nie realisieren wird. Eine Formel, die stetiges Wachstum erfordert, muß deshalb *notwendigerweise* einmal ungültig werden. Es kann uns aber als Betroffenen nicht gleichgültig sein, auf *welche Art und Weise* dies geschieht. Für die Natur ist es nicht unnatürlich, eine »Katastrophe« als Mittel zur Lösung zu verwenden. Wir haben deshalb überhaupt keine Gewähr dafür, daß die zukünftigen Zwangskräfte die Menschheit nicht einfach erdrücken, daß unsere Zivilisation, die menschliche Geschichte, einfach in einer *Katastrophe* endet. Für die Natur wäre dies nur ein unwesentliches und gewöhnliches Ereignis. Über die Jahrmillionen und Jahrmilliarden hinweg werden ihr neue, vielleicht beständigere Schöpfungsformen als der Mensch gelingen. Diese Betrachtungsweise kann selbstverständlich für *unsere* Orientierung keine Rolle spielen. Ich habe sie erwähnt, um deutlich zu machen, daß wir als Menschen *in unserer Einzigartigkeit* auf dieser Welt *keine Gewähr* dafür sehen dürfen, die zukünftigen Schwierigkeiten als Menschheit lebend zu überstehen.

Wenn wir einer katastrophalen Lösung entkommen wollen, müssen wir alles versuchen, uns den Notwendigkeiten der Zukunft so bald wie möglich anzupassen. Anpassungsprozesse, sollen sie stetig und nicht chaotisch erfolgen, *benötigen eine gewisse Zeit*.

Ich vermute, daß für menschliche Anpassungsvorgänge die Zeit einer Generationsfolge – also etwa 30 Jahre – eine charakteristische Zeitgröße ist. Wir sind im allgemeinen während unserer Jugendzeit genügend flexibel, um die einer geänderten Situation besser angepaßten Verhaltensweisen zu erproben und die dazu notwendigen neuen Fähigkeiten zu erlernen. Versucht man einen Anpassungsprozeß in kürzerer Zeit zu erzwingen, so stößt man auf erbitterten Widerstand, der weniger der Dummheit und Uneinsichtigkeit entspringt als vielmehr der Furcht, seinen sicheren Stand oder sein Lebensglück zu verlieren. Auch der sogenannte »kleine Mann von der Straße« oder gerade er – der wirkliche »Habenichts«, den die moderne Industriegesellschaft kaum mehr kennt, ausgenommen – möchte keine radikale Änderung, da er wegen seiner finanziellen Grenzlage letztlich alle Schwierigkeiten, die notwendig bei jeder Neuorientierung auftreten, ausbaden müßte.

In unserer hochtechnisierten Gesellschaft sind wir alle daran gewöhnt, mit kleinen Verrichtungen große und komplizierte Prozesse in Gang zu setzen. Ein kleiner Druck auf das Gaspedal läßt uns mit hoher Geschwindigkeit durch die Gegend brausen, ein kleiner Druck auf die Bremse bringt uns wieder zum Stehen. Diese *Knopfdruck-Mentalität* läßt uns ungeduldig werden, wenn etwas nicht *sofort* nach unseren Wünschen geschieht. »Warum macht denn niemand etwas? Warum kümmert sich denn nicht die Regierung, der Staat, die Partei, die Kommune darum?« Da uns die Ursachen und Konsequenzen für jedermann einsichtig erscheinen – was sie vielleicht auch wirklich sind –, verstehen wir nicht, warum nichts passiert. Wir vermuten dahinter dann oft eine »wohlorganisierte, konservative Verschwörung«, die auf der Bremse steht, die alle unsere Pläne, alle notwendigen Neuerungen vereiteln will, um ihren Besitzstand, ihre Macht zu bewahren.

Aber: Ein Auto reagiert auf Knopfdruck, weil vorher eine große Zahl von Wissenschaftlern, Technikern und Ingenieuren mit reicher Phantasie, vor allem aber mit großer Mühe und Geduld viele Einzelprozesse auf raffinierte und kontrollierte Art miteinander verkettet haben. Ihrer immensen Vorarbeit verdanken wir, daß unsere eigene Arbeit so leicht, unsere eigene Anstrengung so entbehrlich geworden ist.

Um eine Gesellschaft neuen Anforderungen anzupassen, braucht man deshalb nicht nur eine klare Formulierung des Ziels, sondern auch konkrete, praktische Vorschläge, wie dieses Ziel erreicht werden kann. Dazu, glaube ich, wird weit mehr an Phantasie, Mühe und Geduld nötig sein als bisher bei der Konstruktion der Wunderwerke unserer Technik. Wir werden uns dieser Herausforderung voll stellen müssen – aber wir brauchen dazu vor allem Zeit. Eine Zeitspanne von etwa 30 Jahren sollte wohl ausreichen, ohne unsere Demokratie »auszulöschen« oder unüberwindliche soziale Spannungen zu erzeugen. Können wir diese Zeit verkürzen?

Die Geschichte lehrt uns, daß »Schicksalsschläge«, etwa ein verlorener Krieg, Krankheiten, Hungersnöte, eine Anpassung an die äußeren Gegebenheiten sehr erleichtern. Alte Grundsätze werden erschüttert, unser verunsichertes Leben zwingt uns zur Flexibilität, die Existenznot mobilisiert unsere Kräfte, wir arbeiten »ohne Netz«. Die *Unausweichlichkeit* der Situation bewirkt den dabei wesentlichen Lernprozeß. »Schicksalsschläge« lassen sich deshalb niemals künstlich nachahmen. Niemand wird aber aus diesem Grunde einen modernen Krieg als natürlichen Lehrmeister empfehlen. Im Gegenteil: Angesichts der »übertödlichen« atomaren Waffenarsenale müssen wir mit ganz besonderer Sorgfalt darauf achten, daß an keiner Stelle dieser Welt die Spannungen so stark zunehmen, daß ein dritter Weltkrieg wahrscheinlich wird. Er würde wohl noch die Katastrophe übertreffen, die unsere Nachkommen bei unserem jetzigen verschwenderischen Lebensstil erwartet.

Ich fürchte deshalb, wir brauchen Zeit, wir brauchen diese 30 Jahre oder mehr für diesen Umstellungsprozeß, nur »Minikatastrophen« könnten sie vielleicht etwas verkürzen. Das soll aber nicht heißen, daß wir diese 30 Jahre warten können: *Wir müssen jetzt damit anfangen!*

Der Umstellungsprozeß als Optimierungsproblem – Stellungnahme zum Kernenergiestreit

Der Prozeß der Anpassung an die künftigen Notwendigkeiten muß behutsam erfolgen. Auch in Übergangsphasen sollten nach Möglichkeit Situationen vermieden werden, welche die Spannungen innerhalb der Staaten und zwischen den Staaten übermäßig verstärken und damit den Weltfrieden gefährden. Man muß sich dabei im klaren sein, daß es für diesen Entwicklungsprozeß keine *Ideallösung* geben wird. Wir haben nur die *Wahl des kleinsten Übels*. Erhebliche Opfer werden von uns gefordert werden.

Aufgrund dieser Überzeugung und auf dem Hintergrund der obigen Darlegungen möchte ich beim jetzigen Streit über Kernreaktoren persönlich folgendermaßen Stellung beziehen:

Wenn behauptet wird – und dies scheint heutzutage der offizielle Standpunkt zu sein –, eine moderne Wirtschaft brauche *notwendigerweise* – etwa, um Arbeitslosigkeit zu vermeiden oder weil der Mensch nicht bereit sei, einen Verzicht auf Lebensstandard hinzunehmen(!) – ein jährliches Realwachstum von soundsoviel Prozent, das wesentlich an einen höheren Energieverbrauch gekoppelt ist und daß aus diesem Grunde der Bau von Kernkraftwerken unabdingbar sei, dann werde ich mit aller Entschiedenheit *dagegen* Stellung beziehen. Denn ich sehe nicht ein, warum man immer nur bei der Lösung technisch-naturwissenschaftlicher Probleme so zuversichtlich der menschlichen Phantasie vertraut, bei wirtschaftlichen und gesellschaftlichen Problemen aber wie vor unabänderlichen Naturgesetzen resigniert. Die Welt hat sich entscheidend gewandelt. Wir können deshalb nicht erwarten, mit den Wirtschaftstheorien und Ideologien des vorigen Jahrhunderts mit der doch heute völlig anders gelagerten Problematik fertigzuwerden. Neue Begriffe müssen geprägt, neue Maßstäbe gesetzt werden.

Um den notwendigen Umstellungsprozeß nicht gefährlich zu überstürzen, halte ich es andererseits für wahrscheinlich, wenngleich nicht für erwiesen, daß man auf den Bau weiterer Kernkraftwerke nicht verzichten kann. *Im Rahmen eines langfristigen Rohstoff- und Energieprogramms*, das mutig die Lösung des Grundproblems anvisiert, wäre ich bereit, als Übergangslösung und in begrenztem Umfang *für* den Bau von Kernkraftwerken zu stimmen. Ich würde dies insbesondere auch befürworten, da ich eine starke Einschränkung unseres Verbrauchs an fossilen Energieträgern – Kohle und Öl – für dringend geboten halte: Sie sind als Brennstoff viel zu kostbar, für die Entwicklungsländer, die kein ausgebautes Elektrizitätsnetz haben, im Augenblick bis zur besseren Nutzung der Sonnenenergie unersetzlich, und sie sind außerdem nicht sehr umweltfreundlich.

Demgegenüber würde ich die wohlbekannten Gefahren im Zusammenhang mit dem Betrieb von Kernreaktoren als das kleinere Übel betrachten. Ich möchte die Gefahren nicht verharmlosen. Zugegeben, man kann auch bei höchster Sorgfalt eine größere Katastrophe, die etwa bei einer Explosion eines Reaktors auftreten würde, nie mit völliger Sicherheit ausschließen, zugegeben, es werden Probleme beim Transport und insbesondere – hier liegt eigentlich meine Hauptsorge – bei der Endlagerung radioaktiver Abfallstoffe auftreten, die nicht zu voller Zufriedenheit gelöst werden können, zugegeben ... Trotzdem soll und darf man diese Schwierigkeiten und Risiken nicht losgelöst von den Problemen sehen, die bei der Wahl anderer Wege entstehen. Wer einen bestimmten Weg als unzumutbar ablehnt, der sollte sich auch *verpflichtet fühlen*, einen anderen neuen, nicht utopischen, sondern *wirklich gangbaren* Weg aufzuzeigen, der geringere Gefahren mit sich bringt und kleinere Opfer von uns verlangt.

Dies ist eine harte Forderung. Sie verlangt notwendig eine Bewertung, die notwendig subjektive Züge tragen muß, auch wenn sie von einem Experten ausgesprochen wird. Mögliche Gefahren werden durch den Wahrscheinlichkeitsgrad ihres Auftretens bemessen. Wie sollen aber Unternehmungen bewertet werden, die im extrem seltenen Unglücksfall extreme Katastrophen verursachen? Ein solches Problem stellt sich bei den Kernreaktoren, aber es stellt sich in weit brisanterer Form durch die politische Weltsituation: Die absolute Katastrophe für die gesamte Biosphäre unseres Planeten im Falle eines atomaren Krieges! Und wie klein ist hierfür eigentlich die Wahrscheinlichkeit? Eine übermäßige zeitliche Forcierung des Umstellungsprozesses kann zu einer unerträglichen Verschärfung der inneren und äußeren Spannungen in der Welt führen und gerade diesen Krieg heraufbeschwören. Deshalb: Die Sicherung des Weltfriedens muß die allerhöchste Priorität behalten.

Wenn wir mit einem Phänomen besser vertraut sind, so scheinen wir – zu Recht oder zu Unrecht – leichter willens zu sein, die möglichen Gefahren in Kauf zu nehmen. Denken wir hierbei an die großen und in ihren langfristigen Konsequenzen kaum abschätzbaren Gefahren eines modernen Großstadtlebens (Auto, Luftverschmutzung, Nahrungsmittelvergiftung, Pille, Zigaretten, Alkohol, ...). Warum nehmen wir dies alles auf uns? Weil Leben ohne Gefahr nicht möglich ist? Oder doch eher: Weil wir die offensichtliche Schädlichkeit dieser Lebensumstände nicht unabhängig, sondern immer im Zusammenhang mit ihren wirklichen und vermeintlichen Vorteilen sehen.

Wir alle leben seit eh und je in der natürlichen radioaktiven Strahlung der Erde und der Höhenstrahlung aus dem Weltraum. Diese Strahlen sind gefährlich aufgrund ihrer ionisierenden Wirkung, welche – wie Giftstoffe – chemische Veränderungen bewirken und damit Organismen schädigen und töten können. Eine Erhöhung der Intensität radioaktiver Strahlung im biologischen Kreislauf würde zweifellos schädliche Folgen haben, die aber wohl hinter dem zurückbleiben, was wir schon heute mit unserer Industrialisierung angerichtet haben oder was wir uns mit unserer Unvernunft selbst aufbürden.

Ich möchte damit nicht verharmlosen, sondern deutlich machen, daß wir es vielleicht schon *ohne* Kernenergie viel zu weit mit der Vergewaltigung der Natur und der Zerstörung unseres vitalen Lebensgefühls getrieben haben. Die Nutzung der Kernenergie ist ein weiterer Schritt, der konsequent zu unserem bisherigen, vielleicht verhängnisvollen Verhalten paßt. Sie ist so natürlich oder unnatürlich wie alle vorherigen Schritte auch. Sie vermehrt bei mir nicht wesentlich die Angst und Sorge, die ich auch schon ohne sie um unsere Zukunft habe.

Man könnte sich jedoch fragen, ob man die unheimliche Angst weiter Kreise unserer Bevölkerung vor der Atomkraft, der Radioaktivität, selbst wenn man sie in dieser Form nicht teilt, nicht jedenfalls begrüßen sollte, da sie das kräftige Zugpferd sein könnte, mit dem die notwendige Kursänderung erreicht werden könnte. Ich zweifle, ob Angst je als Zugpferd tauglich ist, ob Angst je verläßliche Grundlage entschlossenen und vernünftigen Handelns sein kann. Erfahrungsgemäß bringen die ersten Schwierigkeiten und persönlichen Opfer sie zum Straucheln, und die Gewöhnung stumpft sie ab. Die Angst könnte jedoch den entscheidenden Denkanstoß geben und uns allen die Augen über die eigentliche umfassende Problematik öffnen. Nur diese *tiefere Einsicht* verbürgt, daß wir genügend Phantasie und Kraft mobilisieren und die Umorientierung auch unter großen Opfern langfristig überzeugend betreiben.

Möglichkeiten der Durchführung

Was ist konkret zu tun, um eine Wirtschaft auf die Basis eines stationären oder gar schrumpfenden Verbrauchs von Energie und Rohstoffen umzustellen? Kann die Wirtschaft dies aus eigener Kraft und Einsicht vollbringen? Im Prinzip wäre dies wohl die beste Lösung, aber ich zweifle daran, daß sie je einen starken Willen dazu entwickeln wird. Dies hängt mit der Langfristigkeit des Problems zusammen. Die Industrie will jetzt und morgen viel Geld verdienen, genau wie viele von uns auch, und ist am Übermorgen zu wenig interessiert, wie es eben der »Lebensweisheit« eines Praktikers entspricht.

Eine Umstellung wird also ohne wohlüberlegte zentralisierte Maßnahmen nicht gehen. Dies mag vielen als ein zu hoher Preis erscheinen. Ich könnte mir jedoch vorstellen, daß durch solche Maßnahmen nur ein *allgemeiner* Rahmen abgesteckt werden müßte, innerhalb dessen sich die persönliche Initiative weiterhin frei entfalten und zur Wirkung kommen könnte.

Um eine Entwicklung in eine gewünschte Richtung zu lenken, ist es im allgemeinen nötig, die zukünftigen Bedingungen künstlich *vorwegzunehmen*. Die zunehmende Verknappung von Energie und Rohstoffen wird zweifellos zu einer erheblichen Verteuerung dieser Ressourcen in der Zukunft führen. *Es ist deshalb nötig, schon jetzt Energie und Rohstoffe künstlich zu verteuern.*

Dies könnte etwa durch eine staatliche Sondersteuer erfolgen. Um eine ausreichende Wirkung zu haben, muß diese Verteuerung wohl ganz erheblich sein. Wichtig wäre dabei, die Besteuerung anfänglich zunächst ganz gering zu halten, sie aber dann auf bestimmte und vorher genau angekündigte Weise von Jahr zu Jahr hinaufzusetzen. Dieses langsame Anziehen der Energiesteuerschraube würde der Industrie und dem Verbraucher optimale Chancen bieten, sich durch geeignete Planung, Innovation, Investition und Vorsorge auf die neue Situation einzustellen. Es würde den heute schon an vielen Stellen einsetzenden Prozessen zur Energie- und Rohstoffeinsparung und zur besseren Nutzung der Sonnenenergie Kraft und Schwung verleihen. Es ist gerade die Stärke einer freien Wirtschaft, mit solchen Situationen fertigzuwerden. Die kurzfristig angesetzten Maßnahmen und Korrekturen sind es, die sie irritiert und ihre Unternehmungslust dämpft.

Parallel zu diesen Steuermaßnahmen sollte eine umfassende Aufklärung der Verbraucher einhergehen, durch welche Verhaltensweisen er seinen Energie- und Rohstoffverbrauch wirksam einschränken kann. Das erste Gebot wird zweifellos nicht heißen: Alle Lichter aus!, sondern eher: Keine überheizten Räume!

Ich bin überzeugt, daß die Energiesparmaßnahmen und die teilweise Umstellung auf Sonnenenergie die Wirtschaft nicht nur hemmen, sondern sie auch in bestimmten Zweigen enorm stimulieren könnte. So würde die Bauindustrie davon profitieren, wenn sich unter den neuen Bedingungen eine bessere Wärmeisolierung der Wohnungen langfristig als kostensenkend erweisen würde. Die Rückführung von Rohstoffen in den Wirtschaftskreislauf würde plötzlich rentabel werden und Möglichkeiten für viele neue Arbeitsplätze bieten. Die Großfertigung billiger Sonnenkollektoren würde ganz neue Industriezweige ins Leben rufen.

Treten offensichtliche Fehlentwicklungen auf, so könnte man mit den zusätzlichen Steuergeldern Anreize zu ihrer Lösung geben. In der Reinvestition der Steuergelder liegt selbstverständlich eine große Gefahr, die Macht der Bürokratie so zu stärken, daß sie die individuelle Initiative erdrückt. Es ist andererseits klar, daß gerade die öffentliche Hand z. B. zur Verbesserung der

Infrastruktur der Städte – öffentliche, schnelle Verkehrsmittel, Fernheizsysteme im Zusammenhang mit einer Verwendung der Abwärme bei der Elektrizitätserzeugung u. a. – große Investitionen tätigen muß, die viel Geld kosten – aber dann auch neue Arbeitsplätze schaffen.

Dies sind nur einige Anregungen – in dieser Form bestimmt zu einfach, vielfach verbesserungsfähig, wenn wir uns einmal darauf konzentrieren und auch die *quantitative* Seite durchleuchten. Wir müssen jetzt damit anfangen, und nicht erst, wenn wir einmal aus der Talsohle der Rezession und unserem Arbeitslosenproblem heraus sind, denn diese Schwierigkeiten sind ja schon ein Teil der auf uns zurollenden Probleme.

Arbeitslosigkeit, so heißt es heute, kann nur durch weiteres Wirtschaftswachstum und einen gesteigerten Verbrauch an Ressourcen wirksam begegnet werden. Diese These scheint durch langjährige Erfahrung bestätigt zu sein und erklärt sich aus der Funktionskette: Steigerung der Effizienz in der Produktion durch verstärkten Einsatz an Energie und Material verbilligt die Produktion und ermöglicht dadurch einen höheren Absatz und Verbrauch. Höherer Verbrauch ermöglicht eine Ausweitung des Produktionsvolumens. Bei *ausreichender* Expansion der Produktion können insgesamt *mehr* Arbeitskräfte gebunden werden, als im Beginn durch Effizienzsteigerung (Automation!) freigesetzt wurden: Stagniert der Absatz, z. B. durch Sättigung des eigenen Marktes oder durch Behinderung des Exports, dann kann die Expansion der Wirtschaft so stark gehemmt werden, daß mehr Arbeitsplätze eingespart als neu geschaffen werden, es entsteht Arbeitslosigkeit.

Dieser Kausalzusammenhang zeigt uns andererseits deutlich, daß die Spirale nicht notwendig auf diese Weise durchlaufen werden muß. Unter der Voraussetzung, daß die Bevölkerungszahl nicht zunimmt – und glücklicherweise sind die meisten technisch hochentwickelten Länder in dieser günstigen Lage –, erscheint eine Vollbeschäftigung bei stationärem oder gar sinkendem Energie- und Rohstoffverbrauch ohne weiteres möglich. Faktisch leben wir doch heute schon alle von einer stationären Produktion. Wenn wir uns entschließen könnten, die Arbeitslosenunterstützung wieder als Löhne auszuzahlen, indem wir alle oder fast alle wieder beschäftigen, dann würde das wahrscheinlich nur mit einer Verminderung der Effizienz in vielen Teilbereichen gehen, aber die

Effizienz *insgesamt* würde doch steigen, da die vorher Arbeitslosen jetzt Leistungen erbringen.

Bei gleichbleibendem Energie- und Rohstoffverbrauch würde noch ein geringes Wirtschaftswachstum durch Innovationen aller Art, bessere Fertigungs- und Organisationsverfahren, umfassenderes Verständnis der Natur und Ausweitung der Dienstleistungen, möglich sein. Dies würde dem Menschen, als intelligentem und organisationsbefähigtem Wesen, im Wettlauf mit den Maschinen wieder größere Chancen bieten. Eine automatische Steigerung unseres Realeinkommens bei stetig abnehmender Arbeitszeit, woran wir uns so selbstverständlich gewöhnt haben, wird aber kaum mehr möglich sein, da dieser Mehrverdienst ja bisher hauptsächlich aus der Vergeudung der uns von der Erde »kostenlos« zur Verfügung gestellten Ressourcen finanziert wird.

Der Umstellungsprozeß als internationales Verflechtungsproblem

Es mag eine oder sogar mehrere Möglichkeiten geben, die Wirtschaft eines Landes auf einem gleichbleibenden oder sogar abfallenden Verbrauch von Ressourcen umzustellen. Die Tatsache aber, daß jede nationale Wirtschaft auf hochkomplizierte und intensive Weise mit der Weltwirtschaft verkoppelt ist, läßt eine Neuorientierung als praktisch unmöglich erscheinen, weil – wie immer wieder und sehr überzeugend behauptet wird – kein Land es sich leisten kann, aus diesem wahnsinnigen Produktions-Wettlauf auszusteigen, ohne sich wirtschaftlich für alle Zukunft zu ruinieren.

Eine Lösung, aus diesem Teufelskreis auszubrechen, mögen einige darin sehen, mit allerhöchster Priorität eine Weltregierung mit ausreichenden Vollmachten anzustreben, doch halte ich diese politische Großlösung im Augenblick für völlig utopisch. Eine Änderung muß im Kleinen, etwa auf der Ebene nationaler Wirtschaften oder vielleicht noch kleinerer Einheiten, begonnen werden. Um umzudenken und zu überzeugen, reichen keine Denkmodelle aus, wir benötigen *anschauliche reale Beispiele*. Vielleicht könnte die Entwicklung der Fußgängerzonen in den Städten für einen solchen Mechanismus als Vorbild dienen: Wie hartnäckig wurden autofreie Fußgängerzonen anfänglich von der betroffenen Geschäftswelt bekämpft, da man sich durch sie in der Konkurrenzfähigkeit beeinträchtigt glaubte. Solche Argumente sind heute kaum mehr zu hören. Die Praxis bewies das Gegenteil. In vielen Städten haben sie begeisterte Anhänger gefunden. Die Verödung der Stadtzentren wurde gebremst, und unserem Leben wurde ein bißchen Qualität zurückerobert.

Veränderungen im Kleinen können durch Kettenreaktionen zu Veränderungen im Großen führen – dies ist ein Hauptprinzip, dessen sich die Natur bei ihren großen Umwandlungen bedient. Auch unsere großartige Zivilisation ist auf diese Weise gewachsen. Die großen Utopien, die in globalen Änderungen den Anfang sehen, sind bestenfalls Orientierungshilfen, für die Praxis taugen sie nicht.

Doch die Veränderung im Kleinen kann nur als Keim für Größeres wirken, wenn dieser Keim voll lebensfähig ist, ja besser noch: sich seiner Umgebung sogar als überlegen erweist. Dies scheint aber gerade unerfüllbar zu sein, da Einsparung von Ressourcen die Effizienz der Produktion und damit die Konkurrenzfähigkeit vermindert. Der verminderten Effizienz könnte man jedoch durch die Mobilisierung der sonst Arbeitslosen begegnen oder, sollten diese Arbeitsreserven nicht ausreichen, durch längere Arbeitszeiten oder geringere Entlohnung ausgleichen. Auch dies ist kein reines Opfer. Die Bedingungen am Arbeitsplatz, vom unerbittlichen Joch maximaler Effizienz befreit, könnten viel menschlicher gestaltet werden. »Menschlichere Arbeitsbedingungen« und nicht die die Vergeudung von Ressourcen forcierende Forderung nach höheren Löhnen und kürzerer Arbeitszeit sollten Hauptziel des zukünftigen Arbeitskampfes werden. Ich bin davon überzeugt, daß auf diese oder ähnliche Weise die neue Lebensform auch in der Konkurrenzsituation eine reale Chance hätte. Mein Optimismus gründet sich hierbei vor allem auf die Überzeugung, daß »höherer Lebensstandard« und »höhere Lebensqualität« nur im Primitivstadium, wo es um die Schaffung nackter Lebensnotwendigkeiten wie Nahrung, Kleidung und Behausung geht, direkt etwas miteinander zu tun haben. In einem höheren Entwicklungsstadium scheinen sie nicht prinzipiell, aber faktisch mehr und mehr in Gegensatz zueinander zu geraten. Es ist die Lebensqualität, die wir vergrößern oder erhalten wollen.

Wie würde die Außenwelt auf solche Anstrengungen im Kleinen reagieren? Würde eine künstliche Besteuerung der Rohstoffe und Energieträger nicht die Rohstoffländer dazu animieren, die Preise hochzutreiben und die Steuer selbst zu kassieren? Was würde dann das in einigen bevölkerungsarmen Rohstoffländern sich ansammelnde Kapital auf dem Weltmarkt anrichten? Würden die rohstoffarmen Entwicklungsländer durch die hohen Rohstoffpreise nicht in allergrößte Bedrängnis geraten? Überhaupt: Werden die rohstoffarmen Länder der Dritten Welt, deren Bevölkerung noch immer stark anwächst und die alle noch von der Vision leben, eines Tages ein ähnlich verschwenderisches Leben zu führen wie wir heute, nicht alle unsere Ansätze zu einer Wende überrollen?

Fragen über Fragen, die Schwierigkeit und Unheil andeuten und deren Lösung wir nicht kennen. Und dennoch: Wir haben keine andere Wahl – wir müssen den steinigen Weg betreten. Vertrauen wir hier der »Lebensweisheit des Praktikers«, daß wir die Probleme lösen können, wenn sie einmal konkret vor uns stehen.

Zusammenfassung

Lassen Sie mich zum Abschluß nochmals die wesentlichen Punkte meiner Überlegungen wiederholen:

1. Die Frage der friedlichen Nutzung der Kernenergie ist nur ein Teilaspekt einer viel allgemeineren Problematik, die mit der stetigen Zunahme des Energie- und Rohstoffverbrauches in der Welt zusammenhängt.

2. Eine stetige Zunahme des Energie- und Rohstoffverbrauchs ist auf die Dauer unmöglich. Sie bringt die industrialisierte Menschheit vermutlich schon in den nächsten 50-100 Jahren in größte Schwierigkeiten.

3. Eine konstruktive Lösung dieser Schwierigkeiten kann nur erreicht werden, wenn neue Lebens- und Wirtschaftsformen entwickelt werden, welche keinen wachsenden Verbrauch an erschöpfbaren Vorräten erfordern.

4. Eine Eindämmung des Bevölkerungswachstums ist eine zwingende Voraussetzung für jede stabile Lösung.

5. Hohe »Lebensqualität« setzt ein Minimum an »Lebensstandard« voraus, ist aber nicht an hohen Lebensstandard gebunden. Wenigstens das Minimum an Lebensstandard sollten wir unseren

Mitmenschen ermöglichen und unseren Nachkommen zu erhalten suchen.

6. Die Naturgesetzlichkeit und auch die Einzigartigkeit des Menschen geben keine Gewähr dafür, daß sich alle unsere Probleme auf irgendeine Weise von selbst lösen werden. Für die Menschheit absolut katastrophale Entwicklungen sind nicht »unnatürlicher« als evolutionäre Entwicklungen. Wir müssen uns deshalb selbst um unsere Zukunft kümmern, um zu überleben.

7. Die Anpassung an die Notwendigkeiten der Zukunft benötigt, um stetig und nicht chaotisch zu erfolgen, eine gewisse Zeit, die wenigstens in der Größenordnung einer Generationsfolge (30 Jahre) liegt. Zu langsame Anpassung bringt uns in Zeitdruck, zu schnelle Umstellung führt zu inneren und äußeren Spannungen. Beide erhöhen die politische Instabilität der Welt und damit die Gefahr eines alles vernichtenden atomaren Krieges.

8. Die Knopfdruck-Mentalität des modernen Menschen versperrt ihm die Einsicht, daß alle Änderungen Zeit und Mühe kosten. Wir müssen wieder lernen, Geduld zu üben. Nicht Zauberformeln und Ideologien, sondern persönliches Engagement, Tatkraft, Phantasie, Nächstenliebe werden uns unserem Ziel näher bringen.

9. Im Rahmen einer langfristigen Planung, welche konkrete Maßnahmen für die Umstellung der Wirtschaft auf konstanten oder sogar sinkenden Verbrauch an erschöpfbaren Vorräten vorsieht, erscheint mir die friedliche Nutzung der Kernenergie im begrenzten Umfang als Übergangslösung zumutbar, wahrscheinlich sogar als unumgänglich, um ausreichend Zeit für eine geordnete Umstellung zu gewinnen. Ohne ein solches langfristiges Konzept sollte jedoch die weitere Nutzung der Kernenergie gebremst oder sogar gestoppt werden, da sie eine vielleicht einmalige Chance verschenkt, den zwingend nötigen Lern- und Umstellungsprozeß in Gang zu setzen.

10. Die Frage der Zumutbarkeit bestimmter Maßnahmen darf nicht absolut, sondern muß immer relativ zu anderen Maßnahmen gesehen werden. Es wird keine Ideallösung geben. Wir haben in jedem Falle nur die Wahl des kleinsten Übels. Die drohende Gefahr eines atomaren Weltkriegs bleibt nach wie vor das größte Menschheitsrisiko, mit dem verglichen sich z. B. Fragen der Reaktorsicherheit und sicheren Verwahrung radioaktiven Mülls als harmlos erweisen. Die Sicherung des Weltfriedens hat allerhöchste Priorität.

11. Die anstehenden Probleme können nicht mit den Wirtschaftstheorien und den Ideologien des vorigen Jahrhunderts bewältigt werden. Wir benötigen neue Denkansätze.

12. Die Umstellung auf die notwendigen neuen Lebens- und Wirtschaftsformen können dadurch herbeigeführt werden, indem man durch geeignete Maßnahmen die zukünftigen Bedingungen künstlich vorwegnimmt.

13. Eine wesentliche Maßnahme könnte sein, die Rohstoff- und Energiepreise entsprechend ihrer erwarteten Verknappung durch Steuern substantiell anzuheben. Wichtig wäre, daß diese Maßnahmen langsam einsetzen und langfristig geplant werden, um Wirtschaft und Verbrauchern verläßliche Kalkulationen zu erlauben und dadurch eine optimale Anpassungschance zu bieten. Die vereinnahmten Steuergelder könnten zur Beseitigung von Engpässen bei der Umstellung zum Ausbau energiesparender Einrichtungen und zur besseren Nutzung der Sonnenenergie verwendet werden.

14. Vollbeschäftigung ist nicht notwendig an Expansion des Verbrauchs von Ressourcen gebunden, sie kann durch geeignete Maßnahmen auch bei gleichbleibendem oder fallendem Energie- und Rohstoffverbrauch erreicht werden. Nicht steigende Löhne und kürzere Arbeitszeit sollten Ziel des Arbeitskampfes sein – sie zwingen uns zur Steigerung der Effizienz bei der Produktion, die durch erhöhten Einsatz an Energie und Material erkauft werden muß –, sondern optimale, menschengerechte und menschenwürdige Arbeitsbedingungen bei voller Beschäftigung.

15. Eine Umstellung der Weltwirtschaft kann nicht auf eine politische Einigung der Welt warten. Sie scheint deshalb nur denkbar als Folge einer Kettenreaktion, die von kleineren Wirtschaftseinheiten, z. B. den Wirtschaften bestimmter Länder, ausgeht. Dies setzt voraus, daß bei der Umstellung der kleineren Einheiten Wege beschrieben werden, welche die Konkurrenzfähigkeit dieser »Keime« im internationalen Verband nicht herabsetzen.

Kommunales Energiekonzept für München

Die in den siebziger Jahren entbrannte heftige Debatte über die friedliche Nutzung der Kernenergie hatte sehr deutlich gezeigt, daß dieser Fragenkomplex nur in einem weit größeren Zusammenhang sinnvoll diskutiert werden kann. Auf dem Hintergrund der von allen Industrienationen bisher angestrebten hohen wirtschaftlichen Wachstumsraten war es offensichtlich, daß eine solche Entwicklung langfristig immer mehr in Konflikt zu Randbedingungen kommen muß, die durch die Verknappung nichterneuerbarer Ressourcen und die Umweltbelastung letztlich bestimmt sind. Im Rahmen der Vereinigung Deutscher Wissenschaftler (VDW) wurde deshalb im September 1979 eine interdisziplinäre Studiengruppe »Wirtschaftswachstum und Energieversorgung« gegründet, deren Hauptziel es insbesondere war, den auf diesem Gebiet schon arbeitenden Universitätsgruppen bei einem jährlichen Arbeitstreffen die Möglichkeit zu einem intensiven Gedanken- und Erfahrungsaustausch zu bieten. Darüber hinaus sollten an weiteren Hochschulen Arbeitsgruppen mit ähnlicher Zielrichtung initiiert werden. In diesem Kontext wurde in WS 1979/80 das Seminar »Sanfte Energie für München« – damals noch unter dem allgemeineren Namen »Harte und sanfte Energietechnologien« – im Rahmen des Fachbereichs Physik an der Ludwig-Maximilians-Universität in München etabliert. Es setzte sich aus Studenten verschiedener Semesterzahl und verschiedener Fachbereiche zusammen, wobei jedoch die Physiker überwogen. Die Arbeit des Seminars konzentrierte sich zunächst auf die AUGE-Studie von Meyer-Abich über »Energieeinsparung als neue Energiequelle« und Veröffentlichungen zum »sanften Weg« der Energieversorgung, wie insbesondere Lovins *The soft energy path* und den Schweizerischen NAWU-Report *Wege aus der Wohlstandsfalle*. Angeregt durch einen Vortrag von Wolfgang Feist über ein »Alternatives Energiekonzept der Stadt Tübingen« auf der 1. Arbeitssitzung der VDW-Studiengruppe in Bielefeld 1980, wurde beschlossen, die Stoßrichtung des Seminars im weiteren Verlauf auf die konkrete Fragestellung einer zukünftigen Energieversorgung Münchens einzuengen, wozu die öffentliche Auseinandersetzung um das Heizkraftwerk Moosach einen geeigneten Anlaß bot.

Das Seminar war nach Art eines Workshops organisiert. Planung, vorbereitende Arbeit und Durchführung ruhten ganz auf den Schultern der Seminarteilnehmer. Die umfangreichen Vorarbeiten, detaillierte Sachdiskussionen, Computeranalysen usw. wurden von kleinen Arbeitskreisen übernommen, die einmal wöchentlich ihre Ergebnisse dem Seminar vermittelten und von diesem auch wieder allgemeine Anregungen aufnahmen. Um einen möglichst guten Überblick über die Problematik zu erhalten, wurden im Rahmen des Seminars Hearings mit Fachleuten der Universität aus der Industrie, mit Verwaltungsbeamten und Ingenieuren der Energieversorgungsunternehmen und der Stadtwerke, mit Stadträten, Politikern und Vertretern der Bürgerinitiativen abgehalten.

Das hier vorgestellte Papier über ein »Energiekonzept München« ist von den Seminarteilnehmern gemeinsam im wesentlichen während der letzten beiden Semester, WS 1982/83 und SS 1983, erarbeitet worden. Gemessen an der Komplexität der Aufgabe wird man erkennen müssen, daß hier ein gutes und wichtiges Stück Arbeit geleistet wurde. Selbstverständlich werden an vielen Stellen noch Verbesserungen möglich und auch manche Korrekturen nötig sein. Eine Ausarbeitung über das vorgelegte Niveau hinaus würde vermutlich jedoch einen wesentlich größeren Aufwand an Kraft und Zeit erfordern, als dies von rührigen und engagierten Studenten neben ihrem regulären Studium geleistet werden kann. Welcher Erfolg diesem Papier auch immer beschieden sein wird, so war, glaube ich, das Seminar selbst – trotz einiger Durststrecken – ein großer Erfolg. Hier wurde nicht nur mit großem persönlichem Engagement, mit Fleiß und Ausdauer und zunehmender Sachkompetenz ein wichtiges Thema angegangen und kritisch verarbeitet, sondern es wurde auch durch die Art der Zusammenarbeit und im Umgang miteinander eine neue Lebensform praktiziert, die im Gegensatz zu dem verbreiteten Egoismus und Opportunismus unserer Zeit steht. Das Hereinnehmen eines aktuellen und relevanten Themas in einen theorieüberladenen Elfenbeinturm kann die Theorie aus ihrer Erstarrung lösen und die Praxis beleben. In der Anwendung und Umsetzung von Ideen auf die kleinere Welt, unmittelbar vor der eigenen Tür, auf den eigenen Lebensbereich, lernt man erst die Vielgestaltigkeit der Problematik kennen. Ihre Überwindung schafft Kompetenz und Augenmaß. Ich würde mich freuen, wenn dieses Seminar noch viele Nachfolger finden würde.

Energiesysteme im wirtschaftlichen Wandel
Skizze eines systematischen Ansatzes zur synoptischen
Bewertung wirtschafts- und energiepolitischer Optionen

Im Mittelpunkt unserer Überlegungen soll die Frage der zukünftigen Energieversorgung stehen. Diese Frage bedrängt nicht nur unser Land, sondern sie ist für die meisten Länder – ob industrialisiert oder nicht industrialisiert – zu einer Lebensfrage geworden. In der Vergangenheit ist über diese Frage viel geschrieben – und vor allem im Zusammenhang mit der friedlichen Nutzung der Kernenergie – auch heftig gestritten worden. Ein Großteil der Schwierigkeiten bei der Diskussion über diesen Fragenkomplex, so scheint mir, rührt davon her, daß man die Energieversorgung häufig als ein vorwiegend technisches Problem betrachtet. Eine solche Einengung auf technische Aspekte ist jedoch unzulässig oder jedenfalls, was langfristige Lösungsfindungen anbelangt, auch ganz unergiebig.

Wie bei vielen anderen schwierigen Problemen unserer Zeit müssen wir klar erkennen, daß wir in viel größerem Maße als früher die Einbettung dieser Fragen in einem gesamtwirtschaftlichen und gesellschaftlichen Zusammenhang beachten müssen. Diese Erkenntnis mag schmerzlich sein, da sie von uns weit umfangreichere und kompliziertere Untersuchungen bei einer Lösungssuche verlangt, welche in der Folge aufgrund der inhärenten Unsicherheiten solcher Untersuchungen die Prognostizierbarkeit weiter zu erschweren scheinen. Wir müssen aber dabei beachten, daß diese Erkenntnis letztlich doch als ein Fortschritt begrüßt werden sollte, da sie eine ganz andere, wesentlich dynamischere Betrachtung herausfordert und vielleicht zu ganz anderen Methoden der Prognostik und Möglichkeiten der Steuerung hinführt, wie sie sich etwa bei der Behandlung »offener« Systeme in der modernen Chemie und Biologie anbieten. Es macht jedenfalls keinen Sinn, weiter mit statischen Betrachtungsweisen, mit auf abgeschlossene Systeme zugeschnittenen Vorstellungen und mit linearen Fortschreibungen zu operieren, nur weil diese einfacher oder machbar erscheinen, wenn der reale Ablauf einem ganz anderen Muster folgt.

Selbstverständlich war eine Verkopplung der Problematik, etwa der Energieversorgung, mit anderen Bereichen auch schon in der Vergangenheit gegeben, ohne uns dadurch – so scheint es wenigstens – nicht allzusehr in unserer Prognostik nach altem Muster behindert zu haben. Aber die vom Menschen bewirkten Veränderungen waren vernachlässigbar klein im Vergleich zu den natürlichen Abläufen seiner Umwelt. Die Erde erschien räumlich unbegrenzt, offen für neue Besiedlungen, unerschöpflich in ihren Ressourcen; sie wirkte wie ein großer Puffer, der alle harten Stöße weich und elastisch auffangen konnte. Sie konnte durch menschliche Einflüsse nicht aus ihrem dynamischen Gleichgewicht geworfen werden. Verschiedenartige Einflüsse überlagerten sich näherungsweise wie unabhängige Störungen. Ihre Konsequenzen konnten deshalb unabhängig voneinander verfolgt und prognostiziert, ihre Verkopplung durch spätere Korrekturen berücksichtigt werden.

Mit zunehmender Aussteuerung des Systems Erde durch den Menschen, wie dies durch eine immer gewaltigere Technik ermöglicht wird, werden die Begrenzungen der Erde – oder besser ihrer dünnen und verletzlichen Haut, die wir Biosphäre nennen – immer spürbarer. Es treten starke Verzerrungen, Nichtlinearitäten auf. Die inhärente Verkopplung aller Einflüsse wird deutlicher und führt zu ganz neuartigen Prozeßabläufen, die sich mit einer linearen Betrachtungsweise nicht mehr erfassen lassen.

Eine Beschränkung der Betrachtung auf bestimmte Teilsysteme und ihre kausale Entwicklung führt in diesem Falle zu gravierenden Fehlprognosen. Es reicht in diesem Fall nicht aus, Parallelentwicklungen in anderen Bereichen gleichsam nur als äußere unabhängige Einflußgrößen auf das betrachtete System einzubeziehen, sondern es ist notwendig, die Koevolution der verschiedenen Bereiche in ihrer wechselseitigen Bedingtheit zu betrachten.

Die Frage eines optimalen Energieversorgungssystems hängt offensichtlich eng mit der Frage der zukünftigen gesellschaftlichen und wirtschaftlichen Struktur unserer Gesellschaft zusammen. Alle Untersuchungen über zukünftige Energieversorgungsprobleme oder allgemeiner: Energiesysteme – welche auch Spartechnologien begrifflich mit einbeziehen – haben dies durch geeignete Vorgabe von Daten auch zu berüchsichtigen versucht. So wurden Energiesysteme vom Standpunkt der Verfügbarkeit von Energieträgern, der technischen Möglichkeiten, der finanziellen und wirtschaftlichen Realisierung, der Betriebssicherheit, der nationalen Unabhängigkeit usw. im Hinblick auf einen antizipierten Weltbedarf an Energie untersucht, den man wiederum durch Vorgabe demoskopischer und wirtschaftlicher Wachstumsraten in den verschiedenen Ländern oder Ländergruppen abschätzte.

Die sozio-ökonomische Struktur einer Gesellschaft ist jedoch keine zeitliche Invariante, sondern kann in dem betrachteten Zeitraum erhebliche Veränderungen erfahren. Insbesondere wird die Wahl von Energieversorgungssystemen die Entwicklung solcher Strukturen stark beeinflussen. Aber die Energieversorgungssysteme werden hierbei nur *eine* der wesentlichen Einflußgrößen darstellen. Aufgrund der dramatischen Veränderung der Rahmenbedingungen wirtschaftlichen Handelns allgemein und des technischen Fortschritts – insbesondere durch die rasante Entwicklung der Mikroelektronik – stehen wir offensichtlich in den 80er und 90er Jahren, selbst ohne Berücksichtigung der energiepolitischen Faktoren, vor der Notwendigkeit einer tiefgreifenden Reorganisation des gesamten Bereichs der Sozialökonomie.

Von diesem Standpunkt aus erscheint es deshalb gerechtfertigt, bei einer allgemeinen Betrachtung des eng verkoppelten Zweigespanns »Energiesysteme« und »gesellschaftliche und wirtschaftliche Struktur« bei der Sozialökonomie zu beginnen und die Frage einer optimalen Energieversorgung erst anschließend zu klären.

Je nachdem von welcher Seite her man sich dem Problem der sozio-ökonomischen Struktur nähert, kann man entweder zuerst fragen, mit welchen Schwierigkeiten wir im Augenblick konfrontiert sind, und dann – im zweiten Schritt – unter wertorientierten Gesichtspunkten die wünschenswerteste Alternative auswählen, oder aber man kann zunächst fragen, wie wir eigentlich leben wollen und dann – von der Beantwortung dieser Frage aus – eine auf die aktuellen Probleme eingehende praktische Handlungskonzeption zu rekonstruieren versuchen. Nicht die Reihenfolge, in der beide Fragen aufgegriffen werden, ist entscheidend, sondern die Tatsache, daß man sie beide stellt.

Was die aktuellen Schwierigkeiten anbetrifft, so lassen sich für das sozialökonomische Feld in grober Näherung vier Problemkreise identifizieren:
– die Bewältigung des Problems der Arbeitslosigkeit,
– die Modernisierung der Volkswirtschaft (vor allem auch unter dem Gesichtspunkt der ökologischen Forderungen und der Begrenztheit von Ressourcen),
– die Sanierung der Staatsfinanzen sowie
– die Sanierung des Systems der sozialen Sicherheit. Ganz offensichtlich stehen diese vier Problemkomplexe in einem äußerst engen funktionalen Zusammenhang. Es werden deshalb nur solche Lösungskonzepte überhaupt eine Chance auf Erfolg haben, bei denen, im Rahmen eines integrierten Ansatzes, die verschiedenen Teilstrategien wechselseitig so aufeinander abgestimmt sind, daß sie sich insgesamt wieder zu einem konsistenten Ganzen ergänzen.

In der gegenwärtigen politischen Diskussion werden im wesentlichen drei Grundrezepte zur Überwindung der augenblicklichen Krise angeboten.

Es sind dies:
– Das Konzept der »Reindustrialisierung«, in dessen Rahmen durch verbesserte Investitionsbedingungen das Wirtschaftswachstum der 50er und 60er Jahre wiederhergestellt werden soll (»Reaganomics«, »Supply-Side-Theory«).
– Das Konzept des Nachfrage-Keynesianismus, in dessen Rahmen durch eine Ankurbelung der Nachfrage ebenfalls das traditionelle Wirtschaftswachstum wieder in Gang gebracht werden soll (»Deficit Spending«).
– Das Konzept einer ökologisch orientierten »Dual-Wirtschaft«, in dessen Rahmen das Ende der Wachstumsperiode akzeptiert werden und die Gesellschaft sich mit einem geringeren Konsumpotential abfinden und weniger materialistischen Werten zuwenden soll.

Wie die Beispiele Großbritannien und Frankreich zeigen, lösen die beiden erstgenannten Konzepte die Probleme nicht, sondern verschärfen sogar noch die Krisensymptome. Ursache dieses Scheiterns ist, daß die zugrundeliegenden Analysen die aktuellen Schwierigkeiten oberflächlich interpretieren und nicht als Ausdruck eines tiefgreifenden Wandels der Rahmenbedingungen erkennen, der von Rohstoffverknappung und dem Erreichen ökologischer Grenzen über die Revolutionierung der industriellen Produktion und der Informationsverarbeitung durch die moderne Mikroelektronik bis hin zu einem Wertewandel in breiten Bevölkerungsschichten reicht. Der dritte Pfad trägt diesen veränderten Rahmenbedingungen schon am ehesten Rechnung, er steht sich jedoch in vielen Fällen durch eine dogmatische Technik- und Industriekritik selbst im Weg.

Die Frage lautet nicht: Technik bzw. technologischer Fortschritt ja oder nein? Sondern: In welcher Richtung muß sich die wissenschaftlich-technische Zivilisation weiterentwickeln, um den Bedürfnissen und Wünschen der Menschen besser Rechnung zu tragen und um die Erhaltung unserer ökologischen Lebensgrundlagen zu gewährleisten? Diese erforderliche Neuorientierung kann weder im Rahmen einer radikalen Abwehr von der Technik erreicht werden, noch indem man sich konzeptlos von der Eigendynamik des technologischen Fortschritts mittragen läßt. Was wir brauchen, ist eine gezielte Auswahl des für den Menschen und die Umwelt Zuträglichen innerhalb des technisch Möglichen. Dabei wird vielen ökologischen Anforderungen überhaupt nur im Rahmen weiterer technologischer Fortschritte Rechnung getragen werden können.

Ein weiteres Problem bei vielen dualwirtschaftlichen Denkmodellen ist die Fragmentierung der Gesellschaft in jene, die an dem »echten« Wirtschaftsleben teilnehmen, und jene, die im Rahmen eines zweiten Arbeitsmarktes irgendwie mitgeschleppt und damit wohl auch zu Beschäftigten zweiter Klasse gemacht werden. Hier muß darauf geachtet werden, daß sich die Dual-Wirtschaft nicht in »vertikaler«, sondern mehr in »horizontaler« Richtung entwickelt, d. h. in einer Weise, bei der jeder am »echten« Wirtschaftsleben beteiligt bleibt. Andererseits steht zweifelsohne fest, daß – gerade wenn man aus den angegebenen Gründen weiterhin an dem Prinzip des technologischen Fortschritts festhalten will – der Arbeitszeitbedarf im monetarisierten Ökonomiesektor weiter schrumpfen wird. Doch hier eröffnet sich nun auch noch eine zweite Möglichkeit, mit der freiwerdenden Arbeitszeit umzugehen und sie gleichsam wieder sinnvoll »anzulegen«. Wir wollen diese Variante der dritten Option als »Revitalisierung des informellen Sektors« bezeichnen.

Im Kern geht es dabei um eine Neuverteilung der Aufgaben zwischen den verschiedenen gesellschaftlichen Sektoren. Im Rahmen der Herausbildung der modernen Industriegesellschaft ist der familiäre und lebensgemeinschaftliche Bereich funktional ausgezehrt worden. Dies hat mittelbar zu einer Vielzahl von sehr kostenintensiven Problemen geführt, angefangen von den gigantischen Aufwendungen für das Netz institutionalisierter Sozialleistungen bis hin zu dem gesamten Spektrum sozialpsychologischer Probleme, vom Alkoholismus über Drogenkonsum bis zur Vereinsamung alter Menschen usw.

Indem nun im monetarisierten Ökonomiebereich Arbeitszeit frei wird, bietet sich die Gelegenheit, dieses Potential in den familiären und lebensgemeinschaftlichen Bereich überzuführen, so daß dieser dann wieder einen beträchtlichen Teil der heute an das soziale Netz delegierten Sozialleistungen übernehmen kann.

Geht man davon aus, daß ca. 40% aller Sozialleistungen prinzipiell in diesem Sinne reintegrationsfähig sind, so erkennen wir, daß die gegenwärtige Belastung der Volkswirtschaft durch das soziale Netz, die gegenwärtig ca. 500 Mrd. DM pro Jahr ausmacht, im Rahmen dieser Konzeption um 200 Mrd. pro Jahr verringert werden könnte. Dies ermöglicht eine entsprechende Senkung der Sozialausgaben und damit ein beträchtliches »zusätzliches Einkommen«, welches die von einer allgemeinen Senkung der Arbeitszeit verursachten Einkommenseinbußen in vollem Umfange ausgleichen kann.

Hier erkennen wir also die Grundzüge der oben angedeuteten Reorganisation des sozialökonomischen Feldes: Die freiwerdende Arbeitszeit wird gezielt in dem familiären und lebensgemeinschaftlichen Bereich wieder »angelegt«, so daß in diesen dann in großem Umfange Sozialleistungen reintegriert werden können. Wir erhalten hier also insgesamt wiederum eine in sich konsistente sozialökonomische Organisationsform.

An dieser Stelle der Argumentation ist es sinnvoll, nochmals einen Schritt zurückzutreten und eine zusätzliche Reflexionsebene einzuführen. Wir haben bislang im wesentlichen von Sachzwängen her argumentiert und versucht anzudeuten, in welcher Richtung möglicherweise eine Lösung für die sozialökonomischen Herausforderungen der 80er und 90er Jahre gefunden werden könnte. Wir können uns nun den drei Grundoptionen, die wir dabei vorgefunden haben, nochmals von einer anderen Seite, nämlich von einem wertorientierten Ansatz her, nähern. Wir gehen dazu einmal von der (unserer Auffassung nach durch Tatsachen nicht gerechtfertigten) Auffassung aus, daß alle drei genannten Grundoptionen rein sachlich realisierbar wären, also echte Alternativen darstellen, zwischen denen sich wertorientiert zu entscheiden gilt.

Diese wertorientierte Fragestellung zielt per definitionem darauf, möglichst vielen Menschen ein möglichst »gutes Leben«, d. h. eine möglichst hohe gesellschaftliche Lebensqualität zu ermöglichen. Hierbei stellt sich selbstverständlich zunächst einmal die schwierige Frage, welche Faktoren für dasjenige, was wir als »Lebensqualität« bezeichnen, eigentlich ausschlaggebend sind. Für die Auswahl solcher Faktoren, insbesondere ihre Auffächerung, wird der geschichtliche und kulturelle Hintergrund eine wesentliche Rolle spielen. Für unseren eigenen Kulturkreis könnten wir etwa – nach den Vorstellungen einer Studie des Wissenschaftszentrums München* – an die folgenden Faktoren denken:
- politische Freiheit,
- materielles Konsumpotential,
- Wohn- und Lebensformen,
- Bildungschancen und kulturelles Leben,
- soziale Sicherheit und Gerechtigkeit,
- Qualität des Arbeitslebens,
- Umweltqualität und Gesundheitschancen.

Anhand solcher Faktoren könnten wir dann versuchen, uns einen ersten Überblick zu verschaffen, wie es um die »Lebensqualität« in einem bestimmten sozialen System bestellt ist. Zugegebenermaßen wird uns hierbei eine Quantifizierung erhebliche Schwierigkeiten bereiten, da sie stark von der subjektiven Einschätzung abhängt. Dies wäre aber kein prinzipielles Hindernis, da es ja in der Bestimmung der »Lebensqualität« letztlich gerade auf ein subjektives Empfinden ankommt. Im Gegensatz hierzu ist z. B. das Bruttosozialprodukt, das sehr einfach errechnet werden kann, ein ziemlich schlechtes Maß für »Lebensqualität«, wie von vielen schon betont wurde. Aufgabe der Politik sollte es sein, vorhandene Ressourcen und Chancen optimal für die so ermittelte »Lebensqualität« zu nutzen. Darüber hinaus muß durch geeignete Rahmenbedingungen dafür gesorgt werden, daß solche Optimierungen sich auch wirklich einpendeln können.

---

* Unveröffentlichte Studie *Self-Reliance* des Wissenschaftszentrums von Albrecht A. C. von Müller u. a.

Ich möchte dies noch etwas detaillierter anhand einiger Beispiele darzustellen versuchen, wie sie von Albrecht von Müller und seinen Mitarbeitern am Wissenschaftszentrum in München diskutiert wurden. Im ersten Diagramm (Abb. 1) wurde die »Lebensqualität« für 1980 entsprechend den vorgegebenen 7 Faktoren schematisch aufgetragen. Für ihre Bewertung wurden im wesent-

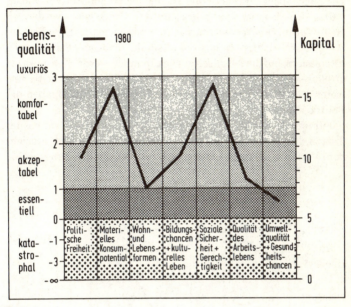

Abb. 1

lichen fünf verschiedene Zonen unterschieden. Die unterste Zone entspricht dem nicht mehr zumutbaren oder katastrophalen Standard, die drei nächsten Zonen dem essentiellen, dem akzeptablen und komfortablen Standard, die letzte nach oben offene Zone einem luxuriösen Standard. Für die Darstellung des Standards haben wir einen exponentiellen Maßstab gewählt, bei dem die Einheiten nach höheren Werten immer weiter auseinanderrücken. Dieser Maßstab sollte in etwa einer linearen Kostensteigerung entsprechen, die rechts in willkürlichen Geldeinheiten angezeigt wird und zum Ausdruck bringen soll, daß die Investition einer bestimmten Geldmenge wegen des abnehmenden Grenznutzens im luxuriösen Bereich wesentlich weniger den Standard anheben kann, als im subminimalen oder moderaten Bereich. Eine Optimierung des »Lebensstandards« bei vorgegebenem Kapitaleinsatz muß deshalb bei der angezeigten Einschätzung vor allem auf ein Auffüllen der Täler zielen, in unserem Fall z. B. auf ein Anheben der Wohn- und Lebensformen und der Umweltqualität. Die angegebene Einschätzung ist hier mehr qualitativer Natur, stützt sich also nicht auf repräsentative Umfragen oder dergleichen. Für unsere Argumentation ist eine solche präzisere Bestimmung nicht wichtig, da uns vor allem ihre zeitliche Veränderung interessiert, auf die ich gleich zurückkommen werde. Von gewisser absoluter Bedeutung wird lediglich die Definition des kritischen »roten Bereichs«, den zu vermeiden eine der Hauptaufgaben der Politik sein muß.

Für die drei hier ins Auge gefaßten Optionen – wobei wir bei der dritten die als »Revitalisierung des informellen Sektors« bezeichnete Variante nehmen – lassen sich nun jeweils Leistungsprofile

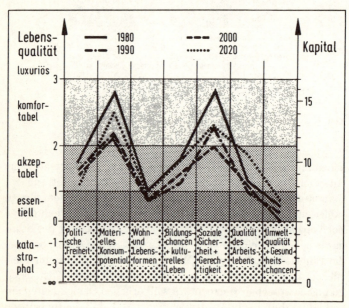

Abb. 2

rechts **Abb. 3** und **Abb. 4**

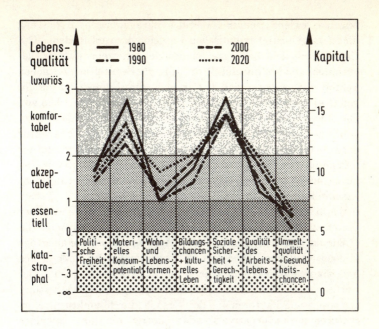
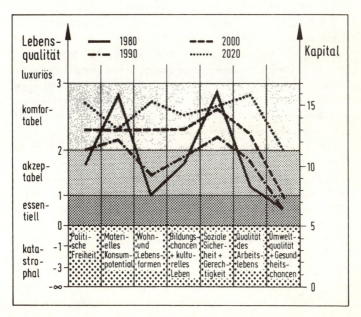

angeben, welche in erster Näherung eine synoptische Bewertung und damit einen systematischen Vergleich der verschiedenen Optionen ermöglichen. Wir stellen dies hier mit drei einfachen Diagrammen (Abb. 2, 3 und 4) dar, die gleichzeitig die zeitlichen Veränderungen der einzelnen Parameter im Rahmen der jeweiligen Option verdeutlichen sollen. Alle drei Diagramme gehen von der gleichen Verteilung für 1980 aus. Bei den ersten beiden Optionen (Abb. 2 und 3) ist ersichtlich, daß sich die allgemeine Struktur der Verteilung nur wenig mit der Zeit ändert, während sich bei der dritten Option (Abb. 4) ganz deutlich ein »Einpendeln« auf eine ausgeglichenere Verteilung zeigt, die auch, nach unserer Betrachtungsweise, einer höheren Lebensqualität entspricht.

Ich möchte hier nicht auf weitere Einzelheiten eingehen, über die ich auch nicht kompetent berichten kann und für die man die Originalarbeiten heranziehen muß. Wichtig war mir vor allem der Hinweis, daß eine Untersuchung der zeitlichen Entwicklung des sozio-ökonomischen Feldes die synoptische Betrachtung und Bewertung einer Vielzahl von Faktoren verlangt. Eine Begrenzung auf bestimmte Faktoren und der Versuch, durch punktuelle Korrekturen gewisse negative Trends zu korrigieren, führt zu keiner brauchbaren Steuerung des Gesamtsystems.

Von zentraler Bedeutung ist hierbei auch die sich abzeichnende Konvergenz der problemanalytischen und der wertorientierten Perspektive. Wir sind zunächst von den vier Hauptproblemen unserer aktuellen Situation ausgegangen. Von diesen her sind wir bei dem Modell »Revitalisierung des informellen Sektors« angelangt. In einem zweiten Schritt haben wir dann die verschiedenen sozialökonomischen Grundoptionen auf eine Matrix von Grundelementen der Lebensqualität abgebildet.

Dabei zeigt sich nun eine außerordentlich wichtige Konvergenz:

Der »dritte Pfad« ist nicht nur von den Sachzwängen her das vielversprechendste Konzept, er erreicht zugleich im Rahmen des wertorientierten Vergleichs der verschiedenen Optionen den besten Gesamtwert.

Diese Konvergenz des sachlich Notwendigen mit dem gesellschaftlich Wünschenswerten aber ist der entscheidende Punkt für die politische Durchsetzbarkeit dieses Pfades. Denn nur dann, wenn sie damit auch Mehrheiten gewinnen können, setzen sich politische Parteien für das sachlich Notwendige mit ganzer Kraft ein. Dies aber ist im vorliegenden Falle gegeben, und deshalb dürfte die Prognose, daß sich in den nächsten Jahren ein breiter Konsens in dieser Richtung bilden wird, nicht allzu gewagt sein. (Diejenigen, die diese Behauptung vielleicht gerade im Hinblick auf die CDU/CSU bezweifeln würden, seien an die Position des Ministerpräsidenten von Baden-Württemberg und vor allem auch an die weitgehende Übereinstimmung des dritten Pfades mit Grundvorstellungen der katholischen Soziallehre erinnert.)

Doch was bedeutet diese Einschätzung der allgemeinen sozialökonomischen Gesamtentwicklung nun abschließend für die Fragen der Energiepolitik?

Sollte eine eingehendere Untersuchung in der Tat die hier angedeutete Vermutung bestätigen, daß die beiden sozio-ökonomischen Optionen »Reindustrialisierung« und »Nachfrage-Keynesianismus« für eine Überwindung der sich heute abzeichnenden Schwierigkeiten langfristig untauglich sind, sondern daß hierzu eine Reorganisation der Wirtschaft etwa in Richtung auf eine Revitalisierung des informellen Sektors notwendig ist, so hat dies eindeutig eine wesentliche Auswirkung auf die Energiesysteme, welche eine solchermaßen organisierte Gesellschaft optimal mit Energie versorgen soll. Ich vermute, daß in diesem Falle die sogenannten »sanften« Energiesysteme, bei denen die Energieversorgung, im Vergleich zu heute, auf weit weniger zentralisierten Anlagen beruht, wesentliche Vorteile haben werden. Ich will darauf nicht weiter eingehen, sondern zum Abschluß nur nochmals auf unsere andersartige Betrachtungsweise der Energieproblematik hinweisen.

Die Frage ist von unserem Standpunkt aus nicht primär, ob wir Kernenergie wollen oder nicht, ob wir den »harten« oder »sanften« Weg der Energieversorgung bevorzugen, sondern zunächst die Frage nach der zukünftigen sozioökonomischen Struktur unserer Gesellschaft. Für die Beurteilung dieser Frage müssen wir bestimmte Wertmaßstäbe vorgeben. Diese Bewertung erlaubt gewisse Bandbreiten, sie ist aber vergleichsweise hart in der Angabe von Mindestforderungen an die Qualität bestimmter Faktoren. Wir können z. B. sehr verschiedener Meinung darüber sein, was und wieviel für eine genußreiche Ernährung nötig ist, aber wir können uns schnell darüber einigen, wieviel Nahrung wir mindestens zum Leben brauchen. Auch im ökologischen Bereich gibt es solche Untergrenzen, die auf Dauer ohne Gefährdung des Gesamtsystems nicht unterschritten werden dürfen. Wenn wir uns auf diese Weise eine ungefähre Vorstellung verschafft haben, »wie wir leben wollen« oder eigentlich »wie wir langfristig überhaupt leben können«, dann können wir uns in einem zweiten Schritt unter anderem auch der Energiefrage zuwenden und diese Frage unter Berücksichtigung aller für die Lebensqualität maßgeblichen Faktoren zu beantworten versuchen.

Nach dem Reaktorunfall in Tschernobyl im April 1986 wurde das Thema Kernenergie plötzlich wieder hochaktuell. Die Diskussion über die Notwendigkeit von Kernkraftwerken entbrannte an allen Orten. In Bayern richtete sich der Protest vor allem gegen Pläne für den Bau einer Wiederaufarbeitungsanlage (WAA) für abgebrannte Brennstäbe zur Gewinnung von Plutonium in Wackersdorf. Ich beteiligte mich im Juni 1986 an der Gründung einer großen Unterschriftenaktion »David gegen Goliath-DAGG« gegen die WAA und außerdem an einer von einigen Richtern initiierten Bürgerinitiative »Volksbegehren gegen Wackersdorf«. Ich legte meinen Standpunkt in öffentlichen Vorträgen über »Industriegesellschaft ohne Kernenergie« und »Konzepte für eine langfristige Energieversorgung« in den folgenden Monaten auf vielen Veranstaltungen und vor sehr unterschiedlichem Publikum aus allen Teilen der Bevölkerung dar.

Industriegesellschaft ohne Kernenergie
Perspektiven und Chancen

Einleitung

Unsere gemeinsame Sorge richtet sich auf die Wiederaufarbeitungsanlage in Wackersdorf. Eine Wiederaufarbeitungsanlage ist ein wesentliches Teilstück eines Energieversorgungskonzepts, das langfristig auf Atomenergie als Energiequelle setzt.

Die ungeheuren Gefahren, die den Menschen von atomtechnischen Anlagen – von Kernreaktoren und Wiederaufarbeitungsanlagen – prinzipiell drohen, werden von niemandem heute bestritten. Auch haben uns die Reaktorunfälle von Harrisburg und Tschernobyl deutlich gemacht, daß diese Gefahren nicht nur theoretisch existieren, sondern erschreckend reale Formen annehmen können.

Trotzdem wird immer wieder behauptet: Die Atomenergie ist unverzichtbar!

Ist sie unverzichtbar für die Investoren und Betreiber von Kernreaktoren, weil dies für sie bisher ein lukratives Geschäft ist? Ist sie unverzichtbar für unsere Volkswirtschaft, um im internationalen Konkurrenzkampf künftig bestehen zu können? Sorgt sie dafür, unseren Wohlstand zu erhalten und unsere Arbeitsplätze langfristig zu sichern? Ist sie also letztlich unverzichtbar für uns als Verbraucher und Hauptnutznießer? Oder ist sie vor allem unverzichtbar für unsere Nachkommen, für welche wir deshalb geeignete Vorsorge treffen müssen? Oder ist sie gar unverzichtbar für die Armen dieser Erde? Das heißt: Ist die Atomenergie eine unverzichtbare Maßnahme zur Befriedigung der berechtigten Bedürfnisse einer immer weiter anwachsenden Erdbevölkerung?

Ich möchte diese Fragen nicht zu beantworten versuchen.

Meine Vermutung ist, daß das Profitstreben eine größere Rolle spielt als die Sorge um das Wohlergehen der Entwicklungsländer. Wie dem auch sei: Ohne eine, wie auch immer definierte, ausreichende Bereitstellung von Energie kann eine moderne Industriegesellschaft, aber auch jede andere mit der heutigen Bevölkerungsdichte verträgliche Gesellschaft nicht funktionieren. Die Sicherung einer langfristigen Energieversorgung ist deshalb für die Menschen lebensnotwendig.

Aber, so fragen wir uns, muß dies durch Atomenergie gewährleistet sein? Gibt es nicht noch andere Möglichkeiten? Dies ist für mich die entscheidende Frage! Denn wenn es für eine langfristige Energieversorgung der vielen Menschen auf dieser Erde praktisch keine Alternative zur Atomenergie gäbe, dann nützten uns alle Überlegungen über Risiken und ob solche Risiken zumutbar sind recht wenig –, wir müßten, ob wir wollten oder nicht, diese Risiken eingehen. Es bliebe uns letztlich nur die Möglichkeit, diese Risiken so weit wie möglich zu reduzieren und die bei Unglücksfällen auftretenden Katastrophen auf ein Minimum zu begrenzen. Wenn es aber realistische – also nicht nur hypothetische – Alternativen zur Atomenergie mit weit geringerem Gefahrenpotential gibt, dann können wir auf diese ganze schwierige und quälende Diskussion verzichten! Wir brauchen uns dann nicht mehr darüber zu streiten, wie sicher ein Atomkraftwerk, wie sicher eine Wiederaufarbeitungsanlage ist, was für uns und andere zumutbar und was unzumutbar ist, Fragen, die ohnehin von niemandem – auch nicht von irgendwelchen Experten – schlüssig beantwortet werden können und zudem eine Bewertung verlangen, die keiner stellvertretend für andere vornehmen kann.

Meine Darlegungen werden sich deshalb auf die Möglichkeiten für langfristige Energiekonzepte ohne Kernenergie konzentrieren. Ich will zunächst mit einer allgemeinen Betrachtung zur globalen Energieversorgungssituation beginnen; dann, auf der Grundlage dieser Betrachtung, Konzepte angeben, die prinzipiell für eine langfristige Energieversorgung geeignet erscheinen. Hierzu wird auch eine bestimmte Atomenergievariante gehören, von der ich aber zeigen will, daß sie völlig unzumutbar und inakzeptabel ist. Wesentlich wird aber sein, daß es, in der Tat, auch bei langfristiger Perspektive, Alternativen zur Atomenergie gibt, deren Bedeutung und Realisierung ich im letzten Teil meiner Ausführungen aufzeigen möchte.

Allgemeine Versorgungssituation

Die schnell fortschreitende Verknappung fossiler Energieträger – Kohle, Erdöl, Erdgas – durch den zunehmenden Weltverbrauch an Energie, verursacht durch steigende Bedürfnisse in den industrialisierten Ländern und durch das Bevölkerungswachstum in den Entwicklungsländern, zwingt uns heute und in der allernächsten Zukunft zu dramatischen Änderungen unserer Energieversorgung und unserer Energiekonsumgewohnheiten. Bei Ausnutzung aller Ressourcen – und nicht nur der heute wirtschaftlich förderbaren Reserven – würde Erdöl nur noch etwa 40 Jahre, Erdgas nur noch etwa 50 Jahre, Steinkohle noch etwa 80 Jahre und Braunkohle etwa 90 Jahre reichen, wenn wir von einem jährlich um 4% zunehmendem Weltverbrauch an fossiler Primärenergie ausgehen.

Diese Laufzeiten lassen sich um etwa das 10fache bei Braunkohle, das 7fache bei Steinkohle, das 3fache bei Erdgas und das Doppelte bei Erdöl strecken, wenn es uns gelänge, den fossilen Weltenergieverbrauch auf den jetzigen Stand einzufrieren.

Will man eine Energieversorgung über diese relativ begrenzten Zeiträume von weniger als 100 Jahren – oder bei sorgsamem Umgang vielleicht von 1000 Jahren – hinaus langfristig gewährleisten, so gibt es nach heutiger Kenntnis im wesentlichen nur drei prinzipielle Möglichkeiten:

1. Die Nutzung der Sonnenenergie – und zwar direkt durch Nutzung der täglich einfallenden Sonnenstrahlung oder indirekt über die Energie von Wind, Wasser und Biomasse.

2. Die Nutzung der Kernenergie durch Spaltung schwerer Atomkerne, wie Uran 235 und auch von Plutonium 239, im Rahmen einer Brütertechnik und Plutoniumswirtschaft.

3. Die Nutzung der Kernenergie durch Fusion, durch Verschmelzung leichter Atomkerne, wie normalem Wasserstoff, und einfacher, von schwerem Wasserstoff (Deuterium) und schwerstem Wasserstoff (Tritium).

Was bedeutet dies im einzelnen?

Allgemeine Beschreibung langfristiger Energieversorgungskonzepte

Sonnenenergie

Die Sonnenenergie ist eine unerschöpfliche Energiequelle. Im Prinzip reicht sie aus, unseren heutigen Energiebedarf über astronomisch lange Zeiten abzudecken.

Die gesamte auf die Erde im Mittel einfallende Sonnenstrahlung hat über 10 000 mal mehr Energie, als dem gesamten heutigen Weltverbrauch an Primärenergie entspricht. Die auf die Bundesrepublik Deutschland auf dem Erdboden ankommende Sonnenenergie ist im Mittel auf 8%-10% reduziert, ist aber immer noch 100 mal größer als der heutige Primärenergieverbrauch der Bundesrepublik.

Ein kleiner Teil der eingestrahlten Sonnenenergie wird in Bewegungsenergie von Wind, Wellen und Meeresströmung (2,4%), von Laufwasser (0,003%) und in Biomasse (0,1%) umgewandelt. Ein winziger Bruchteil der Biomasse wird unter ganz bestimmten geologischen Bedingungen als fossile Energieträger – Kohle, Erdöl, Erdgas – in der Erdkruste abgelagert. Die fossilen Energieträger sind also über Jahrmillionen chemisch gespeicherte Sonnenenergie.

Ein wesentlicher Nachteil der direkten Sonnenenergie ist ihre geringe Dichte, da sie jeweils weit über die halbe Erdkugel verstreut ist, also nur extrem dezentral und nur während der Tageszeit zur Verfügung steht.

Kernenergie aus Kernspaltung

Die Kernenergie aus Kernspaltungsprozessen wird hauptsächlich durch Spaltung des im Natururan nur sehr selten (0,7%) vorkommenden Uranisotops 235 gewonnen oder durch Spaltung von Plutonium 239, das man in geeigneten Reaktoren aus dem hauptsächlichen Uranisotop 238 künstlich erzeugt oder, wie man sagt, erbrütet. Die große Zahl der Spaltprozesse wird durch eine Kettenreaktion erreicht. Die im Uran 235 und Plutonium 239 gespeicherte Energie ist etwa eine Million mal größer als die chemisch gespeicherte Energie fossiler Brennstoffe (d. h. 1 g Kernbrennstoff ist etwa vergleichbar mit 1 Tonne Fossilbrennstoff oder 1 kg

Kernbrennstoff mit 1 Kilotonne Fossilbrennstoff, woraus die etwa 20 kt TNT äquivalente Wirkung des einige Kilogramm schweren Uransprengsatzes der Hiroshimabombe resultiert).

Die heute abgeschätzten Uranvorräte (ohne das im Meerwasser fein verteilte Uran) reichen bei einem Betrieb mit normalen Kernreaktoren (z. B. vom Typ des Leichtwasserreaktors) – also ohne Brütertechnik – nur für etwa 100 Jahre. Sie reichen also nicht über die Kohlezeit hinaus. Kernenergie ohne Brütertechnik wäre also nur – wie die fossilen Energieträger – eine Übergangslösung für die Energieversorgung.

Eine langfristige Energieversorgung ergibt sich nur bei Anwendung der Brütertechnik, d. h. durch Benutzung von Brutreaktoren wie etwa den Schnellen Brütern, in denen das etwa 100 mal häufigere, aber nicht spaltbare Uran 238 auf dem Umweg über das Plutonium 239 gespalten wird. Die Uranvorräte lassen sich dadurch etwa 100fach strecken, so daß man zu Energieversorgungszeiten von einigen tausend Jahren käme, also nach menschlichen Maßstäben zu sehr langen Zeiten (die allerdings nicht ganz an die astronomische Dauer der Sonnenenergie heranreichen).

Kernfusion

Die kontrollierte Gewinnung von Kernenergie aus einer Kernverschmelzung ist technisch bisher noch nicht gelöst (in unkontrollierter Form ist sie uns als Wasserstoffbombe bekannt). Es läßt sich heute auch noch nicht absehen, ob sie jemals technisch oder gar wirtschaftlich machbar sein wird.

Bei Verwendung von Deuterium und Tritium als Brennstoff errechnet man eine Reichweite von einigen tausend Jahren, also Zeiträume ähnlich wie bei der Brütertechnik. Bei Verwendung nur von Deuterium sogar eine nochmals auf das tausendfache verlängerte Laufzeit, also eine Energieversorgung über Millionen von Jahren.

Welche Schlußfolgerungen können wir aus dieser Betrachtung ziehen?

Schlußfolgerung

Wenn wir zunächst die Kernfusion außer Betracht lassen, so kommen also langfristig für die Energieversorgung nur zwei Varianten in Betracht:

1. Eine extrem dezentralisierte Variante, welche die Sonnenenergie in allen möglichen Formen (direkt und indirekt) zu nutzen sucht;

2. eine extrem zentralisierte Variante, welche die Kernenergie mit Brütertechnik als Grundlage wählt.

Selbstverständlich sind auch gewisse Kombinationen dieser Energie-Szenarien als Energieversorgungskonzepte denkbar.

Die Kernenergie mit Brütertechnik ist also keineswegs die *einzige* Möglichkeit für eine langfristige Energieversorgung. Es gibt wenigstens – prinzipiell – eine Alternative: Die Sonnenenergie!

Diese Feststellung reicht aber noch nicht aus! Wer den Kernenergiepfad als unzumutbar ablehnt, muß gleichzeitig auch zeigen, daß der Sonnenenergiepfad nicht nur »prinzipiell«, sondern »wirklich«, also echt realisierbar, eine Alternative darstellt.

Der Streit Kernenergie versus Sonnenenergie ist deshalb zunächst ein Streit zwischen »Zumutbarkeit« der Kernenergie-Variante und »Realisierbarkeit« der Sonnenenergie-Variante. Es läßt sich zwischen den streitenden Parteien wohl sofort ein Konsens über die Forderung herstellen:

Sonnenenergie soviel als irgendwie möglich, Kernenergie so wenig wie unbedingt nötig!

Die eigentliche Frage richtet sich dann auf die »Möglichkeit« der Sonnenenergie einerseits und die unbedingte »Notwendigkeit« der Kernenergie andererseits.

Lassen Sie mich zunächst kurz erläutern, warum ich die Kernenergie für inakzeptabel erachte.

Warum ist Kernenergie unzumutbar?

Normale Kernreaktoren (also etwa Leichtwasserreaktoren) und Brutreaktoren enthalten einige Tonnen spaltbares Material wie Uran 235 und Plutonium 239. Durch Kernspaltung entstehen aus ihnen pro Jahr einige Tonnen radioaktiver Spaltprodukte. Wegen ihrer hochgefährlichen Strahlenwirkung müssen diese Spaltprodukte – bis sie sich selbst durch Abstrahlung in nichtstrahlende Kerne verwandelt haben – von der Biosphäre streng isoliert werden.

Bei Kernreaktoren im Normalbetrieb müssen die abgebrannten Brennstäbe (sie sind etwa 3 Jahre lang im Reaktor) geeignet endgelagert werden (z. B. in Salzstöcken oder Granit). Bei Brutreaktoren müssen die radioaktiven Spaltprodukte ebenfalls endgelagert werden, aber erst nachdem aus den Brennstäben vorher das aus dem Uran 238 erbrütete Plutonium 239 in einer Wiederaufarbeitungsanlage chemisch herausgelöst wurde.

Der Schnelle Brüter (für die der SNR 300 in Kalkar ein Prototyp ist) und die Wiederaufarbeitungsanlage in Wackersdorf sind wesentliche Teile eines Energieversorgungskonzepts, das *langfristig* auf Kernenergie setzt und notwendig den Einstieg in die Plutoniumswirtschaft erfordert.

Was bedeutet dieser langfristige Kernenergiepfad für die Bundesrepublik Deutschland konkret? Unter den Energieversorgungsszenarien der Enquête-Kommission des Deutschen Bundestages »Zukünftige Kernenergie-Politik« von 1980 findet man z. B. beim sogenannten Pfad 1 (Kernenergiepfad) für das Jahr 2030 die folgenden Abschätzungen:

– 165 GW(e) elektrische Leistung, die etwa von 60 Leichtwasserreaktoren vom Biblis A Typ und etwa 50 Schnellen Brütern vom Typ Superphenix (5fache Leistung von SNR 300 in Kalkar) erzeugt werden.

– Vier große Wiederaufarbeitungsanlagen vom ursprünglich geplanten Gorlebentyp (mit etwa 1400 t/Jahr Verarbeitungskapazität, also jede etwa viermal so groß wie die geplante Anlage in Wackersdorf), um das anfallende Plutonium herauszulösen.

– Das pro Jahr erzeugte Plutonium 239 würde etwa 50 t betragen, was etwa der Sprengladung von fast 10 000 Nagasakibomben entspricht (das Reaktorplutonium ist allerdings wegen seiner anderen Vermengung mit anderen Plutoniumisotopen nicht ganz so »gut« wie Bombenplutonium, aber es ist immer noch explosionsfähig).

Jeder Reaktor enthält tonnenweise radioaktive Spaltprodukte, die hochgefährlich sind. (Zum Vergleich: Das nach dem Reaktorunfall von Tschernobyl auf die ganze Bundesrepublik niedergegangene radioaktive Spaltprodukt Jod 131 betrug insgesamt nur etwa *ein* Gramm, also nur den millionsten Teil des radioaktiven

Inventars eines Reaktors.) Das radioaktive Material in einem Reaktor kann bei einem Störfall schon durch chemische Explosionen, die auch nach Abbruch der Kettenreaktion durch die »Nachwärme« (durch den radioaktiven Zerfall der Spaltprodukte freiwerdende Energie) ausgelöst werden können, nach außen geschleudert werden. Bei einem Brutreaktor besteht sogar zusätzlich noch die prinzipielle Möglichkeit, daß er bei Störfällen überkritisch werden und deshalb auch, ähnlich wie eine Atombombe, wenn auch nicht so brisant, explodieren kann.

Ein großer Reaktorunfall – wir haben mit Tschernobyl immer noch nur eine milde Form erlebt – kann zu Schäden führen, deren Ausmaß in heimtückischer Weise alles übersteigt, was Menschen bisher an Naturkatastrophen und von Menschen verursachten Katastrophen erfahren haben. Denn:

– Durch den radioaktiven fall-out werden räumlich extrem große Bereiche – genaugenommen die ganze Erdoberfläche – über sehr lange Zeiten, die viele Menschengenerationen umfassen, verseucht.

– Dieser Schaden kann durch die Anzahl zukünftiger Krebskranker (bei Tschernobyl schätzt man sie auf etwa eine Million in den nächsten 70 Jahren) und Todesopfer nicht angemessen ausgedrückt werden, da diese gewissermaßen nur die Spitze eines Eisbergs darstellen:

Radioaktivität tötet nicht nur, sondern schädigt auf unübersehbare Weise das Erbgut, den genetischen Code, der die Gesundheit und Lebensfähigkeit zukünftiger Generationen steuert;

Radioaktivität schwächt unsere Vitalität, sie senkt – wir haben dies alle erlebt – durch die psychischen Belastungen und Ängste unsere Lebensqualität.

Es ist jedem freigestellt, für sich und sein Leben Risiken einzugehen, wenn die Folgen ihn allein treffen und er bereit ist, sie zu ertragen. Wer sich heute für Kernenergie entscheidet und Nutzen aus ihr zieht, übernimmt aber ein Risiko, dessen verheerende Folgen nicht er selbst, sondern hauptsächlich seine Kinder und Kindeskinder tragen müßten, die keinerlei Entscheidungsfreiheit mehr hätten. Niemand kann diese Verantwortung übernehmen.

Dieses Verantwortungsdilemma wird auch nicht beseitigt, wenn man versucht, die Sicherheit für den Betrieb von Kernkraftwerken durch immer höhere Standards zu verbessern, also wenn man versucht, durch immer raffiniertere Maßnahmen und Vorrichtungen die Eintrittswahrscheinlichkeit solcher Katastrophen herabzudrücken.

Wissenschaftler und Techniker, die mit großem Einfallsreichtum und Geschick neue Sicherheitsmaßnahmen erfinden und installieren, verdienen unsere ungeteilte Wertschätzung. Keiner von uns könnte es besser machen. Doch in dem Maße, wie man von ihnen verlangt, das fast Unmögliche noch unmöglicher zu machen, geraten sie unentrinnbar in eine immer kompliziertere und damit praktisch unlösbare Aufgabe. Es gibt eben keine perfekte Sicherheit! Es bleibt immer ein nicht berechenbares Restrisiko, das durch die eigene Phantasielosigkeit gegeben ist, nämlich durch die prinzipielle Unmöglichkeit, *alle* möglichen Störfälle bei der Planung vorherzusehen und durch geeignete Vorsorgemaßnahmen zu berücksichtigen. Insbesondere bleibt das unberechenbare sogenannte »menschliche Versagen« übrig, ganz zu schweigen von den willentlich ausgeführten, bösartigen menschlichen Eingriffen, wie sie etwa durch Terroranschläge oder Kriegseinwirkungen verursacht werden.

Da es prinzipiell keine vollkommene technische Sicherheit gibt und nie geben wird und die verbleibende Unsicherheit sich nicht verläßlich abschätzen läßt, folgt daraus: *Technische Geräte, die bei einem Störfall zu inakzeptablen Schäden führen können, dürfen einfach nicht betrieben werden.* Diese Situation ist klarerweise bei allen großen Kernreaktoren gegeben.

Was aber ist die Konsequenz? Viele glauben, es bliebe uns dann nur noch die quälende Entscheidung: Kernenergie oder Steinzeit!

Für uns ist es jedoch die Frage: Kann die diffuse Sonnenenergie uns aus der Patsche helfen? Denn Sonnenenergie wäre dann – wenn wir einmal von der noch nicht realisierbaren Kernfusion absehen – die einzige Energiequelle, die uns nach unseren Überlegungen langfristig noch bleiben würde.

Die Alternative zur Kernenergie

Es existiert heute noch keine nennenswerte Sonnenenergienutzungstechnologie außer der indirekten über Wind, Wasser und Biomasse. Wieviel Zeit haben wir, um solche Sonnentechnologien zu entwickeln? Wie schnell die langfristige Lösung greifen muß –

in 100 Jahren, 1000 Jahren oder sogar noch später – und in welchem Umfange, hängt entscheidend von der *mittelfristigen* Lösung ab. Unsere Hauptaufmerksamkeit muß deshalb heute den mittelfristigen Lösungen gelten.

Vernünftige Alternativen zu den heute existierenden Kernkraftwerken (ohne Brütertechnik) sind mittelfristig nicht, wie vielfach proklamiert wird, die harte Sonnentechnik, etwa in Form großer zentraler Sonnenkraftwerke in sonnenreichen Gegenden (z. B. Sahara), sie sind auch nicht einfach mehr oder größere Kohlekraftwerke, sondern

– Techniken zur rationellen und vernünftigen Verwendung von Energie,

– sanfte, dezentrale Sonnenenergienutzungstechnologien und

– intensive Nutzung von Sonnenenergie durch Wind, Wasser und Biomasse.

Ein Ausstieg aus der Kernenergie sollte deshalb so erfolgen, daß dabei im wesentlichen keine zusätzlichen, sondern nur verbesserte und effizientere Kohlekraftwerke (z. B. in Kraft-Wärme-kopplung) und dezentralisierte (gasbetriebene) Blockheizkraftwerke installiert werden.

Bringt eine rationellere Energienutzung eine nennenswerte Erleichterung? Lassen Sie mich dazu einen Vergleich anstellen:

Die Nutzung der Kernenergie *ohne* Brütertechnik erlaubt, grob gerechnet, eine Vermehrung der nichterneuerbaren Energieressourcen auf etwa das Doppelte. Eine Verminderung des Zuwachses am Verbrauch fossiler Energieträger andererseits um jährlich wenige Prozente hat im wesentlichen die gleiche Auswirkung, oder noch konkreter: Bei einem mit 4% jährlich ansteigenden Energieverbrauch lassen sich die fossilen Energieressourcen, die für 100 Jahre noch ausreichen würden, bei einer Verdoppelung der Ressourcen durch Kernenergie um lediglich 17 Jahre auf 117 Jahre strecken. Bei einer Verminderung der Zuwachsrate um nur 0,8% auf 3,2% läßt sich aber genau dasselbe erreichen.

Die vielfältigen Möglichkeiten eines weit geringeren Energieverbrauchs durch bessere Technik und vernünftige Verwendung von Energie werden selten wirklich ernstgenommen. Die darin enthaltenen Energiepotentiale werden in der Regel enorm unterschätzt. Dies hat viele Gründe, insbesondere:

– Es besteht ein falsches Verständnis darüber, wozu wir eigentlich Energie brauchen.

- Eine bessere Nutzung von Energie wird als »Energieeinsparung« meist im Sinne von »Gürtel enger schnallen« gedeutet.
- Eine große Summe von kleinen Beiträgen wird als weniger wichtig empfunden, als ein einziger großer Beitrag (zehn verschiedene Energieeinsparungen von je 2% erscheinen unwichtig im Vergleich zu einem einzigen Zubau von 20%).

Was wir für unseren Komfort brauchen, ist eigentlich nicht Energie – Energie geht ja nie verloren, sondern verwandelt sich nur von einer (nutzbaren) Form in eine andere (meist nutzlose) Form –, was wir brauchen sind: *Energiedienstleistungen*, z. B. ein warmes Zimmer, einen beleuchteten Arbeitsplatz, eine Fortbewegungsmöglichkeit usw. Energiedienstleistungen hängen physikalisch mit der »Syntropie«, der geordneten Energie (oder Negentropie) zusammen, die bei allen Umwandlungsprozessen verlorengeht – bei »rabiater« Nutzung aber schneller, bei »sanfter« Nutzung langsamer. Ein warmes Zimmer läßt sich z. B. durch geeignete Isolierung, welche den Ordnungszustand »draußen: kalt – drinnen: warm« aufrechterhält, ohne große Zufuhr neuer »geordneter« Energie warm halten. Dies hat zur Folge, daß Energiedienstleistungen sich durch Investition anderer »Ordnungsgrößen«, wie Verstand und Geld, mit weit geringeren Mengen an nutzbarer (geordneter) Energie realisieren lassen. Ich kann also in diesem Sinne »(geordnete) Energie« durch »Verstand« ersetzen.

Eine dramatische Absenkung des Primärenergieeinsatzes, je nach Ausgangslage auf ein Viertel oder sogar noch weniger zur Gewährleistung der *gleichen* Energiedienstleistungen, erscheint keineswegs unmöglich. Wesentlich ist, daß eine solche enorm verbesserte Ausbeute der Energieressourcen hohe Kapitalinvestitionen und zusätzlichen Arbeitseinsatz erfordert. Eine bessere Nutzung der Energie stellt deshalb ähnliche finanzielle Anforderungen wie die Kernenergie und steht deshalb in direkter Konkurrenz zu ihr. Das heißt: Eine bessere Energienutzungstechnologie läßt sich aus finanziellen Gründen kaum parallel zur Kernenergienutzung verwirklichen.

Ein Großteil der Energie wird verbraucht, wo Menschen leben, also *dezentral*. Dies bietet zusätzlich zu den Energienutzungstechnologien auch eine gute Möglichkeit für die *sanfte* Nutzung der Sonnenenergie, z. B. durch passive architektonische Maßnahmen, Sonnenkollektoren und später vielleicht auch durch Solarzellen zur direkten Erzeugung von Elektrizität. Im Gegensatz zur harten Sonnenenergienutzung wird Sonnenenergie hierbei nicht erst großflächig eingesammelt, um dann in Form von Elektrizitätsnetzen wieder verteilt zu werden, sondern Sonnenenergie wird dort angezapft, wo sie gebraucht wird.

Bei Änderung unserer Lebensformen könnte, über die bessere Nutzung von Energie hinaus, durch Reduzierung der Energiedienstleistungen noch wesentlich mehr Energie eingespart werden, ohne daß unsere Lebensqualität darunter leiden müßte. Die Höhe unseres Konsums sollte nicht mehr, wie jetzt häufig, durch die Zeit begrenzt sein, die wir zum Vergeuden von Ressourcen zur Verfügung haben, sondern durch die Verträglichkeit unseres Konsums mit einer intakten Umwelt, in die wir auf Gedeih und Verderb eingebettet sind. Niemand verlangt von uns, in die Steinzeit zurückzukehren. Wir müssen nur in unseren Lebensgewohnheiten wieder ein vernünftiges Maß finden.

Ein Aussteigen aus der Kernenergie würde die *Belastungen der Umwelt vermindern* und nicht vergrößern, wenn man das Kapital in Technologien zur besseren Energienutzung investiert, weil (wie z. B. im Pfad 4 der Energieszenarien der Enquête-Kommission) durch diese Nutzungstechnologien auch der Verbrauch von fossilen Energieträgern zurückgehen könnte und *nicht* ansteigen müßte, wie dies von den Kernenergiebefürwortern gewöhnlich angenommen wird. Ich möchte betonen: Eine nicht verbrauchte Kilowattstunde ist bei weitem die billigste und umweltverträglichste Energiequelle.

Ein dramatisch verringerter Primärenergieverbrauch erlaubt nicht nur eine enorme Streckung der nicht erneuerbaren Energieträger (auf einige hundert Jahre), sondern erleichtert auch ganz wesentlich die *langfristige* Lösung der Energieversorgung.

Es erscheint heute wahrscheinlich, daß die konzentriert anfallende Sonnenenergie in Form von Wind, Wasser und Biomasse zur langfristigen Deckung der Prozeßwärme und des Energiebedarfs des Verkehrs wohl nicht ausreichen wird. Hier müßte dann langfristig, spätestens nach dem Auslaufen der fossilen Energieträger, eine harte Sonnenenergienutzung (Sonnenkraftwerke in sonnenreichen Gegenden), in Kombination etwa mit Wasserstoff als Energiespeicher, in Betracht gezogen werden. Es besteht aber kein Grund dazu, mit der Entwicklung dieser harten Sonnentechnik so lange zu warten. Je früher sie greift, um so besser.

Wir haben aber für ihre Entwicklung ausreichend Zeit. Es

besteht kaum Zweifel, daß sie langfristig noch klaffende Lücken schließen wird. Sollte dies wider Erwarten nicht der Fall sein, so sollten wir getrost den Menschen in einigen hundert Jahren die schwierige Entscheidung überlassen, ob dann noch gefährlichere Energietechnologien neuer Art (z. b. Kernfusion) oder jetzt schon bekannter Art (z. B. auch Kernspaltung), aber in wesentlich besserer Form wirklich notwendig sind, oder ob nicht eher die verbleibenden Lücken durch eine Reduktion der Energiedienstleistungen, also eine Absenkung des Komforts, geschlossen werden können.

Ich habe bisher hauptsächlich nur die Verhältnisse in den industrialisierten Ländern im Auge gehabt, und auf sie wollte ich mich ja auch in meinen Ausführungen konzentrieren. Ich möchte aber doch erwähnen, daß sich die Überlegungen zu einer langfristigen Energieversorgung auch nicht ändern, wenn wir die Bedürfnisse der Dritten Welt mit ihrer wachsenden Bevölkerung in unsere Betrachtungen einbeziehen. Eine angemessene Versorgung der Dritten Welt mit Energie ist – wie heute schon mit der Ernährung – in erster Linie kein Mangelproblem, sondern ein Verteilungsproblem. Wir sollten zunächst alle Anstrengungen unternehmen, auf eine gerechtere Verteilung der Lebensgüter auf dieser Erde hinzuwirken. In jedem Falle wird aber eine dezentral auf Sonnenenergie aufbauende und hochrationelle Energieversorgung sich wesentlich besser für die Dritte Welt eignen, als die technisch komplizierte zentrale und an extensive Infrastrukturen gebundene Kernenergievariante.

Abschließende Bemerkungen

Ein Ausstieg aus der Kernenergie wird der Bundesrepublik wirtschaftlich keine Nachteile bringen, wenn sie künftig das ursprünglich für den Bau von Kernkraftwerken vorgesehene Geld in zukunftsträchtige Einspartechnologien investiert. Diese sanften Technologien, die eng mit modernen Steuerungstechnologien zusammenhängen, sind im Gegenteil für die Erhaltung der Konkurrenzfähigkeit unentbehrlich.

Im Streit um die Kernenergie oder Sonnenenergie geht es nur vordergründig um die Frage der Möglichkeit der technischen und wirtschaftlichen Realisierung. Der Sonnenenergie + Einsparungs-Pfad ist ja in ausreichendem Maße als Möglichkeit erwiesen, obwohl dies nicht von allen Seiten so gesehen wird. In diesem Zusammenhang ist es interessant zu beobachten, wie die technischen Optimisten, die SDI – die Strategische Verteidigungsinitiative – für technisch machbar halten, bei den viel einfacheren Problemen der Sonnenenergienutzung zu technischen Pessimisten werden. Wir sollten nicht verkennen: Im Hintergrund steht eigentlich die wichtige machtpolitische Frage, ob die menschliche Gesellschaft künftig mehr zentralistisch oder dezentralistisch organisiert sein soll.

Der Einstieg in eine Energieeinspar- und Sonnenenergietechnik braucht, um erfolgreich zu sein, starke Startimpulse – ähnlich wie sie auch die Kernenergie in ihrer Geburtsphase erhalten hat. Dies erfordert eine gemeinsame große Anstrengung und vor allem Geld. Die neuen Techniken könnten unsere Wirtschaft jedoch enorm beleben und viele neue Arbeitsplätze schaffen – mehr jedenfalls, wie genauere Untersuchungen zeigen, als im Kernenergiebereich verlorengehen. Wir sollten uns alle überlegen, wie wir diese Entwicklung am besten in Gang bringen könnten.

Der erste Schritt zum Ausstieg aus der Kernenergie muß ein Ausstieg aus dem langfristigen Kernenergie-Szenario sein, das auf der Brütertechnik aufbaut. Dies bedeutet konkret:

– Der Schnelle Brüter darf nicht in Betrieb gehen.

– Die Wiederaufarbeitungsanlage in Wackersdorf darf nicht gebaut werden. Denn die WAA macht eigentlich nur im Rahmen einer Brütertechnik Sinn, wenn man von militärischen Optionen einmal absieht, eine Absicht, die ich keinem vernünftigen Menschen unterstellen will.

Es bedeutet aber auch – und das dürfen wir leider nicht vergessen: Wir müssen uns intensiv darum kümmern, daß die schon vorhandenen ausgebrannten Brennstäbe geeignet verscharrt werden. Daran kommen wir nicht herum. Wir sollten weiter alles unternehmen, daß möglichst keine neuen Abfall-Brennstäbe entstehen, daß also die Kernreaktoren möglichst bald abgeschaltet werden. Der Ausstieg aus der Kernenergie sollte aber nicht durch Zubau neuer Kohlekraftwerke, sondern durch eine Forcierung der Energieeinspartechnologien und durch geeignete administrative Maßnahmen zur Förderung einer rationellen Nutzung von Energie erreicht werden.

Konzepte für eine langfristige Energieversorgung

Einleitung

Wir stehen alle unter dem direkten Eindruck des Reaktorunglücks von Tschernobyl. Wie schon beim Unfall der amerikanischen Raumfähre Challenger und jetzt beim großen Brand in der Arzneimittelfabrik Sandoz in Basel wird uns immer wieder deutlich vor Augen geführt, daß technische Systeme nie unfehlbar sind. Im Falle von atomkerntechnischen Anlagen haben wir es aber mit einer ganz besonders brisanten Situation zu tun, da die Schadenspotentiale hier ganz enorm sind: Ein Störfall kann hier noch in Entfernungen von mehreren tausend Kilometern schwerwiegende gesundheitliche Auswirkungen auf die Menschen haben und nicht nur auf die jetzt Lebenden, sondern auf hunderte, ja tausende Generationen danach. Trotz seiner immer noch relativen Harmlosigkeit hat das Kernreaktorunglück von Tschernobyl das Schicksal von unzähligen Menschen direkt beeinflußt und wird es auch noch in ferner Zukunft tun.

Für mich selbst kam als weitere Überraschung, daß dieses Unglück die meisten Menschen völlig unvorbereitet vorfand, obgleich seit ein oder gar zwei Jahrzehnten viele kompetente Stimmen eindringlich und überzeugend vor der Möglichkeit solcher Unfälle gewarnt hatten. Man hat sie als Angstmacher, als Technikfeinde, als altmodische Romantiker bloßgestellt und lächerlich gemacht. Handfeste wirtschaftliche Interessen waren dabei im Spiel. Doch offenbarte sich dabei auch wieder einmal eine allgemeine Schwäche des Menschen, daß er seine eigene Lebenserfahrung überbewertet, was zu enormen Fehleinschätzungen führen kann, wenn die Technik wesentlich schneller voranschreitet als die Generationenfolge. Denn die Lernfähigkeit des Menschen ist im Mittel nur sehr beschränkt. Der Lernprozeß wird wesentlich dadurch gefördert, daß Alte aussterben und Junge nachwachsen. Beschleunigt werden, so scheint es, kann dieser Prozeß nur durch Minikatastrophen – und wir müssen hoffen, daß sie wirklich auch »mini« bleiben und uns nicht beim nächsten Mal einfach auslöschen werden.

Die Hauptfrage, vor der wir heute stehen, ist meines Erachtens nicht so sehr, wie groß die Spätfolgen des Reaktorunglücks von Tschernobyl wegen der erhöhten Radioaktivität sein werden – man spricht von etwa einer Million zusätzlichen Krebserkrankungen in den nächsten 70 Jahren und, dies ist ja nur die Spitze eines Eisbergs, wenn wir an das geschädigte Genom der Menschen, den Steuerapparat seiner zukünftigen Entwicklung denken. Wir können daran leider nichts mehr ändern. Die Hauptfrage ist deshalb, welche Schlußfolgerungen wir aus dieser Erfahrung ziehen.

Ich werde mich deshalb nur am Rande mit der Atomenergie beschäftigen – darüber ist ja von anderen sehr viel geschrieben worden –, sondern mich vor allem mit der wichtigen Frage befassen, ob es überhaupt andere Möglichkeiten neben der Atomenergie für eine weltweite langfristige Energieversorgung gibt. Gibt es nämlich für unsere langfristige Energieversorgung praktisch keine andere Wahl, dann stehen wir vor einem echten Dilemma. Alle Überlegungen über Risiken – und ob solche Risiken zumutbar sind – würden uns nur wenig nutzen, wenn dadurch unser Überleben auf einem würdigen Niveau – was immer das heißen mag – in der Substanz gefährdet wäre. Es bliebe uns nur noch die Möglichkeit, den dabei auftretenden Schaden auf ein Minimum zu begrenzen. Sollte es andererseits aber realistische – das heißt nicht nur hypothetische, sondern realisierbare – Alternativen zur Atomenergie geben, die zu weniger schlimmen Folgen führen, dann können wir auf diese ganze schwierige und quälende Diskussion über Atomenergie verzichten. Es wäre dann unnötig, darüber zu streiten, wie sicher ein Atomkraftwerk, wie sicher eine Wiederaufarbeitungsanlage für Kernbrennstoffe wäre, was für Mensch und Natur noch zumutbar und was jedenfalls unzumutbar ist – alles Fragen, die sich eigentlich gar nicht und schon gar nicht wissenschaftlich verläßlich beantworten lassen. Wie so oft begegnet man bei dieser Frage manchmal einem enormen Zweckpessimismus, der so gar nicht zu der Technikeuphorie bei einigen weit schwierigeren und utopischeren Unternehmungen paßt – ich denke hier z. B. an die Reagansche Strategische Verteidigungsinitiative SDI – wo man sich größere eigene Vorteile verspricht. Oder ist es in der Tat so, daß die menschliche Phantasie beim Gedanken an Zerstörung mehr beflügelt wird als bei Ideen, die auf Aufbau und Harmonie zielen?

Wenn wir vom Verzicht auf Atomkernenergie sprechen, müssen wir genaugenommen drei Varianten unterscheiden. Die schwächste Form entspricht einem Verzicht auf die Plutoniumwirtschaft, einer Abkehr vom Bau Schneller Brüter und von Wiederaufarbeitungsanlagen. Bei einer mittleren Form verzichtet man auch auf jegliche Energienutzung aus der Spaltung von Atomkernen, also z. B. auch auf den Betrieb von Leichtwasserreaktoren LWR oder Hochtemperaturreaktoren HTR. Die stärkste Form verlangt den Verzicht jeglicher Atomenergienutzung einschließlich der Energiegewinnung aus der Fusion von Atomkernen, ein Prozeß, der uns bisher nur von der Wasserstoffbombe bekannt ist und vielleicht in Zukunft von einer geeigneten Technik gezähmt werden kann.

Auch der Begriff des Verzichts hat für den einen oder anderen von uns recht verschiedene Bedeutungen und löst dementsprechend auch verschiedenartige emotionale Reaktionen aus. Für den einen beinhaltet Verzicht die Aufforderung zur eigenen Einschränkung, zur Aufgabe liebgewonnener Lebensgewohnheiten. Wir sprechen von Selbstbescheidung und Moderation, oder aggressiver und negativer: von »Gürtel-enger-schnallen« oder gar »Steinzeit – nein danke!«. Für andere bedeutet Verzicht eine unzumutbare Einschränkung für andere, das Todesurteil für die Schwächeren, insbesondere für die Menschen der Dritten Welt. Sie glauben, daß der Großteil der zahlenmäßig enorm angewachsenen Menschheit – die Weltbevölkerung hat heute vier Milliarden überschritten und wird wohl wenigstens noch auf das Doppelte anwachsen – ohne Nutzung der Atomenergie keine Überlebenschancen mehr hätte, und halten deshalb einen solchen Verzicht für unmoralisch und unverantwortlich. »Eure Kinder werden Euch einst verfluchen«, heißt es dann oft, »wenn Ihr, wegen Eurer engstirnigen Ängstlichkeit, nicht die Möglichkeit der Rettung heute vorbereitet.« Zwischen diesen beiden Extremen gibt es jedoch auch diejenigen, für die ein Verzicht nur ein Verzicht auf etwas Unwesentliches bedeutet, die es als erwiesen betrachten, daß ohne dramatische Änderungen unserer jetzigen Lebensform und unserer Wirtschaftsform unsere Lebensansprüche auch in

Zukunft befriedigt werden könnten, und dies nicht nur für die industrialisierten Länder, sondern auch für die Entwicklungsländer. Solch ein Optimismus ist vielleicht selten und dies wohl auch mit Recht. Überzeugender erscheint, daß es sehr wohl andere Lebensformen und vor allem auch andere Wirtschaftsformen geben wird, welche mit einem Verzicht ohne Schwierigkeiten in Einklang gebracht werden könnten und dafür keinerlei Einbuße an Lebensqualität verlangen, vielleicht sogar einen Zuwachs erbringen würden.

In diesem Zusammenhang müssen wir erkennen, daß es in der Energiefrage – ähnlich wie auch bei ökologischen Fragen – eine versorgungsorientierte und eine verträglichkeitsorientierte Strategie gibt. Bei der versorgungsorientierten Strategie betrachtet sich der Mensch ganz selbstverständlich als »Krönung der Schöpfung«, dem es »natürlich« zusteht, seine Mitwelt zu seinen vollen Gunsten zu nutzen, besser: auszubeuten, um seine immer weiter wachsenden »Bedürfnisse« – oder sollte man besser sagen: seine ungehemmten Begierden? – zu befriedigen. Je nach der Einstellung dieses »Herrenmenschen« werden die unterprivilegierten Mitmenschen in größerer oder kleinerer Zahl zu dieser auszubeutenden Mitwelt gerechnet. Bei der verträglichkeitsorientierten Einstellung betrachtet sich der Mensch als Teil eines größeren, empfindlichen und verletzlichen Organismus, der Biosphäre der Erde oder gar der ganzen Erdkruste, in die er auf Gedeih und Verderb eingebettet ist. Wichtig für sein Verhalten ist, was diesem Organismus an Belastungen zugemutet werden kann, ohne ihn ernsthaft zu schädigen. Dies ist eine ökologische Betrachtungsweise, eine Weiterentwicklung des Humanismus! Hier stellen sich Grundfragen wie: Wie wollen wir, wie können wir zukünftig leben? Was heißt dabei »wir«? Ist nicht die Menschheit eine einzige Schicksalsgemeinschaft? Verlangt dies nicht eine umfassende Solidarität, eine Solidarität, die nicht gegen die Natur gerichtet ist, sondern diese mit einbezieht?

Die Fragen, mit denen wir uns hierbei befassen müssen, sind viel komplexer als schlichte Entscheidungen, die in den Forderungen: »Atomkraft – nein danke!« oder »Steinzeit – nein danke!« gipfeln, und bei denen wir glauben, uns kategorisch für oder gegen Technik aussprechen zu müssen.

Ich will meine Ausführungen im 1. Abschnitt damit beginnen, kurz darzulegen, wozu wir eigentlich Energien brauchen. Die

Frage ist nicht ganz so trivial, wie es zunächst den Anschein hat. Ich möchte dann im 2. Abschnitt auf die Reichweiten der verschiedenen Energieressourcen zu sprechen kommen, d. h. auf die Zeitspannen, über welche bestimmte Energieträger: Kohle, Erdöl, Erdgas, Uran uns voraussichtlich noch zur Verfügung stehen werden. Auf dieser Basis werden wir dann im 3. und 4. Abschnitt Energieversorgungskonzepte formulieren, die prinzipiell eine langfristige Deckung unseres Energiebedarfs gewährleisten könnten. Darunter wird sich auch eine Atomenergievariante befinden, die im 3. Abschnitt ausführlich besprochen wird. In diesem Kapitel werde ich einen kurzen Abstecher auch zur Frage der Sicherheit technischer Systeme machen und die Frage der Zumutbarkeit möglicher Schäden diskutieren. Im 4. Abschnitt wird die wichtige Sonnenenergievariante behandelt. Mögliche mittel- und langfristige Energie-Szenarien, die sich aus diesen Überlegungen ergeben, insbesondere solche ohne Atomenergie, werden im 5. Abschnitt aufgeführt. Im letzten Kapitel versuche ich die wichtigsten Aussagen zusammenzufassen und einen Ausblick zu geben.

Wozu brauchen wir Energie?

Was wir zunächst brauchen, ist nicht Energie. Wir brauchen Licht zur Beleuchtung, Kraft zum Antrieb einer Maschine oder zur Verformung von Materialien, ein warmes Zimmer, die Möglichkeit zum Kochen, wir wollen uns schneller als zu Fuß fortbewegen usw. Wir nennen dies Energiedienstleistungen.

Energiedienstleistungen erfordern genaugenommen keine Energie. Dies sieht nur so aus. Denn für Energie gilt ein strenger Erhaltungssatz, der besagt, daß Energie nirgends erzeugt und nirgends verbraucht wird. Energie kann sich nur von der einen Form in eine andere verwandeln, z. B. von elektrischer Energie in Bewegungsenergie oder in Wärmeenergie. Die verschiedenen Formen der Energien sind jedoch nicht gleichwertig. Es gibt kostbare Energie, wie z. B. elektrische oder mechanische Energie, und nutzlose Energie, z. B. gleichverteilte Wärmeenergie. Bei jeder Umwandlung von Energien findet eine Qualitätsverminderung der Energie statt. Bei Energiedienstleistungen wird höherwertige Energie in minderwertigere Energie, meist Umgebungswärme, verwandelt. Zählt man die unbrauchbare minderwertige Wärmeenergie bei der Bilanz nicht mit, kommt man zur Vorstellung eines Energieverbrauchs, d. h. eigentlich im Sinne eines Verbrauches an wertvoller, nutzbarer Energie.

Die Qualitätseigenschaft der Energie nennt man Syntropie oder Ordnungsenergie. Sie entspricht in der Physik der negativen Entropie, der Negentropie. Sie ist ein Maß der Ordnung. Bei einer kalten Kugel, die durch die Luft fliegt, haben alle Moleküle in der Kugel in etwa die gleiche Bewegungsrichtung, wir haben eine geordnete Bewegung, eine wertvolle Bewegungsenergie. Schlägt die Kugel in ein Brett ein und bleibt dort stecken, dann verwandelt sich die geordnete Bewegung der Moleküle in eine ungeordnete, bienenschwarmartige: Die Kugel ruht, sie ist aber heiß. Bewegungsenergie wurde in Wärmeenergie, Ordnung in Unordnung verwandelt, Syntropie, Ordnungsenergie zerstört. Jede Energiedienstleistung erfordert, verbraucht Syntropie – nicht Energie.

Die von der 6000° heißen Sonnenoberfläche ausgehende gerichtete Sonnenstrahlung hat eine hohe Syntropie. Ein winziger Teil davon trifft unsere Erde auf ihrer Ellipsenbahn um die Sonne. Die auf die Erdoberfläche eingestrahlte Sonnenenergie wird fast vollständig wieder als Wärmestrahlung ins Weltall zurückgestrahlt. Nur ganz wenig der Energie bleibt z. B. in Form von Biomasse, also etwa in Form von Pflanzen, hängen und wird in ihren energiereichen Molekülen, z. B. des Holzes, gespeichert. Durch die Verwandlung der Hochtemperatursonneneinstrahlung in die »kältere« Wärmeabstrahlung wird der Erde dauernd Ordnungsenergie zugeführt. Sie ist der Motor allen Lebens.

Ein Auto bleibt ohne Motor stehen. Der Motor, der chemische Energie des Benzins – eingefangene Sonnenenergie vergangener Jahrmillionen – in Bewegungsenergie umsetzt, ist letztlich eigentlich für die Fortbewegung unnötig. Kehren wir nach langer Fahrt wieder zum gleichen Ausgangspunkt zurück, so benötigen wir dazu eigentlich keine Energie. Die ganze kostbare chemische Energie hat sich restlos in Wärmeenergie der Reifen, der Straße, der umgebenden Luft usw. verwandelt. Die Syntropie des Benzins wurde zur Syntropie der Bewegung verwendet und dann durch Reibung und Bremsmanöver verschleudert.

Syntropie für Energiedienstleistungen verschaffen wir uns durch die Bereitstellung höherwertiger Energieformen und die

Abführung minderwertigerer Energieformen. Für die Syntropie gilt kein Erhaltungssatz. Für eine bestimmte Energiedienstleistung ist der Syntropieverbrauch geringer, wenn die Prozesse langsamer, sanfter ablaufen – in der Physik spricht man dann von adiabatischen oder isoentropischen Prozessen –, als wenn sie rasant vor sich gehen. Schneide ich Butter ganz sachte mit einem Messer, so benötige ich nur ganz wenig von der Syntropie der mechanischen Energie; verwende ich dazu eine Kreissäge, so werfe ich die in der umlaufenden Säge und durch elektrische Ströme zugeführte Syntropie nutzlos zum Fenster hinaus. Elektrische und mechanische Energie haben eine hohe Ordnung, eine hohe Syntropie. Ein System aus einem heißen und einem kalten Körper hat eine höhere Syntropie, einen höheren Ordnungszustand als das lauwarme (weniger geordnete) System, das man am Ende bekommt, wenn man den heißen und kalten Körper miteinander in Kontakt gebracht hat. Der Wärmeaustausch geschieht automatisch unter Verlust von Syntropie.

Alle Energiedienstleistungen verlangen Syntropie. Die größte Syntropiequelle auf der Erde ist die eingestrahlte Sonne und zwar zunächst durch die direkte Einstrahlung von Sonnenlicht, dann aber auch umgesetzt (2%) in Form von Wasser-, Wind- und Wellenenergie. Ein winzig kleiner Teil der eingestrahlten Sonnenenergie (1‰) wird in Biomasse, in Form von Tieren und Pflanzen (Holz usw.) gespeichert. Ein kleiner Bruchteil dieser Biomasse führt unter günstigen geologischen Umständen zur Bildung von Torf, bei geeigneten Verdichtungen zu Kohle, Erdöl und Erdgas. Unsere fossilen Energieträger: Kohle, Erdöl und Erdgas sind also über Jahrmillionen gespeicherte Sonnenenergie, Sonnensyntropie.

Eine andere wesentliche Syntropiequelle sind die Atomkerne. Mittelschwere Atomkerne, wie etwa Eisen, sind am energieärmsten. Sehr leichte Atomkerne, wie insbesondere Wasserstoff, und sehr schwere Atomkerne, wie insbesondere Uran, sind vergleichsweise energiereicher. Diese höheren Energieformen der Materie wurden in einem Frühstadium des Urknalls, aus dem unser Universum geboren wurde, gekocht. Bei Zerkleinerung oder Spaltung schwerer Atomkerne (Atomkernspaltung) und bei Verschmelzung leichter Atomkerne (Atomkernfusion) kann deshalb wertvolle Energie freigesetzt, Syntropie erzeugt werden. Die seit dem Urknall gespeicherte Syntropie wird also bei Kernspaltung und Kernfusion angezapft.

Eine interessante weitere Syntropiequelle ist die als Erdwärme im heißen Erdinneren gespeicherte »geothermische« Energie, die von der Entstehung unserer Erde und unseres ganzen Planetensystems aus einem heißen Gasnebel herrührt. Auch diese Syntropiequelle ist also kosmischen Ursprungs.

Schließlich sollte man noch die Gezeitenenergie nennen, die Energie, die durch die Verformung der Wasseroberfläche, durch Ebbe und Flut in Erscheinung tritt und mit der Stellung der Erde insbesondere zum Mond, aber auch zur Sonne in Beziehung steht. Diese Energie wird durch die Drehbewegung der Erde gespeist, wodurch diese äußerst geringfügig abgebremst wird.

Für unsere Fragestellung einer langfristigen Energieversorgung wird die geothermische Energie und die Gezeitenenergie keine sehr wichtige Rolle spielen. Wir werden deshalb im folgenden zur Vereinfachung der Diskussion auf diese beiden Energiequellen nicht weiter eingehen, obgleich dies vielleicht für die geothermische Energie nicht ganz gerechtfertigt erscheint.

Beim Vergleich von Energieträgern, also von Syntropiespeichern, ist es nützlich, sich einige wenige Zahlen über die Größe dieser Energiereservoire einzuprägen. Wir wollen als Energievergleichseinheit vielleicht die relative anschauliche Einheit 1 SKE = Steinkohleneinheit verwenden, die der bei der vollständigen Verbrennung von 1 Kilogramm Steinkohle umgewandelten Energie entspricht (in Standardeinheiten etwa 30 Mega-Joule). Dies entspricht in etwa auch einem Kilogramm Erdöl oder ganz grob etwa einem Liter Erdöl und einem Kilogramm Erdgas oder ganz grob etwa einem Kubikmeter Erdgas.

Genauer: 1 kg Erdöl $\approx$ 1,25 l Erdöl $\approx$ 1,5 SKE
1 kg Erdgas $\approx$ 1,3 m^3 Erdgas $\approx$ 1,5 SKE

Erdöl und Erdgas sind also, auf das Gewicht bezogen (wegen des in ihnen enthaltenen Wasserstoffs), etwas energiereicher als Kohle.

Die Energie in einem Atomkern ist im Vergleich zur chemischen Energie der fossilen Brennstoffe über einen Faktor eine Million mal höher. So entspricht einem Kilogramm Uran 235, das spaltbare Isotop des Urans, etwa $2,6 \times 10^6$ SKE, einem Kilogramm Natururan, das Uran 235 nur zu 0,7% enthält, nur $15,5 \times 10^3$ SKE oder 15 500 Tonnen Steinkohle. Verwendet man jedoch die Schnelle Brütertechnik, so läßt sich auf dem Umweg über Plutonium im wesentlichen das gesamte Uran, also auch das häufigste Isotop Uran 238 »verbrennen«, wir kommen also wieder zum vollen Faktor von einer Million zurück. Dieser enorme Faktor eine Million ist uns auch aus den Angaben über die Stärken von Atombomben bekannt, die meist in Tonnen TNT-Äquivalenten, also in Gewichtsangaben des chemischen Sprengstoffs TNT, angegeben werden. Ein Kilogramm spaltbares Material (Uran 235 oder Plutonium 239) entspricht also etwa einer Million Kilogramm, also tausend Tonnen oder einer Kilotonne TNT. Die mehrere kg enthaltende Hiroshimabombe hatte eine Sprengkraft von 13 kt TNT-Äquivalent.

Bei der Verschmelzung oder Fusion von Wasserstoffkernen zu den schwereren Heliumkernen werden ähnliche Energien wie bei der Kernspaltung frei. Die Fusion etwa von insgesamt einem Kilogramm Deuterium (schwerer Wasserstoff) und Tritium (schwerster Wasserstoff) liefert etwa 10×10^6 SKE.

Wichtig bei der Betrachtung von Energieinhalten und Energiegrößen ist auch ein Vergleich der Meßgrößen verschiedener Energieformen als die Entsprechung, die Gleichwertigkeit oder Äquivalenz etwa von mechanischen, thermischen und elektrischen Energie-Einheiten. Dieser Vergleich liefert für manchen aufschlußreiche Überraschungen. So läßt sich z. B. mit der Verbrennung von 1 kg Steinkohle, also etwa zwei Händen voll Eierkohlen, eine Tonne oder 1000 l (100 Eimer) Wasser um 7° erhitzen. Mit derselben Energie kann man aber dieselbe Wassermenge, also eine Tonne Gewicht, etwa 3000 m hochheben. Dies entspricht der mechanischen Arbeit eines Zugpferdes für einen ganzen Arbeitstag (10 Stunden) oder von drei Menschen von Sonnenaufgang bis Sonnenuntergang. Elektrisch betrachtet entspricht dies 8 Kilowattstunden, also der Wärmeenergie einer Kochplatte (1 kW) über 8 Stunden.

Wir können dies noch anschaulicher machen, wenn wir diese Zahlen mit dem durchschnittlichen Energieverbrauch einer einzelnen Person (Mann, Frau, Kind) in den Industrienationen und den Entwicklungsländern vergleichen. Der Leistung 1 kW, d. h. von durchschnittlich 1 kW-Stunde für jede Stunde Tag und Nacht, entsprechen mehr als ein Pferd oder 4 Menschen in dauerndem Einsatz oder 1/10 l Erdöl pro Stunde. Da Menschen (und auch Pferde) nicht ununterbrochen arbeiten können, ist die bessere Vergleichszahl 1 kW $\approx$ 10 Sklaven. Bei einer mittleren Energieverbrauchsleistung von 11 kW in den USA heißt dies, daß jeder US-amerikanische Staatsbürger (Mann, Frau und Kind) im Schnitt jeder 110 Sklaven für sich beschäftigt, ein mittlerer 4-Personenhaushalt also insgesamt ein Gesinde von 440 Sklaven. Ein Europäer mit einer mittleren Energieverbrauchsleistung von 6 kW beschäftigt immerhin noch 60 Sklaven, während ein Mensch aus einem Entwicklungsland mit einer Energieverbrauchsleistung von etwa 200 W nur noch 2 Sklaven für sich beansprucht. Man sollte sich vielleicht diese Zahlen immer wieder vor Augen halten, wenn man über die Frage der Zumutbarkeit einer Mäßigung unseres Lebensstandards nachdenkt. Auch darüber, daß eine Autofahrt über 100 km in einer Stunde etwa 10 l Benzin und damit die Leistung von 450 Sklaven verlangt.

Wie lange reichen unsere Energieressourcen?

Um die zeitlichen Reichweiten unserer Energieträger zu ermitteln, müssen wir uns eine Vorstellung über Vorkommen und Verfügbarkeit dieser Energieträger in der uns zugänglichen Erdkruste verschaffen und unseren jetzigen und zukünftigen Energieverbrauch abzuschätzen versuchen.

Weltvorkommen an fossilen Energieträgern und Reichweiten

Bei der Feststellung von Vorkommen von fossilen Energieträgern, im wesentlichen Kohle, Erdöl und Erdgas, unterscheidet man zwischen Vorkommen, Ressourcen und Reserven. Unter Vorkommen versteht man die insgesamt geschätzte Menge der Energieträger. Im allgemeinen wird nur ein bestimmter Anteil davon überhaupt vernünftig abbaubar sein – man spricht dann von Ressourcen –, wovon nur ein kleiner Teil auch unter den heutigen Preisen wirtschaftlich förderbar ist –, man spricht dann von Reserven. Wichtig für unsere Abschätzung sind die Ressourcen, da mit zunehmender Verknappung die Preise dieser Rohstoffe notwendig ansteigen und damit die bisher ausgewiesenen Reserven sich allmählich den Ressourcen annähern werden. Die Abgrenzung zwischen Ressourcen und Vorkommen ist jedoch nicht durch den Markt diktiert, sondern mehr durch etwas, das man den »Erntefaktor« nennt. Man könnte sich durchaus vorstellen, daß man mit ansteigendem Aufwand an Gerät und Bohrleistung zu Ressourcen in immer schwierigere Lagen und Tiefen vordringt, aber es wird sich bei diesem Vorgehen der Erntefaktor, nämlich das Verhältnis der aufgewendeten Energie, die wir zur Förderung einsetzen müssen (Herstellung des Geräts, Vertrieb) zur im geförderten Energieträger gespeicherten Energie immer mehr der Eins nähern. Förderung macht keinen Sinn mehr, wenn der Energieaufwand bei der Förderung den Energiegewinn durch die geförderten Ressourcen überschreitet.

Die Weltvorkommen an fossilen Energieträgern werden im Augenblick auf etwa 12 400 Milliarden Tonnen SKE geschätzt, von denen etwa 3324 Mrd t SKE zu den Ressourcen und 886 Mrd t SKE zu den Reserven zu rechnen sind. Im Vergleich zur jährlichen Förderung von 1975 von etwa 10 Mrd t SKE entsprechen die Ressourcen einem Faktor von 340, was also bei gleichbleibendem Verbrauch einer Reichweite der Ressourcen von im Mittel 340 Jahren entsprechen würde.

Diese Abschätzung ist aber viel zu grob. Sie muß in zweierlei Hinsicht verbessert werden. Wir müssen zunächst in Betracht ziehen, daß Vorräte und Verbrauch bei den verschiedenen fossilen Energieträgern in sehr verschiedener Beziehung zueinander stehen. So ist insbesondere Erdöl im Vergleich zu Kohle viel seltener, der Verbrauch von Erdöl ist jedoch höher als der von Kohle. Dies bedeutet, daß Erdöl wesentlich schneller als Kohle bei Fortschreibung des jetzigen Trends zur Neige gehen wird. Wir müssen weiter berücksichtigen, daß der Verbrauch keineswegs bei den Zahlen von 1975 stehengeblieben ist, sondern jährlich eine gewisse Zuwachsrate erfährt.

Bei gleichbleibendem Verbrauch wie 1975 würde weltweit Steinkohle (auf die Ressourcen bezogen) etwa 600 Jahre, Braunkohle etwa 1000 Jahre, Erdöl etwa 95 Jahre und Erdgas etwa 175 Jahre reichen. Bei Annahme eines 2%igen Wachstums des Verbrauchs würden sich diese Zahlen auf etwa 125 Jahre, 150 Jahre, 50 Jahre und 75 Jahre verkürzen; bei einem 4%igen Anwachsen des Verbrauchs gar etwa auf die Zahlen 80 Jahre, 90 Jahre, 40 Jahre und 50 Jahre. Wen dies überrascht, sollte zur Kenntnis nehmen, daß bei einem 4%igen jährlichen Wachstum die Verdopplungsrate bei etwa 17 Jahren liegt. Eine Verdopplung eines

Vorrats, der zunächst für 100 Jahre reicht, würde also nicht weitere 100 Jahre, sondern nur mickrige 17 Jahre länger reichen.

Weltvorkommen an Kernenergieträgern und Reichweiten

Eine Abschätzung der Weltvorkommen an Kernenergieträgern, insbesondere an Uran und Thorium, ist schwieriger. Durch Neuexplorationen haben sich die Zahlen in den letzten Jahren sehr stark nach oben verändert. Ohne Berücksichtigung der schwachen Urankonzentrationen im Meerwasser können nach einer Studie des Internationalen Instituts für Systemanalyse (IIASA) die Weltressourcen an Natururan wohl in der Größenordnung von etwa 30 Mill t angenommen werden, was an Energieinhalt auf das seltene Uranisotop 235 bezogen etwa den gesamten Braunkohlenressourcen der Erde entspricht. Auch die Hinzunahme der Thoriumvorräte ändert nichts wesentlich an dieser Abschätzung.

Eine Abschätzung des Verbrauchs von Kernbrennstoff ist noch schwieriger, da das Ausbauprogramm der Kernreaktoren großen Schwankungen unterliegt und neuerdings ins Stocken geraten ist. Aufgrund eines von IIASA erstellten Kernenergie-Szenariums kommt man zu Reichweiten zwischen 500 Jahren bei im wesentlichen nichtwachsenden Verbrauch (bezogen auf einen fiktiven Verbrauch im Jahre 1990) und etwa 50 Jahren bei einem stark expansiven Ausbau der Kernreaktoren (etwa 7% Wachstum). Wesentlich bei dieser Betrachtung ist, daß eine Nutzung der spaltbaren Isotope von Uran und Thorium, als von Uran 235 und Thorium 232, nur zu mittleren Reichweiten führt, die mit den fossilen Energieträgern, insbesondere mit der Kohle, vergleichbar sind.

Eine wirkliche Verbesserung der Situation würde nur dann eintreten, wenn es gelingt, auch das dominante Uranisotop Uran 238 (99,3% im Natururan) ebenfalls zur Spaltung zu verwenden. Dies gelingt in der Tat auf dem Umweg über das künstliche Plutoniumisotop Plutonium 239. Beim Beschuß von Uran 238 mit schnellen Neutronen, wie sie in speziellen Kernreaktoren leicht erzeugt werden können, kann sich Uran 238 durch Einverleibung eines Neutrons in das schwerere Uranisotop Uran 239 verwandeln, das aber instabil ist und durch Abstrahlung von zwei

Elektronen (und Antineutrinos) radioaktiv in das Neptunium 239 und schließlich das Plutonium 239 zerfällt. Plutonium 239 ist aber ähnlich wie Uran 235 spaltbar und kann deshalb als Kernbrennstoff verwendet werden. Dieses Verfahren, das Brüten von Plutonium 239 aus Uran 238, erlaubt deshalb eine Vermehrung des Kernbrennstoffs um etwa einen Faktor 100, in der Praxis liegt er mehr in der Nähe von 60. Auf diese Weise gelangt man leicht in Reichweite von mehreren tausend Jahren, also wirklich zu beachtlich langen Zeiten.

Zeithorizonte der verschiedenen Energieversorgungskonzepte

Aufgrund der vorangegangenen Abschätzungen kommen wir zu den folgenden Zeithorizonten der verschiedenen Energieträger. Kurzfristig, d. h. in Zeiträumen bis zu 20, 30 Jahren, werden noch alle bisherigen Energieträger zur Verfügung stehen, obgleich sich schon bald Verknappungen einstellen werden, die zu entsprechenden Verteuerungen führen werden. Mittelfristig werden in etwa 30-100 Jahren zuerst Erdöl, dann Erdgas und dann in einigen 100 Jahren sogar Kohle und Uran, soweit es ohne Brütertechnik etwa in Leichtwasserreaktoren verbrannt wird, zur Neige gehen. Langfristig, d. h. über Zeiträume von mehreren tausend Jahren oder fast unbegrenzt, werden letztlich nur noch drei Energiequellen zur Verfügung stehen (außer der geothermischen Energie und der Gezeitenenergie, die wir hier der Einfachheit halber ausgeklammert haben):

– *Sonnenenergie:* Sie ist begrenzt, aber unerschöpflich, solange die Sonne scheint, d. h. solange der Wasserstoffvorrat auf der Sonne für die Kernfusion von Wasserstoff zu Helium noch reicht, was einige Milliarden Jahre dauern wird.

– *Kernspaltung mit Brütertechnik und Plutoniumwirtschaft:* Mit den Uranvorräten, die durch die Brütertechnik über Plutonium vollständig zur Energieerzeugung verwendet werden können, kann man zu sehr großen Reichweiten von einigen tausend Jahren gelangen. Bei Verwendung des in den Ozeanen gelösten Urans läßt sich prinzipiell, wenn auch sehr kostspielig, sogar noch eine Verlängerung um mehr als einen Faktor zehn erreichen.

– *Kernfusion:* Die kontrollierte Verschmelzung von Wasserstoffkernen zu Heliumkernen ist bisher technisch noch nicht gelöst. Sie erfordert Erhitzung von Plasmen (heißen ionisierten Gasen) auf einige Millionen Grad und Einschlußzeiten von Sekunden, was exotische »Behälter« – etwa durch komplizierte Magnetfelder aufgebaute hinreichend dichte Flaschen – nötig macht. Am aussichtsreichsten erscheint eine Verschmelzung eines Deuteriumkerns (Deuteron bestehend aus einem Proton und einem Neutron) mit einem Tritiumkern (Triton bestehend aus einem Proton und zwei Neutronen) zu einem Heliumkern (a-Teilchen bestehend aus zwei Protonen und zwei Neutronen) unter Abgabe eines Neutrons. Wegen eines reichlichen Vorkommens von Deuterium (schwerer Wasserstoff) und der möglichen Erzeugung von Tritium aus anderen Kernprozessen (insbesondere aus Lithium) wäre die zeitliche Reichweite dieser Energiequelle, wenigstens von der Größenordnung der Brüter-Kernspaltungs-Variante, bei Verwendung der technisch viel schwierigeren Deuteron-Deuteron-Fusion sogar nochmals um einen Faktor 1000 länger. Auf dem Hintergrund menschlicher Zeitmaßstäbe würde also die Zähmung der Kernfusion eine praktisch unbegrenzte Energieversorgung gewährleisten.

Die Kernenergievariante

Energieversorgung durch Kernspaltung mit Brütertechnik

Wir wollen die Besprechung möglicher langfristiger Energieversorgungskonzepte mit der Atomkernenergienutzung durch Brütertechnik beginnen. Die Schwierigkeit ihrer Nutzung liegt in dem enormen Gefahrenpotential für die Biosphäre, die mit ihr notwendigerweise verbunden ist.

Wir wollen uns zunächst einmal ein grobes Bild eines solchen Versorgungskonzeptes machen. Kernkraftwerke sind zunächst nur zur Erzeugung von heißem Wasserdampf geeignet, mit dem man mit schlechtem Wirkungsgrad elektrischen Strom erzeugen kann. Sie können also in dieser Form Kohle, Erdöl und Erdgas eigentlich gar nicht so leicht aus deren eigentlichen Domänen Prozeßwärme, Heizen, Transport verdrängen. Hierzu sind schon weitere Verfahren, wie etwa Kohleverflüssigung, notwendig. Der Stromverbrauch für die Bundesrepublik sollte deshalb nach gewissen Prognosen aus dem Jahre 1970 auf das über Zehnfache im Jahre 2075 anwachsen und hauptsächlich durch Kernkraftwerke erzeugt werden, deren Zahl im Jahre 2075 etwa 300 Atomkraftwerke vom Biblis A Typ (etwa 1 GW elektrische Leistung) erreichen sollte. Der gesamte Primärenergieverbrauch sollte im Jahre 2075 etwa auf das Viereinhalbfache des Werts von 1970 steigen, wobei – und dies ist in unserem Zusammenhang besonders wichtig – der Verbrauch an fossilen Energieträgern keinesfalls reduziert würde. Nur der Zuwachs an Energieverbrauch würde nach diesen Vorstellungen von der Kernenergie aufgefangen werden. In den darauffolgenden Jahren wurden diese extrem hohen Prognosen von 1970 Stück um Stück zurückgenommen, da der tatsächliche Verbrauch einen gänzlich anderen Verlauf nahm. Nach den Berechnungen der Enquête-Kommission »Zukünftige Kernenergiepolitik« 1979 des Deutschen Bundestages findet man unter dem sog. Pfad 1, der Trendverhalten beim Strukturwandel der Industrie und bei der Energie-Einsparung und ein relativ gemäßigtes Wirtschaftswachstum zwischen 3,3% am Anfang und 1,4% später annahm, die folgenden Voraussagen:

Anstieg der Kernenergieproduktion von 10 GW elektrisch 1978 auf 164 GW elektrisch im Jahre 2030, wovon 84 GWe auf Brutreaktoren entfallen sollten. Diese Zahlen würden die Aufstellung von etwa 50 Schnellen Brütern vom Typ des französischen Superphenix bedeuten, der die fünffache Leistung des im Bau befindlichen Schnellen-Brüter-Versuchsreaktors SNR 300 in Kalkar hat, und etwa 60 Leichtwasser- und Hochtemperaturreaktoren mit Leistungen vom Typ des Leichtwasser-Atomreaktors Biblis A. Für die Wiederaufarbeitung der Kernbrennstäbe, aus denen das gebrütete Plutonium isoliert werden muß, wären etwa vier große Wiederaufarbeitungsanlagen (WAA) vom geplanten Gorleben-Typ, die jede mit einer Verarbeitung von etwa 1400 t/Jahr vier Wackersdorf-WAA entsprächen. Bei jedem der Atomreaktoren würde pro Jahr etwa 1 Tonne radioaktive Spaltprodukte anfallen, bei den Schnellen Brütern vom Superphenix-Typ etwa eine halbe Tonne Plutonium pro Jahr. Die Plutoniumproduktion aller Kernreaktoren und Schnellen Brütern würde etwa 50 t Plutonium pro Jahr betragen, was zur jährlichen Herstellung von etwa 10 000 Nagasaki-Bomben ausreichen würde. Das Reaktorplutonium hat allerdings wegen seines längeren Abbrands – die Brennstäbe sind im Schnitt etwa 3 Jahre im Reaktor – eine andere Isotopen-Zusammensetzung als das Waffenplutonium, das fast reines Plutonium 239 ist, aber es kann bei geeigneter Anordnung noch immer für eine Atomexplosion verwendet werden. Das Gesamtinventar an radioaktiven Spaltprodukten in einem Kernreaktor ist etwa 2 t, würde sich also bei diesen Szenarien auf insgesamt über 300 t belaufen. Zum Vergleich dazu sei angemerkt, daß die Gesamtmenge an radioaktivem Jod 131, die nach dem Reaktorunfall von Tschernobyl auf das Gebiet der Bundesrepublik niederging, nur etwa ein einziges Gramm betrug, was der millionste Teil einer Tonne ist. Wer bedenkt, welche tiefgreifenden Folgen dieses eine Gramm auslöste, mag ermessen, welches unermeßliche Gefahrenpotential mit einem solchen Kernreaktor-Szenarium verbunden wäre.

Sicherheit von technischen Systemen und Zumutbarkeit von Schäden

Aber zwischen Gefahrenpotential und eigentlicher Gefährdung ist doch, so meinen viele, ein großer Unterschied. Wenn wir die radioaktiven Materialien hermetisch von der Biosphäre abschließen, wenn die Kernreaktoren absolut sicher betrieben werden, kann doch eigentlich gar nichts passieren? Das klingt plausibel, und doch ist die Schlußfolgerung falsch. Lassen Sie mich deshalb einige allgemeine Bemerkungen zur Frage der Sicherheit von technischen Systemen machen.

Offensichtlich und unwidersprochen: Kein technisches System ist vollkommen beherrschbar – Störfälle lassen sich nie völlig vermeiden. Läßt sich aber das Risiko für das Auftreten eines Störfalls nicht beliebig kleinmachen? Als Maß des Risikos definiert man bei solchen Betrachtungen im allgemeinen den Schadensumfang bei einem Störfall multipliziert mit der Wahrscheinlichkeit seines Eintretens. Nach dieser Berechnung ist also das Risiko das gleiche, wenn in einem Fall bei einem Störfall im Schnitt jedes Jahr ein Mensch zu Tode kommt, und einem anderen Fall, bei dem alle 10 000 Jahre ein Unfall passiert, wo 10 000 Menschen sterben. Unsere subjektive Bewertung würde in diesen beiden Fällen anders ausfallen. Außerdem: Wie will man verschiedenartige Schäden miteinander vergleichen? Wie soll man Toten Geldwerte zuordnen? Welchen Schaden soll man als ausreichend klein oder als für den Menschen noch zumutbar betrachten?

Bei sehr hohen Schadenspotentialen, wie sie z. B. Kernreaktoren innewohnen, liegt die eigentliche Schwierigkeit darin, daß man die Eintrittswahrscheinlichkeit eines Störfalls durch geeignete Maßnahmen ganz extrem absenken muß, um zu – wie man glaubt – für den Menschen akzeptablen Risiken zu kommen. Wie will man aber die Eintrittswahrscheinlichkeit in solch extremen Situationen überhaupt verläßlich abschätzen? Man kann hierzu nicht einfach die praktische Erfahrung heranziehen, wie dies die Versicherungsgesellschaften bei der Berechnung ihrer Prämien für Autounfälle machen. Wir können es uns nicht leisten, die Reaktorsicherheit aus einer statistischen Analyse von Reaktorunfällen zu ermitteln, da eigentlich kein einziger solcher Unfall passieren darf. Wir müssen deshalb zu theoretischen Berechnungen greifen. Wir können die Störanfälligkeit von bestimmten Komponenten der Gesamtanlage, für die praktische Erfahrungen vorliegen, in Rechnung setzen und ihre Verkopplung mit anderen Komponenten geeignet berücksichtigen. Wir können die Störanfälligkeit des Gesamtsystems herabsetzen, indem wir wichtige Funktionen mehrfach absichern. Statt eines einfachen Bremssystems im Auto installieren wir deren zwei unabhängige, wo das eine im Ernstfall das andere voll ersetzen kann. Dieses Spiel der redundanten Systeme läßt sich aber nicht beliebig für eine Erhöhung der Sicherheit verwenden. Je größer und komplexer das Gesamtsystem wird, um so höher wird die Gefahr, daß sich durch eine unglückliche Verkettung von Umständen doch ein Störfall ereignet. Jeder macht in seinem Leben die Erfahrung, daß einfache und übersichtliche Systeme oft störungsfreier arbeiten als die hochraffinierten, bis zum letzten ausgeklügelten Systeme. Bei hochkomplexen Systemen wird es immer schwieriger, alle prinzipiell möglichen Störfälle im voraus zu bedenken und ihre Eintrittswahrscheinlichkeit verläßlich abzuschätzen. Der eigentliche Begrenzungsfaktor für eine solche Abschätzung liegt letztlich in unserer eigenen mangelhaften Phantasie, uns nämlich vorstellen zu können, was eigentlich alles passieren könnte. Je phantasieloser wir sind, um so geringer erachten wir das Risiko, um so höher unsere Sicherheit. Da wir nicht alles überblicken, bleibt immer ein Restrisiko. Unsere Phantasielosigkeit ist wie das Hintergrundsrauschen unseres Radios bei der Sendersuche, in dem unsere theoretische Wahrscheinlichkeitsberechnung als Signal versinkt. Die Reaktorunfälle von Harrisburg und Tschernobyl sind nicht deshalb lehrreich, weil sie zum Ausdruck bringen, daß statistisch seltene Ereignisse trotzdem schon morgen eintreten können, ohne die statistische Berechnung zu widerlegen, sondern zeigen, daß diese Reaktorunfälle in den vorangegangenen Sicherheitsstudien als Möglichkeit nur bruchstückhaft vorgekommen sind. Dies soll keine Kritik an den Sicherheitsexperten sein. Sie versuchen das menschenmögliche, keiner von uns könnte sie wohl an Sorgfalt übertreffen. Sie und wir alle sind nach jedem Unfall ein Stück schlauer – das gleiche wird uns nicht ein zweites Mal mehr passieren! –, unsere Reaktoren werden immer sicherer, aber nie wirklich sicher. Trotz aller Sorgfalt wird es nie völlige Sicherheit geben. Insbesondere entzieht sich die Wechselbeziehung zwischen Mensch und Maschine jeglicher Berechnung. Sollte man als Ausweg dann die Steuerung ganz einem Computer überlassen? Was würde aber geschehen, wenn sich in einem von einem Menschen geschriebenen Programm ein Fehler eingeschlichen hat? Die Störungen und ihre Ursachen würden sich nur verschieben, aber Störungen würden weiterhin auftreten. Und bei allen diesen Argumenten haben wir immer noch nicht in Betracht gezogen, daß die Störung ja auch willentlich, in verbrecherischer Absicht von Menschen ausgelöst werden könnte.

Gut, wird man sagen, wir müssen eben alle mit einem gewissen Risiko leben. Und wir alle tun dies ja auch täglich, wenn wir uns ins Verkehrsgewühl werfen, wenn wir schadstoffbelastete Nahrung zu uns nehmen, ohne eigentliche Notwendigkeit Zigaretten rauchen usw. Ist ein Reaktorunfall genauso zumutbar wie ein Autounfall? In der Tat würden viele eine zwangsweise Räumung von München für 300 Jahre bei einem Reaktorunfall in Ohu als vertretbar halten, da der große Rest der Menschheit dabei nur weit weniger in Mitleidenschaft gezogen würde – etwas würden allerdings alle abbekommen. Wir erkennen jedoch an diesem Beispiel, daß die Frage der Zumutbarkeit sich nicht beantworten läßt, ohne den Kreis der Betroffenen zu betrachten. Hier läßt sich vielleicht auch folgende Rangordnung bezüglich der Betroffenheit bei Störfällen aufstellen:

1. Es werden nur Personen betroffen, welche die Anlage selbst betreiben oder sich der Gefahrensituation selbst aussetzen. Hierzu zählt z. B. Rauchen, Klettern, aber auch Raumfahren. Die Passagiere der amerikanischen Raumfähre Challenger haben sich,

wie ein Autorennfahrer, bewußt dieser Gefahr ausgesetzt mit der Hoffnung auf irgendeinen für sie wesentlichen Gewinn.

2. Es werden auch unbeteiligte Personen betroffen, aber ein Entzug ist prinzipiell möglich. Hierzu gehören die Gefahren des Verkehrs, des Großstadtlebens, Ansiedelung unterhalb eines Staudammes usw.

3. Es werden auch unbeteiligte Personen betroffen, ohne daß diese eine Entzugsmöglichkeit besitzen. Dies trifft für alle kurzfristigen ökologischen Schäden zu – Luftverschmutzung, Wasserverseuchung – und für den kurzlebigen radioaktiven Fallout.

4. Die unbeteiligten Personen haben weder Entzugsmöglichkeit, noch ziehen sie irgendeinen Nutzen aus den Einrichtungen, von denen der Schaden ausgeht. Hierzu zählen die längerfristigen ökologischen Schäden – Bodenvergiftung, Erosion, Zerstörung der tropischen Urwälder – und der langlebige radioaktive Fallout, die nicht nur uns, als teilweise Nutznießer eines verschwenderischen Lebensstandards und einer billigen Energieversorgung, treffen, sondern auch unsere Kinder und Kindeskinder, die nichts mehr von diesem Wohlstand haben werden.

5. Es wird die Lebensgrundlage der Menschheit zerstört. Dies würde z. B. im Falle eines globalen Atomkrieges zutreffen.

Ich habe in dieser Liste nur von der Betroffenheit der Menschen gesprochen. Bei der Frage nach der Betroffenheit müßte jedoch die ganze Biosphäre, die ganze Erdkruste mit einbezogen werden, mit der wir auf Gedeih und Verderb verbunden sind und für die wir bei unserem egoistischen, zerstörerischen Tun mit die Verantwortung übernehmen müssen.

Aus ethischen Gründen, aus unserer Achtung vor der Würde des Menschen, aus unserem Demokratieverständnis darf der Mensch keine Technik betreiben, die bei Störfällen zu Schäden der Kategorien 3 bis 5 führen, auch dann nicht, wenn er glaubt, daß die Wahrscheinlichkeit für einen solchen Störfall sehr klein ist. Denn wir wissen, daß »sehr klein« nie »ausgeschlossen« bedeutet und wegen unserer Phantasielosigkeit und menschlichen Bösartigkeit oder moralischen Unzulänglichkeit in der praktischen Realität auch gar nicht so klein ausfallen wird.

Diese harte Forderung, nichts zu betreiben, was unsere Nachkommen in einen schlechteren Zustand versetzt als uns – die Einhaltung eines globalen Generationenvertrags –, scheint uns jedoch in ein unausweichliches Dilemma zu führen. Denn nach dem 2. Hauptsatz der Thermodynamik fällt bei allen natürlichen Prozessen notwendigerweise die sogenannte Entropie an. Dies heißt: Bei allen natürlichen Prozessen wird ständig Ordnungsenergie, Syntropie (negative Entropie) verbraucht, Ordnung in Unordnung verwandelt. Wenn wir die Kernenergie zugunsten von Kohle, Erdöl und Erdgas aufkündigen, dann ändert sich eigentlich grundlegend noch gar nichts: Wir fahren fort, unsere Nachfahren entsprechend Kategorie 4 zu schädigen, wir schmarotzen gewissermaßen von einem Sparkonto, das wir nicht selbst erarbeitet haben. Eigentlich erarbeiten können wir uns aber wegen des 2. Hauptsatzes nie etwas, da ja jede Aktivität sich wieder natürlicher Prozesse bedienen muß, welche die Unordnung notwendig vermehrt. Was sollen wir also tun?

Glücklicherweise haben wir einen verläßlichen Mäzen, unsere Sonne. Mit der auf die Erde einfallenden Sonnenstrahlung wird uns ständig neue Syntropie für unsere Aktivitäten zur Verfügung gestellt, unser Syntropiekonto kann, wenn wir es geschickt anfangen, täglich aufgefüllt werden. Syntropie fällt uns nicht automatisch zu, wir müssen sie durch Bau geeigneter Ordnungsstrukturen auffangen und konservieren, sonst ist sie unwiderruflich verloren. Die ganze Biosphäre ist ein erstaunliches Beispiel, wie die einfallende Ordnungsenergie zur Schaffung von immer höheren Ordnungsstrukturen verwendet wird. Wir könnten uns noch intensiver darum bemühen, diese uns dargebotene Ordnungsenergie bereitwilliger entgegenzunehmen. Andererseits gibt es dafür eine natürliche obere Grenze: Wenn wir mehr an Syntropie verbrauchen, als uns insgesamt angeboten wird, dann verbrauchen wir angespartes Kapital und verletzen die ethische Forderung des globalen Generationenvertrags.

Lassen Sie mich zum Abschluß dieses Abschnitts über die Zumutbarkeit von Schäden noch eine kurze allgemeine Bemerkung über die Schadwirkung von radioaktiver Strahlung sehr schwacher Intensität machen, über die ja im Augenblick viel und heftig diskutiert wird. Objektiv gibt es nach heutiger wissenschaftlicher Erkenntnis keine gesicherte Intensitätsschranke, unterhalb der die radioaktive Strahlung (oberhalb einer bestimmten Minimalenergie) wirkungslos ist. Der radioaktive Zerfall eines Atomkerns, bei dem die radioaktive Strahlung (harte elektromagnetische Strahlung, Elektronenstrahlung und in seltenen Fällen α-Teilchenstrahlung) ausgesandt werden, läßt sich physikalisch nicht beeinflussen, außer daß man durch Beschuß des Kernes diesen selbst verändert. Die gefährliche Schadwirkung der Strahlung auf Lebewesen beruht darauf, daß sie in den Code, der die Lebensprozesse steuert, Löcher reißt. Sie hat also im wesentlichen die gleiche Wirkung, wie wenn wir in einem komplizierten Computerprogramm willkürlich und unsystematisch einzelne Instruktionen löschen. Wer schon mit Computern umgegangen ist, weiß, welche verheerenden Folgen oft das Weglassen einer einzigen Klammer bedeuten kann. Das Heimtückische dabei ist, daß solche Programmfehler manchmal erst sehr viel später, wenn neue Prozesse ablaufen, überhaupt sichtbar werden, d. h. im biologischen Bereich erst nach mehreren Generationen. Fehler im Steuersystem sind also, selbst wenn sie winzig klein sind, viel schwerwiegender als etwa kleine Materialfehler, also etwa eine Schramme an unserem Auto. Die große Gefährdung durch Radioaktivität läßt sich deshalb gar nicht ausreichend an den künftigen Krebserkrankungen oder Krebstoten ermessen, da diese nur offensichtliche Fehlsteuerungen anzeigen, sondern kommt nur indirekt durch eine allgemeine Schwächung unserer Vitalität, einer langsam anwachsenden Fehlerhaftigkeit unseres Genoms, unseres für unsere Reproduktion entscheidenden Steuercodes zum Ausdruck.

Entscheidend für die Frage einer biologisch wirksamen unteren Schranke für die Schadwirkung radioaktiver Strahlung wird deshalb sein, in welchem Maße ein biologischer Organismus die Fähigkeit besitzt, Fehler in seinem Steuercode echt zu reparieren und nicht einfach nur zu umgehen. Die von den Ländern bisher gesetzlich zugelassenen, als unschädlich betrachteten Strahlenbelastungen sind im wesentlichen durch wirtschaftliche Überlegungen bestimmt und orientieren sich nicht an der Reparaturfähigkeit menschlicher Organismen, über die man bisher wissenschaftlich leider nur wenig weiß. Die Strahlenbelastung so niedrig wie nur irgend möglich zu halten, muß deshalb unser Ziel sein.

Energieversorgung durch Kernfusion

Die Kernenergiegewinnung aus der Kernfusion ist auf den ersten Blick nicht mit dem ungeheuren Gefahrenpotential der Kernspaltung behaftet, da hier nicht die gefährlichen radioaktiven Spaltprodukte entstehen. Kernfusion kommt deshalb zunächst durchaus als eine langfristige Energiequelle in Frage. Allerdings ist die Kernfusion wegen ihres Hantierens mit dem hochgefährlichen und schwer isolierbaren Tritium auch nicht frei von der radioaktiven Geisel. Schwerer wiegt bei der Kernfusion, daß man bisher noch weit davon entfernt ist, sie technisch im Griff zu haben, und niemand heute weiß, ob die technischen Probleme je auf eine akzeptable Weise gelöst werden können. Wir sollten nämlich hierbei im Auge haben, daß bei technisch außerordentlich schwierigen Problemen – also bei Anforderungen an die Natur, die ihr nur durch erhebliche und komplizierte Kniffe aufgezwungen werden können – am Schluß meist eine so große Anzahl von Zugeständnissen und Nachteilen anderer Art nötig sind, daß eine mögliche Lösung vollkommen unwirtschaftlich und sozial unverträglich ausfällt. Bevor also nicht irgendeine realistische Lösung für einen möglichen Kernfusionsreaktor in Sicht ist, sollten wir im Augenblick nicht über diese Kernenergievariante weiter spekulieren. Ich möchte deshalb die Kernfusion im folgenden aus meinen Betrachtungen ausschließen.

Die Sonnenenergievariante

Die Sonne bezieht ihre Energie aus einem gigantischen Fusionsprozeß, bei dem Wasserstoffkerne, Protonen, zu Heliumkernen verschmolzen werden. Die starken Gravitationskräfte sorgen hier dafür, daß trotz der hohen Temperaturen die für den Prozeß nötigen Stoffe, vor allem Wasserstoff, ausreichend lang und eng miteinander in Berührung kommen. Wir haben es also mit einem riesigen Kernfusionsreaktor zu tun, der keine Wände braucht.

Von der enormen abgestrahlen Sonnenenergie fällt nur ein winzig kleiner Bruchteil auf die Erdoberfläche ein, nämlich etwa 2 Kalorien pro Minute und Quadratzentimeter oder 1,35 Kilowatt pro Quadratmeter. Das entspricht etwa 1000 Liter Erdöl pro Jahr und Quadratmeter.

Wichtig für unsere Energieversorgung ist, wie schon früher betont, nicht die Energie, sondern die mit der Sonnenenergie verbundene Syntropie, Ordnungsenergie. Denn bei allen unseren Energiedienstleistungen wird die aufgenommene Energie wieder vollständig als minderwertige Wärmeenergie an die Umgebung abgegeben. Dies heißt auch, daß die insgesamt eingestrahlte Sonnenenergie fast vollständig wieder an den Weltenraum in Form von Wärmestrahlung abfließt, denn sonst müßte sich die Erde ja im Laufe der Zeit immer weiter aufheizen. Daß die abgegebene Energie zu jedem Zeitpunkt nicht exakt gleich der aufgenommenen Energie ist, liegt daran, daß einerseits durch die Bildung von Biomasse und die Erzeugung energiereicher Materialien ein Teil dieser Energie (1‰) chemisch gespeichert wird, andererseits aber durch Verbrennung fossiler Energieträger, wie Kohle, Erdöl und Erdgas, über Jahrmillionen angesparte Sonnenenergie (zur Bildung von 1 cm Steinkohle benötigt es unter günstigen geologischen Umständen etwa 100 Jahre) zusätzlich Wärmeenergie freigesetzt wird.

Von der insgesamt auf die Erdoberfläche einfallenden Sonnenstrahlung von $1,5 \times 10^9$ TWh/Jahr = $1,78 \times 10^5$ TW = $5,5 \times 10^{24}$ Joule/Jahr werden 33% von der Erdatmosphäre in den Weltenraum direkt reflektiert – dies macht die Erde von außen sichtbar, so wie uns der Mond sichtbar wird im reflektierten Sonnenlicht –, 44% werden als längerwellige Wärmestrahlung abgestrahlt, 21% werden zunächst zur Wasserverdunstung (Wolkenbildung) verbraucht, und 2% setzen sich in Wind, Wellen und Meeresströmungsenergie um, wobei die letzteren sich am Ende auch wieder in nach außen abgegebene Wärme verwandeln.

Andererseits beträgt, zum Vergleich, unser Gesamtprimärenergieverbrauch auf der Erde, nach einer Schätzung des Internationalen Instituts für Systemanalyse (IIASA) für 1975 etwa $7,1 \times 10^4$ TWh/Jahr = 8,2 TW oder etwa durchschnittlich 2 kW pro Person der Erdbevölkerung (wovon allerdings der größte Teil der Erdbevölkerung eigentlich nur 200 W bekommt). Dies entspricht also etwa 1/200% der Gesamtsonneneinstrahlung oder 1/20 der gesamten Biomasseerzeugung.

Die Gesamtsonnenenergieeinstrahlung ist jedoch kein guter Vergleichsmaßstab, da wesentliche Teile schon in der oberen Atmosphäre »verloren«gehen und wegen ungünstiger Sonnenstellung, also der geographischen Lage, nur kleinere Flächen auf der Erdoberfläche beleuchten. So sind in der Bundesrepublik im Durchschnitt nur etwa 8,5% der Sonnenstrahlung oder etwa 116 W/m² verfügbar. Dies muß auch noch nach Regionen unterschieden werden, in denen die Zahl der Sonnenstunden zwischen 1300 und 1900 Stunden pro Jahr (etwa 3½ bis 5½ pro Tag) schwanken. Dies entspricht immer noch etwa 100 l Erdöl pro m² und Jahr oder dem 86fachen des gesamten Primärenergieverbrauchs der Bundesrepublik von 1978. Umgekehrt würde dies bedeuten, daß rein rechnerisch etwa 1,2% der Fläche der Bundesrepublik (Gesamtfläche etwa 250 000 km^2) ausreichen würde, um unseren jetzigen Energiebedarf abzudecken. Zum Vergleich sei angemerkt, daß die augenblickliche Straßenverkehrsfläche etwa 4,6% der Gesamtfläche ausmacht. Bei unserem heutigen Primärenergieverbrauch von etwa 6 kW pro Person würde dies bei einem etwa 25% Wirkungsgrad bei der Sonnenenergienutzung immerhin noch für jede Person etwa 240 m^2, also eine Fläche von etwa 15 m auf 15 m erfordern. Das ist enorm viel!

Der eigentliche große Nachteil der Sonnenenergie ist ihre geringe Dichte, mit der sie ankommt, und ihre zeitliche Veränderlichkeit durch Tag und Nacht, die Jahreszeiten sowie durch Wolkenbildung usw. Dazu kommt, daß wir an vielen Stellen die Energie in handlicherer Form, etwa als flüssige und gasförmige Treibstoffe, brauchen.

Inwieweit Sonnenenergie als wesentlicher Träger einer langfristigen verläßlichen Energieversorgung in Betracht kommt, ist also nicht so sehr eine Frage des Angebots, sondern vielmehr, ob die schwerwiegenden Nachteile der niederen Energiedichte und der eingeschränkten Verfügbarkeit technisch und organisatorisch überwunden werden können. Diese Probleme sind schwierig, aber keineswegs unlösbar. Die Lösung erfordert jedoch wohl ein gewisses Umdenken.

Wesentlich für die Lösung ist zunächst eine allgemeine Anstrengung, den Einsatz von Primärenergie so weit als möglich abzusenken. Dies ist eine Aufforderung nach umfassenden »Energiesparmaßnahmen«, wie man im allgemeinen sagt. Diese Bezeichnung charakterisiert aber das eigentliche Ziel nur unzureichend und sogar irreführend (da Energie ja wegen seiner allgemeinen »Erhaltung« nie verbraucht wird) und sollte treffender mit einem Appell für einen »vernünftigeren und rationelleren Einsatz von Energie« oder gelehrter – und für eine am Wachstum orientierte Menschheit positiver – mit einem »Wachstum an Energieproduktivität« bezeichnet werden. Denn was wir für unseren Wohlstand fordern, sind »Energiedienstleistungen«, und was wir dazu benötigen, ist nicht Energie, sondern Syntropie, die wir bei einer umsichtigeren Sorgfalt und größeren Sanftheit (adiabatische Umwandlungen) in höherem Maße aus den hochwertigen

Energien herausziehen können. Dies heißt, daß bei einiger Anstrengung – also durch zusätzlichen Einsatz an Ordnungsenergie, wie z. B. Verstand und Vernunft – die gleichen Dienstleistungen sich mit einem erheblich geringeren Einsatz an Primärenergie erbringen lassen. Bei einem allgemeinen drastischen Absenken des Energieverbrauchsniveaus erscheint dann eine Sonnenenergienutzung schon als weit weniger utopisch.

Dem »diffusen«, weit zerstreuten Sonnenenergieangebot kann man dadurch ein großes Stück entgegenkommen, daß man Sonnenenergie dort nutzt, wo Energie gebraucht wird, nämlich dezentral. Energie wird heute in großen Kraftwerken zentral erzeugt und dann über ein kompliziertes Verteilungsnetz (Stromnetz, Gasnetz, Wärmenetz) anschließend an die dezentral angeordneten Verbraucher verteilt. Für Kernkraftwerke ist die Konzentration der Energieerzeugung wegen ihrer Gefährlichkeit notwendig, für Kraftwerke mit fossilen Brennstoffen vielleicht bequemer oder nach bisheriger Rechnung wohl auch wirtschaftlicher und umweltfreundlicher (was heute m. E. nicht mehr unumstritten gilt). Für Sonnenenergienutzung erscheint es dagegen unsinnig, diese Energie durch zentrale Großkraftwerke zuerst großflächig einzusammeln, um sie dann anschließend wieder an die Verbraucher flächenartig auszuschütten. Sonnenenergienutzung heißt also zunächst eine möglichst umfassende »sanfte Sonnenenergienutzung«, bei der die Sonnenenergie direkt beim Verbraucher erzeugt wird.

Um Sonnenenergie bequemer und zeitlich verläßlicher zur Verfügung zu haben, ist der Bau geeigneter Energiespeicher (Tagesspeicher, Jahresspeicher, Dauerspeicher) dringend erforderlich. Als Dauerspeicher kommt hier wohl langfristig vor allem die Wasserstoff-Technik in Frage, bei der Sonnenenergie zur Zerlegung von Wasser in seine energiereicheren Komponenten Wasserstoff und Sauerstoff verwendet wird. Der Wasserstoff steht dann als handlicher und jederzeit verwendbarer Brennstoff zum weiteren Gebrauch zur Verfügung. Diese Technik ist auch in hervorragendem Maße geeignet, in sonnenreichen Wüstengegenden unserer Erde große Sonnenkraftwerke, also eine »harte Sonnenenergietechnik« aufzubauen, um den weltweiten Bedarf von Brennstoffen zur Erzeugung von Prozeßwärme (Metallbearbeitung, Chemie usw.) abzudecken.

Beim Stichwort »Sonnenenergienutzung« konzentriert sich die

öffentliche Diskussion heute hauptsächlich auf die »harte Sonnenenergietechnik«, die Sonnengroßkraftwerke. Dies kommt unserer Vorstellung von Kraftwerken besser entgegen und liegt auch mehr im Interesse einer an Macht orientierten Industrie. Daß in einer Steigerung der Energieproduktivität – also in der üblichen Redeweise: in den Energiesparmaßnahmen – eine ungeheure Energiequelle, besser: Syntropiequelle – noch verfügbar ist, ist sehr vielen Leuten nicht klar. Dies hat zum Teil psychologische und soziologische Gründe, da »Sparmaßnahmen« viele an »Gürtel-enger-schnallen«, an Nachkriegszeit, an Rationierung knapper Güter, an einen Verteilungsstaat usw. erinnern. Sie haben aber auch mit unserem gefeierten und gefördertem Vorbild – einem typischen männlichen Abbild – eines ehrgeizigen Vorwärtsstürmenden, eines technisch kreativen, die Welt erobernden und die Natur niederzwingenden Menschen zu tun. Dazu kommt, daß in der Vorstellung der Menschen ein Zuwachs von 30% durch eine einzige großartige Maßnahme (ein Großkraftwerk!) wesentlich bedeutender erscheint, als zehn unaufwendige intelligente kleine Maßnahmen, von denen jede eine kleine Steigerung von 3% erbringt.

Die Energieproduktivität kann zunächst dadurch wesentlich gesteigert werden, daß man sehr genau studiert, für welche Art von Energiedienstleistung welche Energiequalität notwendig ist, und dann dafür sorgt, daß auch nur eine entsprechend hoch- oder minderwertige Energieform zum Einsatz kommt. Ein Großteil unseres Energiebedarfs fällt zum Beispiel im Niedertemperaturbereich an, etwa beim Heizen unserer Wohnungen oder der Warmwasserbereitung. Es ist unsinnig, dies zum Beispiel mit Strom zu tun, bei dessen Erzeugung fast zwei Drittel in Form von Abwärme in großen Kühltürmen nutzlos an die Luft abgegeben werden. Bei modernen Kraftwerken mit Kraft-Wärme-Kopplung versucht man, die Abwärme direkt für Heizzwecke und Warmwasserbereitung nutzbar zu machen. Wärmeerzeugung durch Strom ist also wie Butterschneiden mit einer Kreissäge.

Ich kann und möchte im Rahmen dieser Darlegungen nicht näher auf die vielfältigen Methoden zur rationelleren Verwendung der Energie eingehen. In der Zwischenzeit gibt es hierüber umfangreiche aus- und inländische Studien, die eindringlich und überzeugend auf dieses große verborgene Potential aufmerksam gemacht haben.

Die Erörterungen des letzten Kapitels haben vielleicht deutlich gemacht, daß die Sonnenenergievariante in Verbindung mit einer rationellen Energieverwendung eine ernstzunehmende Alternative zur Kernenergievariante mit Brütertechnik darstellt. Wegen des unzumutbaren Gefahrenpotentials der Kernenergienutzung muß unsere Devise lauten: Sonnenenergie soviel wie möglich, Kernenergie so wenig wie nötig. Und das Wenige an Kernenergie könnte nach meiner Überzeugung auch »keine Kernenergie« heißen.

Inwieweit die Sonnenenergie wirklich alle unsere langfristigen Energieprobleme lösen kann, hängt wohl wesentlich davon ab, was wir kurzfristig verwirklichen und mittelfristig anstreben.

Kurz- und mittelfristig sollten unsere Hauptanstrengungen einer rationelleren Nutzung der Energie gelten. Dies erfordert Innovationen zur Verbesserung des Wirkungsgrades von Maschinen und Geräten und einen großen Kapitaleinsatz zum Umbau von Kraftwerken in Kraft-Wärme-Anlagen – unter Umständen sogar in Form von vielen dezentral gasbetriebenen Blockheizkraftwerken –, zur Verbesserung der Wärmeisolierung von alten Gebäuden, zum Neubau von energiesparenden Häusern usw. Volkswirtschaftlich betrachtet steht deshalb eine forcierte Steigerung der Energieproduktivität in direkter Konkurrenz zum Bau von Kernkraftwerken. Beide verlangen hohe Investitionen und vergleichsweise geringe Betriebskosten. Bei Kernkraftwerken trifft allerdings die Aussage niedriger Betriebskosten wegen der zusätzlichen Sicherheitsüberprüfung, der polizeilichen Überwachung und der Atommüll-Lagerung, die immer noch ungelöst ist, heute gar nicht mehr zu. Bei den Maßnahmen zur rationelleren Verwendung von Energie gibt es eigentlich kaum Betriebskosten. Ein wärmeisoliertes Haus spart Heizungsenergie ohne zusätzliche Kosten, solange das Wärmeisoliermaterial hält, also Jahrzehnte.

Weiterhin sollte eine dezentrale »sanfte« Sonnenenergienutzung vorangetrieben werden, z. B. durch Einbau von Sonnenkollektoren als Übergangs- und Zusatzheizung und zur Warmwasserbereitung, und durch architektonische Maßnahmen (passive Sonnenenergienutzung).

Durch Verminderung der Zuwachsraten am Verbrauch von

Primärenergie, noch besser: zum Absenken der Verbrauchsraten lassen sich ohne weiteres die versiegenden Vorräte an fossilen Energieträgern über die jetzige Reichweite von mehreren Jahrzehnten auf Jahrhunderte strecken. Wir verschaffen uns also durch diese die Energieausnutzung steigernden Maßnahmen genügend Zeit, um technisch exotischere Verfahren zur Sonnenenergienutzung, insbesondere auch die Wasserstofftechnik und die Sonnengroßkraftwerke zu entwickeln.

Wir sollten den Ausstieg aus der Kernenergie mit größter Intensität betreiben, aber nicht auf eine Weise, bei der wir zu ihrem Ausgleich nun vermehrt Kohlekraftwerke errichten. Das ist nicht die Alternative! Ein Vergleich des Pfades 1 und des Pfades 4 der Energieszenarien der Enquête-Kommission »Zukünftige Kernenergiepolitik« (1979) des Deutschen Bundestags mag dies deutlich machen. Bei der Kernenergievariante (Pfad 1) finden wir neben der schon früher genannten 165 GWe Kernenergie-Erzeugung im Jahre 2030 einen Primärenergieverbrauch an fossilen Brennstoffen von 460 Mill t SKE (im Vergleich zu 360 Mill t SKE im Bezugsjahr 1979), während bei der Sonnenenergie-Energieeinsparungs-Variante (Pfad 4) bei völligem Verzicht auf Kernenergie bei fossilem Primärenergieverbrauch nur 200 Mill t SKE nötig sind. Der Verzicht auf Kernenergie führt also nicht, wie allgemein propagiert wird, notwendig zu einem Anstieg am Verbrauch von fossilen Brennstoffen, sondern bei Umlenkung des Kapitaleinsatzes zur Steigerung der Energieproduktivität sogar zusätzlich zu einer Absenkung des Verbrauchs an fossilen Brennstoffen und damit zu einer Schonung nicht erneuerbarer Ressourcen, einer Verminderung von Schadstoffen in der Atmosphäre und einer Entschärfung des CO_2-Problems, nämlich der drohenden Gefahr einer weltweiten Klimaveränderung als Folge eines Anstiegs der CO_2-Konzentration in der Atmosphäre.

Ein weiterer Vergleich mag in diesem Zusammenhang hilfreich sein. Eine Verwendung der Kernenergie ohne Brütertechnik, wie sie im Augenblick eigentlich nur noch – selbst von entschiedenen Kernenergiebefürwortern – ins Auge gefaßt wird, würde erlauben, die Ressourcen an fossilen Energieträgern durch eine ähnlich große Kernenergie-Ressource in etwa zu verdoppeln. Die mittlere zeitliche Reichweite der fossilen Energie von etwa 100 Jahren, bei einem Zuwachs des Energieverbrauchs von 4% jährlich, würde durch die Kernenergie dann nicht etwa auf 200 Jahre gestreckt, sondern lediglich auf 117 Jahre. Eine Streckung der Energieversorgung um lediglich 17 Jahre (die Verdopplungszeit bei 4% jährlicher Steigerung) ließe sich jedoch genausogut durch eine Verminderung der Wachstumsrate des Verbrauchs von 4% auf 3,2% bewerkstelligen.

Pfad 1 und Pfad 4 der Energie-Szenarien der Enquête-Kommission sind vielleicht zwei recht extreme Beispiele für eine Kernenergievariante und eine Sonnenenergie-Energiesparvariante, und Pfad 2 und Pfad 3 mag eher dem entsprechen, was sich heute die Kernenergiebefürworter bzw. die Kernenergiegegner als realistisch vorstellen können. Diese beiden Szenarien sind deshalb nochmals in aller Ausführlichkeit als Szenarien K und S von Rolf Bauerschmidt in seinem Buch *Kernenergie oder Sonnenenergie* (1985) aufgegriffen und in allen Details durchgerechnet worden.

Erscheint mittelfristig der Umstieg von der Kernenergie auf die Energieproduktivitätssteigerung vordringlich und wichtig, so wird langfristig der Ausbau der Sonnenenergienutzung von entscheidender Bedeutung. Denn selbst die beste Nutzung nicht erneuerbarer Brennstoffe wird letztlich zu ihrem vollständigen Verbrauch führen. Wir müssen also alle regenerativen Energiequellen erschließen und hier bleibt uns direkt oder indirekt (z. B. durch Biomasse) nur die Sonne. In ferner Zukunft wird deshalb wohl die »harte Sonnenenergienutzung« in Form von großen Sonnenkraftwerken, Aufwindkraftwerken oder noch exotischeren Anlagen eine zunehmend wichtigere Rolle spielen und mittels fotovoltaischer Zellen zur Stromerzeugung oder zur Erzeugung gasförmiger oder flüssiger Kraftstoffe (Wasserstoff, Methan, Benzin) führen.

Ob die Sonnenenergie letztlich ausreichen wird, alle unsere Energiesorgen langfristig aufzulösen, hängt von vielen und nicht nur technischen Faktoren ab. Insbesondere werden hierbei die Entwicklungen in der Dritten Welt eine wesentliche Rolle spielen. Der Pro-Kopf-Verbrauch an Primärenergie liegt dort mit 200 W weit unter dem mittleren Verbrauch der industrialisierten Länder (Europa: 6 kW, USA: 11 kW). Ein Szenarium, nach dem eine noch weiter – etwa auf 8 Milliarden Menschen – gestiegene Weltbevölkerung etwa mit dem europäischen Energieverbrauch gleichzieht, erscheint unmöglich. Ein Einpendeln auf etwa 2 kW/Person ist vielleicht gerade noch tragbar, auf etwa 1 kW/Person realistischer. Aber solche Überlegungen erscheinen im Augenblick reichlich akademisch, denn eine ausreichende Versorgung der Dritten Welt wird in erster Linie nicht ein Mangelproblem, sondern ein Verteilungsproblem sein. Dies leuchtet unmittelbar ein, wenn wir die heutige Situation betrachten, wo gravierende Hungersnöte in Afrika und Indien einer Nahrungsmittelüberproduktion in der Europäischen Gemeinschaft einander gegenüberstehen.

Ganz offensichtlich erscheint, daß die Kernenergie heute und wohl auch in der übersehbaren Zukunft die Energieprobleme der Dritten Welt nicht wird lösen können, da dort das Nötige know-how und die geeignete Infrastruktur (Stromverteilungsnetze) fehlen und die Betriebssicherheit noch ernstere Probleme aufwerfen würde als bei uns. Die Bedürfnisse der Dritten Welt als wesentlichen Grund für den Ausbau der Kernenergie anzuführen, halte ich für ein Scheinargument. Dies heißt nicht, daß ich für die Probleme der Dritten Welt irgendwelche Patentlösungen zur Hand habe. Hier können nur grundlegende Veränderungen in der Weltwirtschaft zu einer Verbesserung der ungleichen Verteilung von Gütern und Lebenschancen führen. Eine Nutzung der Sonnenenergie würde jedenfalls auch für die ärmsten Völker eine für sie erreichbare Energiequelle erschließen. Wir sollten ihnen helfen, kleine dezentrale Sonnenkocher und Sonnenenergiegeneratoren selbst zu entwickeln und geeignet in ihren Lebensrhythmus einzubauen.

Sollte sich in ein, zwei Jahrhunderten herausstellen, daß der Sonnenenergiepfad für eine befriedigende Energieversorgung zu schmal ist, so bleibt den dann lebenden Menschen immer noch übrig zu entscheiden, ob sie in gewissem Umfange doch eine verbesserte Version der Kernspaltungsenergie oder/und eine noch exotischere Version, wie z. B. die Kernfusionsenergie, als zusätzliche Energiequelle betreiben wollen, oder aber – warum eigentlich nicht? – ihre Lebensbedürfnisse einfach der äußeren Begrenzung entsprechend anzupassen. Ein Energieverbrauch von 1 kW pro Kopf bei Verwendung modernster Technologie wäre ja nicht gerade Steinzeitniveau! Es wäre nicht das erste Mal. Wir haben uns ja auch an andere prinzipielle Begrenzungen, wie z. B. die Endlichkeit der durch Menschen besiedelbaren Landflächen gewöhnt, ohne wohl das Wesentliche unserer Lebensqualität dabei aufgegeben zu haben.

Zusammenfassung und Ausblick

Es gibt nach heutiger Sicht im wesentlichen zwei Konzepte, die eine Energieversorgung der Menschheit auch auf lange Sicht möglich erscheinen lassen: Die Kernenergievariante mit Brütertechnik und die Sonnenenergie mit hochrationeller Energieverwendungstechnik. Wegen der großen Energiedichte und der radioaktiven Spaltprodukte liegt die Hauptschwierigkeit bei der Kernenergievariante in dem extrem hohen Gefahrenpotential, während bei der Sonnenenergie mit ihrer sehr niedrigen Energiedichte die Schwierigkeit mehr in der Verfügbarkeit liegt. Der Streit zwischen Kernenergie und Sonnenenergie ist aber nur vordergründig eine Frage der technischen Realisierung und von wirtschaftlichen Kosten-Nutzen-Überlegungen, sondern es ist auch eine Frage von Machtstrukturen und wie wir künftig leben wollen. Die Kernenergievariante verlangt extrem zentrale Strukturen, die Sonnenenergievariante bevorzugt dezentrale Anlagen. Stabilität der menschlichen Gesellschaft, Entscheidungsfreiheit und Entfaltungsmöglichkeit jedes einzelnen Menschen, demokratische Mitgestaltung in der menschlichen Gemeinschaft, Flexibilität bei der Auswahl zukünftiger Entwicklungspfade, Harmonisierung der Beziehung des Menschen zu seiner belebten und unbelebten Mitwelt, all dies wird durch eine dezentrale Lebens- und Wirkungsweise unterstützt und gefördert. Schon aus diesen Gründen – und nicht nur wegen der großen Gefahren der Kernenergienutzung – sollten wir dem Sonnenenergiepfad den Vorzug geben.

Wie auch zu Beginn der Kernenergienutzung – sie wurde hauptsächlich durch ihre militärische Bedeutung mit höchster Intensität in Angriff genommen und vorangetrieben – wird auch eine Steigerung der Energieproduktivität und eine Sonnenenergienutzung in der Anfangsphase starke Startimpulse benötigen, wobei die Ungewißheit über ihre langfristigen Erfolge heute weit geringer sind, als sie damals bei der Kernenergie waren. Diese Initiative sollte mit dem festen Entschluß verkoppelt werden, aus der Kernenergie auszusteigen. Der erste Schritt hierzu wäre, sofort auf die gefährliche Brütervariante der Kernenergienutzung zu verzichten, also die Schnelle Brüterentwicklung aufzugeben und keine Wiederaufbereitungsanlage zur Gewinnung von Plutonium aus abgebrannten Brennstäben aufzubauen. Die bestehenden Leichtwasserreaktoren sollten möglichst zügig abgeschaltet werden. Auf ihre Stromproduktion kann heute schon angesichts eines Überangebots auf dem Stromsektor weitgehend ohne Schwierigkeit verzichtet werden. Durch forcierte Steigerung der Energieproduktivität – z. B. auch durch Umbau bestehender reiner Kohlekraftwerke zu Kraft-Wärme-gekoppelten Anlagen und nicht etwa durch Zubau zusätzlicher Kohlekraftwerke – sollte der Energieverbrauch soweit abgesenkt werden, daß auch auf die restlichen Kernkraftwerke und wenn möglich noch zusätzlich auf einige Kohlekraftwerke verzichtet werden kann.

Die Frage der friedlichen Nutzung der Kernenergie macht die wachsende Problematik deutlich, wie eine fortschreitende Industrialisierung überhaupt noch in Einklang mit einer intakten Umwelt gebracht werden kann. Das Waldsterben wies darauf hin, wie die Luftverschmutzung durch Abgase der Industrie, der Kraftwerke, der Haushalte und der Autos zu irreparablen Schäden führte. In der Studie zum Heizkraftwerk Moosach hatte meine SESAM-Arbeitsgruppe an der Universität München schon 1981 auf die Langzeitfolgen feinverteilter Emissionen des Ruhrgebiets und Englands auf die Wälder und Seen Skandinaviens aufmerksam gemacht. Sie war durch eine Umweltschutzmaßnahme, den Bau höherer Kamine, noch verschlimmert worden.

Eine Einladung des Grafen Lennart Bernadotte auf Schloß Mainau verschaffte mir die Möglichkeit, an einer interessanten Diskussion im Oktober 1983 über »Die Furcht vor der ökologischen Katastrophe – ist sie begründet oder herbeigeredet?« teilzunehmen. Meine Meinung war selbstverständlich, daß diese Furcht im höchsten Maß begründet sei. Ich empfand, daß die schwerverwundete Erde in nächster Zeit unsere volle Aufmerksamkeit und Zuwendung erhalten müsse, wenn wir nicht Gefahr laufen wollen, unsere eigene Lebensgrundlage unwiderruflich zu zerstören.

Daß die drängenden Probleme unserer Erde – Umweltschutz,

Ressourcenschutz, Dritte-Welt-Fragen, gerechte Weltwirtschaft, Friedenssicherung – heute absolute Priorität bekommen müßten vor allen anderen großen Vorhaben, war auch mein Standpunkt bei einer Anhörung des Forschungsausschusses des Deutschen Bundestages im November 1985 in Bonn zu Fragen »Weltraumforschung– Weltraumtechnik«, zu der ich wohl hauptsächlich wegen meiner öffentlich bekannten Gegnerschaft zur Strategischen Verteidigungsinitiative SDI Präsident Reagans eingeladen worden war. Im Rahmen des 6. Weltkongresses der IPPNW (International Physicians for the Prevention of Nuclear War) zum Thema »Maintain Life on Earth« im Juli 1986 hatte ich dann Gelegenheit, diese Gedanken auch bei einer Podiumsdiskussion über »Die Nutzung des Weltraums« vorzutragen.

Den drohenden Katastrophen kann die Menschheit nicht durch eine raffiniertere und präzisere Steuerung der gesellschaftlichen Prozesse entkommen, sondern wohl nur durch eine Mäßigung ihres Ehrgeizes auf Veränderung und »Fortschritt« sowie durch eine weitgehende Dezentralisierung unserer Gesellschaft, um die Rückkoppelung zu schwächen und die Flexibilität zu erhöhen. In diesem Zusammenhang könnte m. E. der Computer als effektives Verbindungsmittel dezentraler Lebenseinheiten eine konstruktive Rolle übernehmen.

Die Furcht vor der ökologischen Katastrophe –
begründet oder herbeigeredet?

Ich möchte zunächst einige Bemerkungen darüber machen, inwieweit und in welchem Maße wir die Möglichkeit haben, die Zukunft überhaupt rational zu antizipieren und zu erfassen. Wir begreifen das Rationale immer im Gegensatz zum Emotionalen. Zwischen Rationalität und Emotionalität besteht eine große Grauzone. Da gehört z. B. der sogenannte »common sense«, der »gesunde Menschenverstand« hinein. Den kann man einerseits der Rationalität zuschreiben, da man wohl kaum ohne sehr nüchternes Nachdenken so etwas wie »common sense« entwickeln kann. Andererseits erschöpft sich der »common sense« zweifellos nicht im rationalen Denken, sondern bezieht sich auf ein dem Menschen angeborenes oder in seiner Auseinandersetzung mit der Umwelt erworbenes emotionales Grundphänomen. Die Teilung in Rationalität und Emotionalität wäre so, als ob wir das Gehirn auf mystische Weise in zwei gesonderte Hälften schneiden könnten. Wir leben aus beiden Quellen. Beide sind für unser Wissen und unsere Erkenntnis wichtig.

Das Rationale ist aber selbst etwas sehr Kompliziertes. Meist gebrauchen wir es im reduktionistischen und analytischen Sinne. Auch die Naturwissenschaften gehen auf diese Weise vor. Man stößt hierbei auf ein prinzipielles Dilemma, da sehr viele Probleme, mit denen wir konfrontiert sind, sich gar nicht dadurch einfangen und lösen lassen, daß man sich mit großer Genauigkeit auf ihre Details konzentriert. Denn je genauer wir diese Details zu fassen und zu beschreiben versuchen, um so mehr sind wir gezwungen, ihre Verknüpfung untereinander und zu anderen Komplexen durchschneiden zu müssen. Die Lösung von Problemen verlangt Los-Lösung. Bei dieser Abtrennungsprozedur laufen wir aber Gefahr, die Relevanz unseres Problems zu verlieren, da die Relevanz ja etwas mit der Verkettung, der wechselseitigen Vernetzung der Teilprobleme zu tun hat. Genauigkeit und Relevanz von Aussagen geraten deshalb in einen prinzipiell nicht auflösbaren Gegensatz. Dieses Problem tritt bei jeder Expertenbefragung in Erscheinung. Hier wird deutlich, daß Widersprüche in den Aussagen von Experten sich auf Unterschiede in den explizit ausgesprochenen oder oft auch unausgesprochenen Prämissen zurückführen lassen. Das heißt: Die Widersprüchlichkeit der Standpunkte, von logischen Inkonsequenzen einmal abgesehen, kommt dadurch hinein, daß verschiedene Leute ihre Teilprobleme auf verschiedene Art und Weise vom Gesamtproblem abtrennen. Vollzieht man den gleichen Schnitt, so kommt man auch zu gleichen Schlüssen. Durch diese Feststellung ist selbstverständlich das Problem keineswegs beseitigt, sondern letztlich nur benannt. Denn die eigentliche Schwierigkeit bei der Lösung komplexer Probleme liegt ja gerade darin, sie auf angemessene Weise zunächst in einfachere Teilprobleme zu zerlegen, wobei die »Angemessenheit« nicht nur von der Struktur des Problems, sondern auch von der speziellen Fragestellung diktiert wird.

Ich möchte dies an einem Beispiel erläutern. Ich habe vor einiger Zeit einmal ein Streitgespräch zwischen zwei Verhaltensforschern mit angehört, von denen der eine die Untersuchungen und Ergebnisse von Konrad Lorenz verteidigte und der andere mehr oder weniger behauptete, diese seien wissenschaftlich größtenteils nicht haltbar. Sein Skeptizismus rührte daher, daß er die Beobachtungen von Konrad Lorenz an seinen Gänsen und Fischen unter Zuhilfenahme raffinierterer Meßverfahren und eines großen Computers nachvollzogen und mit modernen statistischen Verfahren analysiert hatte und am Ende nur wenig von dem verifizieren konnte, was Konrad Lorenz aus seinen langwierigen Beobachtungen gefolgert hatte. Bedeutet dies nun, daß Konrad Lorenz durch gewisse Vorurteile seinen Gänsen und Fischen ein gewisses Verhalten angedichtet hat? Der Skeptiker mag dies so sehen. Es könnte jedoch auch so sein, wie sein Opponent dagegenhält, daß ein aufmerksamer Beobachter, der über Jahre hinweg mit Gänsen und Fischen vertraut ist, eine ungeheure Sensibilität für deren spezifisches Verhalten entwickelt, daß er scheinbar ganz nebensächliche und unscheinbare Besonderheiten bewußt oder unbewußt in seine Meinungsbildung mit aufnimmt und sie zur

Wertung seiner Daten heranzieht. Ich möchte mich in diesem Streit nicht auf die eine oder andere Seite stellen, da mir die genauere Einsicht fehlt. Aber ich sehe das prinzipielle Dilemma. Als nüchterner Wissenschaftler kann und darf ich mich selbstverständlich nur auf die nach objektiven Kriterien ausgewählten Meßdaten stützen. Als Forscher würde ich dagegen Konrad Lorenz intuitiv eine bessere Chance geben, tiefere Einsichten erlangt zu haben. Vertrauen in gewisse Aussagen hat nämlich nicht nur damit zu tun, daß ich jemandem die Fähigkeit zur sorgfältigen Analyse zuerkenne, sondern daß ich ihm eine ausreichende Sensibilität zutraue, die ihm erlaubt, sein spezielles Problem als Teilproblem in einem größeren Zusammenhang zu sehen und aus dieser Sichtweise entsprechend zu bewerten und zu verarbeiten.

Furcht vor der ökologischen Katastrophe – begründet oder herbeigeredet? Meine Antwort: Begründet! Wenn wir die ökologischen Probleme vor uns haben, dann sollten wir jedoch nicht bei der Furcht stehenbleiben, sondern wir sollten sie zu überwinden versuchen. Wir brauchen dazu in der Tat Mut und Tapferkeit. Dies vor allen Dingen, weil wir uns von Überlegungen und Vorstellungen trennen müssen, die in unserer Tradition verwurzelt sind. Wir brauchen neue Denkansätze. Diese zu finden, ist gar nicht einfach. Für uns als Wissenschaftler und als Lehrer beinhaltet dies eine doppelte Herausforderung.

Als Wissenschaftler fühlen wir uns durch die ökologische Problematik zunächst völlig überfordert, da unser Wissen und unsere Erfahrung sich nur über ein spezielles Gebiet erstrecken und unsere Kompetenz selbst dort begrenzt ist. D. h. wir alle verfügen nur über das, was manchmal »Trümmerinformation« genannt wurde. Um die ökologische Problematik fruchtbar aufzurollen, wird es, so glaube ich, unumgänglich sein, daß wir als Wissenschaftler wieder lernen, interdisziplinär zusammenzuarbeiten, da wir als einzelne nicht genügend Wissen einbringen können. Interdisziplinäre Zusammenarbeit ist äußerst schwierig, da sie in gewissem Umfange verlangt, die Erfahrung des anderen nachzuvollziehen. Sie verlangt, daß wir dem anderen vertrauen müssen, da unser eigenes Wissen zu einer Kontrolle seiner Argumente nicht ausreicht. Wir müssen imstande sein, auch der Intuition des anderen ein Stück weit zu folgen. Wissenschaftliche Begründungen werden nicht ausreichen. Wir müssen vielmehr auf Lebenserfahrungen zurückgreifen, die über das eigentlich Wissenschaftliche hinausgehen. Als Forscher haben wir uns mit der Wirklichkeit nicht nur in dem Sinne vertraut gemacht, daß wir gelernt haben, bestimmte Beziehungen als richtig zu erkennen, sondern – was eigentlich für unsere Erfahrung viel wichtiger ist – sie deutlich von falschen oder fehlerhaften Verknüpfungen unterscheiden zu können. Wir sind gewissermaßen nicht nur Wegekundige, sondern Bergsteiger. Als Wegekundiger kann ich mich in einem bestimmten Terrain zurechtfinden. Wenn ich jedoch in ein unbekanntes Gebiet vordringen will, brauche ich die Erfahrung eines Bergsteigers. Ich muß eine umfassendere Geländeerfahrung als ein Wegekundiger haben. Ich muß wissen, wie ich mir Kenntnis von der Topologie eines Geländes verschaffe, um den günstigsten Weg zu finden. Ich muß zum Beispiel wissen, welche Hinweise auf einen steilen Absturz, welche auf einen breiten Bergrücken deuten, wo ich gezwungen bin, auf einem gefährlichen Grat zu balancieren und wo ich einen bequemen Wiesenweg entlanggehen kann. Interdisziplinäre Kontakte verlangen, wenn sie fruchtbar sein sollen, daß ich einer Gruppe nicht nur mein Wissen als Experte zugänglich oder plausibel mache, sondern daß ich sie auch an meiner weitreichenden Erfahrung als »Bergsteiger« beteilige. Nur so kann man hoffen, daß die Erfahrungen der verschiedenen wissenschaftlichen Disziplinen zu einem organischen Ganzen verwoben werden und zu strukturell schlüssigen Gesamtkonzepten führen, die mehr leisten können, als Antworten auf spezielle Fragen zu geben. Ökologische Fragen verlangen zu ihrer erfolgreichen Lösung eine solche umfassende Betrachtungsweise.

Als Lehrer kommt jedoch noch eine andere Aufgabe auf uns zu. Wir müssen die jungen Leute dazu ermutigen, sich vermehrt den drängenden ökologischen Fragen zuzuwenden, und wir müssen, so wir können, ihnen geeignetes Handwerkszeug zur Bewältigung dieser Probleme in die Hand geben. Viele beurteilen die heutige Jugend und ihre Fähigkeit zum Engagement eher skeptisch. Ich bin hier ganz anderer Meinung. Viele junge Menschen sind, in der Tat, von großer Angst geplagt, die oft zu Frustration und Pessimismus verleitet. Ich habe volles Verständnis für diese Angst, da sie ja ihren ganz realen Grund hat. Diese unmittelbare Betroffenheit ist wesentlich, um überhaupt die ernste Problematik, mit der wir konfrontiert sind, wahrzunehmen. Es ist aber wohl die Aufgabe von uns Älteren, dabei mitzuhelfen, daß diese Betroffenheit nicht in Verzagtheit mündet. Wir müssen dafür sorgen, daß das

Interesse nicht auf die großen und umfassenden, unlösbar erscheinenden Fragen fixiert bleibt, sondern sich der konkreten Bearbeitung von kleineren Teilaspekten zuwendet, welche Maß und Stärke des einzelnen nicht überfordern. Es ist wichtig, die Gesamtproblematik zu erkennen, aber es ist ebenso wichtig, die Begrenztheit der eigenen Wirksamkeit zu erkennen und mit dieser Einsicht seinen eigenen konkreten Beitrag geeignet zu dosieren. Viele junge Leute werden frustriert, da die Aufgaben, die sie ansteuern, zu hoch angesetzt sind und die zu ihrer Lösung notwendige Zeit extrem unterschätzt wird. Die ziemlich einseitige theoretische und abstrakte Orientierung unserer Ausbildung bietet eine miserable Ausgangsbasis für die Entwicklung der Fähigkeit, prinzipielle Realisierungsmöglichkeiten von Vorstellungen einzuschätzen und, wenn solche bestehen, die konkreten Einzelschritte zu sehen, die zu ihrer Umsetzung nötig sind.

Lassen Sie mich ein Beispiel geben. Wir befassen uns in München im Rahmen eines Universitätsseminars seit einiger Zeit mit dem Problem der zukünftigen Energieversorgung. Wir hatten damit angefangen, das Energieproblem zunächst einmal im weltweiten Rahmen und ganz allein zu betrachten. Wir haben dann, in einem zweiten Schritt, die Problematik ganz rigoros auf die Frage eines kommunalen Energiekonzepts für die Stadt München eingeschränkt, wir haben uns also auf die Frage konzentriert, welcher Energiebedarf unter welchen Bedingungen künftig für München bestehen wird und auf welche Weise, d. h. durch welche Kraftwerke usw., er gedeckt werden könnte. Um in dieser Frage sachkundig zu werden und einen möglichst guten Überblick zu gewinnen, wurden Vertreter der Stadtwerke, des Stadtrats, der Parteien, der Bürgerinitiativen, Fachleute aller Art im Rahmen eines Hearings in unser Universitätsseminar eingeladen. Ich glaube, daß diese Verfahrensweise ein großer Erfolg war. Das abstrakte, unzugängliche Problem begegnet uns als konkretes Teilproblem direkt vor unserer Haustüre. Der Kontakt mit der »Realität« wird hergestellt, die abstrakten und hohen Wunschvorstellungen auf ein Niveau heruntergeschraubt, wo der einzelne direkten Einblick hat und mit seinem persönlichen Engagement auch etwas bewirken kann. Es besteht weit weniger Gefahr, daß er sich letztlich frustriert von den Problemen abwendet. Ich erkenne bei unserer Jugend überall eine stark prinzipielle Motivation, bei der Lösung der ökologischen Probleme aktiv mitzuarbeiten. Es ist unsere Aufgabe als Lehrer, diesen starken Impulsen Realisierungschancen zu eröffnen.

Auch ich bin auf die Zukunft orientiert. Es ist schön und gut, wenn man die Vergangenheit analysiert – wir brauchen Erfahrungen in der Vergangenheit zum Vergleich und zur Bewertung. Die für uns wichtige Frage ist jedoch: Was sollen wir tun? Ich nehme die ökologische Bedrohung ernst, aber nicht in dem Maße, daß ich daran verzweifle, daß ich keinen akzeptablen Ausweg für möglich halte. Aber wie finden wir einen solchen Ausweg? Lassen Sie mich einmal zunächst betonen: Ich dämonisiere nicht den Industriemenschen. Der Mensch hat schon immer die Umwelt zu seinem Nutzen beeinflußt und verändert. Das Ausmaß dieser Eingriffe hat aber neuerdings so zugenommen, daß wir hier an echte Grenzen, nämlich an die physischen Grenzen unseres Planeten, stoßen. Unsere Umgebung kann nicht mehr als unendlich groß angesehen werden, die unsere Aktivitäten, unsere Fehler beliebig abpuffern kann. Wir laufen Gefahr, daß das ökologische Gleichgewicht umkippt, daß wir globale Katastrophen heraufbeschwören, wenn wir nicht rechtzeitig reagieren. Will man reagieren, so muß man wissen, was man eigentlich will. Damit sind wir wieder bei unserer analytischen Denkweise. Diese ist auch unbedingt nötig. Wir müssen, so gut es geht, verstehen, was und wie es passiert. Dies steht nicht im Widerspruch zur Notwendigkeit eines mehr ganzheitlichen, vernetzten Denkens. Es ist keine Frage des Entweder-Oder, sondern des Sowohl-Als-auch. Bei unserer analytischen Betrachtungsweise dürfen wir nur nicht versäumen, immer wieder einige Schritte zurückzutreten und das Gesamtgebilde zu betrachten, um zu einer angemessenen Bewertung unserer speziellen Fragestellung zu kommen, unser konkretes Handeln in einen größeren Zusammenhang einzuordnen. Der Vernetzungsaspekt spielt bei mir eine große Rolle. Aber ich kann bei der Wahrnehmung der Vernetzung nicht stehenbleiben, weil dies zunächst nur auf die triviale Feststellung hinausläuft, daß alles mit allem zusammenhängt oder daß alles viel komplizierter ist, als man es sich zunächst vorgestellt hat. Die Einordnung eines Details in ein Kausalnetz erleichtert jedoch die Bewertung dieses Details oder eines bestimmten konkreten Schritts, wobei es schwerfällt, genau zu beschreiben, was man hier unter Bewertung versteht. Bewertung bedeutet wohl, daß man den konkreten Schritt in eine umfassendere Erfahrung einzubetten versucht, die mit unserer Lebenserfahrung insgesamt, unserem »common sense« zu tun hat. Wir sollten wohl dieser allgemeinen Erfahrung wieder mehr Vertrauen schenken.

Ich glaube, daß viele unserer Schwierigkeiten heute damit zusammenhängen, daß wir unser analytisches Denken zu stark überbewerten, daß wir uns durch dieses verleiten lassen, gewisse Aspekte und Kausalfolgen enorm überzubetonen, wodurch ein Ungleichgewicht in unserer Betrachtungsweise entsteht. Auch das Wachstumsproblem hat meines Erachtens mit dieser einseitigen Sichtweise zu tun. Wir konzentrieren uns hierbei immer nur auf ganz spezielle Entwicklungen und lassen andere, vielleicht wichtigere, völlig außer acht. Wir müssen wieder eine Sensibilität für den Gesamtzusammenhang entwickeln und lernen, die einzelnen Schritte damit in Einklang zu bringen.

Ich habe bisher mehr über die Möglichkeiten gesprochen, wie wir zu einem besseren Verständnis der Problematik kommen können. Das ist nur der erste Schritt. Die eigentlichen Schwierigkeiten fangen an, wenn wir versuchen, irgendwelche Überlegungen und Einsichten hier und jetzt in die Praxis konkret umzusetzen. Ein Kommunalpolitiker kennt dies aus seiner täglichen Arbeit wohl besser als jeder andere, aber auch ein Institutsdirektor weiß davon zu berichten. Die allgemeine Vernetzungsvorstellung scheint uns dabei gar nicht zu helfen, im Gegenteil: sie suggeriert eher die Unlösbarkeit von Problemen. Wir müssen uns damit abfinden, daß wir zukünftige Entwicklungen nur sehr mangelhaft prognostizieren können. Diese Einsicht hat jedoch auch ihre positive Seite. Sie empfiehlt uns nämlich bei der Lösung unserer Probleme, robuste Lösungen zu bevorzugen. Unter robusten Lösungen möchte ich solche verstehen, bei denen selbst ganz grobe Fehleinschätzungen nicht sofort zur Katastrophe führen. Im Bilde des Bergsteigers würde dies bedeuten, daß wir bei dichtem Nebel nicht eine Gratwanderung unternehmen, sondern lieber den etwas längeren Weg durch eine breite Talmulde einschlagen sollten, da dort Verirrungen und Fehltritte nicht gleich zum Absturz führen.

Da Prognosen, insbesondere über längere Zeitspannen hinweg, nur schwer möglich sind, erscheint es mir außerdem wichtig, daß wir uns größere Mühe geben, geeignete Kenngrößen zu finden, mit denen der augenblickliche Zustand eines Systems besser und, bezüglich unserer Fragestellung, prägnanter beschrieben werden kann. So haben wir uns z. B. daran gewöhnt, das Bruttosozialprodukt als Kenngröße für »Lebensqualität« zu betrachten. Es ist offensichtlich, daß man wesentlich geeignetere Kenngrößen für die Bemessung von dem finden kann, was wir gemeinhin als »Lebensqualität« empfinden. Auch in der Physik besteht eine der wesentlichen Aufgaben darin, diejenigen Parameter zu finden, welche ein System und seine für uns relevanten Aspekte am besten charakterisieren.

Lassen Sie mich zum Schluß noch auf einen weiteren Punkt hinweisen. Ich habe immer den Eindruck, daß wir bei allen Betrachtungen, die, wie die Ökologie, allgemeine Entwicklungsprobleme betreffen, den wirtschaftlichen Aspekten nur eine Nebenrolle zuordnen. Ich stelle mir oft die Frage: Stimmt es wirklich, daß wir in diese ökologische Krise hineinschlittern, weil der Mensch von Natur aus maßlos ist, weil er an immer größerem Konsum interessiert ist? Ist es wirklich die dem Menschen innewohnende Aggressivität, die zum Auftürmen der Waffenarsenale und zu den Kriegen zwischen den Völkern führt? Oder liegt ein Großteil dieser Mißstände nicht vielleicht daran, daß hier ganz handfeste wirtschaftliche Interessen im Hintergrund stehen, die davon profitieren, wenn Menschen viel konsumieren und wenn Menschen Feindbilder haben? Konkurrenz und Feindbild mögen geeignet sein, unsere eigenen Kräfte zu mobilisieren und uns zu größeren Leistungen anzuspornen, was vielleicht zu unserer Lebendigkeit und Kreativität beiträgt. Aber die Nachteile dieser Lebenshaltung sind erschreckend sichtbar. Ich habe den Eindruck, daß hier vorsätzlich einiges Öl ins Feuer gekippt wird und wir uns deshalb vor allem überlegen sollten, wie wenigstens diese Manipulationen gestoppt werden können.

Die Nutzung des Weltraums angesichts der drängenden Weltprobleme

Wir stehen heute an der Schwelle zu einer weiteren Eskalation der Militarisierung des Weltraums. Nach den Vorstellungen einiger sehr einflußreicher Leute soll es nicht nur eine große Anzahl von militärischen Satelliten geben, welche die Erde auf mannigfachen Bahnen umkreisen, die alles beobachten können, die über alles Auskunft geben können und die militärisches Gerät nach überallhin dirigieren können, sondern es soll nach diesen neuen Vorstellungen künftig auch mächtige Waffensysteme auf Raumstationen geben, die Raketen und Satelliten zerstören können. Die Bedrohung des Lebens der Menschheit auf der Erde wird dadurch in eine neue Dimension getragen.

Das Leben auf der Erde ist im höchsten Maße gefährdet. Die Bewahrung des Lebens auf der Erde gewinnt auf diesem Hintergrund höchste Priorität. Die Bewahrung des Lebens auf der Erde wurde deshalb vom Thema dieses Kongresses gewählt.

Die Frage, die wir uns in unserer heutigen Sitzung gestellt haben, ist, ob der Weltraum geeignet genutzt werden kann, um das Leben auf der Erde zu bewahren und zu fördern, anstatt die Gefahren zu seiner Zerstörung zu vergrößern. Wenn wir so reden, beziehen wir uns gewöhnlich auf den Weltraum als »etwas, das auf den Menschen wartet, um von ihm benutzt und von ihm erobert zu werden«. Aber der Weltraum – das sollten wir dabei nicht vergessen – ist eigentlich das Universum, das über alle unsere Vorstellungen hinaus riesengroß und weit ist, in dem Licht mehr als zehn Milliarden Jahre laufen muß, um es zu durchqueren. Unsere Erde ist nur ein winzig kleines Körnchen in diesem Universum, bewohnt von einer merkwürdigen Gattung, von der einige Mitglieder arrogant behaupten, sie seien der Mittelpunkt der Welt.

So winzig klein und fast unsichtbar diese Erde auch im Universum erscheint, so hat sich doch auf ihr etwas äußerst Sonderbares und Wunderbares ereignet, etwas, was nach unserer heutigen Kenntnis wohl einzigartig im ganzen Universum ist. Auf der dünnen und eigenartigen Kruste dieser Erde hat sich während der letzten viereinhalb Milliarden Jahre »Leben« in mannigfachen Formen entwickelt, mit uns, dem Homo sapiens, als ihrem letzten und, wie wir glauben, höchsten Sproß.

Das Leben auf der Erde erscheint wie ein einziger großer Organismus. Menschliches Leben ist nur ein Teil dieses Organismus! Menschliches Leben hängt entscheidend von allen anderen Lebensformen ab, und alles Leben basiert auf den ganz besonderen Bedingungen der Erde, ihrem Boden, ihrem Wasser und ihrer Atmosphäre, die alle zusammen ein einziges hochverletzliches System bilden. Die Bewahrung des Lebens auf der Erde erfordert deshalb vor allem einen Schutz dieser verletzlichen Kruste. Die hochverstärkende Technik des Menschen, wie sie durch die Erschließung ungeheurer, bisher verborgener Energiequellen möglich wurde, hat heute eine Größenordnung angenommen, welche die Naturkräfte der Erde in Unordnung bringen und ihr empfindliches dynamisches Gleichgewicht zerstören können.

Den bestirnten Himmel über uns zu betrachten, den Himmel zu durchstoßen und mit dem Blick in die großen Tiefen des Weltraums weit von der Erde entfernt einzudringen, den Weltraum durch das von anderen Himmelskörpern ausgesandte Licht zu erforschen, all dies hat den menschlichen Geist schon seit seiner frühen Geschichte fasziniert und beschäftigt. Astrophysik und Weltraumforschung spielen auch heute noch eine wesentliche Rolle in der physikalischen Grundlagenforschung. Die Erdatmosphäre ist, wie wir heute wissen, nur für bestimmte Wellenlängenbereiche der elektromagnetischen Strahlung, die uns aus dem Weltraum erreicht, durchlässig. Wir können deshalb wesentlich umfassendere und in manchen Punkten sogar entscheidende Informationen über das Universum, seine Struktur und seinen Ursprung nur erhalten, wenn wir unsere Atmosphäre verlassen und Beobachtungen von Satelliten außerhalb der Atmosphäre durchführen.

Es war schon immer das Streben des Menschen, das Universum

zu erfassen und zu verstehen, ebenso wie – gewissermaßen am anderen Ende der Größenskala – sein Streben, zu einem besseren Verständnis der Dynamik im atomaren und subatomaren Bereich zu gelangen. Das Allergrößte und das Allerkleinste bezeichnen die zwei wichtigen Grenzen der physikalischen Naturwissenschaften, an denen man neue fundamentale Einsichten über die Natur hofft gewinnen zu können. Grundlagenforschung in der Astrophysik wie in der Physik der Elementarteilchen, der Physik der subatomaren Regionen, erfordert komplizierte und teure experimentelle Apparaturen: Große Fernrohre für verschiedene Wellenlängenbereiche und Weltraumsatelliten in der Astrophysik einerseits und Hochenergiebeschleuniger und komplizierte Teilchendetektoren in der Elementarteilchenphysik andererseits. Beide Forschungsgebiete – die Astrophysik und die Elementarteilchenphysik – eignen sich im besonderen Maße für internationale Zusammenarbeit und gemeinsame internationale Unternehmungen. In der Elementarteilchenphysik war die Gemeinsamkeit ihrer Interessen den Wissenschaftlern aus Ost und West von Anfang an deutlich und bereitete deshalb den bekannten fruchtbaren Weg zu einer umfassenden und intensiven internationalen Zusammenarbeit auf theoretischem wie experimentellem Gebiet. In der Weltraumforschung nähert man sich einer solchen umfassenden Zusammenarbeit immer noch mit einigem Zögern. Dies heißt nicht, daß es auf diesem Gebiet gar keine Zusammenarbeit gibt. Dies wird z. B. durch die Tatsachen unterstrichen, daß Academician Raold Sagdejew, Direktor des Weltraumforschungslaboratoriums der Sowjetischen Akademie der Wissenschaften in Moskau, ein Auswärtiges Wissenschaftliches Mitglied unseres Max-Planck-Instituts für Physik und Astrophysik in München ist und daß eine seiner Moskauer Gruppen gemeinsam mit einer der experimentellen Gruppen an unserem Institut für extraterristische Physik Beobachtungen am Kometen Halley durchgeführt hat.

Im Gegensatz jedoch zu den vielen Anstrengungen, die Zusammenarbeit in der Weltraumforschung weltweit – und insbesondere über die politische Demarkationslinie hin – zu intensivieren, drohen heute die Pläne für eine erweiterte Nutzung des Weltraums für militärische Zwecke jegliche internationale Zusammenarbeit auf diesem Gebiet zu zerstören. Und nicht nur das: Auch die Elementarteilchenphysik, wo diese Zusammenarbeit bisher so gut und problemlos funktioniert hat, läuft – wegen ihrer möglichen Bedeutung für die Strategische Verteidigungsinitiative SDI – sogar Gefahr, künftig durch militärische Überlegungen beeinträchtigt zu werden. Mit großer Sorge sollten wir alle die Warnsignale wahrnehmen, die eine beginnende Erosion der internationalen Zusammenarbeit in der Grundlagenforschung andeuten, jener kleinen Insel gemeinsamen Vertrauens und wechselseitiger Achtung in einem Meer von Mißtrauen, von Intoleranz und Unverständnis. In der Tat, alle Anstrengungen sollten unternommen werden, um die drohende Entwicklung aufzuhalten und umzukehren. Der Weltraum, seine Erforschung und mögliche Nutzung, sollte auf beispielhafte Weise als die große Chance begriffen werden, zu einer wirklich und wahrlich internationalen Unternehmung zu gelangen. Insbesondere sollten der Westen und Osten ihre Forschungsvorhaben eng koordinieren und – nach erprobten Vorbildern – die wichtigen und teuren Beobachtungen und Experimente im Weltraum gemeinsam durchführen.

Das Thema unserer Sitzung heute ist nicht die Weltraumforschung oder sind nicht wissenschaftliche und philosophische Fragen, die mit einem besseren Verständnis unseres Universums und unseres Planetensystems zusammenhängen. Unser Interesse gilt der Frage der Nutzung des Weltraums. Wir fragen uns dabei sofort: »Eine Nutzung des Weltraums zu welchem Zweck?« Und wir werden diese Frage dann wohl vielleicht sofort mit der Aussage zu beantworten suchen: »Zum Vorteil der Menschheit, zu unseren eigenen Gunsten.« Aber was soll dies eigentlich bedeuten? Was ist denn wirklich gut für die Menschheit? Was brauchen die Menschen eigentlich? Wie wollen wir selbst, wie wollen die anderen Menschen auf dieser Erde leben – jetzt und in Zukunft? Und wer ist an solchen Fragen überhaupt interessiert? Wer kann und soll darüber entscheiden?

Was wir wirklich brauchen und wie wir eigentlich leben wollen, darüber werden selbstverständlich verschiedene Leute, aufgrund ihres unterschiedlichen persönlichen und kulturellen Erfahrungshintergrunds, recht verschiedener Meinung sein. Aber man sollte andererseits die Unterschiedlichkeit in den Bewertungen auch nicht für so groß ansehen, daß man glaubt, es gäbe über diese Fragen bei den Leuten überhaupt keine Gemeinsamkeiten und Übereinstimmungen mehr:

– Wir alle müssen bei unseren Betrachtungen von der Endlichkeit unserer Erde und den begrenzten Ressourcen in der für uns zugänglichen Erdkruste ausgehen.

– Wir alle sind letztlich davon überzeugt, daß jedem Menschen die primitivsten Voraussetzungen für ein würdevolles Leben geboten werden sollten.

– Wir alle sind vital daran interessiert, daß die Menschheit und Biosphäre auf dieser Erde überlebt.

Das Überleben der Menschheit wird jedoch nicht allein davon abhängen, ob es uns künftig gelingen wird, menschliche Konflikte auf eine neue, unkonventionelle Art – nämlich ohne Kriege – aufzulösen, sondern ob wir verstehen lernen, daß der Mensch – trotz seiner großen Talente und seiner großen Fähigkeiten, die ihn von seinem Mitmenschen und von der Natur im Vergleich zu früher eine relativ größere Unabhängigkeit verschafft haben –, daß dieser Mensch auf eine komplizierte und höchst verwundbare Weise immer ein Teil der Natur, ein Teil seiner Umwelt bleibt. Die Vitalität, die Anpassungs- und Entwicklungsfähigkeit der Biosphäre hängen mit einem hochdimensionalen, dynamischen Gleichgewicht von Kräften und Gegenkräften zusammen, das von vielen Kreisprozessen kontrolliert und stabilisiert wird. Brutale äußere Eingriffe, wie sie heute von seiten des Menschen durch eine mächtige und hochverstärkende Technik erfolgen, drohen dieses empfindliche Gewebe zu zerreißen.

Die treibende Kraft hinter all diesen enormen technischen Entwicklungen und Neuerungen wird, so vermute ich, leider nicht durch den Wunsch erzeugt, dem Menschen größere Chancen in seinem Leben zu eröffnen oder seine Lebensqualität zu verbessern, sondern sie wird, so fürchte ich, durch die Begierde angefacht, die Profite einer wirtschaftlichen Elite zu steigern und die Macht von wenigen über die vielen zu stärken. Unsere tägliche Erfahrung lehrt uns heute, daß die Grundbedürfnisse unseres Lebens mehr und mehr den technischen und materiellen Bedingungen untergeordnet werden, anstatt daß, umgekehrt, die Technik und die materiellen Bedingungen benutzt und entwickelt werden, die schwierigen und wirklich drängenden Probleme unserer Zeit zu lösen. Es liegen, wie wir alle sehr wohl wissen, eine große Zahl brennender Probleme vor uns, die nach Lösungen schreien, wie zum Beispiel:

– Der mangelhafte Schutz unserer Umwelt, die heute durch die Verschmutzung von Luft und Wasser und die Vergiftung unserer

Böden als Folge unseres wachsenden Industrie und einem zunehmenden radioaktiven Fallout aufs höchste gefährdet ist.

– Die Vergeudung unserer natürlichen, erschöpflichen Ressourcen, insbesondere die unzureichende Sicherung einer langfristigen Energieversorgung auf der Grundlage regenerierbarer Energiequellen.

– Die wachsenden Probleme der sogenannten Dritten Welt mit ihrer Bevölkerungsexplosion, ihren Krankheiten, ihrem Hunger und ihrer zunehmenden Verarmung.

– Die unausgewogene Weltwirtschaft, die außerstande ist, für eine faire und gerechtere Verteilung der Güter unter den Menschen zu sorgen und in den industrialisierten Ländern eine angemessene Lösung für das Arbeitslosenproblem zu erlauben.

Es ist offensichtlich:

Alle diese Probleme werden sich letztlich zu weltweiten Katastrophen verdichten, wenn wir sie nicht bald und energisch aufgreifen und zu lösen versuchen. Sie alle werden unsere Sicherheit gefährden. Sie alle werden zu Unruhen, Aufständen und Kriegen führen. Sie alle sind deshalb unmittelbar mit der Friedensfrage verknüpft.

Warum sollten wir uns deshalb nicht zuerst diesen globalen irdischen Problemen widmen? Warum sollte es eigentlich nicht möglich sein, diese wirklich drängenden Probleme unserer Zeit einmal direkt und ausdrücklich zum Ziel eines großangelegten Forschungs- und Entwicklungsprogrammes zu machen, an dem West und Ost und alle anderen Länder in der Welt sich mit ganzem Herzen und voller Kraft beteiligen könnten? Denn die Lösung dieser Probleme liegt doch im eigentlichen und zentralen Interesse von ihnen allen. Eine gemeinsame Anstrengung in dieser Richtung könnte darüber hinaus West und Ost eine gesunde Beziehungsbasis schaffen, auf der Vertrauen und Verlaß wachsen könnte.

Ich gebe selbstverständlich zu, daß diese Vorschläge reichlich utopisch klingen. Aber ich möchte betonen, daß sie, vom Inhalt her betrachtet, eigentlich weniger utopisch sind als Präsident Reagans Strategische Verteidigungsinitiative SDI. Darüber hinaus: Eine solche auf die gemeinsame Lösung globaler Probleme zielende Initiative wäre so viel lohnender, so viel vernünftiger und – was besonders wichtig ist – in einem so hohen Maße konsensfähig.

Um einer solchen Utopie eine Realisierungschance zu geben, muß man vielleicht etwas Ähnliches machen, was Präsident Reagan im Falle von SDI gemacht hat: Er ernannte die Fletscher-Kommission, eine Gruppe von etwa 50 Experten aus verschiedenen Fachgebieten, die viereinhalb Monate daran arbeiteten, den irrationalen Traum ihres Präsidenten in einige hundert verschiedenartige und scheinbar rational fundierte Projekte zu zerlegen.

Auf unseren Fall übertragen, würde dies etwa das Folgende bedeuten: Um unser utopisches Projekt in Gang zu setzen, sollten wir alle diese drängenden Weltprobleme zusammennehmen und eine geeignete internationale Gruppe hochkompetenter und weitsichtiger Frauen und Männer auffordern, sie auf intelligente und angemessene Weise in eine große Zahl von kleineren und kompakteren Teilproblemen aufzugliedern. Diese griffigen und übersehbaren Teilprobleme sollten dann verschiedenen Leuten, Gruppen und Institutionen zur weiteren intensiven Untersuchung und Lösung anvertraut werden. (Um eine solche Kommission aufzustellen, wäre es selbstverständlich hilfreich, wenn man Präsident der Vereinigten Staaten wäre und 70 Milliarden Dollar an Foschungs- und Entwicklungsgeldern in Aussicht stellen könnte.) Einige der dabei aufgezeigten Teilprobleme werden zu ihrer Lösung sicherlich neue wissenschaftliche Untersuchungen und/oder neue technische Entwicklungen erfordern. Diese Untersuchungen und Entwicklungen sollten dann mit großer Intensität und fester Entschlossenheit angegangen werden. Bei diesen Betrachtungen könnten wir dann in der Tat entdecken, daß der Weltraum in der einen oder anderen Weise genutzt werden könnte, um einige dieser Probleme zu lösen.

An dieser Stelle kehre ich also schließlich wieder zum Thema unserer Sitzung zurück, zur Frage der Nutzung des Weltraums. Eine sinnvolle Nutzung des Weltraums, so schließe ich aus meinen Überlegungen, läßt sich nur im Rahmen einer Betrachtung ermitteln, die alle die uns heute bedrängenden Probleme wesentlich mit einbezieht. Aufgrund der sehr begrenzten finanziellen Mittel, die uns zur Lösung all dieser Probleme zur Verfügung stehen und künftig zur Verfügung stehen werden, und vor allem – was m. E. noch entscheidender sein wird – aufgrund der immer sehr begrenzten Zahl von wirklich klugen, intelligenten und kreativen Köpfen, welche zunächst einmal solche Lösungen finden und dann auch ausarbeiten müssen, aufgrund dieser Begrenzungen also sollte die

Weltraumforschung und die Weltraumtechnik nicht als eine isolierte Aktivität betrachtet werden, sondern immer als eine Aktivität, die in unmittelbarer Konkurrenz mit all den anderen, für die Lösung dieser globalen Probleme vorgeschlagenen Projekte steht. Es ist offensichtlich, daß, wenn wir ein Projekt in Angriff nehmen, irgendwelche anderen Projekte nicht gleichzeitig mehr aufgegriffen werden können. Wir müssen unsere Prioritäten setzen und diesen entsprechend dann eine Auswahl treffen.

Lassen Sie mich einige Weltraumprojekte anführen, die sich vielleicht unter diesen Gesichtspunkten als lohnend erweisen könnten:

– Die Installation von meteorologischen Satelliten, um eine noch verläßlichere Wettervorhersage zu ermöglichen. Dies könnte für die Landwirtschaft und deshalb auch für die Nahrungsmittelversorgung von Bedeutung sein.

– Die Installation von Aufklärungssatelliten mit bezüglich verschiedener Wellenlängenbereiche der elektromagnetischen Strahlung empfindlichen Sensoren für eine genaue und detaillierte Beobachtung der Erdoberfläche, aus denen sich insbesondere schnell und umfassend ökologische Veränderungen, wie z. B. in der Vegetation, erkennen oder z. B. neue Vorkommen von Ressourcen aufspüren ließen.

– Die Installation von Kommunikationssatelliten zur Errichtung eines dichten, weltweiten Telephon-, Fernseh-, Radio- und Computernetzwerkes. Dies könnte eine wichtige Rolle in der Informations- und Wissensverbreitung, also in der Ausbildung und Erziehung, spielen und die unmittelbaren menschlichen Kontakte von Leuten an sehr verschiedenen Orten der Erde intensivieren.

– Die Installation von Navigationssatelliten, welche die Ortung auf See und in der Luft verbessern könnten.

– Die Einrichtung von – bevorzugt vielleicht unbemannten – Weltraumlaboratorien für spezielle Forschungsprojekte und industrielle Techniken, die nur in Abwesenheit von Schwerkraft durchgeführt werden können.

– Gewisse Installationen im Weltraum, die u. U. eine Nutzung der Sonnenenergie verbessern und vielleicht eine ganze Reihe von anderen interessanten Projekten ermöglichen können, für die uns bisher die Phantasie fehlt.

Demgegenüber halte ich persönlich einige andere Vorstellungen, die gewöhnlich an erster Stelle im Zusammenhang mit der Weltraumnutzung angeführt werden, für zweitrangig oder sogar für abwegig, wie z. B.

– eine enorme Ausdehnung der Weltraumfahrt oder/und die Nutzung des Weltraums als Möglichkeit für den Menschen, sich künftig woanders niederzulassen, z. B. die anderen Planeten unseres Sonnensystems zu bevölkern, und

– die bergmännische Erschließung von bestimmten, auf der Erde sehr selten vorkommenden Rohstoffen auf dem Mond oder auf anderen Planeten und ihre Einfuhr von dort.

Ich habe den Eindruck, daß selbst ein Zelt am Südpol sich für den Menschen noch als weit bequemer erweisen würde als irgendein anderer Platz weg von unserer Erde. Auch vermute ich, daß es sich immer, auch unter den schwierigsten und ungünstigsten Bedingungen, noch als viel einfacher und vor allem weit wirtschaftlicher erweisen wird, Rohstoffe auf der Erde auszugraben, als dies auf anderen Himmelskörpern zu tun und die Rohstoffe durch den Weltraum zu transportieren.

Selbstverständlich erkenne ich, daß der ehrgeizige und unternehmungsfreudige Mensch, den unsere westliche Zivilisation so liebt und fördert, die Eroberung des Weltraums immer als eine große und aufregende Herausforderung betrachten muß und sich nur schwerlich davon abhalten lassen wird. Ich würde es außerordentlich begrüßen und uns allen wünschen, daß wir diesen tatkräftigen Menschen andere und lohnendere Herausforderungen auf der Erde zur Bewältigung anbieten könnten, um ihren Mut und ihre Durchhaltekraft zu erproben.

Einige mögen die Weltraumfahrt als ein Mittel betrachten, um der Erde zu entfliehen, einige sogar als Möglichkeit einer letzten Zuflucht, nachdem sie die Erde zerstört haben. Ich würde empfehlen, diesen Leuten bei ihrem jetzigen Tun künftig etwas mehr auf die Finger zu schauen.

Es mag sehr wohl sein, daß die Lösung aller dieser drängenden globalen Probleme nicht ganz so extreme Technologien und hightech erfordern werden, wie dies z. B. für SDI nötig erscheint. Einige Leute hegen deshalb die Befürchtung, daß die Probleme zur Rettung unserer Erde und der Menschheit intellektuell nicht anspruchsvoll genug sein könnten, um die Phantasie und den Enthusiasmus unserer Wissenschaftler und Techniker anzuregen, und daß sie nicht genügend Leuchtkraft besitzen, um ihre Eitelkeit zu befriedigen. Die meisten möchten selbstverständlich lieber ihren Namen mit einem Stern am Firmament in Verbindung gebracht sehen als mit einer Müllverwertungsanlage am Stadtrand. Wir sollten andererseits jedoch nicht verkennen, daß es angesichts der zunehmenden Bedrohung des Menschen und der ganzen Menschheit durch den Menschen immer mehr Leute gibt – und hier insbesondere bei den jüngeren –, die in den letzten Jahrzehnten den starken Wunsch empfinden, ihre intellektuellen und moralischen Energien den höheren Menschheitszielen zu widmen, insbesondere alles zu unternehmen, um

– die Möglichkeit eines Überlebens der Menschheit in einer harmonischen und gesunden Umwelt zu gewährleisten und
– einer friedlichen Koexistenz aller Völker dieser Erde in Gerechtigkeit und Selbstbestimmung näherzukommen.

Angesichts dieser fürwahr hohen Ziele sollten wir jedoch nicht vergessen, ernsthaft und intensiv über den winzig kleinen allerersten Schritt nachzudenken, der uns diese Ziele näherbringen kann und den wir selbst morgen machen können und wollen, nachdem wir von diesem anregenden Kongreß nach Hause und an unseren gewohnten Arbeitsplatz zurückgekehrt sind.

Verdatet und vernetzt

Wir sind heute alle Zeugen davon, daß Computer, Mikroelektronik, Telekommunikation, »Informationstechnologien« in rasantem Tempo in unseren Alltag eindringen und einen immer wichtigeren Platz in unserem Leben beanspruchen. Viele sprechen von einer »zweiten Phase der Industrialisierung«, einer »zweiten technischen Revolution«, die ähnlich große Veränderungen in unserer Gesellschaft bewirken wird wie die »erste Phase der Industrialisierung«, die Ende des 18. Jahrhunderts mit der erfolgreichen Einführung der Dampfmaschine begann und dem Menschen einen einfachen und steuerbaren Zugriff auf weit größere Kräfte und Energien ermöglichte als die, die er bisher aus seiner eigenen Arbeitskraft und der Arbeitskraft seiner Haustiere bezog. Wir fragen uns deshalb heute mit Sorge, ob die zweite Phase der technischen Entwicklung mit ähnlich großen Opfern für die Menschen verbunden sein wird wie die erste, ob es in ihrem Verlauf ein neues Heer der Entrechteten geben wird und diesmal der Kopfarbeiter und Kopfarbeiterinnen.

Unabhängig davon, ob wir diese Frage aufgrund der heutigen Indizien glauben bejahen oder verneinen zu müssen, stellt sich zunächst die Frage, ob wir an dieser Entwicklung überhaupt etwas ändern können, d. h. ob wir nicht einfach zu passiven Beobachtern einer Eigendynamik verdammt sind, die ähnlich der biologischen Evolution, den Prinzipien der kleinen spontanen Änderungen und des Überlebens des Besserangepaßten folgend, unaufhaltsam und scheinbar unbeeinflußbar durch uns, über uns hinwegrollen wird. Unsere Naturvorstellung ist jedoch über die im vorigen Jahrhundert favorisierte und durch den eindrucksvollen Siegeszug von Naturwissenschaft und Technik geförderte Vorstellung hinausgewachsen, nach der das Weltgeschehen einem nach strengen Gesetzen ablaufenden Uhrwerk gleicht. Die Zukunft ist nach heutiger wissenschaftlicher Sicht viel offener. Auch haben wir gelernt, das Darwinsche Prinzip nicht einfach im Sinne eines »Überlebens des Stärkeren« zu deuten, was die kurzfristigen Vorteile überbetont. Gerade die Fähigkeit des Menschen, aufgrund seines Verstands und seiner Vernunft mögliche längerfristige Folgen des augenblicklichen Geschehens einschätzen zu können, und seine Freiheit, entsprechend auch auf verschiedene Weise zu handeln, geben ihm die einzigartige Möglichkeit einer Gestaltung der Zukunft, erlaubt ihm, eine bessere Anpassung an die äußeren Bedingungen, die der Evolutionsprozeß prämiert, auch über längere Zeitperioden hinweg zu gewährleisten.

Es ist der kurz- und langfristige Aspekt des Wettbewerbsvorteils und der besseren Anpassung, welcher zum Meinungsstreit führt und die Menschen in ein ökonomisches und ökologisches Lager spaltet. Die Natur arbeitet nicht mit Maximierungen wie die Technik, die in bezug auf eine vergleichsweise eng vorgegebene Fragestellung einem bestimmten ins Auge gefaßten Satz von Parametern maximale Erfolge, höchste Effizienz und größte Verstärkungen zu erzielen versucht. Vielmehr strebt die Natur in einem weiteren Sinne Optimierungen an. Sie versucht nämlich in einem viel höher-dimensionalen Raum, in bezug auf eine ungeheuer große Zahl verschiedenartiger äußerer Bedingungen, eine beste Anpassung, ein Optimum zu erreichen. Der Vorteil dieser Strategie ist die Flexibilität, die Robustheit, die Fehlerfreundlichkeit ihrer Systeme und nicht die beste Ausführung bestimmter Funktionen, die nur durch extreme Ausreizung begrenzter Teilaspekte auf Kosten von anderen möglich werden. Durch diese Strategie sicherte sie ihren hochentwickelten Ordnungsstrukturen langfristig das Überleben und die Möglichkeit zu einer Fortentwicklung unter stark veränderten Umweltbedingungen.

Unsere Wirtschaftsstruktur bevorzugt durch die selbstverstärkenden Rückkoppelungsmechanismen in immer höherem Maße einseitige Entwicklungen. Die Technik entwickelt unter diesen Bedingungen eine Eigendynamik, die nur noch bedingt ihre proklamierte Aufgabe erfüllen kann, die eigentlichen Bedürfnisse der

Menschen zu befriedigen. Alle, insbesondere auch die staatlichen Institutionen, bemühen sich, neu aufkommende Technologien uneingeschränkt zu fördern mit der Vorstellung oder dem Vorwand, daß daraus sich resultierende Ergebnisse für die Menschen gut und erstrebenswert, langfristig vielleicht sogar überlebenswichtig seien. Primär geht es jedoch meist um wirtschaftliche Wettbewerbsfähigkeit, um die Erhaltung, die Verteidigung oder Erweiterung von Märkten, um Machtpositionen im zwischenmenschlichen und internationalen Gefüge. Niemand kümmert sich viel darum, ob diese technischen Entwicklungen auch im Einklang stehen mit dem sozialen und dem ökologischen Netz, in das der Mensch eingeflochten ist, ob dieses Netz nicht durch die einseitigen großen Verzerrungen einfach reißt. Risse und Löcher sind ja heute schon überall sichtbar, und ein immer größer werdender Teil unserer Gesellschaft ist deshalb bereits zum Flicken abgestellt. Wenn wir das Gesamtgefüge, unsere Gesellschaft, unsere Biosphäre, unsere Erde nicht im Auge behalten, werden wir mit diesen Reparaturen nicht mehr nachkommen. Unsere Eingriffsmöglichkeiten sind heute so groß und mächtig, daß die Natur in ihrer Robustheit überfordert wird und unsere harten Stöße nicht mehr abfedern kann. Es ist allerhöchste Zeit, daß wir die Vorstellung begraben, ein Haufen raffgieriger, egoistischer, ehrgeiziger, erbarmungslos miteinander konkurrierender und machthungriger Individuen könnte unter Ausnutzung aller möglichen Technologien gewissermaßen als unbeabsichtigten Nebeneffekt jene immer wieder beschworene menschliche Gesellschaft schaffen, die mit sich und mit ihrer Umgebung in voller Harmonie leben kann. Wir müssen unser Verhalten ändern und primär nicht neue Technologien, sondern die drängenden globalen Probleme ins Auge fassen, welche die Existenz der Menschheit bedrohen. Wir müssen unsere ganze Phantasie mobilisieren, mögliche Lösungen dafür zu ersinnen. Wir müssen Prioritäten bezüglich ihrer Dringlichkeit und Wichtigkeit setzen und auf der Grundlage dieser Überlegungen die dazu geeigneten Technologien – soweit solche überhaupt notwendig sind – zu entwickeln suchen. Wir dürfen nicht zulassen, daß die eigentlichen menschlichen Bedürfnisse immer mehr einer unaufhaltsam fortschreitenden leblosen Technik untergeordnet und geopfert werden. Die Technik sollte vielmehr ein wirksames Werkzeug werden, diese Bedürfnisse der Menschen – und zwar aller Menschen und nicht nur einer privilegierten

Gruppe – auch in einer kleiner gewordenen, dichter besiedelten Welt zu befriedigen.

Die erste industrielle Revolution hat uns ungeheuer große Energien erschlossen. Die zweite soll uns die Fähigkeiten geben, mit diesen erweiterten Möglichkeiten der Kopfarbeit und Kommunikation kontrollierter umzugehen, sie besser zu steuern und uns schneller und präziser mit wesentlicher Information zu versorgen. Die moderne Informations- und Kommunikationstechnik eröffnet dabei, so scheint es, extrem unterschiedliche Entwicklungsmöglichkeiten, die von einer hochzentralisierten bis zu einer weitgehend dezentralisierten Variante reichen. Es ist gefährlich, eine solche Technik wild wachsen zu lassen. Wir müssen uns entscheiden, wie wir künftig leben wollen.

In der Tat, ein Informationssystem kann dazu genutzt werden, die Destabilisierungstendenzen einer einseitig hochgezüchteten, immer weniger robusten Technik durch geeignete hochempfindliche Steuerung zu stabilisieren. In dieser Funktion wird dann auch die Versuchung wachsen oder sich sogar die Notwendigkeit ergeben, den unberechenbaren Menschen besser in den Griff zu bekommen. Durch ein hierarchisch ausgelegtes, umfassendes Informationsnetz und umfangreiche Datenspeicher, auf deren Inhalt schnell und gezielt zugegriffen werden kann, könnte eine kleine Zahl von Menschen sich jederzeit entscheidende Information und Kontrolle über großtechnische Anlagen oder, im sozialen Bereich, über große Bevölkerungskreise verschaffen und auf dieser Grundlage steuernd, und das heißt dann auch, in einer ihre Machtfülle steigernden Weise, in technische und gesellschaftliche Prozesse eingreifen. Dies mag für die wenigen, die im Zentrum zu sitzen hoffen, vielleicht erstrebenswert erscheinen. Für die übrigen ist eine solche Struktur mit unserem heutigen Verständnis eines emanzipierten und würdevollen Menschen unverträglich. Auch werden durch eine solchermaßen vergrößerte Zentralisierung die Tendenzen zur Einseitigkeit und damit auch die Risiken für einen vollständigen Zusammenbruch des Systems verstärkt. Selbst ein optimal ausgelegtes und ausgestattetes Informationssystem muß sich letztlich beim input und output an der Begrenztheit der menschlichen Verarbeitungs- und Wahrnehmungsfähigkeit orientieren. Eine größere Informationsfülle ist zunächst kein Vorteil. Die Funktionsfähigkeit biologischer Systeme und auch die Handlungsfähigkeit des Menschen hängen wesentlich von seinem Vermögen ab, den Großteil der ankommenden Information geeignet zu unterdrücken. Erkenntnis und Wissen erfordern, über die Sammlung von Daten hinaus, wesentlich eine Strukturierung, eine geeignete Auswahl aufgrund bestimmter Ordnungskriterien. Die Strukturierung der Daten läßt sich nicht an Systeme delegieren, ohne Gestaltungsmöglichkeiten aufzugeben. Eine Delegierung zwingt uns zum Operieren mit »black boxes«, mit Intuitionslöchern. Sie führt zu einer Zerstückelung unseres Denkens mit der Gefahr grober Fehlentscheidungen.

Andererseits aber könnten Informationssysteme dazu genutzt werden, die bisher zentralisierte Technik in eine dezentralisierte sanftere Technik aufzulösen. War doch ein wesentlicher Grund für die Zentralisierung die Steuerbarkeit komplizierter Systeme, also die Fähigkeit, viele Teilsysteme kooperativ miteinander wechselwirken zu lassen. Geeignete hochentwickelte und differenzierte Informationssysteme könnten auf diese Zentralisierung verzichten und eine weitgehende Dezentralisierung der Gesellschaft ermöglichen, ohne damit ein Chaos auszulösen. Anstatt hierarchisch von der Zentrale zur Peripherie und wieder zurück transportiert zu werden, würde Information hierbei vornehmlich in überschaubaren Untersystemen zirkulieren. Die Untersysteme sollten jedoch nicht autark sein, sondern in einem ausreichenden Maße mit dem Ganzen, der größeren menschlichen Gemeinschaft, verbunden bleiben, um ihre harmonische Einbettung zu gewährleisten, auf ähnliche Weise vielleicht, wie wir dies etwa bei den symbiotischen Lebensgemeinschaften der Natur beobachten, aber auch bei höheren Lebensformen, in denen verschiedenartige und relativ eigenständig gesteuerte Zellen sich kooperativ zu einem Gesamtorganismus zusammenschließen. Vergleiche der menschlichen Gesellschaft mit biologischen Systemen sind zugegebenermaßen riskant, da wesentliche Unterschiede bestehen. Aber eine Grundtendenz scheint allem Lebendigen gemeinsam zu sein: Die biologische Evolution führte Schritt für Schritt von primitiven zu immer höheren Lebensformen, wobei sich diese von den ersteren durch eine höhere Ordnungsstruktur unterscheiden. Die Höhe der Ordnung, die Qualität der Ordnung ist hierbei – und dies ist wichtig – durch einen höheren Differenzierungsgrad, durch vermehrte Funktionsfähigkeiten und damit verbundene flexiblere Verhaltens- und Reaktionsmöglichkeiten bemessen, das aber nicht in dem Sinne, wie Ordnung in der Umgangssprache gewöhnlich verstanden wird, als Eintönigkeit und bessere Übersichtlichkeit der Strukturen.

Es ist also nicht gleichgültig, auf welche Weise eine zukünftige Informationsgesellschaft ihre Kommunikationsnetze knüpft. Aufgrund der bisherigen Funktion der Information besteht die große Gefahr, daß sie vor allem zu einer umfassenderen Kontrolle und einer zunehmenderen Gleichschaltung der Menschen führt, um die Menschen künftig wie die »niedrig-geordnete« Maschine in ihrem Verhalten determinierbar, berechenbar zu machen und damit das extrem labile System zu stabilisieren. Die viel schwierigere, aber aufgrund unseres jetzigen Menschenbildes einzig erstrebenswerte Alternative ist, daß die verbesserten Kommunikationsmöglichkeiten einer modernen Informationsgesellschaft, wie etwa beim Übergang von der mündlichen zur schriftlichen Kommunikation, zu einer Erweiterung unseres Erfahrungshorizonts, einer Vertiefung unserer Einsicht in die Natur und ihrer Abläufe, zu einem besseren Verständnis des unter anderen Bedingungen und Umständen aufgewachsenen Mitmenschen und zu einer sanfteren, d. h. einem dem Zwecke angemessenen und rücksichtsvollen Umgang mit der Natur führt.

Die Rolle der Informationstechnik sollte also – bildlich gesprochen – nicht sein, eine immer mächtiger werdende Pyramide geschickt auf ihrer Spitze auszubalancieren, sondern vielmehr die Pyramide umzudrehen, sie auf ihre breite Basis zu stellen und die enorme Vielfalt und Buntheit verschiedenartiger Aktionen und Lebensformen miteinander verträglich zu machen.

Wir stehen auf der Schwelle in ein neues industrielles Zeitalter, das uns vor wichtige und schwierige Entscheidungen stellt. Sie werden die zukünftige Rolle des Menschen in der Gemeinschaft wesentlich bestimmen. Wir sollten deshalb den Dingen nicht einfach ihren Lauf lassen, sondern die enormen Gestaltungsmöglichkeiten erkennen und mutig sie zur vollen Entfaltung des Menschen und zum Schutze seiner Umwelt, in die er schicksalhaft eingebettet ist, nutzen.

Dritter Teil:
Friedenspolitik

Der Vorstand der Vereinigung Deutscher Wissenschaftler (VDW), dem ich damals angehörte, hatte am 1. März 1982 beschlossen, im Rahmen der VDW eine Studiengruppe über »Europäische Sicherheit« einzurichten, um die europäischen Belange der Sicherheitspolitik, die durch den NATO-Doppelbeschluß direkt berührt waren, eingehender zu untersuchen. Der Studiengruppe, die sich am 30. April 1982 in Bochum unter dem Vorsitz von Knut Ipsen konstituierte, gehörten Horst Afheldt, Ulrich Albrecht, Wolf Graf von Baudissin, Hans Günter Brauch, Horst Fischer, Klaus Gottstein, Heinz Meyer von Thun, Albrecht von Müller, Klaus von Schubert, Volker Rittberger, Dieter Senghaas, Michael Voslensky und ich an. Für die Arbeit der Studiengruppe war vor allem die Unterstützung von Albrecht von Müller entscheidend, der die schriftlich vorgelegten Notizen und die in einer Reihe von Sitzungen vorgebrachten und zum Teil kontrovers diskutierten Argumente eigenständig und kompetent verarbeitete und im Februar 1983 in einem längeren Manuskript zusammenfaßte. Da die Studiengruppe schwankend war, ob sie sich hinter diese längere Abhandlung stellen wollte, konnte ich das Einverständnis darüber erwirken, daß Albrecht von Müller dieses Manuskript, mit dem hier abgedruckten Vorwort von mir versehen, zu-

nächst unabhängig von der Studiengruppe auch einem größeren Kreis von Interessenten zugänglich machen konnte. Diese Unternehmung wurde dann auch ein großer Erfolg. Von Müller hat den wesentlichen Inhalt dieses Manuskripts zu einem späteren Zeitpunkt dann als Buch unter dem Titel Die Kunst des Friedens veröffentlicht.

Aufgrund der positiven Resonanz entwarfen Albrecht von Müller und ich im Mai 1983 eine »Kurzfassung« dieser Überlegungen, die jedoch wesentlich konkreter sein und sich insbesondere auf den anstehenden NATO-Doppelbeschluß beziehen sollte. Da wir der Meinung waren, daß der NATO-Doppelbeschluß etwas vom Charakter einer Weichenstellung hatte und nicht nur einfach ein weiterer »normaler« Schritt im Rüstungswettlauf darstellte, wählten wir für den Aufsatz den Titel Sicherheitspolitik am Scheideweg. Er wurde dann zwei Monate später, Anfang Juli 1983, im Dokumentationsteil der Frankfurter Rundschau veröffentlicht und erzeugte zu unserer Freude ein reges internationales Echo.

Die Arbeit der VDW-Studiengruppe führte zu einem Memorandum, das erst sehr viel später am 24. 10. 1983 der Presse in Bonn vorgestellt wurde.

Die Kunst des Friedens

Im Anschluß an ihre Jahrestagung 1981 über »Aspekte und Perspektiven einer rüstungsgestützten Sicherheitspolitik« wurde im Rahmen der Vereinigung Deutscher Wissenschaftler eine Studiengruppe »Europäische Sicherheit« gebildet, die sich zu etwa gleichen Teilen aus Natur-, Gesellschafts- und Geisteswissenschaftlern auf der einen Seite und Sicherheitsexperten auf der anderen Seite zusammensetzt. Ausgangspunkt für die Bildung dieser Studiengruppe war die gemeinsame Sorge, daß es mit den bislang vorhandenen Vorstellungen und Handlungsmustern nicht gelingen könnte, auch in Zukunft den Frieden in Europa und in der Welt zu sichern, und daß es eine wesentliche Aufgabe der Wissenschaftler in dieser schwierigen Situation sei, neue Denkansätze zu initiieren und neue Einsichten zu vermitteln. Seit der »Göttinger Erklärung« von 1957, die zwei Jahre danach zur Gründung der Vereinigung Deutscher Wissenschaftler führte, fühlt sich diese interdisziplinäre Vereinigung im besonderen Maße verpflichtet, zu wissenschaftlich-technisch bedingten politischen Fragen Stellung zu nehmen.

Von Albrecht A. C. v. Müller wurde auf der Grundlage der Beratungen und Diskussionen der Studiengruppe »Europäische Sicherheit« und zur Vorbereitung ihrer künftigen Arbeit eine Studie ausgearbeitet. In ihr wird versucht, die vielfältigen Aspekte der europäischen Sicherheit strukturierend zusammenzufassen und sie konstruktiv in die Skizze einer weiterentwickelten sicherheitspolitischen Rahmenkonzeption für die 80er und 90er Jahre umzusetzen.

Die Studie geht bewußt über die – durch den NATO-Nachrüstungsbeschluß brisant aktualisierten – Fragen der unmittelbaren militärisch-strategischen Sicherheit Europas hinaus. Sie erachtet es als unumgänglich, Fragen der europäischen Sicherheit als Teil einer allgemeineren weltpolitischen und weltwirtschaftlichen Problematik zu betrachten. Die Vernetzung der Probleme ist kompliziert und vielschichtig. Eine präzisere Behandlung des Fragenkomplexes verlangt deshalb zunächst eine angemessene Strukturierung und Operationalisierung des Problemfeldes, welche die Einbettung von Teilaspekten in die Gesamtproblematik deutlich macht und einen ersten Überblick über deren Wechselwirkung vermittelt. A. v. Müller unterscheidet im ersten Schritt vier Problemebenen, bei der die unterste Ebene Fragen der militärisch-strategischen Sicherheit Europas im engeren Sinne zusammenfaßt, die höheren Ebenen die verteidigungspolitische Gesamtkonzeption der NATO, die allgemeine politische Gestaltung des Ost-West-Verhältnisses und schließlich die globalpolitischen Fragen mit besonderer Berücksichtigung der Nord-Süd-Verhältnisse beinhalten. Wichtig ist dabei vor allem die Tatsache, daß die verschiedenen Problembereiche stark miteinander verkoppelt sind. Solche starken Verkoppelungen haben im allgemeinen zur Folge, daß Änderungen in bestimmten Teilbereichen auf dem Umweg über das Gesamtsystem wieder auf den Teilbereich zurückwirken können, derart, daß ihre anfängliche Intention wesentlich verwandelt oder sogar in ihr Gegenteil verkehrt werden kann.

Die bei der üblichen Problemdiskussion angewandte Argumentation trägt diesem Rückkopplungsmechanismus nur ganz ungenügend Rechnung. Sie ist vorwiegend durch eine statische Betrachtungsweise gekennzeichnet, bei der man vor allem die augenblickliche Situation und ihre Schwierigkeiten im Auge hat und zur optimalen Lösung der Probleme Aktionen vorschlägt, die von einem linearen und antizipierbaren Kausalverhalten des Systems ausgehen. Dies ist jedoch nur für nahezu »abgeschlossene« (von der Umgebung praktisch abgekoppelte) Systeme und Systeme in der Nähe von Gleichgewichtslagen angemessen.

»Offene«, mit ihrer Umgebung stark wechselwirkende Systeme zeigen in der Regel ein wesentlich anderes Verhalten. Minimale Verschiebungen in Teilbereichen können hier unter Umständen zu großen, ja katastrophalen Veränderungen führen. Es treten »Phasenübergänge« auf, bei denen die Struktur eines Systems bei kleiner Veränderung eines Parameters plötzlich »umkippt«, ähnlich wie Wasser von 99° bei einer kleinen Temperaturerhöhung zu sieden anfängt, oder ein aus vielen Bauklötzen errichteter Turm beim Auflegen eines weiteren Klotzes instabil wird und umstürzt. Wie wir heute wissen, basiert die Selbstorganisation der Materie und die Evolution biologischer Systeme wesentlich auf solch stark nichtlinearen Verknüpfungen. Die moderne Grundlagenforschung hat hier den Weg zu ganz neuen Betrachtungsweisen aufgezeigt.

Geschichtliche Prozesse tragen alle Merkmale autokatalytischer, d. h. sich aus sich selbst heraus weiterentwickelnder Strukturbildungsprozesse. Sie unterliegen einer durch innere Sachzwänge getragenen Eigendynamik, die, wie es scheint, kaum eine Kursänderung mehr zuläßt. Unsere üblichen Eingriffsversuche scheitern aber oft nur deshalb, weil sie von einer statischen Betrachtungsweise gelenkt werden, welche die dynamische Weiterentwicklung des Systems, wie sie sich aus seiner spezifischen Einbettung in den Gesamtzusammenhang ergibt, nicht ausreichend berücksichtigt.

Daß in allen unseren Überlegungen und Entscheidungen eine statische Betrachtungsweise dominiert, hat selbstverständlich seinen guten Grund, da sie uns im Falle abgeschlossener oder näherungsweise abgrenzbarer Systeme im allgemeinen die Möglichkeit bietet, die Zukunft zu antizipieren und zu prognostizieren und sie damit auch im Prinzip beherrschbar zu machen. Offene Systeme kann man jedoch auf diese Weise in der Regel überhaupt nicht »in den Griff« bekommen, was man meist erst im nachhinein am hoffnungslosen Scheitern der Konzepte merkt. Eine für dynamisch-evolutive Systeme angemessene Betrachtungsweise hilft hier wesentlich weiter, aber sie erreicht selbstverständlich nie die für abgeschlossene, beherrschbare Systeme mögliche präzise Einschätzung zukünftiger Folgen. Auf der Suche nach optimalen Lösungen sollten hier deshalb Anforderungen nicht überspitzt und eher »robuste« Lösungen bevorzugt werden, die nicht in gefährliche Nähe zu Kippsituationen geraten.

Ausgehend von den vielfältigen Aspekten einer europäischen Sicherheitspolitik und ihrer prozessualen Interdependenzen, versucht die Studie v. Müllers zu einer angemessenen Einschätzung der Gesamtsituation zu kommen, um daraus, im Sinne einer evolutiven Steuerung, Grundzüge einer europäischen Sicherheitspolitik für die 80er und 90er Jahre abzuleiten. Europa wird hierbei – seiner historischen Bedeutung und Erfahrung, vor allem aber auch seiner unmittelbaren Betroffenheit gemäß – eine Rolle zugedacht, den zur Vermeidung einer weltweiten Katastrophe notwendigen Prozeß des Umdenkens in Gang zu setzen. Diese besondere Rolle Europas sollte nicht als Mittelstellung zwischen den Blöcken mißverstanden werden, sondern ist Ausdruck der unumstrittenen Tatsache, daß Sicherheit heute nur noch als gemeinsames Anliegen von West und Ost sinnvoll ist.

Die Studie stellt einen neuen Denkansatz dar, der auf eine stabilere Sicherung des Friedens zielt. Sie gibt erste Handlungshinweise und eröffnet ein fruchtbares neues Forschungsgebiet. Sie muß vor allem durch Untersuchungen ergänzt und erweitert werden, wie die in ihr entwickelten Vorstellungen auch politisch und wissenschaftlich-technisch realisiert werden können. Zweifellos werden dabei ganz neue und schwierige Probleme auftreten. Aber warum sollten wir hier nicht auf konstruktive Lösungen hoffen können? Warum sollte der vernunftbegabte Mensch, der Wissenschaftler und Techniker, in Zukunft nicht willens sein, sich diesen für das Überleben der Menschheit entscheidenden Fragen mit gleichem Engagement, mit gleicher Zielstrebigkeit und Phantasie zu widmen, mit denen er heute – vermeintlich mit gleichem Ziel – die Entwicklung immer raffinierterer und schrecklicherer Kriegsführungsinstrumente betreibt?

Sicherheitspolitik am Scheideweg
(Gemeinsam mit Albrecht A. C. von Müller)

Vom Umgang mit dynamischen Entwicklungsprozessen

Ganz allgemein neigen wir bei der Abschätzung des Verhaltens von Systemen dazu, ihr bisheriges Verhalten auch in die Zukunft hinein zu extrapolieren. Eben dieser Fehlschluß dominiert derzeit leider auch die Diskussion um die zukünftige Sicherheitspolitik des Westens. Kaum eine offizielle oder halboffizielle Erklärung, in der nicht zu Beginn und am Ende auf die erfolgreiche Kriegsverhütung in den letzten 35 Jahren hingewiesen und daraus abgeleitet wird, daß der Westen nur entschlossen an dem Gleichgewichts-Paradigma festhalten müsse, um auch in den nächsten Jahren und Jahrzehnten den Frieden zu sichern.

Wie falsch derartige Extrapolationen sein können, zeigt uns schon die Alltagserfahrung. Aus der Tatsache, daß man Wasser, ohne es zum Kochen zu bringen, von 0 auf 95°C erhitzen kann, folgt keineswegs, daß es auch bei 105° oder 110°C nicht kochen wird. Dasselbe gilt für das Wettrüsten: daß es in den letzten 35 Jahren keinen Krieg verursacht hat, beweist keineswegs, daß dies auch in Zukunft so bleiben muß.

Bei der wissenschaftlichen Beschreibung des Verhaltens von komplexen Systemen werfen derartige »Phasenübergänge«, bei denen ein System plötzlich umkippt, große Probleme auf, und unser Wissen stammt daher in den meisten Fällen zunächst aus der praktischen Erfahrung. Genau diese praktische Erfahrung können wir uns jedoch bei der Destabilisierung des Abschreckungsgleichgewichts nicht leisten, und die nachfolgenden Ausführungen haben deshalb vor allem den Zweck, von seiten der Wissenschaft her, die politischen Entscheidungsträger

- auf die große Gefahr fälschlicher Kontinuitätsannahmen im Verhalten dynamischer Systeme hinzuweisen;
- aufzuzeigen, daß es sehr gute Gründe dafür gibt anzunehmen, daß wir im Bereich der Sicherheitspolitik genau vor einer solchen »Kippsituation« stehen,
- und schließlich auch noch anzudeuten, wie – unter präzisierten Stabilitätsgesichtspunkten – eine weiterentwickelte Sicherheitspolitik des Westens aussehen könnte.

Um von vornherein Mißverständnisse zu vermeiden, sei gleich zu Anfang klargestellt: Wenn im folgenden das Gleichgewichts-Paradigma kritisch untersucht und eine Alternative dazu vorgeschlagen wird, so stellt dies keineswegs ein Votum für ein »Un-Gleichgewicht« dar, bei welchem die eine oder andere Seite sich begründete Hoffnungen auf einen militärischen Sieg machen könnte. Worum es geht, ist vielmehr, die gegenwärtige Konzeption der Friedenssicherung weiterzuentwickeln in Richtung einer präziseren Operationalisierung jenes Stabilitätsgedankens, der ja letztlich auch dem Gleichgewichtsideal zugrunde liegt.

Erfolg und Mißerfolg der bisherigen NATO-Politik

Das erklärte Ziel der bisherigen NATO-Politik war es,

- den Frieden durch ein militärisches Gleichgewicht zu sichern, auf dessen Basis dann
- wirkungsvolle Rüstungskontrolle und sogar erste Schritte in Richtung einer realen Abrüstung möglich werden sollten.

Der erste Punkt wurde erfüllt, der zweite nicht. Unabhängig von allen politischen Schuldzuweisungen ist vielmehr in den letzten Jahren deutlich geworden, daß die Herstellung eines militärischen Gleichgewichts alleine noch nicht ausreicht, um Rüstungskontrolle und Abrüstung möglich zu machen:

Selbst der (praktisch nicht erreichbare) Idealzustand eines exakten Gleichgewichts wäre für beide Seiten kein Zustand stabiler Sicherheit. Vor dem Hintergrund des technologischen Fortschritts müßten beide Seiten ständig in Sorge sein, in Zukunft überholt zu werden, wenn sie sich nicht zu jeder Zeit mit ganzer Kraft um die Weiterentwicklung und Modernisierung ihrer eigenen Streitmacht bemühen.

Berücksichtigt man zusätzlich noch die wechselseitigen Unsicherheitsmargen in der Abschätzung der Potentiale und Intentionen der anderen Seite, so zeigt sich ganz eindeutig: Das bisherige NATO-Konzept »Durch Gleichgewicht zur Abrüstung« ist in der bislang praktizierten Form noch nicht funktionsfähig. Zwar konnte bislang der Ausbruch eines Krieges verhindert werden, dieser Nicht-Krieg mußte jedoch mit der Inkaufnahme eines Wettrüstens bezahlt werden, bei dem immer entsetzlichere Technologien entwickelt und immer größere Vernichtungspotentiale aufgetürmt wurden.

Heute zeichnet sich nun eine Entwicklung ab, bei der eben dieses Wettrüsten selbst eine Destabilisierung des Abschreckungsgleichgewichts verursacht. Wenn es nicht innerhalb der nächsten 2-3 Jahre gelingt, zu substantiellen Rüstungskontroll- und Abrüstungsvereinbarungen vorzustoßen, dann könnte das bislang den Nicht-Krieg sichernde Prinzip »Wer zuerst schießt, stirbt als zweiter« plötzlich umkippen in das absolut destabilisierende Prinzip »Wer nicht zuerst schießt, stirbt allein«.

Die bisherige Politik hat dieser verhängnisvollen Entwicklung kaum etwas entgegenzusetzen und muß deshalb konzeptionell weiterentwickelt werden.

Die Gefahr einer technologisch bedingten Destabilisierung

Welches sind nun die konkreten rüstungspolitischen Entwicklungen, die eine Destabilisierung des Abschreckungsgleichgewichts verursachen? Bei den technischen Entwicklungen sind hier im wesentlichen fünf Faktoren zu nennen:

a) das Übergehen zu Mehrfachsprengköpfen, wodurch einer relativ hohen Anzahl von Sprengköpfen eine relativ kleine Anzahl von Silos gegenübersteht, so daß der »Bonus« für denjenigen, der zuerst losschlägt, sehr groß wird.

b) die enorme Verbesserung der Treffergenauigkeit der modernen Raketen (bis auf ca. 30 m bei der Pershing II), wodurch »pin-point-strikes« sowohl gegen militärische Ziele wie auch eine selektive Ausschaltung des politischen und militärischen Führungssystems möglich werden;

c) die Verkürzung bzw. das völlige Verschwinden (im Falle der Stealth-Technologie) von Vorwarnzeiten;

d) die großen Fortschritte auf dem Gebiet der Raketenabwehr, welche die wechselseitig gesicherte Zweitschlagkapazität in absehbarer Zeit ernsthaft bedrohen könnten; sowie

e) die Fortschritte auf dem Gebiet der U-Boot-Abwehr, die es ebenfalls in absehbarer Zeit erlauben könnten, auch diesen Teil der gegnerischen Zweitschlagkapazität schon im Zuge des ersten Überraschungsangriffs zu dezimieren – was dann die Erfolgswahrscheinlichkeit eines Raketenabwehrsystems wesentlich verbessert.

Auf all diesen Gebieten wurden im Zeitraum der letzten Jahre große Fortschritte und teilweise sogar Durchbrüche erzielt, deren destabilisierende Wirkungen sich in einzelnen Fällen nicht nur addieren, sondern sogar multiplizieren können.

In seiner unlängst veröffentlichten Forderung nach Abschaffung von Mehrfachsprengköpfen (*Time*, 21. März 1983) hat Henry Kissinger nochmals ausdrücklich auf diese bislang sehr unterschätzte Gefahr hingewiesen:

»The destructiveness of the weaponry sets an upper limit beyond which additions to the destructiveness become more and more marginal. At the same time the complex technology of the nuclear age raises the danger of an automaticity that might elude rational control. For if one side should destroy the retaliatory force of its adversary, it would be in a position to impose its terms. That prospect could tempt the intended victim to undertake a ›pre-emptive‹ first strike – or launch its weapons on warning. Mutual fear could turn a crisis into a catastrophy.«

Die beiden sicherheitspolitischen Grundoptionen des Westens in den 80er und 90er Jahren

Die Sicherheitspolitik des Westens ist an einem Scheideweg angelangt:

– entweder kann man den Versuch machen, rüstungspolitisch »durchzustarten«, d. h. die sich abzeichnende Destabilisierung des Abschreckungsgleichgewichts dadurch aufzufangen, daß man die andere Seite rüstungspolitisch zu überholen versucht,
– oder man kann den Versuch machen, die bisherige, stabilitätsorientierte Politik so weiterzuentwickeln, daß sie auch unter den veränderten Rahmenbedingungen wieder dazu in der Lage ist, den Frieden zu sichern.

Aufgrund einer Vielzahl von innen- und außenpolitischen Faktoren (von der sowjetischen Aufrüstung über die Ereignisse im Iran bis zur Besetzung Afghanistans) hat sich in den Vereinigten Staaten in der zweiten Hälfte der Amtszeit von Präsident Carter eine Stimmungslage etabliert, die eher der ersteren der beiden genannten Alternativen zuneigte. Mit der Wahl von Ronald Reagan und mit der von ihm berufenen Mannschaft wurde dieser Trend in verschärfter Form festgeschrieben. (Bezüglich einer zusammenfassenden Darstellung der sicherheitspolitischen Rahmenkonzeption der Reagan-Administration siehe den Artikel von Colin S. Gray.)

Selbstverständlich wollen auch die Befürworter dieses ersten Weges keinen Nuklearkrieg – im Gegenteil, auch von ihnen werden all die Rüstungsanstrengungen nur unternommen, um einen Krieg zu verhindern. Die Frage ist jedoch, ob die Annahmen, welche dieser Position zugrunde liegen, sachlich richtig sind oder ob sie eher weltanschaulich-ideologischen Wunschvorstellungen entsprechen.

Die neue »Politik der Stärke« von Präsident Ronald Reagan und seiner Administration geht von mindestens vier Prämissen aus:

– daß es technisch möglich ist, sich in absehbarer Zeit eine Position eindeutiger Überlegenheit zu errüsten;
– daß man durch eine Politik des direkten wirschafts- und rüstungspolitischen Drucks die Sowjetunion zu außenpolitischem

Wohlverhalten und zu innenpolitischen Liberalisierungen zwingen kann;

– daß die andere Seite dem Prozeß des rüstungspolitischen Überholt-Werdens in Ruhe zuschauen und nicht den Versuch machen wird, diese für ihre eigene Zukunft ohnehin tödliche Entwicklung unter Inkaufnahme großer Risiken zu stoppen;

– daß die eigenen Verbündeten und vor allem die in unmittelbarer Nachbarschaft der Sowjetunion lebenden Westeuropäer dazu bereit sind, diese neue Politik mitzutragen – obwohl sich ihr eigenes Risiko dabei drastisch erhöht.

Wir halten alle vier Prämissen für äußerst zweifelhaft, und uns erscheinen die mit dieser Option verbundenen Risiken – sowohl für die Bevölkerung der Vereinigten Staaten wie auch für uns Westeuropäer – als völlig unannehmbar.

Damit stellt sich die Frage, wie eine Politik der stabilitätsorientierten Friedenssicherung, die der zweiten Option entspricht, konkret aussehen könnte. Hier stoßen wir offensichtlich auf ein konzeptuelles Defizit. Was vorliegt, ist das urprüngliche Konzept der Entspannungspolitik, die einige unbestreitbare Erfolge erbracht hat, auf der anderen Seite jedoch auch eine Vielzahl der anfänglich in sie gesetzten Hoffnungen (vor allem, was die außenpolitische Zurückhaltung und die Achtung der Menschenrechte durch die Sowjetunion betrifft) nicht erfüllen konnte. An die neue Politik werden deshalb im wesentlichen drei Anforderungen gestellt:

– Sie muß weiterhin die Sicherung des Friedens gewährleisten;

– sie muß die technologisch bedingte Destabilisierung des Abschreckungsgleichgewichts auffangen und gangbare Wege zur Beendigung des Wettrüstens aufzeigen können,

– und sie muß sicherstellen, daß den westlichen Anliegen mehr Rechnung getragen wird, als dies in der ersten Phase der Entspannungspolitik der Fall war.

Um die beiden ersten Punkte zu erfüllen, muß die Eigendynamik des qualitativen und quantitativen Wettrüstens gebrochen werden. Dies kann nur dadurch geschehen, daß beiden Seiten das Gefühl genommen wird, unter einer Bedrohung zu stehen, die sie nur durch zusätzliche eigene Rüstungsanstrengungen verringern können. Der einzige Weg, wie dies erreicht werden kann, ist die beidseitige und schrittweise Umschichtung der eigenen Verteidigungsarsenale auf Waffensysteme,

- die im nuklearen Bereich unzweifelhaft nicht die Möglichkeit zu überraschenden Entwaffnungs- und Enthauptungsschlägen bieten, sondern nur ein überlebensfähiges Zweitschlagpotential darstellen und
- die im konventionellen Bereich nicht die Möglichkeit zum Angriff und zur Besetzung fremden Territoriums bieten.

An dieser Stelle bedarf es jedoch sofort zweier Klarstellungen:

(1) Der Aufbau eines Raketenabwehrsystems, wie er jüngst von Präsident Reagan gefordert wurde, erfüllt für sich allein genommen diese Bedingungen noch nicht. Wenn eine Seite sich gegen den Zweitschlag der anderen Seite gegebenenfalls schützen kann, gleichzeitig aber ihr eigenes Offensivpotential behält, dann hat sie somit eindeutig eine Position absoluter Überlegenheit. Der Vorschlag von Präsident Reagan wäre deshalb für die Sowjetunion nur unter der Bedingung akzeptabel, daß sie selbst über ein gleichwertiges Abwehrsystem verfügt. Die eigentliche Schwierigkeit eines solchen Plans liegt jedoch darin, daß technische Lösungen nie mit voller Sicherheit ihre Funktion erfüllen und deshalb, angesichts der overkill-Kapazität des strategischen Nuklearpotentials, eine Bedrohung des Gegners nie beseitigen können. Letztlich setzt jede militärische Maßnahme nur wieder neue technische Entwicklungen in Gang, die ihre Wirksamkeit beschränkt und sie am Ende wertlos macht. Dies ist also mit Sicherheit nicht der Weg, der uns aus dem Dilemma des Wettrüstens herausführen wird.

(2) Was den defensiven Charakter konventioneller Rüstungspotentiale betrifft, so ist festzustellen, daß natürlich auch die meisten »Defensivwaffen« zu Angriffszwecken mißbraucht werden können. (Beispielsweise können präzisionsgelenkte Panzerabwehrwaffen auch bei einem Angriff mitgeführt und zur Zerstörung der verteidigenden Kräfte eingesetzt werden.) Dies ist jedoch nicht der Punkt. Um erfolgreich angreifen und fremdes Territorium besetzen zu können, bedarf es einer ganz bestimmten Zusammensetzung einer Streitmacht, wobei vor allem den schweren, gepanzerten Fahrzeugen eine wichtige Rolle zukommt. Fehlen diese Waffengattungen jedoch oder sind sie nur in sehr begrenzter Anzahl vorhanden, so kann ein Angriff nur noch bei außerordentlich hoher quantitativer Überlegenheit erfolgreich sein. Wenn sich also beide Seiten wirklich darum bemühen, ihre Arsenale unter dem Gesichtspunkt der »Nichtangriffsfähigkeit«

umzustrukturieren, dann gibt es sehr wohl die Möglichkeit eines stabilen Gleichgewichts im konventionellen Bereich.

Gelingt es jedoch, auf diese Weise den Druck in Richtung einer »Militarisierung« der Nuklearwaffen abzubauen und sie wieder eindeutig zu »politischen Waffen« (d. h. zu solchen, die nur als Ultima ratio für den Fall eines Angriffs mit eben diesen Waffen zur Verfügung stehen) zu machen, dann können beide Seiten langfristig auch ihre Nuklearpotentiale auf jene »minimum deterrence« zurückschrauben, die selbst gemäß großzügigen Schätzungen bei etwa 1% der gegenwärtigen Vernichtungspotentiale liegt.

Insgesamt bietet der technologische Fortschritt heute also beide Optionen an: Man kann ihn sowohl dazu benutzen, in zunehmender Geschwindigkeit das Abschreckungsgleichgewicht auszuhöhlen – und leider steuern die USA derzeit mit ganzer Kraft diesen Kurs –, oder man kann sich im Rahmen einer konzeptionell erneuerten Rüstungskontroll- und Abrüstungspolitik mit der anderen Seite über die Gefahren einer technologisch bedingten Destabilisierung verständigen und auf einen »Umrüstungsfahrplan« zu einigen versuchen. Grundmotiv dieser Politik, die als eine Weiterentwicklung der Rüstungskontrollpolitik anzusehen ist, könnte lauten »Durch Umrüstung zur Abrüstung«.

Neben dieser, unter präzisierten Stabilitätsgesichtspunkten weiterentwickelten Rüstungspolitik muß die neue sicherheitspolitische Rahmenkonzeption der NATO für die 80er und 90er Jahre jedoch vor allem auch ein weiterentwickeltes Konzept für die allgemeinen »politischen« Ost-West-Beziehungen enthalten. Diesbezüglich muß zunächst einmal ein gefährlicher Trugschluß der Ostpolitik der Reagan-Administration aufgeklärt werden:

Die Ausübung von wirtschaftspolitischem Druck und erst recht der Versuch, die Sowjetunion in einen sozialökonomischen Kollaps zu treiben, nützt der Sicherheit des Westens nicht, sondern untergräbt vielmehr unmittelbar das Abschreckungsgleichgewicht.

Die reale Abschreckung hängt nämlich nicht nur von der Höhe des im Kriegsfalle angedrohten Schadens ab, sondern bemißt sich an der Differenz, die zwischen dem möglichen Schaden im Kriegsfalle und dem möglichen Nutzen beim Verzicht auf eine militärische Konfrontation besteht.

Wenn die Führung der Sowjetunion den Eindruck gewinnen

sollte, daß das sowjetische System in jedem Fall dem Untergang geweiht ist – d. h., daß sich also auch im Falle der Aufrechterhaltung des Friedens ein tragisches Ende für sie abzeichnet –, dann muß dies ihre militärische Risikobereitschaft sprunghaft anwachsen lassen.

Umgekehrt gilt: Wenn sich die Perspektive einer fruchtbaren Zusammenarbeit und einer konstruktiven Weiterentwicklung der Ost-West-Beziehungen abzeichnet, so verringert dies die Kriegsgefahr weit mehr als alle denkbaren Rüstungsanstrengungen.

Auf der anderen Seite ist der Westen natürlich auch dazu angehalten, seine in der ersten Phase der Entspannungspolitik gemachten Erfahrungen konstruktiv umzusetzen. Was das Problem des Expansionismus anbetrifft, so muß darauf hingewiesen werden, daß die Politik eines wohlverstandenen, nicht-aggressiven »Containment«, einer »Eindämmung«, durchaus mit einer Politik der Entspannung in Einklang zu bringen ist, ja man könnte sogar behaupten, daß ein wirkungsvolles wechselseitiges »Containment« eine Voraussetzung ist für eine Politik wirklicher Entspannung. Was auf der anderen Seite die Achtung der Menschenrechte innerhalb der Länder des Warschauer Pakts anbetrifft, so sollte der Westen keine illusorischen Hoffnungen auf die Wirksamkeit von ökonomischen Sanktionen oder gar die destabilisierenden Effekte eines Wettrüstens setzen. Die demokratischen Rechte und Freiheiten sind eine späte Frucht einer hohen und differenzierten Entwicklung der politischen Kultur. Wenn ein gesellschaftspolitisches System unter Druck gerät, so führt dies in den allermeisten Fällen zu einem Rückfall auf weniger entwickelte, d. h. »brutalere« Machtstrukturen. Durch Druck und Drohung die Entwicklung bürgerlicher Freiheiten stimulieren zu wollen, ist ebenso töricht und schädlich wie der Versuch, das Wachstum einer Pflanze durch kräftiges Ziehen an den Sprossen zu fördern.

Wenn der Westen etwas für die im Ostblock lebenden Menschen tun kann, dann dadurch, daß er Rahmenbedingungen schafft, die der Entwicklung bürgerlicher Freiheiten förderlich sind. Konkret heißt dies: keinen äußeren Druck und keine unmittelbare Bedrohung des herrschenden Systems; gleichzeitig jedoch starke Anreize für wissenschaftlich-technische und kulturpolitische Zusammenarbeit – wobei man bedenken sollte, daß technologische Innovationen (vor allem die moderne Mikroelektronik und die aus ihr hervorgegangenen Kommunikationstechnologien) natürlich nicht nur im Westen die sozialökonomischen Strukturen verändern. (Siehe dazu auch Richard Nixon, *The Case for ›Hardheaded‹ Detente*, International Herald Tribune, 23. August 1982.)

Insgesamt gibt es also durchaus eine sinnvolle Alternative zu der Politik einer nochmaligen Beschleunigung des Wettrüstens und eines erneuten Kalten Krieges. Hatten wir den rüstungspolitischen Teil dieser Option mit dem Schlagwort »Durch Umrüstung zur Abrüstung« gekennzeichnet, so könnte man das allgemeine ost-west-politische Konzept unter dem Titel »Containment und Koevolution« zusammenfassen. Beide Konzepte sind nicht nur miteinander verträglich, sondern unterstützen sich wechselseitig und eröffnen – sowohl für die Vereinigten Staaten wie auch für Westeuropa – eine unvergleichlich bessere Perspektive als der gefährliche Versuch, sich eine Position der Überlegenheit zu errüsten, und als ein erneuter Kalter Krieg.

Die Schlüsselrolle der NATO-Nachrüstung

Bei der Analyse der Nachrüstungsproblematik sind wir zu folgenden Ergebnissen gelangt:

a) Der Nachrüstung kommt eine Schlüsselrolle zu für die zukünftige Weiterentwicklung der Sicherheits- und Rüstungspolitik.

b) Die Durchführung der Nachrüstung in der bislang geplanten Form würde aller Wahrscheinlichkeit nach die weitere Entwicklung auf die Notwendigkeit eines rüstungspolitischen »Durchstartens« festlegen.

c) Wenn dies jedoch vermieden werden soll, so ist eine Modifikation des westlichen Nachrüstungsvorhabens dringend erforderlich.

Die Überlegungen, von denen wir bei dieser Behauptung ausgehen, sollen im folgenden kurz dargelegt werden.

Wenn die Sowjetunion – nachdem Breschnew bei seinem Besuch 1975 in Bonn ein ungefähres Gleichgewicht festgestellt hatte – neue Mittelstreckenraketen gegen Westeuropa aufstellt, so muß sie grundsätzlich damit rechnen, daß der Westen nachzieht.

Andererseits darf man jedoch auch nicht verkennen, daß die

Aufstellung von Pershing II und Cruise Missiles in Westeuropa weitaus mehr ist als eine angemessene Antwort auf die Einführung der SS-20.

– Die SS-20 bedrohen »nur« Westeuropa (und nicht die USA direkt);

– die SS-20 haben eine Treffergenauigkeit von ca. 300 m (sind deshalb zur Zerstörung gehärteter Ziele nicht geeignet);

– ein Angriff mit der SS-20 wäre auf den Radaranlagen des Westens erkennbar.

Während also die SS-20 der Sowjetunion nicht die Option eröffnet, einen überraschenden Enthauptungsschlag gegen das westliche Bündnis (und vor allem gegen die Zentren der Führungsmacht USA) zu führen, wäre die Sowjetunion – zumindest in ihrer eigenen Wahrnehmung – genau dieser Gefahr in Zukunft ständig ausgesetzt.

Es kann also kein Zweifel daran sein, daß die Aufstellung von Pershing II und Cruise Missiles in Westeuropa über eine angemessene »Reaktion« hinausginge und eine qualitative Eskalation von seiten des Westens darstellen würde.

Deshalb würde – auch wenn dies von den westlichen Politikern bislang heruntergespielt wird – unsere »Nachrüstung« ihrerseits wieder empfindliche Reaktionen von östlicher Seite nach sich ziehen, die dann eine Lage entstehen ließen, die für unsere eigene Sicherheit noch wesentlich ungünstiger wäre als das vorige Ungleichgewicht.

Es ist ganz offenkundig: Im Falle einer Durchführung der westlichen »Nachrüstung« und der östlichen »Nach-Nachrüstung« hätten beide Seiten am Ende wesentlich weniger Sicherheit als zuvor.

Dies legt die Frage nahe, warum man sich nicht auf die von Präsident Reagan vorgeschlagene »Null-Lösung« einigen kann. Um diese Frage beantworten zu können, muß man sich in die Lage der Sowjetunion versetzen. Die Sowjetunion hatte erstens den Eindruck, mit ihren veralteten SS-4 und SS-5 kein angemessenes Gegengewicht gegen die (hauptsächlich see- und luftgestützten) »forward-based-systems« des westlichen Bündnisses zu haben. Zweitens wuchs in der Sowjetunion – auch wenn dies offiziell nicht angesprochen wird – die Sorge über ihr »Fenster der Verwundbarkeit«. Während nämlich nur ca. ein Viertel der strategischen Nuklearköpfe der Vereinigten Staaten landgestützt und somit der Gefahr eines Entwaffnungsschlags ausgesetzt sind, hat die Sowjetunion (vor allem aufgrund ihrer anderen geostrategischen Lage, aber auch aufgrund ihrer technologischen Rückständigkeit) ca. drei Viertel ihres strategischen Arsenals landgestützt. Berücksichtigt man gleichzeitig noch, daß ein amerikanischer Durchbruch bei der U-Boot-Aufklärung zwar nicht unmittelbar bevorzustehen scheint, andererseits jedoch auch nicht gänzlich ausgeschlossen werden kann, so ist das große Interesse der Sowjetunion an mobilen landgestützten Systemen wie der SS-20 zu verstehen.

Diese Überlegungen haben nicht den Zweck, die Aufstellung der SS-20 zu rechtfertigen, sie sollen nur deutlich machen, warum – aus der Perspektive der Sowjetunion – die von Präsident Reagan vorgeschlagene Null-Lösung für die Sowjetunion nicht akzeptabel ist.

Doch es sind nicht nur diese rüstungskontrollpolitischen Überlegungen, die gegen eine Durchführung der Nachrüstung in der bisher geplanten Form sprechen. Hinzukommt eine Reihe von technischen und militärstrategischen Argumenten, deren wichtigste wie folgt zusammengefaßt werden können:

Aufgrund ihrer eingeschränkten Beweglichkeit und guten Aufklärbarkeit sind landgestützte Pershing II und Cruise Missiles für einen verläßlichen Zweitschlag nicht optimal geeignet.

Sie stellen jedoch ein sehr lohnendes Ziel für einen Präemptivschlag dar, weil sie sehr viele und wichtige militärische und zivile Ziele der Sowjetunion unter eine permanente Bedrohung stellen.

Aufgrund ihrer hohen Treffergenauigkeit in Verbindung mit kurzer Flugzeit (im Falle der Pershing II) bzw. der Fähigkeit, alle Vorwarnsysteme zu unterfliegen (im Falle der Cruise Missiles), stellen sie für das Führungssystem der Sowjetunion eine latente Existenzbedrohung dar, die sie in Krisenzeiten zu einem Befreiungsschlag verführen könnte.

Aufgrund dieser latenten Existenzbedrohung von Westeuropa aus würde dies auch eine unmittelbare Verkoppelung der Sicherheit Westeuropas mit allen anderen Spannungsgebieten des Ost-West-Konflikts mit sich bringen.

Die drastische Verringerung der Vorwarnzeiten könnte die Sowjetunion schließlich auch noch dazu veranlassen, zu einem

»launch on warning« überzugehen, wodurch die Gefahr eines Kriegsausbruchs aufgrund technischen oder menschlichen Versagens um ein Vielfaches erhöht würde.

Betrachtet man all diese Nachteile, so zeigt sich, daß die Nachrüstung in der bislang geplanten Form zwar sehr gut paßt
 – zu einer »Politik der Stärke« und zu dem Versuch, die Sowjetunion rüstungspolitisch zu überholen,
 – zu der Strategie der »Horizontalen Eskalation« (d. h. einer Strategie, bei Krisen in bestimmten geographischen Regionen mit Gegenmaßnahmen in anderen, strategisch günstiger gelegenen Regionen zu reagieren),
 – zu dem Wunsch, »Krisen riskieren« (siehe den Artikel von Colin S. Gray) und mit militärischen Mitteln politischen Druck auf die Sowjetunion ausüben zu können;
daß eine Nachrüstung mit landgestützten Pershing II und Cruise Missiles aber eben deshalb überhaupt nicht paßt
 – zu einer wirkungsvollen Rüstungskontrollpolitik,
 – zu dem Bemühen, die technologisch bedingten Destabilisierungstendenzen abzufangen und
 – zu den europäischen Sicherheits- und Stabilitätsinteressen.
Hieraus wird deutlich, daß eine Nachrüstung in der bislang geplanten Form für eine stabilitätsorientierte Friedenssicherung ungeeignet ist und nur noch die durch die Aufstellung der SS-20 bedingte Destabilisierung weiter erhöhen würde. Bei dieser Sachlage wäre es also bei weitem die beste Lösung, auf dem Verhandlungswege die Stationierung von zusätzlichen Mittelstreckenraketen in Westeuropa gänzlich überflüssig zu machen. Da dies politisch im Augenblick kaum durchsetzbar zu sein scheint, stellt sich die Frage, ob es andere Formen einer eurostrategischen Nachrüstung der NATO gibt, bei denen wenigstens deren Nachteile vermieden oder zumindest deutlich verringert werden.

Geht man von den obengenannten Stabilitätskriterien für den nuklearen Bereich aus, so erscheint eine Nachrüstung mit seegestützten Cruise Missiles, die auf kleinen, dieselgetriebenen U-Booten stationiert sind, als vorteilhafteste Option. (Die Anzahl dieser Cruise Missiles müßte sich geeignet an der Zahl der auf Westeuropa gerichteten SS-20 Raketen orientieren und selbst Gegenstand der Genfer Verhandlungen sein.)

Im Falle einer seegestützten Nachrüstung besäße das eurostrategische Potential der NATO:
- eine gesicherte Überlebensfähigkeit
- bei maximaler Einsatzflexibilität,
- ohne dabei die Vorwarnzeiten zu verringern,
- ohne die Sowjetunion mit einem überraschenden Enthauptungsschlag zu bedrohen,
- ohne die Sicherheit Westeuropas unmittelbar von der Stabilität aller anderen Spannungsgebiete des Ost-West-Konflikts abhängig zu machen
- und ohne bei den europäischen NATO-Partnern innenpolitische Spannungen und Konflikte zu verursachen, die den politischen Zusammenhalt der NATO ernsthaft gefährden könnten.

(Interessant ist dabei, daß der damalige Bundeskanzler Helmut Schmidt bei seiner ursprünglichen Forderung nach einem eurostrategischen Gegengewicht zu den SS-20 wohl zunächst seegestützte Systeme im Auge hatte. Erst im Verlauf der weiteren Diskussion und vermutlich nicht zuletzt aufgrund der Zwistigkeiten mit Präsident Carter kam man dann von dieser Lösung ab. Mit der Amtsübernahme von Ronald Reagan wurde dann jedoch der gesamte Kontext verändert: Was ursprünglich eher den Charakter eines unglücklichen Kompromisses hatte, machte nun – im Rahmen der neuen sicherheitspolitischen Grundkonzeption – auf einmal sehr viel Sinn. So erklärt sich auch, warum die Vereinigten Staaten, die bekanntlich zunächst von Schmidts Forderung nach einer eurostrategischen Nachrüstung gar nicht begeistert waren, nun auf einmal die Durchführung des NATO-Doppelbeschlusses vom Dezember 1979 zu einem Prüfstein für die Bündnistreue der Europäer hochstilisieren wollen.)

Eine – vor allem auch unter dem Gesichtspunkt des gesellschaftlichen Konsenses in den Stationierungsländern – schon deutlich ungünstigere Variante der Nachrüstung wäre der Nitze/Kwizinskij-Kompromiß, der die Begrenzung auf je 75 operative Raketeneinheiten vorsieht, was dann 3×75 Sprengköpfen der SS-20 auf sowjetischer Seite und 4×75 – der langsameren – Cruise Missiles auf amerikanischer Seite entspräche.

Ebenso wie die Durchführung der NATO-Nachrüstung in der bislang geplanten Form die weitere sicherheits- und rüstungspolitische Entwicklung mit großer Wahrscheinlichkeit auf den ersten der beiden oben skizzierten Wege (also den Versuch eines rüstungspolitischen »Durchstartens«) festlegen würde, so würde im Falle einer Vermeidung der Nachrüstung, aber wohl auch bei einer sinnvollen Modifikation im obigen Sinne die stabilitätsorientierte Option der Friedenssicherung offengehalten und gleichzeitig ein wichtiger erster Schritt im Rahmen der neuen rüstungskontrollpolitischen Rahmen-Konzeption »Durch Umrüstung zur Abrüstung« getan werden.

Wir sind uns bewußt, daß die hier gemachten Vorschläge Kompromisse darstellen, die, wie alle echten Kompromisse, zunächst einmal die Kritik aller Lager auf sich ziehen werden. Auf diejenigen, welche glauben, der Untergang des Abendlandes könne nur durch eine zügige Aufstellung von 108 Pershing II und 464 Cruise Missiles verhindert werden, muß jedes weitere Nachdenken und jeder Korrekturvorschlag als unliebsame Störung wirken. Für diejenigen, welche umgekehrt die Einführung neuer europäischer Mittelstreckenraketen für einen Weg in die Katastrophe halten, müssen auch die von uns geplanten Modifikationen der Nachrüstung als Zumutung erscheinen.

Und doch: Den Verfechtern der Nachrüstung in der bislang geplanten Form ist entgegenzuhalten, daß ein krampfhaftes Festhalten an einem Beschluß, der offensichtlich für alle und insbesondere für die Westeuropäer mit großen Nachteilen und Risiken verbunden ist, keineswegs jener Beweis souveräner Handlungsfähigkeit ist, der in diesem Lager – zumindest in der inoffiziellen Argumentation – manchmal schon als der wichtigste Effekt der Nachrüstung angesehen wird. Es geht also nicht darum, einem sowjetischen Druck nachzugeben, sondern primär um eine Berücksichtigung unserer unmittelbaren Sicherheitsinteressen. Auch die übergroßen Bedenken, nur ja die Vereinigten Staaten nicht durch nochmalige Änderungswünsche zu verärgern, sind zumindest kurzsichtig.

Massive Proteste, wie sie im Falle eines rüden Durchexerzierens der Nachrüstung zu erwarten sind, werden – zumal verstärkt durch die Berichterstattung in den amerikanischen Medien – das deutsch-amerikanische Verhältnis weit mehr und dauerhafter belasten als der sowohl sachlich wie auch von der politischen Durchsetzbarkeit her wohl begründete Wunsch nach einer Modifikation der Beschlüsse von vor 4 Jahren.

Umgekehrt muß denjenigen, die auf Maximalforderungen beharren, entgegengehalten werden, daß die Nachrüstungsproblematik zu ernst ist, um sich in Grundsätzlichkeiten zu ergehen. Die Stationierung, vor allem der Pershing II, wäre in der Tat eine historisch völlig unvergleichliche Verschlechterung der Sicherheit der Bundesrepublik. Andererseits erscheint es uns in hohem Maße unwahrscheinlich, daß man angesichts der verhärteten Positionen die Nachrüstung ganz vom Tisch bekommt. Zu viele haben sich zu oft und zu laut auf eine Durchführung des Rüstungsteils verpflichtet, als daß es noch eine realistische Chance gäbe, davon ganz herunterzukommen. Wer also wirklich das Schlimmste verhindern will, der muß einen Weg aufzeigen, auf dem auch die Verfechter des Doppelbeschlusses ihr Gesicht wahren können, sosehr ein solches Argument auch einem wissenschaftlich-wahrheitsorientierten Denken mißfallen mag.

Gleichzeitig sollte jedoch auch noch einmal, von der Sache her, hervorgehoben werden, daß und warum der – aus der Position einer radikalen Kritik gesehen so kleine – Unterschied zwischen der bislang geplanten Nachrüstung und seegestützten Cruise Missiles bzw. dem Nitze/Kwizinskij-Vorschlag doch eine enorme Bedeutung hat.

Wenn unsere Analyse, daß die sicherheits- und rüstungspolitische Entwicklung an einem Scheideweg angelangt ist, richtig ist, dann kommt alles darauf an zu vermeiden, daß sich die negative, zu weiterer technologischer Destabilisierung führende Entwicklungsvariante verfestigt. Dies wäre, unserer Ansicht nach, im Falle einer Stationierung von Waffensystemen, die zu einem »Enthauptungsschlag« geeignet sind, der Fall. Andererseits dürfen unsere eigenen Empfehlungen aber auch den realen Handlungsspielraum der politischen Entscheidungsträger nicht überschreiten. Andernfalls sind sie von vornherein zur Wirkungslosigkeit verurteilt. Es stellt sich somit für uns die Frage, welche Modifikation des NATO-Nachrüstungsbeschlusses gerade groß genug ist, um mit ausreichender Sicherheit zunächst das Einschwenken auf den negativen Entwicklungspfad zu verhindern und gleichzeitig die Realisierung der positiven Entwicklungsvariante vorzubereiten. Genau dies können aber die beiden von uns angegebenen Kompromißvorschläge unserer Überzeugung nach leisten.

Dabei ist klar, daß solche Modifikationen des Nachrüstungsbeschlusses keineswegs endgültig zufriedenstellende Lösungen darstellen, sondern nur Sinn haben, wenn sie als ein erster Schritt im Rahmen einer längerfristig angelegten sicherheitspolitischen

Rahmenkonzeption angesehen werden, die – über den Zwischenschritt einer beidseitigen Umrüstung auf eine strukturelle Nichtangriffsfähigkeit – eine Politik wirklicher Abrüstung erstmals möglich machen soll.*

Fünf Handlungsempfehlungen

A. Dreh- und Angelpunkt der weiteren sicherheitspolitischen Entwicklung ist eine *politische Grundsatzentscheidung* im westlichen Bündnis. Eine der größten Gefahren liegt gegenwärtig in einem Abrücken von der Perspektive einer friedlichen Koexistenz. Alle Bemühungen um eine Stabilisierung sind von vornherein vergebens, wenn die Sowjetunion nicht wieder davon überzeugt wird,

– daß der Westen – trotz eines teilweise tiefgreifenden Dissenses über Fragen der Rüstungs-, der Außen- und der Menschenrechtspolitik – nicht auf eine ökonomische oder militärische Destabilisierung der Sowjetunion und der anderen Warschauer Pakt-Staaten hinarbeitet,

– daß der Westen – bis eine für beide Seiten akzeptable bessere Lösung gefunden ist – an dem Prinzip der wechselseitig gesicherten Zweitschlagfähigkeit festhält und nicht beabsichtigt, sich eine Position der Überlegenheit zu errüsten,

– daß der Westen nach wie vor ein ehrliches Interesse an dem Zustandekommen von weitreichenden Rüstungskontrollvereinbarungen hat und – als Voraussetzung dafür – bereit ist, auch die sowjetischen Sicherheitsinteressen in fairer Weise zu berücksichtigen.

B. In bezug auf die *Genfer Verhandlungen* sollte die Bundesregierung die oben diskutierten Varianten einer Nachrüstung (also die seegestützten Cruise Missiles bzw. den Nitze/Kwizinskij-Kompromiß) als fairen und sinnvollen Kompromiß zwischen den Sicherheitsinteressen von Ost und West nochmals ins Spiel brin-

* Für eine detaillierte Darstellung dieser Rahmenkonzeption, bei der auch die Wechselwirkung zwischen dem Problemfeld der Sicherheitspolitik und der anderen langfristig relevanten globalpolitischen Herausforderungen (Nord-Süd-Verhältnis, Weltwirtschaftsfragen, Umwelt- und Ressourcenschutz etc.) systematisch berücksichtigt werden, sei auf eine Studie *Grundzüge einer europäischen Sicherheitspolitik der 80er und 90er Jahre*, Max-Planck-Institut für Physik und Astrophysik 1983, verwiesen.

gen. Für den Fall, daß es aus verhandlungstechnischen Gründen nicht möglich sein sollte, bis Ende des Jahres 1983 ein unterschriftreifes Abkommen auszuarbeiten, sollte die Bundesregierung sich für ein zeitlich begrenztes Moratorium einsetzen.

C. Darüber hinaus sollte – eventuell im Zusammenhang mit den *Wiener MPFR-Verhandlungen* – ein weitreichender Vorschlag für die Reduzierung oder Eliminierung nuklearer Gefechtsfeldwaffen vorbereitet werden. Es würde sich dabei um ein gemeinsames Interesse aller europäischen Klein- und Mittelmächte handeln, dessen Artikulierung ein wichtiger Impuls für die allgemeine Entwicklung der Ost-West-Beziehungen sein könnte.

D. Für die *Konferenz für Abrüstung* (KAE) sollte eine grundlegend weiterentwickelte Rahmenkonzeption vorgelegt werden. Der Grundgedanke muß dabei sein, daß ein direkter Übergang von der Phase des aggressiven Wettrüstens zu echter Rüstungsbeschränkung und Abrüstung offensichtlich nicht möglich und deshalb der Zwischenschritt der beidseitigen Umrüstung erforderlich ist.

Unter diesem Leitmotiv einer strukturellen Nichtangriffsfähigkeit und mit dem konkreten Ziel, einen gemeinsamen »Umrüstungsfahrplan« auszuarbeiten, sollte diese Konferenz dann zu einem Neubeginn in der Rüstungskontrollpolitik gemacht werden.

E. Insgesamt sollte sich die Bundesregierung verstärkt um eine zukunftsorientierte und kreative Diskussion sicherheitspolitischer Fragen bemühen. Dies gilt sowohl für den transatlantischen Dialog wie für die Koordination innerhalb der Europäischen Gemeinschaft. Es ist ein grundsätzliches Defizit der gegenwärtig praktizierten Form demokratischer Entscheidungsfindung, daß die aktuellen Interessen des kurzfristigen Zeithorizonts (ca. 0-3 Jahre) stark überrepräsentiert sind, während dem mittel- und langfristigen Zeithorizont in vielen Fällen nicht die notwendige Berücksichtigung zuteil wird. Dieser Mißstand kann sich gerade im Bereich der Sicherheitspolitik als besonders verhängnisvoll erweisen. Die Einsetzung einer *Enquête-Kommission des Bundestags zu Fragen der europäischen Sicherheit* könnte sich hier als ein sinnvoller Schritt erweisen, vor allem weil dadurch auch die laufende Diskussion um die zukünftige Sicherheitspolitik in einen konstruktiven Dialog zwischen Wissenschaftlern und Politikern umgesetzt werden könnte.

Parallel zu meiner Mitarbeit in der Studiengruppe »Europäische Sicherheit« der Vereinigung Deutscher Wissenschaftler führte ich viele und sehr intensive Gespräche über Friedensfragen mit Herbert Jehle aus den USA, der 1982 Gastwissenschaftler an unserem Münchner Max-Planck-Institut war. Im Juni 1982 erzählte er mir von einer Friedensinitiative von Naturwissenschaftlern an der Universität Münster, die er – als Emigrant und Quäker war er zeitlebens in der Friedensbewegung tätig – tatkräftig unterstützte. Er versuchte mich damals für eine direkte Mitarbeit bei der Organisation eines von dieser Naturwissenschaftlerinitiative geplanten Friedenskongresses zu gewinnen, was ich aber zunächst wegen meines Engagements in der VDW-Studiengruppe ablehnte.

Am 14. Januar 1983 starb Herbert Jehle unerwartet auf der Reise zu einem Organisationstreffen dieser Wissenschaftlerinitiative. Dies erschütterte mich tief. Bei der Trauerfeier der Quäkergemeinde in München zu Ehren des Toten in der Kreuzkirche in München gab ich meine Zustimmung, seinen Platz in der Naturwissenschaftlerinitiative »Verantwortung für den Frieden« einzunehmen.

Dieser Entschluß war für mein künftiges politisches Engagement von entscheidender Bedeutung. Ich wurde durch ihn zunächst Mit-

organisator des Mainzer Friedenskongresses der Naturwissenschaftler am 2./3. Juli 1983. Dieser Kongreß, der erste seiner Art in der Bundesrepublik, war über alle Erwartung erfolgreich. Mehr als 3000 Naturwissenschaftler, zum Teil auch aus dem Ausland, nahmen teil und behandelten die Friedensproblematik in über 50 Einzel- und Plenarvorträgen. Ich hielt damals das Eröffnungsreferat, dem später der Titel Wir brauchen neue Arten der Konfliktlösung – Sicherheitspolitik am Scheideweg *gegeben wurde. Ich organisierte außerdem eine Parallelsitzung über »Möglichkeiten alternativer Sicherheitspolitik und der Beitrag der Naturwissenschaftler«, deren Ergebnis ich im Schlußplenum mit einem Referat zusammenfaßte, das hier in dem Aufsatz* Durch Umrüstung zur Abrüstung – Notwendigkeit einer strukturellen Nichtangriffsfähigkeit *wiedergegeben ist.*

Der Mainzer Kongreß wurde mit der Veröffentlichung des »Mainzer Appells« abgeschlossen, in dem eindringlich vor einer neuen Atomrüstung gewarnt wurde und die Naturwissenschaftler aufgefordert wurden, Verantwortung für den Frieden zu übernehmen.

Wir brauchen neue Formen der Konfliktlösung
Sicherheitspolitik am Scheideweg

Hiroshima und Nagasaki haben uns gelehrt, wie schrecklich und grausam die Zerstörungskraft einer einzigen Atombombe ist. Einige Dutzend dieser Bomben würden ausreichen, unser kleines, dichtbesiedeltes Land tödlich zu treffen, einige Hundert, um die USA, und einige Hundert, um die Sowjetunion vernichtend zu verwunden.

Aber es sind nicht nur Hunderte, sondern heute schon über 50 000 dieser schrecklichen Waffen (einige davon mit 1000mal größerer Sprengkraft als die Hiroshima-Bombe), die in den Arsenalen von Ost und West bereitstehen, auf Knopfdruck ihr Vernichtungswerk zu verrichten.

Diese Gegenüberstellung macht überzeugend deutlich: Niemals darf es je zu einem Kernwaffenkrieg kommen, denn dies wäre das Ende unserer menschlichen Zivilisation, ja vielleicht sogar das Ende der Biosphäre unserer Erde. Es gibt deshalb nichts – absolut nichts –, was einen Kernwaffenkrieg rechtfertigen könnte, da nichts von dem, was uns wert und heilig ist, einen solchen Krieg überleben würde. Ein Kernwaffenkrieg hat nichts mehr mit einem Krieg im herkömmlichen Sinne gemein. Geschichtliche Vergleiche sind untauglich. Wir brauchen neue Denkansätze.

Lassen wir uns in dieser apodiktischen Schlußfolgerung nicht durch Stimmen beirren, die uns weismachen wollen, ein Nuklearkrieg von solch globalem Ausmaß sei unwahrscheinlich, da dieser für alle sinnlos sei. Unsere geschichtliche Erfahrung hat uns gelehrt, daß auf menschliche Vernunft in einem solchen Fall kein Verlaß ist. Und um wieviel mehr noch, wenn dieser Vernunft in einem hochkomplizierten Netzwerk von Computern nur noch wenige Minuten für eine verantwortliche Entscheidung verbleiben. Ganz abgesehen davon, daß auch ein geographisch begrenzter und im Vergleich zum bereitgestellten Potential winziger Nuklearkrieg immer noch für Millionen Menschen die Vernichtung bedeuten würde – und aller Voraussicht nach wären wir Mitteleuropäer, die wir auf dem größten Pulverfaß sitzen, dabei –, so ist dies eine äußerst gefährliche und moralisch nicht mehr zu rechtfertigende Argumentation. Sie setzt willentlich das Schicksal dieser Erde aufs Spiel, sie verführt dazu, den Nuklearkrieg oder die Drohung mit ihm letztlich doch wieder im alten Sinne als Druckmittel zur Durchsetzung der eigenen Interessen zu verwenden, und sie liefert für viele einen Vorwand, im Sinne eines »es wird schon nicht alles so schlimm werden«, die drohende Gefahr zu ignorieren oder zu verdrängen, anstatt ihr entschlossen entgegenzutreten, bevor es zu spät ist.

Es ist meine feste Überzeugung, daß keiner auf dieser Welt, im Westen wie im Osten – es sei denn, er wäre ein Selbstmörder – einen Atomkrieg will, weil er ihn aufgrund der katastrophalen Konsequenzen für sich selbst einfach nicht wollen kann. Der gemeinsame Wunsch der verfeindeten Blöcke, selbst überleben zu wollen, zwingt beide unausweichlich in eine Interessen- und Schicksalsgemeinschaft, in der sie lernen müssen, sich als Partner und nicht als Gegner zu verstehen, unabhängig davon, ob sie mit dem Wertesystem, der Lebensweise, dem Verhalten des anderen übereinstimmen oder nicht. Es muß jedem im Osten und Westen deutlich gemacht werden, daß, wenn er dazu beiträgt, den Frieden in dieser Welt stabiler und sicherer zu machen, wenn er mithilft, die Angst seines Gegners abzubauen, daß er dann sich selbst – und nicht nur dem anderen – etwas Gutes antut. In der Tatsache, daß die Erhaltung des Friedens im wohlverstandenen Interesse aller Völker dieser Erde und insbesondere auch im vitalen Interesse beider Machtblöcke liegt, sehe ich die größte und wohl einzige Überlebenschance für unsere Welt. Auf dieses nackte Eigeninteresse – wenn wir es als solches erkennen – und nicht auf Einsicht und Vernunft der Menschen gründet sich meine Hoffnung.

Partnerschaftliches Denken und partnerschaftliches Handeln mit Partnern, die wir nicht mögen, deren Werte wir nicht teilen, denen wir nicht trauen, vor denen wir uns fürchten, die uns bedrohen, erpressen, ja, die in unseren Augen Schreckliches tun, erscheinen uns unzumutbar, unmöglich. Hier liegt das eigentliche

Dilemma. Solche Partnerschaft ist nicht nur schwer, sondern wir empfinden sie fast wie Verrat an uns selbst und an den Opfern auf der anderen Seite. Trotzdem müssen wir sie lernen – wenn auch manchmal zähneknirschend. Eine solche Haltung bedeutet nicht Selbstaufgabe, denn wir sind ja nicht wehrlos. Sie bedeutet auch nicht, stillschweigend zuzusehen, wo Unrecht geschieht, denn wir haben in dieser heute so eng verflochtenen Welt viele andere Mittel der wechselseitigen Einflußnahme als Fäuste, Gewehre oder Bomben – und wir werden neue Möglichkeiten entdecken, wenn wir uns intensiv darum bemühen.

Um der Gefahr eines Krieges zu entrinnen, müssen West und Ost ihre Einstellung zueinander radikal ändern. Wir brauchen neue Formen der Konfliktlösung. Wir sind daran gewöhnt, Sicherheitsfragen den Generalen zu überlassen. Generale denken jedoch in militärischen Kategorien, sie suchen nach militärischen Lösungen. Es muß jedem klarwerden, daß das Problem der Friedenssicherung militärisch nicht mehr lösbar ist. Die ganze Raketenzählerei ist letztlich irrelevant und nutzlos. Wir brauchen politische Lösungen. Wir brauchen dazu vor allem Zeit, die wir angesichts der anwachsenden Bedrohung vielleicht nicht mehr haben.

Die bisherige Sicherheitspolitik des atlantischen Bündnisses beruht zum einen auf der Friedenssicherung durch militärisches Gleichgewicht, um eine glaubhafte Abschreckung aufrechtzuerhalten. Zum anderen beinhaltet sie, erstes als Grundlage des zweiten betrachtend, eine Politik des Dialogs und der Zusammenarbeit mit dem Osten, dies auch mit dem Ziel, eine wirkungsvolle Rüstungskontrolle und eine reale Abrüstung zu erreichen.

Die fast vierzigjährige Nachkriegsperiode für Mitteleuropa mag als ein Erfolg des ersten Grundsatzes gedeutet werden – wahrscheinlich hat sie auch noch andere Gründe. Offenkundig ist aber, daß das im zweiten Grundsatz angestrebte Ziel, eine reale Abrüstung, nicht erreicht wurde. Im Gegenteil, wir befinden uns heute mehr denn je in einem Stadium rasanten quantitativen und qualitativen Wettrüstens. Und dies ist kein Zufall, sondern die Folge eines Strukturfehlers. Denn selbst der praktisch nie erreichbare Idealzustand eines exakten militärischen Gleichgewichts wäre für beide Seiten kein Zustand stabiler Sicherheit. Vor dem Hintergrund der immer weiter fortschreitenden Technik müssen beide Seiten ständig in Sorge sein, in Zukunft überholt zu werden, wenn sie nicht mit aller Kraft ihre jeweiligen Streitmächte weiterentwickeln und modernisieren. Die Unsicherheit schließlich in der Abschätzung der Potentiale, vor allem aber der Absichten des Gegners, verführt darüber hinaus immer dazu, die tatsächliche Stärke der anderen Seite zu überschätzen, mit der Folge, daß man sich erst dann sicher fühlt, wenn man faktisch stärker als sein Gegner ist. Ein solchermaßen rückgekoppeltes System muß notwendig zum Wettrüsten führen, wenigstens solange es auf Waffensystemen beruht, bei denen eine verbesserte Verteidigungsfähigkeit mit einer zusätzlichen Bedrohung des Gegners verbunden ist.

Heute zeichnet sich nun die Entwicklung ab, daß das Wettrüsten selbst zu einer Destabilisierung des Abschreckungsgleichgewichts führt und damit auch die erste Säule der NATO-Doktrin einzustürzen droht. Wenn es nicht innerhalb der nächsten zwei bis drei Jahre zu substantiellen Rüstungskontroll- und Abrüstungsvereinbarungen kommt, dann könnte das bisher den Nichtkrieg sichernde Prinzip »Wer zuerst schießt, stirbt als zweiter« plötzlich umkippen in die zum Kriege treibende Angstvorstellung »Wer nicht zuerst schießt, stirbt allein«.

Es handelt sich um einen fatalen Trugschluß, aus der Tatsache, daß die bisherige Doktrin wechselseitiger Abschreckung uns fast 40 Jahre vor einem Krieg verschont hat, zu folgern, daß dies auch automatisch für die Zukunft gelten müsse. Dies ist etwa so, als ob wir aus der Beobachtung, daß Wasser nicht kocht, wenn es von null auf 95 Grad erwärmt wird, schlössen, daß es auch dann nicht kochen würde, wenn wir es auf 105 Grad erhitzten. Tatsächlich wird es bei 100 Grad instabil und fängt an zu sieden.

Es ist nicht meine Überzeugung, daß wir in der Sicherheitspolitik vor einer solchen Kippsituation stehen. Die geplante Stationierung der neuen Mittelstreckenraketen in Europa könnte alles zum Kochen bringen. Es gibt Spezialisten, die mit einigem technischen Aufwand in der Lage sind, für kurze Zeit Wasser auch noch über 100 Grad flüssig zu halten. Der Wissenschaftler spricht in diesem Fall von einem Siedeverzug. Eine beliebige, winzig kleine Störung kann hier jedoch den Umschlag, die Katastrophe auslösen. Um dies wirksam zu verhindern, gibt es nur eines: Feuer weg, bevor der kritische Punkt erreicht ist!

Die Sicherheitspolitik des Westens scheint an einem Scheideweg angekommen zu sein, der zwei Möglichkeiten offenhält: Entweder man versucht im Sinne einer Doktrin der Überlegenheit die sich abzeichnende Destabilisierung des Abschreckungsgleichgewichts aufzufangen, indem man den Gegner rüstungspolitisch zu überholen beabsichtigt. Oder man strebt an, die bisherige stabilitätsorientierte Politik so weiterzuentwickeln, daß sie auch unter den veränderten Rahmenbedingungen wieder in der Lage ist, den Krieg zu verhindern und langfristig den Frieden zu sichern.

Ich habe die Befürchtung, daß die gegenwärtige Administration der USA aufgrund einer Vielzahl von innen- und außenpolitischen Faktoren dazu neigt, den Weg einer Politik der Überlegenheit einzuschlagen. Diese Politik wird insbesondere durch die Wunschvorstellung genährt, die Sowjetunion sei durch direkten rüstungs- und wirtschaftspolitischen Druck zu außenpolitischem Wohlverhalten und zu innenpolitischen Liberalisierungen zu zwingen.

Eine solche Prämisse ist äußerst zweifelhaft und gefährlich. Sie mißachtet eine realistische Einschätzung der Folgen der sich auf sie stützenden Maßnahmen. Wirtschaftspolitischer Druck und erst recht die Absicht, die Sowjetunion in einen sozialökonomischen Kollaps zu treiben, nützen der Sicherheit des Westens nicht, sondern untergraben vielmehr das Abschreckungsgleichgewicht. Eine reale Abschreckung hängt nämlich nicht von der Höhe des im Kriegsfalle angedrohten Schadens ab, sondern bemißt sich an der Differenz, die zwischen dem möglichen Schaden im Kriegsfall und dem möglichen Nutzen bei dem Verzicht auf eine militärische Konfrontation besteht. Wenn die Führung der Sowjetunion den Eindruck gewinnen sollte, daß sie mit dem Rücken zur Wand steht, dann wird sie – und aus ihrer Sichtweise muß sie das – bereit sein, größte Risiken einzugehen.

Niemand sollte sich die Illusion machen, wirtschaftliche Sanktionen oder gar die durch ein Wettrüsten ausgelösten destabilisierenden Effekte könnten den Menschenrechten innerhalb der Länder des Warschauer Paktes, und insbesondere in der Sowjetunion selbst, zur besseren Beachtung verhelfen. Die demokratischen Rechte und Freiheiten sind eine späte Frucht der politischen Entwicklung. Sie erfordern nicht nur günstige äußere Bedingungen, sondern auch eine lange Zeit praktischer Erfahrung. Wird ein gesellschaftlich-politisches System von außen unter Druck gesetzt, so führt dies in den allermeisten Fällen zu einem Rückfall auf weniger entwickelte, brutalere Machtstrukturen.

Wenn wir etwas für die Menschen im Ostblock tun wollen, dann am besten dadurch, daß wir Rahmenbedingungen schaffen, die der Entwicklung bürgerlicher Freiheiten förderlich sind. Wichtig wäre zum Beispiel, die wissenschaftlichen und technischen Kontakte zu stärken und wirtschaftlich wie kulturell eng zusammenzuarbeiten. Die Perspektive einer fruchtbaren Kooperation und einer konstruktiven Weiterentwicklung der Ost-West-Beziehungen verringert die Kriegsgefahr weit mehr als alle denkbaren Rüstungsanstrengungen. Dies bedeutet aber, daß wir uns entschieden dem anderen Weg, einer stabilitätsorientierten Politik, zuwenden müssen.

Die Aufstellung der neuen sowjetischen Mittelstreckenraketen vom Typ SS-20 bedeutet eine erhöhte Bedrohung Europas, sie vergrößert unsere Angst vor Erpressung. Sie ist sicherheitspolitisch kurzsichtig, da sie zu einer Destabilisierung des Gleichgewichts beiträgt. Eine Stationierung neuer landgestützter Mittelstreckenraketen, Pershing II und Cruise Missiles, in Europa ist jedoch keine angemessene Gegenmaßnahme, weil sie nicht Schutz gewährt, sondern eine Bedrohung mit einer noch größeren und gefährlicheren Bedrohung beantwortet und damit die Situation nochmals ganz erheblich destabilisiert. Wechselseitige Destabilisierung aber erzeugt doppelte Unsicherheit, nicht Gleichgewicht. Eine solche Stationierung paßt nicht zum Weg einer stabilitätsorientierten Politik, sondern legt uns auf den verhängnisvollen Kurs einer Politik der strategischen Überlegenheit fest, bei denen wir Europäer das größte Risiko tragen. Wir müssen uns deshalb mit allem Nachdruck dagegen wenden – und dies nicht der Sowjetunion zuliebe, sondern in unserem eigenen Interesse.

Mit dieser Forderung – das möchte ich deutlich betonen – machen wir uns nicht zum braven Erfüllungsgehilfen der Sowjetunion oder zu ihrem »nützlichen Idioten«. In der Sicherheitspolitik gelten eben nicht die Spielregeln des Nullsummenspiels, bei dem der Nutzen des einen notwendig der Schaden seines Opponenten ist. Aber es ist selbstverständlich weder ausreichend noch hilfreich, wenn sich die Friedensappelle aus dem Osten, wie kürzlich der Aufruf von Mitgliedern der sowjetischen Akademie der Wissenschaften, in Forderungen an den Westen erschöpfen. Die Wissenschaftler im Osten sind nachdrücklich aufgerufen, auch in ihren Ländern das Problem der Friedenssicherung nicht einfach den Generalen zu überlassen, sondern selbst darüber nachzudenken und Vorschläge zu machen, welchen Beitrag der Osten für einen Abbau der Bedrohung leisten könnte. Sie sollten insbesondere erkennen, daß es vor allem die konventionelle Überlegenheit des Warschauer Pakts ist, die uns primär bedroht. Es ist mir selbstverständlich bewußt, wie wenig Freiraum ihnen zur Verfügung steht, um eine solche Forderung zu erfüllen. Es ist zutiefst deprimierend, die menschenunwürdige Behandlung konstruktiver, unabhängiger Denker erleben zu müssen, der unsere Kollegen Sacharow, Schtscharanskij oder Orlow ausgesetzt sind, weil sie sich nicht damit begnügten, als Naturwissenschaftler nur Experten ihres Fachs zu sein.

Ich erachte es dankbar als großes Privileg, als Bürger und Wissenschaftler in einem Staatswesen leben zu dürfen, das mir gestattet, wann, wo und wie auch immer, offen und ehrlich, meine Meinung zu sagen. Dieses Privileg bindet uns eindeutig an das Wertesystem des Westens. Eine Regierung sollte sich glücklich schätzen, wenn sich ihre Bürger intensiv und engagiert am Meinungsbildungsprozeß beteiligen, sie sollte nicht verletzt reagieren, wenn Widerspruch und Kritik laut werden. Wenn es um Lebensfragen geht, müssen die Auseinandersetzungen notwendigerweise härter werden. Dies darf uns nicht irritieren. Der mündige Bürger bildet das Fundament einer lebendigen Demokratie.

In sicherheitspolitischen Fragen ist ein Naturwissenschaftler zunächst auch nur ein mündiger Bürger. Sein Umgang mit komplexen, dynamischen Systemen, sein Wissen um die prinzipielle Schwierigkeit, die zeitliche Entwicklung solcher Systeme verläßlich vorherzusagen und sie beherrschbar zu machen, verschafft ihm aber vielleicht die Fähigkeit, sich besser in der angesprochenen schwierigen Problematik zu orientieren.

Das Problem der Friedenssicherung überfordert alle Naturwissenschaftler. Die Naturwissenschaft sollte es so angehen, wie sie andere unlösbar erscheinende Probleme in ihrem Bereich angeht: zielstrebig und engagiert, aber auch offen und tolerant demjenigen gegenüber, der andere Wege versucht.

Durch Umrüstung zur Abrüstung
Notwendigkeit einer strukturellen Nichtangriffsfähigkeit

Eine echte Friedenssicherung erfordert mehr als nur eine Strategie zur Verhinderung von Kriegen. Sie erscheint nur möglich, wenn es uns gelingt, das augenblicklich vorherrschende Handlungsmuster einer konfrontativen Großmachtpolitik langfristig durch das einer globalen Zusammenarbeit und Koevolution aller Teile der heute schon funktional zu einem Ganzen zusammengewachsenen Welt abzulösen. Eine solche Entwicklung kann nicht durch militärische Maßnahmen erzwungen werden. Sie verlangt vielmehr gewisse politische Grundsatzentscheidungen, die wiederum, um realisierbar zu sein, an gewisse sicherheitspolitische Voraussetzungen geknüpft sind. Es muß deshalb unser vorrangiges Ziel sein, alles zu tun, um diese Voraussetzungen zu schaffen, oder wenigstens alles zu unterlassen, was ihre Ausbildung behindern oder gar verhindern könnte.

Unter diesem Gesichtspunkt sind wir gezwungen, uns auch mit militärpolitischen und militärtechnischen Optionen auseinanderzusetzen. Es ist nämlich zu prüfen, ob und unter welchen Bedingungen diese Optionen mit dem langfristigen Ziel einer harmonischen Koevolution verträglich sind und ob sie insbesondere ausreichen, einen Krieg verläßlich zu verhindern. Erst dadurch würden sie uns in die Lage versetzen, die für eine politische Lösung dringend notwendige Atempause zu erhalten.

Das bisherige, auf Abschreckung basierende Sicherheitskonzept hat unbestritten dazu beigetragen, den offenen Krieg zwischen den beiden großen Machtblöcken fast vier Jahrzehnte lang zu verhindern. Von seinem Charakter her ist es jedoch gänzlich ungeeignet, langfristig zu einem Abbau der Konfrontation und damit zu einer echten Befriedung zu führen. Durch das Bestreben nämlich, ihre Sicherheit durch den Aufbau eines gestaffelten Abschreckungspotentials zu gewährleisten, werden die USA wie die Sowjetunion notwendigerweise in die Lage gedrängt, alle Anstrengungen zu unternehmen, um den Gegner auch noch in einem für sie ungünstigen Grenzfall (worst-case-Szenario) gewachsen zu sein. Dies hat verursacht, daß heute in den Arsenalen von Ost und West Vernichtungswaffen in so großer Zahl und Stärke aufgehäuft sind, daß sie genügen, den Gegner zehnfach, ja hundertfach tödlich zu treffen. Und dieses unsinnige Wettrüsten geht mit unverminderter Intensität weiter, weil keiner glaubt – und bei den jetzigen Bedingungen vielleicht sogar zu Recht –, ohne fatale Folgen für sich selbst aus diesem mörderischen Rennen aussteigen zu können. Neben den gravierenden wirtschaftlichen und gesellschaftlichen Folgen für die betreffenden Länder und den katastrophalen Auswirkungen auf globale Probleme, wie das Nord-Süd-Verhältnis oder den Umwelt- und Ressourcenschutz, scheint nun jedoch auch die eigentliche Funktion der beiderseitigen Rüstungsanstrengungen, nämlich den Krieg wirksam zu verhindern, verlorenzugehen. Es ist nicht nur die rapide ansteigende Zahl dieser schrecklichen Waffen, sondern es ist vor allem die durch die moderne Mikroelektronik möglich gewordene qualitative »Verbesserung« der Waffensysteme, welche das prekäre Gleichgewicht heute zu destabilisieren drohen.

Um eine weltweite Katastrophe zu verhindern, ist es deshalb dringend geboten, eine neue Sicherheitskonzeption zu entwickeln, die auch unter den gegenwärtigen Bedingungen für eine ausreichende Stabilisierung des Kräftegleichgewichts sorgt. Stabilitätsfragen verlangen im Gegensatz zu reinen Gleichgewichtsfragen, daß wir uns nicht auf eine statische Betrachtungsweise der Problematik beschränken. Wir müssen unser Augenmerk verstärkt auf die zeitliche Entwicklung von komplexen Systemen richten, die – wie für vernetzte Systeme charakteristisch – durch Rückkopplungsmechanismen gesteuert werden.

Die zunehmende Destabilisierung des Gleichgewichts läßt sich nur aufhalten, wenn wir zunächst versuchen, zu einem quantitativen und qualitativen Einfrieren der immer mächtiger anwachsenden Militärpotentiale zu kommen. Ganz konkret stellt sich deshalb die Frage: Wie können wir Europäer, oder allgemeiner der Westen, den Teufelskreis des Wettrüstens aufbrechen, ohne dabei unsere eigenen Sicherheitsinteressen zu vernachlässigen?

Die Schwierigkeit, beide Teile dieser Forderung zu erfüllen, liegt offensichtlich im ambivalenten Charakter unserer Waffensysteme. Obgleich ursprünglich als Verteidigungswaffen konzipiert und als solche auch meistens etikettiert, können sie letztlich und manchmal sogar vornehmlich auch als Angriffswaffen verwendet werden. Jeglicher Versuch einer Seite, ihre Sicherheit durch eine verstärkte Verteidigungsfähigkeit zu verbessern, führt deshalb primär oder sekundär auch immer zu einer größeren Bedrohung der anderen Seite, die sich dann, zur Wahrung der eigenen Sicherheitsinteressen, ihrerseits zu einer Aufstockung des Verteidigungs- beziehungsweise Drohpotentials mit reziproken Folgen gezwungen sieht. Es ist deshalb unmittelbar einsichtig, daß diese fatale Rückkopplung nur durch eine Umrüstung der Arsenale auf Waffensysteme mit rein oder im wesentlichen defensivem Charakter aufgehoben werden kann. Insbesondere bedeutet dies eine Umschichtung der Potentiale im nuklearen Bereich auf Systeme, die keine Möglichkeiten zu einem überraschenden Entwaffnungs- und Enthauptungsschlag bieten, sondern sich auf ein überlebensfähiges Zweitschlagpotential beschränken. Im konventionellen Bereich handelt es sich um Waffen, die sich nicht zum Angriff und zur Besetzung fremden Territoriums eignen.

So einleuchtend diese Forderung ist, so liegt doch ihr spezifisches Problem darin, daß in den meisten Fällen der defensive oder offensive Charakter einer Waffe nicht durch ihren Typ, sondern durch ihre Verwendung bestimmt wird. Eine scharfe Trennung zwischen defensiven und offensiven Waffen ist deshalb gar nicht möglich. Diese prinzipielle Schwierigkeit sollte jedoch nicht überbewertet werden, da im Rahmen eines militärischen Gesamtkonzepts die Bedeutung einer Waffe durch die ihr zugedachte Funktion klar erkennbar wird.

Zur Abwehr von Panzern wird man bei defensiven Konzeptionen zum Beispiel präzisionsgelenkte panzerbrechende Leichtwaffen bevorzugen, anstatt seinerseits selbst Panzer zu verwenden, da diese über ihre Verteidigungsfunktion hinaus auch die Fähigkeit haben, in das Land des Gegners vorzudringen, und ihn deshalb auch in Nichtkriegszeiten ständig bedrohen. Solche raffinierten Leichtwaffen stellen selbstverständlich immer noch ein gewisses Drohpotential dar. Sie lassen sich in gewissem Maße ja immer noch für aggressive Handlungen einsetzen oder etwa auch, in die Hände von Aufständischen gebracht, zur Unterstützung interner politischer Unruhen – aber dieses Drohpotential wird kaum ausreichen, den Gegner ernstlich in Schwierigkeiten zu bringen. Rein stationäre Waffensysteme, wie etwa Panzerwälle oder Minenfelder, sind in ihrem defensiven Charakter noch eindeutiger, sie haben aber – wenn man etwa an die Maginotlinie denkt – andere Nachteile.

Die uns heute bekannten Beispiele »nichtangriffsfähiger« Waffen werden kaum genügen, unsere gegenwärtigen Sicherheitsprobleme befriedigend zu lösen. Da die naturwissenschaftlich-technische Rüstungsforschung in den letzten Jahrzehnten jedoch, wie es scheint, fast ausschließlich darauf ausgerichtet war, die Kriegführungsmöglichkeiten zu verbessern, kann man mit gutem Grund hoffen, daß eine bewußte Neuorientierung auf nichtangriffsfähige Waffensysteme zu wichtigen technischen Innovationen führen wird. Man stelle sich einmal vor, wo wir heute ständen, wenn mit dem gleichen personellen und technischen Aufwand in den letzten Jahrzehnten danach geforscht worden wäre, wie unter den Rahmenbedingungen des Atomzeitalters Stabilität und Frieden gesichert werden könnten.

Die enormen Vorteile einer Umrüstung auf eine »strukturelle Nichtangriffsfähigkeit« für beide Seiten liegen auf der Hand. Sie benötigte keine komplizierten Vereinbarungen und Abkommen zwischen den Militärblöcken, keine Absicherung gegen Vertragsbrüche, sie könnte einseitig erfolgen, da die eigene Sicherheit nicht von einer Gegenleistung abhängig wäre. Aller Wahrscheinlichkeit nach wäre sie auch billiger, als ambivalente Waffen aufzustellen, so daß der Gegner aus wirtschaftlichen Überlegungen heraus wohl geneigt wäre, auch bei sich eine solche Umrüstung durchzuführen. Gelänge es aber auf diese Weise, den militärischen Druck im konventionellen Waffenbereich abzubauen, so könnte man ohne Risiko die Schwelle für einen Ersteinsatz von taktischen Kernwaffen drastisch erhöhen und letztlich ganz auf ihn verzichten. Dadurch erwüchse die Chance, die Nuklearwaffen wieder in die ursprüngliche Rolle von »nicht-militärischen« beziehungsweise »politischen Waffen« zurückzudrängen, das heißt, sie nur als letztes Mittel für den Fall eines Angriffs mit ebensolchen Waffen anzusehen. Um den Kernwaffen ihre gefährliche »militärische« Komponente zu nehmen, wäre es allerdings notwendig, sie auch wieder eindeutig als »Zweitschlagwaffen« zu kennzeichnen. Dies erforderte, daß man künftig auf jede Weiterentwicklung ihrer »Erstschlageigenschaften« wie Vermehrung der Zahl der Sprengköpfe (MIRV), Verbesserung der Treffgenauigkeit, Verkürzung der Flugzeiten usw. auf beiden Seiten verzichtete oder sogar versuchte, zum früheren »schlechteren« Standard zurückzukehren.

Der Aufbau eines Defensivsystems im nuklearen Waffenbereich, wie es etwa von US-Präsident Reagan vorgeschlagen wurde, sollte keinesfalls angestrebt werden, weil es eine Militarisierung der Nuklearwaffen noch verstärken würde. Auf dem Hintergrund der Overkillkapazitäten der strategischen Arsenale ist es selbst bei großen Anstrengungen kaum vorstellbar, durch technische Maßnahmen einen vollständigen Schutz vor einem Atomwaffenangriff zu gewährleisten. Das gilt insbesondere deshalb, weil jeder Neuerung auf der einen Seite immer nur wieder eine sie kompensierende Maßnahme auf der anderen Seite folgt, so daß letztlich nur eine weitere Eskalation des Wettrüstens und eine Erhöhung der Instabilität eintreten.

Gelingt es wirklich, die Nuklearwaffen wieder zu rein »politischen Waffen« zu machen, so könnten beide Blöcke ihre Nukleararsenale langfristig auf die für eine Abschreckung ausreichende minimale Größenordnung zurückschrauben, die wohl noch unter einem Prozent der gegenwärtigen Potentiale liegt. Auf diese oder ähnliche Weise würde eine Umrüstung ohne Sicherheitseinbußen für beide Seiten langfristig zu einer wirklichen Abrüstung führen.

Der Vorschlag, eine Abrüstung über eine Umrüstung der Waffenarsenale anzusteuern, erzeugt bei vielen großes Unbehagen, ja Ablehnung. Sie wollen den Frieden direkt durch Abrüstung – und wenn es nicht anders geht, auch durch einseitige Maßnahmen –, ohne irgendwelche »Rüstungs-Umwege« anstreben. Ich habe für diese Haltung großes Verständnis, ich empfinde sie sogar spontan als die viel natürlichere und richtigere, da ich einfach nicht glaube, daß bei dem jetzigen hohen Stand der Rüstung einseitige Schritte, ohne irgendwelche zusätzlichen Sicherheitsmaßnahmen, für uns und unsere Freiheit eine ernstliche Gefahr heraufbeschwören. Ich habe keine Angst vor einem russischen Überfall auf Europa, da ich dafür keinen vernünftigen Grund erkennen kann. Das bedeutet nicht, daß ich einen Überfall der Sowjets auf Westeuropa für absolut ausgeschlossen halte – die Weltgeschichte vollzieht sich nicht nach rationalen Gesetzen –, aber ich halte eine solche Gefahr für weitaus geringer als etwa die eines versehentlichen Kriegsausbruchs unter den augenblicklichen Bedingungen des ungehemmten Wettrüstens. Solche Einschätzungen tragen selbstverständlich immer stark subjektive Züge, sie sind nicht beweisbar, sondern basieren wesentlich auf ganz persönlichen Lebenserfahrungen. Vielleicht ist es für meine mehr optimistische Einschätzung in diesem Punkt wichtig, daß ich in der Vergangenheit oft und ausgiebig Gelegenheit hatte, mit Kollegen in der Sowjetunion über Verteidigungsfragen und Kriegsgefahren lange Gespräche zu führen. Ich mußte dabei erkennen, daß sie vor einem Überfall aus dem Westen, in Erinnerung an den tatsächlichen Überfall durch uns im letzten Krieg, fast noch mehr Angst haben, als viele unserer Landsleute vor einem russischen Angriff. Das ist eine Angst, die sich übrigens auch bei ihnen mehr auf persönliche Kriegserfahrung als auf Ereignisse wie in Afghanistan oder in Polen gründet. Wenn jemand Angst hat, nützt es in der Regel wenig, ihm diese Angst auszureden, und schon gar nicht, wenn es dabei nötig ist, über die möglichen Handlungsweisen eines totalitären, repressiven Regimes Prognosen anstellen zu müssen. Wir sollten deshalb diese Angst als Faktum akzeptieren und auch den Wunsch, sich vor der empfundenen Drohung schützen zu wollen. Wir können und müssen jedoch fordern, daß die Maßnahmen zur Verbesserung der eigenen Sicherheit nicht die des anderen, der ja auch Angst hat, beeinträchtigen. Dies wird nur durch die Forderungen nach einem strukturell nichtangriffsfähigen Abwehrsystem erfüllt.

Eine Umrüstung auf strukturell nichtangriffsfähige Waffensysteme gewährleistet selbstverständlich noch immer nicht einen wirklichen Frieden. Wenn wir aber aufhören, einander immer weiter und immer stärker zu bedrohen, so gibt es wohl auf lange Sicht eine gute Chance, daß wir auch aufhören, Angst voreinander zu haben. So sollte letztlich der Boden bereitet werden, auf dem wechselseitiges Vertrauen wachsen und die Grundlage für wirklichen Frieden geschaffen werden kann.

In den Monaten nach dem Mainzer Kongreß im Juli 1983 habe ich viel über die Frage der Verantwortung von Wissenschaftlern nachgedacht und auch darüber, auf welche Weise Wissenschaftler, und hier insbesondere Naturwissenschaftler, einen Beitrag zur Friedenssicherung leisten können. Als ersten konkreten Schritt habe ich im Wintersemester 1983/84 an der Ludwig-Maximilians-Universität München eine öffentliche, interdisziplinäre Vortragsreihe »Wissenschaft und Friedenssicherung« ins Leben gerufen, in der jeweils am Donnerstagabend im größten Hörsaal der Universität, dem Auditorium maximum, ein Referat zur Friedensproblematik gehalten wurde. Die Einrichtung dieser Vortragsreihe gelang nur nach Überwindung erheblicher administrativer Schwierigkeiten. Sie war letztlich nur möglich, weil wir uns verpflichteten, in ihr nur Hochschulprofessoren und -dozenten Referate aus ihrem Fachgebiet halten zu lassen. Wir wurden mehrfach bedrängt, den Titel der Vortragsreihe in einen anderen abzuändern, weil – wie uns bedeutet wurde – der Be-

griff »Frieden« links besetzt sei. Allen diesen Widerständen zum Trotz wurde diese Vortragsreihe von der Universitätsöffentlichkeit und der breiten Öffentlichkeit außerordentlich gut angenommen, nicht zuletzt dadurch, daß sie von fast 60 Kollegen aus allen Fachdisziplinen namentlich und finanziell unterstützt wurde. Die Hörerzahlen gingen bei manchen Vorträgen bis über 1000. Die Vortragsreihe hat auch heute, nach über vierjähriger ununterbrochener Laufzeit, noch nichts von ihrer Attraktivität eingebüßt.

Ähnliche interdisziplinäre Vortragsveranstaltungen wie in München wurden auch an anderen Universitäten eingerichtet. In verschiedenen Versionen habe ich wohl an über 20 Stellen – an verschiedenen Universitäten der Bundesrepublik und Österreichs und vor Friedensgruppen eines breiten Spektrums – über die »Verantwortung des Wissenschaftlers und seinen Beitrag zu einer stabilen Friedenssicherung« vorgetragen.

Verantwortung des Wissenschaftlers und sein Beitrag zu einer stabilen Friedenssicherung

Die Suche nach geeigneten Wegen und Möglichkeiten, den Frieden auf dieser Erde zu sichern, ist zum drängendsten Anliegen, ja zur Überlebensfrage der Menschheit schlechthin geworden. Die gigantische und sich immer weiter beschleunigende Rüstung auf beiden Seiten, in Ost und West, zeigt uns in aller Deutlichkeit, daß wir mit immer größerer Geschwindigkeit auf einen Abgrund zurasen, ohne, wie es scheint, über geeignete Bremsen zu verfügen.

Der Vollzug des NATO-Doppelbeschlusses mit der Stationierung der ersten Pershing II-Mittelstreckenraketen und der Abbruch der Genfer Verhandlungen der Großmächte über Mittelstreckenraketen in Europa liegen fast ein Jahr zurück. Alle unsere Befürchtungen – trotz gegenteiliger Behauptungen von offizieller Seite – haben sich voll bestätigt: Wir leben in einer neuen Eiszeit der West-Ost-Beziehungen ohne sichtbare Hoffnung auf eine Änderung zum Besseren. Der Ausgang der amerikanischen Präsidentschaftswahl und die im Zusammenhang damit abgegebenen Kommentare beunruhigen uns tief. Offensichtlich haben die Gegner von Abrüstungsverhandlungen im Augenblick die Oberhand gewonnen. Daran wird sich wohl auch in den nächsten vier Jahren nichts ändern, auch dann nicht, wenn Reagan sich als »Friedenspräsident« in seiner zweiten Amtsperiode profilieren möchte.

Es wird immer wieder behauptet, daß die Friedensbewegung in unserem Lande ihre ursprüngliche Kraft eingebüßt hat und langsam in ihrer Dynamik abflaut. Ich glaube nicht, daß dies zutrifft.

Richtig ist wohl, daß die Intensität des äußerlich sichtbaren Engagements in der Friedensfrage, etwa in Form öffentlicher Demonstrationen, seit dem Herbst 1983 stark zurückgegangen ist. Dies war andererseits gar nicht anders zu erwarten, da es unmöglich ist, einen solch hohen Einsatz auf Dauer aufrechtzuerhalten. Der Eindruck des Abklingens wird darüber hinaus noch dadurch verstärkt, daß die Medien in immer geringerem Maße – ob aus Gleichgültigkeit oder bewußter Absicht – von solchen Friedensaktivitäten berichten. Es ist wohl auch richtig, daß bei einigen sich eine gefährliche Tendenz der Desillusionierung, der Hoffnungslosigkeit und Frustration breitmacht, weil es für den einzelnen immer schwieriger wird, konkrete Möglichkeiten zu erkennen, wie er in Fragen des Friedens und seiner besseren Sicherung einen persönlichen Beitrag leisten kann.

Es ist mein persönlicher Eindruck, daß diesen mehr oberflächlichen Eindrücken gegenüber die Friedensbewegung im letzten Jahr einen enormen Zuwachs in der Tiefe erfahren hat. Dieser Zuwachs offenbart sich weniger in spektakulären äußeren Ereignissen, als vielmehr darin, daß wir ein enormes Anwachsen in der Zahl der Friedensgruppen an der Basis beobachten können, welche mit großer Hingabe und zunehmendem Sachverstand die für die Friedensfrage relevanten Texte studieren und die diesbezüglichen politischen Entwicklungen mit großer Aufmerksamkeit verfolgen. Dieses zunehmende persönliche Engagement breiter Bevölkerungskreise empfinde ich als eines der hoffnungsvollsten Zeichen in unserer düsteren, perspektivelosen Zeit. Wir erfahren täglich mit großer Freude, daß immer mehr Menschen aus allen Altersklassen auf Kosten ihres persönlichen materiellen Fortkommens bereit sind, aktiv an der Lösung der für die Menschheit lebenswichtigen Problemen mitzuwirken.

Auf diesem Hintergrund finde ich es außerordentlich gefährlich für unser demokratisches Staatswesen, daß die Regierung dieses aufrichtige Engagement nicht ernst zu nehmen bereit ist und es sogar ins politische Abseits abzudrängen versucht. Es kann nicht genügend betont werden, daß eine Frustration großer Bevölkerungskreise eine allgemeine Staatsverdrossenheit fördert und die Bereitschaft zu einer konstruktiven Mitarbeit mindert. Was hier in unserem Staatswesen augenblicklich passiert, ist vielleicht mit dem Waldsterben vergleichbar. Diejenigen, die einen direkten Zugang zu der Basis haben, erkennen, wie die tägliche Frustration schon zu großen inneren Schäden geführt hat, ohne daß diese bereits nach außen unmittelbar zu erkennen sind. Wie beim Waldsterben wird es unter Umständen passieren, daß unsere Politiker den Schaden erst dann erkennen, wenn die verheerenden Konsequenzen ein derartiges Ausmaß erreicht haben, daß Gegenmaßnahmen kaum mehr greifen können. Jeglicher Schwund an Vertrauen in unseren Staat und seine Führung hat langfristig gravierende Folgen. Ich halte es deshalb für dringend notwendig, daß wir in Fragen der Friedenssicherung wieder zu einem allgemeinen Konsens kommen. In dieser bedrückenden Situation richten sich die Augen mancher Menschen auf die Wissenschaftler – auf sie, die letztlich die Grundlagen und auch die Werkzeuge für diesen Rüstungswahnsinn geschaffen haben – und fordern sie auf, Neues und noch Großartigeres zu erfinden, um diesen ganzen Spuk wieder wegzublasen. Nicht anders ist doch wohl der Aufruf von Präsident Reagan vom 23. 3. 1983 in seiner berühmten Rede zum Start der »Strategic Defense Initiative (SDI)« zu verstehen, in der er die Gemeinschaft der Wissenschaftler aufruft, ihre großen Talente der Sache der Menschheit zu widmen und Mittel zu entwickeln, Kernwaffen unwirksam und überflüssig – »impotent and obsolete« – zu machen.

Dort also, wo Politiker keine Möglichkeiten mehr sehen, soll der Naturwissenschaftler und Techniker eine Patentlösung finden, den Gordischen Knoten durchhauen, so als ob das Problem der Friedenssicherung mit technischen Kniffen in den Griff zu bekommen wäre. Welch ein verhängnisvoller Irrtum! Welch eine Technik- und Wissenschaftsgläubigkeit spricht aus diesen Vorstellungen!

Dies soll nun andererseits nicht bedeuten, daß den Wissenschaftlern bei der Suche nach einer stabilen Friedenssicherung keine besondere Aufgabe zukäme. Im Gegenteil! Es erscheint mir unabweisbar, daß Wissenschaftler als Personen und Universitäten, Hochschulen, Forschungsinstitute als Institutionen in diesem Punkte ihre besondere Verantwortung erkennen müssen, und dies nicht nur, weil wir mit großer Besorgnis feststellen müssen, daß immer mehr Wissenschaftler und Techniker – entgegen den ihnen bei ihrer Berufswahl ursprünglich vorgestellten Zielen – direkt oder indirekt in die Entwicklung und den Bau von neuem Kriegswerkzeug hineingezogen werden oder weil immer mehr Gelder von der »eigentlichen« Forschung, die der Erkenntnis dienen soll, abgezweigt werden.

Bei der Frage der Verantwortung des Wissenschaftlers bezüglich der Friedensproblematik oder seiner besonderen Verpflichtung in diesem Zusammenhang beginnt unter den Wissenschaftlern schon der erste gravierende Dissens. Ich möchte deshalb zunächst etwas darüber sagen, wie ich persönlich zu dieser Frage stehe. Dies erscheint mir auch wichtig, damit Sie besser verstehen, warum ich als Physiker überhaupt zu Ihnen über dieses Thema spreche, das doch mit Physik nicht viel zu tun haben scheint.

Es ist in der Tat meine feste Überzeugung, daß der Wissenschaftler eine besondere Verantwortung in dieser Frage hat, wobei die Besonderheit nicht auf eine Sonderstellung des Wissenschaftlers im Staatswesen hinweisen soll, sondern sich auf seine spezifische Aufgaben bezieht, die ihm aufgrund seiner speziellen Fähigkeiten bei der Lösung dieser Frage zukommen. Vieles von dem, was ich im folgenden über die besondere Verantwortung des Wissenschaftlers sage, wird deshalb einen ganz persönlichen Bezug haben und nicht ohne weiteres auf irgend jemand anderen übertragbar sein. Meine eigenen Überlegungen sollen Sie aber alle dazu anregen, in Ihrem eigenen Bereich nachzuprüfen, welchen Beitrag Sie persönlich zu diesem Fragenkomplex leisten können.

Verantwortung des Wissenschaftlers

Unbestritten ist: Als Mitglied eines demokratischen Staatswesens ist jeder Wissenschaftler – wie jeder andere mündige Staatsbürger auch – verpflichtet, nach besten Kräften und Vermögen politische und gesellschaftliche Verantwortung zu übernehmen.

Ich behaupte jedoch, daß in der Praxis diese Verpflichtung von den Wissenschaftlern nur ungenügend – sogar unterdurchschnittlich – wahrgenommen wird. Was ist der Grund dafür? Wissenschaftler haben im allgemeinen große Hemmungen, sich mit Fragen zu befassen, für die sie sich als Fachleute nicht zuständig fühlen. Da sie gewohnt sind, hierbei sehr strenge Maßstäbe anzulegen, trifft dies notwendig für eine sehr große Zahl von wichtigen Fragen zu. So verständlich und ehrenwert vielleicht diese Haltung erscheinen mag, so darf sie meines Erachtens nicht dazu führen, daß Wissenschaftler zu allen komplizierten und sie subjektiv überfordernden Problemen einfach schweigen, weil sie damit nämlich die Diskussion und Behandlung dieses Problems unter Umständen skrupellosen Machern und einfältigen Schwätzern überlassen. Es muß uns dabei auch bewußt sein, daß eine solche Haltung auch kaum als unpolitisch bezeichnet werden kann, denn zu politischen Fragen zu schweigen, ist in einem demokratischen Staatswesen auch ein politisches Votum, nämlich zugunsten von jenen, welche die Probleme nach alter Manier und mit alten Rezepten lösen wollen. Die Friedenssicherung ist zweifellos kein Problem, das sich auf diese Weise lösen lassen wird. Die Friedensproblematik – wie eine ganze Reihe von heute anstehenden drängenden Problemen – überfordert uns alle. Ihre Lösung erfordert eine gemeinsame Anstrengung von allen, die genügend Verstand haben, diese Probleme überhaupt zu erkennen. Es gibt keine Experten auf dem Gebiet der Friedensproblematik. Es gibt auch keine wirkliche Erfahrung, auf welche Weise wir den Frieden künftig verläßlich sichern können. Jeder ist bei dieser Frage auf Hypothesen, Mutmaßungen, Extrapolationen, Modellvorstellungen usw. angewiesen, für deren Gültigkeit oder Wahrscheinlichkeit er keine Beweise vorbringen kann.

Lassen Sie mich jedoch jetzt zu der besonderen Verantwortung des Naturwissenschaftlers kommen, die selbstverständlich nicht in einem legalistischen, sondern nur in einem moralischen Sinne gemeint sein soll. Diese besondere Verantwortung resultiert zunächst aus einer unmittelbaren Betroffenheit des Naturwissenschaftlers oder, wie in meinem Fall, speziell eines Kernphysikers und Elementarteilchenphysikers. Denn Waffentechnik, vor allem die komplizierteren Waffensysteme und die Massenvernichtungswaffen, bauen ja letztlich auf Erkenntnissen auf, welche Naturwissenschaftler erforscht haben. Als früherer langjähriger Mitarbeiter von Edward Teller ist für mich dieser Zusammenhang zwischen Forschung und Waffenentwicklung unmittelbar vor Augen getreten. Ich halte heute Vorlesungen über Quantentheorie und Elementarteilchenphysik. Wissenschaftlich betrachtet sind dies ungeheuer interessante Forschungsgebiete, die uns erlauben, tiefere Schichten unserer Wirklichkeit zu erkennen und zu erfassen. Gleichzeitig wird mir aber bei der Vermittlung dieser unsere Einsicht so grundlegend erweiternden Sachverhalte bewußt, daß ich damit möglicherweise auch mitwirke an der Ausbildung von Konstrukteuren zukünftiger Massenvernichtungswaffen. Die von Reagan in seiner sogenannten »Star-War«-Rede angekündigte »Strategic Defense Initiative« fordert mich als Elementarteilchenphysiker ja ganz direkt zu einer solchen Beihilfe heraus. Für jemanden, der Wissenschaft hauptsächlich als kulturellen Prozeß betrachtet und nicht so sehr als eine Vorstufe eines technischen Anwendungsprozesses, geschweige denn als eine Grundvoraussetzung für eine Waffenentwicklung, führt dies in einen nicht auflösbaren Gewissenskonflikt. Er sieht mit großer Beklemmung, wie hier in großem Umfange geistige Ressourcen zu destruktiven Zwecken vergeudet werden.

Viele leiten eine besondere Verantwortung eines Naturwissenschaftlers für die Friedensproblematik aus seiner spezifischen Sachkompetenz ab. Da Waffen aufgrund naturwissenschaftlich-technischer Erkenntnis entwickelt werden, weiß der Naturwissenschaftler im allgemeinen auch besser Bescheid über die Wirkungsweise dieser Waffen und ihre Gefahren. Für mich ist diese bessere Sachkompetenz jedoch kein sehr wichtiger Punkt, da eine eigentliche Sachkompetenz aufgrund der Kompliziertheit und Spezialität solcher Waffen nur für ganz wenige wirklich gegeben ist. Die meisten Wissenschaftler verfügen auch nur über die allgemeine und im Detail begrenzte Einsicht, die sich im Prinzip jeder gebildete Laie, der sich sachkundig gemacht hat, erwerben kann.

Viel wichtiger erscheint mir ein anderer Punkt. Naturwissenschaftler sind Intellektuelle, die nicht nur über die Kenntnis bestimmter Fakten verfügen, sondern sich vor allem dadurch auszeichnen, daß sie sich dieses Wissen in einem langwierigen und mühseligen Denk- und Lernprozeß erarbeitet haben. Empirische Erfahrung besteht ja nicht nur in der Bestätigung von vorgefaßten Meinungen, sondern auch und vor allem in der Widerlegung von liebgewonnenen Vorstellungen und Überzeugungen. Ein aufmerksamer Naturwissenschaftler erfährt in seinem täglichen Tun die Grenzen seiner Phantasie und seiner Wahrnehmungsfähigkeit. Er wird von der Natur immer wieder darüber belehrt, daß es Phänomene und Effekte gibt, die er zunächst gar nicht erwartet hat. Er ist vertraut mit der enormen Komplexität von Problemen, die einer einfachen Beschreibung trotzen, mit dem komplizierten, hochvernetzten Verhalten dynamischer Systeme, welche eine statische Betrachtungsweise verbieten und eine Zukunftsprognose etwa aufgrund linearer Extrapolationen – was man dann gewöhnlich auch als realistische Einschätzung bezeichnet – vereiteln. Die prinzipielle Schwierigkeit, hochkomplexe dynamische Systeme »in den Griff« zu bekommen, zwingt ihn dazu, sie »robust« auszulegen, also in der Nähe von Stabilitätslagen zu betreiben, so daß Abweichungen »abgepuffert« werden können.

Ein Wissenschaftler ist auch wesentlich geprägt durch die »Atmosphäre«, in der kreative Forschung geschieht. Forschung ermutigt und erzieht zu einer bestimmten geistigen Haltung, die einerseits Engagement, Festigkeit und Zielstrebigkeit, fast bis an die Grenze von »Sturheit« verlangt, andererseits aber auch eine prinzipielle Offenheit anderen Meinungen und Vorstellungen gegenüber. Der kontroverse Disput ist für den kreativen Lernprozeß unverzichtbar. Der hartnäckige Kritiker ist der begehrte und unentbehrliche Partner auf unserer Suche nach eigenen Fehlschlüssen und Mißdeutungen. Es wäre meine Hoffnung, daß eine solche Grundhaltung auch etwas Eingang in unsere politischen Auseinandersetzungen findet, so daß eine Regierung ihre Kritiker ermutigt, anstatt sie wie Staatsfeinde zu betrachten. Wissenschaftler könnten, soweit sie diesen hohen Standard in ihrem eigenen Gebiet noch bewahrt haben, hier einen wesentlichen Beitrag zur »politischen Kultur« leisten.

Viele Wissenschaftler sind nicht nur Forscher, sondern auch akademische Lehrer. In der Art und Weise, wie sie den Wissensstoff an ihre Studenten vermitteln, haben sie wesentlichen Einfluß auf die nächste Generation und ihr Denken. Hieraus erwächst für sie eine besondere Verantwortung. Sie empfinden diese Verantwortung als schwere Belastung, wenn sie ihre Studenten bei ihrer Berufswahl beraten sollen in einer Welt, wo Physiker sich zu mehr als 50% mit Rüstungsfragen befassen müssen.

Schließlich sollten wir nicht vergessen, daß sich Naturwissenschaftler in ihrer Mehrheit als Mitglieder einer noch intakten internationalen Familie betrachten können, in der – allen politischen Gegensätzen zum Trotz – noch Vertrauen herrscht. Über den persönlichen Kontakt mit Kollegen in anderen Ländern, insbesondere auch über die Blockgrenzen hinweg, haben sie deshalb die Möglichkeit zu unmittelbarer Information und Einsicht in andere Denk- und Betrachtungsweisen und auch in die Ängste der anderen. Dies prädestiniert den Wissenschaftler zu einem Vermittler zwischen den Fronten.

Ich habe hier einige mir wesentlich erscheinende Punkte erwähnt, durch welche die Stellung des Naturwissenschaftlers ausgezeichnet erscheint. Diese Besonderheit führt auch zu besonderen moralischen Verpflichtungen, die sich in einem besonderen Beitrag bei der Lösung der anstehenden Probleme niederschlagen sollte.

Charakterisierung der allgemeinen Situation

Lassen Sie mich kurz die heutige allgemeine Situation in der Form einiger Thesen charakterisieren, die wohl kaum einer Begründung bedürfen.

– Die Existenz der heutigen Massenvernichtungswaffen, insbesondere der Nuklearwaffen, erzwingt neue Methoden der Konfliktlösung.

– Es gibt kein Ziel – auch nicht das unserer Freiheit –, das einen Nuklearkrieg je rechtfertigen könnte, da dieser alles zerstören würde, was diesem Ziel als notwendige Voraussetzung dient, nämlich die Existenz der menschlichen Zivilisation und eine überlebensfähige Biosphäre unserer Erde.

– Die Annahme, ein Nuklearkrieg könnte durch geeignete Vorkehrungen geographisch oder wirkungsmäßig beschränkt bleiben, erscheint – wegen des nuklearen Patts der Großmächte – beliebig unwahrscheinlich.

– Die Hoffnung, die vielfach beschriebenen katastrophalen Folgen eines Nuklearkriegs könnten sich als Übertreibungen erweisen (vgl. z. B. Jonathan Schell, *Fate of the Earth*), ist ohne Grundlage. Neueste Forschungsergebnisse, wie z. B. die über den »Nuklearen Winter«, machen es eher wahrscheinlich, daß noch ganz andersartige Katastrophen hinzukommen können, die bisher unserer Phantasie verborgen geblieben sind.

– Wegen des neuartigen, erstmals die totale Existenz der rivalisierenden Mächte und der übrigen Staaten bedrohenden Situation sind geschichtliche Vergleiche nur begrenzt anwendbar.

Erste allgemeine Schlußfolgerungen

Die letzte unserer Thesen bedeutet, daß geschichtliche Vergleiche für unsere jetzige Situation nur wenig taugen, oder anders gewendet: Wenn geschichtliche Vergleiche auch für die heutige Situation tauglich sein sollten, so kann das nur bedeuten, daß ein alles vernichtender Krieg langfristig unvermeidlich ist. Denn die Geschichte lehrt uns schlüssig, daß Hegemonialkonflikte von der heutigen Art notwendig zum Krieg führen werden.

Aus dieser Feststellung folgt andererseits: Um diesen vernichtenden Krieg zu verhindern sind neue Denkansätze notwendig.

Schon Max Planck hat dies deutlich gesehen, als er 1947 sagte: ». . . Die größte Gefahr sind heute die Leute, die nicht wahrhaben wollen, daß das jetzt anhebende Zeitalter sich grundsätzlich von der Vergangenheit unterscheidet. Mit den überkommenden politischen Begriffen werden wir mit dieser Lage nicht fertigwerden. Der Bankrott der traditionellen Vorstellungen . . . ist offenbar. Ohne Umdenken ist kein Ausweg aus der Gefahr möglich.«

Neue Denkansätze zu finden, ist jedoch eine schwierige, kaum zu erfüllende Forderung. Solche Denkansätze müssen »utopische« Züge tragen, denn als »realistisch« gilt doch heute nur etwas, was sich durch lineare Extrapolation aus dem, was war, ableiten läßt. Dies aber kann uns nicht weiterhelfen. Wie können wir aber von großen Bürokratien erwarten, daß sie das »Neue« denken? Ich fürchte, sie werden es nicht können, außer wenn es uns nicht mit einer besonderen Anstrengung gelingt, alle kreativen Kräfte zu mobilisieren. Daß solche Kräfte in ausreichendem Umfange aufwachsen, um eine Veränderung zu bewirken, ist wohl nur im Westen gegeben. Deshalb muß dieser Prozeß bei uns im Westen in Gange kommen, und zwar von unten, von der Basis her, wo noch genügend Lebendigkeit herrscht.

Die Hoffnung auf Erfolg ist nicht sehr groß, aber die Chance ist nicht Null. Sie ist meines Erachtens begründet durch jenes Minimum an Rationalität, die aus dem Wunsch beider Seiten entspringt, ihre eigene Vernichtung nicht zu wollen. Dieser Wunsch zu überleben, ist die einzige Friedenschance.

Die Hauptgefahr dabei ist, daß Rationalität bei unseren Handlungen nicht immer wirksam ist. Diese Aussage ist wahrscheinlich sogar ein extremes »understatement«, und man könnte aller Erfahrung nach sogar versucht sein zu sagen, daß Rationalität bei politischen Entscheidungen nur eine ganz untergeordnete Rolle spielt, obgleich selbstverständlich alle Entscheidungen und Handlungen größtenteils rational verpackt werden. Der Mangel an Rationalität rührt weniger von Unkenntnis der Tatsachen her, als vielmehr von unserer durch Vorurteile gefilterten und deformierten Wahrnehmung, die zu extremen Verzerrungen in der Bewertung dieser Fakten führt. Auch sind wir durch die ganz andersartigen Maßstäbe oft in unserem Vorstellungsvermögen überfordert. Wir neigen dazu, individuelle Erfahrungen und Maximen auf größere Einheiten, z. B. Völker oder gar die Menschheit zu übertragen, wodurch wir zu falschen Verallgemeinerungen, zu falschen Alternativen gelangen. So erhält etwa der oft leidenschaftlich geführte Streit, ob die Freiheit oder der Frieden erste Priorität hat, auf einen einzelnen Menschen oder eine Menschengruppe bezogen offensichtlich eine ganz andere Ausdeutung, als wenn wir dabei die ganze Menschheit im Auge haben.

Am gefährlichsten erscheint mir aber die Beschränkung der menschlichen Rationalität in Extremsituationen, wo wir geneigt sind, affektiv zu handeln. Im menschlichen Bereich mögen affektive Handlungsweisen manchmal sogar große Vorzüge haben. In Anbetracht der enormen Verstärkungsmechanismen, die einem Menschen heute zur Verfügung stehen, können jedoch unreflektierte Handlungen, Kurzschlußreaktionen, zur tödlichen Gefahr werden. Es ist deshalb dringend nötig, Situationen zu vermeiden, unter denen unserer Erfahrung nach Verstand und Vernunft gewöhnlich zu versagen drohen. Dies bedeutet insbesondere, daß wir Sorge dafür tragen müssen, daß für alle wichtigen Entscheidungen genügend Zeit zur Verfügung steht, um ein Maximum an Kontrollen zu ermöglichen, genügend Zeit also, um alle erratischen Schwankungen, Unzulänglichkeiten und Fehler hinreichend auffangen und neutralisieren zu können. Die Gefahr eines künftigen Krieges liegt in einer Destabilisierung, der Möglichkeit, daß ein »Sarajewo« zu einem Weltbrand eskaliert.

Um den Frieden langfristig zu gewährleisten, ist zweierlei nötig:

Wir müssen eine langfristige Perspektive entwickeln, die sich nicht nur darauf beschränkt, den Krieg zu verhindern, sondern ernsthaft versucht, den Frieden auf eine stabile Grundlage zu setzen. Dieses Fernziel läßt sich nicht von heute auf morgen erreichen. Wir müssen uns deshalb kurzfristig realisierbare Maßnahmen überlegen, die als erste Schritte in Richtung auf dieses Fernziel betrachtet werden können und deshalb – und dies ist wichtig – mit diesem nicht im Widerspruch stehen dürfen. Die augenblicklich bestehende Abschreckungsdoktrin zur Verhinderung des Kriegs erfüllt offensichtlich diese letzte Forderung nicht.

Es ist offensichtlich, daß eine stabile Friedenssicherung durch militärische und auch durch technische Maßnahmen nicht möglich ist. Nur politische Maßnahmen können zum Ziel führen. Es müssen Wege gefunden werden, wie das augenblickliche Handlungsmuster konfrontativer Großmachtpolitik langfristig abgelöst werden kann durch das Handlungsmuster einer konstruktiven Zusammenarbeit aller Länder unserer schon stark vernetzten Erde. Es gibt keine Alternative zur Entspannungspolitik. Die Außenpolitik der rivalisierenden Länder muß sich zu einer Weltinnenpolitik fortentwickeln.

Politische Prozesse, das wissen wir, brauchen aber Zeit. Die Frage ist: Haben wir noch genügend Zeit? Ich fürchte, die Antwort ist: Nein! Denn politische Prozesse vollziehen sich, wohl wegen der begrenzten Lernfähigkeit des Menschen, in Zeiten von der Größenordnung einer Generation. (Menschen werden eben nur selten überzeugt, sondern sie sterben aus.) Andererseits schreitet der Rüstungswettlauf mit größerer Geschwindigkeit voran und wird mit großer Wahrscheinlichkeit zu Destabilisierungen des militärischen Gleichgewichts in einer wesentlich kürzeren Zeit führen. Deshalb, so glaube ich, ist es leider notwendig, daß wir kurzfristig den militärischen Aspekten besondere Aufmerksamkeit zuwenden müssen, um uns die für die politische Evolution nötige Galgenfrist zu sichern.

Ursachen des Wettrüstens

Warum konnte, trotz mancher hoffnungsvoller Ansätze, die immer weiter fortschreitende Aufrüstung der beiden Machtblöcke nicht verhindert werden? Liegt dies nur an der Bösartigkeit des jeweiligen Gegners?

Hier haben uns die Psychologen viele interessante Einblicke verschafft. Sie sprechen von den Ängsten der Menschen und ihren Aggressionen. Sie wissen um die Schwierigkeit der Menschen, sich in die Lage, die Gedanken und Gefühle eines anderen zu versetzen, seine ganz anderen psychischen Voraussetzungen nachzuempfinden. Was wir als Wirklichkeit betrachten, ist eben für alle etwas anderes. Wir müssen lernen, in unserer Wirklichkeit das eigene Raster zu erkennen, das wir ihr aufprägen. Es ist aber klar, daß wir nicht auf einen neuen friedfertigen Menschentyp warten können, um unsere Friedensprobleme zu lösen.

Was unsere Situation so gefährlich macht, ist eigentlich nicht der Mensch mit seinen Unzulänglichkeiten – er hat sich historisch wohl weder zum Besseren noch zum Schlechteren verändert –, sondern daß dieser Mensch zum Akteur in einem von ihm selbst geschaffenen System geworden ist, das ungeheure Verstärkungsmechanismen enthält. Der Knopfdruck eines einzelnen Menschen kann die ganze menschliche Zivilisation zugrunde richten. Diese Verstärkungsmechanismen entstehen durch raffinierte Rückkopplungen, die zum Teil bewußt installiert worden sind, zum Teil aber wie unvermeidliche Sachzwänge, wie Automatismen wirken. Es ist mein Eindruck, daß wir uns in Zukunft viel intensiver um diese Verstärkungsmechanismen kümmern müssen, um ein Aufschaukeln zu einer – von niemanden eigentlich gewollten – Katastrophe zu verhindern.

Es ist oft betont worden – und ich komme selbst bei meiner Beschäftigung mit der Friedensproblematik immer mehr zu dieser Auffassung –, daß Wirtschaftsinteressen eine ganz wesentliche Triebfeder für den Rüstungswettlauf sind. Ich finde es außerordentlich bedauerlich, daß es heute nur wenige Ökonomen und Historiker gibt, die sich mit dieser Frage in einer ihrer enormen Wichtigkeit angemessenen Weise auseinandersetzen.

Interessant wäre auch eine nähere Untersuchung der Frage einer Eigendynamik der Rüstung, die den gefürchteten Gegner eigentlich nur indirekt als Motor braucht, indem er durch seine Existenz der Rüstungsbranche jährlich große Geldmittel aus der Staatskasse zufließen läßt. Inwieweit spielt z. B. der Spieltrieb und das Profilierungsstreben des Wissenschaftlers die Rolle des ewigen Antreibers, des Wissenschaftlers, der mit der Erfindung einer Waffe auch gleichzeitig eine geeignete Gegenwaffe zu ihrer Ausschaltung ersinnt, die wiederum Ausgangspunkt zur Gegengegenwaffe wird, oder auch die Faszination, die Sucht – das fanatische Streben? – des Wissenschaftlers, nach den Sternen zu greifen? Es gibt viele Beispiele, welche diesen Rückkopplungsprozeß bestätigen. Auch die Konkurrenzsituation der verschiedenen Waffengattungen untereinander, die neidisch darüber wachen, daß keine bei der Verteilung der Mittel zu kurz kommt, treibt die Rüstungsspirale kräftig an.

Rüstungsantreibende Kräfte können jedoch auch durch falsche Sicherheitskriterien erzeugt werden. So beruht das Sicherheitskonzept der NATO auf der Vorstellung eines militärischen Gleichgewichts, im Sinne einer Parität der Waffenarsenale zur Gewährleistung einer glaubhaften Abschreckung.

Was ist aber Gleichgewicht? Wenn wir an Gleichgewicht denken, haben wir gewöhnlich das Bild einer Waage vor Augen, an der auf beiden Seiten des Waagebalkens symmetrisch gleich schwere Gewichte hängen. In welchen Einheiten werden aber bei den Waffen die Gewichte gemessen, wenn man verschiedenartige Waffen miteinander vergleichen will? Hier bietet sich vielerlei an: Raketen, Sprengköpfe, Wurfgewicht, Sprengkraft, die Art der Stützung: land-, luft-, seegestützt, verschiedene Qualitätsgrade bezüglich Zielgenauigkeit, Schnelligkeit, Zuverlässigkeit, Beweglichkeit der Abschußrampe, Verwundbarkeit usw. Es gibt keine verbindliche Regelung, wie diese Verschiedenartigkeit miteinander verglichen und verrechnet werden soll. Bei Vergleichen wendet aber jede Seite solche Einheiten in der Weise an, daß sie selbst dabei schwächer erscheint. So ist es kein Wunder, daß die USA bei ihren Vergleichen mit der Sowjetunion immer die stärkere Landstützung der sowjetischen Raketen und ihre höhere Sprengkraft betont. Dabei ist die Landstützung wegen ihrer größeren Verwundbarkeit im Vergleich zur Seestützung keinesfalls ein Vorteil, und die höhere Sprengkraft der sowjetischen Raketen ist letztlich auch nur eine Kompensation für ihre geringere Treffsicherheit. Denn eine Verbesserung der Treffsicherheit um einen Faktor zehn würde es erlauben, die Sprengkraft um das Tausendfache zu verringern, um verbunkerte Ziele des Gegners ähnlich verläßlich zu zerstören. Waffenkontrollverhandlungen haben leider den negativen Nebeneffekt, daß sie eine Symmetrisierung der Waffenarsenale fördern und damit die Rüstung unter Umständen zusätzlich anheizen (jeder füllt dort auf, wo er weniger als der andere hat!), anstatt sich am jeweiligen Sicherheitsbedürfnis beider Seiten zu orientieren. Aufgrund der prinzipiellen Asymmetrien der beiden Blöcke, insbesondere in geographischer, historischer und psychologischer Hinsicht, sind diese Sicherheitsvorstellungen grundverschieden.

Selbst wenn man diese Asymmetrien vernachlässigt, so erkennt man, daß Sicherheit nicht auf einer Symmetrie der Waffen beruht. Wegen der fortschreitenden Technik sehen sich nämlich beide Seiten dauernd gezwungen, ihr eigenes militärisches Potential weiter auszubauen, um nicht hinter dem Gegner zurückzufallen. Die Unsicherheit in der Abschätzung der Potentiale des Gegners und seiner Absichten (worst-case-Szenarien) führt notwendig dazu, daß jeder sich eigentlich nur dann sicher fühlt, wenn er faktisch dem anderen überlegen ist. Dies gilt besonders dann, wenn die eigene Verteidigungsfähigkeit darin besteht, den anderen auf immer stärkere und raffiniertere Weise zu bedrohen. Wir haben es bei der augenblicklichen Gleichgewichtsdoktrin, die eine Symmetrie der Waffenarsenale anzustreben versucht, also mit einem rückgekoppelten System zu tun, das sich notwendigerweise aufschaukeln muß.

Aus dieser Betrachtung wird deutlich, daß nicht die Symmetrie der Waffenarsenale, sondern vielmehr die Stabilität, im Sinne einer Krisenstabilität, für die Friedenssicherung ausschlaggebend ist. Die bisherige Abschreckungsdoktrin war nicht wegen ihres Gleichgewichts kriegsverhindernd, sondern weil sie gleichzeitig eine Stabilitätsforderung erfüllte im Sinne: »Wer zuerst schießt, stirbt als Zweiter!« Es besteht keine Gewähr dafür, daß sie diese Funktion auch in Zukunft gewährleisten kann. Es deutet vielmehr alles darauf hin, daß die augenblickliche Entwicklung in vielfacher Hinsicht zu einer Destabilisierung führt.

Daß Gleichgewicht, im Sinne von Symmetrie, nicht mit Stabilität verwechselt werden darf, wird vielleicht am Gleichnis der »Westernhelden beim letzten Duell« deutlich. Trotz exakter Symmetrie in den Waffen – jeder trägt eine Pistole – besteht maximale Instabilität, da für den, der zuerst zieht, ein nicht zu kompensierender Erstschlagbonus existiert. Am Beispiel einer Hund-Igel-Gegnerschaft sieht man im Gegensatz dazu, wie selbst extreme Asymmetrie in der Bewaffnung zu einer stabilen Situation führen kann.

Die Hauptgefahr, so scheint mir, liegt in Zukunft im Ausbruch eines von keiner Seite gewollten Krieges. Um die Krisenstabilität zu erhöhen, muß eine Situation geschaffen werden, in der ein Abwarten kein unannehmbares Risiko mit sich bringt.

Destabilisierungen

Es ist meine Überzeugung, daß beide Seiten heute genügend abgeschreckt sind, was sie daran hindert – ein Minimum an Rationalität vorausgesetzt –, einen Krieg willentlich vom Zaune zu brechen. Eine vergrößerte Abschreckung erscheint unnötig und ist unsinnig und vergrößert nur die Gefahr einer Destabilisierung.

Ich verwende hierbei den Begriff der Stabilität und Instabilität analog zu seiner physikalischen Bedeutung. Eine stabile Situation – etwa eine Kugel in einer Mulde – ist dann gegeben, wenn kleine Störungen des Systems automatisch zu Kräften führen, die den Gleichgewichtszustand wieder herzustellen trachten. In einer instabilen Situation – etwa eine Kugel, die auf dem Gipfel eines Hügels balanciert ist – führt dagegen jegliche Störung von außen zu einer Zerstörung des Gleichgewichts.

Ein Grund für die zunehmende Destabilisierung rührt von den militärtechnischen Entwicklungen her. Dies nicht so sehr durch die rein quantitative Vermehrung der Waffen, welche die Störanfälligkeit vergrößert, die Logistik komplizierter macht und die Gefahr des Mißbrauchs vermehrt, sondern vor allem durch die qualitative Weiterentwicklung der Waffen. Die Entwicklung der Mehrfachsprengköpfe (MIRV) mag hier als ein einleuchtendes Beispiel dienen: Durch den Abschuß einer Rakete mit Mehrfachsprengkopf aus einem Silo können gleichzeitig mehrere Silos des Gegners zerstört werden, wodurch ein enormer Erstschlagbonus entsteht.

Es gibt jedoch eine ganze Reihe von anderen Entwicklungen, die ähnliche oder noch größere Destabilisierungseffekte haben. So etwa: eine Verkürzung der Vorwarnzeiten, eine erhöhte Treffergenauigkeit, die Einführung nicht verifizierbarer bivalenter Waffenträger (wie die Cruise Missiles), die Verkleinerung der Wurfgewichte mit dem Ziel einer Schadensbegrenzung, eine Perfektionierung von Kommando-, Kontroll- und Kommunikationssystemen und der Aufklärungssensoren, der Ausbau der Fähigkeit zur U-Boot-Bekämpfung, die Entwicklung von Raketenattrappen, die Modernisierung der C-Waffen-Arsenale, der Aufbau von Raketensystemen und Strahlenwaffen im Weltraum und von Killersatelliten und Satellitenabwehrsystemen usw. Ich will hierauf nicht im einzelnen eingehen.

Eine weitere bedrohliche Destabilisierung droht durch eine von den militär-technischen Entwicklungen ermöglichte Änderung der militär-strategischen Konzeptionen und Planungen. Beruhte die bisherige Doktrin auf dem Prinzip der »flexiblen Reaktion« (flexible response), bei der auf einen bestimmten Angriff des Gegners mit einer geeignet dosierten Gegenmaßnahme reagiert werden soll, so verlieren im Falle einer nuklearen Patt-Situation beide Seiten die Fähigkeit, eine mögliche Eskalation unter Kontrolle halten zu können (no escalation dominance).

Um in dieser verzwickten Situation die Initiative zurückzugewinnen, dominieren Kriegsführungsansätze immer mehr die militärische Planung, wie dies in dem AirLand Battle Plan, dem

Rogers Plan, dem AirLand Battle 2000 Plan, dem U. S. Field Manual 100/5 deutlich zum Ausdruck kommt, wo insbesondere der konzipierte »Schlag in die Tiefe« (deep interdiction) einen gefährlichen destabilisierenden Aspekt darstellt. Extrem gefährlich scheint auch in dieser Hinsicht die von Caspar Weinberger in seiner Fiscal Year-1983-Rede erwähnte Doktrin der »horizontalen Eskalation«, die einem angreifenden Gegner einen Gegenschlag auf einem anderen Gefechtsfeld androht, also z. B. eine Kampfhandlung im Mittleren Osten mit einem Gegenangriff in Europa beantwortet.

In der Doktrin der flexiblen Reaktion und den Kriegsführungsansätzen kommt deutlich die Unverträglichkeit zweier Prinzipien zum Ausdruck, nämlich einerseits den Kriegsausbruch durch eine empfindliche Verkettung der Abwehroptionen unwahrscheinlicher zu machen und andererseits eine ungehemmte Eskalation in einem möglicherweise ausgebrochenen Krieg zu verhindern.

Destabilisierungen drohen jedoch nicht nur durch die Entwicklungen im militärischen Bereich. Auch im wirtschaftlich-gesellschaftlichen Bereich sind in den nächsten Jahrzehnten große Destabilisierungen zu erwarten.

So führt das ungehemmte Wettrüsten zu einer wachsenden finanziellen Belastung der öffentlichen Haushalte, wodurch wichtige Investitionen und kapitalintensive Strukturreformen, etwa zur Behebung der Arbeitslosigkeit, unterbleiben, ganz abgesehen davon, daß durch die Absorption der innovativen Intelligenz im Rüstungssektor der Volkswirtschaft großer Schaden zugefügt wird. Noch schlimmer jedoch ist, daß uns die Intelligenz und die Ressourcen fehlen werden, die eigentlichen großen Herausforderungen unseres Jahrhunderts, nämlich die Probleme des Umwelt- und Ressourcenschutzes, die Nord-Süd-Fragen und die weltwirtschaftlichen Probleme kraftvoll und tatkräftig anzugehen. Ein Hinausschieben der Lösung dieser Probleme wird uns bald mit kaum mehr zu bewältigenden Schwierigkeiten konfrontieren, die sehr wohl den Funken zu einem Weltbrand liefern könnten.

Letztlich sollten wir auch nicht unterschätzen, daß eine Fortführung der bisherigen Rüstungspolitik die westlichen Gesellschaften, wegen der abnehmenden Konsensfähigkeit dieser Politik, in eine wachsende Polarisierung treiben, die durch Vertrauensschwund eine Destabilisierung der Systeme bewirken kann. Es erscheint vernünftig, daß in Lebensfragen von vitaler

Bedeutung Beschlüsse nicht mehr einfach mit einfacher Mehrheit durchgepaukt werden, sondern daß man versucht, durch die Forderung von qualifizierten Mehrheiten, wie bei Grundgesetzänderungen, eine breitere Übereinstimmung zu erlangen.

Stabilisierungsmaßnahmen

Um die Destabilisierungstendenzen abzufangen, erscheint als eine Möglichkeit, mit einer einmaligen großen Anstrengung die militärische Überlegenheit wieder zurückzugewinnen, also gewissermaßen rüstungstechnisch »durchzustarten«. Diese Politik der Stärke, die wohl im Augenblick von den USA favorisiert wird und die m. E. auch im Konzept der Strategic Defense Initiative (SDI) zum Ausdruck kommt, ist nicht nur außerordentlich gefährlich, sondern steht im Widerspruch zu den Prinzipien einer langfristigen Friedenssicherung. Da sie den Zustand einer permanenten Bedrohung und Erpressung aufrechterhält, beschwört sie außerdem die Gefahr eines Befreiungsschlags (preemptive strike) herauf und kann deshalb letztlich die Destabilisierung noch beschleunigen. Eine Politik der Stärke stellt keine echte Lösung des Problems dar.

Vom Standpunkt einer verbesserten Krisenstabilität her betrachtet, gibt es meines Erachtens keine Alternative zu einer Entspannungspolitik. Um den Frieden langfristig wirksam zu sichern, bedarf es einer Weiterentwicklung des bisherigen Gleichgewichtskonzepts, wo nicht Symmetrie der Kräfte, sondern Stabilität im Zentrum der Betrachtung steht.

Ausgangspunkt und Grundlage einer stabilen Sicherheitspolitik muß die prinzipielle Anerkennung einer friedlichen Koexistenz und Koevolution beider Machtblöcke sein. Konkret heißt dies, daß der Westen klipp und klar zum Ausdruck bringt, daß er – trotz tiefgreifender Meinungsverschiedenheiten über Fragen der Rüstungspolitik, der Außenpolitik und der Menschenrechte – kein Interesse an einer wirtschaftlichen und militärischen Destabilisierung der Sowjetunion und der anderern Warschauer-Pakt-Staaten hat, daß er bereit ist, den Entspannungsprozeß – trotz aller Enttäuschungen und Rückschläge – wieder in Gang zu setzen.

Auf militärischem Gebiet müssen alle Anstrengungen unternommen werden, daß sicherheitspolitische Vernunft und Kontinuität wieder eindeutig Vorrang vor einseitigem militärischen und rüstungstechnologischen Vorteilsstreben erhalten, denn militärische Sicherheit gibt es nur gemeinsam und nicht mehr zu Lasten der anderen Seite. Sicherheit ist kein Nullsummenspiel. Dies bedeutet insbesondere, daß der Westen sein ehrliches Interesse an weitreichenden Rüstungskontrollvereinbarungen bekundet und – als Voraussetzung dafür – bereit ist, auch die sowjetischen Sicherheitsinteressen in fairer Weise zu berücksichtigen. Es müssen alle Anstrengungen unternommen werden, um von der Vorstellung eines »führbaren« und »begrenzbaren« Nuklearkriegs herunterzukommen – selbst wenn dieser nur im Sinne einer glaubhaften Abschreckung gemeint ist –, das heißt, Nuklearwaffen müssen wieder als rein »politische Waffen« begriffen werden, die nur als Ultima ratio im Falle eines Nuklearangriffs, im Sinne eines Zweitschlags, Anwendung finden dürfen.

Konkret bedeutet dies: Da Nuklearwaffen nun einmal nicht wieder wegerfunden werden können, müssen alle Anstrengungen unternommen und alle Maßnahmen ergriffen werden, um die nukleare Schwelle wesentlich anzuheben. Insbesondere: Bedingungsloser Verzicht auf einen Ersteinsatz (»no first use«) trotz vermeintlicher oder wirklicher Unterlegenheit auf dem Gebiet konventioneller Waffen; Abzug aller 6000 taktischen Gefechtsfeldwaffen (über die 2500 hinaus) aus Mitteleuropa; Schaffung von atomwaffenfreien Zonen in Mitteleuropa, wie auch in Nordeuropa und dem Balkan, etwa nach den Vorstellungen des Palme-Plans, um die Gefahr einer nuklearen Eskalation zu vermindern; Abzug der Mittelstreckenraketen, von Pershing II und Cruise Missiles aus Mitteleuropa.

Die technische Weiterentwicklung der Nuklearwaffen und ihrer Trägersysteme muß gebremst oder gestoppt werden. Hierzu ist vordringlich: Ein umfassender Teststopp für alle Kernwaffenversuche, auch der unterirdischen. Wie der Seismologenkongreß der American Geological Society im Sommer 1983 befunden hat, gibt es dafür keine ernsthaften Probleme einer zuverlässigen Kontrolle mehr. Es wäre daran zu denken, diese Forderung später zu einem Produktions- und Stationierungsstopp auszuweiten, wie dies durch die amerikanische Freeze-Bewegung gefordert wird. Unumgänglich ist auch ein Verzicht auf jegliche Weltraumbewaffnung, insbesondere eine Ergänzung des ABM-Vertrags durch das

Verbot von Antisatellitenwaffen und eventuell sogar des geplanten NAVSTAR-Systems oder ähnlicher Zielfindungssysteme. Es sollte weiterhin Sorge getragen werden, daß die augenblicklich noch voll wirksame Zweitschlagfähigkeit beider Seiten auch in Zukunft erhalten bleibt. Eine solche gesicherte Zweitschlagfähigkeit ließe sich wohl in Zukunft mit einem radikal verminderten Arsenal, einer »minimum deterrence« gewährleisten, die wiederum eine Vorstufe zur vollständigen Verbannung der Nuklearwaffen bilden könnte.

Eine solche radikale Abkopplung der Nuklearwaffen – und auch anderer Massenvernichtungswaffen wie chemischer und biologischer Waffen – erscheint heute, wie von offizieller Seite immer wieder betont wird, aus westlicher Sicht inakzeptabel, da eine solche Abkopplung, wie man argumentiert, die Gefahr eines mit modernen konventionellen Waffen geführten Krieges in Mitteleuropa – mit für Mitteleuropa verheerenden Folgen – stark erhöhen würde. Eine solche Vorstellung basiert auf der Annahme einer erheblichen konventionellen Überlegenheit des Warschauer Pakts in Europa. Diese Annahme ist nicht unumstritten, wie dies kürzlich in einem Buch von General Krause dargelegt wurde. Geht man jedoch, wie die amerikanische und unsere Regierung, von dieser Annahme aus, so muß – wie es scheint – eine Anhebung der nuklearen Schwelle mit einer der eingeschätzten Unterlegenheit entsprechenden Verstärkung der eigenen konventionellen Streitkräfte erkauft werden, was sehr teuer zu kommen scheint (etwa jährlich 4% Steigerung des Verteidigungshaushalts der BRD). In der Tat droht bei dieser Betrachtungsweise die Gefahr eines neuerlichen Wettrüstens auf dem konventionellen Sektor mit horrenden Kosten.

Um diese Gefahr zu bannen, besteht im konventionellen Bereich jedoch, wie wir glauben, die technische Möglichkeit, die Verteidigungsfähigkeit auf eine solche Art zu erhöhen, daß dadurch die Bedrohung des Gegners nicht gleichzeitig verstärkt wird. Dies soll nicht etwa durch die Einführung einer besonderen, nur für die Verteidigung geeigneten Waffe geschehen, sondern durch eine geeignete Struktur des Waffensystems, die sich durch eine extrem hohe Effizienz im Falle der Verteidigung auszeichnet, andererseits aber keinerlei Möglichkeit für einen Angriffskrieg bietet. Eine solche Verteidigungsform wurde von Guy Brossollet, Emil Spannocchi und Horst Afheldt als »Defensive Verteidigung«

beschrieben und hat auch die Namen »Nonprovocative defense«, »Benign defense« oder »Just defense« erhalten. Albrecht von Müller hat ihr den Namen »Strukturelle Nichtangriffsfähigkeit« gegeben. Wichtig bei dieser Maßnahme ist, daß sie keine komplizierten Absprachen mit dem Gegner erfordert, sondern, ohne Verminderung der Verteidigungsfähigkeit, einseitig erfolgen kann. In diesem Zusammenhang ist von Bedeutung, daß von den drei üblichen Stufen einer wirksamen Verteidigung: 1. Dem Stoppen des Gegners nach seinem Angriff, 2. dem Hinauswerfen des Gegners aus dem eigenen Territorium, 3. der »Bestrafung« des Gegners durch einen Gegenangriff auf sein Territorium, die dritte Option stark abgeschwächt oder im wesentlichen auf sie verzichtet werden soll, da diese Option immer die Gefahr einer weiteren Eskalation des Krieges in sich birgt. Es besteht die berechtigte Hoffnung, daß durch das Weglassen dieser dritten Option eine wirksame Verteidigung mit wesentlich geringeren Kosten und mit weniger Personal erreicht werden kann.

Von S. H. Salter (*Some ideas to help to stop world war III*, University of Edinburgh, 1984) wurde kürzlich, auf einer Idee von E. Singer (1963) und F. Calogero (1972) fußend, ein neues Verfahren für künftige Abrüstungsverhandlungen vorgeschlagen, welches eine stärkere Reduktion der offensiven Waffensysteme zugunsten der defensiven Strukturen bewirken soll. Er schlägt dafür eine »cake-sharing«-Strategie vor, die darauf aufbaut, daß man eine möglichst gerechte Aufteilung eines Kuchens zwischen zwei Kindern dadurch erreichen kann, daß das eine Kind den Kuchen teilt und das andere die erste Wahl hat. Auf die Waffenarsenale übertragen bedeutet dies, daß jede Seite aufgefordert wird, nach eigenem Ermessen sein gesamtes Waffenarsenal von 100% in geeignete Prozentteile aufzugliedern. In regelmäßigen zeitlichen Abständen beschließen dann beide Seiten, ihr Waffenarsenal um einen bestimmten kleinen Bruchteil, z. B. um 1%, abzubauen. Wesentlich dabei ist, daß jede Seite beim anderen bestimmt, welches der von jenen selbst festgelegten Prozentanteile er vorrangig verschrottet haben will. Diese Prozedur führt, wie sich zeigen läßt, zu einer bevorzugten Verschrottung der mehr offensiven Waffensysteme.

Vielleicht lassen sich aus der Spieltheorie noch andere interessante Verfahren ableiten, welche das Abrüstungsverfahren effektiver machen.

Konkrete erste Schritte

Lassen Sie mich nun zu der wichtigen Frage zurückkehren, was wir selbst als Wissenschaftler zu diesem Prozeß der Friedenssicherung beitragen können.

Hierzu gehört zunächst die intellektuelle Aufbereitung von Tatsachen und Zusammenhängen in bezug auf die Friedensproblematik.

Dies geschieht am besten wohl durch die Einrichtung von interdisziplinären – oder besser: von überdisziplinären – Vortragsreihen an allen Universitäten und Hochschulen, wie sie heute in der Form von Ringvorlesungen von fast 50% der bundesdeutschen Universitäten abgehalten werden. Diese Vortragsreihen sollten meines Erachtens eine doppelte Funktion erfüllen. Sie sollten, erstens, langfristige Perspektiven für alle uns heute bedrängenden globalen Probleme entwickeln, also nicht nur in Fragen der Friedenssicherung, sondern auch in Fragen des Umwelt- und Ressourcenschutzes, der Dritten Welt, der Weltwirtschaft und auch der Beschäftigungspolitik usw. Sie sollten, zweitens, auch die aktuellen Gefahren behandeln und erste Schritte aufzeigen, die eine Verwirklichung der Langzeitperspektiven erlauben. Methodisch sollten sie die Problematik nicht nur für den akademischen Bereich aufbereiten, sondern sie in einer für breitere Bevölkerungskreise zugänglichen Form anbieten. Solche Vorträge sollten also wesentliche Öffentlichkeitsarbeit leisten, ohne jedoch auf die wissenschaftlichen Werkzeuge zu verzichten. Man sollte mutig genug sein, nicht nur Gegebenes zu analysieren, sondern auch konkrete Hilfestellung für künftige Entscheidungen zu geben.

Vortragsreihen dieser Art haben den Nachteil, daß sie die Mehrzahl der Beteiligten zur Passivität verurteilen, wenn sie nicht das ihnen dort vermittelte Wissen in einem anderen Kreise, wie dies heute oft geschieht, aktiv weiterreichen. Ich halte es für wichtig, daß diese Vortragsreihen durch entsprechende überdisziplinäre Studien- und Arbeitsgruppen ergänzt werden, um die in den Vorträgen von den Referenten entwickelten Gedanken zu vertiefen und interdisziplinär zu vernetzen. Dies erscheint notwendig, da ja ein Vortrag wohl über das Fach hinausgehende Anregungen geben kann, aber noch nicht eigentlich zu der überdisziplinären fruchtbaren Wechselwirkung führt. Ziel der Studien- und Arbeitsgruppen sollte sein, zu einer integrierten Betrachtung und Beurteilung der Problematik zu gelangen, die die verschiedenen Gesichtspunkte der verschiedenen Disziplinen gleichwertig berücksichtigen. Solche Gruppen könnten unter Umständen den Politikern eine »integrierte Politikberatung« anbieten, in der eine wechselseitige Optimierung der verschiedenen Aspekte schon vorgenommen ist, was wesentlich bessere Resultate als eine getrennte Konsultation verschiedener Experten liefern könnte. Mit der Gründung eines Wissenschaftszentrums zielen wir in diese Richtung.

Bei der Gründung solcher akademischer Studien- und Arbeitsgruppen sollte jedoch von vornherein auch darauf geachtet werden, daß diese Gruppen nicht in die theoretische Isolation eines Elfenbeinturms geraten. Um dies zu verhindern, wäre es wohl zweckmäßig, einen Teil dieser Gruppentreffen in Form einer »Anhörung« zu gestalten, bei der Politiker und andere Entscheidungsträger in die Meinungsbildung und den Lernprozeß eingebunden werden. Ein solches Verfahren wurde von mir im Zusammenhang mit einer Energiegruppe (kommunales Energiekonzept für München der SESAM-Gruppe) mit einigem Erfolg praktiziert.

Wichtig erscheint auch, daß alle die in den allgemeinen Vorträgen aufgeworfenen Teilprobleme, die thematisch wesentlich in eine bestimmte Fachdisziplin fallen, geeignete Aufnahme in die Lehr- und Studienpläne dieser Fachdisziplin finden und, soweit möglich, auch durch Forschungsarbeiten (Diplom- und Doktorarbeiten) weiter vertieft werden.

Ich stelle mir vor, daß die Hauptarbeit auf der Suche nach Lösungen für die uns bedrängenden Weltprobleme auf diese oder ähnliche Weise dezentral an den verschiedenen Universitäten und Hochschulen geleistet werden kann, da nur dort durch häufige Kontakte in kleinerem und größerem Kreise verschiedener Zusammensetzung eine intensive Behandlung möglich erscheint. Darüber hinaus wird es jedoch auch notwendig sein, in regelmäßigen Abständen überregionale oder internationale Kongresse zu diesen Fragen zu organisieren. Als Beispiel solcher Kongresse könnten der Mainzer Friedenskongreß der Naturwissenschaftler im Juli 1983, der Göttinger Kongreß zur Weltraum-Militarisierung im Juli 1984 und der Mainzer Kongreß über chemisch-biologische Waffen im November 1984 dienen. Es wird auch dienlich sein, Kontakte zu entsprechenden internationalen Gruppen herzustellen. Dies kann z. B. über die Pugwash-Gruppe erfolgen, die sich auf ihrer 34. Konferenz 1984 in Bjorkliden in einer Podiumsdiskussion »1984 and Beyond: Science, Security and Public Opinion« auch mit dieser Aufgabe befaßt hat.

Besonders wichtig erscheint es, die Kontakte über die Blockgrenzen hinweg weiter zu verbessern. Die meisten Naturwissenschaftler unterhalten heute schon enge fachwissenschaftliche Verbindungen zu Kollegen in der Sowjetunion und den anderen Warschauer-Pakt-Staaten. Diese Verbindungen sollten weiter intensiv gepflegt und als wichtige Verständigungsbrücke benutzt werden. Ich selbst bin der Auffassung, daß man diese Kontakte nie als »Waffe« gebrauchen sollte, etwa in der Weise, daß ich mich aus Protest gegen die unmenschliche Behandlung meines Kollegen Sacharow weigern würde, in die Sowjetunion zu reisen. Der ständige Dialog zwischen vernünftigen Menschen ist der wichtigste Pfeiler, auf dem unsere Hoffnung auf eine friedliche Zukunft ruht.

In Anknüpfung an die sich mit den relevanten globalen Problemen befassenden Studien- und Arbeitsgruppen sollte man versuchen, die Diskussion und Bearbeitung dieser Probleme auch über die Blockgrenzen hinaus auszudehnen. Man sollte bei diesen blocküberwindenden Gesprächen hierbei mit den Problemkreisen beginnen, bei denen Ost und West offensichtlich im gleichen Boot sitzen und durch eine direkte Kooperation gleichermaßen profitieren könnten. Selbstverständlich gilt dies auch und ganz besonders für die Rüstungsproblematik, aber diese Erkenntnis ist leider für viele noch nicht evident. Man könnte etwa mit einem Dialog über das Waldsterben beginnen – hier gibt es ja auch schon gute Kontakte der BRD mit der DDR und ČSSR – und ihn auf die Untersuchung von ökologischen Fragen im Agrarsektor ausdehnen, wo große Probleme in West- und Osteuropa auftreten. Auch gemeinsame Untersuchungen zu einem besseren Ressourcenschutz, vielleicht auch über die Probleme der Dritten Welt oder sogar über Weltwirtschaftsfragen könnten für alle Beteiligten zu fruchtbaren Ergebnissen führen. Im Rahmen der Friedensproblematik hat sich bereits schon ein Dialog von Wissenschaftlern aus Ost und West über die möglichen Folgen eines Atomkrieges angebahnt, der weitergeführt und weiter ausgebaut werden sollte.

Ich könnte mir vorstellen, daß die Gründung einer »Europäischen Universität« – mit »Europa« im Sinne eines Gesamteuropas vom Atlantik bis zum Ural und mit Sitz vielleicht in Wien oder

Berlin!? – dieser ost-westlichen Zusammenarbeit starke Impulse geben könnte. Diese »Europäische Universität« müßte kein großes Gebäude sein, sondern sollte mehr eine Koordinationsstelle sein (ähnlich etwa dem Kaiser-Wilhelm-Institut für Physik in Berlin in seiner Anfangsphase), die für die Vergabe von ein- oder mehrjährigen Stipendien für die Erforschung dieser allgemeinen Fragen zuständig sein sollte. Geeignete Wissenschaftler aus allen Forschungsdisziplinen sollten sich um solche Stipendien bewerben können. Ihre eigentlichen Forschungsarbeiten zu diesen Fragen sollten sie aber im wesentlichen in ihren bisherigen Forschungsinstituten und Hochschulen durchführen, um sie nicht ihrem Forschungsmilieu zu entfremden. Die »Europäische Universität« könnte auch in regelmäßigen Abständen internationale Kongresse zu diesen Fragen organisieren.

Man sollte sich auch überlegen, ob man nicht in Europa gemeinsam populärwissenschaftliche Programme über die allgemein relevanten Probleme für eine breite Öffentlichkeit in Ost und West ins Leben ruft, die von Wissenschaftlern aus Ost und West getragen und über Radio oder Fernsehen in ganz Europa ausgestrahlt werden. Die von Wissenschaftlern aus den USA und der Sowjetunion durchgeführte Fernsehdiskussion über den »Nuklearen Winter« könnte dafür ein Vorbild sein. Die Kontaktaufnahme zwischen Wissenschaftlern aus Ost und West könnte vielleicht damit beginnen, daß bestimmte Universitäten in Ost und West Partnerschaften vereinbaren. Dies könnte durch entsprechende »Schulpartnerschaften« noch weiter ausgebaut werden, wozu unsere Jugend – davon bin ich überzeugt – sofort bereit wäre.

Dies sind alles Vorschläge, die sich im Prinzip ohne größeren Aufwand schon bald realisieren ließen. Sie dienen vor allem der Vertrauensbildung, dann aber auch der Erarbeitung von tragfähigen Lösungen für die anstehenden drängenden Probleme. Es ist meine Vorstellung, daß hierzu die Initiative von Westeuropa ausgehen müßte.

Neben diesen mehr auf langfristige Wirkungen angelegte Maßnahmen und Aktivitäten erscheint es mir notwendig, daß Wissenschaftler sich auch Gedanken über eine Verbesserung der Krisenstabilität machen. Dies mag unter Umständen auch eine Beteiligung an Projekten im militärisch-technischen Bereich nötig machen. Ich denke hierbei z. B. an Projekte im Zusammenhang mit einem »umfassenden Teststopp-Abkommen«, das Verifikationsprobleme aufwirft, an Projekte im Zusammenhang mit der Weltraum-Militarisierung (Verifikation, völkerrechtliche Aspekte) und der Kernwaffen-Proliferation und viele andere.

Wichtig ercheinen mir hierbei auch Fragen, die mit einer Stabilisierung der Situation auf dem konventionellen Sektor zu tun haben, wo in den nächsten Jahren vermutlich sehr viel in Bewegung kommen wird und gefährliche destabilisierende Fehlentwicklungen sich anzubahnen scheinen. Ich habe in diesem Zusammenhang (zusammen mit Horst Afheldt und Albrecht von Müller) in München eine Projektgruppe »Stabilitätsorientierte Sicherheitspolitik – eine integrierte Rahmenkonzeption für die Weiterentwicklung der Sicherheits- und Verteidigungspolitik der Bundesrepublik« ins Leben gerufen. Zusammen mit Physikern, Politologen, Soziologen, Systemanalytikern, Technikern und Militärs sollen hier vor allem die Krisenstabilität im militär-technischen und militär-politischen Sinne und die technischen Realisierungsmöglichkeiten einer »strukturellen Nichtangriffsfähigkeit« im konventionellen Bereich und ihre politischen Auswirkungen näher untersucht werden. In dieser Frage bahnt sich auch eine Zusammenarbeit mit Wissenschaftlern aus den USA, Großbritannien, Holland und Schweden an. Auch wurden Kontakte zu Wissenschaftlern der Sowjetunion und einigen Warschauer-Pakt-Staaten, zum Teil über die Pugwash-Gruppe, aufgenommen. Im März 1985 wurde in München ein Pugwash-Workshop zu diesem Thema organisiert. Wir hoffen, daß wir über unsere freundschaftlichen Kontakte zum »Committee of Soviet Scientists for Peace and against Nuclear Threat« der Sowjetischen Akademie der Wissenschaften unter Leitung ihres Vizepräsidenten Professor Welichow den Dialog über diese allgemeinen Fragen in Zukunft noch weiter ausbauen und vertiefen können.

Lassen Sie mich meine Darlegungen mit einigen kritischen Bemerkungen abschließen.

Die eine Bemerkung bezieht sich auf die Beteiligung von Wissenschaftlern an Problemlösungen im militärisch-technischen Bereich, z. B. von der Art der Projektgruppe über »Stabilitätsorientierte Sicherheitspolitik« in Fragen der »Strukturellen Nichtangriffsfähigkeit«. Es ist klar, daß eine solche Beteiligung mit vielfachen Hemmungen und Beklemmungen verbunden ist, schon allein dadurch, daß man sein Gehirn nicht mit militärisch-technischen Gedanken »verschmutzen« möchte. Um das größere Übel eines sich heute abzeichnenden neuerlichen Rüstungswettlaufs im konventionellen Bereich mit enormen destabilisierenden Folgen abzuwenden, halte ich jedoch trotz prinzipieller Bedenken eine intensive Untersuchung dieser Frage für dringend geboten. Ich selbst schätze die Wahrscheinlichkeit eines sowjetischen konventionellen Angriffs als beliebig gering ein, aber ich treffe viele Menschen, die dies anders beurteilen. Diesen Menschen möchte ich dann sagen können: »Wenn Du schon Angst vor einem Angriff aus dem Osten hast, dann schütze Dich davor auf eine Art und Weise, die Deinen potentiellen Gegner nicht selbst bedroht.« Ich habe den Eindruck, daß man mit einer solchen Strategie wieder einen breiten Konsens unter unserer Bevölkerung herstellen könnte.

Ich möchte aber auch nicht verhehlen, daß mir bezüglich dieses Projekts auch immer wieder große Zweifel kommen. So wurde mir einmal von einem Rüstungsexperten erklärt, daß niemand der maßgeblichen Leute eigentlich einen Angriff aus dem Osten für wahrscheinlich hält und deshalb das Konzept einer »strukturellen Nichtangriffsfähigkeit« – trotz seiner möglichen technischen Realisierbarkeit – eigentlich unnütz sei und darüber hinaus sich auch nie durchsetzen könnte, da durch den Wegfall oder die Reduktion beweglicher Waffensysteme (Panzer, Flugzeuge) die Möglichkeit lukrativer Waffenexporte in die Spannungsgebiete der Welt vermindert würde. In solchen Augenblicken empfindet man sich leicht als »naiver Hase« in einem Hase-Igel-Wettlauf.

Meine zweite kritische Bemerkung bezieht sich auf die anfänglich erwähnten Universitätsaktivitäten. Die Einrichtung von entsprechenden Studien- und Arbeitsgruppen klingt zunächst plausibel und gut. Eine berechtigte Kritik richtet sich auf die Frage, ob wir bei den anstehenden Problemen überhaupt auf den Sachverstand von Wissenschaftlern und nicht vielmehr unsere Hoffnung auf die Vernunft der Basis, auf die »grass-roots«-Bewegung setzen sollten, denn Wissenschaftler werden letztlich halt wieder nur technische Lösungen anzubieten haben. Diese Kritik läßt sich vielleicht entschärfen, wenn die Wissenschaftler in ihrer überdisziplinären Arbeit sich auch einer mehr ganzheitlichen Betrachtungsweise öffnen. Wieweit dies wirklich gelingt, muß offenbleiben. Im übrigen ist dies meines Erachtens auch keine Frage des

»Entweder-Oder«. Wir sind nun einmal Wissenschaftler und können als solche nur das einbringen, was wir vermögen. Wenn die Basis das ihr Mögliche tut, dann soll sie es tun mit gleicher Kraft und Überzeugung. Wenn alle das ihnen Mögliche tun, dann besteht vielleicht echt Hoffnung auf einen künftigen stabilen Frieden.

Zur Erinnerung an das Kriegsende 1945 hatte die Münchner Volkshochschule im Frühjahr 1985 ein Veranstaltungsprogramm »40 Jahre Kriegsende – 40 Jahre Frieden?« organisiert und mich gebeten, in diesem Rahmen einen allgemeinen Vortrag zur Friedensproblematik zu halten. Ich wollte darüber reden, daß die Abwesenheit von Krieg nicht schon Frieden bedeute, und darüber, daß, wenn nicht die Voraussetzungen für einen Frieden im eigentlichen Sinne geschaffen werden, der Krieg als reale Möglichkeit weiterbesteht und letztlich auch unvermeidlich erscheint, weil bei eskalierenden Hochrüstungen die Situation sich notwendig immer weiter destabilisieren muß. Die Frage der Krisenstabilität hatte mich zur Beschäftigung mit der nicht-offensiven Verteidigungsfähigkeit im konventionellen Bereich geführt. Die Strategische Verteidigungsinitiative SDI Präsident Reagans, welche den Bau eines Schutzschildes gegen strategische Atomraketen propagierte, schien auf den ersten Blick einer Umsetzung dieses Gedankens einer defensiven Verteidigungsstruktur auf den Bereich atomarer Waffen zu entsprechen. SDI hatte zudem meine Aufmerksamkeit erregt, weil sie in den USA hauptsächlich durch meinen früheren Lehrer Edward Teller vertreten und gefördert wurde, aber dann auch vor allem, weil sie zum erstenmal Elementarteilchenstrahlen, also Strahlen, wie wir sie als Elementarteilchenphysiker bei unseren Experimenten verwenden, als mögliche Waffen vorsah. Gerade das letztere beunruhigte und erboste mich über alle Maßen, da es wieder einmal den allgemeinen Verdacht zu bestärken schien, daß jedes hochentwickelte Gebiet in der Naturwissenschaft, mag es noch so esoterisch und auf Erkenntnis hin orientiert sein, letztlich doch wieder zu einer Weiterentwicklung der Waffentechnik führt. Diese Umstände führten mich dazu, daß ich mich gründlich in die

SDI-Problematik einarbeitete und meinen Vortrag an der Münchener Volkshochschule zum 40. Jahrestag des Kriegsendes in dieser Richtung – ich wählte den Titel Weltraumwaffen und Krisenstabilität aus naturwissenschaftlicher Sicht *– auslegte.*

Dieser Vortrag erreichte die Öffentlichkeit gerade in dem kritischen Augenblick, als die ersten intensiven Diskussionen auf politischer Ebene über die Beteiligung der Bundesrepublik an SDI begannen. Im Gegensatz zum Göttinger Kongreß im Juli 1984, auf dem ein dreiviertel Jahr früher schon alle wesentlichen Argumente gegen SDI von den Naturwissenschaftlern formuliert worden waren, ohne daß, zu unserem damaligen Leidwesen, Politiker und Öffentlichkeit entsprechend darauf reagiert hatten, hatte mein Vortrag eine auch für mich selbst überraschend große Resonanz in der Presse, die in der Folge durch eine Kette von weiteren Veröffentlichungen im Fernsehen und dann auch im Wochenmagazin Spiegel *noch wesentlich verstärkt wurden. Die hier abgedruckte ausführliche Version habe ich im wesentlichen im Rahmen der Münchener Vortragsreihe »Wissenschaft und Friedenssicherung« Anfang des Sommersemesters 1985 gehalten; der Spiegelartikel, der Mitte Juli 1985 erschien, war eine gekürzte Fassung hiervon.*

Ich habe diesen SDI-Vortrag danach in allen möglichen Variationen wohl fast zwei dutzendmal vor unterschiedlichen akademischen, parteipolitischen, kirchlichen, gewerkschaftlichen, kommunalen Gruppen gehalten. Der Vortrag Die forschungspolitischen Auswirkungen der Strategischen Verteidigungsinitiative SDI *war ein Beitrag auf einer DGB Informations- und Diskussionsveranstaltung.*

Soll der Himmel zum Vorhof der Hölle werden?
Über die technische Machbarkeit und die sicherheitspolitischen
Folgen der Strategischen Verteidigungsinitiative SDI

Man glaube nur nicht, daß es mir Spaß macht, über das Star-Wars-Konzept SDI (Strategic Defense Initiative) zu sprechen. Ich ärgere mich immer darüber, wenn Vorschläge dieser Art, ungeachtet ihrer Absurdität, einen immer wieder dazu zwingen, sich – ob man will oder nicht – damit zu befassen und auseinanderzusetzen. Wir und viele andere auch müssen also unsere kostbare Zeit, unsere guten Gedanken, unsere kreativen Kräfte aufbieten, um diesen Vorschlägen entgegenzutreten, anstatt unsere Anstrengungen auf die Lösung der eigentlich wichtigen, großen und drängenden Herausforderungen unserer Zeit – wie etwa den Problemen des Ressourcen- und Umweltschutzes, der Dritten Welt und der Weltwirtschaft – zu konzentrieren. Und wäre es nicht auch gut, wenn Wissenschaft und Forschung wieder hauptsächlich der Erkenntnis wegen betrieben würde, die uns helfen soll, die Stellung des Menschen im Universum, seine Einbettung in das Ganze besser begreifen zu können?

Ich möchte damit beginnen, einige wichtige Passagen aus der Fernsehansprache des US-Präsidenten Ronald Reagan vom 23. März 1983 über ein »Verteidigungsprogramm der Zukunft« zu zitieren, welche den Startschuß für die »Strategic Defense Initiative« (SDI), die Strategische Verteidigungsinitiative, gegeben hat:

»Seit Kernwaffen existieren, richteten sich die Verteidigungsmaßnahmen in immer stärkerem Maße darauf, eine Aggression durch Vergeltungsandrohung abzuschrecken ... Diese Methode, Stabilität durch Offensivandrohung zu erreichen, hat funktioniert ... Uns und unseren Verbündeten ist es gelungen, über drei Jahrzehnte hinweg einen Atomkrieg zu verhindern ... In den letzten Monaten jedoch haben meine Berater ... die Notwendigkeit unterstrichen, aus einer Zukunft auszubrechen, die sich im Hinblick auf unsere Sicherheit ausschließlich auf offensive Vergeltung stützt ...

Ich bin zu der Überzeugung gekommen, daß wir jede Möglichkeit zum Abbau der Spannungen und zur Einführung größerer Stabilität im strategischen Kalkül beider Seiten prüfen müssen ...

Eine der wichtigsten Beiträge, die wir dabei leisten können, ist natürlich die Senkung des Standes aller Rüstungen, vor allem der Nuklearrüstungen ... Wenn sich die Sowjetunion unseren Bemühungen anschließen wird, große Rüstungsverringerungen herbeizuführen, dann wird es uns gelingen, das nukleare Gleichgewicht zu stabilisieren. Trotzdem wird es weiterhin nötig sein, sich auf das Schreckgespenst der Abschreckung zu verlassen – auf gegenseitige Bedrohung – und das ist schlimm für die Menschheit ...

Wäre es nicht besser, Menschenleben zu retten, als sie zu rächen? Sind wir nicht in der Lage, unsere friedlichen Absichten zu demonstrieren, indem wir alle unsere Fähigkeiten und unseren ganzen Einfallsreichtum aufbieten, um eine wirklich dauerhafte Stabilität zu erreichen? Ich glaube: Wir können es, ja wir müssen es! ...

Ich bin zu der Überzeugung gekommen, daß es einen Weg gibt. Teilen Sie mit mir eine Vision der Zukunft, die Hoffnung bietet. Sie liegt darin, daß wir ein Programm in die Wege leiten, um der schrecklichen sowjetischen Raketendrohung mit Maßnahmen zu begegnen, die defensiv sind ...

Ich weiß, daß dies eine gewaltige technische Aufgabe ist – eine Aufgabe, die nicht vor Ende dieses Jahrhunderts bewältigt sein dürfte ...

Ich bin mir völlig im klaren darüber, daß Verteidigungssysteme Grenzen haben und bestimmte Probleme und Unsicherheiten aufwerfen. Wenn sie mit Offensivsystemen gepaart werden, dann könnten sie als Nährboden einer aggressiven Politik betrachtet werden – und das will niemand! Aber unter genauer Berücksichtigung aller dieser Überlegungen rufe ich die Gemeinschaft der Wissenschaftler, die uns die Kernwaffen gegeben haben, auf, ihre großen Talente der Sache der Menschheit und des Weltfriedens zu widmen: uns die Mittel an die Hand zu geben, um diese Kernwaffen unwirksam und überflüssig [impotent and obsolete] zu machen ...

Heute abend unternehme ich einen ersten wichtigen Schritt. Ich gebe die Anweisung zu einer umfassenden und intensiven Anstrengung, ein langfristiges Forschungs- und Entwicklungsprogramm auszuarbeiten, um unserem Endziel näher zu kommen, die Bedrohung durch strategische Nuklearraketen zu beseitigen ...«

Soweit Reagan – fürwahr eine grandiose Vision. Ein Aufruf an die Wissenschaftler, der Welt die Atombombe wegzuerfinden.

Die Rede Reagans enthält einige wesentliche Punkte, die ich voll akzeptieren kann. Es ist meines Erachtens richtig:

– Die Abschreckungsdoktrin ist inhuman. Die Friedensbewegung hat diesen Standpunkt schon seit langem leidenschaftlich betont.

– Die Abschreckungsdoktrin ist langfristig instabil. Eine Verteidigungsform, die darin besteht, daß sie auf eine Bedrohung durch den Gegner mit einer verstärkten Gegendrohung reagiert, führt notwendig auf einen Rüstungswettlauf, der letztlich in einer Katastrophe enden muß. Diese positive Rückkoppelung (Selbstaufschaukelung) läßt sich nur auflösen, wenn man eine Verteidigungsform wählt, welche eine »strukturelle Nichtangriffsfähigkeit« gewährleistet, also eine Verteidigungsstruktur wählt, welche für eine Offensive, insbesondere eine Besetzung oder Zerstörung des gegnerischen Territoriums, ungeeignet ist. Diese These wurde in der Vergangenheit von Horst Afheldt und anderen (defensive oder nichtprovokative Verteidigung) besonders artikuliert.

– Es sind dringend Maßnahmen notwendig, welche die Nuklearwaffen für die Friedenssicherung überflüssig machen. Nuklearwaffen bedrohen die ganze Menschheit. Sie sind für die Durchsetzung jeglicher Ziele deshalb völlig ungeeignet, weil sie zerstören würden, was sie verteidigen wollen. Es gibt prinzipiell keine Möglichkeit, sie unwirksam zu machen, da selbst bei einer Verschrottung aller bestehender Nuklearwaffen ihre Wirkung durch einen Neubau innerhalb von wenigen Wochen aufgrund der existierenden Kenntnisse jederzeit voll wieder hergestellt werden kann. Eine Beseitigung oder Verringerung der Bedrohung kann wohl nur dadurch erfolgen, daß man Nuklearwaffen von möglichen Krisen abkoppelt.

Ich möchte im folgenden aufzeigen, daß SDI die angekündigten Erwartungen nicht erfüllen kann, da sie auf falschen Vorstellungen beruhen. Der Versuch einer Verwirklichung der durch SDI aufgezeigten Vision würde nämlich mit erdrückender Wahrscheinlichkeit gerade das Gegenteil des beabsichtigten Zwecks erreichen, er würde nämlich zu einer extremen Destabilisierung der jetzt schon prekären Situation führen und damit unsere Sicherheit, die Überlebenschance der Menschheit, weiter verringern. Friedenssicherung kann nicht durch technische Kniffe und militärische Mittel bewirkt werden. Nur politische Konzepte können langfristig erfolgreich sein. Um die für politische Lösungen notwendige Zeit zu gewährleisten, muß der Krisenstabilität allerhöchste Priorität eingeräumt werden. SDI wird langfristig nicht zu einem Abbau der Offensivwaffen führen, sondern scheint im Gegenteil in Übereinstimmung mit einer Politik der Stärke und der Überlegenheit zu sein, da sie den Angreifer einseitig bevorzugt.

Im ersten und längeren Teil meiner Darlegungen möchte ich die technischen Aspekte eines Raketenabwehrsystems besprechen. Ich möchte mit einer Beschreibung der strategischen Nuklearwaffen und der militärischen Satellitensysteme beginnen, dann die verschiedenen Abfangmöglichkeiten für diese Raketen in ihren verschiedenen Flugphasen besprechen und schließlich auf prinzipielle Probleme bei einem solchen Abfangsystem und seinen speziellen Verwundbarkeiten hinweisen.

In einem zweiten, kürzeren Teil möchte ich dann auf die möglichen politischen und strategischen Folgen eines solchen nuklearen Schutzschirms eingehen, seine Auswirkungen auf die Stabilität, das Wettrüsten, die bestehenden Rüstungskontrollverträge, seine Bedeutung für Europa und schließlich seine Bedeutung für die wirtschaftliche Entwicklung.

Technische Aspekte von SDI

Vorbemerkungen zur Bewertung der technischen Aspekte

Ich bin Elementarteilchenphysiker und Kernphysiker. Dies bedeutet aber nicht, daß ich mit den technischen Fragen, die mit einem Raketenabwehrsystem verbunden sind, besonders detailliert vertraut bin. Ich habe mich durch ein Studium der veröffentlichten Literatur, insbesondere auch der amerikanischen Literatur informiert. Was ich zu sagen habe, ist nicht neu. Es ist an vielen Stellen mit großer Sachkenntnis beschrieben und mit Überzeugung dargelegt worden.*

Viele wichtige Informationen unterliegen allerdings der militärischen Geheimhaltung. Was also können ich oder die Autoren der Veröffentlichungen, so wird man fragen, zu diesem Fragenkomplex Wesentliches beitragen? Denn, so wird behauptet, nur einer, der Zugang zu geheimen Informationen hat, kann letztlich solche komplexen militärischen Systeme kompetent bewerten. Mein früherer Lehrer, Edward Teller, vertritt diesen Standpunkt manchmal wirkungsvoll in der Öffentlichkeit, besonders, wie ich meine, wenn er argumentativ in Bedrängnis gerät.

Mit den meisten meiner Kollegen vertrete ich demgegenüber die Meinung, daß für ein allgemeines Urteil über SDI, insbesondere wenn man dabei die Forderung nach einer *totalen* Verteidigungsfähigkeit gegen die nukleare Bedrohung im Auge hat, keine technischen Details nötig sind, sondern daß eine Bewertung allein auf der Grundlage allgemeiner physikalischer und geometrischer Überlegungen möglich ist. Die Situation erscheint hier ähnlich wie bei der Beurteilung eines »Perpetuum mobile«. Aus der Kenntnis des 1. und 2. Hauptsatzes der Thermodynamik weiß man, daß eine solche Maschine nie funktionieren kann. Es ist deshalb gar

---

* Aus den folgenden, leichter zugänglichen amerikanischen und deutschen Veröffentlichungen habe ich mit Gewinn gelernt:
Weltraum ohne Waffen – Beiträge vom Kongreß »Verantwortung für den Frieden – Naturwissenschaftler warnen vor der Militarisierung des Weltraums« in Göttingen im Juli 1984, hg. von R. Labusch, E. Maus, W. Send, München 1984. – D. Engels, J. Scheffran, E. Sieker, *Die Front im All*, Köln 1984. – H. G. Brauch, *Angriff aus dem All*, Hannover 1984. – B. Jasani, Ch. Lee, *Waffen im Weltraum*, Reinbek bei Hamburg 1984. – *Rüstung und Abrüstung* – Spektrum der Wissenschaft, Zusammenstellung von Artikeln aus dem »Scientific American« mit Vorwort von U. Albrecht, 1985. – K. Gottfried, H. W. Kendall, H. A. Bethe, P. A. Clausen, R. L. Garwin, N. Gayler, R. N. Lebow, C. Sagan, V. Weisskopf, *Space-based missile defense*. Report by the Union of Concerned Scientists, March 1984. – H. A. Bethe, R. L. Garwin, K. Gottfried, H. W. Kendall, *Space-based ballistic missile defense*, Scientific American, October 1984. – R. L. Garwin, K. Gottfried, D. L. Hafner, *Antisatellite weapons*, Scientific American, June 1984. – George W. Ball, *The war for star wars*, The New York Review, April 1985. – R. L. Garwin, J. Pike, Y. P. Velikov, *Space weapons*, Bulletin of the Atomic Scientists, May 1984 – *Ballistic missile defense*: Technologies for strategic defense (J. L. Flechter), The case for: An option for a world disarmed (G. A. Keyworth II), The case against: Technical and strategic realities (S. D. Drell, W. K. H. Panofsky), Issues in Science and Technologies, Vgl. 1, Fall 1984.

nicht nötig, sich in die mühseligen Details einer solchen Maschine zu vertiefen.

Ich werde mich daher im folgenden, wie viele meiner Kollegen, die sich zu SDI geäußert haben, auf den Standpunkt stellen, daß alles, was physikalischen Gesetzen nicht widerspricht, auch irgendwie technisch machbar und funktionsfähig sein soll. Ich werde mich also nicht mit der Frage befassen, wie weit der jetzige Stand der Technik von dieser prinzipiellen Möglichkeit entfernt ist. Für die Beantwortung dieser Frage benötigt man eine genauere Kenntnis des jetzigen technischen Standes, über die ich nicht verfüge. Es obliegt der Kunst und dem Einfallsreichtum des Wissenschaftlers, eine solche Lücke zwischen dem Stand der Technik und der prinzipiellen Möglichkeit zu verringern oder sogar zu schließen.

Aufgrund der Gültigkeit allgemeiner physikalischer Gesetzmäßigkeit gilt deshalb nicht, daß *alle* technischen Probleme letztlich gelöst werden können, wenn man nur genügend Zeit und Phantasie und vor allem Geld investiert. Es gilt darüber hinaus, daß bei der Realisierung besonders extremer Anforderungen, also Anforderungen, die hart an die Grenze des physikalisch Möglichen heranreichen, besonders hohe Opfer bezüglich anderer Eigenschaften abverlangt werden – eine extreme Optimierung eines Systems bezüglich eines bestimmten Parameters führt meist zu einem ganz schlechten Verhalten bezüglich anderer Größen. In jedem Fall steigen die Kosten unverhältnismäßig stark mit den Anforderungen an.

Interkontinentalraketen

Die landgestützten Interkontinentalraketen (ICBM) bilden das Kernstück des sowjetischen strategischen Nuklearwaffenarsenals.

Beim Flug der Interkontinentalrakete vom Start bis zum Ziel unterscheidet man vier wichtige Phasen (s. Abbildung).

Die *Start-* oder *Antriebsphase*: Der Deckel des Raketensilos wird abgesprengt und die Rakete durch heiße Gase ausgestoßen; es erfolgt Zündung der 1. Stufe, dann der 2. Stufe und eventuell einer 3. und weiterer Stufe; Brennschluß nach etwa 2-5 Minuten nach dem Start, bei der amerikanischen MX nach 3 Minuten in etwa 200 km Höhe, bei der sowjetischen SS-18 nach 5 Minuten in

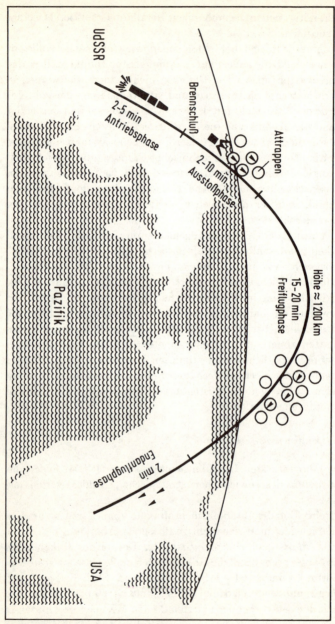

Flugphasen einer Interkontinentalrakete

400 km. Verkürzung der Antriebsphase auf 1 Minute bei 90 km Höhe erscheint technisch möglich.

Die *Ausstoßphase*: Die Raketenspitze öffnet sich und stößt einen sogenannten »Bus« aus, der im allgemeinen mehrere unabhängige (10 bei der MX und der SS-18) und eine große Zahl von Attrappen und Eindringhilfen enthält. Während der 2-10 Minuten dauernden Ausstoßphase bringt der Bus, durch kleine Raketen angetrieben, die Sprengköpfe und Attrappen, etwa 100 verschiedene Objekte an der Zahl, auf verschiedene benachbarte Bahnen. Die Attrappen und Eindringhilfen bestehen aus Maskierungen, z. B. Ballonen mit metallischen Oberflächen, die einen Sprengkopf enthalten können oder auch nicht, aus metallischen Objekten wie Drahtflitter, aus elektronischen Geräten, welche auf Radarsignale wie echte Sprengköpfe reagieren, aus Aerosolen, welche starke Infrarotemitter sind usw., d. h. alles Objekte, welche Abwehrsysteme bei der Identifizierung der Sprengköpfe täuschen sollen.

Die ballistische oder Freiflugphase: Alle etwa 100 aus einem Raketenkopf ausgestoßenen Flugkörper fliegen wegen des (bei über 100 km) fehlenden Luftwiderstands ununterscheidbar auf fast gleichen elliptischen Bahnen (ähnlich den Keplerellipsen der Planeten). Bei einer Reichweite der Rakete von etwa 10 000 km erreichen sie den höchsten Punkt (Apogäum) bei etwa 1200 km, bevor sie dann wieder der Erdoberfläche zustreben. Bei höherem Energieaufwand können sie jedoch auch auf steilere und flachere Flugbahnen gebracht werden. Die ballistische Phase dauert etwa 15-20 Minuten.

Die Endanflugphase: Bei etwa 100 km Höhe tritt die Flugkörperwolke wieder in die Atmosphäre ein und verglüht hierbei durch Luftreibung bis auf die hitzebeständigen Sprengköpfe, die unter starker Ionisation der Luft nach 1½-2 Minuten unter einem Winkel von etwa 20° auf dem Erdboden aufschlagen und ihr Vernichtungswerk verrichten.

Die U-Boot gestützten ballistischen Raketen (SLBM) haben eine ähnliche Bahncharakteristik wie die Interkontinentalraketen. Da sie meist näher am Ziel sind, ist ihre Bahn jedoch nicht so hoch und in der Regel steiler, so daß sie unter einem Einfallwinkel von 30°-40° am Ziel eintreffen.

Mittelstreckenraketen und andere Nuklearträger

Die Mittelstreckenraketen (IRBM) haben eine Bahncharakteristik im wesentlichen wie die U-Boot-gestützten ballistischen Raketen. Dasselbe gilt für die weitreichenden taktischen Nuklearraketen (TBM). Entsprechend der kürzeren Reichweite ist die Flugbahn noch niedriger und steiler. Marschflugkörper (Cruise Missiles CM) sind keine Raketen, sondern sehr tiefliegende und weitreichende (einige tausend Kilometer), automatisch gesteuerte Flugkörper (ähnlich der deutschen V-2 im Zweiten Weltkrieg) mit eingebautem Radar und Zielfindungskopf. Sie können land-, luft- oder seegestützt sein. Sie sind wegen ihres Tiefflugs und der Verwendung einer modernen »stealth«-Technik sehr schwer durch Radar zu erfassen.

Das militärische Satellitensystem

Beobachtung und Aufklärung spielen im Militärischen eine mindestens so wichtige Rolle wie die Feuerkraft der Waffen. Zur Erkundung möglicher wichtiger Ziele für die eigenen Raketen, aber auch für die Ausspähung der militärischen Aktivitäten des Gegners, sind geeignete Satellitenstationen von großer militärischer Bedeutung.

Satelliten laufen auf sehr verschiedenen Bahnen um die Erde herum.

Hier haben wir zunächst die *erdnahen Kreisbahnen*, gerade außerhalb der Atmosphäre in etwa 150-2000 km Höhe. Sie verlaufen meist im wesentlichen über die Pole, genauer: in einer Bahnebene, die um 65° bis 115° zur Äquatorebene geneigt ist. Die Umlaufzeit der Satelliten auf diesen Bahnen beträgt etwa 2 Stunden.

Von besonderer Wichtigkeit sind Satelliten auf sog. *geostationären Bahnen*. Diese Satelliten zirkulieren um die Erde auf einer Bahn in der Äquatorialebene in der riesigen Höhe von etwa 36 000 km (Bahnradius etwa 42 000 km), die genau so gewählt ist, damit der Umlauf gerade einen Tag (genauer: 23 Stunden und 56 Minuten, die Zeit einer Erdumdrehung) dauert. Von der Erde aus betrachtet stehen diese Satelliten am Himmel dann immer an der gleichen Stelle über dem Äquator.

Daneben gibt es noch stark *elliptische Bahnen*, die hauptsächlich von der Sowjetunion bevorzugt werden, die wieder im wesentlichen über die Pole (Neigung zur Äquatorialebene 63°) führen mit dem größeren Abstand, etwa 40 000 km im Norden, wo der Satellit langsamer läuft, und dem kleinen Abstand im Süden, wo er nur kurz verweilt, mit einer Umlaufzeit (nach dem 3. Keplerschen Gesetz sind die Quadrate der Umlaufzeiten proportional der Kuben der großen Hauptachse der Ellipse) von etwa 12 Stunden (2 mal pro Tag) bei einer großen Hauptachse von etwa 26 000 km.

Eine ähnliche Umlaufzeit haben Satelliten auf den sog. *semistationären kreisförmigen Bahnen*, die ebenfalls eine Neigung von etwa 65° zur Äquatorialebene haben und etwa 20 000 km von der Erdoberfläche entfernt sind.

Als Mittel der Fernerkundung wird die *elektromagnetische Strahlung* in verschiedenen Frequenzbereichen verwendet. Als Detektoren bedient man sich des *fotografischen Films*, der im sichtbaren, infraroten und ultravioletten Bereich empfindlich ist und sehr genaue Beobachtungen (bis etwa 15 cm × 15 cm) erlaubt, allerdings vom guten Wetter abhängig und in der Handhabung umständlich ist (die Filme müssen zur Auswertung auf die Erde zurückgebracht werden). Die letztere Schwierigkeit wird bei *elektrooptischen Sensoren* vermieden, bei denen das Bild elektronisch gespeichert wird und durch geeignete Signale von der Erde abgerufen werden kann. Das Auflösungsvermögen ist hier allerdings nicht ganz so gut (nur bis zu 10 m × 10 m). Will man auch noch die Abhängigkeit vom guten Wetter loswerden, also auch durch Wolken und Rauch hindurchsehen, so muß man *Mikrowellen* im Millimeter- bis Dezimeterbereich verwenden, die auch aktiv (Radar) vom Satelliten ausgesandt werden können.

Nach ihrem Verwendungszweck unterscheidet man verschiedene Satelliten:

– die *Beobachtungs- und Aufklärungssatelliten*, die meist in erdnahen Bahnen umlaufen (z. B. der amerikanische Satellit »Big Bird« in 250 km Höhe oder die »Ferret«-Satelliten, die den Sprech- und Tastfunkverkehr »abhören«);

– die *Frühwarnsatelliten*, die auf geostationären Bahnen laufen und mit Infrarotdetektoren Raketenstarts beobachten oder auch mögliche Atomexplosionen wahrnehmen und überwachen können;

– die *Nachrichtensatelliten*, die auf verschiedenen Umlaufbahnen sind und der Nachrichtenübermittlung dienen, insbesondere auch zwischen U-Booten;

– die *Wetter-* und *Geodäsiesatelliten*, die der Wettererkundung und einer, für die Trägheitssteuerung der Raketen wichtigen, genauen Vermessung der Erde dienen.

Eine ganz neue Klasse von Satelliten bilden die *Navigationssatelliten*, die auf semistationären Kreisbahnen umlaufen. Es ist geplant, diese Navigationssatelliten bis Ende der 80er Jahre so weiterzuentwickeln (NAVSTAR-System), daß von jedem beliebigen Punkt der Erde aus, zu jeder beliebigen Zeit vier dieser Satelliten sichtbar sind und durch eine geeignete Verwendung der von diesen (auf zwei Frequenzbändern) ausgestrahlten Signale erlaubt, den eigenen Ort auf $\pm$ 10 m und die eigene Geschwindigkeit auf $\pm$ 10 cm/sec genau zu bestimmen. Diese Orientierungsmöglichkeit wird die Zielfindung von Raketen, die bisher auf Trägheitssteuerung oder – bei raffinierteren Systemen – auf Zielerkennung beruhen, vollständig revolutionieren und insbesondere die Treffsicherheit von U-Boot-gestützten Systemen dramatisch erhöhen.

Wie verläuft ein strategischer Nuklearangriff?

Wie man sich einen strategischen Nuklearangriff vorzustellen hat, darüber gehen die Meinungen weit auseinander, und unsere einzige Hoffnung ist, daß wir es auch nie wissen werden. Die einen halten schlimmstenfalls nur einen »ungefährlichen« nuklearen Warnschuß oberhalb der Atmosphäre für möglich, die anderen befürchten den großangelegten Raketenangriff. Da wir es nicht wissen, müssen wir uns notgedrungenermaßen auf die schlimmste Situation (worst case) einstellen.

Im Augenblick und in naher Zukunft würde dies bedeuten, daß mehr als 9000 nukleare Sprengköpfe auf über 2000 sowjetische Interkontinentalraketen (ICBM) und seegestützte Raketen (SLBM) den Westen gleichzeitig angreifen könnten, wobei jeder Sprengkopf im Durchschnitt die Sprengkraft von ungefähr 70 Hiroshimabomben (also etwa 70 × 13 kT TNT-Äquivalent) hat und die USA in einer Flugzeit von etwa einer halben Stunde erreichen könnten. Hinzukommt eine zusätzliche Bedrohung Westeuropas durch die vielen Mittelstreckenraketen (IRBM), die langreichweitigen taktischen Raketen (TBM) und die Marschflugkörper (GLCM) in weniger als 7 Minuten.

Schon 1% dieser Raketen, also etwa 100 Sprengköpfe mit einer Sprengkraft von insgesamt 6000 Hiroshimabomben oder dem Äquivalent der Sprengkraft von 30 Zweiten Weltkriegen, würde ausreichen, einen nicht annehmbaren vernichtenden Schlag zu führen. Dies bedeutet, daß ein Verteidigungssystem, um seinen Zweck zu erfüllen, die phantastische Fähigkeit erlangen muß, *über 99% aller Nuklearraketen* bei einem Angriff auszuschalten. Dieser hohe Schutz darf nicht nur für die »harten Objekte«, wie militärische Ziele, also etwa Raketensilos oder Kommandozentralen, gewährleistet sein, sondern muß insbesondere auch für die viel verwundbareren »weichen Ziele«, wie Bevölkerungszentren, in denen die Mehrzahl unserer Menschen leben, erreicht werden.

Um einen so hohen Schutz nicht sofort als eine unerreichbare Utopie zu verwerfen, ist es unumgänglich, eine Verteidigung auf *allen* möglichen Ebenen aufzubauen, d. h. auf der Ebene der Interkontinentalraketen, der seegestützten Systeme und Mittelstreckenraketen, der Taktischen Raketen, der Marschflugkörper und allen anderen Ebenen, die sich in Zukunft – zum Teil als Reaktion auf diese Verteidigung – noch herausbilden werden. Auf jeder Ebene muß wiederum in jeder Phase der Flugbahn eine bezüglich der besonderen Merkmale dieser Phase optimierte Verteidigungsform entwickelt werden.

Eine allgemeine Überlegung zeigt, daß es absolut hoffnungslos ist, das hochgesteckte Ziel von 99%iger Vernichtung von Nuklearraketen zu erreichen, wenn es nicht wenigstens gelingt, den Großteil der landgestützten Interkontinentalraketen schon in ihrer kurzen Aufstiegs- und Antriebsphase unschädlich zu machen.

Wir ziehen bei diesen Überlegungen den noch früheren Zeitpunkt, nämlich eine Zerstörung der Raketen *vor* ihrem Aufstieg in ihren Silos *nicht* in Betracht, da dies ja einer Angriffsoption und nicht mehr einer Verteidigungsoption entspräche, die wir ausschließen wollen. Aber es sei hier schon angemerkt, daß ein Gegner ja nie sicher sein kann, ob er sich wirklich auf diese Einschränkung verlassen kann.

Abfang in der Antriebsphase

Ein Abfang in der Start- oder Antriebsphase ist durch eine Reihe sehr günstiger Umstände bevorzugt:
– Die Raketen sind relativ große Objekte, etwa 30-50 m lang.
– Die Raketen sind wegen ihres empfindlichen Antriebsaggregats und entzündlichen Treibstoffs sehr verwundbar.
– Die vielen Sprengköpfe (bei der MX und der SS-18 sind es 10) sind alle noch vereinigt.
– Der stark leuchtende Feuerschweif der Rakete ist ohne große Mühe auf Zehntausende von Kilometern Entfernung durch satellitengestützte Infrarotsensoren leicht erkennbar.
– Der helle Feuerschweif ist für ein Anvisieren der Rakete zwecks Abschuß ein ausgezeichnetes Ziel. (Der zerstörende Schuß muß selbstverständlich auf die verletzlichen Teile des Triebwerks einige Meter oberhalb des Schweifs abgefeuert werden.)

Die übrigen Flugphasen bieten vergleichsweise weniger günstige Bedingungen, wie wir noch besprechen werden, mit Ausnahme vielleicht der Endphase bei harten Zielen.

Einem Abfang in der Antriebsphase stehen jedoch einige gravierende Nachteile gegenüber, so insbesondere die im allgemeinen große Entfernung des Aufstiegsorts (irgendwo in Sibirien) vom Ort des Abwehrsystems (z. B. irgendwo in den USA), eine Entfernung, die gut 10 000 km betragen kann, wenn man nicht mit Schiffen und U-Booten näher herangeht. Aufgrund der Erdkrümmung ist deshalb der Abschußort und die Aufstiegsphase der Rakete nur von einer hohen, im erdnahen Weltraum stationierten Plattform einsehbar.

Dies führt dazu, daß eine Abwehr von Raketen in der Antriebsphase direkt oder indirekt von Weltraumstationen aus geführt werden muß. Da die Antriebsphase nur wenige Minuten dauert, muß die Abwehrwaffe dazu äußerst schnell reagieren können. Bei der *Stationierung* im Weltraum gibt es prinzipiell zwei Möglichkeiten:

Die zunächst technisch einfachere und bequemere Möglichkeit ist, die für die Abwehr nötigen Systeme schon *vor dem Ernstfall im Weltraum zu stationieren*. Hierbei scheint es zunächst am besten, diese Abwehrstationen in möglichst niedrige Umlaufbahnen, z. B. auf 1000 km, zu bringen, um den Zielen – den aufsteigenden Raketen – möglichst nah zu sein. Die Umlaufzeit dieser niedrigen

Kampfstationen beträgt dann allerdings nur etwa 2 Stunden, was dazu führt, daß sie nur zu einem Bruchteil ihrer Zeit überhaupt in günstiger Schußstellung sind. Man muß hierbei berücksichtigen, daß bei einer für diese Kampfstationen günstigen Bahn über die Pole hinweg die Erde sich bei jedem Umlauf dieser Kampfstationen um etwa 30°, also einige tausend Kilometer, unter diesen wegdreht. Je nach Schußreichweite dieser Abwehrkampfstationen benötigt man etwa 20 solcher Satelliten, um ein einziges Raketensilo abzudecken.

Um diesen ungünstigen Umstand zu vermeiden, ist man deshalb geneigt, die Kampfstation auf eine geostationäre Umlaufbahn zu bringen. Wegen ihres 36 000 km Abstands über dem Äquator sind diese Kampfstationen dann allerdings etwa 39 000 km von ihren Zielen in Sibirien entfernt, was extrem hohe Anforderungen an die Zielgenauigkeit der Abwehrwaffen stellt.

Man kann dieser Schwierigkeit auch dadurch begegnen, daß man von einer zweiten Möglichkeit einer Stationierung Gebrauch macht, nämlich das Abwehrsystem erst im Augenblick des Aufsteigens der Raketen – also durch das Frühwarnsystem ausgelöst – hochzuschießen. Solche *Pop-up-Systeme* müssen selbstverständlich klein und leicht sein, um genügend schnell in eine geeignete Schußposition hochgebracht zu werden.

Um die Erfolgschancen eines Abwehrsystems zu ermessen, ist es wichtig zu überlegen, welche *verschiedenartigen Aufgaben* es in der kurzen Zeit des Raketenaufstiegs alle erfolgreich bewältigen muß.

Der Auftakt erfolgt durch eine Frühwarnung von einem mit Infrarotsensoren ausgestatteten über den Silos kontinuierlich lauernden geostationären Satelliten, der einen Feuerschweif oder etwas diesem Ähnliches registriert. Dieses Signal muß zunächst daraufhin bewertet werden, ob es sich wirklich um eine Rakete handelt, und wenn ja, um wie viele und von welcher Art. Es beginnt dann die genaue Ortung und Geschwindigkeitsbestimmung dieser Raketen, um die für die weitere Verfolgung und Bekämpfung dieser Objekte notwendigen Bahnen möglichst präzise ermitteln zu können (eine Aufgabe, die aus über 36 000 Kilometern Entfernung einige prinzipielle Schwierigkeiten aufwirft, da man in den Zeiten von mehr als $1/10$ Sekunden, die das Licht bei einer Geschwindigkeit von 300 000 km/sec von der Rakete zum Satelliten braucht, diese Bahn durch geringe Kursänderungen leicht verwackeln kann). Diese Information muß dann auf ein geeignetes Abwehrwaffensystem übertragen werden, d. h. es muß eine Kampfstation mit geeigneter Schußposition ausgewählt, diese genau auf das Ziel ausgerichtet und schließlich der vernichtende Schuß ausgelöst werden. Danach muß die Wirkung kontrolliert und bei einem Fehlschuß die ganze Prozedur eventuell bis zum endgültigen Erfolg wiederholt werden.

Um die geforderten großen Entfernungen (mehr als mindestens 3000 km) überwinden und innerhalb der kurzen Zeiten (weniger als 2 Minuten) überhaupt reagieren zu können, sind für die Abwehrwaffen Systeme nötig, die

– mit extrem hoher Geschwindigkeit arbeiten,

– eine extrem gute Ausrichtung erlauben, um auf diese große Entfernung genügend zielgenau zu sein, und

– ausreichend hohe Energien übertragen können, um die bezweckte Störung oder Zerstörung zu gewährleisten.

Insbesondere im Hinblick auf die hohe Geschwindigkeit kommen hier deshalb vor allem die sog. *Strahlenwaffen* (oder genauer: directed energy beams = ausgerichtete Energiestrahlen) in Frage, deren »Geschosse« mit Lichtgeschwindigkeit (300 000 km/sec) oder fast mit Lichtgeschwindigkeit laufen.

Hier ist besonders an eine stark gebündelte elektromagnetische Strahlung in verschiedenen Wellenlängenbereichen zu denken, wie sie durch den sog. *Laser* (*l*ight *a*mplification by *s*timulated *e*mission of *r*adiation) erzeugt wird. Am bekanntesten und intensivsten sind die chemischen Laser, die auf chemischen Reaktionen basieren und Wellenlängen im Bereich einiger Mikron (µm = millionstel Meter oder tausendstel Millimeter) haben, die Freien-Elektronen-Laser, die im Bereich des sichtbaren Lichts mit Wellenlängen etwa eines halben Mikrons strahlen, dem Excimer-Laser im noch etwas kurzwelligeren Ultraviolettbereich, und seit neuestem auch der Röntgenstrahl-Laser mit Wellenlänge von 1 bis 10 Ångström oder 10^{-4} bis 10^{-3} Mikron.

Prinzipiell in Frage kommen auch stark gebündelte *Strahlen aus hochenergetischen Elementarteilchen* wie Elektronen, Protonen oder auch ähnliche neutrale Teilchen und Atome.

Mögliche Funktionsweisen der Laserwaffen

Es lassen sich heute schon chemische Laser mit sehr hoher Leistung herstellen, z. B. CO_2-Laser mit einer Wellenlänge $\lambda = 10.6$ µm bis zu 400 kW (Kilowatt) Strahlenleistung und HF-Laser mit einer Wellenlänge von $\lambda = 2.7$ µm sogar bis zu 2.2 MW (Megawatt).

Wir nehmen an, daß das infrarote Licht eines solchen Lasers oder Lasersystems durch Spiegel gesammelt und durch einen großen ausrichtbaren Brennspiegel auf die weit entfernte Rakete gerichtet wird. Um konkret zu sein, wollen wir annehmen, daß dieser Laser auf einer erdnahen Umlaufbahn stationiert sein soll. Aufgrund der Wellennatur des Lichts (bzw. den Heisenbergschen Unschärferelationen) kann man selbst unter der Annahme einer perfekten Optik (exakte Justierung der Laser, perfekte Spiegel) das Licht nicht beliebig scharf bündeln (Diffraktion). Es verbleibt immer ein Brennfleck mit einer endlichen Ausdehnung, der mit dem Verhältnis λ/D aus Wellenlänge λ und Spiegelgröße D zusammenhängt. Bei einem Brennspiegel von $D = 10$ m Durchmesser erhält man für Laserlicht von 3 Mikron (3×10^{-6} m) in einer Entfernung von $R = 3000$ km (3×10^6 m) einen Brennfleck mit einem Durchmesser d von wenigstens $d = \frac{\lambda}{D} R = \frac{3 \cdot 10^{-6}}{10} \cdot 3 \times 10^6 \approx 1$ Meter.

Das Laserlicht soll die Rakete dadurch zerstören, daß es ein Loch in die empfindliche Hülle des Antriebsaggregats brennt, wozu bei einer Feststoffrakete, wie etwa der amerikanischen MX, eine Energiedichte von etwa 20 Kilojoule/cm² oder 200 Megajoule/m² nötig ist. Gehen wir von einem Laser mit einer vielleicht in Zukunft erreichbaren und im Vergleich zu dem heute größten Laser zehnfach stärkeren kontinuierlichen Strahlleistung von 25 MW $= 25$ Megajoule/sec aus, so benötigt die – bei Vernachlässigung aller Verluste – über den metergroßen Brennfleck gleichmäßig verteilte pro Sekunde eingestrahlte Energiedichte von 25 Megajoule/m² etwa 8 Sekunden, um die Rakete zu zerstören, wenn sie in den Brennfleck gerät. Dies bedeutet, daß in der insgesamt 2 Minuten = 120 Sekunden währenden Startphase der Raketen ein Laser, bei einem gleichzeitigen Aufstieg aller Raketen, maximal 120/8 = 15 Raketen zerstören kann.

Die Annahme eines Lasers in einer erdnahen Umlaufbahn bedeutet aber, daß er, bei einer Umlaufzeit von 2 Stunden, jede Stunde einmal auf- und untergeht und zudem die Satellitenbahn wegen der Erddrehung von Osten nach Westen abwandert, so daß er nur begrenzt einsatzfähig ist. Wenn man die Silos der sowjetischen Interkontinentalraketen entlang der transsibirischen Eisenbahn sich als die möglichen Ausgangspunkte der Raketen vorstellt, reichen vielleicht sieben Satellitenstationen bei der angenommenen Reichweite der Laser aus, um im Mittel ein Silo jederzeit zu erreichen. Bei 1400 ICBMs bedeutet dies, daß man wenigstens $1400 \times 7/15 \approx 700$ solcher Kampfstationen braucht, um auf jede Rakete wenigstens einen Schuß abgeben zu können.

Wir wollen jetzt eine grobe Abschätzung machen, welche Kosten durch die Stationierung der Laser entstehen. Wir wollen uns dabei zunächst darauf beschränken auszurechnen, was es kosten würde, allein den für den Laser nötigen Treibstoff in die Umlaufbahn zu bringen. Um ein Kilojoule Strahlung bei einem HF-Laser zu erzeugen, brauchen wir bei Vernachlässigung aller Verluste etwa 2 Gramm Treibstoff. Bei 25 Megajoule/sec über 120 Sekunden benötigt man also $25\,000 \times 120 \times 2 = 6 \times 10^6$ g = 6 Tonnen Treibstoff pro Laser. Es kostet im Augenblick etwa 3 Millionen US-Dollar, um eine Tonne in eine erdnahe Umlaufbahn in der Äquatorebene bei gleichartigem Umlauf wie die Erddrehung zu schießen. (Der für unseren Zweck nötige Umlauf über die Pole wäre wesentlich teurer, da hierbei die zusätzliche Schubkraft durch die Erddrehung wegfällt.) Dies heißt bei 700 Lasern, daß etwa 13 Milliarden US-Dollar allein für den Treibstofftransport zu bezahlen wären. Bei einem Nutzgewicht von etwa 30 t einer Raumfähre (space shuttle) heißt dies, daß man bei 10 Flügen/ Jahr etwa 14 Jahre brauchen würde, um dieses System aufzubauen.

Es ist offensichtlich, daß diese Berechnung die wirklichen Kosten bei weitem unterschätzt. So führt eine Berücksichtigung des Geräts bei den Transportkosten zu wenigstens einer Verdoppelung unserer Abschätzung. Bei einem kontinuierlichen Betrieb sind wahrscheinlich auch noch Kühlmittel nötig. Dazu sind wir von Lasers mit idealem Verhalten (Wirkungsgrad 100%), von perfekten Spiegeln und perfekter Ausrichtung des Strahls ausgegangen, alles Faktoren, die unseren Ansatz für die Strahlungsleistung bei Berücksichtigung realistischer Verhältnisse nach unten korrigieren werden. Durch die Vernachlässigung aller Zeitverluste bei der

Verarbeitung der Information, den Feuerentscheidungen, den Feuerbefehlen, den Neuausrichtungen des Spiegels usw. haben wir außerdem die einsatzfähige Brennzeit viel zu hoch angesetzt. Die Berücksichtigung aller dieser Faktoren würde die Notwendigkeit noch stärkerer Laser und eine weitere Vermehrung ihrer Zahl bedeuten, was entsprechend die Kosten in die Höhe treibt.

Unberücksichtigt sind weiter alle die immensen Kosten geblieben, die zur Erforschung, Entwicklung und Konstruktion dieser Laserstationen und der mit diesen zusammenhängenden Kommando- und Kontrollanlagen aufgebracht werden müssen.

Wir haben uns bisher auch keine Gedanken darüber gemacht, ob diese Abwehrsysteme im Weltraum ihrerseits wieder eines eigenen Schutzes, also eines Abwehrsystem-Abwehrsystems bedürfen, um vom Gegner ungestört ihr Zerstörungswerk zu verrichten. Doch kommen wir hierbei zu einem außerordentlich heiklen Punkt des ganzen SDI-Projekts, den wir später ausführlich diskutieren müssen.

Das im vorhergehenden vorgestellte Raketenabwehrsystem mit Lasersatelliten klingt reichlich phantastisch und utopisch, und man wird dabei mit Recht einwenden können, daß es von der Konzeption her doch reichlich primitiv und dümmlich ausgelegt ist. Es ist ja Ziel einer Forschung, hier ganz neue Wege aufzuzeigen und »geniale«, vereinfachende und kostensenkende Durchbrüche zu erzielen. Man wird sich deshalb auf die Suche nach ganz neuen Mechanismen und Technologien machen.

Ausgangspunkt für solche »Verbesserungen« sind Überlegungen in Richtung auf eine Verringerung der Zahl der Kampfstationen, von denen nach obigem Konzept zu jedem Zeitpunkt, wegen ungünstiger Schußposition, immer nur etwa 15% einsatzfähig sind. Es liegt deshalb nahe, diese Schwierigkeit dadurch zu umgehen, daß man die Kampflaser auf geeignete geostationäre Bahnen bringt, so daß sie kontinuierlich über den Silos – bzw. etwas südlich versetzt über dem Äquator – auf der Lauer liegen. Das schwerwiegende Problem ist hierbei jedoch, wie schon früher bemerkt, die über 10fach größere Entfernung von den aufsteigenden Raketen, nämlich eine Entfernung von etwa 40 000 km im Vergleich zu den bisher angenommenen 3000 km. Dies bedeutet aufgrund der Lichtbeugung einen 10mal größeren Brennfleck, also um den gleichen Effekt zu erzielen, einen 100mal intensiveren Laser (2,5 Gigawatt) oder einen 10mal größeren fokussierenden

Spiegel (100 m!). Dies klingt völlig aussichtslos. Man kann jedoch versuchen, die vergrößerte Entfernung dadurch wettzumachen, daß man einen Laser mit entsprechend kürzerer Wellenlänge, also z. B. einen im ultravioletten Wellenlängenbereich strahlenden *Excimer-Laser* mit einer im Vergleich zu chemischen Lasern 10mal kleineren Wellenlänge (λ = 0.3 µm) verwendet. Dann hat man im wesentlichen, was Spiegelgröße, Brennfleckgröße und Leistung betrifft, wieder die früheren Verhältnisse. Es treten jedoch zwei Schwierigkeiten auf:

Der Excimer-Laser ist ein Edelgas (Xenon)-Chlorgemisch, der durch einen energetischen Elektronenstrahl angeregt wird, der viel elektrische Energie benötigt. Er ist deshalb im Vergleich zum chemischen Laser ein ziemliches Monstrum, der sich kaum für eine Stationierung, noch dazu auf einer solch hohen Bahn, eignet.

Eine zweite Schwierigkeit besteht darin, daß die große Entfernung nicht nur die Ausdehnung des Brennflecks vergrößert, sondern auch die Zielgenauigkeit erschwert. Da das Ziel durch den hauptsächlich im infraroten strahlenden Feuerschweif gegeben ist, benötigt man »Zielfernrohre« von etwa 100 m Durchmesser.

Beide Schwierigkeiten lassen sich technisch so nicht bewältigen. Der amerikanische Physiker George Keyworth hat deshalb das alternative Konzept vorgeschlagen, den Excimer-Laser auf der Erde zu stationieren, was viel einfacher ist, und sein ultraviolettes Laserlicht auf dem Umweg über einen großen Spiegel auf einer geostationären Bahn auf die Raketen zu lenken. Um die Schwierigkeit mit der mangelhaften Zielgenauigkeit zu umgehen, soll das UV-Laserlicht vom geostationären Spiegel zunächst auf Kampfspiegel in erdnahen Umlaufbahnen gelenkt werden, welche durch ihre größere Nähe eine präzise Ausrichtung auf die einzelnen Raketen erlauben sollen.

Bei dieser Verfahrensweise treten nun wieder ernste Nachteile auf. Da die Kampfspiegel in erdnahen Umlaufbahnen sind, haben wir wieder die alte Schwierigkeit, daß sie meistens in ungünstiger Position zu den von ihnen belauerten Silos sind. Wir müssen also ihre Zahl wieder vermehren, um eine dauernde Beschattung der Silos zu gewährleisten. Wegen der einfacheren Struktur eines Spiegels im Vergleich zu einem Laser kann man dies aber vielleicht in Kauf nehmen. Der geostationäre Hauptspiegel muß dann aber seine Ausrichtung dem schußbereiten Kampfspiegel präzise nachführen und, in bestimmten Augenblicken, auf einen neuen, in günstigerer Position stehenden Kampfspiegel umschwenken. Ob das so klappt? Aber dies sind technische Probleme, um die wir uns nicht kümmern wollen.

Nachteilig ist auch, daß bei erdstationiertem Laser die Laserstrahlen erst durch die Erdatmosphäre hindurchgehen müssen, wo sie nicht nur teilweise absorbiert werden, sondern, schlimmer, auch durch Schwankungen in der Atmosphäre gestreut werden (ein Effekt, der uns z. B. als Blinken der Fixsterne am Nachthimmel geläufig ist). Eine solche Streuung würde den UV-Strahl in nicht zulässiger Weise auffächern. Um diesem entgegenzuwirken, kann man unter Umständen eine »aktive Optik« in Betracht ziehen. Man läßt dazu dem geostationären Hauptspiegel in etwa 900 m Entfernung einen kleinen Excimer-Laser voranfliegen, der sein gebündeltes UV-Licht durch die Atmosphäre auf den großen Excimer-Laser auf der Erde strahlt. Entsprechend den atmosphärischen Schwankungen ist dieser Strahl beim Auftreffen auf den Hauptlaser »verwackelt« und erzeugt deshalb, als Auslöser für die Strahlungslawine im Laser benutzt, einen entsprechend verwackelten Hauptstrahl, der nun beim abermaligen Durchgang durch den gleichen Fleck der Atmosphäre gerade wieder auf eine ungestörte Form zurückgeführt wird, also nach dem Prinzip: wackeln mal gegenwackeln = nicht verwackeln.

Ich bringe dies so ausführlich, damit man sieht, daß man bei technischen Problemen nicht gleich die Flinte ins Korn werfen muß. Aber man erkennt vielleicht auch, auf welch immense Komplikationen man sich hier schon einlassen muß.

Doch nun zu den Kosten eines solchen Systems. Wenn wir wieder die 1400 Raketen vor Augen haben, müssen wir wohl mit etwa 70 Hauptspiegeln in geostationären Bahnen rechnen, wo jedem der Abschuß von etwa 20 Raketen über entsprechende Kampfspiegel – mindestens $7 \times 70 \approx 500$ an der Zahl – aufgetragen werden muß.

Wir beschränken uns auf eine Abschätzung der Kosten der Energieversorgung der Laser. Um 1400 Raketen zu zerstören, benötigen wir etwa 200 Gigajoule Energie, die während der etwa 100 Sekunden dauernden Aufstiegszeit der Raketen aufgeboten werden müssen. Dies heißt, daß der Laser eine Gesamtstrahlleistung von wenigstens 2 GW abgeben können muß. Ein Excimer-Laser benötigt nun nicht nur chemischen Treibstoff, sondern zur Beschleunigung der Elektronen auch elektrische Energie. Sie ist etwa 16mal größer als die in Strahlung abgegebene Leistung (6% Wirkungsgrad), so daß also 32 GW an elektrischer Leistung, was der Leistung von etwa 32 Kernkraftwerken entspricht, bereitgestellt werden müßte, die dann allerdings – im Gegensatz zu normalen Kernkraftwerken – nur für etwa 2 Minuten gebraucht würde.

Das ist aber noch nicht alles. Das UV-Licht wird in der Atmosphäre absorbiert und dies besonders bei bewölktem Himmel. Ein unbedeckter Himmel über dem Laser läßt sich nicht immer gewährleisten und muß deshalb durch eine Mehrzahl von Laseranlagen auf der Erde ausgeglichen werden. Dies führt leicht zu einer Verdreifachung bis Verzehnfachung der bereitzustellenden Kapazität, also auf elektrische Leistungswerte von 100-300 GW, die 20% bis 60% der elektrischen Leistung der USA entsprechen. Sie muß jederzeit spontan verfügbar sein, obgleich nur für kurze Zeit, was eigens dafür konzipierte Elektrizitätswerke erfordert. Geht man bei der Installation dieser Leistung von etwa 300 US-Dollar/kW aus – ein Wert, der wegen der nur kurzzeitig geforderten Leistung wesentlich unter den üblichen Installationskosten von kontinuierlich betriebenen Anlagen angesetzt ist –, so entspräche dies einem Kostenaufwand zwischen 40 und 120 Milliarden US-Dollar.

Ich möchte hier wieder betonen, daß die eigentlichen Kosten bei einer realistischen Abschätzung wesentlich höher liegen.

Dies klingt also noch utopischer, und man könnte an dieser Stelle einfach aufgeben. Aber da gibt es Leute, und zu ihnen gehört Edward Teller, die meinen, daß man eben zu noch exotischeren Lösungen greifen muß.

Als solch eine exotische Lösung kann ein *Röntgenstrahl-Laser* gelten, der im Augenblick in der Erprobungsphase ist. Röntgenstrahlen haben eine tausendmal kleinere Wellenlänge als sichtbares Licht und haben deshalb eine entsprechend kleinere Diffraktion. Röntgenstrahl-Laserlicht, also ein scharf gebündelter, intensiver Röntgenstrahl, ist jedoch wesentlich schwerer zu erzeugen. Man muß hierbei Elektronen der inneren Schalen von höheren Atomen anregen, was hohe Energien verlangt, etwa von der Größenordnung von 1 keV (Kiloelektronenvolt) oder dem Temperaturäquivalent von etwa 10 Millionen Grad. Trotz der geringeren Diffraktion kann man Röntgenlicht nicht so gut bündeln, weil man bei seiner Erzeugung nicht den üblichen Laserverstärkungsmechanismus verwenden kann, der von einer wiederholten Spiegelung des Lichts im Laser Gebrauch macht. Röntgenstrahlen gehen durch Materie hindurch. Um das Analogon eines Lasers zu bauen, kann man sehr lange und sehr dünne Metallfasern verwenden. Wird der Metallfaden durch eine geeignete Energiequelle angeregt, so sendet er an seinem Ende Röntgenlaserlicht aus, das um so weniger auseinanderläuft, je *kleiner* der Durchmesser D und je größer die Länge L der Faser ist, d. h. der Öffnungswinkel des Strahlkegels ist proportional zu D/L. Aufgrund der Welleneigenschaften des Röntgenlichts kommt hier noch ein Auseinanderlaufen proportional zu λ/D (Diffraktion) hinzu, wobei λ die Wellenlänge ist, was – um es klein zu halten – einen möglichst *großen* Faserdurchmesser erfordert. Einen optimalen Kompromiß findet man bei einem Faserdurchmesser von $D = \sqrt{\lambda \cdot L}$, was zu einem minimalen Öffnungswinkel von $\sqrt{\lambda/L}$ führt. Bei einem Röntgenstrahl-Laser mit Wellenlänge $\lambda = 12\ \text{Å} = 12 \cdot 10^{-4}\ \mu\text{m}$ und Metallfasern von 2 m Länge entspricht dies Fasern von einem Durchmesser von einigen hundertstel Millimeter. In 4000 km Entfernung würden diese einen minimalen Brennfleck von 200 m Durchmesser erzeugen.

Um einen solchen Röntgenstrahl-Laser überhaupt in Gang zu setzen und dann auch am Brennfleck eine für eine Zerstörung ausreichende Energiedichte erzeugen zu können, braucht man eine gigantische Energiequelle. Als solche kommt nur die Kernenergie in Frage. Man wird also versuchen, diesen Laser mit einer Atombombe anzutreiben, oder, wie man sagt, zu pumpen.

Damit dies gelingt, benötigt man eine Atombombe der 3. Generation. Eine Atombombe der ersten Generation ist im wesentlichen eine Nagasakibombe, etwa ein mit normalem Sprengstoff gefüllter Metallbehälter, bei dem durch Implosion eine im Zentrum befindliche Kugel aus Plutonium unterkritischer Größe durch Zusammenstauchung kritisch gemacht wird und durch Kernspaltung explodiert. Eine Atombombe der 2. Generation ist eine Bombe, wo die Kernspaltungsbombe als Zünder für einen Kernfusionsprozeß von Deuterium und Tritium (schwerer und schwerster Wasserstoff) verwendet wird, wobei schon eine gewisse Ausrichtung der Strahlung nach einer Seite notwendig ist. Diese Bombe hat etwa einen Durchmesser von einem halben Meter und ist etwa anderthalb Meter lang.

Bei einer Atombombe der 3. Generation muß die Einseitigkeit

der Ausstrahlung in einer bestimmten Richtung durch geeignete Maßnahmen noch weiter getrieben werden. In dieser Richtung müßten dann die langen Metallfasern eingelagert werden, die dann durch die Strahlen der Nuklearexplosion zur Ausstrahlung von Röntgenlaserlicht angeregt werden.

Ein großer Nachteil des nuklear gepumpten Röntgenlasers ist, daß er beim Auslösen durch die Nuklearexplosion selbst zerstört wird. Da die γ-Strahlen um winzige Bruchteile von Sekunden schneller sind als die zerstörende Schockwelle, kann der Röntgenstrahl gerade noch vorher entkommen. Der Röntgenstrahl-Laser erlaubt also nur einen einzigen Schuß. Um ihn zum Abschuß mehrerer Raketen verwenden zu können, muß man eine größere Zahl von Metallfasern einlagern, wobei jede, absolut gerade und präzise, auf ein anderes Ziel auszurichten wäre. (Es ist jedem unbenommen, sich die technischen Hürden für die Lösung dieses Problems auszumalen.) Ein Nachjustieren bei einem Fehlschuß ist unmöglich.

Die Wirkung des Röntgenstrahls auf die Rakete ist anders als beim kontinuierlich betriebenen chemischen Laser. Der Röntgenstrahl brennt kein Loch in die Wandung, sondern versetzt der Rakete einen Schlag, der sie aus der Bahn werfen oder sie einbeulen kann. Wegen der kurzen Zeit der Einwirkung ist eine Nachführung des Strahls unnötig, was vorteilhaft ist. Um Raketen ernstlich stören zu können, sind wohl Atombomben mit der Stärke von mehr als 15 Hiroshimabomben als Laserpumpe nötig.

Da das Gewicht des nukleargepumpten Röntgenlasers relativ gering ist, erscheint er geeignet, als Pop-up-System verwendet zu werden. Er würde also erst im Falle eines Raketenangriffs an eine geeignete Stelle hochgeschossen werden, von dem aus ein Abschuß der Raketen am besten erfolgen kann. Hier bietet sich etwa eine Stationierung dieses Pop-up-Systems auf im nördlichen Indischen Ozean kreuzenden U-Booten an.

Doch auch dieses phantastische System hat seine schwerwiegenden Nachteile.

Die Aufstiegszeit des Röntgenlasers von einem U-Boot in die notwendige Höhe wird wohl nicht unter 3½ Minuten zu verkürzen sein. Dies reicht aber nicht aus, um die Rakete in ihrer Startphase abzufangen, da man diese ohne Schwierigkeit auf 2 Minuten oder weniger abkürzen kann. Die Notwendigkeit einer sofortigen Reaktion bedeutet dazu, daß hierbei keine menschliche

Zwischenkontrolle mehr eingeschaltet werden kann. Die erste Nuklearexplosion – hier eines Röntgenlasers – im Weltraum über dem gegnerischen Territorium würde also dann ohne menschliches Zutun nötig sein mit all seinen katastrophalen Konsequenzen.

Ein zweiter schwerwiegender Nachteil des Röntgenlasers ist, daß Röntgenstrahlen nicht in die Atmosphäre eindringen können. Solange eine Rakete also innerhalb der Atmosphäre bis etwa 100 km Höhe ist, können ihr die Röntgenstrahlen nichts anhaben. Es erscheint nun relativ leicht, die Schubkraft der Raketen derart zu verstärken, daß ihre Brennphase beendet ist, bevor sie den atmosphärischen Schutz verlassen. Doch auf die vielfältigen und relativ einfachen Gegenmaßnahmen, mit denen man Raketen wirksam gegen ein Abwehrsystem der beschriebenen Art schützen kann, soll später eingegangen werden.

Teilchenstrahl-Waffen

Neben den elektromagnetischen Strahlen kommen im Prinzip auch hochenergetische Strahlen von Elementarteilchen als Abwehrwaffen in Frage, da sie sich bei ihrer Fortpflanzung durch den Raum ganz ähnlich wie Licht verhalten und in ihrer Geschwindigkeit nur ganz wenig hinter der des Lichts zurückbleiben.

Hochenergetische Strahlen lassen sich am leichtesten mit elektrisch geladenen stabilen Elementarteilchen, wie Elektronen und Protonen, erzeugen, die man in Hochenergiebeschleunigern (etwa der Art wie bei CERN in Genf und DESY in Hamburg) auf hohe Geschwindigkeiten bringt. Der Nachteil von geladenen Teilchen ist aber, daß sie – im Gegensatz zum ungeladenen Licht – im Magnetfeld der Erde abgelenkt werden. Ein Elektron von 1 GeV (10^{-9}% weniger als Lichtgeschwindigkeit) wird z. B. auf einen Kreis mit einem Durchmesser von 220 km umgelenkt, ein Proton derselben Energie (13% weniger als Lichtgeschwindigkeit) auf einen Kreis von 380 km. Man kann damit also gar nicht auf sehr lange Entfernungen schießen. Dazu führen Schwankungen im Erdmagnetfeld zu großen Bahnabweichungen, und auch irgendwelche Kernexplosionen verursachen starke Kursstörungen.

Eine Möglichkeit, dieser Schwierigkeit zu entgehen ist, die Teilchen nach ihrer Beschleunigung zu neutralisieren. Man kann z. B.

einen Protonenstrahl beim Durchgang durch ein geeignetes Material in einen neutralen Neutronenstrahl verwandeln, der dann allerdings nicht mehr sehr gut gebündelt ist und in 1000 km schon einen Durchmesser von 1 km hat. Besser erscheint hier die Möglichkeit zunächst H^--Ionen (Wasserstoffkerne mit zwei Elektronen) zu beschleunigen und diesen dann das überzählige Elektron abzustreifen, so daß ein hochenergetischer neutraler Wasserstoffstrahl entsteht. Bei diesem lassen sich auf 1000 km Entfernung wohl Strahldurchmesser von bestenfalls 10 m erreichen.

Es gibt weiterhin auch Hinweise, daß man geladene Teilchen in einem Kanal einfangen kann, den ein Laserstrahl durch Ionisation in einem hochverdünnten Gas hinterläßt, aber es fällt mir schwer, die Effektivität dieses Verfahrens zu beurteilen.

Jedenfalls spielen Teilchenstrahlwaffen wegen dem viel zu großen Aufwand bei der Beschleunigung und der Schwierigkeit, hinreichend hohe Energien und Intensitäten zu erreichen, in der augenblicklichen Diskussion keine Rolle. Ihre Verwendung für ein Abwehrsystem gilt als nicht realisierbar.

Gegenmaßnahmen zum Abfang der Raketen in der Startphase

Wir haben bisher im wesentlichen nur die technischen Möglichkeiten von Abwehrwaffen beschrieben und die bei ihrer Realisierung auftretenden Schwierigkeiten aufgezeigt. Diese Schwierigkeiten steigen aber ins Unermeßliche an, wenn wir bedenken, daß der Raketenstarter alle diese Maßnahmen ja nicht tatenlos über sich ergehen lassen, sondern geeignete Gegenmaßnahmen treffen wird. Vom technischen Standpunkt scheint die größte Schwäche eines strategischen Raketenabwehrsystems darin zu liegen, daß seine Durchführung neue, noch unbekannte, ausgeklügelte Technologien und extrem komplizierte und teure Systeme verlangt, während sich ohne große Mühe eine große Zahl von enorm wirksamen Gegenmaßnahmen angeben lassen, die heute schon oder fast schon verfügbar und beherrschbar und dazu relativ einfach und billig sind. Ein Verteidigungssystem, das mit einfacheren und billigeren Methoden, als es selbst zu seiner Errichtung braucht, unwirksam gemacht werden kann, verliert seinen Sinn im Gegenteil, es ist sogar gefährlich, da es zu einer wechselseitigen Eskalation der Vernichtungskräfte führt.

Um einen Abfang seiner Raketen durch das beschriebene Abwehrsystem zu verhindern, kann der Angreifer seine Raketen zunächst und vor allem besser zu schützen suchen. Hierzu gibt es eine Reihe von einfachen Maßnahmen:

– Er kann durch zusätzliche künstliche Feuerschweife den Abschuß weiterer Raketen vortäuschen und dadurch Abwehrwaffen binden;

– er kann die Antriebsphase verkürzen und damit die Raketen für Röntgenstrahl-Laser und Teilchenstrahlwaffen wegen des Schutzes durch die Atmosphäre unverwundbar machen;

– er kann durch ein Herablassen einer Schürze über Teile des Feuerschweifs oder durch Brennstoffbeimischungen den Schwerpunkt der Leuchtintensität des Feuerschweifs verschieben und damit eine richtige Zielfindung vereiteln;

– er kann durch Verspiegelung der Raketenoberfläche, durch Verstärkung ihrer Wandung, durch eine Drehung der Rakete um ihre Achse, durch wärmeabsorbierende Schichten oder durch eine von Sensoren gesteuerte Kühlung ein Durchbrennen verhindern oder durch Anbringen eines Schutzschildes (Prinzip: Motorradhelm) oder Vorhangs den Schlag durch das Röntgenlaserlicht abfangen;

– er kann durch kleine Nuklearexplosionen in der oberen Atmosphäre einen Infrarot-Hintergrund erzeugen, vor dem die aufsteigenden Raketen nicht mehr deutlich auszumachen sind.

Der Angreifer kann jedoch auch zu aktiven Gegenmaßnahmen greifen und versuchen, das Abwehrsystem zu zerstören. Hierbei ist wichtig, daß alle weltraumgestützten Systeme extrem verwundbar sind gegen alle möglichen Formen von Angriffswaffen, z. B. auch mechanischer Natur. Insbesondere gilt, daß alle für die Abwehr von Raketen entwickelten Systeme auch ausgezeichnet dazu geeignet sind, solche raumgestützten Systeme, Spiegel, Laser, Kampfstationen, deren Bahnen ja genau bekannt sind, abzuschießen. Bodengestützte Teile des Systems, wie z. B. ein Excimer-Laser, lassen sich durch Auswerfen von lichtabsorbierendem Material oder Staubwolken, was z. B. durch eine U-Boot-Rakete bewirkt werden kann, ausschalten.

Man sollte insbesondere dabei auch berücksichtigen, daß solche Gegenmaßnahmen leicht dazu führen können, daß sie ihrerseits die Bedrohung verstärken und damit den eigentlichen Zweck des Schutzschirms, einer Verbesserung der Sicherheit, vereiteln. Eine einfache und sehr naheliegende Maßnahme wäre z. B. die Zahl der Interkontinentalraketen zu erhöhen, um die Abfangmöglichkeiten auszugleichen. Es benötigt keine große Phantasie, um sich weitere geeignete Gegenmaßnahmen auszudenken, welche in der Folge als Nebeneffekt die allgemeine Situation gefährlich destabilisieren würden.

Abfang in der Ausstoßphase und der ballistischen Flugphase

In der nach dem Brennschluß der Rakete folgenden Flugphase bestehen im Prinzip ähnliche Möglichkeiten der Bekämpfung der Raketen wie in ihrer Aufstiegsphase. Ein Vorteil bei den späteren Phasen ist zunächst, daß man wesentlich mehr Zeit hat, nämlich etwa 20-30 Minuten bei den Interkontinentalraketen und etwa 10-15 Minuten bei den seegestützten Raketen. Diesem Vorteil stehen jedoch ganz empfindliche Nachteile gegenüber, die daher rühren, daß mit dem Ende des Brennvorgangs die Objekte viel kälter werden und deshalb nur ganz schwer zu »sehen« sind. Enorme Komplikationen verursacht auch die enorm große Zahl von Objekten, die bei 1400 Raketen leicht in die Hunderttausende gehen kann.

Um hier eine wirksame Bekämpfung noch durchführen zu können, ist es notwendig, mit passiven und aktiven Methoden der Strahlungssondierung bei verschiedenen Wellenlängen (Infrarot, Kurzwelle etc.) zu einer Unterscheidung zwischen echten Sprengköpfen und dem vielfachen täuschenden Beiwerk zu gelangen, da die Bahncharakteristik der verschiedenen Objekte im luftleeren Raum keine solche Unterscheidung erlaubt. Dies bildet eine horrende Aufgabe für Supercomputer, die für ein effektives Kampf-Management wohl mehr als eine Milliarde arithmetische Operationen in der Sekunde bewältigen müssen. Denn es müssen ja die verschiedenen Objekte nicht nur identifiziert, sondern auch ihre Flugbahnen präzise ausgerechnet werden, um eine Abwehrwaffe für ihren Abschuß ausrichten zu können.

Als Abwehrwaffen kommen im Prinzip wieder alle die früher beschriebenen Waffensysteme (chemische Laser, nukleargepumpte Röntgenlaser) in Frage, dazu wohl auch sogenannte Elektromagnetische Schienengeschütze oder Kinetische Energiewaffen, bei denen magnetisch hochbeschleunigte Geschosse auf die Zielobjekte abgefeuert werden.

Bei der extrem hohen Zahl an hochgefährlichen Objekten, die hier in einer mehr oder weniger großen Materiewolke angebraust kommen, erscheint es erwägenswert, in diesen Haufen einfach gleichmäßig eine große Zahl von großen Atombomben zur Explosion zu bringen. Das zu säubernde Volumen ist jedoch so groß und die zerstörende Reichweite der von einer Nuklearexplosion ausgehenden Strahlung zu klein (100 km), daß dazu wohl Kernexplosionen in der Größenordnung von 100 Millionen Hiroshimabomben nötig wären, deren horrende »Nebeneffekte« sich niemand ausmalen kann. Wir haben ja bisher nur sehr geringe Vorstellungen davon, welche Konsequenzen der Abschuß eines einzigen Nuklearsprengkopfs im Weltraum hat und zwar weder im Falle, daß er dabei explodiert (die Folgen lassen sich hier wohl eher ermessen), aber auch wenn er nicht explodiert und seine hochgiftige und radioaktive Ladung gleichmäßig über die Atmosphäre ausstreut. So harmlos, wie dies in den Star-Wars-Imitationen auf dem Fernsehschirm demonstriert wird, wird es jedenfalls nicht sein.

Ein effektiver Abfang in den Mittelphasen ist auch deshalb problematisch, da es auch hier zahlreiche und relativ einfache Maßnahmen gibt, die Abwehr zu stören. So lassen sich z. B. ohne Mühe die Zahl der Attrappen wesentlich erhöhen oder die Sensoren des Abwehrsystems durch alle raffinierten Tricks täuschen, so daß die Großcomputer zur Verzweiflung getrieben, d. h. in ihrer Kapazität gesättigt werden können.

Abfang in der Endphase

In der letzten Phase des Flugs tritt die Materiewolke in die Atmosphäre ein und zu diesem Zeitpunkt, 1 bis 2 Minuten vor dem Aufschlag, erfolgt eine klare Trennung der hitzebeständigen Sprengköpfe von den Attrappen, die sofort verglühen.

Hier unterscheidet man zwei verschiedene Verteidigungszonen, eine hohe Zone (HEADS = high endo-atmospheric defense system) zwischen 90 und 46 km, in der die Sprengköpfe stark glühen und die umgebende Luft ionisieren, und eine tiefere Zone (LOADS = low endo-atmospheric defense system) unterhalb von 46 km.

Allgemein läßt sich sagen, daß in der Endphase eine Verteidigung von Punktzielen (z. B. Silos oder Kommandozentren) wohl in gewissem Grade möglich sein wird, da hierbei der Kegel, innerhalb der ein angreifender Sprengkopf einfliegen muß, gut bekannt ist. Andererseits erscheint eine Verteidigung von weichen Zielen, wie Großstädte, praktisch unmöglich.

Als mögliche Abwehrwaffen können zunächst die auf beiden Seiten entwickelten ABM-Systeme gelten, so das mit nuklearen Abfangraketen arbeitende amerikanische SAFEGUARD-System (seit 1970) und das sowjetische GALOSH-System. Der Nachteil dieses nuklear ausgerüsteten Abwehrsystems ist, daß durch die Nuklearexplosionen erheblicher Schaden auftreten kann, zumindest der gefürchtete »elektromagnetische Stoß« (elektromagnetic pulse = EMP), der eventuell die eigene Elektronik zerstören und damit das Nachrichten- und Steuerungssystem unwirksam machen kann. Dies läßt sich vermeiden, wenn man den Abfang oberhalb von 46 km erreicht und kleinere nukleare Sprengladungen ($\approx$ 2 kt) verwendet (wie z. B. beim amerikanischen SENTRY-System).

Von zunehmender Bedeutung scheinen heute nichtnukleare Abfangsysteme in der Endphase zu sein, bei denen der anfliegende Sprengkopf etwa mechanisch durch ein beschwertes schirmähnliches Gebilde zerstört wird.

Zusammenfassende Schlußfolgerung aus der technischen Betrachtung

Aus den hier zusammengetragenen Überlegungen folgt m. E. eindeutig:

Eine ausreichende – d. h. mit mehr als 99% Verläßlichkeit funktionierende – Verteidigung gegen Nuklearwaffen ist nach menschlichem Ermessen unmöglich.

Diese Einschätzung beruht nicht auf technischem Pessimismus. Es kann im Grunde jedem überlassen bleiben, die »Genialität« oder auch »Einfallslosigkeit« zukünftigen Forschergeistes nach eigenem Ermessen zu berücksichtigen, soweit er dies gleichermaßen für Maßnahmen wie für Gegenmaßnahmen tut. Denn es ist offensichtlich:

– Jeder zukünftige Fortschritt in der Verwirklichung des Raketenabwehrsystems (z. B. die Entwicklung eines funktionierenden Röntgenlasers) macht dieses System selbst wieder verwundbarer;

– jedes vorstellbare, physikalisch-technisch prinzipiell mögliche Verteidigungssystem behält seine enorme Verwundbarkeit, so daß es mit vergleichsweise einfacheren, wirkungsvolleren und billigeren Mitteln überwunden werden kann;

– jedes denkbare Verteidigungssystem muß extrem komplex sein und verlangt deshalb notwendig die Entwicklung extrem komplizierter Hardware, Software und Auswerteverfahren, für die ein eigentlicher umfassender Test unmöglich ist. Niemand wird deshalb bereit und imstande sein, genügend Vertrauen zu diesem System zu fassen und seine Hand für seine Funktionsfähigkeit und Verläßlichkeit ins Feuer zu legen;

– wenn das Vertrauen in die Verläßlichkeit des Systems gering und der Grad seiner Wirksamkeit im Ernstfall unsicher ist, dann ist es unwahrscheinlich, daß je eine Seite sich zu einem Abbau seiner Offensivwaffen entschließen wird.

Die Hauptschwächen eines Verteidigungssystems gegen Nuklearraketen sind,

– daß man es unterfliegen kann, z. B. durch seegestützte Systeme, Mittelstreckenraketen, taktische Nuklearraketen und insbesondere durch Marschflugkörper, in Zukunft vielleicht auch mit exotischeren Methoden wie eingeschmuggelten Rucksack- oder Koffersprengköpfen und vielleicht noch »genialeren« Tricks;

– daß man es überwältigen kann, durch eine große Zahl von Raketen oder eine große Dichte von Silos an einem Ort, durch Störung oder Zerstörung der raumgestützten Systeme, durch Blendung der Sensoren durch Nuklearexplosionen usw., weil es eben ausreicht, mit 5% oder sogar nur 1% von 10 000 Sprengköpfen einen nicht hinnehmbaren Schaden anzurichten;

– daß man es austricksen kann, durch Sättigung der Computer mit einer Unzahl von ausgeklügelten, raffinierten Attrappen und Eindringhilfen;

– daß es viel zuviel kostet, wahrscheinlich bis zu einer Billion US-Dollar (dreitausend Milliarden DM) für die erste Hauptphase – wenn es technisch überhaupt funktioniert.

Sicherheitspolitische Folgen von SDI

Wenn ich ehrlich bin, muß ich zugeben, daß alle die bisher erörterten und bewußt in einiger Gründlichkeit vorgetragenen technischen Fragen für meine eigene Einschätzung des Für und Wider von SDI kaum eine Rolle spielen. Ich bitte Sie deshalb um Entschuldigung, daß ich Sie mit Problemen belästigt habe, die für mich nur von zweitrangiger Bedeutung sind. Meine versteckte Absicht war dabei, Ihnen ein wenig Einblick in die Gedanken und Vorstellungen von Leuten zu geben, die heute hauptberuflich an einer »stabileren« Friedenssicherung arbeiten. Vielleicht haben Sie auch erkennen können, daß hinter allen diesen Fragen eine eigentümliche Faszination steckt, überall nach den Sternen zu greifen, nicht haltzumachen in einem ehrgeizigen, ungestümen und zum Teil der eigenen Eitelkeit dienenden Streben nach dem noch Größeren, Mächtigeren, Verrückteren, obgleich alle Signale für die Menschheit schon lange auf Rot stehen. Diese Faszination ist Teil einer Eigendynamik, die jenseits von aller Bedrohung von Außen, dem vermeintlichen Feind, den Rüstungswettlauf anheizt und uns auf den Abgrund zutreibt.

Das Ziel, das wir alle vor Augen haben, ist, nach Möglichkeiten zu suchen, den Frieden langfristig stabil zu sichern. Deshalb ist die Frage nach den sicherheitspolitischen Folgen von SDI und hierbei schon seine Vorstufe, nämlich etwas wie SDI überhaupt anzustreben, von enormer Bedeutung. Die Kürze dieses sicherheitspolitischen Kapitels steht deshalb im Kontrast zu seiner eigentlichen Wichtigkeit. Die Argumente sind aber hier wohl für jedermann leichter zugänglich und einsehbar als technische Fragen, so daß eine kurze Andeutung, zu der meine Zeit nur noch ausreicht, vielleicht genügt, um sie verständlich zu machen.

Es ist meine feste Überzeugung, daß das Problem der Friedenssicherung heute militärisch nicht mehr lösbar ist (wenn es dies jemals war) und deshalb auch nicht mit irgendwelchen technischen Kniffen. Wir brauchen neue Methoden der Konfliktlösung, und diese müssen politischer Natur sein. Technisch-militärische Maßnahmen können bestenfalls die Rolle einer Verlängerung der Zündschnur übernehmen, die manchmal gerechtfertigt sein können, um genügend Zeit für die notwendigen politischen Veränderungen zu schaffen. Sie können aber die politischen Maßnahmen nie ersetzen.

Das SDI-Programm folgt dem alten statischen Denkmuster des »Trugschlusses vom letzten Zug« (fallacy of the last move), bei dem man versucht, ein augenblicklich existierendes Problem zu lösen, ohne die Veränderungen zu berücksichtigen, welche durch die Lösungsmethode verursacht werden. Wir müssen lernen, dynamisch zu denken: jede Aktion bewirkt Reaktionen, welche auf die ursprüngliche Handlung zurückwirken und sie in ihrem Wert und ihrer Bedeutung verändern.

Die durch SDI ausgelösten Gegenmaßnahmen, verstärkt durch die geringe Berechenbarkeit eines solch enorm komplexen Systems, führen aufgrund von »worst case«-Betrachtungen notwendigerweise zu einem weiteren und noch gefährlicheren Rüstungswettlauf auf höherer Ebene, bei dem leicht, wegen der immer schwieriger werdenden Verifizierbarkeit, ein »point of no return« erreicht werden kann.

Bei der Beurteilung von SDI ist es verhängnisvoll, von der Vorstellung eines – vielleicht prinzipiell nie realisierbaren – Endzustands, eines perfekten Schutzschirms ohne nennenswerte Offensivwaffen, auszugehen, ohne sich vor Augen zu halten, wie ein Weg von der augenblicklichen Situation, die sich durch eine enorme Offensivkapazität auszeichnet, zu dieser visionären Situation führen soll. Dieser Weg ist wegen einer Kombination von starken Offensivwaffen und unzureichendem Schirm durch extrem instabile Zwischenphasen gekennzeichnet. Da die Gefahr eines willentlich von der einen oder anderen Seite vom Zaune gebrochenen Nuklearkriegs, angesichts der damit erdrückend wahrscheinlichen Selbstvernichtung, gering erscheint, erhält die Frage der Krisenstabilität bei allen zukünftigen Entscheidungen und Handlungen allerhöchste Bedeutung.

Alle Maßnahmen, welche stabilisierend auf die Situation wirken, müssen gefördert werden. Hierzu gehört auch die strikte Einhaltung aller existierenden Rüstungskontrollverträge.

SDI ist letztlich unverträglich mit dem ABM-Vertrag von 1972, der». . . verbietet die Entwicklung, Erprobung, Stationierung von allen ABM-Systemen und ihren see-, luft-, raum- und beweglichen landgestützten Komponenten . . .« mit der Ausnahme von je einem System und einem zusätzlichen System, um die jeweilige Hauptstadt, mit gewissen Einschränkungen (was später in einem Zusatzprotokoll auf ein System reduziert wurde). Beide Seiten haben sich bisher an diesen Vertrag gehalten. Die Amerikaner haben ihr eigenes ABM-System aus Effizienzüberlegungen einseitig aufgegeben, während die Sowjets ihr GALOSH-System um Moskau unter den erlaubten Bedingungen weiter ausgebaut haben. Eine Verletzung des ABM-Vertrags durch die Sowjets durch den Bau der phasengesteuerten Flächenradaranlage in Abalakova bei

Krasnoyarsk in Sibirien ist bisher nicht erwiesen, läßt sich aber spätestens nach seiner Inbetriebnahme eindeutig verifizieren. Eine Gefährdung der USA besteht zwischenzeitlich dadurch nicht.

Ein nuklear-gepumpter Röntgenlaser wäre auch unverträglich mit dem teilweisen Test-Stopp-Abkommen von 1963 und dem Weltraumvertrag 1967.

Es erscheint dringend nötig, den ABM-Vertrag zu erweitern und darin auch ein Verbot von jeglichen Antisatellitenwaffen aufzunehmen. Solche Waffen wurden von beiden Seiten seit 1960 entwickelt. 1978 waren bilaterale Gespräche im Gange, um diese zu verbieten, da beide Seiten die stabilisierende Wirkung der unbewaffneten Satelliten erkannten. Sie führten jedoch leider zu keinem Abschluß. Von 1968-1978 haben die Sowjets 20 Abfangtests an einem Satellit mit einem von einer SS-9-Rakete in eine ähnliche Umlaufbahn getragenen Killersatelliten durchgeführt, von denen nur neun erfolgreich waren. Diese Killersattelliten haben zu keiner Zeit die amerikanischen Satelliten bedroht. Seit 1984 entwickeln die USA eine kleine zielsuchende Satellitenrakete, die von einem F-15 Jäger abgeschossen werden kann. Sie stellt eine neue gefährlichere Stufe dar und macht das Verbot aller Antisatellitenwaffen dringend nötig, insbesondere weil eine Entwicklung von Antisatellitenwaffen, wegen ihrer Ähnlichkeit zu den Raketenabwehrwaffen, den ABM-Vertrag unterhöhlt. Eine Kündigung des ABM-Vertrags hätte verheerende Folgen für die Rüstungskontrollvereinbarungen.

In der Kombination von Offensivpotential und partiellem Verteidigungsschutz hätte SDI in allen Zwischenstufen große Vorteile für den Angreifer. Denn ein Schirm, der als Schutz bei einem Erstangriff unzureichend erscheint, könnte enorm wirksam den Zweitschlag des Gegners abwehren, nachdem man ihn selbst zuerst angegriffen hat. Diese prinzipielle Möglichkeit eines erfolgreichen Erstschlags, oder allein die Befürchtung, der andere könnte eine solche Erstschlagsfähigkeit erlangen, beschwört eine extreme Destabilisierung herauf.

Dieser Destabilisierungsgefahr gegenüber ist die Verbesserung der Abschreckung durch eine Erhöhung ihrer Glaubwürdigkeit, wie dies Caspar Weinberger zu propagieren versucht, vernachlässigbar, da wegen der ohnehin existierenden mehrfachen Overkill-Kapazitäten der Nuklearwaffen solche marginalen Änderungen nicht ins Gewicht fallen.

Offensichtlich hat jedoch auch nur ein partieller Schutz durch SDI – und dies schon in der Vorstufe, wo man glaubt, ein solcher Schutz bestünde – eine Verbesserung des Schutzes der USA im Vergleich zu Europa zur Folge, weil dieser Schutzschirm wegen der wesentlich kürzeren Flugzeiten der Mittelstreckenraketen, Taktischen Raketen und Marschflugkörper nur wenig gegen diese Waffen ausrichten kann. Zur Abwehr dieser Europa bedrohender Raketen müßte ein eigenes Abwehrsystem entwickelt werden.

Nach all diesem bleibt die große Frage, was wohl die eigentlichen Ursachen dafür sind, daß ein so stark mit Mängeln belastetes Projekt heute einen so hohen Stellenwert in der militärischen und politischen Diskussion erlangt hat. Ich vermute dahinter im wesentlichen drei Gründe:

– Es mag in der Tat bei vielen die Vision eine Rolle spielen, daß Wissenschaftler, welche dieses Teufelszeug in die Welt gebracht haben, auch imstande sein müßten, dieses wieder zu beseitigen. Weil man politisch keinen Ausweg mehr sieht, hofft man in seiner Wissenschafts- und Technikgläubigkeit, daß Wissenschaft und Technik Wunder schaffen können.

– Die Ankündigung von SDI paßt nahtlos in eine »Politik der Stärke und Überlegenheit«, da man genau in dem Bereich »durchstartet«, wo man schon bisher dem Gegner überlegen war, nämlich in der Mikroelektronik und der Datenverarbeitung. In dieser Situation wird der Gegner erpreßbar und manipulierbar. Er kehrt aus »Angst« an den Verhandlungstisch zurück. Schon ein erster Erfolg, wie man meint, bevor auch nur ein erster Schritt in Richtung auf eine technische Realisierung gemacht wird. Die Demonstration der eigenen Stärke hebt dazu die Moral und die Zuversicht im eigenen Lande und die Verkündigung, daß jetzt nur noch an echter Verteidigung und nicht mehr an zusätzlicher Bedrohung gearbeitet wird, vermindert die moralischen Skrupel und offenbart den eigenen Friedenswillen.

– Das technische Großprojekt SDI schafft neue Perspektiven für die Wirtschaft – es bereitet voll Euphorie den technologischen Sprung ins 21. Jahrhundert vor. Es verheißt segensreiche und lukrative Innovationen im zivilen Bereich als Abfallprodukt der monströsen militärisch-technischen Anstrengungen.

Lassen Sie mich mit einigen wenigen Worten zur Frage eines möglichen technologischen Innovationsschubs durch SDI schließen. Dieser Aspekt ist ja gerade heute in aller Munde und verursacht überall sachkundiges großes Stirnrunzeln, weil man einerseits mit SDI als militärischem Vorhaben – zumindest als Europäer – nicht so recht glücklich werden kann, andererseits aber den technologischen Schnellzug ins 21. Jahrhundert nicht verpassen will.

Wenn man wirklich den zivilen Sektor fördern will, dann ist es doch bei weitem die beste und effizienteste Methode, das Geld und die kreativen Kräfte direkt dorthin zu stecken, wo sie gebraucht werden, als sich nur indirekt mit den Abfallprodukten einer gigantischen Rüstungsmaschine zufriedenzugeben. Der zivilen Wirtschaft durch verstärkte Rüstung neue Impulse geben zu wollen, damit sie die wesentlichen Bedürfnisse der Menschen (noch) besser befriedigen kann, ist noch abwegiger als die andere Vorstellung, man müsse die Reichen nur noch reicher machen, damit es den Armen auf dieser Welt besser geht. Je weiter die Technologie der Rüstung sich auf die Lösung immer extremerer Aufgaben konzentriert, um so weniger wird dabei für den Alltagsgebrauch herauskommen, es sei denn, man deformiert unsere Bedürfnisse weiter in Richtung auf einen maßlosen Gigantismus. Die Fähigkeit, ein Schwert zu schmieden, mag noch nützlich für die Herstellung einer Pflugschar sein, aber wo besteht in einem normalen Leben eine Notwendigkeit, Löcher auf über 3000 km Entfernung in ein Metall zu brennen, Überschallflugzeuge mit Schwenkflügeln mehrere Meter über den Baumwipfeln dahinrasen zu lassen oder für Schreibmaschinen, die, tiefgefroren aus dem 10. Stockwerk aufs Kopfsteinpflaster geworfen und ins Meer versenkt, immer noch zuverlässig funktionieren. Genau dies aber sind die Anforderungen im militärischen Bereich. Ich weiß, daß es andere Beispiele gibt – man kann einen Hochleistungslaser für die Kernfusion verwenden (was nicht heißt, daß daraus je ein brauchbarer Kernfusionsreaktor wird), man kann eine hochgezüchtete Mikroelektronik, Supercomputer und Superprogramme für die industrielle Fertigung verwenden usw.; aber warum dann nicht gleich direkt und ohne noch zusätzlich mit Geheimhaltungsauflagen belastet zu werden? Geben nicht die Japaner ein Beispiel dafür ab, daß man trotz minimaler Rüstungsindustrie wirtschaftlich ganz gut über die Runden kommen kann?

Warum – so frage ich mich – ist es eigentlich nicht möglich, die wirklich großen Herausforderungen unserer Zeit – die Probleme des Ressourcenschutzes, des Umweltschutzes, der Dritten Welt, der Weltwirtschaft einschließlich des Arbeitslosenproblems – auch einmal unmittelbar und gezielt zum Mittelpunkt eines großen Forschungs- und Entwicklungsprogramms zu machen? Denn auch diese Probleme signalisieren doch weltweite Katastrophen, wenn wir nicht bald und entschlossen sie zu lösen versuchen, auch sie bedrohen unsere Sicherheit. Ich weiß, daß diese Möglichkeit utopisch ist – und trotzdem sehe ich nicht ein, warum. Ich sehe mit Wehmut, mit Groll und auch Verzweiflung, wie viele der jungen, aufgeschlossenen, begeisterungsfähigen, opferbereiten, tatenfreudigen Geister unserer Zeit mißbraucht werden, den Himmel zum Vorhof der Hölle zu machen, anstatt diesen Talenten die Chance zu bieten, ihre Kräfte den hohen Zielen der Menschheit, der Möglichkeit ihres Überlebens, den Möglichkeiten eines friedlichen Zusammenlebens der Völker zu widmen.

Geben wir die Hoffnung nicht auf. Nur diese Utopie kann uns retten. Die ist meine Vision.

Die forschungspolitischen Auswirkungen der Strategischen Verteidigungsinitiative SDI

Die forschungspolitischen Auswirkungen der Strategischen Verteidigungsinitiative (Strategic Defense Initiative SDI): das ist ein außerordentlich schwieriges und weitverzweigtes und vor allem ein bisher kaum greifbares Thema. Denn seine Diskussion setzt die Klärung einer ganzen Kette von Vorfragen voraus. SDI ist im Augenblick nicht viel mehr als ein Riesenprogramm mit unscharfen Konturen und vagen Inhalten. Es fällt deshalb schwer, sich seine zukünftigen Konsequenzen für unsere Forschungslandschaft – oder allgemeiner: seinen Einfluß auf den wissenschaftlich-technologischen Bereich – auszumalen. Ich muß mich deshalb im wesentlichen darauf beschränken, einige der physikalisch-technischen Erfordernisse zu schildern, die zu erfüllen SDI sich zur Aufgabe gestellt hat. Doch auch hier ist alles noch sehr in Fluß, und viele wichtige Entscheidungen werden erst zu einem späteren Zeitpunkt gefällt werden. Wegen der strategisch-politischen Bedeutung von SDI muß man auch darauf achten, ob nicht gewisse, öffentlich stark in den Vordergrund getretene Aspekte von SDI mehr die Funktion einer Nebelwand haben, die, geeignet lanciert und propagiert, die öffentliche Meinung auf eine bestimmte, gewünschte Weise beeinflussen oder von den eigentlichen Zielen ablenken soll. Da die Auseinandersetzung zwischen Ost und West auch wesentlich die psychologische Wirkung auf den potentiellen Gegner im Auge hat, ist oft auch gar nicht ausgemacht, ob zwischen vorgegebener und wirklicher Absicht ein klarer Trennungsstrich gezogen werden kann.

SDI – ein Projekt von nie dagewesenen Ausmaßen

SDI, in der sich jetzt schon abzeichnenden Form, ist jedenfalls ein Großprojekt, das – wenn es auch nur in Teilen durchgeführt wird – alles in den Schatten stellen wird, was der Mensch in seiner Geschichte – das Manhattanprojekt zum Bau der Atombombe und die Apollo-Mission der Mondlandung eingeschlossen – sich bisher an physikalisch-technischen Projekten vorgenommen hat. Im Vergleich zu den genannten bisherigen Großprojekten – dem Atombombenbau und dem Mann-auf-dem-Mond-Projekt – besteht allerdings noch ein wesentlicher Unterschied. Das Manhattan-Projekt und die Apollo-Mission hatten die Lösung einer ganz bestimmten, wohldefinierten, physikalisch-technisch beschreibbaren Aufgabe zum Ziel. SDI ist statt dessen an einem bestimmten Zweck, einem militärischen Ziel orientiert, nämlich die Bedrohung durch die Atomwaffen – wenigstens für den Westen – vollkommen oder fast vollkommen aus der Welt zu schaffen. Dies ist weit mehr als die Verwirklichung eines ehrgeizigen physikalisch-technischen Programms. In einer polarisierten Welt, in der zwei Supermächte sich voller Mißtrauen gegenüberstehen und sich wechselseitig völlig glaubhaft mit der totalen Zerstörung bedrohen, bedeutet ein solches Ziel nicht nur die Bewältigung einer ungeheuren Vielzahl von physikalisch-technischen Aufgaben, sondern die Bereitschaft, sich auf einen neuen, nie abbrechenden, sich immer weiter verstärkenden, immer teurer werdenden, die geistigen und physischen Ressourcen der Länder immer stärker aufzehrenden Wettlauf von sich wechselseitig annullierenden Maßnahmen und Gegenmaßnahmen einzulassen. Ein solcher Prozeß wirkt wie ein Krebsgeschwür, das letztlich die vitalen Kräfte der Menschheit – und nicht nur die der Ärmsten und Armen dieser Welt, wie jetzt schon, sondern künftig auch die der Reicheren – aufzehren wird. Es wird uns die Mittel rauben, die eigentlichen großen Herausforderungen unseres Jahrhunderts energisch anzugehen.

Was sind diese eigentlich wichtigen Aufgaben?

– Wir müßten versuchen, die industrielle Entwicklung wieder in Einklang mit unserer Umwelt zu bringen, in die wir auf Gedeih und Verderb eingebettet sind;

– wir müßten alle Anstrengungen unternehmen, daß wir durch

technische Innovationen sorgsamer als bisher mit den nicht erneuerbaren Ressourcen dieser Erde, mit Energie und Rohstoffen, umgehen;

– wir müßten dafür sorgen, daß auf dieser Erde mehr Gerechtigkeit herrscht, daß Freiheit und Entfaltung der Persönlichkeit nicht durch die realen Lebensumstände zum Privileg von ganz wenigen verkommen. Denn welchen Wert hat letztlich meine persönliche Freiheit, wenn ich nichts mehr zu essen habe oder wenn die Gesellschaft mich als Arbeitslosen nicht mehr braucht?

Umweltzerstörung, Verknappung von Ressourcen, soziale Ungerechtigkeit sind wesentliche Ursachen für Konflikte und Kriege. Wenn wir uns diesen Problemen verstärkt zuwenden, dann tun wir langfristig mehr und Wesentlicheres für den Frieden und für unsere Sicherheit als durch jede noch so geniale Schutzmaßnahme gegen Atomraketen.

Ich halte eine Verwirklichung des von SDI angestrebten Ziels, nämlich Atomwaffen, auf lange Sicht – wie Präsident Reagan es ausgedrückt hat – »impotent and obsolete«, unwirksam und überflüssig zu machen, für nicht machbar. Meine pessimistische Prognose resultiert aber nicht aus einem technischen Pessimismus, also aus meiner mangelnden Zuversicht, daß unsere Wissenschaftler und Techniker die dabei auf jeder Stufe auftretenden physikalisch-technischen Probleme nicht auf irgendeine Weise erfolgreich meistern können, sondern ganz im Gegenteil: Gerade aufgrund des unerschöpflichen Einfallsreichtums und des hochspezialisierten und kompetenten technischen und handwerklichen Könnens von Wissenschaftlern, Technikern und Handwerkern wird für jede raffinierte Maßnahme auf der einen Seite der anderen Seite eine noch raffiniertere Gegenmaßnahme einfallen, welche die Wirksamkeit dieser Maßnahme im wesentlichen wieder ausgleichen wird. Auf diese Weise wird an der prinzipiellen Bedrohlichkeit der Situation überhaupt nichts verändert. Die Sicherheit keiner Seite wird dadurch verbessert. Aller Wahrscheinlichkeit nach werden sich sogar alle bestehenden Probleme noch verschärfen, und die allgemeine Unsicherheit wird sich mit der weiter zunehmenden Komplexität vergrößern.

Politische Probleme lassen sich eben nicht mit technischen Kniffen lösen. Darüber besteht weitgehend Einigkeit. Technische Maßnahmen können bestenfalls die Möglichkeit schaffen, gewisse Zeitperioden zu strecken, um den viel langsameren politischen

Entwicklungen eine reale Chance zu geben. Denn politische Entwicklungen benötigen wegen der begrenzten Lernfähigkeit des Menschen, wenn sie evolutionär und nicht revolutionär verlaufen sollen, einfach eine bestimmte Zeit. Die möglicherweise durch die Technik geschaffenen verlängerten Galgenfristen müssen wir aber dann gezielt und intensiv nützen, damit auch die eigentlichen, im Hintergrund stehenden, politischen Probleme einer Lösung zugeführt werden. Die Verlängerung einer Zündschnur nützt nur dann, wenn man die dadurch gewonnene Zeit verwendet, um die Bombe zu entschärfen und nicht, um ihre Sprengkraft noch weiter zu erhöhen.

Jedes Land hat ein Anrecht auf eine angemessene Sicherheit für seine Fortexistenz. Auch ist richtig, daß man diese Sicherheit auf Dauer nicht durch immer größere Drohgebärden nach außen stabil gewährleisten kann. Man benötigt dazu nicht-offensive Verteidigungsstrukturen. Es muß dabei sorgfältig darauf geachtet werden, daß die Fähigkeit zu einer besseren Verteidigung nicht auch die Angriffsfähigkeit vergrößert. Die Angriffsunfähigkeit muß gleichrangiges – wenn nicht sogar übergeordnetes – Ziel zur Verteidigungsfähigkeit sein und bleiben.

Zu den physikalisch-technischen Inhalten von SDI

SDI ist zunächst an einer Vision orientiert, wie sie am 23. März 1983 der amerikanische Präsident Ronald Reagan in einer Fernsehansprache verkündet hat. Er forderte darin die Gemeinschaft der Wissenschaftler auf, ihre großen Talente der Sache der Menschheit und des Weltfriedens zu widmen und die technischen Mittel zu entwickeln, um Atomwaffen unwirksam und überflüssig zu machen. Aus dieser Aufforderung ergeben sich zunächst die folgenden Fragen:

– Gibt es prinzipiell überhaupt Möglichkeiten, die SDI-Vision physikalisch-technisch zu verwirklichen?

– Wenn eine Realisierung prinzipiell möglich ist, auf welche Weise soll man sich dem angestrebten Ziel nähern?

– Wo soll man zunächst Schwerpunkte bei der Erforschung und Entwicklung dieser technischen Möglichkeiten setzen?

– Wie würden die ins Auge gefaßten Maßnahmen durch Rückwirkung auf die Gegenseite die ursprüngliche Problemstellung verändern?

Wegen der enormen Vernichtungskraft einer einzelnen Atombombe erscheint eine wirksame Verteidigung gegen Atomwaffen unmöglich. Denn schon weniger als ein Prozent der gegenwärtig von der Sowjetunion auf die USA gerichteten Atomsprengköpfe würde ausreichen, der USA einen nicht mehr akzeptablen Schaden zuzufügen. Dasselbe gilt selbstverständlich auch umgekehrt für die Sowjetunion. Ein Verteidigungssystem, das besser als 99 Prozent effektiv sein soll, läßt sich, wenn überhaupt, nur realisieren, wenn es gelingt, mit hoher Wahrscheinlichkeit alle Arten von Atomwaffen des Gegners und diese in allen Phasen ihres Angriffs abzuwehren. Dies heißt für den Westen, daß man sich nicht nur gegen die mächtigen sowjetischen strategischen landgestützten atomaren Interkontinentalraketen schützen muß, sondern gleichermaßen auch gegen die auf U-Booten und Schiffen stationierten Atomraketen, gegen die Mittelstreckenraketen (wie vom Typ SS-20), gegen kurzreichende taktische Atomraketen und Atomgranaten, gegen Atombomber, gegen tieffliegende atomare Marschflugkörper und gegen vieles andere mehr, was an neuen Atomwaffenträgern in den nächsten Jahren von den sowjetischen Wissenschaftlern und Technikern noch entwickelt werden wird, um angesichts dieser Abwehr die Sicherheitsinteressen ihres Landes zu wahren.

Um die Abfangwahrscheinlichkeit jeder dieser Atomwaffen möglichst groß zu machen, muß jede dieser Waffen in allen verschiedenen Phasen ihrer Flugbahn durch geeignete, auf die Besonderheiten dieser Phase optimierte Abwehrmaßnahmen bekämpft werden. Bei einer Interkontinentalrakete unterscheidet man zum Beispiel eine wenigminütige Aufstiegs- oder Antriebsphase, eine mittlere, etwa 20minütige Freiflugphase im erdnahen Weltraum, während der der Großteil der etwa 10 000 Kilometer großen Entfernung zwischen der Sowjetunion und den USA durchflogen wird, und schließlich eine kurze, etwa zwei Minuten dauernde Endphase, in der der Atomsprengkopf wieder in die Erdatmosphäre eintaucht und sein Ziel erreicht.

Allein schon wegen der enormen Vielzahl und der großen Unterschiedlichkeit der sich aus diesen Forderungen ergebenden physikalisch-technischen Aufgaben konstituiert SDI ein gigantisches Vorhaben. Jedes dieser Teilprobleme muß einzeln erforscht und auf seine prinzipielle und praktisch-technische Lösbarkeit hin untersucht werden. An alle nicht-erfolglosen Voruntersuchungen wird sich die Entwicklung bestimmter Komponenten anschließen, die einzeln und später in Kombination mit anderen Komponenten auf verschiedenen Ebenen auf vielfältige Weise ausgetestet werden müssen. Die Gesamtwirksamkeit des Abwehrsystems wird am Ende, wie immer, von seinem schwächsten Glied diktiert.

Man kann davon ausgehen, daß jede einzelne der ins Auge gefaßten Aufgaben aus physikalisch-technischer Sicht im Prinzip lösbar sein wird. Denn physikalische Gesetzmäßigkeiten und geometrische Randbedingungen führen im allgemeinen nur zu mehr oder weniger einschneidenden Begrenzungen und Einschränkungen. Diese können in der Regel durch einen entsprechenden Mehraufwand überwunden werden. So verlangt zum Beispiel die Erdkrümmung, daß man in Sibirien aufsteigende sowjetische Raketen nur von einem geeigneten Ort im Weltraum beobachten und wirksam bekämpfen kann. SDI muß deshalb wesentlich weltraumgestützte Komponenten, also Satellitensysteme, enthalten. Dies ist aufwendig, aber machbar. Wegen dieser Weltraumkomponente wird SDI in der Öffentlichkeit oft mit »Star Wars«, mit »Krieg der Sterne«, bezeichnet. Oder ein anderes wichtiges Beispiel: Die Wellennatur des Lichts bewirkt, daß ein durch einen Spiegel erzeugter Brennfleck nicht beliebig klein gemacht werden kann. Dies hat zur Folge, daß man, um auf große Entfernungen mit gebündeltem Licht in eine Rakete ein Loch brennen zu können, eine ausreichend starke Lichtquelle – beispielsweise einen extrem leistungsstarken Laser- und einen ausreichend großen Brennspiegel verwenden muß.

Die prinzipielle physikalisch-technische Lösbarkeit eines Problems ist aber letztlich in einem Verteidigungskonzept nicht entscheidend. Wichtig ist die Frage, ob dies unter einem vernünftigen oder vertretbaren Kostenaufwand geschehen kann, oder – genauer gesagt – ob die Lösung marginal kosten-effizient und system-effizient erfolgen kann. Dies soll besagen, daß eine Komponente eines Abwehrsystems ausreichend billig sein muß, um nicht einfach vom Gegner mit geringerem Aufwand durch eine Verstärkung seiner Offensivwaffen wettgemacht werden zu können. Sie muß außerdem genügend robust und überlebensfähig sein, damit der Gegner sie nicht durch geeignete simplere militärische Gegenmaßnahmen ausschalten kann. Wenn diese Kosten-

und System-Effizienz nicht gewährleistet ist, so mündet die Entwicklung in einen gesteigerten Rüstungswettlauf, an dessen Ende, trotz größeren Aufwands, die Verteidigungsfähigkeit sogar noch schlechter ist. Man sollte jedoch betonen, daß eine verläßliche Abschätzung der Kosten- und System-Effizienz einer Systemkomponente meist erst nach Abschluß ihrer technischen Entwicklung einigermaßen zuverlässig möglich ist und daß sie eine Abschätzung der Kosten der Gegenseite voraussetzt, was außerordentlich schwierig ist. Mancher Anhänger einer Politik der Stärke wäre vielleicht auch schon damit zufrieden, wenn er die andere Seite zu ähnlich kostspieligen Entwicklungen wie den eigenen zwingen könnte – in der Annahme, daß der andere sie wirtschaftlich weniger leicht verkraften kann als er selbst.

Offensichtlich ist Reagans Vision einer nicht mehr von Atomwaffen bedrohten Welt im Augenblick reine Utopie. Auch bei den stärksten Befürwortern von SDI wird sie bestenfalls als ein in weiter Ferne liegendes Ziel betrachtet. Wichtig sind deshalb die Fragen:

– Wie könnten mögliche Zwischenzustände auf dem Wege zu diesem anvisierten Fernziel aussehen, und zwar bezüglich ihrer politisch-strategischen als auch bezüglich ihrer physikalisch-technischen Eigenschaften?

– Welche Funktionen könnten solche Zwischenzustände in einer Verteidigungskonzeption übernehmen?

Hier geht es nicht um den politisch-strategischen Aspekt. Aber es ist unmittelbar einleuchtend, daß jede Änderung, die sich im militärisch-technischen Bereich vollzieht, sich direkt oder indirekt auf die Stabilität des Ost-West-Kräftegleichgewichts auswirken wird. Die Stabilität kann sich hierbei verbessern oder verschlechtern. Um dies zu entscheiden, wird es nicht nur auf den Charakter der Änderung ankommen, sondern auch auf die besondere Art und Weise, wie diese Änderung vollzogen wird. Um es mit einem anschaulichen Bild zu verdeutlichen: in einem stark schaukelnden Boot kann es sich zur Verbesserung seiner Stabilität als günstig erweisen, die Personen geeignet umzusetzen. Aber man muß sehr darauf achten, daß nicht gerade das dazu nötige Umsetzmanöver das Boot zum Kentern bringt.

Auf SDI bezogen bedeutet dies: Irgendwo auf dem Wege vom jetzigen Zustand, bei der beide Seiten über große Offensivpotentiale und keine nennenswerten Defensivpotentiale verfügen, zum anvisierten idealen Endzustand mit einem fast perfekten Schirm ohne nennenswerte offensive Atomwaffen, kann es unglückliche Gemische aus Offensivfähigkeit und Abwehrfähigkeit geben, die den Ausbruch eines Krieges im Vergleich zu heute sehr wahrscheinlich machen oder ihn sogar erzwingen können. Es ist klar, daß solche Stabilitätsüberlegungen äußerst schwierig und wenig verläßlich sind. Ihre wesentlichen Einflußgrößen können nur in groben Modellen untersucht und abgeschätzt werden. Solche Modelle sind vielleicht aber geeignet, die Stabilitätsproblematik deutlicher zu machen und uns dafür zu sensibilisieren.

Ungeachtet solcher außerordentlich wichtigen Stabilitätsfragen kreist im physikalisch-technischen Bereich die Diskussion um ganz andere Fragen, wie etwa:

– Auf welche Weise kann SDI angegangen werden, um möglichst bald schon zu einigen brauchbaren, wenn auch zunächst sehr bescheidenen Techniken zur Abwehr von Atomsprengköpfen zu kommen?

– Was ist zu tun, um möglichst bald zu den entscheidenden Einsichten bezüglich der prinzipiellen Durchführbarkeit des Gesamtprojekts zu kommen?

In diesen beiden Fragen kommt auch eine Verschiedenartigkeit in der eigentlichen Zielsetzung zum Ausdruck. Die einen – und sie repräsentieren im Augenblick wohl das stärkere Lager der SDI-Befürworter – würden schon eine begrenzte Abwehrfähigkeit als ein erstrebenswertes Ziel erachten, da sie glauben, daß dadurch die augenblickliche Abschreckung noch glaubhafter gemacht werden kann. Dies wäre also, in einer optimistischen Interpretation, eine Weiterführung der bisherigen Abschreckungsdoktrin und nicht ihre Ablösung. Bei einer pessimistischen Interpretation kann man hinter diesem Standpunkt allerdings auch wieder ein Streben nach einseitiger Überlegenheit sehen. Die anderen – wohl die Minderheit der Befürworter – sind mehr am Fernziel von Reagan orientiert und wollen einen Erfolg von SDI an der viel weitergehenden Forderung messen, inwieweit SDI langfristig prinzipiell imstande sein kann, einen vollkommenen oder fast vollkommenen Schutz kosten- und system-effizient zu ermöglichen und einen Abbau der atomaren Offensivwaffen zu erzwingen. Auch diesen Leuten ist selbstverständlich klar, daß zur Erreichung des Fernziels bestimmte unzureichende Zwischenstadien durchlaufen werden müssen. Im praktischen Ansatz, in der

Formulierung von Nahzielen also, klaffen die Forderungen der beiden Gruppen gar nicht so weit auseinander. Ein Unterschied zwischen beiden Gruppen besteht vielleicht darin, daß die einen bei SDI zunächst mehr auf bekannte und erprobte, oder wenigstens im Ansatz bekannte Techniken setzen wollen, während die anderen dazu erst ganz neuartige Techniken entwickeln wollen, weil sie große Zweifel hegen, ob mit den existierenden Techniken ein kosten- und system-effizientes Abwehrsystem überhaupt gebaut werden kann.

Naturgemäß richtet sich die Aufmerksamkeit bei SDI zunächst auf Möglichkeiten der Abwehr von Atomsprengköpfen in der Endphase, man könnte auch sagen, auf die Raketensilo-Verteidigung, da hierfür schon langjährige Erfahrungen vorliegen. Großes Interesse besteht außerdem in der Entwicklung geeigneter Techniken zum Abfangen von Atomsprengköpfen auf ihrer langen mittleren Freiflugphase im erdnahen Weltraum. Hierzu sind nicht nur schnellwirkende und ausreichend schlagkräftige Abfangwaffen – wie etwa Laserstrahlen, lasergebündelte Partikelstrahlen, Supergeschwindigkeitsgeschosse – nötig, sondern ein ausgeklügeltes System von aktiven und passiven Sensoren, welche imstande sein müssen, aus einer Wolke von hunderttausenden, mit einigen Kilometern pro Sekunde dahinfliegenden Objekten – in der Mehrzahl sind dies sogenannte Eindringhilfen oder Sprengkopfattrappen – die eigentlichen Atomsprengköpfe herauszufinden und in ihrer Bahn zu verfolgen. Ein geeignetes Supercomputersystem muß dazu alle diese Signale und Daten automatisch verarbeiten und deuten und das gesamte Kampfmanagement für den erfolgreichen Abschuß der Atomsprengköpfe übernehmen.

Entscheidende Durchbrüche in der Abwehr von Atomraketen können allerdings nur dann erwartet werden, wenn es gelingt, die Raketen schon frühzeitig, während ihrer kurzen Aufstiegsphase, abzufangen. Als Abfänger kommen hier wohl nur Strahlenwaffen, insbesondere Laserstrahlen in Frage. Es scheint heute so, daß die am häufigsten in den Medien beschriebenen Varianten aus Kostengründen nicht verwirklicht werden können. Dies ist zum einen die Variante, nach der eine genügend große Zahl von leistungsstarken chemischen Lasern auf Satelliten in niedrigen Erdumlaufbahnen stationiert werden sollen. Dann auch die andere Variante, bei der leistungsstarke, auf der Erde aufgestellte Ultraviolett-Laser ihr UV-Licht über große, auf geostationäre Bahnen gebrachte Hauptspiegel und über eine größere Zahl von auf erdnahe Satelliten montierte Kampfspiegel auf die aufsteigenden Raketen lenken. Diese Abwehrsysteme sind extrem teuer – man kommt hier leicht in Größenordnungen von hunderten, ja tausend Milliarden Dollar – und sie sind insbesondere wegen ihrer empfindlichen satellitengestützten Komponenten (Laser und Spiegel) enorm verwundbar.

Landgestützte Ultraviolett-Laser, etwa in Form der sogenannten Freien-Elektronen-Laser, haben – so heißt es – vielleicht noch eine gewisse Chance beim Abschuß von kurzreichenden taktischen Atomraketen, weil hierbei unter Umständen auf satellitengestützte Spiegel verzichtet werden kann. Es ist aber nicht klar, ob ein Hinweis auf diese Möglichkeit als antitaktische Waffe nicht nur ein Köder sein soll, um die Europäer etwas mehr für SDI zu interessieren. Denn eine Bedrohung durch taktische Atomwaffen könnte man viel einfacher und billiger durch Schaffung von atomwaffenfreien Zonen abbauen.

Als bisher einzig möglicher Kandidat für einen wirksamen Abfang von Raketen in der Aufstiegsphase gilt bei einigen Wissenschaftlern nur ein ganz neuartiger Lasertyp, der sogenannte Röntgenlaser. Er befindet sich augenblicklich noch in der ersten Erprobungsphase. Ein Röntgenlaser ist ein durch eine Wasserstoffbombe gepumpter Laser, der hochintensive, stark gebündelte Röntgenblitze in bestimmte Richtungen aussendet und dadurch Raketen zerstören kann. Da er wohl relativ leicht und kompakt sein wird, läßt er sich vielleicht als pop-up-System verwenden. Pop-up-System bedeutet, daß dieses System nicht vorweg im Weltraum stationiert werden muß, sondern erst im Augenblick des Aufsteigens der angreifenden Raketen, etwa von einem U-Boot aus, in die geeignete Position hochgeschossen wird, wodurch es weniger verwundbar ist. Der Röntgenlaser hat dafür andere gravierende Nachteile.

Technikschwerpunkte in der Forschungs- und Entwicklungsarbeit zu SDI

Hier ist nicht der Raum, auf weitere technische Einzelheiten von SDI einzugehen. Es sollen nun ohne größeren Kommentar einige der Technikschwerpunkte angegeben werden, auf die sich die Forschungs- und Entwicklungsarbeit zu SDI in den USA wohl in den nächsten fünf Jahren konzentrieren wird. Hier sind insbesondere zu nennen:

1. *Lasertechnik:* Die Entwicklung leistungsstarker Ultraviolett-Laser vom Freien-Elektronen-Typ; die Entwicklung eines wasserstoffbombengepumpten Röntgenstrahllasers.
2. *Optik:* Die Herstellung geeigneter großer und präziser Spiegel zur Bündelung von Laserlicht; die Entwicklung hochpräziser Steuermechanismen zur genauen Ausrichtung von Laserstrahlen; Verfahren zur Korrektur von Störungen der Laserstrahlen beim Durchgang durch die Atmosphäre.
3. *Energietechnik:* Bau von kostengünstigen Kraftwerken oder Energiespeichern, die kurzzeitig enorme Mengen elektrischer Energie zum Betrieb von Lasern oder Teilchenbeschleunigern abgeben können.
4. *Sensortechnik:* Entwicklung von geeigneten Sensoren zur Beobachtung, Erkennung und Unterscheidung verschiedener Objekte auf große Entfernungen.
5. *Computertechnik:* Die Entwicklung hochleistungsfähiger Computersysteme zur automatischen Verarbeitung aller aufgefangenen Signale und eingefütterten Daten und zur vollständigen Durchführung des Kampfmanagements. Dies bedeutet: Entwicklung einer neuen Hardware, die Milliarden von arithmetischen Operationen in der Sekunde durchführen kann und Erstellung einer Software aus verläßlichen und fehlerfreien Superprogrammen mit 10, ja 100 Millionen Instruktionen.

Alle diese Techniken müssen in hohem Grade zuverlässig und störunempfindlich sein. Die praktische Prüfung dieser Systeme, insbesondere der Computersysteme, durch geeignete Tests stellt die Wissenschaftler und Techniker vor bisher ungelöste Probleme. Diese Projekte entsprechen nicht nur acht Manhattanprojekten, wie manchmal von SDI behauptet wird, sondern Manhattanprojekten in nicht absehbarer Zahl. Für die SDI-Forschung ist in den

USA für die kommenden fünf Jahre zunächst ein Betrag von 26 Milliarden Dollar vorgesehen, ein Betrag, der etwa dem 50fachen Jahreshaushalt der Max-Planck-Gesellschaft entspricht. Es ist leicht vorstellbar, wie viele relevante Institute man damit gründen und wieviel interessante Forschung man damit durchführen könnte.

Welche Auswirkungen wird ein solch gigantisches Programm auf die Forschungslandschaft haben? Zweifellos wird ein wesentlicher Teil der angewandten Forschung, aber auch ein ansehnlicher Teil der Grundlagenforschung, in den Sog dieses Programms geraten und dies auf Jahrzehnte. Es kann mit einiger Sicherheit davon ausgegangen werden, daß die SDI-Forschung – selbst bei Mißerfolgen bezüglich ihrer vorgegebenen Ziele – nach Ablauf der fünf Jahre aufgrund der dann entwickelten Eigendynamik nicht einfach auslaufen wird. Gerade bei Forschungsprojekten, die unlösbare oder fast unlösbare Probleme zu knacken versuchen, macht man oft die Erfahrung, daß sie sich besonders hartnäckig am Leben halten, daß sie nicht totzukriegen sind. Denn jedes Experiment, das erfolglos endet, liefert doch gleichzeitig wieder neue Hinweise, auf welche Weise vielleicht doch ein positives Ergebnis erzielt werden könnte. Solche Projekte sterben dann letztlich an Geldmangel oder Konkurrenzdruck, beides Umstände, die im militärischen Bereich wohl nicht besonders wirksam sind.

Wir können die USA nicht daran hindern, der Vision von SDI nachzujagen. Als Europäer oder Westdeutsche brauchen wir SDI nicht gutzuheißen. Wir sollten jedem energisch von SDI abraten, und wir sollten uns selbst keinesfalls daran beteiligen. SDI wird aller Voraussicht nach unsere Sicherheit nicht verbessern. Selbst wenn es in seinem primären Anliegen, der wirksamen Abwehr von Atomraketen scheitern würde, so könnte es trotzdem eine äußerst gefährliche instabile Situation heraufbeschwören, nämlich dann – und dies ist sehr wahrscheinlich –, wenn sich herausstellte, daß die entwickelten Raketenabwehrsysteme sich viel besser zur Zerstörung der viel empfindlicheren Satelliten eignen. Ein nichtmachbares SDI ist deshalb keinesfalls ungefährlich, wie manchmal suggeriert wird.

Alternativen zu SDI

Zum Schluß zwei kurze Bemerkungen:

Meine erste Bemerkung bezieht sich auf militärische Alternativen zu SDI. Ich glaube mit Präsident Reagan, daß es höchste Zeit ist, Entwicklungen in Gang zu setzen, die Atomwaffen letztlich überflüssig machen. Wir können sie leider nicht unwirksam machen, aber wir können versuchen, sie so weit wie möglich von allen möglichen und denkbaren Krisensituationen abzukoppeln. Wir müssen den Rüstungswettlauf auf dem atomaren Sektor aufhalten, solange die wechselseitige Abschreckung noch wirksam ist. Dies läßt sich nur durch einen umfassenden Teststopp aller Atomwaffenversuche gewährleisten. Ein solcher Teststopp ist nach heutigen wissenschaftlichen Erkenntnissen verifizierbar. Auf der Ebene der konventionellen Waffen sollten wir aber das Ziel von SDI einer defensiven Verteidigungsstruktur übernehmen, um uns vor der Gefahr eines konventionellen Angriffs sicher zu schützen. SDI auf der Ebene konventioneller Waffensysteme ist so viel billiger als SDI und aller Wahrscheinlichkeit nach enorm kosten- und systemeffizient. Wir sollten diese Möglichkeit genauer untersuchen.

Meine zweite Bemerkung bezieht sich auf den möglichen zivilen Nutzen, den technologischen spin-off von SDI. Unter den Befürwortern von SDI gibt es viele Experten, Wirtschaftsführer und Politiker, die nicht an eine Verwirklichung der proklamierten militärischen Ziele von SDI glauben, aber in dieser Initiative eine starke Lokomotive sehen, welche die Wirtschaft durch die forcierte Entwicklung neuer Technologien aus ihrer gegenwärtigen Stagnation hinausführen soll.

Es ist strittig, wie hoch der zivile Nutzen eines auf rein militärische Zwecke ausgerichteten Forschungs- und Entwicklungsprogramms ist. Es werden Zahlen zwischen 5 und 90 Prozent genannt. Die enorm unterschiedliche Bewertung rührt wesentlich daher, daß sie meist nur auf subjektiven Abschätzungen in sehr verschiedenartigen, begrenzten Technologiebereichen fußt. Eine allgemeine und genauere statistische Erhebung darüber gibt es bisher nicht. Dazu – und dies sollten wir nicht vergessen – läßt sich auch gar nicht so einfach angeben, was wir unter zivilem Nutzen eigentlich verstehen wollen. Nicht alles, was nicht-militärischer Natur ist, ist für die menschliche Gesellschaft schon brauchbar oder sogar nützlich. Was wir wirklich brauchen und wie wir zukünftig leben wollen, wird von verschiedenen Menschen, aufgrund ihres andersartigen geistigen und kulturellen Hintergrunds, immer auf recht unterschiedliche Weise beantwortet werden. Andererseits gehen aber die Meinungen darüber auch nicht so weit auseinander, daß wir hierbei überhaupt keine Gemeinsamkeiten mehr entdecken können. Wir alle müssen von der Endlichkeit der Erde und ihrer materiellen Ressourcen ausgehen. Wir alle sind davon überzeugt, daß jedem Menschen auf dieser Erde die primitivsten Voraussetzungen für ein menschenwürdiges Dasein geboten werden sollte. Wir alle sind an einem Überleben der Menschheit und der Biosphäre vital interessiert.

Das Überleben der Menschheit hängt aber heute nicht nur davon ab, ob es uns künftig gelingen wird, unsere menschlichen Konflikte auf andere als die herkömmliche Art – nämlich durch Kriege – zu lösen, sondern auch, ob wir begreifen lernen, daß der Mensch, trotz seiner außerordentlichen Begabungen und Fähigkeiten und der sich daraus ergebenden größeren Unabhängigkeit, immer noch auf komplizierte und vor allem verletzliche Weise mit der Natur, mit seiner Umwelt verwoben bleibt. Die Lebendigkeit, Anpassungsfähigkeit und Entwicklungsfähigkeit unserer Welt beruht auf einem vielfältigen dynamischen Gleichgewicht von Kräften und Gegenkräften und wird durch geschlossene Prozeßketten gesteuert und stabilisiert. Brutale Eingriffe, wie sie heute dem Menschen aufgrund seiner hochverstärkenden Technik möglich sind, drohen dieses empfindliche Gewebe zu zerstören.

Wenn man wirklich den für den Menschen wesentlichen zivilen Sektor fördern will, dann wäre es doch besser und effizienter, das Geld und die schöpferischen Kräfte direkt dorthin zu stecken, wo sie gebraucht werden, als sich nur indirekt mit den Abfallprodukten einer gigantischen Rüstungsmaschine zu begnügen, die dazu noch die gesellschaftlichen Probleme, die wir lösen wollen und müssen, verschärfen. Der zivilen Wirtschaft durch verstärkte Rüstung neue Impulse geben zu wollen, damit sie die wesentlichen Bedürfnisse der Menschen (noch) besser befriedigen kann, ist noch abwegiger als die andere Vorstellung, man müsse die Reichen noch reicher machen, um den Armen dieser Welt zu helfen. Je weiter die Rüstungstechnologie sich auf die Lösung immer extremerer Aufgaben konzentriert, um so weniger wird dabei für den Alltagsgebrauch herauskommen. Die Fähigkeit ein Schwert zu schmieden, mag noch nützlich für die Herstellung einer Pflugschar sein, aber wo besteht in einem normalen Leben eine Notwendigkeit, Löcher auf 3000 Kilometer Entfernung in ein Metall zu brennen, für Schwenkflügel-Flugzeuge, die mit Überschallgeschwindigkeit mehrere Meter über Baumwipfel dahinrasen, oder für Supercomputer, die Milliarden arithmetischer Operationen pro Sekunde ausführen können. Selbstverständlich können wir uns Situationen im zivilen Bereich vorstellen, wo wir solche Fähigkeiten einsetzen könnten und auch eine Reklame- und Vermarktungsstrategie, die uns weismachen wird, daß ein moderner Mensch ohne diese Möglichkeiten nicht glücklich werden kann. Die treibende Kraft bei diesen Bemühungen wird dabei aber nicht sein, dem Menschen mehr Chancen oder bessere Lebensqualität zu vermitteln, sondern durch höhere Profite die Macht von wenigen über die anderen zu vergrößern.

Warum lassen wir es zu, daß unsere vitalen Lebensbedürfnisse immer mehr der Technik untergeordnet werden, anstatt daß umgekehrt die Technik gezielt zur Lösung der wirklich großen und drängenden Herausforderungen unserer Zeit entwickelt und genutzt wird? Warum ist es eigentlich nicht möglich, die Probleme des Umweltschutzes, wie die Reinhaltung der Luft und des Wassers und die Entgiftung unserer Böden, die Probleme einer langfristigen Energieversorgung durch Nutzung unerschöpflicher Energiequellen, die Probleme der Dritten Welt und insbesondere die ihrer ausreichenden Ernährung, die Weltwirtschaftsfragen mit Schuldenkrise und Arbeitslosenproblem einmal direkt zum Mittelpunkt eines größeren Forschungs- und Entwicklungsprogramms zu machen? Denn auch diese Probleme verdichten sich doch immer mehr zu weltweiten Katastrophen, wenn wir nicht bald und mit Entschlossenheit an ihre Lösung gehen, auch sie bedrohen ganz unmittelbar unsere Sicherheit. Die Lösung dieser Probleme wird vielleicht nicht unbedingt so ausgefallene Technologien und High-tech wie bei SDI benötigen und man könnte deshalb befürchten, daß sie weniger geeignet sind, die Phantasie unserer Wissenschaftler und Techniker zu beflügeln und ihren Ehrgeiz zu befriedigen. Wir sollten jedoch andererseits nicht verkennen, daß angesichts der steigenden Bedrohung und Gefährdung der Menschen und der ganzen Menschheit durch den Menschen bei vielen, und insbesondere bei der Jugend, der Wunsch und das Verlangen stärker werden, ihre geistigen und seelischen

Kräfte den hohen Zielen der Menschheit, der Möglichkeit ihres Überlebens in einer harmonischen, intakten Umwelt und den Möglichkeiten eines friedlichen Zusammenlebens aller Völker in Freiheit und Gerechtigkeit zu widmen. Hören wir auf, diese Jugend und ihre großen Talente weiterhin für Rüstung und Gegenrüstung zu mißbrauchen. Geben wir ihr eine Chance, diese großen Aufgaben gemeinsam – in Ost und West – in Angriff zu nehmen und in dieser gemeinsamen Anstrengung Vertrauen zueinander zu gewinnen. Wir sitzen doch alle im gleichen Boot. Muß nicht ein solches Bemühen von Europa ausgehen? Könnte nicht sogar das europäische zivile Technologieprogramm »Eureka« zu einem ersten Schritt in diese Richtung gestaltet werden, mit dem langfristigen Ziel, das ganze Europa daran zu beteiligen? Packen wir es an! Geben wir unserer Jugend, der Jugend aller Länder, ein deutliches Zeichen, das Leben heißt, das Zukunft möglich macht.

Viele Probleme, die uns bedrängen, haben ihre Ursache nicht in einer bewußten Fehlsteuerung, sondern resultieren aus einer in ihnen selbst angelegten Eigendynamik: Das Problem führt zu Folgen, die das Problem selbst weiter verschärfen. Die Ursachen des ungebremsten Wettrüstens sind kompliziert und vielfältig, aber es ist unübersehbar, daß sich auch hierbei Strukturen erkennen lassen, die fast notwendig einen solchen Aufschaukelungsprozeß erzeugen. So führt die Ambivalenz von Waffen, d. h. die Eigenschaft, je nach Handhabung zur Verteidigung wie für den Angriff geeignet zu sein, in Verbindung mit dem Gleichgewichtsgedanken, im Sinne einer Parität der Waffenarsenale, vor dem Hintergrund mangelhafter Perzeption unausweichlich in ein Wettrüsten und damit in eine Destabilisierung der militärisch-politischen Situation. Um diese Fragen der systembedingten Dynamik besser zu verstehen, habe ich im Frühjahr 1985 zusammen mit Horst Afheldt und Albrecht von Müller im Rahmen der Afheldtschen Forschungsstelle der Max-Planck-Gesell-

schaft eine Projektgruppe über »Stabilitätsorientierte Sicherheitspolitik« gegründet. Über Ergebnisse dieser Gruppe wurde detailliert bei verschiedenen Anlässen berichtet, so insbesondere auf eigens dafür organisierten Symposien, aber auch im Rahmen eines internationalen, jährlich ein- bis zweimal tagenden Pugwash-Workshops, an dem sich Wissenschaftler und Militärs aus West und Ost beteiligen.

Die hier wiedergegebenen Vorträge sind mehr allgemeiner Natur und wurden vor einem breiteren Publikum gehalten. Defensivwaffen und Stabilität *war ein Plenarvortrag auf einer Veranstaltung im Februar 1986 zum Thema »Forschung zwischen Krieg und Frieden« des Forums Naturwissenschaftler für Frieden und Abrüstung.* Nicht-offensive Verteidigung *ist eine deutsche Übersetzung eines englisch gehaltenen Plenarvortrags auf dem Internationalen Friedenskongreß der Naturwissenschaftler über »Wege aus dem Wettrüsten« im November 1986 in Hamburg.*

Defensivwaffen und Stabilität

Ein wesentlicher Grund dafür, daß ein Krieg in Europa über 40 Jahre lang verhindert werden konnte, liegt – so heißt es – am »Gleichgewicht des Schreckens«, der gesicherten Fähigkeit beider Supermächte – der Vereinigten Staaten und der Sowjetunion –, einem Angreifer durch einen Vergeltungsschlag einen unakzeptablen Schaden zuzufügen, ja ihn gesellschaftlich oder sogar physisch zu vernichten.

»Gleichgewicht« suggeriert, ähnlich wie bei einem durch gleiche Gewichte austarierten Waagebalken, so etwas wie »Symmetrie« oder »Parität« in der Bewaffnung beider Kontrahenten, also gleiche Waffenarsenale, gleiche Kräftepotentiale. Für die Kriegsverhinderungsfunktion ausschlaggebend ist jedoch eigentlich nicht ein »Gleichgewicht«, sondern eine gewisse »Stabilität« der Situation, in der sich die beiden Kontrahenten gegenüberstehen, charakterisiert etwa durch das Motto: »Wer zuerst schießt, stirbt als zweiter«. Sie spiegelt sich in der Doktrin der »wechselseitig gesicherten Zerstörung«, der »MAD« (mutual assured destruction) wider. Ein in dieser Situation vom Zaum gebrochener Krieg würde unweigerlich in einer Katastrophe für beide Kontrahenten enden und darüber hinaus zu einer tiefgreifenden Störung und Zerstörung der Bisophäre unserer Erde führen. Es gäbe keine Gewinner, nur Verlierer.

Die MAD-Doktrin ist keine militärische Strategie, sie ist eine Stabilitätsforderung. Sie setzt für ihre Gültigkeit ein Minimum an Rationalität voraus, nämlich die Gefahr der eigenen Vernichtung zu kennen und die eigene Sicherheit auch nicht fahrlässig aufs Spiel setzen zu wollen, sowie einen Glauben an die unbedingte Schlüssigkeit der zugrunde gelegten Entscheidungskette.

Die »Stabilität« von MAD hängt entscheidend an der eigenen, unvermeidbaren tödlichen Verwundbarkeit. Sie ergibt sich militärisch aus einer gesicherten Zweitschlagfähigkeit, also der prinzipiellen Fähigkeit der einen Seite, bei einem optimal vorbereiteten und maximal erfolgreichen Überraschungsangriff der anderen Seite, immer noch genügend Offensivwaffen zur Verfügung zu haben, um im Gegenschlag den Angreifer seinerseits vernichtend zu treffen. Wegen der ungeheuren Zerstörungskraft der Atomwaffen und der enormen over-kill-Kapazitäten der Atomwaffenarsenale ist eine Zweitschlagfähigkeit schon dann gewährleistet, wenn nur wenige Prozent der verfügbaren Atomsprengköpfe einen Erstangriff überleben und ins gegnerische Territorium gebracht werden können. Für eine wirksame Zweitschlagfähigkeit spielen vor allem die bisher als praktisch unverwundbar geltenden U-Boot-gestützten Atomraketen eine wesentliche Rolle.

Struktur und Umfang der Waffenarsenale, soweit sie über eine sichere Gewährleistung dieser Zweitschlagfähigkeit hinausgehen, sind für die Stabilität der Kriegsverhinderung nur von untergeordneter Bedeutung.

Die durch die »wechselseitig gesicherte Zerstörung«, die MAD etablierte Stabilisierung der strategischen Situation ist allerdings durch zwei Schwierigkeiten bedroht.

Die erste Schwierigkeit besteht darin, daß aufgrund der verheerenden Auswirkungen von Atomwaffen der Angegriffene vielleicht freiwillig auf eine massive Gegenreaktion verzichten könnte, um die Überlebenschancen der Menschheit nicht noch zusätzlich zu gefährden. Wegen dieser verständlichen Selbstabschreckung erscheint eine massive atomare Gegenreaktion als wenig glaubhaft, insbesondere dann, wenn der Gegner seinen Angriff geographisch und wirkungsmäßig beschränkt. Um die Glaubwürdigkeit eines atomaren Gegenschlags zu erhöhen, wurde die MAD-Doktrin deshalb zu einer Strategie der »flexible response«, der flexiblen Reaktion fortentwickelt, die es dem Angegriffenen erlauben soll, auf einen Angriff jeweils nur mit einem begrenzten und auf die spezielle Qualität des Angriffs abgestimmten Gegenschlag zu reagieren. Durch diese Differenzierung, so scheint es, wird zunächst die Gefahr eines umfassenden Nuklearkonflikts herabgesetzt. Bei im wesentlichen äquivalenten Waffenarsenalen auf beiden Seiten bleibt allerdings unklar, auf welche Weise ein einmal doch in Gang gesetzter offener militärischer

Konflikt noch an einer beliebigen Eskalation bis zum vollen Atomkrieg gehindert werden könnte.

Die zweite Schwierigkeit bei der Stabilisierung durch wechselseitige Abschreckung besteht darin, daß keine Seite je völlig sicher sein kann, ob sie im Ernstfall wirklich zu einem Zweitschlag fähig sein würde. Diese Unsicherheit rührt, erstens, von der ungenauen Kenntnis der Funktionsfähigkeit und Zuverlässigkeit der eigenen Waffensysteme her, die ja nie umfassend unter den einem Ernstfall entsprechenden Bedingungen getestet werden können, sie resultiert, zweitens, aber aus der mangelhaften Kenntnis der augenblicklichen und – wegen der sich rasant weiterentwickelnden Waffentechnik – vor allem der zukünftigen militärischen Fähigkeiten der anderen Seite. »Worst-case«-Betrachtungen, wie sie zur Abschätzung der Zweitschlagfähigkeit nötig sind, führen in diesem Falle – und verstärkt durch eine durch Vorurteile und Ängste verzerrten Perzeption auf beiden Seiten – zu einer enormen Überschätzung der Möglichkeiten und Fähigkeiten des Gegners. Jede Seite fühlt sich eigentlich erst dann sicher, wenn sie, objektiv betrachtet, dem Gegner weit überlegen ist.

Da die Sicherheit im strategischen Bereich sich bisher völlig auf Offensivwaffen stützt, führt das beidseitige Sicherheitsbedürfnis deshalb notwendigerweise zu einem sich immer weiter beschleunigenden Rüstungswettlauf. Der seit Jahren zu beobachtende Rüstungswettlauf mit seinen unsinnigen over-kill-Waffenpotentialen ist also wesentlich eine Folge eines durch die bisherigen Militärstrategien erzwungenen positiven Rückkopplungsprozesses, der zu einem stetigen quantitativen und qualitativen Wachstum der Waffenpotentiale, einer »Wachstumsinstabilität« oder »arms-race instability« führt.

Dieser Rüstungswettlauf erzwingt nicht nur eine immer weiter anwachsende Erhöhung der Rüstungsausgaben und eine Vergeudung geistiger Ressourcen, welche die Volkswirtschaften in zunehmendem Maße belasten, sondern er führt zu einer wachsenden Destabilisierung der Struktur des Systems. Vor allem durch die qualitativen Verbesserungen der Waffen und ihrer größeren Diversifikation, um in jeder Situation reaktionsfähig zu sein, und durch die damit verbundene Hinwendung zu Kriegsführungsstrategien wird die Komplexität und die Sensibilität der Waffensysteme immer weiter gesteigert und damit auch die Gefahr für den Ausbruch eines von keiner Seite gewollten Krieges.

Die Doktrin der wechselseitigen Abschreckung ist eine Doktrin der wechselseitigen totalen Erpressung, der wechselseitigen totalen Geiselnahme. Sie ist in hohem Maße inhuman. Mit zunehmender Bedrohung – wenn hierbei überhaupt noch vernünftig von Steigerungen gesprochen werden kann – fördert sie die Ängste auf beiden Seiten, zerstört sie jegliche Vertrauensbildung. Eine Abschreckungsstrategie kann deshalb bestenfalls einen Krieg einige Zeit verhindern, sie kann jedoch langfristig nie zu einem echten Frieden führen, der wechselseitiges Vertrauen voraussetzt.

Eine Möglichkeit aus diesem Teufelskreis, dieser Rüstungswettlaufs-Instabilität, auszubrechen, könnte darin bestehen, eine Bedrohung durch den Gegner nicht mit einer Vergrößerung der Drohgebärde, einer Aufstockung der eigenen Offensivpotentiale zu begegnen, sondern nach Mitteln zu suchen, die gegen diese Bedrohung wirksam schützen, ohne den Gegner dadurch zusätzlich zu bedrohen. Dies ist das Konzept der »Defensiven Verteidigung«, der »non-provocative defense«, wie sie insbesondere von Horst Afheldt, Spannocchi, Brossollet und anderen in der Vergangenheit vorgeschlagen wurde. Die defensive Verteidigung ist auch die Grundidee von Präsident Reagans Strategischer Verteidigungsinitiative SDI, die ja in der ursprünglich von Reagan propagierten Version zum Ziel hat, der nuklearen Raketendrohung mit rein defensiven Maßnahmen, nämlich durch den Bau eines geeigneten Schutzschirms, zu begegnen.

Die Abkehr von einer offensiven Vergeltungsstrategie hin zu einer defensiven Abhaltestrategie erscheint, in der Tat, ein rettender Ausweg aus der Rüstungswettlauf-Instabilität. Die stabilisierende Wirkung liegt hierbei in dem nicht-offensiven Charakter einer defensiven Verteidigung, also in ihrer Angriffsunfähigkeit oder Nichtangriffsfähigkeit, wie wir dies vor einigen Jahren – sprachlich etwas holprig – genannt haben. Denn nur durch die Nichtangriffsfähigkeit wird die Bedrohung für den Gegner beseitigt.

Bei einer praktischen Untersuchung dieses nicht-offensiven Verteidigungskonzepts stößt man allerdings auf die ernste Schwierigkeit, daß der offensive oder defensive Charakter einer Waffe meist nicht durch ihre besondere Konstruktion und damit verbundene Funktion bedingt ist, sondern vor allem durch ihre Handhabung. Ein Messer kann ja zum Angriff wie zur Verteidigung benutzt werden. Auch Panzer und Flugzeuge werden allerortens als Verteidigungswaffen im Auftrag von Verteidigungsministerien produziert, obwohl sie sich gleichzeitig hervorragend als Angriffswaffen eignen und hauptsächlich als solche auch vom Gegner wahrgenommen werden.

Trotz dieser prinzipiellen Offensiv-Defensiv-Ambivalenz einer Waffe bedeutet dies aber nicht, daß jede Waffe sich gleich gut für einen Angriff wie zur Verteidigung eignen muß. Diese spezifische Eignung von Waffen läßt sich durch geeignete Kombination von Waffen zu Waffensystemen und Strukturierung wesentlich verstärken. Ziel einer künftigen stabilitätsorientierten Sicherheitspolitik müßte also sein, eine Verteidigungstruktur zu entwickeln, welche eine verläßliche Verteidigungsfähigkeit mit einer »strukturellen Nichtangriffsfähigkeit« verbindet oder sogar dieser unterordnet.

Der Verzicht auf jegliche Angriffsfähigkeit widerspricht jedoch gängiger Verteidigungsvorstellung. Nach dieser muß eine effektive Verteidigung drei wesentliche Aufgaben erfüllen können:

1. Eine Verteidigung muß die Angriffsaktionen eines angreifenden Gegners abstoppen können.

2. Eine Verteidigung muß durch geeignete Gegenoperationen das durch den Angriff gestörte Verhältnis wieder herstellen können.

3. Eine Verteidigung muß den Gegner durch einen Gegenangriff und Vorteilnahme eine strafende Lektion erteilen können.

Im Falle eines atomaren Konflikts gibt es letztlich nur die dritte Option des Gegenschlags, was am fast völligen Fehlen einer Abwehroption gegen Atomraketen liegt. Nach den Vorstellungen der SDI-Befürworter soll diese Beschränkung durch SDI gerade geändert werden.

Lassen Sie mich deshalb die drei Verteidigungsziele zunächst am Beispiel eines mit konventionellen Waffen ausgetragenen Konflikts diskutieren, der ja, aufgrund des atomaren Patts, immer noch als wahrscheinlichste Anfangsphase jeglichen militärischen Konflikts angesehen werden muß. Hier bestehen die drei wesentlichen Aufgaben der Verteidigung in den drei Stufen:

1. Einen auf das eigene Territorium eingedrungenen Aggressor aufzuhalten und seine Zerstörungsschläge auf die Infrastruktur des Landes zu verhindern.

2. Den Angreifer aus dem Lande wieder zu vertreiben.

3. Gewissermaßen zur Bestrafung des Angreifers oder zur Kon-

solidierung der Situation zum Gegenangriff überzugehen, d. h. seinerseits, nun in das gegnerische Land einzudringen und Teile seiner Infrastruktur zu zerstören.

Offensichtlich ist es die dritte Funktion der Verteidigung, welche durch die Forderung einer strukturellen Nichtangriffsfähigkeit stark beeinträchtigt oder unmöglich gemacht wird. Die Maxime der »strukturellen Nichtangriffsfähigkeit« hieße also, auf diese dritte Option, des Gegenangriffs, zu verzichten. Dieser Verzicht scheint jedoch ohnehin dringend geboten. Die Fähigkeit zum Gegenangriff beinhaltet ja nicht nur in der Wahrnehmung des Kontrahenten die prinzipielle Fähigkeit zu einem Erstangriff, sondern ein Gegenangriff provoziert auch immer die große Gefahr weiterer Eskalationen bis hinauf zum nuklearen Holocaust, da eine vorzeitige Beendigung der Feindseligkeiten unwahrscheinlich erscheint. Kriege im Atomzeitalter können nicht mehr gewonnen werden, sie sind für Konfliktlösungen prinzipiell ungeeignet.

Hat aber eine Verteidigungsfähigkeit ohne Gegenangriffsfähigkeit noch eine ausreichende Abschreckungswirkung auf einen potentiellen Angreifer? Mit großer Wahrscheinlichkeit: Ja! Denn jegliches Scheitern einer militärischen Absicht hat doch zumindest weitreichende negative psychologische Auswirkungen für den Angreifer. Auch die Angst, daß letztlich doch ein Funke ins atomare Pulverfaß überspringen könnte, sollte die Versuchung, begrenzte Vorteile aus konventionellen Auseinandersetzungen ziehen zu wollen, in hohem Maße dämpfen.

Wichtiger erscheint die Frage, ob eine solche Betrachtung auf dem Niveau konventioneller Waffen für unser eigentliches Problem, der langfristigen Friedenssicherung, überhaupt von Bedeutung ist, da die eigentliche Schwierigkeit doch von der Bedrohung durch Atomwaffen herrührt. Es erhebt sich also die Frage, ob man eine defensive Verteidigungsstruktur auch auf dem strategischen Niveau verwirklichen kann, also ob man nach Einführung einer Verteidigungsoption auf strategischem Niveau, wie sie durch SDI angestrebt wird, durch eine spezielle Wahl der SDI-Architektur auch die wesentliche Forderung der »strukturellen Nichtangriffsfähigkeit« gewährleisten könnte.

Einfache Überlegungen zeigen, daß eine verläßliche strategische Verteidigungsfähigkeit erst dann gegeben sein würde, wenn beide Seiten sich fast 100% gegen Atomwaffen schützen könnten,

d. h. erst dann, wenn etwas weniger als 100 Nuklearsprengköpfe – immer noch das Explosionsäquivalent von 30 Zweiten Weltkriegen – ihr Ziel erreichen. Angesichts von augenblicklich fast 10 000 Nuklearsprengköpfen auf landgestützten und seegestützten Interkontinentalraketen und den vielfältigen Möglichkeiten von passiven und aktiven Gegenmaßnahmen, um einen Schutzschirm zu unterfliegen, zu überwältigen und auszutricksen, läßt sich nach menschlichem Ermessen ein solches Vorhaben wohl nie verwirklichen. In diesem Punkte besteht heute unter fast allen Experten, ob sie nun Gegner oder Befürworter von SDI sind, Einigkeit, obgleich der breiten Öffentlichkeit immer noch das Gegenteil vorgegaukelt wird.

Doch selbst in diesem visionären Fall eines fast 100%igen effektiven Schutzschirms, wäre immer noch nicht die wesentliche Forderung einer strukturellen Nichtangriffsfähigkeit erfüllt. Denn diese würde verlangen, daß der Atomschirm selbst keine oder fast keine offensiven Eigenschaften hätte. Keiner weiß heute, wie letztlich ein wirksamer Atomschirm aussehen wird – wenn es so etwas überhaupt geben kann –, unbestritten ist jedoch, daß ein solcher Schirm – aufgrund der großen geographischen Entfernung zwischen den Machtblöcken und der Erdkrümmung – irgendwelche satellitengestützte Komponenten – ob sie nun nur zur Aufklärung oder auch als Feuerleitstellen, als Laserspiegel oder als Kampfstationen fungieren – besitzen muß. Eine gewisse Ausnahme könnte hierzu vielleicht ein Abwehrsystem für Nuklearsprengköpfe in der Endphase kurz vor ihrem Ziel bilden, die jedoch nicht zum Schutz von »weichen Zielen«, von Städten, taugen. Ein effektiver Abwehrschirm, wie immer er funktionieren mag, wird jedoch, um angreifende Nuklearraketen vernichten zu können, mit Waffensystemen ausgestattet sein, die gleichermaßen auch die satellitengestützten Komponenten des gegnerischen Abwehrsystems offensiv bedrohen können. Wegen der weit höheren Verwundbarkeit eines Satelliten im Vergleich zu einem Nuklearsprengkopf ist ein Raketenabwehrschirm deshalb zunächst eine hochwirksame Antisatellitenwaffe. Der Schild wird hierbei zum Schwert, das bei einem Überraschungsangriff den Schild des Gegners zerschlagen kann. Der überraschte Gegner wäre also voll den Offensivwaffen des Angreifers ausgesetzt, ohne die Möglichkeit eines wirksamen Zweitschlags gegen den noch schildbewehrten Angreifer.

Diese enormen Vorteile eines Angreifers gegenüber dem Verteidiger treten auch schon bei einem nur unvollkommen wirksamen Verteidigungsschirm auf. Ein solcher durchlässiger Schutzschirm, bei dem es nur gelingt, einen gewissen Anteil der Nuklearsprengköpfe abzufangen, erscheint vom technischen Standpunkt durchaus realisierbar, fraglich ist hier mehr seine Kosteneffizienz. Eine kritische Schwelle wird bei einem solchen unzureichenden Schirm erreicht, wenn die Abfang-Fähigkeit ausreicht, den Zweitschlag eines Gegners wirksam zu vereiteln. Dies hat dann eine ähnliche Wirkung wie wenn es gelänge, Atom-U-Boote präzise zu orten. In diesem Falle bestünde für einen Angreifer die prinzipielle Möglichkeit, bei einem optimal geplanten und ausgeführten Überraschungsschlag mit heiler Haut davonzukommen, also faktisch einen Atomkrieg zu gewinnen.

Zugegebenermaßen würde diese Erstschlagfähigkeit nur theoretisch gegeben sein, da es ausgeschlossen erscheint, daß nicht doch eine kleine Zahl gegnerischer Atomraketen den Schutzschirm durchdringen und erhebliche Schäden verursachen würde, ganz abgesehen von den verheerenden Folgen eines »Nuklearen Winters«, der bei solch einem massiven Schlag über die ganze nördliche Halbkugel, über beide Kontrahenten gleichermaßen hereinbrechen würde. Hochgefährlich ist jedoch allein schon die Situation, wo in den Köpfen von einflußreichen Militärs und Politikern der Verdacht auftauchen könnte, der Gegner könnte in Kürze eine solche Erstschlagsfähigkeit erreichen. Um den politischen Pressionen des Gegners zu entgehen, könnte die Irrationalität von Handlungen und insbesondere auch die Bereitschaft zu einem Präemptionsschlag gefährlich zunehmen.

Dieser gefährlichen, durch die Verminderung der eigenen Verwundbarkeit ausgelösten Destabilisierung der strategischen Situation kann man nun nicht dadurch begegnen, daß man – wie dies von einigen Seiten empfohlen wird – in einem kooperativen Ost-West-Verhandlungsprozeß der anderen Seite den Bau eines gleichwertigen Schutzschildes zubilligt. Eine solche Situation wäre nämlich keinesfalls stabiler, sondern sogar explosiv instabil, da nun auf einmal ein Angriffszwang entstünde nach dem Motto »wer nicht zuerst schießt, stirbt alleine«. Beide Seiten würden sich plötzlich in einer Situation ähnlich wie zwei Westernhelden im letzten Duell befinden, bei dem, trotz gleicher Bewaffnung, nur der überlebt, der zuerst seine Pistole zieht.

Eine Stabilisierung der militärischen Situation im strategischen Bereich, also im Bereich der hochpotenten Massenvernichtungswaffen, erscheint deshalb hoffnungslos. SDI wäre selbst bei Überwindung aller technischen Hürden keine Lösung des eigentlichen Stabilitätsproblems, es würde, im Gegenteil, die Destabilisierung nur noch beschleunigen.

Die einzige Hoffnung, eine Katastrophe langfristig zu verhindern, scheint mir darin zu bestehen, die augenblickliche noch wirksame relative Stabilität der Massenvernichtungspotentiale durch geeignete Rüstungskontrollverträge und Moratorien für die Zukunft wenigstens zu konservieren.

Ein umfassender und überprüfbarer Teststopp, auch der unterirdischen Atomversuche, wäre ein wichtiger Schritt in dieser Richtung, da er die technische Weiterentwicklung von Atomwaffen bremsen könnte.

Eine ausreichende Überwachung eines solchen Teststopps scheint heute mit modernen seismischen Methoden möglich. Für eine Entscheidung bedarf es letztlich nur noch des politischen Willens – im Augenblick nur noch seitens der USA, da die Sowjetunion bereit erscheint, ihr befristetes Test-Moratorium, bei Zustimmung der Amerikaner, langfristig zu verankern.

Ein Verbot aller Antisatellitenwaffen durch eine entsprechende Erweiterung des bestehenden ABM-Vertrags und des Weltraumvertrags, etwa nach Art des Göttinger Vertragsentwurfs der Wissenschaftler von 1984, könnte eine Bewaffnung des Weltraums wirksam und überprüfbar verhindern.

Starke Reduktionen der hypertrophen Offensivpotentiale auf beiden Seiten erscheinen ohne wesentliche Veränderung der Stabilität möglich und wünschenswert.

Um die Krisenstabilität zu verbessern, scheint es außerdem dringend geboten, die Massenvernichtungspotentiale, so weit wie möglich von möglichen Krisensituationen abzukoppeln.

Die tatsächliche oder vermeintliche Unterlegenheit des Westens gegenüber dem Osten auf dem Niveau konventioneller Waffen und Streitkräfte hat ja den Westen veranlaßt, die Option eines Ersteinsatzes von Atomwaffen aufrechtzuerhalten, d. h. notfalls auch einen nur konventionell geführten Angriff des Ostens mit atomaren Gegenschlägen zu erwidern. Durch diese enge Verkopplung des konventionellen mit dem atomaren Niveau hofft man – im Sinne der Strategie des »flexible response« – jegliche kriegerische Auseinandersetzung – auch die auf dem konventionellen Niveau – wirksam unterbinden zu können. Diese Strategie erscheint »vernünftig«, wenn man von der Vorstellung streng rationaler Entscheidungen und technisch fehlerfreier Prozeßabläufe ausgeht. Mit zunehmender Komplexität und Sensibilisierung der militärischen Waffensysteme und ihrer Logistik auf beiden Seiten wächst jedoch die Gefahr, daß diese Systeme in Krisensituationen durch eine Verkettung unglücklicher technischer und menschlicher Umstände in Gang gesetzt werden und wegen ihrer, auf glaubhafte Abschreckung optimierten Konditionierung, dann auch fast automatisch zu einem umfassenden Nuklearkrieg eskalieren, den keine Seite eigentlich wollte. Die Gefahr einer solchen Selbstauslösung mag heute noch als gering eingeschätzt werden, wenn wir beobachten, wie behutsam beide Großmächte mit ihren direkten Konflikten umgehen, aber die rasant fortschreitende Technik führt, durch die immer komplexeren und zeitkritischeren Aufgabenstellungen, in dieser Hinsicht zu einer immer größeren Sensibilisierung.

Um die Krisenstabilität zu erhöhen, sollte man versuchen, die konventionelle Verteidigung von ihrer atomaren Absicherung zu lösen, um einen Funkendurchschlag zum atomaren Niveau auszuschließen. Dies würde aber dann verlangen, daß man eine verläßliche Verteidigung auf dem konventionellen Niveau anstrebt. Dies kann zum einen durch beidseitige Reduzierungen in den konventionellen Waffen und Truppenstärken geschehen, wie es in den Wiener MBFR-Verhandlungen seit Jahren angestrebt wird. Als Ausgleich für die fehlende atomare Rückendeckung, wenn es einer solchen überhaupt bedarf, müßte wohl die konventionelle Verteidigungsfähigkeit verstärkt werden. Dies sollte aber dann mit Maßnahmen geschehen, welche die Angriffsfähigkeit nicht erhöhen.

Im Gegensatz zum Niveau der Nuklearwaffen erscheinen im konventionellen Bereich die Voraussetzungen für eine Verwirklichung einer nichtangriffsfähigen Verteidigungsstruktur äußerst günstig. Bei einem Verzicht der Gegenangriffsoption oder ihrer merklichen Abschwächung eröffnet sich hier die interessante Möglichkeit, im wesentlichen bewegliche Waffensysteme wie Panzer und Flugzeuge, durch hochentwickelte, zielgenaue Abwehrraketen mit Reichweiten bis zu einigen zig Kilometern, durch Minen und ähnlichem zu ersetzen. Wegen des sehr günstigen

Kostenvergleichs zwischen beweglichen Systemen und Abwehrraketen ergeben sich hier unter Umständen enorme Kostenvorteile für den Verteidiger.

Lassen Sie mich meine Ausführungen mit einer kritischen Bemerkung schließen:

Ich habe in meinen Ausführungen der Frage der militärischen Stabilität große, vielleicht zu große Bedeutung für die Friedenssicherung beigemessen. Stabilität hat selbstverständlich nicht nur eine militärisch-technische, sondern auch eine psychologische und vor allem eine politische Dimension. Die militärischen Drohpotentiale auf beiden Seiten wirken besonders bedrohlich in Krisenzeiten; in Zeiten der Entspannung ist man eher bereit, sie hinzunehmen.

Bedrohung ist aber nicht nur eine Funktion der Potentiale, sondern auch ihrer Wahrnehmung – und Wahrnehmung ist politisch manipulierbar. Die Bedrohung durch den Gegner wird auf beiden Seiten politisch bewußt aufgebauscht, um bestimmte politische oder/und wirtschaftliche Forderungen durchzusetzen. Der Aufbau von Feindbildern ist ein bewährtes und wirksames Mittel, um Macht effektiver auszuüben. Es fördert die Koordination und Steuerung von Menschen, dämpft ihre Kritik und motiviert ihre Opferbereitschaft.

Die Mächtigen, die diese Bedrohungsängste anheizen, bewerten die eigentliche Bedrohung meist viel nüchterner, ja sie verfallen sogar manchmal in das andere Extrem, daß sie die großen Gefahren gar nicht mehr sehen. Die Politik wird für sie dann nurmehr zu einem großen Pokerspiel, wo geschickt und hart um Macht und Geld gepokert werden muß. Es erscheint für sie undenkbar, daß aus diesem Pokerspiel je ein großer heißer Krieg entstehen könnte, denn – so fragen sie – wer hätte Interesse daran, seine eigene Macht zu zerstören? Man lebt in dem Wahn, die Situation jederzeit voll im Griff zu haben. Man vergißt dabei, daß diese wahnsinnige Kriegsmaschinerie technisch keine perfekte Maschine ist und daß die Menschen, die sie bedienen, alles andere als perfekt rational denkende Menschen sind. Man vergißt, daß ein minimaler Fehler, eine geringfügige Fehleinschätzung, zu einer Menschheitskatastrophe führen könnte, die nicht bei sieben Toten wie beim Challenger-Unglück haltmacht.

Militärische Stabilität kann deshalb enorm gefördert werden, wenn man die politische Wechselbeziehung zwischen den Machtblöcken verbessert. Dies bedeutet z. B., daß man versucht,

- Feindbilder abzubauen,
- wirtschaftliche Beziehungen zu verstärken,
- wissenschaftliche und kulturelle Kontakte zu intensivieren,
- Projekte zur Lösung von Problemen zu initiieren, die Ost und West gleichermaßen bedrängen und bedrohen.

Alle diese Unternehmungen sind ungeheuer wichtig und für eine langfristige stabile Friedenssicherung unentbehrlich. Wir sollten diese Aufgaben deshalb mit größtem Engagement angehen.

Aber, so fürchte ich, die Zeitkonstanten einer militärischen Destabilisierung sind so kurz, daß wir zunächst im militärisch-technischen Bereich die Notbremse ziehen müssen, sonst haben wir keine Chance.

Nicht-offensive Verteidigung

Die Stabilität einer Konstellation, die auf der MAD-Doktrin, der Doktrin der »wechselseitig gesicherten Zerstörung« beruht, rührt von der tödlichen Verwundbarkeit beider Seiten her. Eine solche Doktrin erscheint im höchsten Maße unmoralisch und unmenschlich – und nicht nur das: Die durch sie geschaffene Situation ist potentiell instabil. Eine fortdauernde und zunehmende Bedrohung fördert Angst und Argwohn. Sie zerstört wechselseitiges Vertrauen, das für einen Frieden im eigentlichen Sinne, der mehr ist als ein Nicht-Krieg, wesentlich und notwendig ist. Das Prinzip der wechselseitigen Abschreckung zwingt beide Seiten in einen sich immer weiter beschleunigenden Rüstungswettlauf.

Damit Abschreckung wirklich glaubwürdig ist, darf sie nicht mit der Zerstörung dessen drohen, was verteidigt werden soll. Um diesem Dilemma zu entgehen, muß deshalb die Möglichkeit von MAD, nämlich nur mit der großen Nuklearkeule drohen zu können, um eine große Zahl von weiteren Atomschlag-Optionen mit weniger zerstörerischen Folgen ergänzt werden, um auf jeden möglichen Angriff angemessen reagieren zu können. Dazu wurden geeignete Kampfführungs-Strategien entwickelt, um diese neue Optionen in eine effektive Verteidigungsstruktur glaubwürdig einzubinden. Dieser Prozeß führte notwendig zu einer ungeheuren Vergrößerung und Diversifizierung der Nukleararsenale.

Aufgrund der »over-kill«-Fähigkeiten beider Seiten und der Vielgestaltigkeit der Waffenarsenale scheint ein Kriegsausbruch weniger von einer ungenügenden Abschreckung oder von einer verrückten Handlung der einen oder anderen Seite zu drohen, sondern die Hauptgefahr eines Kriegsausbruchs liegt vielmehr in einer zunehmenden Destabilisierung der militärischen und politischen Situation, die durch einen eskalierenden Rüstungswettlauf und eine damit verbundene Verschlechterung des politischen Ost-West-Klimas heraufbeschworen wird.

Der Rüstungswettlauf ist nur ein Symptom einer viel ernsteren Krankheit. Er hat viele Wurzeln. Insbesondere wird er durch die altmodische Hoffnung einiger Mächtiger angeheizt, die immer noch glauben, militärische Überlegenheit ließe sich durch eine forcierte Entwicklung von noch zerstörerischen, raffinierteren und exotischeren Waffen zurückgewinnen. Überlegenheit wird hierbei weniger als eine Möglichkeit betrachtet, einen erfolgreichen Krieg führen zu können, denn dieses erscheint selbst unter Bedingungen, wo man Erstschlagfähigkeit zu besitzen glaubt, praktisch ausgeschlossen zu sein. Überlegenheit wird vielmehr als ein Mittel angestrebt, um politische Handlungsfreiheit wiederzuerlangen und um politischen Druck ausüben zu können.

Selbstverständlich gibt es auch einflußreiche Gruppierungen, welche an der Rüstungsproduktion und am Waffenhandel enorm verdienen und die deshalb alles daran setzen, diese Vorteile zu erhalten und, wenn möglich, weiter auszubauen.

Neben solchen imperialistischen und wirtschaftlichen Motiven, die zweifellos eine äußerst wichtige Rolle spielen, gibt es aber in der Rüstungsdynamik noch eine Reihe von Rückkopplungsmechanismen, welche die Eskalation antreiben. Ein Rückkopplungsmechanismus rührt daher, daß jede Seite die militärische Bedrohung der anderen Seite durch, wie sie selbst glaubt, *defensive* Maßnahmen zu neutralisieren versucht, die jedoch immer auch offensive Züge tragen. Dadurch entsteht für den Gegner eine zusätzliche Bedrohung, die dieser nun wieder durch entsprechende Gegenmaßnahmen wettzumachen versucht. Daraus folgt:

– Im Rahmen einer Doktrin des militärischen Gleichgewichts, das die Symmetrie oder Parität der konfrontierenden Militärpotentiale betont;

– in Abwesenheit oder bei Nichtbeachtung von Kriterien, welche zwischen offensiven und defensiven Fähigkeiten von Waffen und Waffensystemen unterscheiden;

– angesichts der begrenzten Fähigkeiten beider Seiten das Militärpotential der anderen Seite richtig und verläßlich einzuschätzen, insbesondere auf dem Hintergrund einer rapiden Entwicklung neuer Waffen mit immer raffinierteren Qualitäten;

– und schließlich als Folge starker Verzerrungen dieser Einschätzung aufgrund von Vorurteilen und mangelhafter Perzeption auf beiden Seiten

muß eine solche Situation notwendig dazu führen, daß jeder das Militärpotential seines Gegners extrem überschätzt. Jede Seite wird sich, in der Tat, erst dann sicher fühlen, wenn sie, objektiv betrachtet, der anderen Seite weit überlegen ist.

Dies ist ganz offensichtlich bei den Kernwaffen der Fall, bei denen bisher eine bessere Verteidigungsfähigkeit immer nur eine zusätzliche Aufstockung des Offensivpotentials bedeutete. Was eine Seite als Verbesserung ihrer Abschreckung oder als eine Verstärkung ihrer Fähigkeit zum Vergeltungsschlag interpretiert, empfindet die andere als eine vermehrte Bedrohung und als einen weiteren Schritt in Richtung auf eine Erstschlagfähigkeit.

Der teuflische Rüstungswettlauf und die völlig unvernünftige Überrüstung beider Nukleararsenale sind wesentlich dadurch verursacht, daß Maßnahmen, die eine Seite für ihre Sicherheit als unbedingt notwendig erachtet, mit der Sicherheit der anderen unverträglich sind. Der Rüstungswettlauf zwingt nicht nur beide Seiten dazu, ihre wertvollen materiellen und intellektuellen Ressourcen zu vergeuden, was ihre nationalen Wirtschaften schwer belastet, sondern er führt zu einer fortschreitenden Destabilisierung des ganzen Systems. Insbesondere haben die rapide qualitative Waffenmodernisierung und ihre breite Diversifizierung – um in allen denkbaren Situationen optimal reagieren zu können – die Komplexität der Waffenarsenale und ihre Empfindlichkeit enorm vergrößert. Dies wiederum hat das Risiko erhöht, daß Fehleinschätzungen und Panik in einer ernsten politischen Krise einen von beiden Seiten ungewollten Krieg auslösen könnten.

Es gibt insbesondere drei Entwicklungen, welche die Krisenstabilität unterhöhlen:

– die zunehmende Bedeutung von zeitkritischen Waffensystemen;

– die zunehmende Anzahl von Zielen, die einen Präemptivschlag herausfordern;

– die zunehmende Anzahl von Waffensystemen, welche befähigt erscheinen, die Verteidigung des Gegners zu zerschlagen und deshalb die Versuchung für einen Präemptivschlag erhöhen.

Die Nukleararsenale von Ost und West lassen sich vielleicht mit Teilen eines einzigen großen Atomreaktors vergleichen, welche auf extrem komplizierte Weise miteinander zusammenhängen. Während ein gewöhnlicher Atomreaktor so konstruiert ist, daß er bei einem Störfall schnellstmöglich abschaltet, so sind im Gegensatz dazu die enggekoppelten Ost-West-Kernwaffenarsenale so konzipiert, daß sie, im Falle ungewöhnlicher Vorfälle, sich wechselseitig voll aktivieren und in kürzester Zeit ihre höchste Wirksamkeit entfalten können. Aus traurigen Erfahrungen in letzter Zeit – wie dem Reaktorunglück von Tschernobyl oder dem Challenger-Unfall – wissen wir nur allzu gut, daß trotz aller möglichen Vorkehrungen und trotz aller raffinierter Sicherheitsmaßnahmen, kein technisches System jemals perfekt funktionieren wird; und dies nicht zuletzt dadurch, weil solche Systeme von unvollkommenen, fehlbaren Menschen konstruiert und bedient werden. Ein Versagen des gekoppelten Ost-West-Waffensystems könnte jedoch nicht nur ein größeres Unglück, sondern das Ende der ganzen Menschheit bedeuten. Es ist deshalb völlig unverantwortlich, ein solches System weiter zu betreiben. Wir müssen dringend nach Wegen suchen, die Dynamik des Rüstungswettlaufs zu brechen.

Eine effektive Methode, die Anreize für eine durch Bedrohung angeheizte weitere Aufrüstung abzumildern oder ganz zu vermeiden, könnte darin bestehen, einer solchen Bedrohung nicht durch eine weitere Verstärkung der offensiven Drohgebärde entgegenzuwirken, sondern sie durch defensive Maßnahmen zu neutralisieren, die *keine* Offensivfähigkeit besitzen.

Solch eine »non-offensive defense« (NOD), eine nicht-offensive Verteidigung, wurde in der Vergangenheit von vielen Autoren als eine geeignete Stabilisierungsmaßnahme vorgeschlagen und unter Namen wie »Defensive Verteidigung«, »non-provocative defense«, »benign defense«, »just defense« u. ä. im einzelnen konkretisiert. Meiner Kenntnis nach wurde die »nicht-offensive Verteidigung« in diesem Zusammenhang erstmals von Horst Afheldt, Spannocchi und Brossollet 1976 in die Debatte geworfen. In gewisser Weise basiert auch Präsident Reagans »Strategic Defense Initiative – SDI« auf einer ähnlichen Vorstellung, wenn er in seiner bekannten Fernsehansprache vom 23. März 1983 vorschlägt »... ein Programm zu beginnen, das der schrecklichen sowjetischen Raketendrohung mit Maßnahmen begegnen soll, die *defensiv* sind ...«.

Eine nicht-offensive Verteidigungsstrategie scheint, in der Tat, einen interessanten Ausweg aus dem Rüstungswettlauf zu eröffnen. Eine nicht-offensive Verteidigung könnte der erste Schritt sein, der von der polarisierenden Offensivstrategie der Abschreckung wegführt und eine weniger feindselige Verteidigungsstrategie der *Abhaltung* ansteuert, eine Strategie also, welche durch eine hochwirksame Verteidigung einem potentiellen Angreifer jegliche Erfolgschancen rauben würde, anstatt ihn mit tödlicher Vergeltung zu bedrohen.

Der Stabilisierungseffekt einer nicht-offensiven Verteidigung beruht auf einer *eingeprägten Unfähigkeit anzugreifen*. Diese Forderung scheint jedoch auf ein unlösbares Problem zu führen, da es so etwas, wie eine »defensive Waffe« prinzipiell gar nicht gibt. Der offensive und defensive Charakter einer Waffe ergibt sich ja mehr aus der Handhabung dieser Waffe, als aus ihrer Konstruktion. Wie schon öfters betont: Ein Messer kann sowohl für den Angriff als auch zur Verteidigung benutzt werden. Oder: Panzer und Flugzeuge werden in allen Ländern – von *Verteidigungs*ministerien bestellt – als für die Verteidigung geeignete Waffenträger angesehen. Selbstverständlich sind aber Panzer und Flugzeuge genauso gut für einen Angriff geeignet und werden auch hauptsächlich als *Angriffs*waffen vom jeweiligen Gegner wahrgenommen.

Man sollte jedoch die offensiv-defensive Ambivalenz aller Waffen nicht so weit übertreiben, daß man behauptet, alle Waffen seien gleich gut für den Angriff wie für die Verteidigung geeignet. Ein Schild z. B., hat bestimmt einen weniger aggressiven Charakter als ein Schwert. Ähnliches gilt auch für die Bodenmine, wenn sie mit einem Panzer verglichen wird. Durch eine geeignete Kombination solcher Waffen und durch die besondere Struktur und Logistik der Waffensysteme können die speziellen offensiven und defensiven Eigenschaften bestimmter Waffen verstärkt werden. Hierbei macht man sich die Tatsache zunutze, daß der Angreifer und der Verteidiger sich mit völlig anderen Problemen auseinandersetzen müssen. Der Angreifer z. B. hat den Vorteil, daß er die Initiative ergreifen und den Gegner überraschen kann, aber er hat den Nachteil, daß er sich dabei exponieren muß. Der Verteidiger andererseits kann in Deckung bleiben und völlig auf bekanntem Gebiet operieren. Er hat dafür den Nachteil, daß er jederzeit und allerorts auf einen Angriff vorbereitet sein muß. Wenn man eine nicht-offensive Verteidigung aufbauen will, wird man versuchen, diese Asymmetrien voll auszunützen. Das heißt: Man kann die

Verteidigung im ganzen so strukturieren, daß sie einerseits in bezug auf ihre Abhaltefunktion hochwirksam ist, und andererseits – und dies ist entscheidend – für jegliche Offensivaktionen völlig ungeeignet bleibt.

Um diese strukturelle Seite der nicht-offensiven Verteidigung hervorzuheben, haben Albrecht von Müller und ich diese Forderung etwas holprig »Strukturelle Nichtangriffsfähigkeit« genannt. Über diesen Begriff wurde ausführlich auf dem ersten Friedenskonkreß der Wissenschaftler im Juli 1983 in Mainz diskutiert, und er hat damals auch Eingang in den »Mainzer Appell zur Verantwortung für den Frieden« gefunden.

Eine Verteidigungs- und Sicherheitspolitik, welche die Krisenstabilität verbessern will, sollte deshalb eine Verteidigungsstruktur aufzubauen versuchen, welche eine *verläßliche Verteidigungsfähigkeit* – d. h. eine Verteidigung, die klar den Offensivfähigkeiten eines potentiellen Angreifers überlegen ist, selbst wenn er einen Präemptionsschlag zu führen beabsichtigt – mit einer *strukturellen Nichtangriffsfähigkeit* verbindet. Um diese Stabilitätskriterien zu erfüllen, ist es wesentlich, daß die Nichtangriffsfähigkeit für den potentiellen Gegner klar und *verifizierbar* aus der Struktur erkennbar ist.

Für Militärs scheint in der Regel eine Aufgabe von Angriffsoptionen völlig inakzeptabel zu sein, wie dies auch in der alten Redeweise anklingt, nach der ein »Angriff die beste Verteidigung« sein soll. Eine effektive Verteidigung sollte nach heutigen Vorstellungen immer noch im wesentlichen die folgenden drei Aufgaben meistern können:

1. Einen auf das eigene Territorium eingedrungenen Angreifer aufzuhalten und seine Zerstörungsschläge gegen die Infrastruktur des Landes zu verhindern;

2. den Angreifer wieder aus dem Lande zu vertreiben und überall im eigenen Lande die Kontrolle wiederherzustellen;

3. gewissermaßen zur Bestrafung des Angreifers oder zur Konsolidierung der Situation zum Gegenangriff überzugehen, d. h. seinerseits nun in das gegnerische Land einzudringen und/oder Teile der Infrastruktur zu zerstören.

Ein Konflikt mit Nuklearwaffen läßt nur die dritte Option zu, da es bisher praktisch keine nicht-offensiven Maßnahmen gegen einen Nuklearangriff gibt. SDI soll dies ja gerade ändern. Ich werde darauf später zurückkommen.

Ich möchte zunächst diese Verteidigungsfunktionen und die Frage einer Preisgabe der Angriffsoption im Rahmen eines *konventionellen* Konflikts diskutieren. Wenn in Europa je ein Krieg ausbrechen sollte, so scheint es immer noch am wahrscheinlichsten, daß dieser, wegen des nuklearen Patts, mit einem konventionellen Schlagabtausch beginnen wird. Deshalb sind diese Überlegungen nicht ganz unwesentlich.

Eine strukturelle Nichtangriffsfähigkeit amputiert offensichtlich die dritte Verteidigungsfunktion, die Bestrafungsoption der Verteidigung, z. B. die Fähigkeit zu einem Gegenangriff oder zu »Schlägen in die Tiefe« des gegnerischen Landes. Auch bei einer Realisierung der zweiten Funktion, den Angreifer wieder aus dem Lande zu vertreiben, werden gewisse Erschwernisse auftreten.

Könnte man mit diesen Beschränkungen leben? Die Bestrafungsoption aufgeben zu müssen, erscheint kaum als ernstliche Einbuße. Im Gegenteil, dies erscheint sogar als ein notwendiges Gebot. Denn die Fähigkeit zu einem erfolgreichen Gegenangriff kann, in der Wahrnehmung des Gegners, leicht mit der Fähigkeit, auch einen erfolgreichen Erstangriff durchführen zu können, verwechselt werden und würde deshalb unser grundlegendes Stabilitätsprinzip verletzen. Eine Fähigkeit zum Gegenangriff beschwört dazu die Gefahr herauf, den Konflikt weiter zu eskalieren und damit außer Kontrolle geraten zu lassen. Solange auf beiden Seiten Nuklearwaffen existieren, kann dies letztlich in einen umfassenden Atomkrieg münden.

Würde aber eine Verteidigungsstruktur, die auf Bestrafungsmaßnahmen verzichtet, wirklich einen Angriff verhindern können? Was sollte einen potentiellen Angreifer eigentlich davon abhalten, einen solchen Angriff nicht einfach auf gut Glück zu versuchen?

Gehen wir einmal von der, von uns als realisierbar erachteten, Voraussetzung aus, daß die Verteidigung erfolgreich sei. Dann würde der Angreifer jedenfalls das ins Auge gefaßte Ziel seines Angriffs nicht erreichen. Seine gescheiterte Mission würde dazu ernste psychologische Konsequenzen nach sich ziehen; er würde Macht und Prestige in seinem Bereich verlieren, seine Handelsbeziehungen würden geschädigt werden und die Weltmeinung würde ihn verdammen. Das sollte als Bestrafung wohl ausreichen.

Kritischer erscheint die Frage, ob solche Betrachtungen über konventionelle Konfliktsituationen für unser Schlüsselproblem, nämlich die nukleare Bedrohung, überhaupt von Bedeutung sind.

Um dies beantworten zu können, sollten wir uns zuerst der Frage zuwenden, ob eine nicht-offensive Verteidigungshaltung auch für Nuklearwaffen denkbar sein könnte, oder konkreter: ob die verkündete Strategische Verteidigungsinitiative SDI eine solche Funktion erfüllen, d. h. so strukturiert werden könnte, daß unser Stabilitätskriterium »Nichtangriffsfähigkeit bei ausreichendem Verteidigungsvermögen« erfüllt würde.

Man kann leicht einsehen, daß dies nicht der Fall ist. Die ungeheure Zerstörungskraft der Kernwaffen erfordert einen nahezu vollkommenen Verteidigungsschirm, um ausreichend Schutz bei einem umfassenden Nuklearangriff zu gewährleisten. Schon 100 nukleare Gefechtsköpfe, welche die Verteidigungsstrukturen durchstoßen würden, könnten die Zivilisation der betroffenen Supermacht zerstören, da sie immer noch das Zerstörungspotential von 30 Zweiten Weltkriegen enthalten.

Angesichts

– der ungeheuren Zahl der land- und seegestützten Interkontinentalraketen mit etwa 10 000 nuklearen Gefechtsköpfen,

– der ungeheuren Zahl von Nuklearraketen mit intermediärer und kurzer Reichweite, von Marschflugkörpern, strategischen Bombern und nuklearen Gefechtsfeldwaffen

und in Anbetracht

– der vielfältigen Möglichkeiten von passiven und aktiven Gegenmaßnahmen, um Abfangsysteme für ballistische Nuklearraketen zu unterfliegen, zu überwinden, auszutricksen und zu sättigen,

wird unmittelbar klar, daß – unabhängig von zukünftigen Möglichkeiten, die sich ja nicht nur für Maßnahmen, sondern auch gleichermaßen für Gegenmaßnahmen eröffnen – eine Unverwundbarkeit gegen Kernwaffen nie erreicht werden kann.

In der Tat würde jeder Versuch, auch nur in die Nähe dieses Ziels zu kommen, notwendig eine große Zahl von weltraum-gestützten Komponenten – wie Satelliten für Aufklärung und Raketenverfolgung, Weltraumplattformen für verschiedenartige Sensoren, Spiegel, Laser und andere Kampfstationen usw. – erfordern. Jedes Verteidigungssystem aber, das Nuklearraketen wirksam abfangen kann, wird auch wirksam sein – oder, wegen der Empfindlichkeit der meisten weltraumgestützten Systeme, sogar noch wirksamer sein –, um Satelliten des Gegners zu zerstören, und insbesondere auch Satelliten, die er für seinen Verteidigungsschirm benötigt. Ein Verteidigungsschirm gegen Nuklearraketen würde deshalb – im Gegensatz zu seinem Verteidigungsanspruch – eine hochwirksame *Offensiv*funktion als Antisatellitenwaffe besitzen. Der Schild wäre, de facto, ein *Schwert*, das bei einem Überraschungsangriff einen ähnlichen Schild des Gegners zerschlagen könnte. Dies wäre insbesondere auch dann möglich, wenn beide Seiten nur über einen recht *unvollkommenen* Schirm verfügen würden, also einem solchen, wie er technisch allein nur machbar erscheint.

Wir kommen deshalb zum Schluß: Eine nicht-offensive und verläßliche Verteidigungsfähigkeit läßt sich auf der Ebene der Kernwaffen *nicht realisieren*. Eine strategische Verteidigung, wie sie SDI vorschwebt, kann das Stabilitätskriterium der strukturellen Nichtangriffsfähigkeit *nicht* erfüllen.

Das Dilemma der Kernwaffen kann deshalb auf diese Weise nicht aufgelöst werden. Als einziger Ausweg erscheint eine Abrüstung der Kernwaffen mit dem Endziel ihrer vollständigen Beseitigung. Zwischenschritte auf diesem Wege wurden an anderer Stelle ausführlich diskutiert. Ich möchte darauf nicht weiter eingehen. Da Kernwaffen für politische und militärische Manöver unangemessen und nutzlos sind, kann man hoffen, daß die Supermächte sich auf irgendwelche Begrenzungen dieser Waffen in ihrem eigenen Interesse letztlich einigen werden. Solange Kernwaffen noch kampfbereit herumstehen, sollte größte Sorgfalt darauf verwendet werden, sie von allen möglichen Konfliktquellen zu isolieren. Insbesondere sollte man ihre strategische Einbindung und Beziehung zu den konventionellen Waffen neu überdenken.

Wegen einer tatsächlichen oder angenommenen Unterlegenheit der konventionellen NATO-Streitkräfte im Vergleich zu den konventionellen Streitkräften der Warschauer-Pakt-Organisation hat sich die NATO bei der Verteidigung von Westeuropa vorbehalten, im Notfall auch auf Kernwaffen als erster zurückzugreifen. Durch die enge Verbindung der nuklearen mit der konventionellen Ebene hofft man einen potentiellen Angreifer von allen möglichen militärischen – auch den nur konventionellen – Aktionen abschrecken zu können. Diese Strategie hat eine gewisse Berechtigung, solange man an eine Rationalität aller Entscheidungen und an ein perfektes Funktionieren des ganzen Waffensystems glaubt. Mit zunehmender Komplexität und Empfindlichkeit – und damit auch Fehlerunfreundlichkeit – dieses Systems kann man jedoch davon nicht mehr ohne weiteres ausgehen. Die Frage der Stabilität dieses Systems in politischen Krisensituationen wird hier von entscheidender Bedeutung. Um Krisenstabilität zu verbessern, erscheint es dringend geboten, eine konventionelle Verteidigung nicht mehr auf Kernwaffen abzustützen. Auch der Westen sollte deshalb, wie schon früher die Sowjetunion, bedingungslos einer »no-first-use«-Doktrin – also einer Verpflichtung, nie Kernwaffen als erster einzusetzen – zustimmen und ihre militärischen Strukturen dementsprechend anpassen. Vielleicht ließen sich dann auf dieser Grundlage leichter drastische Reduktionen der Truppenstärken und konventionellen Waffen auf beiden Seiten aushandeln.

Wenn eine Verteidigung Westeuropas sich künftig nicht mehr auf Kernwaffen abstützen soll, erscheint es, im jetzigen Zustand allgemeinen Mißtrauens, wohl nötig, dies durch eine verbesserte Abhaltefähigkeit auf dem konventionellen Niveau zu kompensieren. Eine Verstärkung der konventionellen Verteidigung – wenn sie sich überhaupt als notwendig erweist – sollte jedoch nicht dadurch erreicht werden, daß man einfach das konventionelle Waffenprogramm beschleunigt oder/und erweitert, sondern indem man die konventionelle Verteidigung unter dem Gesichtspunkt einer nicht-offensiven Verteidigung umstrukturiert. Im Gegensatz zur Situation auf der Ebene der Kernwaffen erscheinen auf dem konventionellen Niveau die Aussichten, eine nicht-offensive Waffenstruktur zu etablieren und eine entsprechende Strategie zu entwickeln, recht gut. Gerade die modernen Technologien scheinen hier einem Verteidiger größere Vorteile als einem Angreifer zu bieten. Dies ist z. B. unmittelbar einleuchtend, wenn man die enormen Kosten der großen beweglichen Waffenträger, wie Panzer und Flugzeuge, mit den relativ geringen Kosten »intelligenter« Panzer- und Flugzeugabwehrwaffen, wie präzisionsgelenkten Kleinraketen (bis 40 km Reichweite) und modernen Minen, vergleicht.

Unter den speziellen Modellen für konventionelle nicht-offensive Verteidigungsstrukturen gibt es einerseits Vorschläge, wie z. B. die von Horst Afheldt, welcher eine ausgedehnte Raumverteidigung ohne wesentliche Angriffs- und Gegenangriffs-Fähigkeiten bevorzugen, und andere Vorschläge, wie z. B. die von

Albrecht von Müller, bei denen die Verteidigungsstrukturen in der Nähe der Demarkationslinie wesentlich verstärkt sind und die, durch die Existenz von beweglichen, weiter hinten bereitgestellten Streitkräften, eine gewisse Gegenangriffsfähigkeit behalten. Von einer Pugwash-Studiengruppe über »konventionelle Streitkräfte in Europa« wurde in einem Memorandum für die Stockholmer Konferenz für vertrauensbildende Maßnahmen, Abrüstung und Entspannung in Europa KVAE kürzlich eine Reihe von Maßnahmen angegeben, wie das Ziel einer nicht-offensiven Verteidigung konkret angesteuert werden könnte. Zu diesen Maßnahmen zählen insbesondere Vorschläge für

– eine stärkere Betonung von modernen Minen und anderer passiver Munition, vorne-stationierte leichte Infanterie, eingegrabene Sensornetze und andere Präzisionsfeuer ermöglichende Komponenten, die für einen Angriff unbrauchbar sind;

– eine reduzierte Betonung von größeren Waffensystemen, die für den Angriff wesentlich sind und, soweit sie beibehalten werden müssen, eine Stationierung solcher Systeme derart, daß sie möglichst das gegnerische Territorium nicht erreichen können;

– eine stärkere Nutzung von Reservisten und örtlichen Verteidigungskräften;

– stärkere Beschränkungen bei möglichen ersten Kampfhandlungen, um die Angriffsfähigkeit zu mindern, wie Reduktion vornestationierter Angriffs- und Pionierausrüstung, Begrenzung von vorne-stationierten Munitionslagern und Betonung der Ausbildung und Übungen mehr auf defensive als offensive Operationen;

– wesentliche Beschränkung aller Waffen, die weit in die Tiefe des gegnerischen Landes reichen und deshalb zur Zerstörung der Verteidigungsstrukturen der anderen Seite geeignet sind.

Ich möchte hier nicht weiter in Einzelheiten gehen. Ich nehme an, daß dies auch gar nicht gewünscht wird, denn ich vermute, daß viele sich durch meine militärische Argumentation schon reichlich irritiert fühlen. Ich verstehe dies, und ich empfinde dies genauso. Lassen Sie mich aber erklären, warum ich trotzdem so etwas wie eine nicht-offensive Verteidigung als einen notwendigen Zwischenschritt auf unser eigentliches Ziel hin – nämlich: eine friedlichere Welt ohne alle diese schrecklichen Waffen – erachte.

Es stimmt: Das hier vorgestellte Konzept einer nicht-offensiven Verteidigung ist ein *militärisch-technisches* Rezept, um aus dem Rüstungswettlauf herauszukommen.

Wir wissen selbstverständlich alle, daß die Friedenssicherung kein militärisch-technisches Problem ist, sondern ein politisches. Deshalb kann dieses Problem auch letztlich nur mit *politischen* Methoden gelöst werden. Aber: Politische Prozesse brauchen eine lange Zeit und, so fürchte ich, länger als die uns beim jetzigen Destabilisierungstempo noch verbleibende Galgenfrist bevor wir in den Abgrund gerissen werden. Eine nicht-offensive Verteidigung kann die »Bombe nicht entschärfen«, aber sie kann vielleicht zweierlei erreichen: Sie kann, erstens, durch eine Verminderung der Bedrohung und eine Stabilisierung der Situation die »Zündschnur« verlängern, und sie kann, zweitens, den Weg für eine »Entschärfung der Bombe« bereiten. Im Gegensatz zur MAD-Doktrin, der Doktrin der »wechselseitig gesicherten Zerstörung«, welche Spannungen, Furcht und Feindschaft immer weiter fortsetzt, fördert eine nicht-offensive Verteidigungshaltung einen Prozeß der Entspannung und Annäherung und steht deshalb in vollem Einklang mit unserem eigentlichen Ziel, nämlich wirklichen Frieden, der mehr ist als ein Nichtkrieg, zu schaffen. Die nicht-offensive Verteidigungshaltung wäre gewissermaßen ein erster Schritt in diese Richtung.

Es stimmt: Die nicht-offensive Verteidigung, wie ich sie hier in Kürze beschrieben habe, stellt zunächst nur eine *andere Form* der Rüstung dar, sie beinhaltet noch nicht eine Abrüstung, wie wir sie uns alle eigentlich wünschen.

Klarerweise könnten alle unsere Verteidigungsprobleme viel wirksamer, billiger und sicherer gelöst werden, wenn *beide* Seiten sich auf drastische Kürzungen ihrer Rüstungen verständigen könnten. Leider ist dies aber noch immer ein Wunschtraum. Keine Seite möchte den Abrüstungsprozeß wirklich beginnen, weil sie dadurch schwerwiegende Nachteile für sich befürchtet. Ich brauche hier nicht zu betonen, daß die meisten unter uns selbstverständlich und mit gutem Recht entgegengesetzter Meinung sind. Doch solange wir die Mehrheit der Menschen nicht davon überzeugt haben, kommen wir nicht weiter. Die nicht-offensive Verteidigung könnte hierbei als ein geeigneter Zwischenschritt dienen, der uns die schwierige Umsteuerung von einer Aufrüstung zu einer wirklichen Abrüstung erlaubt.

Man sollte dabei nicht verkennen, daß eine solche Umrüstung einige gefährliche Risiken in sich birgt, die es zu vermeiden gilt. So kann eine hochwirksame konventionelle Verteidigungsstruktur der nicht-offensiven Art für die andere Seite sehr wohl noch bedrohlicher als die augenblickliche Struktur erscheinen, wenn sie mit den jetzt noch existierenden offensiv-defensiv ambivalenten Waffensystemen kombiniert wird. Obgleich es ziemlich unrealistisch erscheint, daß Militärs je in großem Umfange existierende Waffen verschrotten werden bevor sie veraltet sind, so müßte man doch sehr sorgfältig darauf achten, daß nicht die neuen defensiv-orientierten Waffen einfach als eine neue Dimension zu den alten Waffenstrukturen hinzukommen. Die Neuorientierung in Richtung auf eine strukturelle Nichtangriffsfähigkeit der Verteidigung kann wohl im wesentlichen nur über zukünftige Waffenbeschaffungsprogramme gesteuert werden.

Um wirklich ein Programm einer konventionellen nicht-offensiven Verteidigung in Europa durchsetzen zu können, muß die Mehrheit unserer Bevölkerung und auch die verschiedenen europäischen Regierungen der Allianz dafür gewonnen werden. Viele Menschen fühlen sich bedroht und verwundbar und sie zögern deshalb etwas aufzugeben, von dem sie das Gefühl haben, daß es für ihre Sicherheit wesentlich ist. Eine nicht-offensive Verteidigung kommt diesen Ängsten entgegen. Sie eröffnet deshalb eine gute Möglichkeit, daß in dieser Frage ein weitreichender Konsens in der Bevölkerung erreicht werden kann.

Eine nicht-offensive Verteidigung kann von jeder Seite unabhängig realisiert werden. Sie erfordert keine komplizierten Verhandlungen nach Art der enttäuschenden Rüstungskontrollverhandlungen in der Vergangenheit, welche den Abrüstungsprozeß manchmal mehr behindert als befördert haben. Da eine nicht-offensive Verteidigung die Verteidigung eher *stärkt* als schwächt, führt die unilaterale Ausführung zu keinen Nachteilen, sie bedeutet also keine einseitige Konzession.

Eine nicht-offensive Verteidigung basiert auf der Erkenntnis, daß Sicherheit nicht mehr getrennt, sondern nur gemeinsam mit dem Gegner erreicht werden kann. Die psychologische Ausrichtung auf eine gemeinsame Sicherheit könnte sich letztlich als wichtiger und wesentlicher erweisen als die Lösung spezieller militärisch-technischer Probleme im Rahmen dieses Konzepts. Die prinzipielle Möglichkeit jeder Seite, die Initiative ergreifen zu können, sollte aber *nicht* so verstanden werden, daß eine Umrüstung der eigenen Streitkräftestrukturen in Richtung auf eine weniger bedrohende Haltung, *ohne Kontakt* mit der anderen Seite durchgeführt werden soll. Ganz im Gegenteil! Diese Schritte sollten durch einen intensiven Dialog zwischen Politikern, Wissenschaftlern und Militärexperten von beiden Seiten – über Bedrohungswahrnehmungen und alle in diesem Zusammenhang wichtigen Punkte – geleitet, begleitet und nach Kräften unterstützt werden, ähnlich wie dies schon im Rahmen der Pugwash-Arbeitsgruppen erfolgreich praktiziert wird.

Eine nicht-offensive und verläßliche Verteidigung ist nach unserer Vorstellung nicht darauf angewiesen, daß die andere Seite mitzieht, d. h. zu ähnlichen Veränderungen bereit ist. Die militärisch-technischen Probleme einer nicht-offensiven Verteidigung würden aber selbstverständlich wesentlich einfacher zu lösen sein, und der Prozeß könnte enorm beschleunigt werden, wenn die andere Seite kooperativ und in reziproker Weise darauf reagieren würde. In der Tat gibt es für ein solches Einlenken der anderen Seite auch starke Anreize: Eine Reduktion des Offensivpotentials auf der einen Seite, z. B. in Form einer Verringerung der Zahl von Panzern und Flugzeugen, würde für die andere Seite die Anzahl der für einen Präemptivschlag geeigneten Ziele vermindern, wodurch ein Teil ihrer dafür bereitgestellten Offensivwaffen überflüssig würden und verschrottet werden könnten.

Eine nukleare Abrüstung, eine strenge funktionelle Trennung der nuklearen von der konventionellen Ebene und eine militärische Entspannung auf dem konventionellen Niveau durch eine nicht-offensive Verteidigungsstruktur kennzeichnen die wichtigsten Schritte, um die augenblicklich gefährlich sich zuspitzende Situation in den Griff zu bekommen. Wenn auf diese Weise einmal der Teufelskreis des Rüstungswettlaufs aufgebrochen ist, werden sich wohl in allen Bereichen reichlich Gelegenheiten für substantielle Abrüstungen anbieten.

Selbstverständlich sollte dieser ganze Umorientierungsprozeß nicht auf militärische Maßnahmen beschränkt bleiben. Militärische Maßnahmen sollten vielmehr nur als *ein* Teilstück einer viel größeren gemeinsamen Anstrengung aller Menschen gewertet werden, die schwierigen globalen Probleme, welche die Menschheit als Ganzes heute bedrängen, entschlossen anzugehen und einer gerechten und angemessenen Lösung zuzuführen.

Am 12. April 1957 waren achtzehn bekannte Atomforscher der Bundesrepublik in Göttingen mit einer Erklärung an die Öffentlichkeit getreten, in der sie sich ausdrücklich gegen eine atomare Bewaffnung der Bundeswehr, wie sie damals von Konrad Adenauer und seinem Atomminister Franz Joseph Strauß ins Auge gefaßt wurde, aussprachen und ihre Mitarbeit an der Herstellung, der Erprobung und dem Einsatz von Atomwaffen verweigerten. Die Atomforscher wiesen in diesem Zusammenhang insbesondere darauf hin: »Unsere Tätigkeit, die der Tätigkeit der reinen Wissenschaft und ihrer Anwendungen gilt und bei der wir viele junge Menschen unserem Gebiet zurückführen, belädt uns mit einer Verantwortung für die möglichen Folgen dieser Tätigkeit. Deshalb können wir nicht zu allen politischen Fragen schweigen.« Gleichzeitig betonten sie in ihrer Erklärung ihre Bereitschaft, an der friedlichen Nutzung der Atomenergie mitzuwirken.

Einige der »Göttinger Achtzehn«, so Max Born, Walter Gerlach, Otto Hahn, Werner Heisenberg, Hans Kopfermann, Heinz Maier-Leibnitz und Carl Friedrich von Weizsäcker, gründeten zusammen mit anderen Wissenschaftlern zwei Jahre später die Vereinigung Deutscher Wissenschaftler (VDW), um dieser neuen Verantwortung Ausdruck zu verleihen.

Zur Erinnerung an die Gründung der VDW 25 Jahre zuvor und ihrer ursprünglichen Ausrichtung auf Fragen der Friedenspolitik wurde für die Jahrestagung im Oktober 1984 das Thema »Chancen des Friedens« gewählt. Ich nahm damals an einer abschließenden Podiumsdiskussion mit Botschafter Claus Citron und Carl Friedrich von Weizsäcker teil.

Chancen des Friedens
Beiträge zu einem Gespräch der Vereinigung Deutscher Wissenschaftler

Ich habe mich von Anfang an gefragt, was die Organisatoren sich gedacht haben, als sie Herrn von Weizsäcker und mich zusammen aufs Podium gesetzt haben, wo doch eigentlich bekannt ist, daß unsere Standpunkte in bezug auf die Friedensproblematik gar nicht so sehr verschieden sind. Der Grund ist vielleicht, daß wir wohl im »Pathos« etwas verschieden sind.

Ich möchte in meinem kurzen Beitrag nicht viel über die vorangegangenen Vorträge sagen. Ich bin immer wieder durch die Qualität solcher Analysen beeindruckt. Trotz ihrer Verschiedenartigkeit kam es mir so vor, als ob sie in ihren wesentlichen Aussagen gar nicht so weit auseinanderklaffen. Unterschiede bestanden mehr in den Betonungen, denen man zustimmen kann oder nicht, kaum ausreichend, um Zündstoff für eine hitzige Diskussion zu liefern. Trotzdem haben mich die Ausführungen unbefriedigt gelassen. Der Tenor war letzten Endes – und das ist selbsverständlich gar nicht überraschend –, daß es sehr schwierig sein wird, irgendwelche Änderungen zum Besseren herbeizuführen. Es wurde uns also wieder das wohlbekannte Dilemma vor Augen geführt, daß auf der einen Seite wesentliche Veränderungen unumgänglich erscheinen, um die drängenden und immer bedrohlicher werdenden Schwierigkeiten künftig zu überwinden, daß auf der anderen Seite aber, aufgrund unserer Analysen, der Eindruck entsteht, als ob unabhängige und von uns kaum beeinflußbare Vorgänge, also eine gewisse Eigendynamik des Geschehens, ein korrigierendes Eingreifen praktisch unmöglich machen. Die ganze Problematik erscheint so vielfältig und fest verflochten, daß wir gar nicht wissen, an welcher Stelle eigentlich vernünftigerweise ein Hebel angesetzt werden sollte und könnte.

Wie so oft, wenn man solche stark vernetzten Probleme mit rein rationalen Argumenten anzugehen versucht, läuft man Gefahr, am Schluß einfach zu resignieren. Dies soll nun kein Plädoyer gegen eine rationale Argumentation sein – diese ist unentbehrlich und gut. Aber gerade weil sie so unerbittlich die Unüberwindlichkeit der Probleme aufzuzeigen scheint – unsere historische Erfahrung läßt uns doch hier kaum Hoffnung –, verfallen wir allzu leicht in einen lähmenden Pessimismus. Diesen Pessimismus aber dürfen wir uns nicht erlauben, um nicht unsere letzten Chancen zu verspielen. Wir müssen neben unserem Verstand vor allem unsere Vernunft mobilisieren, um neue Ideen zu entwickeln, die uns aus der Sackgasse hinausführen können. Woher nehmen wir die psychische Kraft für die so hoffnungslos erscheinende Anstrengung? Wenn ich von mir selbst ausgehe, so muß ich sagen, daß es eigentlich immer wieder die Menschen sind, denen ich bei diesem Ringen um die Friedensfrage begegne – wie auch hier wieder –, und die Erfahrung ihres großen persönlichen Engagements in dieser Frage, die mir letztlich Hoffnung gibt.

Eine genaue Analyse der Situation ist notwendig und wichtig. Aber wir dürfen dabei nicht stehenbleiben. Wir müssen wagen, auch Vorschläge zu machen, welche Schlüsse daraus künftig gezogen werden sollen. Es wird keine Patentrezepte zur Lösung der augenblicklichen schwierigen Probleme geben. Wir müssen uns in einer Einstellung entsprechend dem Froschbeispiel üben, nämlich zu strampeln, in der durch rationale Argumente kaum zu stützenden Hoffnung, daß sich hier Butter bildet. Wir müssen einen Weg finden, der in die richtige Richtung weist, und pragmatisch und umsichtig die ersten kleinen und konkreten Schritte tun.

Wenn ich von einer solchen Tagung, ähnlich wie der unsrigen hier, nach Hause komme, so frage ich mich am Schluß immer: Warum bist du hingegangen? Was hattest du erwartet? Welche neuen Einsichten hast du gewonnen? Welche Konsequenzen ergeben sich daraus für dein künftiges Handeln?

Auf unsere Veranstaltung bezogen heißt dies vielleicht: Welchen Beitrag kann ich leisten, um die Chancen des Friedens zu verbessern? Ich kann »meinen Beitrag« hierbei auf verschiedene Ebenen und Abstraktionsstufen beziehen.

Allgemein könnte es z. B. bedeuten: Welchen Beitrag kann Europa oder die Bundesrepublik Deutschland dazu leisten? Ich habe darüber eigentlich auf unserer Tagung zu wenig Konkretes gehört. Es ist wohl vieles über europäische Friedensordnung und ähnliches gesagt worden, aber nichts von der Art, mit dem ich nach Hause gehen und mir sagen kann: Aha, da ist vielleicht doch eine Möglichkeit für einen ersten kleinen Schritt. Da fange ich morgen an, auch ein bißchen herumzudenken. Das werde ich meinen Freunden und Bekannten weitervermitteln. In dieser Richtung werde ich mithelfen, die öffentliche Argumentation zu lenken. – Ich habe bisher kein solches Aha-Erlebnis gehabt, was sehr wohl an mir liegen kann.

Die Frage könnte ich auch so interpretieren: Was können wir als Wissenschaftler, als Mitglieder der Vereinigung Deutscher Wissenschaftler oder spezieller, was kann ich persönlich als Naturwissenschaftler, als Kern- und Elementarteilchenphysiker oder einfach auch als verantwortungsbewußter Bürger zur Verbesserung der Chancen des Friedens beitragen?

Ich weiß nicht genau, aus welchen verschiedenen Berufszweigen wir alle kommen, aber ich vermute, daß Sie alle in einer ähnlichen Lage sind wie ich: Eigentlich habe ich überhaupt keine Zeit, mich mit dieser Frage ausreichend zu befassen. Ich habe einen Beruf, der mich voll und ganz in Anspruch nimmt, dem ich mit Haut und Haar anhänge und aus dem ich eigentlich nicht aussteigen will. Auf der anderen Seite bin ich aber davon überzeugt, daß ein Wissenschaftler auch über den Rahmen seines unmittelbaren Fachgebiets hinaus Verantwortung übernehmen muß. Dies ist der Grund, warum ich hier bin, und dies ist wahrscheinlich auch der Grund, warum Sie hier sind. Ob eine solche Verantwortung für Wissenschaftler besteht, wird vielfach bestritten. Für mich ist dies kein Produkt einer abstrakten Überlegung, sondern zunächst eine Folge persönlicher Betroffenheit, die wesentlich mit meiner Biographie zusammenhängt. Sie leitet sich aus meinen Kriegserlebnissen ab und hat wohl auch damit zu tun, daß ich 1953-57 Mitarbeiter von Edward Teller war, wodurch ich schon früh in Kontroversen der Rüstungsforschung hineingezogen wurde. Ich habe mich mit Teller in den fünfziger Jahren viel über diese Fragen unterhalten und tue dies auch jetzt hin und wieder, z. B. im Zusammenhang mit Reagans »Strategic Defense Initiative SDI«, die er ja stark befürwortet. Als Elementarteilchenphysiker und Hochenergiephysiker muß ich mich ja eigentlich direkt von Präsident Reagan angesprochen und aufgefordert fühlen, am Bau dieses atomaren Schutzschirms mitzuwirken. Für einen Physiker stellt sich also die Frage nach der Verantwortung nicht nur rhetorisch.

Als akademischer Lehrer, der jährlich neue Physikstudenten ausbildet, bin ich auch immer wieder mit der Frage konfrontiert, was diese begabten jungen Leute eigentlich nach Abschluß ihrer Diplom- und Doktorarbeit tun sollen. Eine Frage, die mich in Anbetracht einer Stellensituation, wo Physiker in steigendem Maße in der Rüstungsindustrie gebraucht werden – in den USA sollen heute schon fast 50% der Physiker mit Rüstungsfragen befaßt sein – in immer größere Verlegenheit versetzt. Ich hoffe deshalb insgeheim, daß ich auf einer Tagung, wie unserer hier, irgend etwas höre und lerne, um den jungen Leuten optimistischer und hoffnungsvoller auf diese Frage antworten zu können.

Als Physiker, als Wissenschaftler empfinde ich mich als Mitglied einer internationalen Familie, in der noch Vertrauen herrscht. Wir alle unterhalten persönliche Kontakte zu Kollegen im Ausland, insbesondere auch über die Blockgrenzen hinweg. Dies eröffnet uns gute Chancen, uns mit der Mentalität der anderen vertraut zu machen und uns in ihre Probleme hineinzudenken und hineinzuleben. Daraus wächst dem Wissenschaftler, so glaube ich, in besonderer Weise die Funktion eines Vermittlers, eines Dolmetschers zu, wozu andere vielleicht nicht so leicht die Möglichkeit haben.

Um als Wissenschaftler erfolgreich zu sein, müssen wir die Fähigkeit haben, lernfähig zu bleiben. Wir müssen uns in die Vorstellungen eines anderen vertiefen und entgegengesetzte Meinungen anhören können. Denn in einem intensiven Wechselspiel von Gedanken liegt immer auch der Keim für ein besseres Verständnis.

Ein Wissenschaftler kann also, so glaube ich, sehr viel mehr als sein spezielles Fachwissen für die Lösung der Friedensproblematik beitragen. Aber was kann er wirklich tun – was können wir persönlich tun?

Es ist hier immer wieder betont worden, daß die Probleme sehr schwierig sind und daß wir deshalb bei ihrer Lösung enorm viel Geduld aufbringen müssen. Es ist uns auch allen klar, daß langfristig der Friede nicht durch militärische, sondern nur durch politische Maßnahmen gesichert werden kann. Zu politischen Fragen kann aber ein Naturwissenschaftler nur ganz wenig beitragen. Hier müßten Politologen, Historiker, Ökonomen und andere, die sich auf diesem Gebiet auskennen, die Initiative ergreifen. Politische Veränderungen brauchen jedoch Zeit, die wohl durch Zeitkonstanten in der Größenordnung von Jahrzehnten oder einer Generation bemessen sind. Es drängt sich uns deshalb die Frage auf, ob wir überhaupt so viel Zeit haben angesichts der enormen, sich in viel kürzeren Zeiten abspielenden technischen Veränderungen. Ich befürchte, daß dies nicht der Fall ist. Dies hat zur Folge, daß wir doppelgleisig disponieren müssen:

Langfristig müssen wir klarerweise politische Handlungsmuster entwickeln, um eine echte Friedenssicherung zu erreichen, kurz- und mittelfristig müssen wir uns aber noch zusätzlich auf eine Kriegsverhinderungsstrategie spezialisieren, um eine ausreichend Galgenfrist für die politische Lösung zu schaffen. Es muß insbesondere der Ausbruch eines Kriegs verhindert werden, den keiner will. Um einen Krieg wirksam zu verhindern, schien in der bisherigen Betrachtung vor allem ein Gleichgewicht der militärischen Kräfte im Sinne einer Symmetrie oder Parität der Waffen eine wesentliche Rolle zu spielen. Heute haben wir alle den Eindruck – und das ist ja in allen Vorträgen erwähnt worden –, daß nicht Symmetrie oder Parität der Waffenarsenale, sondern Stabilität im Sinne einer Krisenstabilität die entscheidende Forderung sein muß. Ich gebrauche hier den Begriff der Stabilität nicht im politischen, sondern mehr in einem physikalischen Sinne. Von stabilen Systemen spricht man in der Physik – wie z. B. bei einer Kugel in einer Mulde –, wenn kleine äußere Störungen das System letztlich nicht aus dem Gleichgewicht bringen können. Das System kann sozusagen diese Störungen abpuffern oder auffangen. Stabile Situationen sind also durch eine gewisse Robustheit gekennzeichnet, wodurch sie alle möglichen Krisen, die nun einmal nicht zu vermeiden sind, unbeschadet oder ohne großen Schaden überstehen können.

Unsere größte Sorge ist heute wohl, daß aufgrund einer Reihe von Entwicklungen eine zunehmende Destabilisierung in den Ost-West-Beziehungen droht. Es war mein Eindruck, daß diese Aspekte der Destabilisierung in unserer bisherigen Argumentation nicht genügend deutlich wurden und dies wohl weniger, wie ich glaube, weil sie nicht genügend erkannt werden, sondern mehr, weil in anderem Zusammenhang schon so viel darüber gesprochen wurde. Es sind vor allem die qualitativen Innovationen im militärtechnischen Bereich, die in den nächsten 10 bis

15 Jahren eine Destabilisierung des militärischen Gleichgewichts heraufbeschwören können. Sie werden noch verschärft durch eine Veränderung der militärstrategischen Konzepte, die eigentlich die Aufgabe haben sollten, diese militärtechnischen Instabilitäten aufzufangen. Ich möchte jedoch betonen, daß Destabilisierungen auch durch künftige wirtschaftliche Entwicklungen drohen. Dies rührt zunächst von einer enormen Belastung der öffentlichen Haushalte aller Länder durch die Rüstung her, dann aber vor allem auch durch die Tatsache, daß wir durch unsere Konzentration auf die Kriegsproblematik davon abgehalten werden, die drängenden echten und schwierigen Probleme der Menschheit zu lösen, die mit dem Schutz von nicht erneuerbaren Ressourcen, mit unserer Umwelt und mit den Entwicklungen in der Dritten Welt zusammenhängen. Unsere ganze Intelligenz wird durch diesen Ost-West-Konflikt beansprucht, obwohl die diesem zugrunde liegenden Probleme, von außen betrachtet, eigentlich zweitrangig sind. Denn dies sind doch alles Probleme, die lösbar wären, wenn wir etwas mehr Abstand dazu hätten, im Gegensatz zu den Ressourcen-, Umwelt-, Dritte-Welt-Problemen, wo wir noch gar keinen möglichen Ausweg sehen. Hier müßten wir alle unsere geistigen und physischen Kräfte investieren. Der Notstand wird in diesen Fragen nicht erst kommen, sondern er existiert ja bereits schon. Unsere Jugend hat dies begriffen, und sie ist bereit, sich für diese eigentlich wichtigen Fragen voll zu engagieren. Aber die Gesellschaft bietet dafür kaum Möglichkeiten.

Doch welche Auswege gibt es aus dem Destabilisierungsdilemma? Bei meiner letzten Unterhaltung mit Edward Teller war ich von der Feststellung überrascht, daß wir trotz fundamentaler Meinungsverschiedenheiten ein großes Stück gemeinsam gehen konnten. Wir waren beide überzeugt, daß die bisherige Abschreckungsdoktrin langfristig keine stabile Lösung darstellt und deshalb durch etwas anderes ersetzt werden muß. Als Alternative erschien uns beiden die Entwicklung einer Defensivstruktur im eigentlichen Sinne, d. h. einer Struktur von Waffensystemen, welche eine Verteidigung direkt gewährleisten und nicht nur auf dem Umweg über eine Bedrohung der Gegenseite durch Offensivwaffen. Verteidigung, durch verstärkte Drohgebärde von beiden Seiten praktiziert, führt notwendig zu einer Eskalation und kann deshalb – wie auch v. Weizsäcker betonte – auf Dauer gar nicht stabil sein. Der Unterschied zwischen Teller und mir – und das ist selbstverständlich ein gravierender Unterschied – war, daß Teller diese Defensivstruktur auf dem nuklearen Niveau etablieren will, während ich – den Vorschlägen von Horst Afheldt und vielen anderen folgend – dies nur auf dem Niveau konventioneller Waffen für möglich halte. Aufgrund der extrem hohen Zerstörungskraft von Atomwaffen halte ich eine ausreichende Verteidigung gegen Atomwaffen vom technischen Standpunkt aus für praktisch aussichtslos. Ich möchte darauf nicht näher eingehen. Wesentlich erscheint mir jedoch, daß, abgesehen von der Frage einer technischen und finanziellen Realisierbarkeit eines Atomraketenabwehrsystems, erhebliche Zweifel bestehen, ob hierbei weitere extreme Destabilisierungen vermieden werden können, weil ein solches System auch gleichzeitig die Angriffsfähigkeit stärken kann und beim Übergang vom jetzigen offensiv-dominanten Zustand zum anvisierten defensiv-dominanten Zustand gefährliche instabile Stadien durchlaufen muß.

Demgegenüber glaube ich, daß ein solcher Weg auf konventionellem Niveau echte Chancen auf Erfolg haben könnte. Die Atomwaffen sind dann immer noch da. Sie lassen sich – leider – nicht mehr abschaffen. Wir müssen uns darauf einrichten, noch lange mit ihnen zu leben. Sie würden als Möglichkeit selbst dann noch weiter bestehen, wenn sie alle verschrottet würden. Alles, was wir tun können, ist, die Nuklearschwelle so hoch wie möglich zu schieben, also zu versuchen, die Verwendung von Atomwaffen in einem Konflikt so weit wie möglich von den Krisenherden im konventionellen Bereich abzukoppeln.

Selbstverständlich muß dann dafür gesorgt werden, daß auf dem konventionellen Sektor nicht ein neues Wettrüsten beginnt, ähnlich demjenigen, das wir jetzt bei den Atomwaffen haben. Dies würde uns noch teurer zu stehen kommen. Hier sollte man in der Tat prüfen, ob sich nicht Konzepte realisieren lassen, die eine verläßliche konventionelle Verteidigungsfähigkeit gewährleisten unter der Bedingung einer strukturellen Nichtangriffsfähigkeit. Die Frage ist also, ob sich durch gezielte Nutzung der Mikroelektronik die Struktur eines konventionellen Verteidigungssystems – also nicht etwa mit Hilfe bestimmter neuer Waffen – so ausbauen läßt, daß dieses für eine Verteidigung extrem wirksam ist, aber gleichzeitig prinzipiell oder praktisch untauglich ist für einen Angriff und zur Eroberung des gegnerischen Territoriums.

Wissenschaftler sollten sich aber auch an der langfristigen Friedenssicherung beteiligen, und sie können dies durch ihre vielfältigen Kontakte zu einer wohl noch existierenden »heilen« Welt. Ich betrachte nämlich die internationale Familie der Wissenschaftler noch als eine »heile« Welt, und wir sollten darauf achten, daß dies auch so bleibt. Wir sollten insbesondere versuchen, unsere Kontakte über die Blockgrenzen hinweg zu verstärken. Indem wir etwas von den Ängsten der anderen und ihrer Perzeption unserer Handlungsweise erfahren, verbessern wir unsere eigene Orientierung. Eine andere Frage ist, wieviel durch solche Kontakte auf der anderen Seite bewegt werden kann. Viele äußern sich sehr pessimistisch über die Lern- und Entwicklungsfähigkeit des sowjetischen Systems. Dies ist sehr schwer zu beurteilen. Lernfähigkeit ist ja in keinem Land sehr groß, auch bei uns nicht. Bei meinen eigenen Kontakten mit Menschen, hauptsächlich Wissenschaftlern aus der Sowjetunion, habe ich eigentlich nie größere Verständigungsschwierigkeiten als mit Menschen aus westlichen Ländern gehabt, wenn man dies überhaupt so einfach ausdrücken will. Schwere Erfahrungen in der Vergangenheit haben sogar in der Sowjetunion, was die Friedensproblematik anbelangt, zu einer im Vergleich zu manchen westlichen Ländern größeren Sensibilität geführt, welche einen tieferen Gedankenaustausch erleichtern. In den letzten Jahren und Jahrzehnten hat sich mit der langsamen Öffnung zum Ausland wohl auch das Bewußtsein der Bürger in der Sowjetunion verändert und damit auch ihre Betrachtungsweise. Eine Hauptschwierigkeit scheint mir allerdings darin zu liegen, daß diese Bewußtseinsveränderung kaum Änderungen bewirkt, die dann auch in bestimmten Handlungen zum Ausdruck kommen. Mit neuen Einsichten wird eben nicht gleichzeitig eine Bereitschaft erzeugt, diesen Einsichten Taten folgen zu lassen. Ich habe immer wieder nach einem guten und konstruktiven Gespräch über ein nicht physikalisches Problem erlebt, daß mein sowjetischer Gesprächspartner auf meine Frage, welche Lösungsmöglichkeiten er hier anbieten könnte und was er nun in diesem Falle selbst zu unternehmen gedenke, mir zur Antwort gab: Das ist nicht meine Aufgabe, das ist Aufgabe der Behörde oder der Regierung. Selbstverständlich weiß ich, daß in einem autoritären Staatswesen die Bürger sich und ihre Familien aufs höchste gefährden können, wenn sie zu offen ihre Meinung oder sogar Empfehlungen äußern, die nicht mit dem öffentlichen Kurs übereinstimmen. Aber es ist wohl nicht nur die Furcht vor möglichen Repressalien, die hier als wesentlicher Hemmschuh auftritt, sondern es fehlt einfach auch an Tradition und praktischer Erfahrung, wie kritische individuelle Meinung und individuelles Handeln konstruktiv in einem Staatswesen umgesetzt werden kann. Dieses Problem ist uns ja in Deutschland auch nicht ganz fremd, insbesondere, wenn wir die Situation in dieser Hinsicht mit der von Ländern mit längerer demokratischer Tradition vergleichen.

Lassen Sie mich dies durch eine kleine Geschichte charakterisieren: Bei einer Physikkonferenz in der Sowjetunion habe ich mich längere Zeit mit einigen Kollegen unterhalten, die Sacharow gut kannten, und ich habe nach Möglichkeiten gefragt, auf welche Weise ihm geholfen werden könnte. Einer meiner Kollegen gab mir zur Antwort, daß es sich bei Sacharow nicht primär um das Schicksal eines Physikers handeln würde, sondern daß hier politische Dinge im Spiel seien. Er sei jedoch nur ein Physiker und habe mit Politik nichts zu tun. Eine ähnliche Antwort kann man auch hier in Deutschland zu hören bekommen, wenn es um politische Fragen geht. Da heißt es dann: Sie sind Direktor an einem Max-Planck-Institut für Physik, halten Sie sich, bitte schön, aus diesen politischen Dingen heraus, die haben nichts mit Ihrer Physik zu tun. Wenn Sie Politik machen wollen, warum verlassen Sie nicht das Institut und lassen sich ins Parlament wählen. In den USA, die mich stark geprägt haben, wäre eine solche Auffassung kaum verständlich. Mit meinem Vergleich möchte ich jedoch keinesfalls ähnliche Verhältnisse zwischen der Sowjetunion und der BRD suggerieren. Ich wollte nur darauf aufmerksam machen, daß das Erkennen einer bestimmten Problematik nur ein allererster Schritt ist. Die viel schwierigere Hürde scheint mir zu sein, aus solchen Erkenntnissen auch eine Aufforderung zu eigenem verantwortlichen Handeln abzuleiten. Aus historischen Gründen und verstärkt durch die jetzige Machtstruktur ist in der Sowjetunion die Fähigkeit zu persönlichen Initiativen meines Erachtens extrem unterentwickelt. Eine kreative Umsetzung von Gedanken in reale Handlungen gelingt deshalb nur mühsam.

Lassen Sie mich zum Schluß kommen und zu meinen anfänglichen Reflexionen zurückkehren: Wie können wir die schönen Einsichten und neuen Erkenntnisse, die wir hier im Laufe der Tagung gewonnen haben, fruchtbar machen? Oder werden wir, wie so oft, dies alles einfach wieder in uns verschließen und mit einer gewissen Resignation zur Kenntnis nehmen, daß die uns konfrontierenden Probleme für eine Lösung zu schwierig sind? Fruchtbar machen heißt für viele von uns, daß wir bereit sind, diese Gedanken in die Öffentlichkeit zu tragen. Für mich bedeutet dies zunächst einmal die Universitätsöffentlichkeit. Sie wissen vielleicht, daß an über 40% der bundesdeutschen Universitäten Ringvorlesungen zur Friedensproblematik organisiert werden. Dies sind interdisziplinäre Veranstaltungen, in denen man versucht, auf einem ähnlichen Niveau, wie in unserer Veranstaltung hier, Professoren, Dozenten und Studenten aller Fachdisziplinen, aber auch einen Teil der Öffentlichkeit für die mit dem Frieden zusammenhängenden Fragen zu interessieren und diese in einer anschließenden Fragerunde kontrovers zu diskutieren. Dies ist ein guter Anfang, aber ich glaube nicht, daß es ausreicht. Was wir brauchen, ist eine viel längerfristig geführte Diskussion mit unseren Kollegen aus anderen Fachdisziplinen. Eine einmal in der Woche abgehaltene Vortragsveranstaltung oder auch eine über knappe zwei Tage geführte Vortragsveranstaltung reicht eben in den meisten Fällen nur aus, die Probleme anzureißen. Diese Probleme sollten an den geistigen Zentren unseres Landes, unseren Hochschulen und Universitäten, aufgegriffen und in einem überdisziplinären Dialog über Jahre hinweg weitergeführt und vertieft werden, in der Hoffnung, daß sie – ich glaube, Graf Baudissin hat dies auch betont – zu Lösungen führen, die nicht nur in bezug auf bestimmte Fragestellungen optimiert sind, sondern zu Lösungen, die das ganze Umfeld bei der Optimierung mit berücksichtigen, also z. B. auch Gesichtspunkte wie die der innenpolitischen Konsensfähigkeit.

Lassen Sie mich mit einer diesbezüglichen Bemerkung schließen. In Gesprächen mit Politikern habe ich manchmal den Eindruck gewonnen, daß viele glauben, mit der »erfolgreichen« Durchführung der Nachrüstung sei auch die Kraft der Friedensbewegung gebrochen worden. Ich halte dies für eine große Täuschung. Ich befürchte, daß der eigentliche Schaden, der sich in einem rapide schwindenden Vertrauen der Regierung und anderen herrschenden Kräften gegenüber dokumentiert, erheblich ist, dessen verheerende Folgen sich, ähnlich wie das Waldsterben, erst nach längerer Zeit deutlich zeigen werden. Diesen Vertrauensschwund erlebt man voller Beklemmung an sich selber: man wird immer kritischer, immer weniger bereit, Argumente von »oben«

unbesehen zu übernehmen. In jedem konstruktiven Lernprozeß sind wir aber notwendig darauf angewiesen, dem anderen vertrauen zu können, da es für den einzelnen unmöglich ist, alles im Detail selbst nachzuvollziehen. Jeglicher Vertrauensverlust bedeutet deshalb eine gefährliche Beschädigung des politischen Lebens, und wir sollten alle Anstrengungen unternehmen, die Dinge hier nicht – auf wirkliche oder vermeintliche Mehrheiten pochend – weiter treiben zu lassen. Wir müssen hier neu investieren, damit wir wieder zu einem besseren innenpolitischen Klima kommen.

...

Ich wollte noch einen Punkt nachschieben, der mir bei der defensiven Verteidigung sehr wichtig zu sein scheint: Eine defensive Verteidigung kann unilateral angegangen werden, d. h. man hat volle Handlungsfreiheit bei ihrer Verwirklichung, sie verlangt keine vorausgehende Abstimmung mit der anderen Seite. Wenn man heute »unilateral« sagt, so hat dies leicht die negative Bedeutung von »Verzicht auf eigene Vorteile« oder von »Vorleistung«. Wir könnten jedoch genausogut dafür »eigenständig« oder »unabhängig« sagen, dann klingt dies schon besser. Wenn man Handlungen eigenständig durchführt, soll dies aber auch nicht bedeuten, daß es sich nicht lohnt, mit der anderen Seite über Hintergründe und Motive dieser Handlungen zu sprechen. Es ist aber nicht nötig, den Kontrahenten dazu zu überreden, dasselbe zu tun, sondern man kann eine solche Möglichkeit ruhig der Zeit überlassen.

In Fragen der defensiven Verteidigung ist es z. B. außerordentlich wichtig, daß man von der anderen Seite erfährt, welche der eigenen Waffen für sie am bedrohlichsten empfunden wird. Man sollte dabei schlicht dessen Einschätzung akzeptieren und nicht versuchen, ihm die eigene Betrachtungsweise aufzudrängen, indem man ihm sagt: »Du brauchst Dich ja durch diese Waffe gar nicht bedroht zu fühlen, da ich sie ja nur für meine eigene Verteidigung einsetzen werde.« Die Reaktion des anderen kann und soll hier für die eigenen Handlungen einen Anreiz liefern, bevorzugt die Waffen abzubauen, durch die der andere aufgrund seines spezifischen Sicherheitsempfindens sich bedroht fühlt und sie durch andere, weniger offensive oder offensiv erscheinende Strukturen zu ersetzen, welche gewährleisten, daß die eigene Verteidigungsfähigkeit und damit die eigene Sicherheit erhalten bleibt. Wesentliche Voraussetzung dafür ist selbstverständlich, daß ein solcher verteidigungsneutraler Ersatz von einer offensiven zu einer mehr defensiven Disposition technisch überhaupt möglich ist.

Wenn man sich mit Militärfachleuten über Verteidigung unterhält, so unterscheiden diese dabei oft drei wesentliche Schritte. Der erste Schritt besteht darin, den eingedrungenen Angreifer zu stoppen. Im zweiten Schritt versucht man, ihn aus dem eigenen Territorium zu vertreiben. In einem dritten Schritt schließlich versucht man, durch einen Gegenangriff die eigenen Vorteile voll auszuspielen. Die Engländer erklären diesen dritten Schritt manchmal scherzhaft als »bloody nose doctrine«, da er eine Art Bestrafung darstellt, die jeder Angreifer notwendig erleiden soll, um ihn künftig von ähnlichen Aktionen abzuschrecken. Eine interessante Frage, die sich hierbei stellt, ist nun, wie eine optimale Verteidigungsstruktur aussehen würde, wenn man auf den dritten Schritt vollständig verzichtet. Denn es ist der dritte Schritt, der letztlich zu einer Eskalation des Konflikts führen kann oder sogar führen muß und damit die große Gefahr heraufbeschwört, daß er in der Folge von Aktionen und Gegenreaktionen auf das atomare Niveau ansteigt. Es ist auch die Fähigkeit zum dritten Schritt, die von der anderen Seite aus am leichtesten als Angriffsfähigkeit mißinterpretiert werden kann.

Im übrigen, glaube ich, sollten wir der Frage einer besseren Kommunikation zwischen Ost und Wet in Europa noch weit größere Aufmerksamkeit schenken. Hier scheint es mir wichtig, den Dialog nicht auf militärische Fragen zu beschränken, wo er wegen der Polarisierung der Standpunkte besonders schwierig ist. Wir sollten vielmehr alle Anstrengungen unternehmen, den Ost-West-Dialog auf alle die anderen wichtigen Menschheitsfragen auszudehnen, an deren Lösung beide Seiten auf gleiche Weise interessiert sein müssen. Ich denke hier an die schwerwiegenden Probleme der industrialisierten Länder in Zusammenhang mit Ressourcenschutz und Umweltbelastung, aber auch die bedrückenden Nord-Süd-Probleme und Weltwirtschaftsfragen. Das Vertrauensverhältnis zwischen Ost und West ist fundamental gestört. Alle Aktionen, die wechselseitiges Vertrauen voraussetzen, haben deshalb nur geringe Chancen auf Erfolg. Die einzige Hoffnung in einer solchen Situation erscheint mir, beiden Seiten klarzumachen, daß das zukünftige Schicksal des einen auf tödliche Weise mit dem Schicksal des anderen verkettet ist und dies nicht nur wegen der Massenvernichtungswaffen.

...

Ich möchte das Stichwort Angst kurz aufnehmen und für meine Schlußbemerkung verwenden.

Wir haben vielfach den Eindruck, daß ein Großteil der Probleme zwischen Ost und West von der wechselseitigen Bedrohung und der Angst vor dem anderen herrührt. Ich teile diesen Standpunkt auch im gewissen Grade und habe dies ja auch in meiner früheren Argumentation verwendet. Andererseits habe ich in letzter Zeit in Unterhaltungen mit Leuten, die man grob vielleicht mehr den Falken zurechnen würde, einige Male die Erfahrung gemacht, daß diese keinerlei Angst davor hatten, daß die Sowjetunion je Westeuropa angreifen würde. Sie betrachten die ganze Rüstung mehr als ein Mittel, die Wirtschaft in Gang zu halten, die Technik energisch voranzutreiben und dabei auch gutes Geld zu verdienen. Auch in den USA erscheint mir diese Einstellung weit verbreitet. Dort kommt noch dazu, daß der Wettbewerb zwischen den verschiedenen Waffengattungen die Rüstungseskalation zusätzlich anheizt, so daß manchmal die Bedrohung durch die Sowjetunion zweitrangig erscheint. So hat man ja auch den Eindruck, daß die propagierten »Fenster der Verwundbarkeit« die wesentliche Funktion haben, Rüstungsgelder wieder reichlicher fließen zu lassen.

Die Bedeutung wirtschaftlicher Faktoren im Zusammenhang mit der Frage der Friedenssicherung ist auf dieser Tagung überhaupt nicht angesprochen worden, zum Teil wohl auch deshalb, weil darüber viel zu wenig bekannt ist. Ich weiß nicht, wie wichtig sie sind, aber ich neige in letzter Zeit immer mehr zu der Vermutung, daß der Einfluß wirtschaftlicher Interessen in unserer bisherigen Betrachtung unterbewertet wurde. Ich möchte damit nicht sagen, daß wirtschaftliche Interessengruppen systematisch einen Krieg vorbereiten, sondern nur, daß eine mit Feindbildern durchsetzte Weltatmosphäre enorme Profite ermöglicht. Daß hierdurch die reale Gefahr eines Krieges heraufbeschworen wird, wird von den Beteiligten gar nicht gesehen und sogar ernsthaft bestritten, weil man, seine eigene Macht und eine eigene Kontrollfähigkeit überschätzend, alles fest im Griff zu haben glaubt. Mein Vorschlag für die Zukunft wäre also, die wirtschaftliche Dimension des Friedensproblems einmal eingehend zu durchleuchten.

Wie viele andere hatte auch ich mich seit Jahren darum bemüht, durch meine persönlichen Kontakte zu Wissenschaftlern in der Sowjetunion die Rückkehr Andrej Sacharows aus seinem Verbannungsort Gorkij nach Moskau oder seine mögliche Ausreise ins Ausland zu erreichen. Die wesentlich verbesserte politische Atmosphäre seit dem Amtsantritt Michail Gorbatschows und meine engen freundschaftlichen Kontakte zu einigen Wissenschaftlern der Sowjetischen Akademie der Wissenschaften im Zusammenhang mit Friedensfragen seit Anfang 1984 schienen mir beste Voraussetzungen für eine neuerliche Initiative bezüglich Sacharow zu schaffen. Eine gemeinsame Podiumsdiskussion mit dem sowjetischen Botschafter Jurij Kwizinskij in Bonn gab mir Mitte Juni 1986 die äußere Gelegenheit, einen hier wiedergegebenen Brief an den Generalsekretär Michail Gorbatschow auf den Weg zu bringen. Schon vier Wochen später wurde mir zu meiner Überraschung eine relativ positive Antwort Gorbatschows durch die Sowjetische Botschaft übermittelt, und persönliche Gespräche Mitte Juli am Rande der Moskauer Internationalen Atomteststopp-Konferenz mit Kollegen zeigten mir, daß in der Frage Sacharow einiges in Bewegung gekommen zu sein schien, was gewisse Hoffnungen rechtfertigte. Andrej Sacharow wurde dann tatsächlich ein halbes Jahr später anläßlich des großen Internationalen Friedensforums in Moskau Mitte Februar 1987 die Rückkehr nach Moskau auf direkte Weisung Gorbatschows gestattet.

Andrej Sacharow
Brief an Generalsekretär Michail Gorbatschow

Sehr geehrter Herr Generalsekretär,
ich möchte mich wegen Andrej Sacharow an Sie wenden. Ich weiß, daß dies schon viele vor mir getan haben. Ich kenne die eigentlichen Gründe für seinen erzwungenen Aufenthalt in Gorkij nicht, aber ich muß immer wieder feststellen, daß viele Menschen hier in der Bundesrepublik und besonders auch solche, die eine Entspannung zwischen den Machtblöcken von Herzen unterstützen, durch den ungeklärten »Fall Sacharow« empfindlich irritiert sind. Ich kann mich davon nicht ausschließen. Ich weiß wohl, daß, wo kein wechselseitiges Vertrauen herrscht, ein vernünftiger und besonnener Dialog sehr beschwerlich, wenn nicht gar unmöglich ist und daß ein Entgegenkommen durch unfaire politische Agitation erschwert werden kann. Auch mein Anliegen wird Sie mit Argwohn erfüllen und vielleicht auch deshalb, weil ich aus einem Land stamme, das Ihrem Lande in der Vergangenheit so viel Leid, Tod und Zerstörung gebracht hat. Gerade diese schreckliche Kriegserfahrung, die auch mein Land in der Folge in vollem Maße teilen mußte, ist es aber, wie ich glaube, die unsere beiden Länder – trotz ihrer früheren Gegnerschaft – besonders eng miteinander verbindet. Lassen Sie mich diese Gedanken noch etwas weiter ausführen, bevor ich zu meinem eigentlichen Anliegen komme.

Das gemeinschaftliche leidvolle Erlebnis des letzten Krieges vereinigt alle Teile Europas in Ost und West in dem tiefen Wunsch, daß Europa nie wieder Schauplatz eines Krieges werden darf. Und mehr noch: Angesichts der Massenvernichtungswaffen, welche die gesamte Menschheit mehrfach auslöschen könnten, ergeht an alle Menschen die unabdingbare Forderung, endlich zur

Vernunft zu kommen und zu erkennen, daß sie künftig ihre Konflikte mit anderen Mitteln als mit Erpressung, Gewalt und Krieg lösen müssen, um überhaupt eine Überlebenschance zu haben.

Ein wesentliches Element, Konflikte zu entschärfen und Mißverständnisse abzubauen, ist der konstruktive Dialog von Menschen über die Länder- und Blockgrenzen hinweg. Wissenschaftler können bei der Intensivierung dieses Dialogs eine wichtige Rolle spielen. Trotz aller äußeren Gegensätze in der Welt, bilden Wissenschaftler heute immer noch eine Gruppe, in der noch wechselseitiges Vertrauen herrscht, in der man noch einander zuhört, in der Kritik noch als Hilfestellung auf der Suche nach Lösungen und nicht als Gegnerschaft verstanden wird. Deshalb sind enge Kontakte von Wissenschaftlern so wichtig. Sie können den Keim bilden für Vertrauensbildung im Großen, insbesondere, wenn Wissenschaftler bei ihren Kontakten sich nicht nur auf die Lösung von rein wissenschaftlich-technischen Problemen beschränken, sondern wenn sie auch mutig die eigentlich schwierigen und drängenden Probleme unserer Zeit anvisieren. Dazu gehört vor allem die langfristige Sicherung des Friedens.

Bei meinen häufigen Begegnungen mit sowjetischen Kollegen in und außerhalb der Sowjetunion ist mir deutlich geworden, wie wichtig es ist, besser und tiefer in die Vorstellungen des anderen einzudringen, um seine Ängste zu verstehen und seine Handlungen besser interpretieren zu können. Wenn es uns nicht gelingt, zwischen den Völkern dieser Welt – und insbesondere zwischen den beiden Großmächten – besseres Vertrauen zu schaffen, dann werden alle unsere Bemühungen zur Abwendung eines Krieges letztlich scheitern. Denn wissenschaftlich-technische Maßnahmen können bestenfalls nur die Zündschnur verlängern, sie können die Katastrophe nicht verhindern. Nur politische Maßnahmen können dies leisten, und diese müssen letztlich auf Vertrauen aufbauen. Wo kein Vertrauen herrscht, kann man es aber auch nicht verordnen. Deshalb muß man dort beginnen, wo es schon Keime gibt.

Um die Keime in ihrem Wachstum zu fördern, sollte man die Zusammenarbeit fördern und sie zunächst auf Probleme richten, die beide Seiten als *gemeinsame* Probleme erkennen. Ich denke dabei z. B. an die enormen ökologischen Probleme, die unsere Gesundheit und unsere Ernährung bedrohen, oder an die langfristige Energieversorgung, die künftig wohl ganz neuartige Konzepte und, zu ihrer Durchführung, enorme technische Anstrengungen erfordern wird. Alle Menschen, alle Länder, Ost und West sitzen dabei ja im gleichen Boot. Gemeinsam sollten sie sich deshalb an die Lösung dieser schwierigen Probleme machen. Die Zusammenarbeit an diesen gemeinsamen Projekten wird helfen, wechselseitiges Mißtrauen abzubauen.

Dieser Kooperationsprozeß benötigt Zeit und vor allem eine Atmosphäre der Entspannung. Die augenblickliche Verhärtung der Fronten und die ungebremste militärische Eskalation zerstören jegliche Grundlage für einen konstruktiven Annäherungsprozeß. Deshalb muß diese für die Menschheit so bedrohliche Entwicklung unbedingt aufgehalten werden.

Mit großem Interesse, Herr Generalsekretär, habe ich Ihre vielen konstruktiven Vorschläge zu einer stufenweisen radikalen Reduzierung der strategischen Offensivwaffen, zu einem Abbau der nuklearen Mittelstreckenraketen, zur Vernichtung aller chemischen Waffen und auch Ihr immer wieder verlängertes Moratorium für unterirdische Atomwaffentests zur Kenntnis genommen. Sie haben mir und anderen damit die Hoffnung geschenkt, daß letztlich doch noch, fünf Minuten vor zwölf, eine Kursänderung möglich ist und der Absturz der Menschheit verhindert werden könnte. Es hat mich zutiefst betrübt und bedrückt, daß Ihren Vorschlägen bei den westlichen Regierungen bisher nur wenig Aufmerksamkeit geschenkt wurde. Ich und viele andere können dies nicht verstehen. Wohl ist wechselseitiges Mißtrauen verständlich. Wir alle sind damit belastet und müssen es als Tatsache akzeptieren. Aber man sollte doch Mißtrauen nicht wie einen unentbehrlichen Fetisch pflegen. Warum, so frage ich mich, ergreift man nicht die Gelegenheit, auf Sie zuzugehen? Warum geht man nicht auf Ihre Vorschläge ein, um zu erkunden, welche Vorteile sich daraus *für beide* ergeben könnten? In der Tat spricht im Augenblick vieles dafür, daß bei den Mächtigen im Westen der politische Wille dazu einfach fehlt, weil andere Interessen dominieren. Die Zähigkeit mit der Sie, Herr Generalsekretär, trotz der kühlen und ablehnenden Haltung der westlichen Seite, Ihren bisherigen Kurs weiterverfolgen, hat mich tief beeindruckt. Ich glaube, daß Ihnen in Westeuropa durch dieses vernünftige und zielstrebige Verhalten viel Sympathie zugewachsen ist. Ich möchte wünschen, daß Sie auch künftig Ihr bisher gezeigtes Selbstbewußtsein und Ihre Geduld behalten mögen, um – den

Mißtrauischen auf der anderen Seite und den Zweiflern in Ihrem eigenen Lager zum Trotz – Ihren, für die Festigung des Friedens, politisch so viel aussichtsreicheren Weg fortzusetzen.

Ich habe mich in der Vergangenheit intensiv mit Fragen der Friedenssicherung auseinandergesetzt, insbesondere auch über die Rolle, die Wissenschaftler und ihre Institutionen dabei übernehmen können. (Ich war Mitinitiator des ersten bundesdeutschen Naturwissenschaftler-Kongresses »Verantwortung für den Frieden« in Mainz im Juli 1983, Teilnehmer von internationalen Pugwash-Konferenzen und Pugwash-Workshops, Mitbegründer einer von der Max-Planck-Gesellschaft, der Deutschen Forschungsgesellschaft und der Vereinigung Deutscher Wissenschaftler getragenen wissenschaftlichen Projektgruppe »Stabilitätsorientierte Sicherheitspolitik« in München, wissenschaftlicher Berater bei Anhörungen von Ausschüssen des Deutschen Bundestages zu Fragen der Weltraumforschung und der Strategischen Verteidigungsinitiative, verantwortlicher Veranstalter und Mitinitiator von interdisziplinären Vorlesungsreihen über Wissenschaft und Friedenssicherung an deutschen Universitäten und Hochschulen und Autor von vielen Artikeln zur Friedensproblematik.) Ich unterhalte in diesem Zusammenhang auch Kontakt zum »Soviet Scientists' Committee (SSC) for the Defense of Peace against Nuclear Threat« der Sowjetischen Akademie der Wissenschaften, dem 25 hervorragende und engagierte Wissenschaftler unter der Leitung von Jewgenij Welichow, Vizepräsident der Sowjetischen Akademie, angehören. Ich hatte in der Vergangenheit Gelegenheit, mit dieser Gruppe anregende und konstruktive Gespräche zu führen. Diese sollen auch in Zukunft in geeigneter Form weitergeführt werden.

Lassen Sie mich, nach diesen etwas langen Vorbemerkungen, zum eigentlichen Anliegen meines Schreibens, Sacharow betreffend, zurückkommen.

Ich kenne Sacharow nur ganz entfernt als Kollege von Internationalen Physikkongressen in der Sowjetunion vor über 20 Jahren. Sacharow hat in den letzten Jahren im Rahmen der Gravitationstheorie und der Elementarteilchenphysik über Probleme gearbeitet, die mir wissenschaftlich nahestehen. Ich habe Sacharow in den folgenden Jahren durch seine klugen und kritischen Äußerungen zur Friedensproblematik sehr schätzen gelernt. Einige seiner späteren Äußerungen, z. B. in seinem an meinen amerikanischen Physikkollegen Sidney Drell gerichteten (und bei uns in der *ZEIT* am 24. 6. 1983 abgedruckten) Brief, habe ich mit Reserve aufgenommen, und ich hätte mir gewünscht, mich darüber mit ihm nicht nur brieflich, sondern auch mündlich auseinandersetzen zu können.

Ich möchte an Sie nun die folgenden dringenden Bitten richten:

– Veranlassen Sie bitte, daß Sacharow von Gorkij wieder nach Moskau zurückkehren kann, damit er dort, in seiner früheren Umgebung und mit seinen früheren Kollegen und Freunden, an den ihn interessierenden Physikproblemen arbeiten kann;

– empfehlen Sie bitte, daß Sacharow im »Soviet Scientists' Committee (SSC) for the Defense of Peace against Nuclear Threat« aufgenommen wird und, mit seinem enormen Sachverstand und seiner großen Erfahrung, an der kritischen Bearbeitung der Friedensproblematik und an den damit verbundenen internationalen Diskussionen mitwirken kann.

Entschuldigen Sie die Kühnheit meines Anliegens. Ihre neue und entschlossene Art, dem Frieden in dieser Welt eine bessere Chance zu geben, hat mich dazu ermutigt. Ich bin überzeugt, daß solch ein beherzter Schritt im Falle Sacharow eine ungeheure Signalwirkung in der Welt haben wird und für viele ein weiteres deutliches Zeichen wäre, daß Sie es, mit Ihrem Bemühen um einen besseren und stabileren Frieden, ganz ernst meinen.

Mit vorzüglicher Hochachtung
gez. Hans-Peter Dürr

Meine intensive Beschäftigung mit den Auswirkungen der Strategischen Verteidigungsinitiative SDI, meine Beteiligung an Anhörungen von Ausschüssen des Deutschen Bundestages zu dieser Frage und zur Weltraumforschung, meine Mitwirkung an Podiumsdiskussionen über das zivile Forschungsprogramm EUREKA und die Weltraumforschung, all dies verstärkte in mir den Wunsch, mich künftig mehr mit den nicht-militärischen globalen Problemen und ihren möglichen Lösungen zu befassen. Konkreter Anlaß zu dieser Neuorientierung war eine Einladung, im Rahmen eines Benefizkonzerts der IPPNW (Internationale Ärzte zur Verhütung eines Atomkriegs) unter der Schirmherrschaft von Leonard Bernstein und anläßlich der Verleihung des Friedensnobelpreises 1985 an die IPPNW, am 20. Dezember 1985 in der Staatsbibliothek Preußischer Kulturbesitz in Berlin einen Vortrag über »Die technische Machbarkeit von SDI« zu halten. Die Vielzahl der Vorträge, die ich bislang schon über dieses Thema gehalten hatte, die Irrelevanz, die ich der technischen Seite bei SDI zuordnete, eine gewisse Depression, die ich über die Erfolglosigkeit meiner Bemühungen damals empfand, und die unmittelbare Nähe von Weihnachten bewogen mich, den Veranstaltern statt dessen das Thema »Ist Frieden machbar?« vorzuschlagen. Dies wurde auch sofort akzeptiert.

Das starke Echo, das dieser Vortrag in der Öffentlichkeit auslöste, gab meinem Friedensengagement in der Folge eine neue Richtung. In meinen Beiträgen auf dem Internationalen Kongreß der IPPNW in Köln »Maintain Life on Earth« im Juli 1986 und vierzehn Tage später auf dem Internationalen Wissenschaftlerforum für einen Atomteststopp in Moskau hatte ich Gelegenheit, dieser neuen Sichtweise Nachdruck zu verleihen. Die allerseits sehr positive Reaktion ermutigte mich einige Zeit später, im Januar 1987, in Starnberg bei München ein »Global Challenges Network«, ein »Netzwerk zur Lösung globaler Probleme« zu gründen. Auch war diese Initiative einer der Auslöser, die zum großen Internationalen Friedensforum in Moskau im Februar 1987 führten.

Umfassender Teststopp für Atomwaffen –
ein wesentlicher Schritt zur Verbesserung der internationalen
Beziehungen

Ein umfassender Teststopp für Atomwaffen würde klarerweise nur einen ersten Schritt bedeuten, den Rüstungswettlauf abzubremsen. Alles, was an Substanz hinter einem solchen umfassenden Teststopp zurückbleibt – etwa ein Teststopp für Atomwaffen nur oberhalb gewisser Sprengstärken oder eine Begrenzung der Anzahl solcher Tests –, würde selbst das eigentliche Ziel verfehlen, nämlich die Entwicklung von »intelligenteren« Kernwaffen mit ihren destabilisierenden Folgen zu verhindern. Solche Beschränkungen würden einfach nur Entwicklungen von neuen Techniken in Gang setzen, mit denen die Beschränkungen umgangen werden können, wodurch sich die Situation gegenüber der augenblicklichen sogar noch verschlechtern könnte.

Ein umfassender Teststopp bedeutet noch keinen eigentlichen Abrüstungsschritt. Deshalb müssen sich ihm weitere Schritte anschließen, damit Atomwaffen zunächst reduziert und schließlich alle beseitigt werden. Drastische Verminderungen der Zahl von Kernwaffen auf allen Ebenen bis auf wenige Prozent der jetzigen Arsenale sollte eigentlich keine unüberwindlichen Hindernisse aufwerfen, weil solche Maßnahmen nur unmerklich die Stabilität beeinflussen würden, die auf einer ausreichenden Zweitschlagfähigkeit (einer Minimalabschreckung) beruhen unter der Voraussetzung allerdings, daß Verteidigungsmaßnahmen gegen ballistische Raketen diese Fähigkeit nicht zunichte machen. Unter einer solchen Grenze gerade noch ausreichender Zweitschlagfähigkeit – wo immer diese auch liegen möge – heruntergehen, stellt eine weit schwierigere Aufgabe dar, weil dann die Stabilität durch andere Kräfte als durch Abschreckung gewährleistet werden muß. Von der wechselseitigen tödlichen Abschreckung letztlich wegzukommen, sollte selbstverständlich unser gemeinsames politisches Ziel sein. Aber, um eine solche Ablösung wirklich zu vollziehen, wird wohl ein wesentlich besseres politisches Klima und ein höheres Niveau an wechselseitigem Vertrauen nötig sein, als es heute zwischen den beiden Nukleargroßmächten besteht. Und ich fürchte, dies herzustellen, wird noch ziemlich lange dauern.

Wir sollten deshalb nicht alle unsere Energie und Phantasie damit verausgaben, nur den Rüstungswettlauf anzuhalten, was ja bestenfalls nur die Funktion hätte, die »Zündschnur zu verlängern«, den Krieg noch einige Zeit zu verhindern, sondern wir sollten zusätzlich mit gleicher Intensität an der eigentlichen Aufgabe arbeiten, nämlich die »Sprengladung zu entschärfen«, das heißt nach einer politischen Lösung der West-Ost-Polarisation zu suchen, um einen dauerhaften Frieden zu gewährleisten. Hierzu ist eine Bewußtseinsänderung, eine »neue Art zu denken«, wie dies heute immer wieder angeklungen ist, ausschlaggebend.

Die Gemeinschaft der Wissenschaftler stellt glücklicherweise immer noch eine Insel wechselseitigen Vertrauens dar in einer Welt voller Mißtrauen und Angst. Wissenschaftler haben gelernt, ihre Gedanken auszutauschen und auf allen Interessengebieten über alle Grenzen und politische Demarkationslinien hinweg miteinander zu kooperieren. Und sie praktizieren dies auch in ihrer täglichen Arbeit. Wir Wissenschaftler sollten deshalb alles unternehmen, daß dieser Geist der Kooperation und des Vertrauens als Keim für eine umfassendere und intensivere Zusammenarbeit aller Menschen in allen entscheidenden Lebensfragen unserer Zeit sich entwickeln und wirken kann.

Wir alle erkennen heute, daß die Menschheit einer großen Zahl von brennenden und schwierigen Problemen gegenübersteht, die eigentlich unsere volle Aufmerksamkeit verlangen und die, wegen ihrer globalen Natur, eine neuartige Kultur des Umgangs mit der modernen Wissenschaft und Technik benötigen. Wir sehen alle deutlich

– die ökologischen Probleme, die durch die enorme Ausdehnung und Intensivierung unserer technischen Aktivitäten entstanden sind und die unsere Existenz in der Form steigender Verschmutzung unserer Luft und unserer Gewässer und der Vergiftung unserer Böden bedrohen;

– die Probleme, die sich aus der Erschöpfung nicht-erneuerbarer natürlicher Rohstoffe ergeben, insbesondere das Problem einer langfristigen Energieversorgung in einer Welt steigender Bevölkerungszahlen und wachsender Volkswirtschaften;

– die Probleme der sogenannten Dritten Welt, insbesondere die bedrückende Tatsache, daß die ansteigende Effizienz in der Produktion von Gütern in den industrialisierten Ländern die große Mehrheit der Menschen, die immer noch in Hunger und Elend leben, nicht erreicht, sondern im Gegenteil, sie sogar noch vermehrt in Armut stürzt.

Alle diese Probleme gefährden den Frieden, wenn wir sie nicht entschlossen angehen. Wissenschaftler werden bei ihrer Lösung eine wichtige Rolle spielen müssen. Diese Probleme sind extrem schwierig, sie übersteigen die Fähigkeiten einzelner Länder und können nur erfolgreich gelöst werden, wenn alle Menschen – in Ost, West und Süd – dabei zusammenhelfen.

Es wird jedoch nicht ausreichen, wenn wir uns damit begnügen, in unseren Reden auf die Lösung dieser wichtigen Fragen hinzuweisen. Diese schwierigen Probleme müssen in eine konkrete und griffige Form gebracht werden. Wissenschaftler sollten mithelfen, wohlumschriebene Projekte anzugeben und zu aktivieren, die als erste Schritte in Richtung auf eine Lösung dieser Probleme gelten können. Ich möchte in diesem Zusammenhang die Anregung geben, zunächst einmal eine Internationale Gruppe von Wissenschaftlern zu bilden, die – ähnlich wie die Fletcher-Kommission der USA zur Konkretisierung der Strategic Defense Initiative SDI (einem Ziel, dem man selbstverständlich nicht nacheifern sollte) – die komplizierten und abstrakten globalen Probleme auf geeignete Weise in eine große Zahl von ganz spezifischen Teilproblemen zerlegen und auf ein Niveau herunterbrechen soll, so daß sie für einzelne Leute, für kleinere oder größere Gruppen und Institutionen machbar werden. Wissenschaftler aus Ost und West und Süd sollten dann aufgefordert werden, bei der Lösung dieser Probleme zusammenzuarbeiten. Gemeinsam an Projekten zu arbeiten, welche die Lösung von Problemen, die alle plagen, zum Ziele haben, erscheint mir als der beste und schnellste Weg, um Vertrauen zueinander zu gewinnen.

Ist Frieden machbar?

Der Abwurf der ersten Atombombe auf Hiroshima im August 1945 hat unsere Welt tiefgreifend verändert. Hiroshima hat unsere Welt verändert, weil es uns mit aller Deutlichkeit vor Augen geführt hat, daß die von den Menschen entfesselten Naturkräfte heute zu Größenordnungen angewachsen sind, die zur Vernichtung der Menschheit und zur Zerstörung der Biosphäre unserer Erde ausreichen.

Haben wir die Warnung Hiroshima verstanden? Haben die Menschen durch Hiroshima etwas gelernt? Ich fürchte, sie haben nichts oder viel zu wenig gelernt! Aller Vernunft zum Trotz geht die Hochrüstung weiter. Die Vereinigten Staaten und die Sowjetunion bedrohen sich heute mit je fast 25 000 Atomsprengköpfen mit einer Sprengkraft von über einer Million Hiroshimabomben, ausreichend um sich beide und alle anderen Völker der Erde mehrfach auszulöschen.

Die neue Wunderdroge heißt »SDI«, die Strategische Verteidigungsinitiative von Präsident Reagan. SDI soll die Menschheit von der atomaren Geisel befreien, soll Atomraketen unwirksam und überflüssig machen. Eine wissenschaftlich-technische Vision zur Rettung der Menschheit!? Oder vielmehr eine teuflische Schimäre, welche den Untergang der Menschheit nur noch beschleunigt?

Die Fronten erscheinen verkehrt: Diejenigen, die sich stets als Realisten, als kühle Rechner, als nüchterne Pragmatiker betrachten, kommen angesichts dieses Luftschlosses ins Schwärmen. Diejenigen aber, die stets als unverbesserliche, idealistische Utopisten gescholten werden, schütteln betroffen die Köpfe ob solcher

Naivität, nämlich der Vorstellung, daß militärisch-technische Maßnahmen je einen Ausweg aus ausweglos erscheinender politischer Situation weisen könnten. Aber Köpfe schütteln hilft nichts, bewirkt nichts – leider.

Die Warnungen verhallen bei den Verantwortlichen ungehört, werden mit abwertenden, zynischen Bemerkungen abgetan, als ob es private Interessen abzuwehren gälte. Dies ist nicht nur Unverstand. Mit SDI sind mächtige Interessen verbunden, die nichts mit Friedenssicherung zu tun haben. Der Mächtige hat immer recht, er benötigt für seine Entscheidungen keine weitere Legitimation als seinen eigenen Willen, seine eigenen Machtinteressen und, in den demokratisch verfaßten Staaten, die Unterstützung von einmal erlangten parlamentarischen Mehrheiten; er braucht auf seine zahlreichen Kritiker, auf die vielen warnenden Stimmen nicht zu hören, auch wenn es hierbei um fundamentale Lebensfragen, um die Existenz unserer ganzen Zivilisation, ja der ganzen Menschheit geht.

Wer stellt noch die eigentliche Frage, ob, ganz allgemein, ein Unterfangen wie SDI überhaupt vernünftig sei? Ob es vernünftig sei, daß abermals Millarden und Abermilliarden von Dollar und die schöpferischen Produktivkräfte einer geistigen Elite in einem neuen gigantischen Rüstungsvorhaben verheizt werden sollen? Es wird nurmehr die Frage diskutiert, ob SDI wissenschaftlich-technisch machbar sei, oder eigentlich, weniger noch, ob gewisse wesentliche Komponenten eines vorgestellten Raketenabwehrsystems aufgrund wissenschaftlicher Kriterien technisch realisiert werden könnten. Die insgesamt irrationale Gesamtkonzeption – irrational wenigstens, was den proklamierten Zweck betrifft – wird in kleine Bruchstücke aufgelöst, die dann mit rationalen Argumenten traktiert und beleuchtet werden. Fünfzig brillante und hochspezialisierte Wissenschaftler, Techniker und Militärexperten haben im Rahmen der amerikanischen Flechter-Kommission die utopische Vision SDI ihres Präsidenten in einem ersten Anlauf auf den Weg gebracht, in 4½monatiger intensiver Arbeit haben sie SDI fachgerecht in Hunderte von komplizierten und wissenschaftlich höchst anspruchsvollen Teilprojekten zerlegt. Mit einem Forschungsaufwand von 70 Milliarden Dollar über einen Zeitraum von 10 Jahren, von denen 26 Milliarden Dollar in den ersten fünf Jahren verplant werden sollen, sollen diese Forschungsprojekte im einzelnen untersucht werden – ein Forschungseinsatz, der etwa der Forschungsaktivität von 20 Max-Planck-Gesellschaften über diesen Zeitraum entspricht. Durch eine Zerlegung in rational faßbare Teilprojekte wird das Ganze nicht rational, aber das Irrationale bleibt dem im Detail forschenden Wissenschaftler und Techniker verborgen, wenn er nicht versucht, auf Distanz zu gehen und seinen Blick auf das Ganze zu richten.

SDI erstrebt Unverwundbarkeit gegen Atomwaffen. Wer wünschte dies nicht? Der Bau eines dafür ausreichenden Verteidigungssystems ist jedoch kein wohldefiniertes technisches Vorhaben. Denn die Effizienz einer Verteidigung hängt nicht nur von den eigenen Möglichkeiten und Fähigkeiten, sondern im entscheidenden Maße auch von den Möglichkeiten und Fähigkeiten des Gegners ab. Jede Maßnahme auf der einen Seite, wird eine sie kompensierende Gegenmaßnahme auf der anderen Seite provozieren, die wiederum weitere Gegengegenmaßnahmen auslösen wird und so fort im ewigen Wechsel. Die uns wohlbekannte Teufelsspirale, die schon die jetzige Überrüstung erzeugt hat, wird sich noch kräftiger und schneller emporschrauben, und sie wird mit noch vielfältigerem und noch teurerem Instrumentarium bestückt werden. Eine gefährliche Utopie ist es zu glauben, es gäbe einen letzten technischen Trick, der durch keinen technischen Gegentrick mehr ausgetrickst werden könnte. Dazu sind die Wissenschaftler und Techniker auf beiden Seiten zu einfallsreich und zu geschickt. SDI ist nicht vergleichbar mit einem großen Apollo-Projekt, wie manchmal verkündet wird: Der Mond hat ja nicht zurückgeschossen, er hat nichts getan, eine Landung des ersten Menschen zu verhindern.

Ist SDI technisch machbar? lautet nur noch die Frage und: Im Zweifelsfall für SDI! die allgemein verbreitete, optimistische Antwort. Wer hat die Kraft und die Zeit, sich mit der Flut der dabei aufgeworfenen Argumente und Detailaussagen auseinanderzusetzen, anzutreten gegen diese von Milliarden Dollar gespeisten Interessen, anzudiskutieren gegen diese Hunderttausende von hochbezahlten Expertenstunden? Unser Geist, unser Herz, der Wissenschaft und der Kunst im Dienste der hohen Ziele der Menschheit verschrieben, müssen sich abkehren von ihrer eigentlichen Bestimmung. Wir werden gezwungen, an Fronten zu kämpfen, wo wir gar nicht kämpfen wollen.

Lassen Sie mich es ganz deutlich sagen: Es geht bei SDI nicht allein um Fragen der Sicherheit, um strategische Überlegungen, nicht allein um das viele Geld – um Geld, das wir dringend nötig hätten, die eigentlich großen und brennenden Probleme unserer Zeit kraftvoll anzugehen –, es geht hier vor allem um die vielen Menschen, die vielen jungen Menschen, deren Geist, Phantasie, Einsatzfreude und Kraft auf bedrückende Weise für Unsinniges, Zerstörerisches vergeudet und mißbraucht werden, anstatt diesen geistigen Fähigkeiten, diesen Kräften die Chance zu bieten, sich der Lösung der eigentlich wichtigen Probleme zu widmen. Wir alle streben danach, unser Leben mit Inhalt und Sinn zu füllen. Wir wollen beitragen, die Not der Menschen auf dieser Erde zu lindern, die schreienden Ungerechtigkeiten zu mildern oder zu beseitigen, unsere Umwelt in ihrer Schönheit und Vielseitigkeit zu erhalten, und dies nicht nur aus reiner Selbstlosigkeit und reinem Altruismus, sondern eingedenk der unmittelbar empfundenen Vorstellung, daß unsere Welt eine große Einheit darstellt, in der nicht Teile leiden können, ohne daß wir nicht selbst leiden müssen. Was wir Gutes den anderen antun, den anderen Menschen, der anderen Kreatur, der Erde selbst, ihrer Atmosphäre, ihren Wassern, ihrem Boden – dieses Gute tun wir uns selbst an. Ich bin es leid, über die bedeutungslose Frage der Machbarkeit oder Nichtmachbarkeit von SDI nachzudenken und zu sprechen. Ich möchte aus diesem nutzlosen Gegenstemmen, aus dieser bedrückenden Negativhaltung heraus, die meinen Geist mit Gedanken der Zerstörung verschmutzt, mein Herz mit Sorgen und Traurigkeit, ja mit Resignation erfüllt. Wir sollten und dürfen uns nicht darauf beschränken, die augenblicklichen, unheilträchtigen Entwicklungen aufzuzeigen und zu beklagen. Wir sollten uns dagegen wehren, daß uns der Stempel von Neinsagern, von Aussteigern aufgedrückt wird. Wer sich heute für den Frieden einsetzt, ist kein Pessimist, kein Miesmacher. Im Gegenteil, er ist der eigentliche Optimist, denn er hat noch nicht den Glauben aufgegeben, daß dem Menschen in allerhöchster Not und Gefahr ungeahnte Fähigkeiten der Wahrnehmung, des Lernens und der Einsicht zuwachsen können, die ihn letztlich vor seinem Absturz zu bewahren vermögen.

Worauf gründet sich eine solche Hoffnung? Ist der Mensch nicht eine Bestie, wie uns die Geschichte, insbesondere auch unsere eigene Geschichte, überzeugend lehrt? Ist er nicht der »Nachkomme von Siegern«, wie Carl Friedrich von Weizsäcker sagt, der in vielen Kämpfen seiner geschichtlichen Entwicklung überlegene und überlebende Stärkere, zu dessen Lebensäußerung deshalb Siegen, Dominieren, Beherrschen natürlich gehört? Warum soll sich der moderne Mensch diesem allgemeinen Darwinschen Entwicklungsgesetz je entziehen können?

Wir müssen jedoch erkennen: Der Mensch ist auch ein Nachkomme von Müttern und Vätern, die über ihr persönliches Wohlergehen hinaus, für ihre Familie und auch für ihre Freunde, ihre engere und eine sich immer weiter ausdehnende menschliche Gemeinschaft Sorge getragen und in diesem sozialen Rahmen in Harmonie gewirkt haben, die für ihren Platz, dem Stückchen Erde, auf dem sie lebten und von dem sie lebten, tätige Pflege haben walten lassen. Kooperation und sorgsame Pflege des Umfeldes, in das man eingebettet ist, ist auch ein gültiges Überlebensprinzip der Natur. Der Mensch ist von seiner Anlage her deshalb nicht nur der rücksichtslose Krieger und Ausbeuter. Der Mensch ist auch – und wir wissen dies aus vielen persönlichen Erfahrungen – der Freund des anderen, der Liebende, der zum Ausgleich und zur Versöhnung Bereite, der zum Frieden Fähige. Lassen wir diesen friedvollen und verständigen Menschen in uns wachsen. Verwenden wir unseren Geist, unsere schöpferische Phantasie, unsere ganze Kraft und menschliche Leidenschaft auf das hohe Ziel: Frieden auf Erden zu schaffen, Frieden zwischen den Menschen, Frieden zwischen Mensch und Natur!

Beginnen wir eine »Weltfriedensinitiative« WFI! Sie ist so visionär und utopisch wie SDI, aber sie ist, wie ich glaube, viel machbarer als diese, viel sicherer. Jeder Schritt bei SDI vergrößert die Waffenpotentiale auf beiden Seiten, verhärtet und polarisiert die antagonistischen Blöcke, vermehrt die Angst und Unsicherheit und vermindert so die Chancen für wechselseitiges Vertrauen und Frieden. Eine Weltfriedensinitiative könnte dagegen einen evolutionären Prozeß in Gang setzen, der die Rüstungsspirale umdreht, sie könnte Vertrauen und Sicherheit fördern.

Stellen wir uns alle die Frage: Ist Frieden machbar? Fragen wir konkret: Welche ersten Schritte sind nötig und möglich? Was können wir selbst tun? Atomwaffen können nicht unwirksam gemacht werden, zu groß ist ihre Zerstörungskraft. Die kleinste Fehlentscheidung kann zur Weltkatastrophe führen. Atomwaffen könnten aber überflüssig gemacht werden, wenn beide Seiten in ihren Waffenstrukturen und Militärstrategien nachvollziehen, was sie beide schon lange wissen, daß Atomwaffen keine geeigneten Instrumente der Verteidigung sind, weil sie zerstören würden, was verteidigt werden soll. Keiner traut dem anderen, aber beide wollen überleben. Verbannen wir Atomwaffen als Werkzeuge des Krieges, ächten wir sie jedoch auch als Mittel der Drohung und Erpressung, damit niemand je in Versuchung kommt, sie doch einzusetzen, wenn er glaubt, mit dem Rücken zur Wand zu stehen. Sorgen wir dafür, daß dieses hochprekäre Gleichgewicht zweier hochpotenter Vernichtungspotentiale nicht durch fortschreitende technische Entwicklungen weiter sensibilisiert wird und Gefahr läuft, in Krisensituationen umzukippen.

– Ein umfassendes Verbot für alle Atomwaffenversuche, auch der unterirdischen, kann dies ausreichend gewährleisten. Ein solcher umfassender Teststopp ist heute technisch überprüfbar. Für den sofortigen Abschluß eines entsprechenden Vertrags fehlt nur der politische Wille.

– Sorgen wir dafür, daß jegliche Bewaffnung im Weltraum durch geeignete Verträge verhindert wird.

– Verzichten wir auf einen Ersteinsatz von Atomwaffen im Konfliktfall. Versuchen wir die durch diesen Verzicht auftretende vermeintliche Schwächung der Verteidigungsfähigkeit durch geeignete konventionelle Waffenstrukturen und Maßnahmen auszugleichen, durch Verteidigungsstrukturen, welche einen potentiellen Angreifer zuverlässig abhalten können, ohne dabei – und dies ist entscheidend – gleichzeitig den Gegner verstärkt zu bedrohen und die eigene Angriffsfähigkeit zu vergrößern.

Militärisch-technische Maßnahmen können jedoch bestenfalls nur eine Verlängerung der Zündschnur bewirken, die Katastrophe hinauszuzögern. Politische Konflikte können sie nicht lösen. Wir dürfen keine Zeit verlieren und müssen alle Anstrengungen unternehmen, die Bombe zu entschärfen. Erkennen wir die große Chance, daß es heute in allen Ländern viele Menschen gibt, welche die Größe der Gefahr erkennen und bereit und entschlossen sind, die bisherigen Grenzen zu überwinden. Suchen wir sie – sie sind die potentiellen Träger der Weltfriedensinitiative.

Ignorieren wir die Scharfmacher, die Falken, die das Trennende betonen, auf alte Wunden zeigen. Wir wissen sehr wohl, daß es dieses Trennende, Unverträgliche, daß es Schreckliches, Unverzeihliches gibt, daß tiefe, schwere Wunden klaffen, die kaum heilen können. Wir sehen dies alles deutlich, überdeutlich, und wir wollen auch die Augen davor nicht verschließen. Die Welt ist voller Ungereimtheiten, voller Ungerechtigkeiten, voller Widersprüche. Der Zorn des einen auf den anderen ist echt und berechtigt, Haß hat einen verständlichen Grund, Zorn, so empfinden wir, fordert Ausgleich, Haß, Vergeltung. Doch Zorn und Vergeltung treffen selten die, die sich schuldig gemacht haben. Die Opfer sind meist nur Unschuldige und vielleicht Verführte, die sich mißbrauchen ließen. So führt Leid zu neuem Leid, Haß zu neuem Haß. Geben wir dem Frieden eine Chance, nehmen wir mutig das damit verbundene Risiko auf uns. Lernen wir alle mit diesen Widersprüchen zu leben in der Hoffnung, daß sie sich einmal auf einer höheren Ebene auflösen werden.

Keiner verlangt, daß wir uns wehrlos preisgeben. Versuchen wir aber, unsere Feindbilder abzubauen. Denken wir bei der Sowjetunion nicht nur an ihr starres System, an ihre uns bedrohenden Waffen; denken wir an ihre Musik, ihre Dichtung, ihren Tanz, denken wir an ihre Menschen, an die vielen Menschen, die, wie wir, sich nach Frieden sehnen und nach Frieden streben, die, wie wir, den Frieden brauchen, um die vielfältigen und schwierigen Probleme ihres Alltags lösen zu können, die wie wir und mehr als wir, den Krieg in all seinen schrecklichen Formen, in all seiner Unbarmherzigkeit und Grausamkeit als lebendige Erfahrung mit sich herumtragen. Die schreckliche gemeinsame Erfahrung des Krieges bindet uns in Europa zusammen, sie vereinigt uns in dem Willen, daß es einen Krieg nie wieder geben darf. Diese Gemeinsamkeit wird uns helfen, das Trennende, das Freund-Feind-Denken zu überwinden. Machen wir uns alle bewußt, daß die Menschheit heute vor einer Reihe großer und schwieriger globaler Probleme steht, welche zu lösen die Kraft der einzelnen Länder, ja die Kraft der verschiedenen Blöcke übersteigt:

– Wie können wir die immer schneller fortschreitende industrielle Entwicklung wieder in Einklang mit unserer Umwelt bringen, in die wir auf Gedeih und Verderb eingebettet sind?

– Wie können wir unsere Energieversorgung langfristig sichern?

– Wie können wir verhindern, daß trotz steigender Produktivität ein immer größerer Teil einer wachsenden Erdbevölkerung in Armut und Hunger versinkt?

– Wie können wir erreichen, daß auf dieser Erde mehr Gerechtigkeit herrscht, wie verhindern, daß Freiheit und Entfaltung der

Persönlichkeit nicht nur durch diktatorische Willkür und Gewalt eingeengt werden, sondern durch die realen Lebensumstände immer mehr zum Privileg von ganz wenigen verkommen?

Umweltzerstörung, Verknappung von lebenswichtigen Ressourcen, Armut und Hunger in der Dritten Welt, soziale Ungerechtigkeit sind wesentliche Ursachen für Konflikte und Kriege. Wenn wir uns diesen Problemen verstärkt zuwenden, dann tun wir langfristig mehr und Wesentlicheres für den Frieden und für unsere Sicherheit als durch jede noch so geniale Schutzmaßnahme gegen Atomraketen.

Fangen wir mit der Lösung dieser Probleme an. West und Ost sitzen dabei im gleichen Boot. Machen wir alle – West und Ost – eine gemeinsame Anstrengung. Ergreifen wir die Initiative und schaffen wir, mit nicht-militärischen Mitteln, eine solide Grundlage für einen dauerhaften Weltfrieden, begründen wir eine Weltfriedensinitiative WFI. Das Vorhaben ist unendlich schwierig, es ist so utopisch wie SDI, aber es ist so viel lohnender, so viel vernünftiger und in so hohem Maße konsensfähig. Versuchen wir dieses hochgesteckte Ziel in erste konkrete Schritte umzusetzen. Laßt uns die fünfzig klugen Leute finden, die – ähnlich der Fletchter-Kommission von SDI – sich 4½ Monate zusammensetzen, um die Schwerpunkte eines solchen Programms zu formulieren, um geeignete Projekte zu erarbeiten und vorzuschlagen, mit denen die wichtigsten Teilprobleme einer Weltfriedenssicherung angegangen und einer Lösung zugeführt werden könnten.

Die gemeinsame Arbeit von West und Ost auf ein gemeinsames und für beide erstrebenswertes Ziel hin wird eine Atmosphäre schaffen, in der Vertrauen wachsen kann. Dies ist der Anfang! Das wachsende Vertrauen wird Verständigung ermöglichen. Frieden ist machbar! Wir müssen es nur wirklich wollen.

Nachwort zur Taschenbuchausgabe

In unserer mit unerwarteten Ereignissen übersättigten Zeit veralten Bücher manchmal sehr schnell. Es erhebt sich deshalb die berechtigte Frage, ob dies nicht besonders für ein Buch dieser Art gilt. 1988 ist die erste Auflage von *Das Netz des Physikers* beim Hanser Verlag herausgekommen. Einige wesentliche der darin enthaltenen Texte sind sogar noch 5 Jahre früher geschrieben worden. Für die mehr allgemein gehaltenen Betrachtungen, wie etwa die im ersten Teil des Buches abgehandelten erkenntnistheoretischen Gedanken, wird dies wohl weniger zutreffen, aber für die direkt an der Tagespolitik orientierten Fragen, die im zweiten und dritten Teil des Buches erörtert werden und die sich mit der praktischen Umsetzung der Wissenschaftsethik und der Friedenspolitik befassen, besteht hierfür schon eher eine Gefahr. Andererseits entwickeln sich Themen dieser Art, aufgrund der enormen Komplexität der die Menschheit heute als Ganzes bedrohenden Probleme und der weltpolitischen Konstellation mit ihren enormen Machtkonzentrationen, nur sehr langsam. Daher vollziehen sich wegen der bekannten Trägheit großräumiger Systeme und stark vernetzter Organisationsstrukturen sowie der Inflexibilität der sich in ihnen ausbildenden Eigendynamik große und tiefgreifende Veränderungen nur über längere, nach Jahrzehnten bemessene Zeiträume. Die seit Erscheinen des Buches vergangenen Jahre und insbesondere das aufregende Jahr 1989 haben uns allerdings in diesem Punkte eines Besseren belehrt. Wir alle waren Zeugen enormer politischer Veränderungen in Osteuropa, die uns heute zu ganz neuen Überlegungen zwingen und leicht alte Überlegungen ins Abseits rutschen lassen.

Ich schätze mich deshalb glücklich, daß trotz dieser vielen und, für die meisten von uns, unerwarteten politischen Umwälzungen der wesentliche Inhalt dieses Buches nicht obsolet geworden ist. Dies ist allerdings wohl nicht ganz zufällig, hat es doch zum Teil damit zu tun, daß ich mit den großen und vielfältigen Kräften, welche diese politischen Umwälzungen wesentlich vorbereitet haben, schon in ihrer Frühphase verbunden war, ja, daß ich diese Kräfte auch – zusammen mit vielen anderen – mit meinen Gedanken und Initiativen unterstützen und auf diese Weise auch, in welchem bescheidenem Maße auch immer, ihnen mit zum Durchbruch verhelfen konnte.

Bekannterweise hat der Erfolg immer viele Väter. Heute wird vielfach behauptet, daß der gegenwärtige Umwälzungsprozeß der unbeugsamen Haltung der Falken auf westlicher Seite zuzuschreiben sei, da diese mit ihrem ständig wachsenden politischen und militärischen Druck die Sowjetunion in die Ecke gedrängt und zur Liquidierung ihres ineffizienten Wirtschaftssystems gezwungen habe. Aber ich bin mir ziemlich sicher, daß eine zukünftige Geschichtsschreibung über diese Epoche bestätigen wird, daß die Umwälzungen wesentlich die Folge eines von unten genährten, weltweiten Mobilisierungsprozesses einer immer größeren Zahl engagierter Menschen waren, die kategorisch und gewaltlos eine endgültige Ablösung der historisch praktizierten und mit soviel Leid verbundenen »Konfliktlösungen mit kriegerischen Mitteln« von ihren Regierungen forderten. Obgleich wohl den meisten – und auch den Falken auf westlicher und östlicher Seite – wegen der offensichtlichen Overkill-Kapazitäten an Massenvernichtungswaffen immer klar war, daß eine kriegerische Auseinandersetzung zwischen den beiden großen Machtblöcken mit erdrückender Wahrscheinlichkeit ein Ende der heutigen menschlichen Zivilisation, wenn nicht sogar das Ende der Menschheit insgesamt, bedeuten würde, so waren die politisch maßgeblichen Kreise in ihrer Mehrheit doch bisher nicht bereit, der friedlichen Kooperation zwischen den verfeindeten Blöcken eine echte Chance zu geben und das dabei verbleibende Restrisiko eines möglichen Machtverlustes und möglicher Verschiebungen in den eigenen Wertvorstellungen in Kauf zu nehmen.

Wir alle, die wir von Anfang an auf menschliche Vernunft und die prinzipiellen Fähigkeiten des Menschen zu Liebe und partnerschaftlicher Zusammenarbeit gesetzt haben, wurden in den letzten Jahren, wegen des in diesem Sinne zunehmenden persönlichen

Engagements von immer mehr Menschen in allen Teilen der Welt, in unserer Hoffnung bestärkt, daß, trotz aller gegenläufigen Tendenzen, sich letztlich doch ein friedliches Zusammenleben der Menschen in der Welt wird realisieren lassen. Die bange Frage war allerdings, wieviele und wie große Katastrophen und Minikatastrophen nötig sein würden, um die entscheidende Wende herbeizuführen. Ich glaube, daß die wenigsten von uns erwartet hatten, daß die dafür wesentlichen Entscheidungen und Handlungen vom Osten ausgehen würden.

Ich möchte in diesem Zusammenhang auf einen Absatz aus dem Beitrag im 3. Teil meines Buches über die »Verantwortung des Wissenschaftlers« verweisen (S. 351), in dem ich in einem, sich mit einigen allgemeinen Schlußfolgerungen befassenden Abschnitt – nach einem Zitat von Max Planck aus dem Jahre 1947, daß »ohne Umdenken kein Ausweg aus der Gefahr möglich« sei – geschrieben hatte:

Neue Denkansätze zu finden, ist jedoch eine schwierige, kaum zu erfüllende Forderung. Solche Denkansätze müssen »utopische« Züge tragen, denn als »realistisch« gilt doch heute nur etwas, was sich durch lineare Extrapolation aus dem, was war, ableiten läßt. Dies aber kann uns nicht weiterhelfen. Wie können wir aber von großen Bürokratien erwarten, daß sie das »Neue« denken? Ich fürchte, sie werden es nicht können, außer, wenn es uns nicht mit einer besonderen Anstrengung gelingt, alle kreativen Kräfte zu mobilisieren. Daß solche Kräfte in ausreichendem Umfange aufwachsen, um eine Veränderung zu bewirken, ist wohl nur im Westen gegeben. Deshalb muß dieser Prozeß bei uns im Westen in Gang kommen und zwar von unten, von der Basis her, wo noch genügend Lebendigkeit herrscht.

Ich frage mich selbstverständlich heute, warum ich – und die meisten von uns – dem Osten damals, und insbesondere der Sowjetunion, so wenig an Erneuerungskraft zugetraut habe. Wenn ich die zitierten Sätze überdenke, dann erkenne ich, daß meine Hoffnung auf mögliche Veränderungen letztlich nur auf die Menschen an der Basis gerichtet war und nicht auf ihre politischen Führer. Ich hatte wohl recht in meiner Einschätzung, daß eine solche Initiative zur Erneuerung unter den gegebenen Umständen nicht von den Menschen der Sowjetunion ausgehen konnte, die aus historischen Gründen über so viel weniger Eigeninitiative und Eigenverantwortung und das dafür notwendige politische Selbstbewußtsein verfügen als die Menschen westlicher Länder, und hier insbesondere auch der Menschen in den USA, deren

Engagement, Phantasie und politische Handlungsfähigkeit ich aus persönlicher Erfahrung sehr gut kannte. Die erstarrten Gesichter und die leblosen Sprachfiguren der vergreisten sowjetischen Führung vor 1983, dominiert durch ihren unbeweglichen Generalsekretär Breschnew, und die Tatsache, daß, aufgrund der traditionellen Geheimniskrämerei, ein Außenseiter enorme Schwierigkeiten hatte, tiefer in die darunterliegende politische Struktur der sowjetischen Gesellschaft hineinzuschauen, haben auch mir damals den Blick verstellt, daß hier im Hintergrund, wie wir heute wissen, hochmotivierte, kompetente und moralisch integere Führungspersönlichkeiten heranwuchsen, die ihresgleichen im Westen suchen. Michail Gorbatchow ist der große Glücksfall unseres durch so viel düstere Ereignisse geprägten Jahrhunderts. Aber er ist, so scheint es mir, kein krasser Einzelfall, keine Singularität in der sowjetischen politischen Landschaft, sondern mehr Spitze einer breiten Pyramide, die auf Gedanken, Vorstellungen und Taten einer großen Zahl anderer Menschen aufbaut.

Ich erinnere mich noch ganz deutlich, wie auf einer der »Pugwash Conferences on Science and World Affairs« in Venedig im August 1983, am Rande eines Gesprächs über Abrüstung und den NATO-Doppelbeschluß, der Vizepräsident der Sowjetischen Akademie der Wissenschaften, Akademiemitglied Evgenij Velikhov, zu mir emphatisch sagte, der Westen solle doch endlich begreifen, daß mit der Ablösung von Breschnew durch Andropow ein ganz neues Kapitel in den Ost-West-Beziehungen aufgeschlagen wurde, die es jetzt mit allen Mitteln zu nutzen gälte. Warum eine solche tiefgreifende politische Wende gerade durch den früheren Chef des sowjetischen Geheimdienstes ausgelöst wurde, habe ich mich damals staunend selbst gefragt und mir die Erklärung zurecht gelegt, daß in einem zentralistischen, autoritären Staatswesen wohl nur der Geheimdienstchef die eigentliche, ungeschminkte Realität kennt. Andropow war dann letztlich die entscheidende Persönlichkeit, die Gorbatschow den Weg zur Spitze vorbereitet hat. Im Januar 1988 anläßlich eines persönlichen Gesprächs von Gorbatschow mit den Vorstandsmitgliedern der neugegründeten »International Foundation for the Survival and Development of Humanity«, denen ich auch angehörte, eröffnete der Generalsekretär in humorvollem Tone die Gesprächsrunde im Kreml mit den Worten: »Bevor Sie Fragen an mich richten, möchte ich vielleicht damit beginnen, Ihnen eine Frage zu beantworten, die viele von Ihnen vielleicht gerne stellen möchten: Wie habe ich es bei meiner Einstellung und meinen Vorstellungen geschafft, Generalsekretär zu werden?« In seinen anschließenden Ausführungen wies er dann darauf hin, daß die von ihm vertretenen und formulierten Vorstellungen das Ergebnis einer fast zwanzigjährigen intellektuellen und politischen Entwicklung innerhalb der Sowjetunion gewesen seien, von der man allerdings, wegen der unzureichenden Transparenz der sowjetischen Gesellschaft und ihrer Geheimniskrämerei, von außen nur wenig wahrgenommen habe. Diese tiefgreifenden Veränderungen wurden dann erst mit dem Generationswechsel an der Führungsspitze sichtbar. Aus diesem Grunde stehe er mit seinen Vorstellungen keineswegs alleine da, sie würden von einem Großteil der Führungspersönlichkeiten geteilt.

Bei meinen anschließenden vielfältigen Reisen in die noch nicht von Perestroika veränderten östlichen Staaten, insbesondere auch in die DDR, habe ich mich deshalb in der Folge dafür interessiert, ob auch dort hinter der vergreisten Führungsfassade schon Reformer vom Schlage Gorbatschows für die zu erwartende Ablösung bereitstanden, ohne damals allerdings sehr fündig geworden zu sein. Hans Modrow aus Dresden und der frühere Geheimdienstchef der DDR Markus Wolf wurden allerdings als mögliche Kandidaten genannt.

In der Sowjetunion – eine Revolution von oben! Wer konnte mit einer solchen Möglichkeit rechnen? Ist es ein Zufall, daß der Sowjetunion und nicht den USA die Gnade zuteil wurde, einen moralisch integeren, intellektuell kompetenten und politisch so fähigen Staatsmann zum Regierungschef zu bekommen, einen Menschen, der nicht nur befehlen kann, sondern, wie ich selbst erfahren durfte, in hohem Maße die Fähigkeit zum kritischen Dialog, zur fairen, undogmatischen Auseinandersetzung von Mensch zu Mensch hat? Ist es nicht im höchsten Maße deprimierend, wie heute vergleichsweise ein Präsident der USA, einem Lande also, das für viele von uns so wesentlich zu unserer eigenen politischen Emanzipation beigetragen hat, fortfährt, militärische Intervention zur Durchsetzung seiner politischen Ziele zu verwenden, zu einem Zeitpunkt, wo wir – mit den eindrucksvollen Entwicklungen der östlichen Länder vor Augen – gerade dabei sind, von diesem menschheitsgefährdenden Anachronismus endgültig Abschied zu nehmen? Ist es nicht an der Zeit, daß wir die

Entwicklung im Osten weniger als ökonomischen Triumph des Westens, sondern als moralischen Triumph einer kooperationswilligen Menschheit ansehen, die wesentlich vom weniger egoistischen Menschenbild sozialistischen Gedankenguts geprägt ist?

Das vorliegende Buch endet im 3. Teil mit einem Kapitel zum Thema: Ist Frieden machbar? Dieses Kapitel ist, wie beschrieben, aus einer Rede hervorgegangen, die ich im Dezember 1985 aus Anlaß der Verleihung des Friedensnobelpreises an die »International Physicians for the Prevention of Nuclear War« (IPPNW) im Rahmen einer Konzertveranstaltung in Berlin gehalten habe. Auf dem Hintergrund einer allgemeinen Agonie, als Naturwissenschaftler immer nur zu den wissenschaftlich-technischen Großtaten, insbesondere auch militärischer Art – wie etwa der strategischen Verteidigungsinitiative SDI – aufgerufen zu werden, die fundamental an den eigentlichen Bedürfnissen der Menschen vorbeigehen, hatte ich damals zur Gründung einer »Weltfriedensinitiative« (WFI) aufgerufen. Da meine amerikanischen Kollegen mit dieser Bezeichnung der Initiative recht unzufrieden waren, die, wie sie meinten, in der Kombination von Welt und Frieden ihr den Anstrich einer kommunistischen Organisation verleihe, habe ich diese Initiative dann später in »Global Challenges Network« umgetauft, eine Bezeichnung, die nun nicht mehr solche Assoziationen erweckt, dafür aber für deutsche Zungen nur sehr schwer aussprechbar wurde. Mit Hilfe dieser Organisation, die offiziell im Januar 1987 in Starnberg bei München gegründet wurde, soll weltweit ein Netz von Gruppen und Personen geknüpft werden, die bei der Lösung der drängenden, menschheitsbedrohenden Probleme, den globalen Herausforderungen (Global Challenges) unserer Zeit, zusammenarbeiten wollen. Ein solcher Plan beschreibt selbstverständlich nur ein Fernziel, dem man sich nur in vielen kleinen Einzelschritten annähern kann.

Die Aussichten für die Bildung eines Internationalen Netzwerks nach Art von Global Challenges Network haben sich in den letzten drei Jahren, wie mir scheint, wesentlich verbessert. Unter meiner Mitwirkung wurde am Rande des großen internationalen Friedensforums in Moskau im Februar 1987 vom Vizepräsidenten der Sowjetischen Akademie der Wissenschaften, Evgenij Velikhov, eine internationale Initiativgruppe für die Gründung einer internationalen Stiftung ins Leben gerufen, auf die auch Generalsekretär Michail Gorbatschow in seiner Rede am Ende des Friedensforums im Kremlpalast besonders hinwies. Die Stiftung wurde schließlich im Januar 1988 in Moskau unter dem Namen »International Foundation for the Survival and Development of Humanity« (IFSDH) gegründet und am 15. Januar 1988 im Kremlpalast in Anwesenheit von Garbatschow – also genau zwei Jahre nach seiner berühmten Rede, in der er die totale nukleare Abrüstung vorgeschlagen hatte – offiziell etabliert. Sie soll Projekte fördern auf den Gebieten der internationalen Sicherheit, Entwicklung, Umwelt, Biologie und Medizin, Erziehung und Kultur, Weltwirtschaft und der Menschenrechte.

Die IFSDH hat ihren Hauptsitz in Moskau, einen zweiten Hauptsitz in Washington D.C., darüber hinaus Zweige in Stockholm und neuerdings in München. Ihr Vorstand, der »Board of Directors«, besteht aus 30 prominenten Mitgliedern aus einem Dutzend Ländern. Zu ihnen gehören insbesondere aus der Sowjetunion: Evgenij Velikhov, Roauld Saagdeev, Andrej Sacharow (gestorben im Dezember 1989) und Metropolit Pitirim, aus den USA: Jerome Wiesner, Robert McNamara, Susan Eisenhower und Armand Hammer, dann auch der Generalsekretär der UNESCO, Frederico Mayor, und aus der Bundesrepublik Deutschland: Horst-Eberhard Richter und ich.

Die Satzung der Internationalen Stiftung wurde am 5. Oktober 1988 vom Sowjetischen Ministerrat genehmigt. Dadurch wurde die Stiftung zur *ersten internationalen, regierungsunabhängigen* Organisation auf sowjetischem Boden. Dies gibt der Stiftung das Recht, für ihre Programme und Aktivitäten überall, insbesondere auch in der Sowjetunion, Geld zu sammeln, und ihre Vorstandsmitglieder können, wie üblich, ungehindert in allen Teilen der Welt an Vorstandssitzungen teilnehmen. Diesem Umstand war es insbesondere zu verdanken, daß Andrej Sacharow für die Vorstandssitzung in Washington, Mitte November 1988, zum ersten Mal die Möglichkeit erhielt, aus der Sowjetunion auszureisen.

Das Jahr 1989 hat weitere aufregende Entwicklungen gebracht. Gleichzeitig sind Zahl und Qualität der Bedrohungen, denen sich die Menschheit gegenübersieht, weiter gewachsen. Es ist meine Hoffnung, daß die Einsichten, die dieses Buch zu vermitteln sucht, mehr Menschen erreichen möge. Zur erfolgreichen Bewältigung dieser schwierigen Probleme brauchen wir Moderation und eine neue globale Solidarität aller Menschen. Wir sitzen alle im gleichen Boot.

München, Januar 1990. Hans-Peter Dürr

Nachweise

Erster Teil

Naturwissenschaft und Wirklichkeit. Festvortrag zur 100-Jahrfeier des »Neuen Universums«, München 1983.
Mathematik und Experiment – Was ist Beobachten? Was ist ein Parameter? In: G. R. Klotz, Hg., Mathematik und Experiment – Denken in Modellen, Köln 1975.
Grenzgängergespräch – Der Teil und das Ganze. In: Gespräch mit Walter Siegfried, DU, Nr. 10, 1986 (gekürzt).
Über die Notwendigkeit, in offenen Systemen zu denken. In: G. Altner, Hg., Die Welt als offenes System, Frankfurt/Main 1984.
Physik und Transzendenz. In: H.-P. Dürr, Hg., Physik und Transzendenz. Die großen Physiker unseres Jahrhunderts über ihre Begegnung mit dem Wunderbaren, München 1986.
Werner Heisenberg – Mensch und Forscher. In: In memoriam Werner Heisenberg – aus Anlaß seines 80. Geburtstages, hg. vom Präsidium der Akademie der Naturforscher, Leopoldina, Nova Acta Leopoldina, Nr. 28, 1982.
Physik und Erkenntnis – Werner Heisenbergs Beitrag zum modernen Weltbild. Unveröffentlicht.
Aufbau der Physik – eine »unendliche Geschichte«. In: Bild der Wissenschaft, 12, 1985.

Zweiter Teil

Wissenschaft und Verantwortung. Aus einem unveröffentlichten Brief an Ulrich Steger MdB vom 30. 6. 1981.
Darf Grundlagenforschung ohne Blick auf mögliche Anwendungen betrieben werden? In: H. Krautkrämer, Hg., Ethische Fragen an die modernen Naturwissenschaften, München 1986.

Dürfen Erkenntnis und Wissen ohne Berücksichtigung von Werten gefördert werden? Unveröffentlichter Vortrag anläßlich der 150-Jahrfeier der Universität Athen am 4. 5. 1987.
Dafür oder dagegen – Kritische Gedanken zur Kernenergiedebatte. In: Frankfurter Rundschau vom 27./28. 9. 1977.
Kommunales Energiekonzept für München. In: Münchner Forum, 29, 1983 (Einleitung zur SESAM-Studie).
Energiesysteme im wirtschaftlichen Wandel. Unveröffentlichter Einführungsvortrag auf der Jahrestagung der Vereinigung Deutscher Wissenschaftler am 21. 10. 1983.
Industriegesellschaft ohne Kernenergie – Perspektiven und Chancen. Vortrag auf einer Veranstaltung der unabhängigen Bürgerinitiative »Volksbegehren gegen die WAA-Wackersdorf« am 7. 12. 1986 in den Münchner Kammerspielen. In: Veröffentlichungen des Bundes Naturschutz in Bayern e.V., München 1987.
Konzepte für eine langfristige Energieversorgung. Unveröffentlicht.
Die Furcht vor der ökologischen Katastrophe – begründet oder herbeigeredet? Gespräche auf Schloß Mainau am 6. 7. 1983. In: Schriftenreihe der Lennart Bernadotte-Stiftung, 2, 1984.
Die Nutzung des Weltraums angesichts der drängenden Probleme auf der Erde. Deutsche Übersetzung eines Vortrages »The uses of space in the light of pressing global problems«. In: Dokumentation des 6. Weltkongresses der International Physicians for the Prevention of Nuclear War (IPPNW) in Köln, 1. 7. 1986, München 1987.
Verdatet und vernetzt. In: W. Steinmüller, Hg., Verdatet und vernetzt. Sozialökologische Handlungsspielräume in der Informationsgesellschaft, Frankfurt/Main 1987.

Dritter Teil

Die Kunst des Friedens. Vorwort zu: Albrecht A. C. von Müller, Die Kunst des Friedens, München 1984.
Sicherheitspolitik am Scheideweg (Zus. mit Albrecht A. C. von Müller). In: Frankfurter Rundschau am 1./2. 7. 1983.
Wir brauchen neue Formen der Konfliktlösung. Eröffnungsvortrag zum Mainzer Kongreß der Naturwissenschaftlerinitiative »Verantwortung für den Frieden« am 2. 7. 1983. In: Naturwissenschaftler gegen Atomrüstung, Reinbek bei Hamburg 1983.
Durch Umrüstung zur Abrüstung – Notwendigkeit einer strukturellen Nichtangriffsfähigkeit. Vortrag auf dem Mainzer Kongreß am 3. 7. 1983. In: Naturwissenschaftler gegen Atomrüstung, Reinbek bei Hamburg 1983.
Verantwortung des Wissenschaftlers und sein Beitrag zu einer stabilen Friedenssicherung. Unveröffentlicht.

Soll der Himmel zum Vorhof der Hölle werden? In: R. Steinmetz, Hg., Das Erbe des Sokrates. Wissenschaftler im Dialog über die Befriedung der Welt, München 1986.

Die forschungspolitischen Auswirkungen der Strategischen Verteidigungsinitiative SDI. In: Gewerkschaftliche Monatshefte, 12, 1985.

Defensivwaffen und Stabilität. Unveröffentlichter Vortrag auf der Tagung »Forschung zwischen Krieg und Frieden« des Forums Wissenschaftler für Frieden und Abrüstung am 16. 2. 1986 in München.

Nicht-offensive Verteidigung. Vortrag auf dem Hamburger Friedenskongreß der Naturwissenschaftler »Wege aus dem Wettrüsten« am 15. 11. 1987. In: J. Altmann u. B. Gonsior, Hg., Welt ohne Angst, Hamburg 1987.

Chancen des Friedens. In: H. Fischer u. K. Ipsen, Hg., Chancen des Friedens, Baden-Baden 1986.

Andrej Sacharow. Unveröffentlichter Brief an Generalsekretär Michail Gorbatschow.

Umfassender Teststopp für Atomwaffen – ein wesentlicher Schritt zur Verbesserung der internationalen Beziehungen. Unveröffentlichter Vortrag auf dem Internationalen Wissenschaftlerforum für Atomteststopp in Moskau am 12. 7. 1986.

Ist Frieden machbar? Vortrag anläßlich des Benefiz-Konzerts der International Physicians for the Prevention of Nuclear War (IPPNW) in Berlin, 2. 10. 1985. In: Scheidewege, 16. Jg., 1986/87.

Namensregister

Adenauer, Konrad 452, 459
Afheldt, Horst 302, 361, 367, 374, 424, 429, 441, 447
Albrecht, Ulrich 302, 376
Altner, Günter 74
Arendt, Hannah 18 f., 182

Bacon, Francis 103
Ball, George W. 376
Bardeen, J. 118
Baudissin, Wolf Graf von 302, 462
Bauerschmidt, Rolf 270
Beckurts, Karl-Heinz 183
Benecke, Jochen 152, 158
Bernadotte, Graf Lennart 274
Bernstein, Leonard 472
Bethe, H. A. 376
Bohm, David 105, 109 f., 112
Bohr, Niels 105, 111, 117 f., 124, 132, 149
Born, Max 105, 117, 124, 149, 452
Brauch, Hans Günter 302, 376
Breschnew, Leonid I. 317
Broglie, Louis de 149
Brossollet, Guy 361, 429, 441

Calogero, F. 362
Capra, Fritjof 25, 101
Carter, Jimmy 312, 321
Citron, Claus 452

Clausen, P. A. 376
Cooper, Leon N. 118

Descartes, René 102
Dirac, Paul 119
Drell, Sidney D. 376, 471
Dürr, Sue 185

Eddington, Arthur 24, 29, 105, 109
Eigen, Manfred 74, 76
Einstein, Albert 24, 77, 105, 107, 118, 132, 149
Engels, D. 376

Feist, Wolfgang 212
Feynman, Richard 88
Fischer, Horst 302
Flechter, J. L. 376

Gamow, George 123
Garwin, R. L. 376
Gayler, N. 376
Gerlach, Walter 452
Goethe, Johann Wolfgang 136
Gorbatschow, Michail 7, 466 f.
Gottfried, K. 376
Gottstein, Klaus 302
Gray, Colin S. 312, 320

Hafner, D. L. 376

Hahn, Otto 12, 170 f., 180, 452
Haken, Hermann 74
Heisenberg, Werner 5, 20, 24, 59 f., 63 f., 77, 104 f., 108, 110, 113 ff., 116 ff., 120 ff., 123 ff., 126 ff., 129 ff., 132 ff., 135 ff., 138, 140 ff., 143, 145 f., 149, 183, 185 f., 452

Ipsen, Knut 302

Jantsch, Erich 101
Jasani, B. 376
Jeans, James 105, 109
Jehle, Herbert 326
Jordan, Pascual 105, 113, 117

Kant, Immanuel 31, 109, 145
Kendall, H. W. 376
Keyworth, George A. 376, 390
Kissinger, Henry 311
Kopfermann, Hans 452
Kuby-Schumacher, Edith 185
Kuhn, Thomas 132
Kwizinskij, Jurij 321, 323 f., 466

Labusch, R. 376
Lattmann, Dieter 185
Lebow, R. N. 376
Lee, Ch. 376
Lee, T. D. 122
Leibniz, Gottfried Wilhelm 107
Locke, John 109
Lorenz, Konrad 277 f.
Lüst, Reimar 153, 158, 183

Maier-Leibnitz, Heinz 183, 452
Maturana, Humberto 74, 76
Maupertuis, Pierre L. de 107
Maus, E. 376
McCarthy, Joseph R. 17
Meyer-Abich, Klaus Michael 187, 211
Meyer von Thun, Heinz 302

Michelangelo 35, 67 f.
Müller, Albrecht A. C. von 7, 220 f., 302, 304 ff., 308, 362, 367, 424, 443, 448

Neumann, John von 149
Newton, Isaac 27, 102, 133
Nitze, Paul 321, 323 f.
Nixon, Richard 317

Oppenheimer, Robert 17, 182
Orlow, Jurij 334

Panofsky, W. K. H. 376
Parmenides 111
Pauli, Wolfgang 105, 113, 118 ff., 122 ff., 126 f.
Pike, J. 376
Planck, Max 105 f., 132, 148, 351
Platon 32, 108, 111
Prigogine, Ilya 46, 74 ff., 99
Pythagoras 42, 90

Reagan, Ronald 243, 275, 289 f., 312, 314, 318 f., 321, 339, 343, 345, 347, 370, 372, 374, 410 f., 414 f., 420, 429, 441, 455, 477
Rittberger, Volker 302

Sacharow, Andrej 7, 334, 365, 461, 466 f., 470 f.
Sagan, Carl 376
Sagdeyew, Raold 286
Salter, S. H. 362
Send, W. 376
Senghaas, Dieter 302
Sieker, E. 376
Singer, E. 362
Sommerfeld, Arnold 116 ff., 124, 129
Spannocchi, Emil 361, 429, 441

Scheffran, J. 376
Schell, Jonathan 350

Schmidt, Helmut 321
Schmitz, Norbert 185
Schrieffer, J. R. 118
Schrödinger, Erwin 105, 109, 149
Schtscharanskij, A. 334
Schubert, Klaus von 302

Stamatescu, Nuku 186
Steger, Ulrich 153, 158
Strauß, Franz Joseph 452

Teller, Edward 17, 20, 120 f., 182, 347, 370, 376, 392, 455, 458 f.

Varela, Francesco 74
Voslensky, Michael 302

Weinberger, Caspar 358, 404
Weisskopf, Victor 376
Weizsäcker, Carl Friedrich von 21, 105, 111, 143 ff., 146, 148 f., 153, 158, 161, 452 f., 458, 480
Welichow, Jewgenij 367, 376, 470

Yang, Chen-Ning 122
Yukawa, Hideki 124

Denken, Sprechen, Erinnern –

Wie funktioniert das?

Aus dem Amerikanischen von Hartmut Schickert
288 Seiten mit zahlreichen Abbildungen. Gebunden

Wie ordnen sich in unserem Gehirn Vorstellungen und Erinnerungen zu zusammenhängenden Gedanken? In seinem neuen Buch erklärt der Neurobiologe und Bestsellerautor William H. Calvin, wie die kleinsten Bausteine unseres Denkens so lange sortiert und neu arrangiert werden, bis ein brauchbarer Gedanke oder Satz zustande kommt. Und **er** zeigt, wie die von Darwin entdeckten Prinzipien auch auf der kognitiven Ebene unseres Lebens wirksam sind.

Frederic Vester im dtv

Ein großer Umweltforscher und Kybernetiker,
der Neuland des Denkens erschließt.

Neuland des Denkens
dtv 33001
Frederic Vester fragt, warum menschliches Planen und Handeln so häufig in Sackgassen und Katastrophen führt. Das fesselnd und allgemeinverständlich geschriebene Hauptwerk von Frederic Vester.

Phänomen Streß
Wo liegt der Ursprung des Streß, warum ist er lebenswichtig, wodurch ist er entartet? · dtv 33044
Vester vermittelt in einer auch dem Laien verständlichen Sprache die Zusammenhänge des Streßgeschehens.

**Unsere Welt –
ein vernetztes System**
dtv 33046
Anhand vieler anschaulicher Beispiele erläutert Vester die Steuerung von Systemen in der Natur und durch den Menschen und wie wir sie zur Lösung von Problemen einsetzen können.

Crashtest Mobilität
Die Zukunft des Verkehrs
Fakten–Strategien–
Lösungen
dtv 33050

Frederic Vester
Gerhard Henschel
Krebs – fehlgesteuertes Leben
dtv 11181
Das vielschichtige Problem Krebs wird in grundlegenden biologischen und medizinischen Zusammenhängen diskutiert und dargestellt.

dtv

Carl Friedrich von Weizsäcker im dtv

»Ein Philosoph, der weiß, wovon er spricht, wenn er über Physik, Evolution, Politik und gar nicht leider auch Theologie spricht, ist vielleicht das letzte Exemplar einer aussterbenden Spezies; der Mut zur Synopsis und die Kraft der synthetischen Bemühung sind großartig.«
Albert von Schirnding, ›Süddeutsche Zeitung‹

Die Einheit der Natur
Studien
dtv 4660

Mit diesem längst zum Klassiker gewordenen Buch beleuchtet der Physiker und Philosoph die Grundfrage der modernen Wissenschaft: die Frage nach der Einheit der Natur und der Einheit der Naturerkenntnis.

Wahrnehmung der Neuzeit
dtv 10498

Aufsätze zu den wesentlichen Fragen und Problemen unserer Zeit. »Das Ziel ist, die Neuzeit sehen zu lernen, um womöglich besser in ihr handeln zu können.«

Der Mensch in seiner Geschichte
dtv 30378

Ein autobiographischer Rückblick, der Antworten auf die wichtigsten Fragen der modernen Naturwissenschaften und Philosophie gibt: Wer sind wir? Woher kommen wir? Wohin gehen wir?

dtv

Naturwissenschaftliche Einführungen im dtv

Herausgegeben von Olaf Benzinger

Das Innerste der Dinge
Einführung in die Atomphysik
Von Brigitte Röthlein
dtv 33032

Der blaue Planet
Einführung in die Ökologie
Von Josef H. Reichholf
dtv 33033

Das Chaos und seine Ordnung
Einführung in komplexe Systeme
Von Stefan Greschik
dtv 33034

Der Klang der Superstrings
Einführung in die Natur der Elementarteilchen
Von Frank Grotelüschen
dtv 33035

Das Molekül des Lebens
Einführung in die Genetik
Von Claudia Eberhard-Metzger · dtv 33036

Die Grammatik der Logik
Einführung in die Mathematik
Von Wolfgang Blum
dtv 33037

Schrödingers Katze
Einführung in die Quantenphysik
Von Brigitte Röthlein
dtv 33038

Von Nautilus und Sapiens
Einführung in die Evolutionstheorie
Von Monika Offenberger
dtv 33039

Auf der Spur der Elemente
Einführung in die Chemie
Von Uta Bilow
dtv 33040

$E = mc^2$
Einführung in die Relativitätstheorie
Von Thomas Bührke
dtv 33041

Vom Wissen und Fühlen
Einführung in die Erforschung des Gehirns
Von Jeanne Rubner
dtv 33042

Schwarze Löcher und Kometen
Einführung in die Astronomie
Von Helmut Hornung
dtv 33043

Naturwissenschaft im dtv

John D. Barrow
Warum die Welt mathematisch ist
dtv 30570

William H. Calvin
Der Strom, der bergauf fließt
Eine Reise durch die Chaos-Theorie
dtv 36077
Wie der Schamane den Mond stahl
Auf der Suche nach dem Wissen der Steinzeit
dtv 33022

Antonio R. Damasio
Descartes' Irrtum
Fühlen, Denken und das menschliche Gehirn
dtv 33029

Paul Davies
John Gribbin
Auf dem Weg zur Weltformel
Superstrings, Chaos, Komplexität
dtv 30506

David Deutsch
Die Physik der Welterkenntnis
Auf dem Weg zum universellen Verstehen
dtv 33051

Hoimar von Ditfurth
Im Anfang war der Wasserstoff
dtv 33015

Hans Jörg Fahr
Zeit und kosmische Ordnung
Die unendliche Geschichte von Werden und Wiederkehr · dtv 33013

Robert Gilmore
Die geheimnisvollen Visionen des Herrn S.
Ein physikalisches Märchen nach Charles Dickens
dtv 33049

Karl Grammer
Signale der Liebe
Die biologischen Gesetze der Partnerschaft
dtv 33026

Jean Guitton, Grichka und Igor Bogdanov
Gott und die Wissenschaft
Auf dem Weg zum Meta-Realismus
dtv 33027

Lawrence M. Krauss
»Nehmen wir an, die Kuh ist eine Kugel...«
Nur keine Angst vor Physik · dtv 33024

Naturwissenschaft im dtv

Peretz Lavie
Die wundersame Welt des Schlafes
Entdeckungen, Träume, Phänomene
dtv 33048

Sydney Perkowitz
Eine kurze Geschichte des Lichts
Die Erforschung eines Mysteriums
dtv 33020

Josef H. Reichholf
Das Rätsel der Menschwerdung
Die Entstehung des Menschen im Wechselspiel mit der Natur · dtv 33006

Simon Singh
Fermats letzter Satz
Die abenteuerliche Geschichte eines mathematischen Rätsels
dtv 33052

Frederic Vester
Neuland des Denkens
Vom technokratischen zum kybernetischen Zeitalter ·
dtv 33001
Denken, Lernen, Vergessen
Was geht in unserem Kopf vor? · dtv 33045

Unsere Welt – ein vernetztes System
dtv 33046
Crashtest Mobilität
Die Zukunft des Verkehrs
Fakten, Strategien, Lösungen
dtv 33050

Was treibt die Zeit?
Entwicklung und Herrschaft der Zeit in Wissenschaft, Technik und Religion
Hrsg. von Kurt Weis
dtv 33021

What's what?
Naturwissenschaftliche Plaudereien
Hrsg. von Don Glass
dtv 33025

Das neue What's what
Naturwissenschaftliche Plaudereien
Hrsg. von Don Glass
dtv 33010

Fred Alan Wolf
Die Physik der Träume
Von den Traumpfaden der Aborigines bis ins Herz der Materie
dtv 33005

196 Analytische Geometrie/Kugel, Kegel, Kegelschnitte

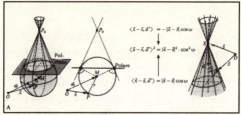

Kugel, Kreis im $\mathbb{R}^2$, Kegel, Doppelkegel

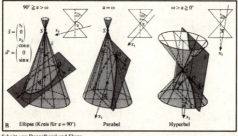

B Ellipse (Kreis für $\alpha = 90°$)   Parabel   Hyperbel

Schnitt von Doppelkegel und Ebene

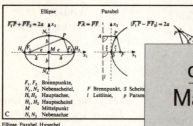

F_1, F_2 Brennpunkte,
N_1, N_2 Nebenscheitel,
$H_1 H_2$ Hauptachse,
H_1, H_2 Hauptscheitel
M Mittelpunkt
$N_1 N_2$ Nebenachse

F Brennpunkt, S Scheitel
l Leitlinie, p Parameter

C Ellipse, Parabel, Hyperbel

dtv-Atlas Mathematik
von F. Reinhardt und
H. Soeder
Band 1: Grundlagen.
Algebra und Geometrie
Band 2: Analysis und
angewandte Mathematik
222 Farbseiten von
Gerd Falk
Originalausgabe
dtv 3007/3008

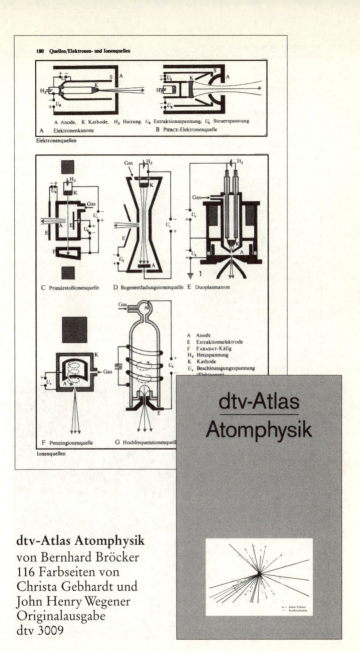

dtv-Atlas Atomphysik
von Bernhard Bröcker
116 Farbseiten von
Christa Gebhardt und
John Henry Wegener
Originalausgabe
dtv 3009

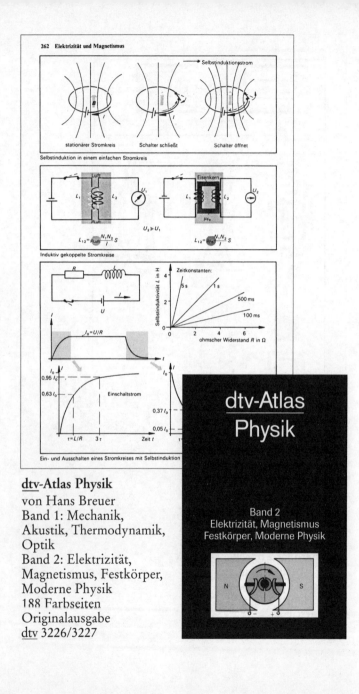

dtv-Atlas Physik
von Hans Breuer
Band 1: Mechanik, Akustik, Thermodynamik, Optik
Band 2: Elektrizität, Magnetismus, Festkörper, Moderne Physik
188 Farbseiten
Originalausgabe
dtv 3226/3227